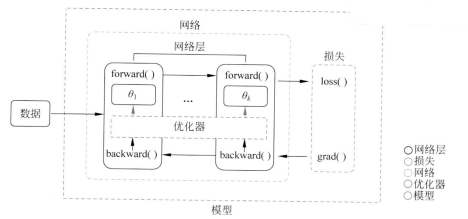

图 9.7 深度学习框架基本组件架构图

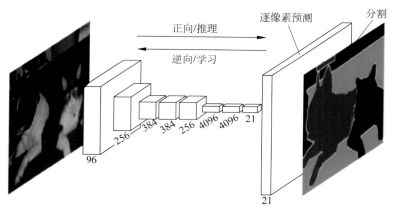

图 13.5 FCN 网络结构

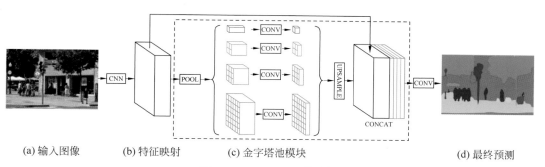

(a) 输入图像   (b) 特征映射   (c) 金字塔池模块   (d) 最终预测

图 13.6 PSPNet 网络结构

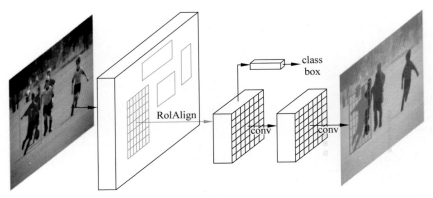

图 13.8　MaskR-CNN 网络结构

人工智能及其应用

（第7版）

蔡自兴　刘丽珏　陈白帆　蔡昱峰　著

清华大学出版社

北京

内 容 简 介

本书介绍了人工智能的基本原理及其应用,涉及人工智能概述、基于知识的人工智能、基于数据的人工智能、人工智能的算法与编程、人工智能的计算能力、人工智能发展展望及人工智能的应用等内容。全书共15章。第1章叙述人工智能的定义与发展,提出人工智能的核心要素、学科体系和系统分类,阐明人工智能的研究目标和研究内容,概括人工智能的研究与应用领域。第1篇(第2章~第4章)为基于知识的人工智能,介绍知识表示、知识搜索与推理、基于知识的机器学习。第2篇(第5章~第7章)为基于数据的人工智能,介绍群体智能与进化计算、数据处理和人工神经网络、基于数据的机器学习。第3篇(第8章~第9章)为人工智能的算法与编程,介绍逻辑型人工智能编程语言、解释型语言和深度学习开源框架。第4篇(第10章)为人工智能的计算能力,介绍人工智能的算力及架构。第5篇(第11章~第13章)为人工智能的研究与应用领域,介绍专家系统、智能规划、机器感知。第6篇(第14章~第15章)为人工智能展望,内容涉及人工智能伦理与安全及人工智能的发展趋势。书中每章均配备习题并对要点进行总结,加深读者对原理及算法的理解,为进一步深入学习人工智能打下坚实的基础。

本书可作为高等院校本科生和研究生的人工智能课程教材,也可供从事人工智能研究与开发的相关人员阅读参考。

图书在版编目(CIP)数据

人工智能及其应用/蔡自兴等著. —7 版. —北京:清华大学出版社,2024.1(2024.11 重印)
ISBN 978-7-302-65285-4

Ⅰ. ①人… Ⅱ. ①蔡… Ⅲ. ①人工智能－研究 Ⅳ. ①TP18

中国国家版本馆 CIP 数据核字(2024)第 019906 号

责任编辑:孙亚楠
封面设计:何凤霞
责任校对:王淑云
责任印制:刘　菲

出版发行:清华大学出版社
　　　　　网　　　址:https://www.tup.com.cn,https://www.wqxuetang.com
　　　　　地　　　址:北京清华大学学研大厦 A 座　　　邮　　编:100084
　　　　　社 总 机:010-83470000　　　　　　　　　邮　　购:010-62786544
　　　　　投稿与读者服务:010-62776969,c-service@tup.tsinghua.edu.cn
　　　　　质量反馈:010-62772015,zhiliang@tup.tsinghua.edu.cn
印 装 者:大厂回族自治县彩虹印刷有限公司
经　　销:全国新华书店
开　　本:185mm×260mm　　**印　张:**30.75　　**插　页:**1　　**字　数:**748 千字
版　　次:1987 年 9 月第 1 版　　2024 年 1 月第 7 版　　**印　次:**2024 年 11 月第 3 次印刷
定　　价:99.00 元

产品编号:102243-01

第一版 序

近 20 年来，人们对人工智能的兴趣与日俱增。 人工智能是一门具有实用价值的跨学科的科目。 具有不同背景和专业的人们，正在这个年轻的领域内发现某些新思想和新方法。 编著本书的一个目的就是为计算机科学家和工程师们提供一些有关人工智能问题和技术的入门知识。 另一个目的在于填补人工智能理论与实践的间隙。

本书包括两大部分。 第一章至第六章介绍人工智能的基本技术和主要问题；第七章至第十二章叙述人工智能的各种应用和程序设计方法。 此书计划用来作为人工智能的研究生课程的导论性教材。 这两部分内容可以在一个学期内授完，也可以在增加补充材料之后供两个学期教学用。 本书是以我在普度大学为研究生讲授的两门课程"人工智能"和"专家系统与知识工程"的讲稿为基础发展而来的。

如果没有蔡自兴先生和徐光祐先生的勤奋工作，本书就不可能与读者见面；他们作为访问学者，从 1982 年至 1985 年在普度大学度过一段时间。 我们要感谢常迥教授和边肇祺教授对本书感兴趣和提供帮助，他们卓有成效地使本书在短期内可供使用。

傅京孙

1984 年 10 月于美国印第安纳州

西拉法叶特　普度大学

(Purdue University，West
Lafayette，Indiana，USA)

湖南，长沙，中南工业大学

蔡自兴同志：

　　喜读　您们的大作《AI and Applications》，十分高兴。在　傅京孙先生的直接关照下，您和徐光祐同志能抓紧时间编写中文本，使这一前沿学科的最精彩的成就迅速与中国读者见面，这对 AI 在中国的传播和发展必定会起到重大推动作用。我衷心向　您和徐光祐同志致以谢忱。

　　京孙先生生前多次回国内讲学，给大家留下了非常深刻的印象。戴汝为同志从 Purdue U. 回来后也曾率先介绍过这一门新学科的基础并组织了一些新的研究工作，常迥和胡启恒等同志的大力推动，使我国 AI 和 P.R. 有了前进的基础。现在有了这本书，千千万万的青年学子得以一览这门学科的系统的、精选的要义，是中国科学界的一件大事，也是中国科学家对京孙先生的至爱纪念。

　　十年前，当我们和钱先生修订工程控制论时，尚无系统参考书可言，只能断续给出一些思路。现在钱先生看到此书，也一定会欣喜万分。

　　您要写的和已写的12本书，都是十分重要的。我坚信，以 AI 和 Pattern Recognition 为宗旨的这门新学科，将为人类迈进智能自动化时期做正真基础性之战。

　　希望有机会见到您。　敬礼

　　　　　　　　　　　　　　　　　　宋健　1988
大姐　　　　　　　　　　　　　　　　　　　　2月8日

1988 年 2 月 8 日国务委员宋健致蔡自兴教授函

前沿学科的最精彩成就 [*]

湖南,长沙,中南工业大学

蔡自兴同志:

　　喜读您们的大作《AI and Applications》[1],十分高兴。在傅京孙[2]先生的直接关照下,您和徐光祐[3]同志能抓紧时间编出中文本[4],使这一前沿学科的最精彩的成就迅速与中国读者见面,这对 AI 在中国的传播和发展必定会起到重大推动作用。我衷心向您和徐光祐同志致以谢忱。

　　京孙先生生前多次回国内讲学,给大家留下了非常深刻的印象。戴汝为[5]同志从 Purdue U.[6] 回来后也曾率先介绍这一门新学科的基础并组织了一些新的研究工作。常迥[7]和启恒[8]等同志的大力推动,使我国 AI 和 P. R.[9] 有了前进的基础。现在有了这本书,千千万万的青年科学家得以一览这门学科的系统的、精选的要义,是中国科学界的一件大事。也是中国科学界对京孙先生的重要纪念。

　　十年前,当我们和钱先生[10]修订工程控制论[11]时,尚无系统参考书可言,只能断断续续介绍一点思路。现在钱先生看到此书,也一定会欣喜万分。

　　您要写的和已写的几本书[12],都是十分重要的。我深信,以 AI 和 Pattern Recognition 为带头的这门新学科,将为人类迈进智能自动化时期做出奠基性贡献。

　　希望有机会见到您。敬颂

大安

宋　健

1988 年 2 月 8 日

注释:

　　[*] 这是时任国务委员兼国家科委主任的中国科学院院士、中国工程院院士宋健教授 1988 年 2 月 8 日给蔡自兴教授的亲笔信。本标题取自《清华书讯》1988 年 8 月 25 日报道所用标题。

　　[1] 指由傅京孙、蔡自兴、徐光祐编著的《人工智能及其应用》一书,该书于 1987 年 9 月由清华大学出版社出版后,受到专家与读者的好评。该书已印刷 70 多次,发行数近 80 万册。

　　[2] 傅京孙(King-Sun Fu),国际模式识别之父,国际机器智能开拓者和智能控制奠基者,美国国家工程科学院院士,美国普度大学教授,我国清华大学、北京大学和复旦大学等校名誉教授。蔡自兴等曾在他

的指导和合作下进行人工智能和机器人学研究。

[3] 徐光祐,清华大学计算机科学与技术系教授,也曾在傅京孙教授指导下进行人工智能和模式识别研究。

[4] 在傅京孙教授指导和参与下,蔡自兴和徐光祐于1984年在美国普度大学编出该书。

[5] 戴汝为,中国科学院院士,中国科学院自动化研究所研究员,《工程控制论》译者,也曾作为访问学者,在傅先生的指导与合作下进行模式识别研究。

[6] 美国普度大学。戴汝为、徐光祐、蔡自兴等曾于20世纪80年代作为访问学者,先后在该校进修及研究。

[7] 常迥,中国科学院学部委员(院士)、国际模式识别学会(IAPR)主席团成员、清华大学教授。

[8] 胡启恒,原中国科学院副院长,曾任中国自动化学会理事长、中国计算机学会理事长、中国科学院自动化研究所所长,中国工程院院士。

[9] 人工智能与模式识别,两个高技术领域。

[10] 钱学森教授,原中国科学技术协会主席、全国政协副主席,中国科学院院士。

[11]《工程控制论》,钱学森著,曾获中国科学院1956年度一等科学奖金。其修订版(1980,科学出版社)系由钱学森、宋健合著。

[12] 指蔡自兴教授编著的《人工智能及其应用》《机器人原理及其应用》《智能控制》等。这些著作分别为我国人工智能、机器人学和智能控制学科首部具有知识产权的著作,曾先后获得国家级和省部级多项奖励。

代序

计算机时代的脑力劳动机械化与科学技术现代化

西方在 18 世纪的工业革命中，以机器代替或减轻人的体力劳动，使科学技术突飞猛进。而在东方，从元明以来中国各方面本已落后于西方。清代更因种种原因未能赶上工业革命的潮流，使本已落后的局面更为严重，几乎陷于万劫不复的局面。现在由于计算机的出现，人类正在进入一个崭新的工业革命时代，它以机器代替或减轻人的脑力劳动为其重要标志。中国是否能认清形势，借此契机重新崛起，这是每一个中华儿女应该深长思考的问题。

试先就过去和正在到来的两次工业革命借用控制理论奠基人维纳（N. Wiener）的话来加以说明。维纳先生说（据钱学森、宋健著《工程控制论》）：

第一次工业革命是人手由于机器竞争而贬值。

现在的工业革命则在于人脑的贬值。至少人脑所起的简单的较具体较具有常规性质的判断作用将要贬值。

我把维纳所说人手和人脑的贬值，改成体力劳动与脑力劳动的代替或减轻。说法有异，但其内容实质，基本上应该是相同的。

事实上，这种提法早已有之。例如，周恩来总理在 1956 年 1 月 14 日《关于知识分子问题报告》中就提出：

由于电子学和其他科学的进步而产生的电子自动控制机器，已经可以开始有条件地代替一部分特定的脑力劳动，就像其他机器代替体力劳动一样，从而大大提高了自动化技术的水平。这些最新的成就，使人类面临着一个新的科学技术革命和工业革命的前夕。这个革命，就它的意义来说，远远超过蒸汽机和电的出现而产生的工业革命。

在《科学技术八年规划纲要》中有这样的说法：

现代科学技术……正经历着一场伟大的革命。特别是电子计算机技术的发展和应用，使机器不仅能够代替脑力劳动，而且能够代替脑力劳动的某些职能，成为记忆、运算和逻辑推理的辅助工具。

体力劳动以机器来代替或减轻，通常称为体力劳动的机械化。因而脑力劳动用适当的设备来代替或减轻，在以下也将称为脑力劳动的机械化。

应该指出，体力劳动千差万别，不同类型的体力劳动，只能用不同类型的机器来代替或减轻。 其次，体力劳动的机械化，是一个漫长而几乎无终点可言的过程，根本谈不上完成二字。 脑力劳动远比体力劳动复杂。 我们对它的认识还停留在表面上，它的机械化路程的复杂与漫长将远远超过体力劳动的机械化，是可想而知的。

尽管如此，历史上减轻脑力劳动的尝试却是由来已久。 略举数例如下：

例 1. J. Napier（1550—1617）在 1614 年发明对数，使繁复的乘除计算转化为简单得多的加减计算。

例 2. R. Descartes（1596—1650）在 1637 年的《几何学》一书中，引进相当于坐标的方法，使艰难的几何推理，转化为易于驾驭的代数运算。 这使艰深的脑力劳动有望减轻。

例 3. B. Pascal（1623—1662）与 L. Leibniz（1646—1716）分别于 1642 年与 1672 年造出了加法计算器与加乘计算器，为用适当机器进行某种脑力劳动做出范例。 Leibniz 甚至说，把计算交给机器去做，可以使优秀人才从繁重的计算中解脱出来。

两位伟大的思想家 Descartes 与 Leibniz，不仅进行了某些具体的减轻脑力劳动的尝试，还对一般的脑力劳动的代替与减轻即我们所说脑力劳动的机械化提出了许多有普遍意义的思想与主张。 现据美国数学史家 M. Kline 所著《古今数学思想》一书所提到的某些片段，抄录如下：

［Descartes］代数使数学机械化，因而使思考和运算步骤变得简单，而无须花很大的脑力。 这可能使数学创造变成一种几乎是自动化的工作。

［Descartes］甚至逻辑上的原理和方法也可能用符号来表达，而整个体系则可用之于使一切推理过程机械化。

［Leibniz］为一种宽广演算的可能性所激动。 这种运算将使人们在一切领域中能够机械地、轻易地去推理。

自 Descartes 与 Leibniz 在 17 世纪提出脑力劳动机械化并做出某些具体成就外，此后200 余年间，后来者在他们指引的道路上不断有所前进。 略举若干进展如下。

G. Boole（1815—1864）创立了逻辑代数即现今所称的布尔代数，基本上完成了Descartes 与 Leibniz 所提出的一种 "用符号表达使一切推理过程机械化的、宽广的演算"。

Boole 所开创的工作后来为 W. S. Jevons，C. S. Peirce，F. W. Schnoden，G. Frege，G. Peano，A. N. Whitehead 与 B. Russell 等所继承与发展。 特别是 D. Hilbert（1862—1943）在 20 世纪初开创了数理逻辑这一学科，建立了证明论。 又提出了数学相容性的命题，它相当于认为整个数学可以机械化。 但是，与 Hilbert 的预期相反，1930 年时，奥地利 K. Godel（1906—1978）证明了形式系统的不完全定理，使 Hilbert 的相容性命题完全破产。Godel 的发现成为 20 世纪数学史上最惊人的一项成果，它隐含了许多数学领域机械化的不可能性。 Godel 与其后的许多数理逻辑学家，就证明了不少具体的数学领域与问题用逻辑的惯用语言来说是不可判定的，或用我们所使用的语言来说是不能机械化的。 举例来说，Hilbert 在他有名的 23 个问题中，第 10 个问题相当于要求机械化地解任意不定方程组，但经过几十年的努力，最后的结论却是： 这种机械化的解法是不可能有的。

与以上相反，波兰的数学家 A. Tarski（1901—1983）在 1950 年却证明了初等代数与初等几何的定理证明都是逻辑上可判定的，也就是说是可以机械化的。 这似乎出人意料。

　　但是，上面所列举的许多成果，基本上都是理论上的探讨。　20世纪40年代出现了计算机，使局面为之改观。　计算机为机械化提供了一种现实可行的工具手段。　它使原来的理论探讨可以考虑如何通过计算机来具体实现。　例如 Tarski 曾提出为初等代数与初等几何定理的机械化证明方法专门制造一种判断机或证明机。　到20世纪70年代美国还曾利用当时的计算机对 Tarski 的方法进行过实验。　但是由于方法过于复杂远远超出计算机的计算能力而终止。　1976年，美国的 K. Appel 与 W. Haken 借助于计算机证明了地图四色定理，引起了数学界的震动。　但这只是说明计算机可以对特殊的个别问题起到辅助作用而已。　真正的成功应该是在1959年。　当时我国留美的王浩（1921—1995）在一台计算机上只用了几分钟的计算时间，就证明了 Whitehead-Russell 的名著《数学原理》中的几百条命题。　这可以说是开创了数学机械化的新时代。

　　计算机的出现对现代数学这种脑力劳动的发展带来了不可估量的影响。　计算机不仅可以代替繁重的人工计算，而且 Tarski，Appel 与 Haken，特别是王浩等的工作说明计算机还可以至少帮助人们进行看来与机械化很不相容的定理证明这一类的工作。　计算机将使数学面临脱离传统的一张纸一支笔方式，而代之以不仅计算且能推理的全新形式。　例如在20世纪的70年代，对于计算机的发明有过重要贡献的波兰数学家 S. Ulam 就曾说过："将来会出现一个数学研究的新时代，计算机将成为数学研究必不可少的工具。"

　　事实上，王浩早在他1959年划时代的工作之后，就曾写有专文说明计算机对于数学研究的重要意义。　现据王浩原文试译片段如下：

　　"可以认为一门新的应用逻辑分支已经趋于成熟。它可以称为'推理'分析，用以处理证明，就像数值分析之处理计算那样。可以相信，这一学科将在不远的将来，导致用机器来证明艰难的新定理。

　　适用于一切数学问题的普遍的判定程序已知是不可能有的。但是形式化使我们相信，机器能完成当代数学研究所需的大部分工作。"

　　计算机的发明使人类进入计算机时代以后，脑力劳动的机械化具有了某种程度的现实可行性。　除了上面所说的种种成就外，另一项有着重大意义的成就是在20世纪50年代人工智能这一新学科的诞生。

　　所谓人工智能，意指人类的各种脑力劳动或智能行为，诸如判断、推理、证明、识别、感知、理解、通信、设计、思考、规划、学习和问题求解等思维活动，可用某种智能化的机器来予以人工的实现（见本书第1章中定义1.3）。　诸如机器编译、机器诊断、机器推理、机器下棋以及各种专家系统，在20世纪60年代后，都不断出现，并有相应的软件与器件问世。　特别是世界国际象棋冠军卡斯帕罗夫与计算机的人机大战，曾引起轰动。

　　2003年11月，在广州召开了全国人工智能大会的第10届全国学术年会，笔者有幸参加。　在会议期间，参观了广东工业大学举办的一次机器人足球比赛。　目前，具有某种智能行为的各种机器蛇、机器人等已频繁出现。　总之，人工智能已成为一个受到广泛重视与认可并有广阔应用潜能的庞大学科。　另一方面，又由于学科所牵涉的许多概念与方法的不确定性，引发了学科内部的许多争论。　总之，关于人工智能的方方面面，包括笔者在内，读者可从本书获得充分的了解。

在脑力劳动的机械化中，数学家们起了特殊的作用。 在计算机的发明与发展过程中，数学家如 J. von Neumann，A. Turing，K. Godel 等都有着特殊的贡献。 对于脑力劳动机械化的认识，前面已提到过 Descartes 与 Leibniz 的思想影响与实际作为。 这两位既是思想家又是数学家。 此外在前面提到过的许多人物，大多也是数学家。 这绝不是因为笔者本人是数学工作者，对数学情有独钟而有意提到那些数学家。 事实上此事绝非偶然，而是有着深层次的原因，使得数学家们自然而然地要在脑力劳动机械化的伟大事业中扮演重要的角色。 首先，数学研究现实世界中的数与形。 由于数与形无处不在，因而数学也就通过数与形渗透到形形色色几乎所有的不同领域，成为具有最广泛的基础性的学问。 这说明了数学在各种脑力劳动的机械化中，显得更为迫切，而应享有机械化的最高优先权。其次，数学作为一种典型的脑力劳动，它与前面人工智能中所提到的各种智能型脑力劳动相比较，具有表达严密精确，且又极其简明等特点。 因而在各种脑力劳动的机械化中，理应更为容易取得突破。 Tarski，Appel-Haken，王浩等人的工作，以及笔者在 20 世纪 70年代以来在几何定理证明方面所做的工作，足可说明易于突破之说绝非妄言。

人们在中学时代的学习中，都熟知几何定理证明的一般方式。 一个几何定理包含假设与结论两部分。 为了证明这一定理，需要从假设这一叙述出发，根据某些已给公理或是某些已经证明过的定理，得出另一个叙述。 然后再据某些已给的公理，或是某些已经证明过的定理，得出又一个新的叙述。 如此逐次进行，如果到某一步所得的叙述恰好是原来已给的结论，定理就算是获得了证明。 在证明的过程中，每一步已给公理或已证定理的选择，漫无依据可言。 总之定理的这种证明方式，与机械化毫无共同之处，而是极端非机械化的。 它是一种超高强度的脑力劳动。

然而，笔者在 20 世纪 70 年代有幸学习中国古代的数学，开始发现中国古代的传统数学遵循了一条与源自古希腊的现代所谓公理化数学完全不相同的途径。 它与源于古希腊的所谓演绎体系相反而无共同之处。 简言之，中国的古代数学是高度机械化的。 它使数学研究这种脑力劳动的强度大大减轻。 这具体表现在几何定理的证明上面。 试说明如下。

源于古希腊的现代公理化数学体系主要内容是证明定理。 它的成果往往以定理的形式出现。 与之相反，中国古代的传统数学根本不考虑定理的证明，根本没有公理、定理与证明这样的概念，自然也没有什么演绎体系。 中国的古代数学重视的是解决问题，而考虑的问题主要来自客观实际，虽然也有例外。 由于问题的原始数据与所求的结果数据总是用某种类似现代所谓方程的形式联系起来，而多项式方程是这种最根本也是最自然的形式，因而解多项式方程（组）的问题自然成为我国古代数学几千年研究与发展的核心。这一发展到元代（1271—1368）朱世杰时达到了顶峰。 朱世杰在所著《四元玉鉴（1303）》一书中给出了解任意多项式方程组的思路与具体的方法。 朱所提出的思路与方法在原则上应该说是完满无缺的。 尤其应该指出的是：中国古代在解决问题时，结果数据往往用原始数据的某种公式的形式表示出来。 这可以认为是某种形式的"定理"。 因之中国古代的方程解法，实质上也已隐含了至少是某种形式的定理证明。 事实上，朱在他的著作中已经指出了这一点，且已具体使用在某些著名的问题上。 下面将再作具体说明。

笔者由于学习中国古代数学史而得到启发，在 1976 年冬季进行用机械化方法证明几何定理的尝试。 首先是引进适当坐标，在通常的情况下，定理的假设与结论将各转化为一个多项式方程组与一个多项式方程。 于是定理变成一个纯代数的问题： 如何从相当于假设的多项式组得出相当于终结的多项式。 从朱世杰的著作得知有一机械化的算法，可从杂乱无章的假设多项式组得到另一颇有条理的有序多项式组，由此即容易验证是否可导出终结多项式来。 循此途径，笔者对某些已知定理进行相应的计算验证。 但出于意外的是，其间总是会遇到一些不合理的意外情况。 经过几个月的反复计算与深入思考，才发现了问题的症结所在。 终于在 1977 年春节期间获得了恰当的证明几何定理的机械化方法。 在此后的许多年间，即致力于置备适当的计算机使这一定理证明方法得以在机器上予以实现。 在此期间曾得王浩先生的许多鼓励与协作。 特别是当时留美的周成青先生，利用美国的良好设备，在计算机上用上述方法证明甚至发现了几百条艰深的几何定理，每条定理的证明所需时间以微秒计。 这成为周在美获得博士学位的主要内容，并已写成专著于 1988 年在国外出版。 这说明王浩先生预测有一新学科"将在不远的将来导致用机器来证明艰难的新定理"，事实上已经实现。

笔者在机器证明几何定理上取得了成功。 前面笔者曾说过： 数学作为一种典型的脑力劳动，在各种脑力劳动中，它的机械化应最为迫切而有最大的优先权。 又说过： 数学的机械化较之其他脑力劳动的机械化，应更易取得成功。 几何定理机器证明的成功足见笔者所言非虚。

在几何定理机器证明取得成功之后的 20 多年来，笔者与许多志同道合的同仁在（国家）科技部、（中国）科学院、（国家自然科学）基金委等大力支持下，开展了一场可谓"数学机械化"的"运动"。 它在理论与应用诸多方面都已取得了若干成功。 但总的说来还只能说是刚开始起步。 漫长而更为艰难的路程正等着我们。

需要郑重指出的是： 我们工作的起点来自于对中国古代数学的认识。 这是有深刻的道理的。 中国古代数学以解多项式方程（组）为其主要目标。 解方程的方法以依据确定步骤逐步机械地来进行。 这种机械进程在我国经典著作中通称为"术"，相当于现代辞条中的"算法"。 如果有一台计算机，即可依据"术"编成程序，将原始数据输入后，即可机械地进行计算以解所设的方程。 这种机械进行的"术"贯穿在中国古代的数学经典之中。 因此，中国的古代数学是一种算法型数学，或即是一门适合于现代计算机的"机械化"数学。

不仅如此，中国不仅具有作为典型脑力劳动的数学机械化的合适的土壤，而且也是各种脑力劳动机械化的沃土。 原因是，古代的中国是脑力劳动机械化的故乡，也是脑力劳动机械化的发源地。 它有着为发展脑力劳动机械化所需的坚实基础、有效手段与丰富经验。

我们都知道 0 与 1 的二进制对于计算机的关键作用。 虽然中国未真正进入到二进制，但完善的十进位位值制则早已在中国的远古做出了典范。 这一十进位位值制通过印度和阿拉伯传入西方后，曾被西方的科学家誉为亘古以来最伟大的一项发明创造。 仿制为位值制二进制后，成为制造计算机以至脑力劳动机械化的不可或缺的组成部分。 追本溯源，应该归之于中国古代位值制十进制的创造。 至于西方往往把这一创造归之于印度，自然是一种历史性的错误，是张冠李戴。

其次，在作为典型脑力劳动的数学方面，有过许多重大的大幅度减轻脑力劳动强度的特殊成就。 除有关定理证明者外，还试举数例如下：

中国古代的十进位位值制，不仅可以使不论多大的整数有简明的表达形式，而且加、减、乘、除以至分数运算甚至开方都可变得轻而易举，因而大大减轻了计算中脑力劳动的强度。 这是位值制被西方有识之士誉为最伟大创造的根本原因。

中华人民共和国成立前，我国的小学六年级或初中一年级往往要花整整一年的时间学习各种四则难题的解法，这是一种极度非机械化的超高强度脑力劳动。 但至少早在公元前2世纪时，我国就创造了解线性联立方程组的各种消去算法。 它使解四则难题变得轻而易举。 这些算法已被吸收进入初中代数教科书中，使年轻学子解除了不必要的脑力负担。 这是用机械化的方法大幅度减轻脑力劳动强度的又一实例，而这一实例来自古代中国。

解方程必须先列出方程。 但列方程并无成法。 事实上这是一个难题，它无必然的途径可以遵循，也就是高度非机械化的。 但中国在宋元时代，在过去已引进了的整数、分数或有理数、正负数以及小数、无理数、实数之外，又引进了一种新型的数，称之为天元、地元等，相当于现代的未知数。 这种天元、地元等可以作为通常的数那样进行各种运算。 由此产生了与现代多项式与有理函数等相当的概念及其运算方法，成为现代代数与代数几何的先驱。 不仅如此，天元、地元等的引入，使列方程这种非机械化的脑力劳动，从此变为容易得多的接近于机械化的脑力劳动。 这是中国古代脑力劳动机械化的又一实例。

以上是笔者认为古代中国是脑力劳动机械化的故乡与发源地的一些理由，是否言之过当，甚至有浮夸之嫌，愿各家学者有以教之。

科学技术是第一生产力，科技兴国，在四个现代化中，科学技术的现代化具有特殊的关键地位。 而科学技术的现代化，是与脑力劳动的机械化密不可分的。 宋健同志曾作对联说："人智能则国智，科技强则国强"，把智能与科技并列，可谓一语道出了真谛。

自然，我们真正的意图绝不在于口舌之争，在字面上夸夸其谈。 真正应该做的事是实干巧干，借计算机时代来临的大好契机，率先在全世界推行脑力劳动机械化，以具体成就来说明我们的主张与我们的成功。

吴文俊

中国科学院数学与系统科学研究院

2004年3月

前 言

PREFACE

　　人类的进化归根结底是智能的进化，而智能反过来又为人类的进一步进化服务。我们学习与研究人工智能、智能系统和智能机器等，其目的就在于创造和应用智能技术和智能系统为人类进步服务。因此，可以说，对人工智能科技的钟情、期待、开发和应用，是科技发展和人类进步的必然。

　　国际上人工智能研究作为一门前沿和交叉学科，伴随着世界社会进步和科技发展的步伐，与时俱进，在过去 60 多年中已取得长足进展。在国内，人工智能已得到迅速传播与发展，并促进其他学科的发展。2016 年 3 月 AlphaGo 与李世石的国际象棋人机大战将人工智能的关注度推至前所未有的高度，引发一轮新的人工智能研究和创业高潮。许多国家竞相制订人工智能发展战略，极大地推动了人工智能的发展。2022 年 11 月 30 日 OpenAI 公司发布了一种基于深度学习的自然语言处理技术，一款聊天机器人程序 ChatGPT。它是在大型语料库上训练出来的一个深度学习模型，可以模拟人类的自然语言交流，具有十分广泛的应用前景和潜力。ChatGPT 催生了又一轮人工智能研究和创业热潮，为各个领域的数字化和智能化进程提供强大的支持和帮助，将人们对人工智能的关注度推向一个新的高度。

　　经过一年多的修订和编辑，本书第 7 版终于和读者见面了。

　　与第 6 版相比，本书第 7 版进行了较大的更新。第一，以作者新近提出的人工智能学科体系思想为指导，构建全书崭新的人工智能架构和内容，反映国内外人工智能的最新发展趋势和科技内涵，体现出作者对人工智能学科的独特见解。第二，注重创新，用较大篇幅介绍了人工智能的先进研究方法，特别是一些新技术和交叉技术的应用。例如，知识图谱、深度学习算法、语音识别、智慧医疗和自然语言处理等。其中，用两章讨论人工智能的算法与编程，人工智能的算力架构也是首次设立专章讨论。此外还深入探讨人工智能的伦理道德和安全、人工智能技术的深度融合和人工智能产业化的发展趋势等。第三，内容系统全面，既包括传统人工智能的基础理论与技术，又涉及数据智能的基本原理与方法，全面反映人工智能的发展历史和科技精髓，能够较好地满足不同层次读者的学习需求。第四，理论与实践高度融合，既有理论、技术和方法的阐述，又有许多应用实例的介绍，有助于读者对人工智能理论方法的深入理解及其应用开发。

　　本书第 7 版介绍了人工智能的基本原理及其应用，涉及人工智能概述、基于知识的人工智能、基于数据的人工智能、人工智能的算法与编程、人工智能的算力架构、人工智能的应用及人工智能展望等内容。全书共 15 章。第 1 章叙述人工智能的定义与发展，提出人工智能的核心要素、学科体系和系统分类，阐明人工智能的研究目标和研究内容，概括人工智能的研究与应用领域。第 1 篇为基于知识的人工智能，含知识表示方法、知识推理技术和基于知识的机器学习 3 章。第 2 篇为基于数据的人工智能，含数据处理概述、群体智能和进化计算、基于数据的机器学习 3 章。第 3 篇为人工智能的算法与编程，含逻辑型人工智能编程语言、解释型语言和深度学习开源框架 2 章。第 4 篇为人工智能的计算能力,含人工智能的算力及架构 1 章。第 5 篇为人工智能的研究和应用领域,含专家系统、智能规划和机器感知 3 章,机器感知又包括计算机视觉、自然语言理解和语音识别 3 部分。第 6 篇为人工智能展望,含人工智能伦理与安全、人工智能的发展趋势 2 章。

本书第 7 版修订任务的分工如下:蔡自兴负责第 1 章至第 5 章、第 6 章(除 6.1 节外)、第 8 章、第 11 章(除 11.6 节外)、第 12 章、第 13 章(除 13.1 节外)、第 14 章和第 15 章,以及 7.6 节和 13.2 节等,并承担全书统稿、审阅、修改、校对和通信等任务。刘丽珏负责第 7 章(除 7.6 节外)和 6.1 节。陈白帆负责第 13 章(除 13.2 节外)和 9.2 节。蔡昱峰负责第 10 章和 11.6 节。

承蒙广大读者厚爱,本书被 1000 多所院校用作教材或教学参考书。我国科技教育界的许多领导和专家以及一些外国教授,长期以来对本书一直给予充分肯定。时任国务委员兼国家科委主任、中国科学院院士和中国工程院院士宋健教授,在极其繁忙的国务活动中,曾于 1988 年 2 月亲笔致函蔡自兴同志,对本书给予高度评价,体现出他对发展我国人工智能的高度关注和对作者的热诚鼓励。在本书修订过程中,得到许多专家和读者的热情支持。"人民科学家"国家荣誉称号获得者吴文俊院士为本书提供了长篇代序,赞许本书的贡献。中国科学院院士、清华大学李衍达教授在百忙中分别为本书第 2 版、第 3 版和第 4 版作序,为本书增添光彩。谨向诸位领导、专家和广大读者表示诚挚的感谢。

我特别感激和怀念我的导师、国际模式识别之父、美国国家工程科学院院士傅京孙先生和我们的老师、指导者、中国科学院院士常迥先生。他们不但为本书的编著提供了悉心指导和有力帮助,而且为本书获得公开出版做出了巨大贡献。

我们还要衷心感谢中南大学、清华大学、湖南自兴智慧医疗有限公司和清华大学出版社有关领导、专家和编辑。本书责任编辑孙亚楠老师也为本书第 7 版的编辑付出了辛勤劳动,贡献出智慧。如果没有他们的智慧、辛勤和合作,本书就不可能高质量和迅速地与读者见面。

我们要特别感谢教育部"十一五"和"十二五"国家级教材规划、国家级精品课程、国家级双语教学示范课程、国家级教学团队、国家级精品视频公开课和国家级精品资源共享课等教育部"质量工程"的大力支持。

诚挚感谢国内外人工智能专著、教材和许多高水平论文报告的作者们。他们的作品及与他们的研讨为我们修订本书提供了丰富营养,使我们受益匪浅。我们在本书中引用了他们的部分材料,使本书能够取各家之长,较全面地反映人工智能各领域的最新进展。

希望本书新版能为广大师生奉献一部崭新的和适用的人工智能教科书,也为从事人工智能研究与开发的人员提供人工智能项目研究的实用参考书。

本课程的网址:国家级精品课程《人工智能》https://www.icourses.cn/sCourse/course_6696.html 和国家级视频公开课《人工智能 PK 人类智能》https://www.icourses.cn/web/sword/portal/videoDetail? courseId = 9feeeee3-1327-1000-91e3-4876d02411f6 #/? resId=d119afd8-1334-1000-9042-1d109e90c3cf 等相关视频资源均已上网服务,可与本书配套参考使用。

蔡自兴

2023 年 10 月 17 日

于长沙德怡园

目 录

CONTENTS

第1篇 基于知识的人工智能

第 2 篇　基于数据的人工智能

第 3 篇　人工智能的算法与编程

第 4 篇　人工智能的计算能力

第 5 篇　人工智能的研究与应用领域

第 6 篇 人工智能展望

第 1 章

绪 论

　　人工智能学科自 1956 年诞生以来,在 60 多年岁月里获得了很大发展,引起众多学科和不同专业背景的学者们及各国政府和企业家的空前重视,已成为一门具有日臻完善的理论基础、日益广泛的应用领域和广泛交叉的前沿科学。伴随着社会进步和科技发展的步伐,人工智能与时俱进,不断取得新的进展。近年来,出现了开发与应用人工智能的新热潮。

　　到底什么是人工智能,如何理解人工智能,人工智能研究什么,人工智能的理论基础是什么,人工智能能够在哪些领域得到应用,等等,都将是人工智能学科或人工智能课程需要研究和回答的问题,也是广大读者和社会大众关心的问题。让我们对这些问题逐一展开讨论。

　　本章着重介绍人工智能的定义、发展概况及相关学派和他们的认知观,人工智能的核心要素、学科体系和系统分类,人工智能的研究目标和内容,以及人工智能的研究和应用领域,并简介本书的主要内容和编排。

1.1　人工智能的定义与发展

　　60 多年来,人工智能获得了重大进展,众多学科和不同专业背景的学者们投入人工智能研究行列,并引起各国政府、研究机构和企业的日益重视,发展成为一门广泛的交叉和前沿科学。近十多年来,现代信息技术,特别是计算机技术、大数据和网络技术的发展已使信息处理容量、速度和质量大为提高,能够处理海量数据,进行快速信息处理,软件功能和硬件实现均取得长足进步,使人工智能获得更为广泛的应用。网络化、机器人化的升级和大数据的参与促进人工智能进入更多的科技、经济和民生应用领域。尽管人工智能在发展过程中还面临不少困难和挑战,然而这些困难终将被解决,这些挑战始终与机遇并存,并将推动人工智能的可持续发展。人工智能已发展成为一门广泛的交叉和前沿学科,并有力地促进其他学科的发展。可以预言:人工智能的研究成果将能够创造出更多更高级的人造智能产品,并使之在越来越多的领域及某种程度上超越人类智能;人工智能将为社会进步、经济建设和人类生活做出更大贡献。

1.1.1　人工智能的定义

　　众所周知,相对于天然河流(如亚马孙河和长江),人类开凿了叫做运河(如苏伊士运河和中国京杭大运河)的人工河流;相对于天然卫星(如地球的卫星——月亮),人类制造了人造卫星;相对于天然纤维(如棉花、蚕丝和羊毛),人类发明了维尼纶和涤纶等人造纤维;相对于天然心脏、天然婴儿、自然受精和自然四肢等,人类创造了人工心脏、试管婴儿、人工授精和假肢等人造物品(artifacts)……2009 年 7 月 8 日,英国一个科学研究小组宣布首次成功地利用人类干细胞培育出成熟精子,这就是人工精子,一种很高级的人工制品。我们要探讨的人工智能(artificial intelligence),又称为机器智能或计算机智能,无论它取哪个名字,都表明它所包含的"智能"都是人为制造的或由机器和计算机表现出来的一种智能,以区别于自然智能,特别是人类智能。由此可见,人工智能本质上有别于自然智能,是一种由人工手段模仿的人造智能,至少在可见的未来应当这样理解。

像许多新兴学科一样,人工智能至今尚无统一的定义,要给人工智能下个准确的定义是困难的。人类的自然智能(人类智能)伴随着人类活动处处时时存在。人类的许多活动,如下棋、竞技、解算题、猜谜语、进行讨论、编制计划和编写计算机程序,甚至驾驶汽车和骑自行车,等等,都需要"智能"。如果机器能够执行这种任务,就可以认为机器已具有某种性质的"人工智能"。不同科学或学科背景的学者对人工智能有不同的理解,提出不同的观点,人们称这些观点为符号主义(symbolism)、连接主义(connectionism)和行为主义(actionism)等,或者叫做逻辑学派(logicism)、仿生学派(bionicsism)和生理学派(physiologism)。在 1.2节将综述他们的基本观点。

哲学家们对人类思维和非人类思维的研究工作已经进行了 2000 多年,然而,至今还没有获得满意的解答。下面,我们将结合自己的理解来定义人工智能。

定义 1.1　智能(intelligence)

人的智能是他们理解和学习事物的能力,或者说,智能是思考和理解能力,而不是本能做事的能力。

另一种定义为:智能是一种应用知识处理环境的能力或由目标准则衡量的抽象思考能力。

定义 1.2　智能机器(intelligent machine)

智能机器是一种能够呈现出人类智能行为的机器。而这种智能行为是人类用大脑考虑问题或创造思想。

另一种定义为:智能机器是一种能够在不确定环境中执行各种拟人任务(anthropomorphic tasks)达到预期目标的机器。

定义 1.3　人工智能(能力)

人工智能(能力)是智能机器所执行的通常与人类智能有关的智能行为,这些智能行为涉及学习、感知、思考、理解、识别、判断、推理、证明、通信、设计、规划、行动和问题求解等活动。

1950 年图灵(Turing)设计和进行的著名实验(后来被称为图灵实验,Turing test),提出并部分回答了"机器能否思维"的问题,也是对人工智能的一个很好的注释。

定义 1.4　人工智能(学科)

长期以来,人工智能研究者们认为:人工智能(学科)是计算机科学中涉及研究、设计和应用智能机器的一个分支。它的近期主要目标在于研究用机器来模仿和执行人脑的某些智力功能,并开发相关理论和技术。

近年来,许多人工智能和智能系统研究者认为:人工智能(学科)是智能科学

(intelligence science)中涉及研究、设计及应用智能机器和智能系统的一个分支,而智能科学是一门与计算机科学并行的学科。

人工智能到底属于计算机科学还是智能科学,可能还需要一段时间的探讨与实践,而实践是检验真理的标准,实践将做出权威的回答。

下面给出两个新近提供的定义。

定义 1.5 人工智能是能够执行通常需要人类智能的任务,诸如视觉感知、语音识别、决策和语言翻译的计算机系统理论和开发(Google,2017)。

简单地说,人工智能指的是应用计算机做通常需要人类智能的事。

定义 1.6 人工智能是具有学习机理的软件或计算机程序,它应用知识对新的情况进行如同人类所做的决策。构建这种软件的研究者力图编写代码来阅读图像、文本、视频或音频,并从中学习某些东西。一旦机器能够学习,知识就能够用于别的地方(Quartz,2017)。

换句话说,人工智能是机器应用算法进行数据学习和使用所学进行如同人类进行决策的能力。不过,与人类不同的是,人工智能机器不需要休息,能够一次全部分析大量信息,其误差率明显低于执行同样任务的人类计算员。

1.1.2 人工智能的起源与发展

不妨按时期来说明国际人工智能的发展过程,尽管这种时期划分方法有时难以严谨,因为许多事件可能跨接不同时期,另外一些事件虽然时间相隔甚远但又可能密切相关。

1. 孕育时期(1956 年前)

人类对智能机器和人工智能的梦想和追求可以追溯到 3000 多年前。早在我国西周时代(公元前 1066—前 771 年),就流传有关巧匠偃师献给周穆王一个歌舞艺伎的故事。作为第一批自动化动物之一的能够飞翔的木鸟是在公元前 400—前 350 年间制成的。在公元前 2 世纪出现的书籍中,描写过一个具有类似机器人角色的机械化剧院,这些人造角色能够在宫廷仪式上进行舞蹈和列队表演。我国东汉时期(公元 25—220 年),张衡发明的指南车是世界上最早的机器人雏形。

我们不打算列举 3000 多年来人类在追梦智能机器和人工智能道路上的万千遐想、实践和成果,而是跨越 3000 年转到 20 世纪。时代思潮直接帮助科学家去研究某些现象。对于人工智能的发展来说,20 世纪 30 年代和 40 年代的智能界,发生了两件最重要的事:数理逻辑(它从 19 世纪末起就获得迅速发展)和关于计算的新思想。弗雷治(Frege)、怀特赫德(Whitehead)、罗素(Russell)和塔斯基(Tarski)及另外一些人的研究表明,推理的某些方面可以用比较简单的结构加以形式化。1913 年,年仅 19 岁的维纳(Wiener)在他的论文中把数理关系理论简化为类理论,为发展数理逻辑做出贡献,并向机器逻辑迈进一步,与后来图灵(Turing)提出的逻辑机不谋而合。1948 年维纳创立的控制论(cybernetics),对人工智能早期思潮产生了重要影响,后来成为人工智能行为主义学派。数理逻辑仍然是人工智能研究的一个活跃领域,其部分原因是一些逻辑演绎系统已经在计算机上实现过。不过,即使在计算机出现之前,逻辑推理的数学公式就为人们建立了计算与智能关系的概念。

丘奇(Church)、图灵和其他一些人关于计算本质的思想,提供了形式推理概念与即将发明的计算机之间的联系。在这方面的重要工作是关于计算和符号处理的理论概念。1936

年,年仅26岁的图灵创立了自动机理论(后来人们又称为图灵机),提出一个理论计算机模型,为电子计算机设计奠定基础,促进人工智能,特别是思维机器的研究。第一批数字计算机(实际上为数字计算器)看来不包含任何真实智能。早在这些机器设计之前,丘奇和图灵就已发现,数字并不是计算的主要方面,它们仅仅是一种解释机器内部状态的方法。被称为人工智能之父的图灵,不仅创造了一个简单、通用的非数字计算模型,而且直接证明了计算机可能以某种被理解为智能的方法工作。

事过20年之后,道格拉斯·霍夫施塔特(Douglas Hofstadter)在1979年写的《永恒的金带》(*An Eternal Golden Braid*)一书中对这些逻辑和计算的思想及它们与人工智能的关系给予了透彻而又引人入胜的解释。

麦卡洛克(McCulloch)和皮茨(Pitts)于1943年提出的"似脑机器"(mindlike machine)是世界上第一个神经网络模型(称为MP模型),开创了从结构上研究人类大脑的途径。神经网络连接机制,后来发展为人工智能连接主义学派的代表。

值得一提的是控制论思想对人工智能早期研究的影响。正如艾伦·纽厄尔(Allen Newell)和赫伯特·西蒙(Herbert Simon)在他们的优秀著作《人类问题求解》(*Human Problem Solving*)的"历史补篇"中指出的那样,20世纪中叶人工智能的奠基者们在人工智能研究中出现了几股强有力的思潮。维纳、麦卡洛克和其他一些人提出的控制论和自组织系统的概念集中地讨论了"局部简单"系统的宏观特性。尤其重要的是,1948年维纳所著的《控制论——或关于动物和机器中控制和通信的科学》一书,不但开创了近代控制论,而且为人工智能的控制论学派(即行为主义学派)树立了新的里程碑。控制论影响了许多领域,因为控制论的概念跨接了许多领域,把神经系统的工作原理与信息理论、控制理论、逻辑及计算联系起来。控制论的这些思想是时代思潮的一部分,而且在许多情况下影响了许多早期和近期的人工智能工作者,成为他们的指导思想。

从上述情况可以看出,人工智能开拓者们在数理逻辑、计算本质、控制论、信息论、自动机理论、神经网络模型和电子计算机等方面做出的创造性贡献,奠定了人工智能发展的理论基础,孕育了人工智能的胎儿。人们将很快听到人工智能婴儿呱呱坠地的哭声,看到这个宝贝降临人间的可爱身影!

2. 形成时期(1956—1970年)

到了20世纪50年代,人工智能已躁动于人类科技社会的母胎,即将分娩。1956年夏季,年轻的美国数学家和计算机专家麦卡锡(McCarthy)、数学家和神经学家明斯基(Minsky)、IBM公司信息中心主任朗彻斯特(Lochester)及贝尔实验室信息部数学家和信息学家香农(Shannon)共同发起,邀请IBM公司莫尔(More)和塞缪尔(Samuel)、麻省理工学院(MIT)的塞尔夫里奇(Selfridge)和索罗蒙夫(Solomonff),以及兰德公司和卡内基·梅隆大学(CMU)的纽厄尔(Newell)和西蒙(Simon)共10人,在美国的达特茅斯(Dartmouth)学院举办了一次长达2个月的研讨会,认真热烈地讨论用机器模拟人类智能的问题。会上,由麦卡锡提议正式使用了"人工智能"这一术语。这是人类历史上第一次人工智能研讨会,标志着国际人工智能学科的诞生,具有十分重要的历史意义。这些从事数学、心理学、信息论、计算机科学和神经学研究的杰出年轻学者,后来都成为著名的人工智能专家,为人工智能的发展做出了重要贡献。

最终把这些不同思想连接起来的是由巴贝奇(Babbage)、图灵、冯·诺依曼(von

Neumann)和其他一些人所研制的计算机本身。在机器的应用成为可行之后不久,人们就开始试图编写程序以解决智力测验难题、数学定理和其他命题的自动证明、下棋及把文本从一种语言翻译成另一种语言。这是第一批人工智能程序。对于计算机来说,促使人工智能发展的是什么?是出现在早期设计中的许多与人工智能有关的计算概念,包括存储器和处理器的概念、系统和控制的概念及语言的程序级别的概念。不过,引起新学科出现的新机器的惟一特征是这些机器的复杂性,它促进了对描述复杂过程方法的新的更直接的研究(采用复杂的数据结构和具有数以百计的不同步骤的过程来描述这些方法)。

1965 年,被誉为"专家系统和知识工程之父"的费根鲍姆(Feigenbaum)所领导的研究小组,开始研究专家系统,并于 1968 年研究成功第一个专家系统 DENDRAL,用于质谱仪分析有机化合物的分子结构。后来又开发出其他一些专家系统,为人工智能的应用研究做出开创性贡献。

被誉为"国际模式识别之父"的傅京孙(King-sun Fu)除了在句法模式识别方面的创新性贡献外,又于 1965 年把人工智能的启发式推理规则用于学习控制系统,并论述了人工智能与自动控制的交接关系,为智能控制做出奠基性贡献,成为国际公认的"智能控制奠基者"。

1969 年召开了第一届国际人工智能联合会议(International Joint Conference on AI, IJCAI),标志着人工智能作为一门独立学科登上国际学术舞台。此后,IJCAI 每两年召开一次。1970 年《人工智能》(*International Journal of AI*)国际杂志创刊。这些事件对开展人工智能国际学术活动和交流、促进人工智能的研究和发展起到积极作用。

上述事件表明,人工智能经历了从诞生到成人的热烈(形成)期,已成为一门独立学科,为人工智能建立了良好的环境,打下进一步发展的重要基础。虽然人工智能在前进的道路上仍将面临不少困难和挑战,但是有了这个基础,就能够迎接挑战,抓住机遇,推动人工智能不断发展。

3. 暗淡时期(1966—1974 年)

在形成期和后面的知识应用期之间,交叠地存在一个人工智能的暗淡(低潮)期。在取得"热烈"发展的同时,人工智能也遇到一些困难和问题。

一方面,由于一些人工智能研究者被"胜利冲昏了头脑",盲目乐观,对人工智能的未来发展和成果做出了过高的预言,而这些预言的失败,给人工智能的声誉造成重大伤害。同时,许多人工智能理论和方法未能得到通用化和推广应用,专家系统也尚未获得广泛开发。因此,看不出人工智能的重要价值。究其原因,当时的人工智能主要存在下列三个局限性。

(1)知识局限性。早期开发的人工智能程序包含太少的主题知识,甚至没有知识,而且只采用简单的句法处理。例如,对于自然语言理解或机器翻译,如果缺乏足够的专业知识和常识,就无法正确处理语言,甚至会产生令人啼笑皆非的翻译。

(2)解法局限性。人工智能试图解决的许多问题因其求解方法和步骤的局限性,往往使得设计的程序在实际上无法求得问题的解答,或者只能得到简单问题的解答,而这种简单问题并不需要人工智能的参与。

(3)结构局限性。用于产生智能行为的人工智能系统或程序存在一些基本结构上的严重局限,如没有考虑不良结构、无法处理组合爆炸问题,因而只能用于解决比较简单的问题,影响到推广应用。

另一方面,科学技术的发展对人工智能提出新的要求甚至挑战。例如,当时认知生理学研究发现,人类大脑含有 10^{11} 个以上神经元,而人工智能系统或智能机器在现有技术条件下无法从结构上模拟大脑的功能。此外,哲学、心理学、认知生理学和计算机科学各学术界,对人工智能的本质、理论和应用各方面,一直抱有怀疑和批评,也使人工智能四面楚歌。例如,1971 年英国剑桥大学数学家詹姆士(James)按照英国政府的旨意,发表了一份关于人工智能的综合报告,声称"人工智能不是骗局,也是庸人自扰"。在这个报告的影响下,英国政府削减了人工智能研究经费,解散人工智能研究机构。在人工智能学科的发源地美国,连在人工智能研究方面颇有影响的 IBM 公司,也被迫取消了该公司的所有人工智能研究。由此可见一斑,人工智能研究在世界范围内陷入困境,处于低潮。

任何事物的发展都不可能一帆风顺,冬天过后,春天就会到来。通过总结经验教训,开展更为广泛、深入和有针对性的研究,人工智能必将走出低谷,迎来新的发展时期。

4. 知识应用时期(1970—1988 年)

费根鲍姆(Feigenbaum)研究小组自 1965 年开始研究专家系统,并于 1968 年研究成功第一个专家系统 DENDRAL。1972—1976 年,他们又开发成功 MYCIN 医疗专家系统,用于抗生素药物治疗。此后,许多著名的专家系统,如斯坦福国际人工智能研究中心的杜达(Duda)开发的 PROSPECTOR 地质勘探专家系统、拉特格尔大学的 CASNET 青光眼诊断治疗专家系统、MIT 的 MACSYMA 符号积分和数学专家系统,以及 R1 计算机结构设计专家系统、ELAS 钻井数据分析专家系统和 ACE 电话电缆维护专家系统等被相继开发,为工矿数据分析处理、医疗诊断、计算机设计、符号运算等提供了强有力的工具。在 1977 年举行的第五届国际人工智能联合会议上,费根鲍姆正式提出了知识工程(knowledge engineering)的概念,并预言 20 世纪 80 年代将是专家系统蓬勃发展的时代。

事实果真如此,整个 80 年代,专家系统和知识工程在全世界得到迅速发展。专家系统为企业等用户赢得巨大的经济效益。例如,第一个成功应用的商用专家系统 R1,1982 年开始在美国数字装备集团公司(DEC)运行,用于进行新计算机系统的结构设计。到 1986 年,R1 每年为该公司节省了 400 万美元。到 1988 年,DEC 公司的人工智能团队开发了 40 个专家系统。更有甚者,杜珀公司已使用 100 个专家系统,正在开发 500 个专家系统。几乎每个美国大公司都拥有自己的人工智能小组,并应用专家系统,或投资专家系统技术。在 80 年代,日本和西欧也争先恐后地投入对专家系统的智能计算机系统的开发,并应用于工业部门。其中,日本于 1981 年发布的"第五代智能计算机计划"就是一例。在开发专家系统过程中,许多研究者获得共识,即人工智能系统是一个知识处理系统,而知识表示、知识利用和知识获取则成为人工智能系统的三个基本问题。

5. 协同发展时期(1986—2010 年)

到 20 世纪 80 年代后期,各个争相进行的智能计算机研究计划先后遇到严峻挑战和困难,无法实现其预期目标。这促使人工智能研究者们对已有的人工智能和专家系统思想和方法进行反思。已有的专家系统存在缺乏常识、应用领域狭窄、知识获取困难、推理机制单一、未能分布处理等问题。他们发现,困难反映出人工智能和知识工程的一些根本问题,如交互问题、扩展问题和体系问题等,都没有很好解决。对存在问题的探讨和对基本观点的争论,有助于人工智能摆脱困境,迎来新的发展机遇。

人工智能应用技术应当以知识处理为核心,实现软件的智能化。知识处理需要对应用领域和问题求解任务有深入的理解,扎根于主流计算环境。只有这样,才能促使人工智能研究和应用走上持续发展的道路。

20世纪80年代后期以来,机器学习、计算智能、人工神经网络和行为主义等研究的深入开展,不时形成高潮。有别于符号主义的连接主义和行为主义的人工智能学派也乘势而上,获得新的发展。不同人工智能学派间的争论推动了人工智能研究和应用的进一步发展。以数理逻辑为基础的符号主义,从命题逻辑到谓词逻辑再至多值逻辑,包括模糊逻辑和粗糙集理论,已为人工智能的形成和发展做出历史性贡献,并已超出传统符号运算的范畴,表明符号主义在发展中不断寻找新的理论、方法和实现途径。传统人工智能(我们称之为AI)的数学计算体系仍不够严格和完整。除了模糊计算外,近年来,许多模仿人脑思维、自然特征和生物行为的计算方法(如神经计算、进化计算、自然计算、免疫计算和群计算等)已被引入人工智能学科。我们把这些有别于传统人工智能的智能计算理论和方法称为计算智能(computational intelligence,CI)。计算智能弥补了传统AI缺乏数学理论和计算的不足,更新并丰富了人工智能的理论框架,使人工智能进入一个新的发展时期。人工智能不同观点、方法和技术的集成,是人工智能发展所必需,也是人工智能发展的必然。

在这个时期,特别值得一提的是神经网络的复兴和智能真体(intelligent agent)的突起。

麦卡洛克和皮茨1943年提出的"似脑机器",构造了一个表示大脑基本组成的神经元模型。由于当时神经网络的局限性,特别是硬件集成技术的局限性,使人工神经网络研究在20世纪70年代进入低潮。直到1982年霍普菲尔德(Hopfield)提出离散神经网络模型,1984年又提出连续神经网络模型,促进了人工神经网络研究的复兴。布赖森(Bryson)和何(He)提出的反向传播(back propagation,BP)算法及鲁梅尔哈特(Rumelhart)和麦克莱伦德(McClelland)1986年提出的并行分布处理(parallel distributed processing,PDP)理论是人工神经网络研究复兴的真正推动力,人工神经网络再次出现研究热潮。1987年在美国召开了第一届神经网络国际会议,并发起成立了国际神经网络学会(INNS)。这表明神经网络已置身于国际信息科技之林,成为人工智能的一个重要子学科。如果人工神经网络硬件能够在大规模集成上取得突破,那么其作用不可估量。

智能真体(以前称为智能主体)是20世纪90年代随着网络技术特别是计算机网络通信技术的发展而兴起的,并发展为人工智能又一个新的研究热点。人工智能的目标就是要建造能够表现出一定智能行为的真体,因此,真体(agent)应是人工智能的一个核心问题。人们在人工智能研究过程中逐步认识到,人类智能的本质是一种具有社会性的智能,社会问题,特别是复杂问题的解决需要各方面人员共同完成。人工智能,特别是比较复杂的人工智能问题的求解也必须要各个相关个体协商、协作和协调来完成。人类社会中的基本个体"人"对应于人工智能系统中的基本组元"真体",而社会系统所对应的人工智能"多真体系统"也就成为人工智能新的研究对象。

上述这些新出现的人工智能理论、方法和技术,其中包括人工智能三大学派,即符号主义、连接主义和行为主义,已再不是单枪匹马打天下,而是携手合作,优势互补,走协同发展的康庄大道。人工智能学界那种势不两立的激烈争论局面,可能一去不复返了。

6. 融合发展时期(2011年至今)

人类进入21世纪后,迎来了第二次机器革命的新时期和人工智能的新时代。这个新时期和新时代的重要特征是:初步形成人工智能产业化基础,人工智能企业数量大幅增长；人工智能的投融资环境空前看好，投融资金额不断攀升；国家出台先进工业与科技政策助推人工智能发展，人工智能行业发展机遇空前；人工智能产业化技术起点更高，感知智能领域相对成熟，认知智能有待突破；人工智能人才紧缺，高端人工智能人才争夺激烈等。

上述特征能够保证人工智能产业化持续发展，保证新一代人工智能产业起点高、规模大、质量优、平稳快速地全面发展。

与人工智能历史上各次发展时期不同的是，实现人工智能各个核心技术的大融合及人工智能与实体经济的深度融合。知识(如原知识、宏知识、专业知识和常识)、算法(如深度学习算法和进化算法)、大数据(如海量数据和活数据)、网络(互联网和物联网)、云计算、算力(如超大规模集成 CPU 和 GPU)的快速发展及其相互渗透，促进人工智能进入一个崭新的融合发展新时期，推动新一代人工智能科技与产业前所未有地蓬勃发展。

上述人工智能融合发展过程是逐步形成的。计算智能的出现使人工智能与数据紧密结合；智能计算实现了"知识＋算法＋数据"的融合；大数据为"知识＋大数据＋算法"的融合创造条件；网络的升级使"知识＋大数据＋算法＋网络"的人工智能融合成为可能。

算法研究的突破性进展为人工智能注入了新的活力，其中尤以深度学习(deep learning)算法最为突出。十多年来，深度学习的研究逐步深入，并已在自然语言处理和图像处理等领域获得比较广泛的应用。这些研究成果活跃了学术氛围，推动了机器学习和整个人工智能的发展。

2006 年，加拿大多伦多大学杰弗里•欣顿(Geoffrey Hinton)提出：①多隐含层的人工神经网络具有非常突出的特征学习能力，得到的特征数据能够更深层次和有效地描述数据的本质特征。②深度神经网络在训练上的难度可以通过"逐层预训练"(layer-wise pre-training)来有效克服。这些思想开启了深度学习在学术界和工业界的研究与应用热潮。深度学习算法已在图像处理、语音识别和大数据处理等领域获得日益广泛的应用。

人工智能已获得越来越广泛的应用，深入渗透到其他学科和科学技术领域，为这些学科和领域的发展做出功不可没的贡献，并为人工智能理论和应用研究提供新的思路与借鉴。例如，对生物信息学、生物机器人学和基因组的研究就是如此。

产业的提质改造与升级、智能制造和服务民生的需求，促进了人工智能产业的发展，一股人工智能产业化的热潮正在全球汹涌澎湃，席卷全世界。人工智能的新成果层出不穷，广泛深入各产业和日常生活。例如，2022 年 11 月 30 日，美国开放人工智能研究中心(OpenAI)发布的聊天机器人程序 ChatGPT，是人工智能技术驱动的自然语言处理工具，它能够通过学习和理解人类的语言来进行对话，还能根据聊天的上下文进行互动，真正像人类一样来聊天交流，甚至能完成撰写邮件、视频脚本、文案、代码及翻译等任务。展望新时期人工智能发展的新趋势，可以归纳出下列几个热点：人工智能核心技术加速突破，人工智能产业强劲发展；智能化应用场景从单一向多元发展；人工智能和实体经济深度融合进程进一步加快；智能服务呈现线下和线上的无缝结合；逐步实现人工智能的全产业链布局；加快高素质人工智能人才培养步伐；重视开发应用人工智能共享平台；加快人工智能法律研究与建设等。

我们有理由相信，在人工智能发展新时期，人工智能一定能创造出更多更大的新成果，开创人工智能融合发展的新时期。

1.1.3　中国人工智能的发展

中国的人工智能到底经历了怎样的发展过程？

与国际上人工智能的发展情况相比，中国的人工智能研究不仅起步较晚，而且发展道路曲折坎坷，历经了质疑、批评甚至打压的十分艰难的发展历程。直到改革开放之后，中国人工智能才逐渐走上发展之路。

1. 迷雾重重

20 世纪 50—60 年代，人工智能在西方国家得到重视和发展，而在苏联却受到批判，将其斥为"资产阶级的反动伪科学"。20 世纪 60 年代后期和 70 年代，虽然苏联解禁了控制论和人工智能，但因中苏关系恶化，中国学术界将苏联的这种解禁斥之为"修正主义"，人工智能研究继续停滞。那时，人工智能在中国要么受到质疑，要么与"特异功能"一起受到批判。

1978 年 3 月，全国科学大会提出"向科学技术现代化进军"的战略决策，开启了思想解放的先河，促进中国科学事业的发展，使中国科技事业迎来了科学的春天，人工智能也在酝酿着进一步的解禁。

80 年代初期，中国的人工智能研究进一步活跃起来。但是，由于当时社会上把"人工智能"与"特异功能"混为一谈，使中国人工智能走过一段很长的弯路。

2. 艰难起步

20 世纪 70 年代末至整个 80 年代，知识工程和专家系统在欧美发达国家得到迅速发展，并取得重大的经济效益。而在中国仍然处于艰难起步阶段。不过，一些人工智能的基础性工作得以开展。

（1）派遣留学生出国研究人工智能

改革开放后，自 1980 年起中国派遣大批留学生赴西方发达国家研究现代科技，学习科技新成果，其中包括人工智能和模式识别等学科领域。这些人工智能"海归"专家，已成为中国人工智能研究与开发应用的学术带头人和中坚力量，为发展中国人工智能做出举足轻重的贡献。

（2）成立中国人工智能学会

1981 年 9 月，来自全国各地的科学技术工作者 300 余人在长沙出席了中国人工智能学会（CAAI）成立大会，秦元勋当选第一任理事长。1982 年，中国人工智能学会刊物《人工智能学报》在长沙创刊，成为中国首份人工智能学术刊物。

直到 2004 年，中国人工智能学会才得以"返祖归宗"，挂靠到中国科学技术协会。这足以表明 CAAI 成立后经历的 20 多年岁月是多么艰辛。

（3）开始人工智能的相关项目研究

20 世纪 70 年代末至 80 年代前期，一些人工智能相关项目已经纳入国家科研计划，这表明中国人工智能研究已开始起步，打开了思想禁区。

3. 迎来曙光

20 世纪 80 年代中期，中国的人工智能迎来曙光，开始走上比较正常的发展道路。国防科工委于 1984 年召开了全国智能计算机及其系统学术讨论会，1985 年又召开了全国首届第五代计算机学术研讨会。1986 年起把智能计算机系统、智能机器人和智能信息处理等重大项目列入国家高技术研究发展计划(863 计划)。

1986 年前后,清华大学校务委员会经过三次讨论后,决定同意在清华大学出版社出版《人工智能及其应用》。科学出版社也同意出版该专著。1987 年 7 月《人工智能及其应用》在清华大学出版社公开出版,成为中国首部具有自主知识产权的人工智能专著,标志着中国人工智能著作的开禁。中国首部人工智能、机器人学和智能控制著作分别于 1987 年、1988 年和 1990 年问世。1988 年 2 月,主管国家科技工作的国务委员兼国家科委主任宋健亲笔致信蔡自兴,对《人工智能及其应用》的公开出版和人工智能学科给予高度评价,体现出他对发展中国人工智能的关注和对作者的鼓励,对中国人工智能的发展产生了重大和深远的影响。

1987 年《模式识别与人工智能》杂志创刊。1989 年首次召开了中国人工智能控制联合会议(CJCAI),至 2004 年共召开了 8 次。此外,还联合召开了六届中国机器人学联合会议。1993 年起,将智能控制和智能自动化等项目列入国家科技攀登计划。

4. 蓬勃发展

进入 21 世纪后,更多的人工智能与智能系统研究课题获得国家自然科学基金重点项目和重大项目、国家 863 计划和 973 计划项目、科技部科技攻关项目、工信部重大项目等各种国家基金计划支持,并与中国国民经济和科技发展的重大需求相结合,力求为国家做出更大贡献。

2006 年 8 月,中国人工智能学会联合兄弟学会和有关部门,在北京举办了“庆祝人工智能学科诞生 50 周年”大型庆祝活动。除了人工智能国际会议外,纪念活动的一台重头戏是由中国人工智能学会主办的首届中国象棋计算机博弈锦标赛暨首届中国象棋人机大战。同年,《智能系统学报》创刊,这是继《人工智能学报》和《模式识别与人工智能》之后中国第 3 份人工智能类期刊。它们为国内人工智能学者和高校师生提供了一个学术交流平台,对我国人工智能研究与应用起到促进作用。

5. 国家战略

从 2014 年起,中国的人工智能已发展成为国家战略。国家最高领导人发表重要讲话,对发展中国人工智能给予高屋建瓴的指示与支持。

2016 年 5 月,国家发改委和科技部等 4 部门联合印发《“互联网＋”人工智能三年行动实施方案》,明确未来 3 年智能产业的发展重点与具体扶持项目,进一步体现出人工智能已被提升至国家战略高度。

2016 年 4 月由中国人工智能学会发起,联合 20 余家国家一级学会,在北京举行“2016 全球人工智能技术大会暨人工智能 60 周年纪念活动启动仪式”。这次活动恰逢国际人工智能诞辰 60 周年,谷歌 AlphaGo 与世界围棋冠军李世石上演“世纪人机大战”,将人工智能的关注度推到了前所未有的高度。启动仪式共同庆祝国际人工智能诞辰 60 周年,传承和弘扬人工智能的科学精神,开启智能化时代的新征程。

2017 年 7 月 8 日,中华人民共和国国务院发布《新一代人工智能发展规划》,提出了面向 2030 年中国新一代人工智能发展的指导思想、战略目标、重点任务和保障措施,部署构筑中国人工智能发展的先发优势,加快建设创新型国家和世界科技强国。

国家最高领导人对人工智能的高度评价和对发展中国人工智能的指示,《新一代人工智能发展规划》和《"互联网＋"人工智能三年行动实施方案》的发布与实施,体现了中国已把人工智能技术提升到国家发展战略的高度,为人工智能的发展创造了前所未有的优良环境,也赋予人工智能艰巨而光荣的历史使命。

2019年3月19日,习近平总书记主持召开了中央全面深化改革委员会第七次会议,通过了《关于促进人工智能和实体经济深度融合的指导意见》,提出构建"智能经济形态"的决策。2020年3月4日,中共中央政治局常务委员会会议强调要加快推进包括人工智能在内的新型基础设施建设(新基建),对于全面夯实人工智能基础建设,更好地服务经济和社会,具有重大意义。

现在,人工智能已发展成为国家发展战略,中国已有数以十万计的科技人员和高等院校师生从事不同层次人工智能相关领域的研究、学习、开发与应用,人工智能研究与应用已在中国空前开展,在机器定理证明、机器学习、机器博弈、自动规划、虹膜识别、语音识别、进化优化、可拓数据挖掘等方面取得一些重要成果,具有较大的国际影响力;2009年以来中国人工智能论文发表总量一直居世界第一,高被引论文数量居世界第二;2017年以来,中国一直保持人工智能国际专利的第一位置;人工智能产业化勃勃生机,欣欣向荣,已在图像处理、语音识别、智能制造、智慧医疗、智能驾驶等领域落地生根,成果累累,必将为促进其他学科的发展和中国的现代化建设及国际人工智能的发展做出新的重大贡献。

1.2　人工智能的核心要素、学科体系和系统分类

1.2.1　人工智能的核心要素

人工智能的核心要素是什么? 在人工智能学界对此有不尽相同的观点。经过学习与研究后我们认为,从人工智能学科发展的角度看,人工智能应当包含四个核心要素,即知识、数据、算法和算力(计算能力),如图1.1所示。

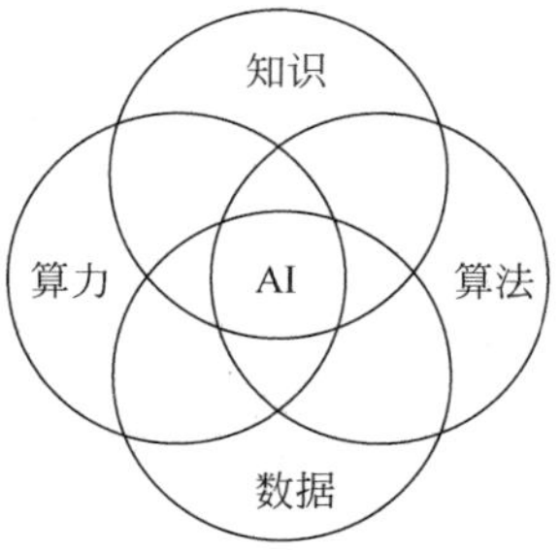

1. 知识

什么是知识? 知识是人工智能之源。知识是人们通过体验、学习或联想而认识的世界客观规律性。

图 1.1　人工智能核心要素示意图

人工智能源于知识,并依赖知识;知识是人工智能的重要基础,专家系统、模糊计算等知识工程都是以知识为基础而发展起来的。

人工智能研究知识就是研究知识表示、知识推理和知识应用问题,而知识获取是知识工程的瓶颈问题。

知识的发展途径:对于知识表示,包括从表层知识表示到深层知识表示、从语言(图)表示到语义表示、从显式表示到隐式表示、从单纯知识表示到知识＋数据表示等方法的发展。对于知识推理,涉及从确定性推理发展到不确定性推理和从经典推理发展到非经典推理等。而对于知识应用,则是从传统知识工程发展到知识＋数据全面融合,如知识库、知识图谱、知识挖掘、知识发现等。

2. 数据

什么是数据？数据是人工智能之基。数据是事实或观察的结果，指所有能输入计算机并被程序处理的数字、字母、符号、影像信号和模拟量等各种介质的总称。

计算智能取决于数据而不是知识；神经计算、进化计算等计算智能都是以数据为基础而发展起来的。

数据已从神经网络的计算智能数据迅速发展到互联网带来的海量数据。

数据的发展途径：从经典数据到大数据、从大数据到活数据、从互联网到物联网及两网发展带来的海量数据、从监督学习和半监督学习到无监督学习和增强学习及通过新的计算架构(GPU 及其并行计算、可编程门阵列、云计算、量子计算、专业人工智能芯片等)获取的数据等。

5G 和 6G 网络(5th and 6th generation mobile networks)使数据传输速度更快、时延更小，应用更广泛与有效。新一代数据将为人工智能的发展做出更大贡献。

3. 算法

什么是算法？算法是人工智能之魂。算法是解题方案准确而完整的描述，是一系列求解问题的清晰指令，代表着用系统方法描述问题求解的策略机制。

简而言之，算法是问题求解的指令描述；深度学习算法、遗传算法等智能算法是算法的代表。

现有算法，如深度学习算法等已经解决了很多实际问题，但认知层的算法研究进展甚微，有待突破。

算法的发展途径：数据＋知识，深度学习与知识图谱、逻辑推理、符号学习相结合，从非结构化或未标记的数据进行无监督学习，开发认知计算、认知决策层算法和类脑计算，发展普适计算(ubiquitous computing)与普适算法，以及进化计算与基于群体迭代进化思想的进化算法等。

4. 算力

什么是算力？算力是人工智能之力。算力即计算能力，机器在数学上的归纳和转化能力，即把抽象复杂的数学表达式或数字通过数学方法转换为可以理解的数学式的能力。

算力的发展途径：创建新的计算架构，包括研发新芯片，如 GPU、FPGA 专业人工智能芯片和神经网络芯片等；开拓新计算，如云计算系统、量子计算机等。此外，并行计算、5G和 6G 网络加速数据计算速度，提高数据处理能力。

计算能力的不断增强和计算速度的不断提高，极大地促进了人工智能的发展，特别是人工智能产业化的蓬勃发展。

以上各个人工智能要素正在逐步走上深度融合发展的道路，但这种融合发展需要一个过程。随着这些要素的迅速发展及其深度融合，人工智能及其产业化的情景十分广阔，必将给人类带来更多、更好和更满意的服务。

5. 人才

知识、数据、算法和算力是人工智能的核心要素，但不是发展人工智能的关键；人工智能的核心要素和技术要通过人发挥作用，发展人工智能的关键是人才。

我们与许多国内外人工智能同行在研究中有共同的发现：人工智能发展存在的问题和

人工智能的基础建设问题,都与人工智能人才问题密不可分。只有培养好足够多的各个层次高素质人工智能人才,才能保证人工智能的顺利发展,攀登国际人工智能的高峰。高素质人工智能人才培养是人工智能科技和人工智能产业赖以发展的强大动力和根本保证。

由于人工智能产业迅速发展,现在专业人才已成为人工智能发展的最大瓶颈,人工智能人才存在很大缺口。据《国际金融报》报道,人工智能尤其是深度学习的人才严重供不应求。即使再增加10倍的毕业生,人才市场也能吸收。

人工智能核心技术的突破推动人工智能发展。知识资源、数据资源、核心算法、运算能力深度融合,协同发展,促进人工智能产业快速发展和国民经济转型升级。

1.2.2 人工智能的学科体系

国际学术界有一种怪现象。世界上存在众多的国际学术组织,例如,电气与电子工程师学会(IEEE)、计算机学会(ACM)、国际自动控制联合会(IFAC)、国际模式识别协会(IAPR)、国际智能计算学会(IEEE CIS)、国际农业联合会(IAF)、国际林业研究组织联盟(IUFRO)等。但是,至今还没有统一的国际人工智能联合会或学会,只有国际人工智能联合会议(IJCAI)。

为什么没有统一的国际人工智能科技学术组织?什么是统一的人工智能的学科体系?值得深思。

基于人工智能核心要素思想,我们提出一种人工智能学科体系的构思,如图1.2所示。

1. 基于知识的人工智能

知识是人工智能之源,早期和新的人工智能发展都离不开知识。

基于知识的人工智能涉及状态空间技术、本体技术、语义网络和框架技术、知识库和知识图谱、消解—反演求解、规则演绎、概率推理、不确定推理、各种基于知识的机器学习(归纳学习、解释学习、类比学习、增强学习等)、模糊逻辑和谓词逻辑系统、各种专家系统(基于规则的、基于框架的、基于模型的专家系统)、Agent和智能规划系统等。

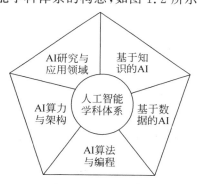

图1.2 人工智能的学科结构示意图

2. 基于数据的人工智能

数据是人工智能之基,数据为人工智能提供原料,并促使人工智能发展到一个更高的技术水平。

基于数据的人工智能包括人工神经网络、深度神经网络、各种基于数据的机器学习(线性回归、决策树、支持向量机、集成学习、聚类、深度学习等)、数据挖掘与知识发现、基于数据库的系统及各种数字系统等。

许多复杂的人工智能问题,只有综合采用基于知识和基于数据的人工智能理论与技术才能解决。

基于知识和数据的人工智能混合系统包括各种基于模拟生物智能优化算法的人工智能系统、仿生进化系统、集成智能系统、智能感知系统(模式识别、语音识别、自然语言理解等)、自主智能系统、脑机接口和人机协同智能系统、人工生命系统等。

3. 人工智能的算法与编程

算法是人工智能的灵魂和决策性内涵,是人工智能程序设计的技术基础。

Python 语言、Java 语言、LISP 语言、Prologue 语言、C++语言、A* 算法、强化学习算法、遗传算法、线性回归算法等是各类人工智能算法的杰出代表。深度学习算法、认知计算与决策算法、类脑计算、普适计算、进化计算与基于群体迭代的进化算法等研究已取得进展。此外,还研发出关系数据库、专用开发工具和专用人工智能机等。

4. 人工智能的算力与架构

算力(计算能力)为人工智能提供执行能力,强大的算力是人工智能不可或缺的特征和内涵。

在人工智能基础层,计算机处理器配备的高端部件及芯片组、内存和硬盘是提高计算能力的基本保证。出现了新芯片和新计算(云计算、量子计算)等新的计算架构。并行处理等技术及新一代计算网络(5G 和 6G)极大地提高了人工智能的计算速度。计算能力的不断增强和计算速度的不断提高,有力地促进了人工智能的发展。

5. 人工智能的研究与应用领域

众多的人工智能研究与应用领域,各自具有特有的研究方向、研究内容、应用技术和学科术语。主要领域包括自动定理证明、自动程序设计、自然语言处理、智能检索、智能调度与指挥、机器学习、机器人学、专家系统、智能控制、模式识别、机器视觉、神经网络、机器博弈、分布式智能、计算智能、人工生命、人工智能编程语言及智能制造、智慧医疗、智慧农业、智能金融、智慧城市、智能经济和智能管理等。

1.2.3　人工智能系统的分类

分类学与科学学研究科学技术学科的分类问题,本是十分严谨的学问,但对于一些新学科却很难确切地对其进行分类或归类。例如,至今多数学者把人工智能看作计算机科学的一个分支;但从科学长远发展的角度看,人工智能可能要归类于智能科学的一个分支。智能系统也尚无统一的分类方法,按其作用原理可分为下列几种系统。

1. 专家系统

专家系统(expert system,ES)是人工智能和智能系统应用研究最活跃和最广泛的领域之一。自从 1965 年第一个专家系统 DENDRAL 在美国斯坦福大学问世以来,经过 20 年的研究开发,到 20 世纪 80 年代中期,各种专家系统已遍布各个专业领域,取得很大的成功。现在,专家系统得到更为广泛的应用,并在应用开发中得到进一步发展。

专家系统是把专家系统技术和方法,尤其是工程控制论的反馈机制有机结合而建立的。专家系统已广泛应用于故障诊断、工业设计和过程控制。专家系统一般由知识库、推理机、控制规则集和算法等组成。专家系统所研究的问题一般具有不确定性,是以模仿人类智能为基础的。

2. 模糊逻辑系统

扎德(L. Zadeh)于 1965 年提出的模糊集合理论成为处理现实世界各类物体的方法,意味着模糊逻辑技术的诞生。此后,对模糊集合和模糊控制的理论研究和实际应用获得广泛开展。1965—1975年间,扎德对许多重要概念进行研究,包括模糊多级决策、模糊近似关系、模糊约束和语言学界限等。此后十年许多数学结构借助模糊集合实现模糊化。这些数学结构涉及逻辑、关系、函数、图形、分类、语法、语言、算法和程序等。

模糊逻辑系统是一类应用模糊集合理论的智能系统。模糊逻辑系统的价值可从两个方面来考虑。一方面,模糊逻辑系统提出一种新的机制用于实现基于知识(规则)甚至语义描述的表示、推理和操作规律。另一方面,模糊逻辑系统为非线性系统提出一个比较容易的设计方法,尤其是当系统含有不确定性而且很难用常规非线性理论处理时,更是有效。模糊逻辑系统已经获得十分广泛的应用。

3. 神经网络系统

人工神经网络(artificial neural networks,ANN)研究的先锋麦卡洛克和皮茨曾于1943年提出一种叫作"似脑机器"(mindlike machine)的思想,这种机器可由基于生物神经元特性的互连模型来制造,这就是神经学网络的概念。到了20世纪70年代,格罗斯伯格(Grossberg)和科霍恩(Kohonen)以生物学和心理学证据为基础,提出几种具有新颖特性的非线性动态系统结构和自组织映射模型。沃博斯(Werbos)在70年代开发了一种反向传播算法。霍普菲尔德在神经元交互作用的基础上引入一种递归型神经网络(霍普菲尔德网络)。在20世纪80年代中叶,作为一种前馈神经网络的学习算法,帕克(Parker)和鲁梅尔哈特(Rumelhart)等重新发现了反向传播算法。近十多年来,神经网络,特别是分层神经网络,已在从家用电器到工业对象的广泛领域找到它的用武之地,主要应用涉及模式识别、图像处理、自动控制、机器人、信号处理、管理、商业、医疗和军事等领域。

4. 机器学习系统

学习(learning)是一个非常普遍的术语,人和计算机都通过学习获取和增加知识,改善技术和技巧。具有不同背景的人们对"学习"具有不同的看法和定义。

学习是人类的主要智能之一,在人类进化过程中,学习起到了很大作用。

进入21世纪以来,对机器学习的研究取得新的进展,尤其是一些新的学习方法,如深度学习算法,为学习系统注入新鲜血液,必将推动学习系统研究的进一步开展。

5. 仿生进化系统

科学家和工程师们应用数学和科学来模仿自然,包括人类和生物的自然智能。人类智能已激励出高级计算、学习方法和技术。仿生智能系统就是模仿与模拟人类和生物行为的智能系统。试图通过人工方法模仿人类智能已有很长的历史了。

生物通过个体间的选择、交叉、变异来适应大自然环境。生物种群的生存过程普遍遵循达尔文的物竞天择、适者生存的进化准则。种群中的个体根据对环境的适应能力而被大自然所选择或淘汰。进化过程的结果反映在个体结构上,其染色体包含若干基因,相应的表现型和基因型的联系体现了个体的外部特性与内部机理间的逻辑关系。把进化计算(evolutionary computation),特别是遗传算法(generic algorithm,GA)机制用于人工系统和过程,则可实现一种新的智能系统,即仿生智能系统(bionic intelligent systems)。

6. 群体智能系统

可把群体(swarm)定义为某种交互作用的组织或智能体的结构集合。在群体智能计算研究中,群体的个体组织包括蚂蚁、白蚁、蜜蜂、黄蜂、鱼群和鸟群等。在这些群体中,个体在结构上是很简单的,而它们的集体行为却可能变得相当复杂。社会组织的全局群体行为是由群内个体行为以非线性方式实现的。于是,在个体行为和全局群体行为间存在某个紧密的联系。这些个体的集体行为构成和支配了群体行为。另外,群体行为又决定了个体执行其作用的条件。这些作用可能改变环境,因而也可能改变这些个体自身的行为和它的地位。

群体社会网络结构形成该群体存在的一个集合,它提供了个体间交换经验知识的通信通道。群体社会网络结构的一个惊人的结果是它们在建立最佳蚁巢结构、分配劳力和收集食物等方面的组织能力。群体计算建模已获得许多成功的应用,从不同的群体研究得到不同的应用。

7. 分布式智能系统

计算机技术、人工智能、网络技术的出现与发展,突破了集中式系统的局限性,并行计算和分布式处理等技术(包括分布式人工智能)和多真体系统(multiple agent system,MAS)应运而生。可把智能体看作能够通过传感器感知其环境,并借助执行器作用于该环境的任何事物。当采用分布式智能系统进行操作时,其操作原理随着真体结构的不同而有所差异,难以给出一个通用的或统一的分布式智能系统结构。

分布式智能系统具有分布式系统的许多特性,如交互性、社会性、协作性、适应性和分布性等。分布式智能系统包括移动(migration)分布式系统、分布式智能、计算机网络、通信、移动模型和计算、编程语言、安全性、容错和管理等关键技术。

分布式智能系统已获得十分广泛的应用,涉及机器人协调、过程控制、远程通信、柔性制造、网络通信、网络管理、交通控制、电子商务、数据库、远程教育和远程医疗等。

8. 集成智能系统

前面介绍的几种智能系统,各自具有固有优点和缺点。例如,模糊逻辑擅长于处理不确定性,神经网络主要用于学习,进化计算是优化的高手。在真实世界中,不仅需要不同的知识,而且需要不同的智能技术。这种需求导致了混合智能系统的出现。单一智能机制往往无法满足一些复杂、未知或动态系统的系统要求,就需要开发某些混合的(或称为集成的、综合的、复合的)智能技术和方法,以满足现实问题提出的要求。

集成智能系统在相当长的一段时间成为智能系统研究与发展的一种趋势,各种集成智能方案如雨后春笋般破土而出,纷纷面世。集成能否成功,不仅取决于结合前各方的固有特性和结合后"取长补短"或"优势互补"的效果,而且也需要经受实际应用的检验。

9. 自主智能系统

自主意味着具有自我管理的能力。自主智能系统是一类能够通过先进的人工智能技术进行操作而无需人工干预的人工系统。自主智能系统也是由机械、控制、计算机、通信、材料等多种技术融合而成的复杂系统。自主性和智能性是自主智能系统最重要的两个特征。利用人工智能的各种技术,如图像识别、人机交互、智能决策、推理和学习,是实现和不断提高系统这两个特征的最有效的方法。近年来,随着航天技术、深海探测技术、智能制造和智能交通技术的发展,自主智能系统的研发达到前所未有的高度和深度,也促进了人工智能技术的发展。

人工智能无疑是发展自主智能系统的关键技术之一。自主智能系统是人工智能的重要应用之一,其发展可大大推动人工智能技术的创新。各种类型的自主智能系统,包括无人车、无人机、服务机器人、空间机器人、海洋机器人和无人车间/智能工厂,将对人类生活和社会产生显著影响。

10. 人机协同智能系统

人机协同智能系统通过人机交互实现人类智慧与人工智能的有机结合。人机协同智能是混合智能及人脑机理研究的高级应用,也是混合智能研究发展的必然趋势。人机协同智能意味着人脑和机器完全融为一体,解决了底层的信号采集、信号解析、信息互通、信息融合及智能决策等关键技术问题,使人脑和机器真正地成为一个完整的系统。在人机协同智能的研究方法中,人类智慧的表现方式有所不同。有的研究以数据形式来表达,通过使用人类智慧形成的数据训练机器智能模型来达到人机协同的目标。这种协同方式通常采用离线融合的方式,即人类智慧不能实时地对机器智能进行指导和监督。例如,基于互适应脑机接口系统,利用大脑给出奖惩机制进行调节,机器通过强化学习算法自适应调整机械臂控制参数,实现人机协同的机械臂运动控制。这种类型的混合智能将人类智慧集成到人工智能中,弥补现有人工智能技术的缺陷,并可收集人类的反馈,实现系统不断学习的良性改善循环。

此外,还可以按照应用领域来对智能系统进行分类,如智能机器人系统、智能决策系统、智能制造系统、智能控制系统、智能规划系统、智能交通系统、智能管理系统、智能家电系统等。

1.3 人工智能的研究目标和内容

人工智能的研究目标包括近期研究目标和远期研究目标,是人工智能学界长期关注与探讨的重要问题,人工智能的研究内容也与时俱进,不断丰富和更新。本节探讨人工智能的研究目标和主要研究内容。

1.3.1 人工智能的研究目标

在前面定义人工智能学科和能力时,我们曾指出:人工智能的近期研究目标在于"研究用机器来模仿和执行人脑的某些智力功能,并开发相关理论和技术"。而且这些智力功能涉及"学习、感知、思考、理解、识别、判断、推理、证明、通信、设计、规划、行动和问题求解等活动"。下面进一步探讨人工智能的研究目标问题。

人工智能的一般研究目标为:

(1) 更好地理解人类智能,通过编写程序来模仿和检验有关人类智能的理论。

(2) 创造有用的灵巧程序,该程序能够执行一般需要人类专家才能实现的任务。

一般地,人工智能的研究目标又可分为近期研究目标和远期研究目标两种。

人工智能的近期研究目标是建造智能计算机以代替人类的某些智力活动。通俗地说,就是使现有的计算机更聪明和更有用,使它不仅能够进行一般的数值计算和非数值信息的数据处理,而且能够使用知识和计算智能,模拟人类的部分智力功能,解决传统方法无法处理的问题。为了实现这个近期目标,就需要研究开发能够模仿人类的这些智力活动的相关理论、技术和方法,建立相应的人工智能系统。

　　人工智能的远期研究目标是用自动机模仿人类的思维活动和智力功能。也就是说,是要建造能够实现人类思维活动和智力功能的智能系统。实现这一宏伟目标还任重道远,这不仅是由于当前的人工智能技术远未达到应有的高度,而且还由于人类对自身的思维活动过程和各种智力行为的机理还知之甚少,我们还不知道要模仿问题的本质和机制。

　　人工智能研究的近期目标和远期目标具有不可分割的关系。一方面,近期目标的实现为远期目标研究做好理论和技术准备,打下必要的基础,并增强人们实现远期目标的信心。另一方面,远期目标则为近期目标指明了方向,强化了近期研究目标的战略地位。

　　对于人工智能研究目标,除了上述认识外,还有一些比较具体的提法,例如李艾特(Leeait)和费根鲍姆提出人工智能研究的 9 个"最终目标",包括深入理解人类认知过程、实现有效的智能自动化、有效的智能扩展、建造超人程序、实现通用问题求解、实现自然语言理解、自主执行任务、自学习与自编程、大规模文本数据的存储和处理技术。又如,索罗门(Sloman)给出人工智能的 3 个主要研究目标,即智能行为的有效的理论分析、解释人类智能、构造智能的人工制品。

1.3.2　人工智能研究的基本内容

　　人工智能学科有着十分广泛和极其丰富的研究内容。不同的人工智能研究者从不同的角度对人工智能的研究内容进行分类,例如,基于脑功能模拟、基于不同认知观、基于应用领域和应用系统、基于系统结构和支撑环境等。因此,要对人工智能研究内容进行全面和系统的介绍也是比较困难的,而且可能也是没有必要的。下面综合介绍一些得到诸多学者认同并具有普遍意义的人工智能研究的基本内容。

1. 认知建模

　　浩斯顿(Houston)等把认知归纳为如下 5 种类型:

　　(1) 信息处理过程;

　　(2) 心理上的符号运算;

　　(3) 问题求解;

　　(4) 思维;

　　(5) 诸如知觉、记忆、思考、判断、推理、学习、想象、问题求解、概念形成和语言使用等关联活动。

　　人类的认知过程是非常复杂的。作为研究人类感知和思维信息处理过程的一门学科,认知科学(或称思维科学)就是要说明人类在认知过程中是如何进行信息加工的。认知科学是人工智能的重要理论基础,涉及非常广泛的研究课题。除了浩斯顿提出的知觉、记忆、思考、学习、语言、想象、创造、注意和问题求解等关联活动外,还会受到环境、社会和文化背景等方面的影响。人工智能不仅要研究逻辑思维,而且还要深入研究形象思维和灵感思维,使人工智能具有更坚实的理论基础,为智能系统的开发提供新思想和新途径。

2. 知识表示

　　知识表示、知识推理和知识应用是传统人工智能的三大核心研究内容。其中,知识表示是基础,知识推理实现问题求解,而知识应用是目的。

　　知识表示是把人类知识概念化、形式化或模型化。一般地,就是运用符号知识、算法和状态图等来描述待解决的问题。已提出的知识表示方法主要包括符号表示法和神经网络表示法两种。我们将在第2章中集中讨论知识表示问题,涉及状态空间法、问题归约法、谓词演算法、语义网络法、本体表示法和神经网络表示法等。

3. 知识推理

推理是人脑的基本功能。几乎所有的人工智能领域都离不开推理。要让机器实现人工智能,就必须赋予机器推理能力,进行机器推理。

所谓推理就是从一些已知判断或前提推导出一个新的判断或结论的思维过程。形式逻辑中的推理分为演绎推理、归纳推理和类比推理等。我们将在第3章中探讨逻辑演绎推理的各种方法和技术,并在专家系统和机器学习等后续篇章中研究归纳推理和类比推理等方法。知识推理,包括不确定性推理和非经典推理等,似乎已是人工智能的一个永恒研究课题,仍有很多尚未发现和解决的问题值得研究。

4. 计算智能

信息科学与生命科学的相互交叉、相互渗透和相互促进是现代科学技术发展的一个显著特点。计算智能是一个有说服力的示例。计算智能涉及神经计算、模糊计算、进化计算、粒群计算、蚁群算法、自然计算、免疫计算和人工生命等领域,它的研究和发展正反映了当代科学技术多学科交叉与集成的重要发展趋势。

人类的所有发明几乎都有它们的自然界配对物。原子能科技与出现在星球上的热核爆炸相对应;各种电子脉冲系统则与人类神经系统的脉冲调制相似;蝙蝠的声呐和海豚的发声启发人类发明了声呐传感器和雷达;鸟类的飞行行为激发人类发明了飞机和飞船。科学家和工程师们应用数学和科学来模仿自然、扩展自然。人类智能已激励出计算智能的计算理论、方法和技术,我们将在第5章和第6章探讨计算智能的主要分支。

5. 知识应用

人工智能能否获得广泛应用是衡量其生命力和检验其生存力的重要标志。20世纪70年代,正是专家系统的广泛应用,使人工智能走出低谷,获得快速发展。后来的机器学习和近年来的自然语言理解应用研究取得重大进展,又促进人工智能的进一步发展。当然,应用领域的发展是离不开知识表示和知识推理等基础理论和基本技术的进步的。

我们将在后面章节逐一介绍人工智能的一些重要应用领域,包括专家系统(第11章)、机器学习(第4章)、智能规划(第12章)和自然语言理解(第13章)等。

6. 机器感知

机器感知就是使机器具有类似于人的感觉,包括视觉、听觉、力觉、触觉、嗅觉、痛觉、接近感和速度感等。其中,最重要的和应用最广的是机器视觉(计算机视觉)和机器听觉。机器视觉要能够识别与理解文字、图像、场景以至人的身份等;机器听觉要能够识别与理解声音和语言等。

机器感知是机器获取外部信息的基本途径。要使机器具有感知能力,就要为它安上各种传感器。机器感知已经催生了人工智能的两个研究领域——模式识别和自然语言理解或自然语言处理。实际上,随着这两个研究领域的进展,它们已逐步发展成为相对独立的学科。

7. 机器思维

机器思维是对传感信息和机器内部的工作信息进行有目的的处理。要使机器实现思维,需要综合应用知识表示、知识推理、认知建模和机器感知等方面研究成果,开展如下各方面研究工作。

(1) 知识表示,特别是各种不确定性知识和不完全知识的表示。

(2) 知识组织、积累和管理技术。

(3) 知识推理,特别是各种不确定性推理、归纳推理、非经典推理等。

(4) 各种启发式搜索和控制策略。

(5) 人脑结构和神经网络的工作机制。

8. 机器学习

机器学习是继专家系统之后人工智能应用的又一重要研究领域,也是人工智能和神经计算的核心研究课题之一。现有的计算机系统和人工智能系统大多数没有什么学习能力,至多也只有非常有限的学习能力,因而不能满足科技和生产提出的新要求。

学习是人类具有的一种重要智能行为。机器学习就是使机器(计算机)具有学习新知识和新技术,并在实践中不断改进和完善的能力。机器学习能够使机器自动获取知识,向书本等文献资料和与人交谈或观察环境中进行学习。

9. 机器行为

机器行为指智能系统(计算机、机器人)具有的表达能力和行动能力,如对话、描写、刻画及移动、行走、操作和抓取物体等。研究机器的拟人行为是人工智能的高难度的任务。机器行为与机器思维密切相关,机器思维是机器行为的基础。

10. 智能系统构建

上述直接的实现智能研究,离不开智能计算机系统或智能系统,离不开对新理论、新技术和新方法及系统的硬件和软件支持。需要开展对模型、系统构造与分析技术、系统开发环境和构造工具及人工智能程序设计语言的研究。一些能够简化演绎、机器人操作和认知模型的专用程序设计及计算机的分布式系统、并行处理系统、多机协作系统和各种计算机网络等的发展,将直接有益于人工智能的开发。

1.4 人工智能的研究与应用领域

在大多数学科中存在着几个不同的研究领域,每个领域都有其特有的感兴趣的研究课题、研究技术和术语。在人工智能中,这类比较传统的领域包括自然语言处理、自动定理证明、自动程序设计、智能检索、智能调度与指挥、机器学习、机器人学、专家系统、智能控制、模式识别、机器视觉、自然语言理解、神经网络、机器博弈、分布式智能、计算智能、问题求解、人工生命、人工智能程序设计语言等。在过去 60 多年里,已经建立了一些具有人工智能的计算机系统,例如,能够求解微分方程的、下棋的、设计分析集成电路的、合成人类自然语言的、检索情报的、诊断疾病及控制太空飞行器、地面移动机器人和水下机器人的具有不同程度人工智能的计算机系统。

本书不是首先以这些应用研究领域来讨论人工智能的,而是首先介绍人工智能一些最基本的概念和基本原理,为后面几章中各种应用建立基础。下面对人工智能研究和应用的讨论,试图把有关各个子领域直接联接起来,辨别某些方面的智能行为,并指出有关的人工智能研究和应用的状况。

值得指出的是,正如不同的人工智能子领域不是完全独立的一样,这里简介的各种智能特性也不是互不相关的。把它们分开来介绍只是为了便于指出现有的人工智能程序能够做些什么和还不能做什么。大多数人工智能研究课题都涉及许多智能领域。

1. 问题求解与博弈

人工智能的第一个大成就是发展了能够求解难题的下棋(如国际象棋和围棋)程序。在下棋程序中应用的某些技术,如向前看几步,并把困难的问题分成一些比较容易的子问题,发展成为搜索和问题消解(归约)这样的人工智能基本技术。今天的计算机程序能够下锦标赛水平的各种方盘棋、十五子棋、中国象棋和国际象棋,并取得战胜国际冠军的成绩。另一种问题求解程序把各种数学公式符号汇编在一起,其性能达到很高的水平,并正在为许多科学家和工程师所应用。有些程序甚至还能够用经验来改善其性能。

如前所述,这个问题中未解决的问题包括人类棋手具有的但尚不能明确表达的能力,如国际象棋大师们洞察棋局的能力。另一个未解决的问题涉及问题的原概念,在人工智能中叫做问题表示的选择。人们常常能够找到某种思考问题的方法从而使求解变得比较容易,进而解决该问题。到目前为止,人工智能程序已经知道如何考虑它们要解决的问题,即搜索解答空间,寻找较优的解答。

2. 逻辑推理与定理证明

早期的逻辑演绎研究工作与问题和难题的求解相当密切。已经开发出的程序能够借助于对事实数据库的操作来"证明"某些断定;其中每个事实由分立的数据结构表示,就像数理逻辑中由分立公式表示一样。与人工智能的其他技术的不同之处是,这些方法能够完整地、一致地加以表示。也就是说,只要本原事实是正确的,那么程序就能够证明这些从事实得出的定理。

逻辑推理是人工智能研究中最持久的子领域之一。特别重要的是要找到一些方法,只把注意力集中在一个大型数据库中的有关事实上,留意可信的证明,并在出现新信息时适时修正这些证明。

对数学中臆测的定理寻找一个证明或反证,确实称得上是一项智能任务。为此不仅需要有根据假设进行演绎的能力,而且需要某些直觉技巧。1976 年 7 月,美国的阿佩尔(K. Appel)等人合作解决了长达 124 年之久的难题——四色定理。他们用三台大型计算机,花费 1200 小时 CPU 时间,并对中间结果进行人为反复修改 500 多处。四色定理的成功证明曾轰动计算机界。中国的吴文俊提出并实现了几何定理机器证明的方法,被国际上承认为"吴氏方法",是定理证明的又一标志性成果。

3. 计算智能

计算智能(computational intelligence)涉及神经计算、模糊计算、进化计算、粒群计算、自然计算、免疫计算和人工生命等研究领域。

进化计算(evolutionary computation)是指一类以达尔文进化论为依据来设计、控制和优化人工系统的技术和方法的总称,它包括遗传算法(genetic algorithms)、进化策略(evolutionary strategy)和进化规划(evolutionary programming)。自然选择的原则是适者生存,即物竞天择,优胜劣汰。

自然进化的这些特征早在 20 世纪 60 年代就引起了美国的霍兰(Holland)的极大兴趣。受达尔文进化论思想的影响,他逐渐认识到在机器学习中,为获得一个好的学习算法,仅靠单个策略的建立和改进是不够的,还要依赖于一个包含许多候选策略的群体的繁殖。他还认识到生物的自然遗传现象与人工自适应系统行为的相似性,因此他提出在研究和设计人工自主系统时可以模仿生物自然遗传的基本方法。20 世纪 70 年代初,霍兰提出了"模式理论",并于 1975 年出版了专著《自然系统与人工系统的自适应》,系统地阐述了遗传算法的基本原理,奠定了遗传算法研究的理论基础。

遗传算法、进化规划、进化策略具有共同的理论基础,即生物进化论。因此,把这三种方法统称为进化计算,而把相应的算法称为进化算法。

人工生命是 1987 年提出的,旨在用计算机和精密机械等人工媒介生成或构造出能够表现自然生命系统行为特征的仿真系统或模型系统。自然生命系统行为具有自组织、自复制、自修复等特征及形成这些特征的混沌动力学、进化和环境适应。

4. 分布式人工智能与智能真体

分布式人工智能(distributed AI,DAI)是分布式计算与人工智能结合的结果。DAI 系统以鲁棒性作为控制系统质量的标准,并具有互操作性,即不同的异构系统在快速变化的环境中具有交换信息和协同工作的能力。

分布式人工智能的研究目标是要创建一种能够描述自然系统和社会系统的精确概念模型。DAI 中的智能并非独立存在的概念,只能在团体协作中实现,因而其主要研究问题是各真体间的合作与对话,包括分布式问题求解和多真体系统(multi-agent system,MAS)两领域。MAS 更能体现人类的社会智能,具有更大的灵活性和适应性,更适合开放和动态的世界环境,因而倍受重视,已成为人工智能以至计算机科学和控制科学与工程的研究热点。

5. 自动程序设计

自动程序设计能够以各种不同的目的描述来编写计算机程序。对自动程序设计的研究不仅可以促进半自动软件开发系统的发展,而且也使通过修正自身数码进行学习的人工智能系统得到发展。程序理论方面的有关研究工作对人工智能的所有研究工作都是很重要的。

自动编制一份程序来获得某种指定结果的任务与证明一份给定程序将获得某种指定结果的任务是紧密相关的。后者叫做程序验证。

自动程序设计研究的重大贡献之一是作为问题求解策略的调整概念。已经发现,对程序设计或机器人控制问题,先产生一个不费事的有错误的解,然后再修改它,这种做法要比坚持要求第一个解答就完全没有缺陷的做法有效得多。

6. 专家系统

一般地,专家系统是一个智能计算机程序系统,其内部具有大量专家水平的某个领域知识与经验,能够利用人类专家的知识和解决问题的方法来解决该领域的问题。

发展专家系统的关键是表达和运用专家知识,即来自人类专家的并已被证明对解决有关领域内的典型问题是有用的事实和过程。专家系统和传统的计算机程序的本质区别在于专家系统所要解决的问题一般没有算法解,并且经常要在不完全、不精确或不确定的信息基础上得出结论。

随着人工智能整体水平的提高,专家系统也获得发展。正在开发的新一代专家系统有分布式专家系统和协同式专家系统等。在新一代专家系统中,不但采用基于规则的方法,而且采用基于框架、基于网络和基于模型的原理与技术。

7. 机器学习

学习是人类智能的主要标志和获得知识的基本手段。机器学习(自动获取新的事实及新的推理算法)是使计算机具有智能的根本途径。此外,机器学习还有助于发现人类学习的机理和揭示人脑的奥秘。

传统的机器学习倾向于使用符号表示而不是数值表示,使用启发式方法而不是算法。传统机器学习的另一倾向是使用归纳(induction)而不是演绎(deduction)。前一倾向使它有别于人工智能的模式识别等分支;后一倾向使它有别于定理证明等分支。

按系统对导师的依赖程度可将学习方法分类为:机械式学习、讲授式学习、类比学习、归纳学习、观察发现式学习等。

近 20 多年来又发展了下列各种学习方法:基于解释的学习、基于事例的学习、基于概念的学习、基于神经网络的学习、遗传学习、强化学习、深度学习、超限学习及数据挖掘和知识发现等。

8. 自然语言理解

语言处理也是人工智能的早期研究领域之一,并引起进一步的重视。目前已经编写出能够从内部数据库回答问题的程序,这些程序通过阅读文本材料和建立内部数据库,能够把句子从一种语言翻译为另一种语言,执行给出的指令和获取知识等。自然语言处理程序已经能够翻译从话筒输入的口头指令和口语,其准确率达到可以接受的水平。

当人们用语言互通信息时,他们几乎不费力地进行极其复杂却又只需要一点点理解的过程。语言已经发展成为智能动物之间的一种通信媒介,它在某些环境条件下把一点"思维结构"从一个头脑传输到另一个头脑,而每个头脑都拥有庞大的、高度相似的周围思维结构作为公共的文本。这些相似的、前后有关的思维结构中的一部分允许每个参与者知道对方也拥有这种共同结构,并能够在通信"动作"中用它来执行某些处理。语言的生成和理解是一个极为复杂的编码和解码问题。

9. 机器人学

人工智能研究日益受到重视的另一个分支是机器人学。一些并不复杂的动作控制问题,如移动式机器人的机械动作控制问题,表面上看并不需要很多智能。然而人类几乎下意识就能完成的这些任务,要是由机器人来实现,就要求机器人具备在求解需要较多智能的问题时所用到的能力。

机器人和机器人学的研究促进了许多人工智能思想的发展。它所导致的一些技术可用来模拟世界的状态,用来描述从一种世界状态转变为另一种世界状态的过程。

智能机器人的研究和应用体现出广泛的学科交叉,涉及众多的课题,如机器人体系结构、机构、控制、智能、视觉、触觉、力觉、听觉、机器人装配、恶劣环境下的机器人及机器人语言等。机器人已在各种工矿业、农林业、商业、文化、教育、医疗、娱乐旅游、空中和海洋及国防等领域获得越来越普遍的应用。近年来,智能机器人的研发与应用已在全世界出现一个新的热潮,极大地推动了智能制造和智能服务等领域的发展。

10. 模式识别

计算机硬件的迅速发展和计算机应用领域的不断开拓,急切地要求计算机能更有效地感知诸如声音、文字、图像、温度、振动等人类赖以发展自身、改造环境所运用的信息资料。着眼于拓宽计算机的应用领域,提高其感知外部信息能力的学科——模式识别便得到迅速发展。

人工智能所研究的模式识别是指用计算机代替人类或帮助人类感知模式,是对人类感知外界功能的模拟,研究的是计算机模式识别系统,也就是使一个计算机系统具有模拟人类通过感官接受外界信息、识别和理解周围环境的感知能力。

实验表明,人类接受的外界信息 80% 以上来自视觉,10% 左右来自听觉。所以,长期以来模式识别研究工作集中在对视觉图像和语音的识别上。

模式识别是一个不断发展的新学科,它的理论基础和研究范围也在不断发展。随着生物医学对人类大脑的初步认识,模拟人脑构造的计算机实验即人工神经网络方法已经成功地用于手写字符的识别、汽车牌照的识别、人脸识别、虹膜识别、步态识别、指纹识别、语音识别、车辆导航、星球探测等方面。

11. 机器视觉

机器视觉或计算机视觉已从模式识别的一个研究领域发展为一门独立的学科。在视觉方面,已经给计算机系统装上电视输入装置以便能够"看见"周围的东西。在人工智能中研究的感知过程通常包含一组操作。

整个感知问题的要点是形成一个精练的表示以取代难以处理的、极其庞大的未经加工的输入数据。最终表示的性质和质量取决于感知系统的目标。不同系统有不同的目标,但所有系统都必须把来自输入的、多得惊人的感知数据简化为一种易于处理的和有意义的描述。

计算机视觉通常可分为低层视觉与高层视觉两类。低层视觉主要执行预处理功能,如边缘检测、动目标检测、纹理分析,通过阴影获得形状、立体造型、曲面色彩等。高层视觉则主要是理解所观察的形象。

机器视觉的前沿研究领域包括实时并行处理、主动式定性视觉、动态和时变视觉、三维景物的建模与识别、实时图像压缩传输和复原、多光谱和彩色图像的处理与解释等。

12. 神经网络

研究结果已经证明,用神经网络处理直觉和形象思维信息具有比传统处理方式好得多的效果。神经网络的发展有着非常广阔的科学背景,是众多学科研究的综合成果。神经生理学家、心理学家与计算机科学家的共同研究得出的结论是:人脑是一个功能特别强大、结构异常复杂的信息处理系统,其基础是神经元及其互联关系。因此,对人脑神经元和人工神经网络的研究,可能创造出新一代人工智能机——神经计算机。

对神经网络的研究始于 20 世纪 40 年代初期,经历了一条十分曲折的道路,几起几落,80 年代初以来,对神经网络的研究再次出现高潮。现在,基于神经网络分层结构的深度学习已风靡全球,广为传播与应用。

对神经网络模型、算法、理论分析和硬件实现的大量研究,为神经网络计算机走向应用提供了物质基础。人们期望神经计算机能够重建人脑的形象,极大地提高信息处理能力,在更多方面取代传统的计算机。

13. 智能控制

人工智能的发展促进自动控制向智能控制发展。智能控制是一类无需(或需要尽可能少的)人的干预就能够独立地驱动智能机器实现其目标的自动控制。或者说,智能控制是驱动智能机器自主地实现其目标的过程。许多复杂的系统难以建立有效的数学模型和用常规控制理论进行定量计算与分析,而必须采用定量数学解析法与基于知识的定性方法的混合控制方式。随着人工智能和计算机技术的发展,已可能把自动控制和人工智能及系统科学的某些分支结合起来,建立一种适用于复杂系统的控制理论和技术。智能控制正是在这种条件下产生的。智能控制是自动控制的最新发展阶段,也是用计算机模拟人类智能的一个重要研究领域。

智能控制是同时具有以知识表示的非数学广义世界模型和以数学公式模型表示的混合控制过程,也往往是含有复杂性、不完全性、模糊性或不确定性及不存在已知算法的非数学过程,并以知识进行推理,以启发来引导求解过程。智能控制的核心在高层控制,即组织级控制。其任务在于对实际环境或过程进行组织,即决策和规划,以实现广义问题求解。

14. 智能调度与指挥

确定最佳调度或组合的问题是人们感兴趣的又一类问题。一个古典的问题就是推销员旅行问题(TSP)。许多问题具有这类相同的特性。

在这些问题中有几个(包括推销员旅行问题)是属于计算理论科学家称为 NP 完全性一类的问题。他们根据理论上的最佳方法计算出所耗时间(或所走步数)的最坏情况来排列不同问题的难度。该时间或步数是随着问题大小的某种量度增长的。

人工智能学家们曾经研究过若干组合问题的求解方法。有关问题域的知识再次成为比较有效的求解方法的关键。智能组合调度与指挥方法已被应用于机器博弈、汽车运输调度、列车的编组与指挥、空中交通管制及军事指挥等系统,并引起有关部门的重视。

15. 智能检索

随着科学技术的迅速发展,出现了"知识爆炸"的情况。对国内外种类繁多和数量巨大的科技文献之检索远非人力和传统检索系统所能胜任。研究智能检索系统已成为科技持续快速发展的重要保证。

数据库系统是储存某学科大量事实的计算机软件系统,它们可以回答用户提出的有关该学科的各种问题。数据库系统的设计也是计算机科学的一个活跃的分支。为了有效地表示、存储和检索大量事实,已经发展了许多技术。语料库、数据挖掘与知识发现等技术为智能检索提供了有效途径。

智能信息检索系统的设计者们将面临以下几个问题。首先,建立一个能够理解以自然语言陈述的询问系统本身就存在不少问题。其次,即使能够通过规定某些机器能够理解的形式化询问语句来回避语言理解问题,但仍然存在一个如何根据存储的事实演绎出答案的问题。最后,理解询问和演绎答案所需要的知识都可能超出该学科领域数据库所表示的知识。

16．系统与语言工具

除了直接瞄准实现智能的研究工作外,开发新的方法也往往是人工智能研究的一个重要方面。人工智能对计算机界的某些最大贡献已经以派生的形式表现出来。计算机系统的一些概念,如分时系统、编目处理系统和交互调试系统等,已经在人工智能研究中得到发展。一些能够简化演绎、机器人操作和认识模型的专用程序设计和系统常常是新思想的丰富源泉。几种知识表达语言(把编码知识和推理方法作为数据结构和过程计算机的语言)已在20世纪70年代后期开发出来,以探索各种建立推理程序的思想。20世纪80年代以来,计算机系统,如分布式系统、并行处理系统、多机协作系统和各种计算机网络等,都有了发展。在人工智能程序设计语言方面,除了继续开发和改进通用和专用的编程语言新版本和新语种外,还研究出了一些面向目标的编程语言和专用开发工具。对关系数据库和超级计算机研究所取得的进展,无疑为人工智能程序设计提供了新的有效工具。

除了上述人工智能的"传统"研究领域外,进入人工智能新时期以来,人工智能产业化蓬勃发展,创新创业领域极其广泛。各先进科技国家加紧出台人工智能发展规划,力图在新一轮国际科技竞争中掌握主导权;人工智能产业化基础已基本形成,企业数量大幅增长;人工智能投融资环境空前看好,融资规模逐年扩大;人工智能产业化技术起点高,感知智能技术比较成熟;人工智能高端人才紧缺,争夺激烈。新一代人工智能产业起点高、规模大、质量优、平稳快速。这些人工智能产业化特点保证了人工智能产业化持续与全面发展。以下简介人工智能新产业的一些领域。

① **智能制造**

智能制造从智能制造系统的本质特征出发,在分布式制造网络环境中,应用分布式人工智能中分布式智能系统的理论与方法,实现制造单元的柔性智能化与基于网络的制造系统柔性智能化集成。智能制造是一种由智能机器和人类专家组成的人机一体化智能系统,能在制造过程中进行分析、推理、判断、构思和决策等智能活动,实现制造过程智能化。

智能制造就是面向产品全生命周期的智能化制造,是在现代传感技术、网络技术、自动化技术、人工智能技术的基础上,通过智能化感知、人机交互、决策和执行技术,实现设计过程、制造过程和制造装备智能化,是信息技术、智能技术与装备制造技术的深度融合与集成。实现智能制造可以缩短产品研制周期、降低资源能源消耗、降低运营成本、提高生产效率、提升产品质量。人工智能为智能制造提供各种智能技术,是智能制造的重要基础和关键技术保障。

② **智慧医疗**

智慧医疗是一套融合物联网、云计算等技术,以患者数据为中心的医疗服务模式。智慧医疗采用新型传感器、物联网、通信等技术结合现代医学理念,构建出以电子健康档案为中心的区域医疗信息平台,将医院之间的业务流程进行整合,优化了区域医疗资源,实现跨医疗机构的在线预约和双向转诊,缩短病患就诊流程、缩减相关手续,使得医疗资源合理化分配,真正做到以患者为中心的智慧医疗。智慧医疗由三部分组成,分别为智慧医院系统、区域卫生系统,以及家庭健康系统。智慧医疗在辅助诊疗、疾病预测、医疗影像辅助诊断、药物开发等方面发挥了重要作用。

③ **智慧农业**

所谓"智慧农业"就是充分应用现代信息技术成果,集成应用人工智能技术、网络技术、物联网技术、音视频技术、3S技术、无线通信技术及专家智慧与知识,实现农业可视化远程诊断、远程控制、灾变预警等智能管理。实现农业生产环境的智能感知、智能预警、智能决策、智能分析、专家在线指导,为农业生产提供精准化种植、可视化管理、智能化决策。

④ **智能金融**

智能金融(或智慧金融)是智能商业的一部分,智能商业又称商业智能(business intelligence,BI)。智能金融是依托于互联网技术,运用大数据、人工智能、云计算等科技手段,使金融行业在业务流程、业务开拓和客户服务等方面得到全面的智慧提升。人工智能技术在金融业中可以用于服务客户、支持授信、各类金融交易和金融分析决策,并用于风险防控和监督,这将会大幅改变金融现有格局,金融服务将会更加的个性化与智能化。智能金融有透明性、便捷性、灵活性、即时性、高效性和安全性等特点。

⑤ **智能交通与智能驾驶**

智能交通是一种新型的交通系统或装置,是人工智能技术与现代交通系统融合的产物,也是人工智能和智能机器人的一个具有蓬勃发展与广泛应用前景的新科技与产业领域。随着国民经济的发展和科学技术的进步,人民群众的生活水平逐渐提高,他们期盼更为便捷和舒适的交通工具,智能交通能够提供这种保障。智能车辆是一个集环境感知、规划决策、跟踪控制、通信协调和多级辅助驾驶等功能于一体的综合系统。它集中运用了计算机、传感器、信息融合、通信、人工智能及自动控制等技术,是典型的高新技术综合体。智能驾驶车辆能够执行一系列的关键功能,必须知道它的周围发生了什么,它在哪里和它想去哪里,必须具有推理和决策能力,从而制定安全的行驶线路,而且必须具有驱动装置来操纵车辆的转向和控制系统。

⑥ **智慧城市**

智慧城市就是运用人工智能和信息通信技术感测、分析、整合与优化城市运行核心系统的各项关键信息,从而对包括民生、环保、公共安全、城市服务、工商业活动在内的各种需求做出智能响应。其实质是利用先进的智能和信息技术,实现城市智慧式管理和运行,进而为城市居民创造更美好的生活,促进城市的和谐、可持续成长。在技术发展方面,智慧城市建设要求通过以移动技术为代表的物联网、云计算等新一代人工智能和信息技术实现全面感知、泛在互联、普适计算与融合应用。在社会发展的视角方面,智慧城市还要求通过维基、社交网络、微型设计制作实验室(fab lab)、微型生活创新实验室(living lab)、综合集成等工具和方法,实现以用户创新、开放创新、大众创新、协同创新为特征的知识社会环境下的可持续创新,强调通过价值创造,以人为本实现经济、社会、环境的全面可持续发展。

⑦ **智能家居**

智能家居是以住宅为平台,基于物联网和人工智能技术,由硬件(智能家电、智能硬件、安防控制设备、家具等)、软件系统、云计算平台构成的家居生态圈,实现人远程控制设备、设备间互联互通、设备自我学习等功能,并通过收集、分析用户行为数据为住户提供个性化的安全、节能、便捷生活服务。

⑧ **智能管理**

智能管理(intelligent management)是人工智能与管理科学、系统工程、计算技术、通信技术、软件工程、信息工程等多学科、多技术相互结合、相互渗透而产生的一门新技术、新学科。它研究如何提高管理系统的智能水平及智能管理系统的设计理论、方法与实现技术。智能管理是现代管理科学技术发展的新动向。智能管理系统是在管理信息系统、办公自动化系统、决策支持系统的功能集成和技术集成的基础上,应用人工智能专家系统、知识工程、模式识别、人工神经网络等方法和技术,设计和实现的智能化、集成化、协调化的新一代计算机管理系统。

⑨ **智能经济**

智能经济(smart economy)是以智能机器和信息网络为基础、平台和工具的智慧经济,突出了智慧经济中智能机器和信息网络的地位和作用,体现了知识经济形态和信息经济形态的历史衔接与创新发展。

智能经济是以效率、和谐、持续为基本坐标,以物理设备、互联网络、人脑智慧为基本框架,以智能政府、智能经济、智能社会为基本内容的经济结构、增长方式和经济形态。

1.5　本书概要

本书介绍人工智能的理论、方法和技术及其应用,在讨论那些仍然有用的和有效的基本原理和方法之外,着重阐述一些新的和正在研究的人工智能方法与技术,特别是近期内发展起来的方法和技术。此外,用比较大的篇幅论述人工智能的应用,包括新的应用研究。具体来说,本书包括下列内容:

(1) 简述人工智能的起源与发展,讨论人工智能的定义与分类、人工智能的研究目标、研究内容、核心要素、学科体系和研究应用领域。

(2) 论述知识表示的各种主要方法,包括状态空间法、问题归约法、谓词逻辑法、结构化表示法(语义网络法、框架和本体)和知识图谱等。

(3) 讨论常用盲目搜索和启发搜索原理,并研究一些比较高级的推理求解技术,如消解反演、规则演绎系统、不确定性推理、非单调推理和主观贝叶斯方法等。介绍群体智能和进化计算技术和方法。

(4) 介绍机器学习的定义与发展、机器学习的主要策略和基本结构。探讨基于知识的机器学习,涉及归纳学习、类比学习、解释学习、强化学习和知识发现等。研究基于数据的机器学习,包括线性回归、决策树、支持向量机、聚类和深度学习等。

(5) 比较详细地分析人工智能的主要应用领域,涉及专家系统、智能规划、机器视觉、自然语言理解和语音识别等。

(6) 论述人工智能的算法编程,包括逻辑性人工智能编程语言 LISP、Prolog 和解释型语言 Python、人工智能开源语言及开源框架等。

(7) 试述人工智能的算力和架构,介绍具有推理能力的人工智能芯片、各种人工智能计算架构和算力网络。

(8) 叙述人工智能的伦理与安全问题,展望国内外人工智能的发展趋势,概括人工智能产业化的发展态势。

1.6　小结

本章简述人工智能的起源与发展,讨论人工智能的定义与分类、人工智能的核心要素、学科体系及人工智能的研究目标、研究内容和研究应用领域。特别探讨了人工智能的核心要素和学科体系。从人工智能学科发展的角度看,人工智能应当包含知识、数据、算法和算力(计算能力)四个核心要素。这些要素在人工智能中的地位和作用分别是:知识是人工智能之源,数据是人工智能之基,算法是人工智能之魂,算力是人工智能之力。

本章提出关于人工智能的学科体系思想,认为人工智能的学科体系应该包括基于知识的人工智能、基于数据的人工智能、人工智能算法与编程、人工智能算力与架构及人工智能的研究与应用 5 个部分。

习题 1

1-1　什么是人工智能?试从学科和能力两方面加以说明。

1-2　在人工智能的发展过程中,有哪些思想和思潮起了重要作用?

1-3　人工智能从协同发展时期进入融合发展时期,有何表现?

1-4　在过去 20 多年中,人工智能发生了什么变化?

1-5　你认为人工智能的核心要素是什么?

1-6　你对作者提出的人工智能的学科体系有何看法?

1-7　试对人工智能系统的分类进行评论和补充。

1-8　人工智能有哪些要素?各要素在人工智能中的作用为何?

1-9　人工智能可分为哪些系统?你对这种分类是否有何建议?

1-10　你是如何理解人工智能的研究目标的?

1-11　人工智能研究包括哪些内容?这些内容的重要性如何?

1-12　人工智能的基本研究方法有哪几类?

1-13　人工智能的主要研究和应用领域是什么?其中,哪些是新的研究热点?

1-14　当前人工智能研究和应用有哪些新领域?

1-15　你对人工智能课程教学有何意见和建议?

第1篇
基于知识的人工智能

知识——人工智能之源

第 ② 章

知识表示方法

知识是一个抽象的术语,用于尝试描述人对某种特定对象的理解。柏拉图在《泰阿泰德篇》中将"知识"定义为:真实的(true)、确信的(belief)、逻辑成立的(justification)。其后的亚里士多德、笛卡儿、康德等西方哲学家也对知识论进行了研究探讨。知识论(epistemology)早已超出哲学的范畴成为西方文明的基石之一。

在智能系统中,知识通常是特定领域的。为了能让智能系统理解、处理知识,并完成基于知识的任务,首先得对知识构建模型,即知识的表示。尽管知识表示是人工智能中最基本的,某种程度上来讲最熟悉的概念,但对于"什么是知识表示"这个问题却很少有直接的回答。Davis试图通过知识在各种任务中扮演的角色来回答这个问题。

根据不同的任务、不同的知识类型,会有不同的知识表示方法。目前常用的知识表示方法有状态空间法、问题归约法、谓词逻辑、语义网络、本体技术等。

对于传统人工智能问题,任何比较复杂的求解技术都离不开两方面的内容——表示与搜索。对于同一问题可以有多种不同的表示方法,这些表示具有不同的表示空间。问题表示的优劣,对求解结果及求解效率影响甚大。

为解决实际复杂问题,通常需要用到多种不同的表示方法。这是因为,每种数据结构都有其优缺点,而且没有哪一种单独拥有一般需要的多种不同功能。

2.1 状态空间表示

问题求解(problem solving)是个大课题,它涉及归约、推断、决策、规划、常识推理、定理证明和相关过程等核心概念。在分析了人工智能研究中运用的问题求解方法之后,就会发现许多问题求解方法是采用试探搜索方法的。也就是说,这些方法是通过在某个可能的解空间内寻找一个解来求解问题的。这种基于解答空间的问题表示和求解方法就是状态空间法,它是以状态和算符(operator)为基础来表示和求解问题的。

2.1.1 问题状态描述

首先对状态和状态空间下个定义。

状态(state)是为描述某类不同事物间的差别而引入的一组最少变量 $q_0, q_1, \cdots, q_n$ 的

有序集合,其矢量形式如下:

$$Q = [q_0, q_1, \cdots, q_n]^{\mathrm{T}} \tag{2.1}$$

式中每个元素 $q_i(i=0,1,\cdots,n)$ 为集合的分量,称为状态变量。给定每个分量的一组值就得到一个具体的状态,如

$$Q_k = [q_{0k}, q_{1k}, \cdots, q_{nk}]^{\mathrm{T}} \tag{2.2}$$

使问题从一种状态变化为另一种状态的手段称为操作符或算符。操作符可为走步、过程、规则、数学算子、运算符号或逻辑符号等。

问题的状态空间(state space)是一个表示该问题全部可能状态及其关系的图,它包含三种说明的集合,即所有可能的问题初始状态集合 S、操作符集合 F 及目标状态集合 G。因此,可把状态空间记为三元状态 (S,F,G)。

11	9	4	15
1	3		12
7	5	8	6
13	2	10	14

(a) 初始棋局

1	2	3	4
5	6	7	8
9	10	11	12
13	14	15	

(b) 目标棋局

图 2.1　十五数码难题

用十五数码难题(15 puzzle problem)来说明状态空间表示的概念。十五数码难题由 15 个编有 1 至 15 并放在 4×4 方格棋盘上的可走动的棋子组成。棋盘上总有一格是空的,以便让空格周围的棋子走进空格,这也可以理解为移动空格。十五数码难题如图 2.1 所示。图中绘出了两种棋局,即初始棋局和目标棋局,它们对应于该问题的初始状态和目标状态。

如何把初始棋局变换为目标棋局呢?问题的解答就是某个合适的棋子走步序列,如"左移棋子 12,下移棋子 15,右移棋子 4,……",等等。

十五数码难题最直接的求解方法是尝试各种不同的走步,直到偶然得到该目标棋局为止。这种尝试本质上涉及某种试探搜索。从初始棋局开始,试探由每一合法走步得到的各种新棋局,然后计算再走一步而得到的下一组棋局。这样继续下去,直至达到目标棋局为止。把初始状态可达到的各状态所组成的空间设想为一幅由各种状态对应的节点组成的图,这种图称为状态图或状态空间图。图 2.2 说明了十五数码难题状态空间图的一部分。

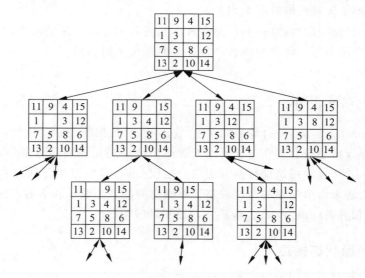

图 2.2　十五数码难题部分状态空间图

图中每个节点标有它所代表的棋局。首先把适用的算符用于初始状态,以产生新的状态;然后,再把另一些适用算符用于这些新的状态;这样继续下去,直至产生目标状态为止。

一般用状态空间法这一术语来表示下述方法:从某个初始状态开始,每次加一个操作符,递增地建立起操作符的试验序列,直到达到目标状态止。

寻找状态空间的全部过程包括从旧的状态描述产生新的状态描述,以及此后检验这些新的状态描述,看其是否描述了该目标状态。这种检验往往只是查看某个状态是否与给定的目标状态描述相匹配。不过,有时还要进行较为复杂的目标测试。对于某些最优化问题,仅仅找到到达目标的任一路径是不够的,还必须找到按某个准则实现最优化的路径(例如,下棋的走步最少)。

综上讨论可知,要完成某个问题的状态描述,必须确定3件事:①该状态描述方式,特别是初始状态描述;②操作符集合及其对状态描述的作用;③目标状态描述的特性。

2.1.2 状态图示法

为了对状态空间图有更深入的了解,这里介绍一下图论中的几个术语和图的正式表示法。

图由节点(不一定是有限的节点)的集合构成。一对节点用弧线连接起来,从一个节点指向另一个节点,这种图叫做有向图(directed graph)。如果某条弧线从节点 n_i 指向节点 n_j,那么节点 n_j 就叫做节点 n_i 的后继节点或后裔,而节点 n_i 叫做节点 n_j 的父辈节点或祖先。一个节点一般只有有限个后继节点。一对节点可能互为后裔,这时,该对有向弧线就用一条棱线代替。当用一个图来表示某个状态空间时,图中各节点标上相应的状态描述,而有向弧线旁边标有算符。

某个节点序列 $(n_{i1}, n_{i2}, \cdots, n_{ik})$ 当 $j = 2, 3, \cdots, k$ 时,如果对于每一个 $n_{i,j-1}$ 都有一个后继节点 n_{ij} 存在,那么就把这个节点序列叫做从节点 n_{i1} 至节点 n_{ik} 的长度为 k 的路径。如果从节点 n_i 至节点 n_j 存在一条路径,那么就称节点 n_j 是从节点 n_i 可达到的节点,或者称节点 n_j 为节点 n_i 的后裔,而且称节点 n_i 为节点 n_j 的祖先。可以发觉,寻找从一种状态变换为另一种状态的某个算符序列问题等价于寻求图的某一路径问题。

给各弧线指定代价(cost)以表示加在相应算符上的代价。用 $c(n_i, n_j)$ 来表示从节点 n_i 指向节点 n_j 的那段弧线的代价。两节点间路径的代价等于连接该路径上各节点的所有弧线代价之和。对于最优化问题,要找到两节点间具有最小代价的路径。

对于最简单的一类问题,需要求得某指定节点 s(表示初始状态)与另一节点 t(表示目标状态)之间的一条路径(可能具有最小代价)。

一个图可由显式说明也可由隐式说明。对于显式说明,各节点及其具有代价的弧线由一张表明确给出。此表可能列出该图中的每一节点、它的后继节点及连接弧线的代价。显然,显示说明对于大型的图是不切实际的,而对于具有无限节点集合的图则是不可能的。

对于隐式说明,节点的无限集合 $\{s_i\}$ 作为起始节点是已知的。此外,引入后继节点算符的概念是方便的。后继节点算符 Γ 也是已知的,它能作用于任一节点以产生该节点的全部后继节点和各连接弧线的代价。把后继算符应用于 $\{s_i\}$ 的成员和它们的后继节点及这些后继节点的后继节点,如此无限地进行下去,最后使得由 Γ 和 $\{s_i\}$ 所规定的隐式图变为显式图。把后继算符应用于节点的过程,就是扩展一个节点的过程。因此,搜索某个状态空间以求得算符序列的一个解答的过程,就对应于使隐式图足够大一部分变为显式以便包含目标节点的过程。这样的搜索图是状态空间问题求解的主要基础。

问题的表示对求解工作量有很大的影响。人们显然希望有较小的状态空间表示。许多似乎很难的问题,当表示适当时就可能具有小而简单的状态空间。

根据问题状态、操作(算)符和目标条件选择各种表示,是高效率问题求解所需要的。首先需要表示问题,然后改进提出的表示。在问题求解过程中,会不断取得经验,获得一些简化的表示。例如,看出对称性或合并为宏规则等有效序列。对于十五数码难题的初始状态表示,可规定 $15\times4=60$ 条规则,即左移棋子1,右移棋子1,上移棋子1,下移棋子1,左移棋子2,……,下移棋子15 等。很快就会发现,只要左右上下移动空格,那么就可用 4 条规则代替上述 60 条规则。可见,移动空格是一种较好的表示。

各种问题都可用状态空间加以表示,并用状态空间搜索法来求解。

2.2　问题归约表示

问题归约(problem reduction)是另一种基于状态空间的问题描述与求解方法。已知问题的描述,通过一系列变换把此问题最终变为一个本原问题集合,这些本原问题的解可以直接得到,从而解决了初始问题。

问题归约表示可由下列 3 部分组成:

(1) 一个初始问题描述;

(2) 一套把问题变换为子问题的操作符;

(3) 一套本原问题描述。

从目标(要解决的问题)出发逆向推理,建立子问题及子问题的子问题,直至最后把初始问题归约为一个平凡的本原问题集合,这就是问题归约的实质。

2.2.1　问题归约描述

1. 梵塔难题

为了证明如何用问题归约法求解问题,考虑另一种难题——"梵塔难题"(tower of Hanoi puzzle),其提法如下:有 3 个柱子(1,2 和 3)和 3 个不同尺寸的圆盘(A,B 和 C)。在每个圆盘的中心有个孔,所以圆盘可以堆叠在柱子上。最初,全部 3 个圆盘都堆在柱子 1 上:最大的圆盘 C 在底部,最小的圆盘 A 在顶部。要求把所有圆盘都移到柱子 3 上,每次只许移动一个,而且只能先搬动柱子顶部的圆盘,还不许把尺寸较大的圆盘堆放在尺寸较小的圆盘上。这个问题的初始配置和目标配置如图 2.3 所示。

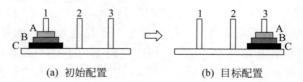

(a) 初始配置　　　　　　　　(b) 目标配置

图 2.3　梵塔难题

如果采用状态空间法来求解这个问题,其状态空间图含有 27 个节点,每个节点代表柱子上圆盘的一种正当配置。

也可以用问题归约法来求解此问题。对图 2.3 所示的原始问题从目标出发逆向推理,其过程如下:

(1) 要把所有圆盘都移至柱子 3,必须首先把圆盘 C 移至柱子 3;而且在移动圆盘 C 至柱子 3 之前,要求柱子 3 必须是空的。

(2) 只有在移开圆盘 A 和 B 之后,才能移动圆盘 C;而且圆盘 A 和 B 最好不要移至柱子 3,否则就不能把圆盘 C 移至柱子 3。因此,首先应该把圆盘 A 和 B 移到柱子 2 上。

(3) 然后才能够进行关键的一步,把圆盘 C 从柱子 1 移至柱子 3,并继续解决难题的其余部分。

上述论证允许把原始难题归约(简化)为下列 3 个子难题:

(1) 移动圆盘 A 和 B 至柱子 2 的双圆盘难题,如图 2.4(a)所示。

(2) 移动圆盘 C 至柱子 3 的单圆盘难题,如图 2.4(b)所示。

(3) 移动圆盘 A 和 B 至柱子 3 的双圆盘难题,如图 2.4(c)所示。

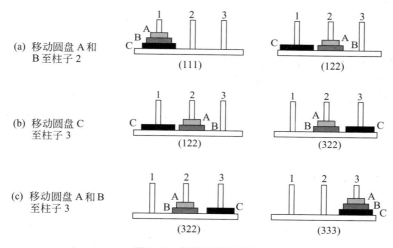

图 2.4　梵塔问题的归约

由于 3 个简化了的难题中的每一个都是较小的,所以都比原始难题容易解决些。子问题 2 可作为本原问题考虑,因为它的解只包含一步移动。应用一系列相似的推理,子问题 1 和子问题 3 也可被归约为本原问题,如图 2.5 所示。这种图式结构叫做与或图(AND/OR graph),它能有效地说明如何由问题归约法求得问题的解答。

2. 问题归约描述

问题归约方法应用算符来把问题描述变换为子问题描述。问题描述可以有各种数据结构形式,表列、树、字符串、矢量、数组和其他形式都曾被采用过。对于梵塔难题,其子问题可用一个包含两个数列的表列来描述。于是,问题描述[(113),(333)]就意味着"把配置(113)变换为配置(333)"。其中,数列中的项表示 3 个圆盘依大小从左到右排列,每一项的数字值表示圆盘所在的柱子的编号。

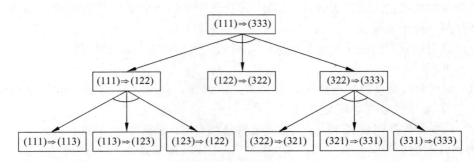

图 2.5　梵塔问题归约图

可以用状态空间表示的三元组合(S,F,G)来规定与描述问题。子问题可描述为两个状态之间寻找路径的问题。梵塔问题归约为子问题$[(111)\Rightarrow(122)]$，$[(122)\Rightarrow(322)]$及$[(322)\Rightarrow(333)]$，可以看出该问题的关键中间状态是(122)和(322)。

问题归约方法可以应用状态、算符和目标这些表示法来描述问题,这并不意味着问题归约法和状态空间法是一样的。

把一个问题描述变换为一个归约或后继问题描述的集合,这是由问题归约算符进行的。变换得到的所有后继问题的解就是父辈问题的一个解。

所有问题归约的目的是最终产生具有明显解答的本原问题。这些问题可能是能够由状态空间搜索中走动一步来解决的问题,或者可能是其他具有已知解答的更复杂的问题。本原问题除了对终止搜索过程起着明显的作用外,有时还被用来限制归约过程中产生后继问题的替换集合。当一个或多个后继问题属于某个本原问题的指定子集时,就会出现这种限制。

2.2.2　与或图表示

与或图能够方便地用一个类似于图的结构来表示把问题归约为后继问题的替换集合,画出归约问题图。例如,设想问题 A 既可由求解问题 B 和 C,也可由求解问题 D、E 和 F,或者由单独求解问题 H 来解决。这一关系可由图 2.6 所示的结构来表示,图中节点表示问题。

问题 B 和 C 构成后继问题的一个集合,问题 D、E 和 F 构成另一后继问题集合,而问题 H 则为第三个集合。对应于某个给定集合的各节点,用一个连接它们的弧线的特别标记来指明。

通常把某些附加节点引入此结构图,以便使含有一个以上后继问题的集合能够聚集在它们各自的父辈节点之下。根据这一约定,图 2.6 的结构变为图 2.7 所示的结构。其中,标记为 N 和 M 的附加节点分别作为集合{B,C}和{D,E,F}的惟一父辈节点。如果 N 和 M 理解为具有问题描述的作用,那么可以看出,问题 A 被归约为单一替换子问题 N、M 和 H。因此,把节点 N、M 和 H 叫做或节点。然而,问题 N 被归约为子问题 B 和 C 的单一集合,要求解 N 就必须求解所有的子问题。因此,把节点 B 和 C 叫做与节点。同理,把节点 D、E 和 F 也叫做与节点。各个与节点用跨接指向它们后继节点的弧线的小段圆弧加以标记。这种结构图叫做与或图。

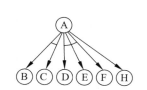

图 2.6 子问题替换集合结构图

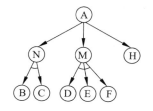

图 2.7 一个与或图

在与或图中,如果一个节点具有任何后继节点,那么这些后继节点既可全为或节点,也可全为与节点(当某个节点只含有单个后继节点时,这个后继节点当然既可看做或节点,也可看做与节点)。

在状态空间搜索中,应用的普通图不会出现与节点。由于在与或图中出现了与节点,其结构与普通图的结构大为不同。与或图需要有其特有的搜索技术,而且是否存在与节点也就成为区别两种问题求解方法的主要依据。

在描述与或图时,将继续采用如父辈节点、后继节点和连接两节点的弧线之类的术语,给予它们以明确的意义。

通过与或图,把某个单一问题归约算符具体应用于某个问题描述,依次产生出一个中间或节点及其与节点后裔(例外的情况是当子问题集合只含有单项时,在这种情况下,只产生或节点)。

与或图中的起始节点对应于原始问题描述。对应于本原问题的节点叫做终叶节点。

在与或图上执行的搜索过程,其目的在于表明起始节点是有解的。

定义 2.1 与或图中一个可解节点的一般定义可以归纳如下:

(1)终叶节点是可解节点。

(2)如果某个非终叶节点含有或后继节点,那么只要当其后继节点至少有一个是可解的,此非终叶节点才是可解的。

(3)如果某个非终叶节点含有与后继节点,那么只有当其后继节点全部为可解的,此非终叶节点才是可解的。

于是,一个解图被定义为那些可解节点的子图,这些节点能够证明其初始节点是可解的。

图 2.8 给出与或图的一些例子。图中,终叶节点用字母 t 标示,有解节点用小圆点表示,而有解图用实线表示。

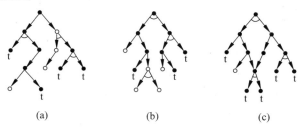

图 2.8 与或图例子(图(c)有一个以上的解)

当与或图中某些非终叶节点完全没有后继节点时,就说它是不可解的。这种不可解节点的出现可能意味着图中另外一些节点(甚至起始节点)也是不可解的。

定义 2.2 与或图中一个不可解节点的一般定义可以归纳如下:

(1)没有后裔的非终叶节点为不可解节点。

(2)如果某个非终叶节点含有或后继节点,那么只有当其全部后裔为不可解时,此非终叶节点才是不可解的。

(3)如果某个非终叶节点含有与后继节点,那么只要当其后裔至少有一个为不可解时,此非终叶节点才是不可解的。

在图 2.8 中,不可解节点用小圆圈表示。

图 2.8 所示的与或图为显式图。与状态空间问题求解一样,很少使用显式图来搜索,而是用由初始问题描述和消解算符所定义的隐式图来搜索。这样,一个问题求解过程是由生成与或图的足够部分,并证明起始节点是有解而得以完成的。

综上所述,可把与或图的构成规则概括如下:

(1)与或图中的每个节点代表一个要解决的单一问题或问题集合。图中所含起始节点对应于原始问题。

(2)对应于本原问题的节点,叫做终叶节点,它没有后裔。

(3)对于把算符应用于问题 A 的每种可能情况,都把问题变换为一个子问题集合;有向弧线自 A 指向后继节点,表示所求得的子问题集合。

(4)对于代表两个或两个以上子问题集合的每个节点,有向弧线从此节点指向此子问题集合中的各个节点。由于只有当集合中所有的项都有解时,这个子问题的集合才能获得解答,所以这些子问题节点叫做与节点。为了区别于或节点,把具有共同父辈的与节点后裔的所有弧线用另外一段小弧线连接起来。

(5)在特殊情况下,当只有一个算符可应用于问题,而且这个算符产生具有一个以上子问题的某个集合时,由上述规则(3)和规则(4)所产生的图可以得到简化。因此,代表子问题集合的中间或节点可以省略,如图 2.9 所示。

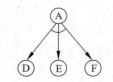

图 2.9　单算符与或树

在上述图形中,每个节点代表一个明显的问题或问题集合。除了起始节点外,每个节点只有一个父辈节点。因此,实际上,这些图是与或树。

2.3　谓词逻辑表示

虽然命题逻辑(propositional logic)能够把客观世界的各种事实表示为逻辑命题,但是它具有较大的局限性,不适合于表示比较复杂的问题。谓词逻辑(predicate logic)允许表达那些无法用命题逻辑表达的事情。逻辑语句,更具体地说,一阶谓词演算(predicate calculus)是一种形式语言,其根本目的在于把数学中的逻辑论证符号化。如果能够采用数学演绎的方式证明一个新语句是从那些已知正确的语句导出的,那么也就能够断定这个新语句也是正确的。

2.3.1　谓词演算

下面简要地介绍谓词逻辑的语言与方法。

1．语法和语义

谓词逻辑的基本组成部分是谓词符号、变量符号、函数符号和常量符号，并用圆括弧、方括弧、花括弧和逗号隔开，以表示论域内的关系。例如，要表示"机器人（ROBOT）在 1 号房间（ROOM1）内"，可应用简单的原子公式：

$$INROOM(ROBOT, r_1)$$

式中，ROBOT 和 r_1 为常量符号，INROOM 为谓词符号。一般，原子公式由谓词符号和项组成。常量符号是最简单的项，用来表示论域内的物体或实体，它可以是实际的物体和人，也可以是概念或具有名字的任何事情。变量符号也是项，并且不必明确涉及哪一个实体。函数符号表示论域内的函数。例如，函数符号 mother 可用来表示某人与他（或她）的母亲之间的一个映射。用下列原子公式表示"李（LI）的母亲与他的父亲结婚"这个关系：

$$MARRIED[father(LI), mother(LI)]$$

在谓词演算中，一个合式公式可以通过规定语言的元素在论域内的关系，实体和函数之间的对应关系来解释。对于每个谓词符号，必须规定定义域内的一个相应关系；对每个常量符号，必须规定定义域内相应的一个实体；对每个函数符号，则必须规定定义域内相应的一个函数。这些规定确定了谓词演算语言的语义。在应用中，用谓词演算明确表示有关论域内的确定语句。对于已定义了的某个解释的一个原子公式，只有当其对应的语句在定义域内为真时，才具有值 T（真）；而当其对应的语句在定义域内为假时，该原子公式才具有值 F（假）。因此，$INROOM(ROBOT, r_1)$ 具有值 T，而 $INROOM(ROBOT, r_2)$ 则具有值 F。

当一个原子公式含有变量符号时，对定义域内实体的变量可能有几个设定。对某几个设定的变量，原子公式取值 T；而对另外几个设定的变量，原子公式则取值 F。

2．连词和量词

原子公式是谓词演算的基本积木块，应用连词 ∧（与）、∨（或）及⇒（蕴涵，或隐含）等（在某些文献中，也用→来表示隐含关系），能够组合多个原子公式以构成比较复杂的合式公式。

连词 ∧ 用来表示复合句子。例如，句子"我喜爱音乐和绘画"可写成：

$$LIKE(I, MUSIC) \land LIKE(I, PAINTING)$$

此外，某些较简单的句子也可写成复合形式。例如，"李住在一幢黄色的房子里"即可用

$$LIVES(LI, HOUSE\text{-}1) \land COLOR(HOUSE\text{-}1, YELLOW)$$

来表示，其中谓词 LIVES 表示人与物体（房子）间的关系，而谓词 COLOR 则表示物体与其颜色之间的关系。用连词 ∧ 把几个公式连接起来而构成的公式叫做合取（式），而此合取式的每个组成部分叫做合取项。一些合式公式所构成的任一合取也是一个合式公式。

连词 ∨ 用来表示可兼有的"或"。例如，句子"李明打篮球或踢足球"可表示为

$$PLAYS(LIMING, BASKETBALL) \lor PLAYS(LIMING, FOOTBALL)$$

用连词 ∨ 把几个公式连接起来所构成的公式叫做析取（式），而此析取式的每一组成部分叫做析取项。由一些合式公式所构成的任一析取也是一个合式公式。

合取和析取的真值由其组成部分的真值决定。如果每个合取项均取值 T，则其合取值为

T,否则合取值为 F。如果析取项中至少有一个取 T 值,则其析取值为 T,否则取值 F。

连词符号⇒用来表示"如果-那么"的词句。例如,"如果该书是何平的,那么它是蓝色(封面)的"可表示为

$$\text{OWNS(HEPING,BOOK-1)}\Rightarrow\text{COLOR(BOOK-1,BLUE)}$$

又如,"如果刘华跑得最快,那么他取得冠军"可表示为

$$\text{RUNS(LIUHUA,FASTEST)}\Rightarrow\text{WINS(LIUHUA,CHAMPION)}$$

用连词⇒连接两个公式所构成的公式叫做蕴涵。蕴涵的左式叫做前项,右式叫做后项。如果前项和后项都是合式公式,那么蕴涵也是合式公式。如果后项取值 T(不管其前项的值为何),或者前项取值 F(不管后项的真值如何),则蕴涵取值 T;否则,蕴涵取值 F。

符号~(非)用来否定一个公式的真值,也就是说,把一个合式公式的取值从 T 变为 F,或从 F 变为 T。例如,子句"机器人不在 2 号房间内"可表示为

$$\sim\text{INROOM(ROBOT},r_2)$$

前面具有符号~的公式叫做否定。一个合式公式的否定也是合式公式。

在某些文献中,也有用符号 ¬ 来表示否定的,它与符号~的作用完全一样。

如果把句子限制为至今已介绍过的造句法所能表示的那些句子,而且也不使用变量项,那么可以把这个谓词演算的子集叫做命题演算。命题演算对于许多简化了的定义域来说,是一种有效的表示,但它缺乏用有效的方法来表达多个命题(如"所有的机器人都是灰色的")的能力。要扩大命题演算的能力,需要使公式中的命题带有变量。

有时,一个原子公式如 $P(x)$,对于所有可能的变量 x 都具有值 T。这个特性可由在 $P(x)$ 前面加上全称量词($\forall x$)来表示。如果至少有一个 x 值可使 $P(x)$ 具有值 T,那么这一特性可由在 $P(x)$ 前面加上存在量词($\exists x$)来表示。例如,句子"所有的机器人都是灰色的"可表示为

$$(\forall x)[\text{ROBOT}(x)\Rightarrow\text{COLOR}(x,\text{GRAY})]$$

而句子"1 号房间内有个物体"可表示为

$$(\exists x)\,\text{INROOM}(x,r_1)$$

这里,x 是被量化了的变量,即 x 是经过量化的。量化一个合式公式中的某个变量所得到的表达式也是合式公式。如果一个合式公式中某个变量是经过量化的,就把这个变量叫做约束变量,否则就称它为自由变量。在合式公式中,感兴趣的主要是所有变量都是受约束的。这样的合式公式叫做句子。

值得指出的是,本书中所用到的谓词演算为一阶谓词演算,不允许对谓词符号或函数符号进行量化。例如,在一阶谓词演算中,$(\forall P)P(A)$ 这样一些公式就不是合式公式。

2.3.2　谓词公式

1. 谓词公式的定义

定义 2.3　用 $P(x_1,x_2,\cdots,x_n)$ 表示一个 n 元谓词公式,其中 P 为 n 元谓词,$x_1,x_2,\cdots,x_n$ 为客体变量或变元。通常把 $P(x_1,x_2,\cdots,x_n)$ 叫做谓词演算的原子公式,或原子谓词公式。可以用连词把原子谓词公式组成复合谓词公式,并把它叫做分子谓词公式。为此,用归纳法给出谓词公式的定义。在谓词演算中合式公式的递归定义如下:

（1）原子谓词公式是合式公式。

（2）若 A 为合式公式，则～A 也是一个合式公式。

（3）若 A 和 B 都是合式公式，则 $(A \wedge B)$，$(A \vee B)$，$(A \Rightarrow B)$ 和 $(A \longleftrightarrow B)$ 也都是合式公式。

（4）若 A 是合式公式，x 为 A 中的自由变元，则 $(\forall x)A$ 和 $(\exists x)A$ 都是合式公式。

（5）只有按上述规则（1）～（4）求得的那些公式，才是合式公式。

例 2.1 试把下列命题表示为谓词公式：任何整数或者为正或者为负。

解 把上述命题意译如下：

对于所有的 x，如果 x 是整数，则 x 或为正的或者为负的。

用 $I(x)$ 表示"x 是整数"，$P(x)$ 表示"x 是正数"，$N(x)$ 表示"x 是负数"。于是，可把给定命题用下列谓词公式来表示：

$$(\forall x)(I(x) \Rightarrow (P(x) \vee N(x)))$$

2. 合式公式的性质

如果 P 和 Q 是两个合式公式，则由这两个合式公式所组成的复合表达式可由下列真值表（表 2.1）给出。

表 2.1 真值表

P	Q	$P \vee Q$	$P \wedge Q$	$P \Rightarrow Q$	$\sim P$
T	T	T	T	T	F
F	T	T	F	T	T
T	F	T	F	F	F
F	F	F	F	T	T

如果两个合式公式，无论如何解释，其真值表都是相同的，那么就称这两个合式公式是等价的。应用上述真值表，能够确立下列等价关系：

（1）否定之否定

$$\sim(\sim P) \text{ 等价于 } P$$

（2）$P \vee Q$ 等价于 $\sim P \Rightarrow Q$

（3）狄·摩根定律

$$\sim(P \vee Q) \text{ 等价于 } \sim P \wedge \sim Q$$

$$\sim(P \wedge Q) \text{ 等价于 } \sim P \vee \sim Q$$

（4）分配律

$$P \wedge (Q \vee R) \text{ 等价于 } (P \wedge Q) \vee (P \wedge R)$$

$$P \vee (Q \wedge R) \text{ 等价于 } (P \vee Q) \wedge (P \vee R)$$

（5）交换律

$$P \wedge Q \text{ 等价于 } Q \wedge P$$

$$P \vee Q \text{ 等价于 } Q \vee P$$

（6）结合律

$$(P \wedge Q) \wedge R \text{ 等价于 } P \wedge (Q \wedge R)$$

$$(P \vee Q) \vee R \text{ 等价于 } P \vee (Q \vee R)$$

（7）逆否律

$$P \Rightarrow Q \text{ 等价于} \sim Q \Rightarrow \sim P$$

此外,还可建立下列等价关系:

（8）$\sim (\exists x)P(x)$等价于$(\forall x)[\sim P(x)]$

　　　$\sim (\forall x)P(x)$等价于$(\exists x)[\sim P(x)]$

（9）$(\forall x)[P(x) \wedge Q(x)]$等价于$(\forall x)P(x) \wedge (\forall x)Q(x)$

　　　$(\exists x)[P(x) \vee Q(x)]$等价于$(\exists x)P(x) \vee (\exists x)Q(x)$

（10）$(\forall x)P(x)$等价于$(\forall y)P(y)$

　　　　$(\exists x)P(x)$等价于$(\exists y)P(y)$

上述最后两个等价关系说明,在一个量化的表达式中的约束变量是一类虚元,它可以用任何一个未在表达式中出现过的其他变量符号来代替。

下面举个用谓词演算来表示的英文句子的实例:

For every set x, there is a set y, such that the cardinality of y is greater than the cardinality of x.

这个英文句子可用谓词演算表示为

$(\forall x)\{\text{SET}(x) \Rightarrow (\exists y)(\exists u)(\exists v)[\text{SET}(y) \wedge \text{CARD}(x, u) \wedge \text{CARD}(y, v) \wedge G(v, u)]\}$

2.3.3　置换与合一

置换(substitution)和合一(unification)是谓词推理中的重要演算,下面逐一加以介绍。

1. 置换

在谓词逻辑中,有些推理规则可应用于一定的合式公式和合式公式集,以产生新的合式公式。一个重要的推理规则是假元推理,这就是由合式公式 W_1 和 $W_1 \Rightarrow W_2$ 产生合式公式 W_2 的运算。另一个推理规则叫做全称化推理,它是由合式公式 $(\forall x)W(x)$ 产生合式公式 $W(A)$,其中 A 为任意常量符号。同时应用假元推理和全称化推理,例如,可由合式公式 $(\forall x)[W_1(x) \Rightarrow W_2(x)]$ 和 $W_1(A)$ 生成合式公式 $W_2(A)$。这就是寻找的 A 对 x 的置换(substitution),使 $W_1(A)$ 与 $W_1(x)$ 一致。

一个表达式的项可为变量符号、常量符号或函数表达式。函数表达式由函数符号和项组成。一个表达式的置换就是在该表达式中用置换项置换变量。

例 2.2　表达式 $P[x, f(y), B]$ 的 4 个置换为

$$s1 = \{z/x, w/y\}$$
$$s2 = \{A/y\}$$
$$s3 = \{q(z)/x, A/y\}$$
$$s4 = \{c/x, A/y\}$$

用 Es 来表示一个表达式 E 用置换 s 所得到的表达式的置换。于是,我们可得到 $P[x, f(y), B]$ 的 4 个置换的例,如下:

$$P(x, f(y), B)s1 = P(z, f(w), B)$$
$$P(x, f(y), B)s2 = P(x, f(A), B)$$
$$P(x, f(y), B)s3 = P(q(z), f(A), B)$$

$$P(x, f(y), B)s4 = P(c, f(A), B)$$

置换是可结合的。用 $s1s2$ 表示两个置换 $s1$ 和 $s2$ 的合成，L 表示一表达式，则有

$$(Ls1)s2 = L(s1s2)$$

及

$$(s1s2)s3 = s1(s2s3)$$

即用 $s1$ 和 $s2$ 相继作用于表达式 L 与用 $s1s2$ 作用于 L 是一样的。

一般来说，置换是不可交换的，即

$$s1s2 \neq s2s1$$

2. 合一

寻找项对变量的置换，以使两表达式一致，叫做合一（unification）。合一是人工智能中很重要的过程。

如果一个置换 s 作用于表达式集 $\{E_i\}$ 的每个元素，则用 $\{E_i\}s$ 来表示置换例的集。称表达式集 $\{E_i\}$ 是可合的。如果存在一个置换 s 使得

$$E_{1s} = E_{2s} = E_{3s} = \cdots$$

那么称此 s 为 $\{E_i\}$ 的合一者，因为 s 的作用是使集合 $\{E_i\}$ 成为单一形式。

例2.3　表达式集 $\{P[x, f(y), B], P[x, f(B), B]\}$ 的合一者为

$$s = \{A/x, B/y\}$$

因为

$$P[x, f(y), B]s = P[x, f(B), B]s$$
$$= P[A, f(B), B]$$

即 s 使表达式成为单一形式

$$P[A, f(B), B]$$

如果 s 是 $\{E_i\}$ 的任一合一者，又存在某个 s'，使得

$$\{E_i\}s = \{E_i\}gs'$$

成立，则称 g 为 $\{E_i\}$ 的最通用（最一般）的合一者，记为 mgu。

例如，对于上例，尽管 $s = \{A/x, B/y\}$ 是集 $\{P[x, f(y), B], P[x, f(B), B]\}$ 的一个合一者，但它不是最简单的合一者，最简单的合一者应为

$$g = \{B/y\}$$

2.4　语义网络表示

语义网络是知识的一种结构化图解表示，它由节点和弧线或链线组成。节点用于表示实体、概念和情况等，弧线用于表示节点间的关系。

语义网络表示由下列 4 个相关部分组成：

（1）词法部分。决定词汇表中允许有哪些符号，它涉及各个节点和弧线。

（2）结构部分。叙述符号排列的约束条件，指定各弧线连接的节点对。

（3）过程部分。说明访问过程，这些过程能用来建立和修正描述，以及回答相关问题。

（4）语义部分。确定与描述相关的（联想）意义的方法，即确定有关节点的排列及其占

有物和对应弧线。

语义网络具有下列特点：

（1）能把实体的结构、属性与实体间的因果关系显式和简明地表达出来，与实体相关的事实、特征和关系可以通过相应的节点、弧线推导出来。这样便于以联想方式实现对系统的解释。

（2）由于与概念相关的属性和联系被组织在一个相应的节点中，因而使概念易于受访和学习。

（3）表现问题更加直观，更易于理解，适于知识工程师与领域专家沟通。语义网络中的继承方式也符合人类的思维习惯。

（4）语义网络结构的语义解释依赖于该结构的推理过程而没有结构的约定，因而得到的推理不能保证像谓词逻辑法那样有效。

（5）节点间的联系可能是线状、树状或网状的，甚至是递归状的结构，使相应的知识存储和检索可能需要比较复杂的过程。

2.4.1　二元语义网络的表示

首先用语义网络来表示一些简单的事实。例如，所有的燕子(swallow)都是鸟(bird)。建立两个节点，SWALLOW 和 BIRD，分别表示燕子和鸟。两节点以"是一个"(ISA)链相连，如图 2.10(a)所示。再如，希望表示小燕(xiaoyan)是一只燕子。那么，只需要在语义网络上增加一个节点(XIAOYAN)和一根 ISA 链，如图 2.10(b)所示。除了按分类学对物体进行分类以外，人们通常需要表示有关物体性质的知识。例如，要用语义网络表示鸟有翅膀的事实，可按图 2.10(c)来建立语义网络。

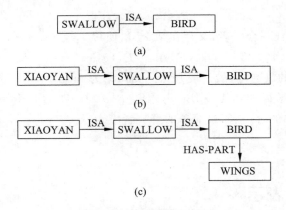

图 2.10　语义网络示例 1

假设希望表示小燕有一个巢(nest)这个事实，那么，可用所有权链 OWNS 连到表示是小燕的巢的节点巢-1(NEST-1)，如图 2.11 所示。巢-1 是巢中的一个，即 NEST 节点表示物体的种类，而 NEST-1 表示这种物体中的一个例子。如果希望把小燕从春天到秋天占有一个巢的信息加到语义网络中去，但是现有的语义网络不能实现这一点。因为占有关系在语义网络中表示为一根链，它只能表示二元关系。如果用谓词运算来表示所讨论的例子，则要用一个四元的谓词演算。现在所需要的是一个和这样的四元谓词演算等价的，能够表示占有关系的起始时间、终止时间、占有者和所有物的语义网络。

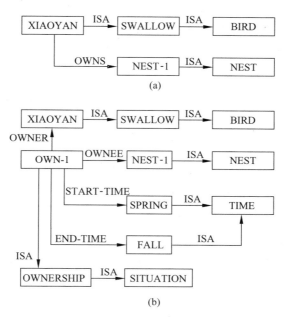

(a)

(b)

图 2.11　语义网络示例 2

由西蒙斯(Simmons)和斯洛克姆(Slocum)提出来的方法允许节点既可以表示一个物体或一组物体,也可以表示情况和动作。每一情况节点可以有一组向外的弧(事例弧),称为事例框,用以说明与该事例有关的各种变量。例如,应用具有事例弧的情况节点表示"小燕从春天到秋天占有一个巢"这个事实的语义网络如图 2.11(b)所示。图中设立了"占有权-1"(OWN-1)节点,表示小燕有自己的巢。当然,小燕还可以有其他东西,所以占有权-1 只是占有权(ownership)的一个实例。而占有权又只是一种特定的"情况"(situation)。小燕是占有权-1 的一个特定的"物主"(owner),而巢-1 是占有权-1 的一个特定的"占有物"(ownee)。小燕占有"占有权-1"的时间"从春天(spring)到秋天(fall)""春天"和"秋天"又被定为"时间"(time)的实例。

在选择节点时,首先要弄清节点是用于表示基本的物体或概念的,或是用于多种目的的。否则,如果语义网络只被用来表示一个特定的物体或概念,那么当有更多的实例时就需要更多的语义网络。这样就使问题复杂化。例如,如果把"我的汽车是棕黄色的"这一事实表示为一个如图 2.12(a)所示的语义网络。那么如果要表示"李华的汽车是绿色的"这一事实,就需要另外建立一个网络。如果把汽车作为一个通用的概念,而把我的汽车作为汽车的一个实例,并表示我的汽车是棕黄色的,这时,语义网络就如图 2.12(b)所示。如果要进一步表示"李华的汽车是绿色的",只需扩展这个网络即

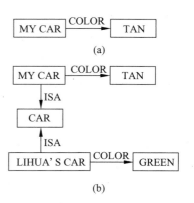

(a)

(b)

图 2.12　概念节点与实例节点

可。如果要表示更多的汽车颜色,可以进一步扩展这个网络,这样做的优点是当寻找有关汽车的信息时,只要首先找到汽车这个节点就可以了。在图 2.12 中,像 CAR 这样的节点被称为概念节点,像 MY CAR 这样的节点被称为实例节点。

　　通常把有关一个物体或概念,或一组有关物体或概念的知识用一个语义网络表示出来。不然的话,会造成过多的网络,使问题复杂化。与此相关的是寻找基本概念和某些基本弧的问题,称为"选择语义基元"问题。选择语义基元就是试图用一组基元来表示知识。这些基元描述基本知识,并以图解表示的形式相互联系。用这种方式,可以用简单的知识来表达更复杂的知识。例如,希望定义一个语义网络来表示椅子的概念。为说明这个椅子是我的,建立"我的椅子"(MY CHAIR)节点。为进一步说明我的椅子是咖啡色的,增加一个"咖啡色"(BROWN)节点,并且用"颜色"(COLOR)链与我的椅子节点相连。为说明我的椅子是皮面的,引入了"皮革"(LEATHER)节点,并和"包套"(COVERING)链相连。要说明椅子是一种家具,则引入"家具"(FURNITURE)节点;要说明椅子是座位的一部分,则加入"座位"(SEAT)节点。为表示椅子所有者的身份,设立了 X 节点,并以"所有者"(OWNER)链相连。然后,用"个人"(PERSON)节点表示椅子所有者的身份。这样建立的关于椅子的语义网络就如图 2.13 所示。

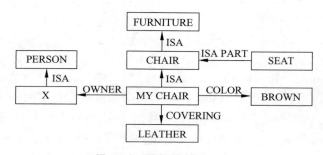

图 2.13　椅子的语义网络

2.4.2　多元语义网络的表示

　　语义网络是一种网络结构。节点之间以链相连。从本质上讲,节点之间的连接是二元关系。如果所要表示的知识是一元关系,例如,要表示李明是一个人,这在谓词逻辑中可表示为 MAN(LI MING)。用语义网络,这就可以表示为 LI MING $\xrightarrow{\text{ISA}}$ MAN。和这样的表示法相等效的关系在谓词逻辑中表示为 ISA(LIMING,MAN)。这说明语义网络可以毫无困难地表示一元关系。

　　如果所要表示的事实是多元关系的,例如,要表达北京大学(Peking University,简称PKU)和清华大学(Tsinghua University,简称 TU)两校篮球队在北京大学进行的一场比赛的比分是 85 比 89。若用谓词逻辑可表示为 SCORE(PKU,TU,(85—89))。这个表示式中包含 3 项,而语义网络从本质上来说,只能表示二元关系。解决这个矛盾的一种方法是把这个多元关系转化成一组二元关系的组合,或二元关系的合取。具体来说,多元关系 $R(X_1, X_2, \cdots, X_n)$ 总可以转换成 $R_1(X_{11}, X_{12}) \wedge R_2(X_{21}, X_{22}) \wedge \cdots \wedge R_n(X_{n1}, X_{n2})$,例如,三根线 a, b, c 组成一个三角形,这可表示成 TRIANGLE(a, b, c)。这个三元关系可转换成一组

二元关系的合取,即

$$\mathrm{CAT}(a,b) \wedge \mathrm{CAT}(b,c) \wedge \mathrm{CAT}(c,a)$$

式中,CAT 表示串行连接。

要在语义网络中进行这种转换需要引入附加节点。对于上述球赛,可以建立一个 G25 节点来表示这场特定的球赛。然后,把有关球赛的信息和这场球赛联系起来。这样的过程如图 2.14 所示。

图 2.14　多元关系的语义网络表示

可以用语义网络表示谓词逻辑法中的各种连词及量化。

2.4.3　语义网络的推理过程

在语义网络知识表达方法中,没有形式语义,也就是说,与谓词逻辑不同,对所给定的表达结构表示什么语义没有统一的表示法。赋予网络结构的含义完全取决于管理这个网络的过程的特性。已经设计了很多种以网络为基础的系统,它们各自采用完全不同的推理过程。

为了便于以下的叙述,对所用符号作进一步的规定。区分在链的头部和在链的尾部的节点,把在链的尾部的节点称为值节点。另外,还规定节点的槽相当于链,不过取不同的名字而已。在图 2.15 中砖块 12(BRICK12)有 3 个链,构成两个槽。其中一个槽只有一个值,另外一个槽有两个值。颜色槽(COLOR)填入红色(RED),ISA 槽填入砖块(BRICK)和玩具(TOY)。

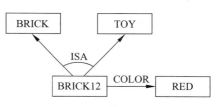

图 2.15　语义网络的槽与数值

语义网络中的推理过程主要有两种,一种是继承,另一种是匹配。以下分别介绍这两种过程。

1. 继承

在语义网络中所谓的继承是把对事物的描述从概念节点或类节点传递到实例节点。例如在图 2.16 所示的语义网络中,BRICK 是概念节点,BRICK12 是一个实例节点。BRICK 节点在 SHAPE(外形)槽,其中填入了 RECTANGULAR(矩形),说明砖块的外形是矩形的。这个描述可以通过 ISA 链传递给实例节点 BRICK12。因此,虽然 BRICK12 节点没有 SHAPE 槽,但可以从这个语义网络推理出 BRICK12 的外形是矩形的。

这种推理过程类似于人的思维过程。一旦知道了某种事物的身份以后,可以联想起很多关于这件事物的一般描述。例如,通常认为鲸鱼很大,鸟比较小,城堡很古老,运动员很健壮。这就像用每种事物的典型情况来描述各种事物——鲸鱼、鸟、城堡和运动员那样。

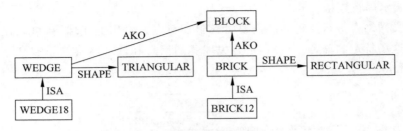

图 2.16　语义网络的值继承

一共有 3 种继承过程：值继承、"如果需要"继承和"缺省"继承。

（1）值继承

除了 ISA 链以外，另外还有一种 AKO（是某种）链也可被用于语义网络中的描述或特性的继承。AKO 是 A-KIND-OF 的缩写。

总之，ISA 和 AKO 链直接地表示类的成员关系及子类和类之间的关系，提供了一种把知识从某一层传递到另一层的途径。

为了能利用语义网络的继承特性进行推理，还需要一个搜索程序用来在合适的节点寻找合适的槽。

（2）"如果需要"继承

当不知道槽值时，可以利用已知信息来计算。例如，可以根据体积和物质的密度来计算积木的质量。进行上述计算的程序称为 if-needed（如果需要）程序。

为了储存进行上述计算的程序，需要改进节点-槽-值的结构，允许槽有几种类型的值，而不只是一个类型。为此，每个槽又可以有若干个侧面，以储存这些不同类型的值。这样，以前讨论的原始意义上的值就放在"值侧面"中，if-needed 程序存放在 IF-NEEDED 侧面中。

（3）"缺省"继承

某些情况下，当对事物所作的假设不是十分有把握时，最好对所作的假设加上"可能"这样的字眼。例如，可以认为法官可能是诚实的，但不一定是；或认为宝石可能是很昂贵的，但不一定是。把这种具有相当程度的真实性，但又不能十分肯定的值称为"缺省"值。这种类型的值被放入槽的 DEFAULT（缺省）侧面中。

2. 匹配

至今所讨论的是类节点和实例节点。现在转向讨论更为困难一些的问题。当解决涉及由几部分组成的事物时，如图 2.17 中的玩具房（TOY-HOUSE）和玩具房-77（TOY-HOUSE77），继承过程将如何进行。不仅必须制定如何把值从玩具房传递到玩具房-77 的路径，而且必须制定把值从玩具房部件传递到玩具房-77 部件的路径。

例如，很明显，由于 TOY-HOUSE77 是 TOY-HOUSE 的一个实例，所以它必须有两个部件，一个是砖块，另一个是楔块（wedge）。另外，作为玩具房的一个部件的砖块必须支撑楔块。在图 2.17 中，玩具房-77 部件及它们之间的链，都用虚线画的节点的箭头来表示。

因为这些知识是通过继承而间接知道的,并不是通过实际的节点和链直接知道的。因此,虚线所表示的节点和箭头表示的链是虚节点和虚链。

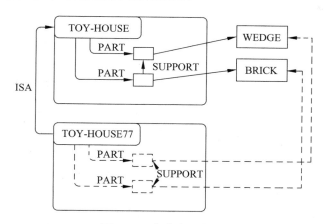

图 2.17　虚节点和虚链

没有必要从 TOY-HOUSE 节点把这些节点和链复制到 TOY-HOUSE77 节点上去,除非需要在这些复制节点加上玩具房-77 所特有的信息。例如,如果要表示玩具房-77 的砖块的颜色是红的,就必须为 TOY-HOUSE77 建立一个 BRICK 节点,并把 RED 放在这个 BRICK 节点的 COLOR 槽中。假设把 RED 放在作为玩具房部件的 BRICK 节点的 COLOR 槽中,这将意味着所有玩具房的砖都是红色的,而不是只在由玩具房-77 所描述的特定房子中的砖是红色的。

现在来研究图 2.18 中的结构 35(STRUCTURE35)。已知这个结构有两个部件,一个砖块 BRICK12 和一个楔块 WEDGE18。一旦在 STRUCTURE35 和 TOY-HOUSE 之间放上 ISA 链,就知道 BRICK12 必须支撑 WEDGE18。在图 2.18 中用虚线箭头表示 BRICK12 和 WEDGE18 之间的 SUPPORT 虚链。因为很容易做部件匹配,所以虚线箭头的位置和方向很容易确定。WEDGE18 肯定和作为 TOYHOUSE 的一个部件的楔块相匹配,而 BRICK12 肯定和砖块相匹配。

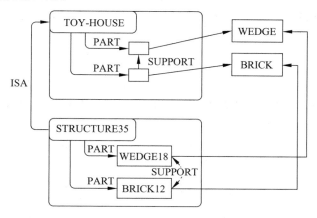

图 2.18　部件匹配

2.5　本体技术

本节讨论本体(ontology)的基本概念、组成及其分类,并简要介绍本体的建模方法。

2.5.1　本体的概念

格鲁伯(Gruber)于 1993 年指出:"本体是概念化的一个显式的规范说明或表示"。格里诺(Guarino)和贾雷塔(Giaretta)为了澄清对本体的认识,针对本体的 7 种不同概念解释进行了深入的分析,于 1995 年给出了如下定义:"本体是概念化某些方面的一个显式规范说明或表示"。博斯特(Borst)于 1997 年给出了一个类似的定义,即"本体可定义为被共享的概念化的一个形式规范说明"。

这三个定义已成为经常被引用的定义,它们都强调了对"概念化"的形式解释和规范说明。同时,反映出本体所描述的知识是具有共享性的。

在这些本体定义中,对所用到的"概念化"一词并没有给出明确的解释。格里诺对上述定义中的"概念化"给出了一种比较合理的解释,同时对概念化和本体的关系作了进一步的阐释。以下简要说明他对"概念化"的解释。

定义 2.4　领域空间(domain space)　领域空间定义为 $\langle D, W \rangle$,其中 D 表示领域,W 表示该领域事件最大状态的集合(也称为可能世界)。

定义 2.5　概念关系(conceptual relation)　$\langle D, W \rangle$ 上的 n 元概念关系定义为 ρ^n:$W \rightarrow 2^{D^n}$,表示集合 W 在领域 D 上所有 n 元关系集合的全函数。

对于概念上的关系 ρ,集合 $E\rho = \{\rho(w) | w \in W\}$ 包含 ρ 可接受的所有外延(admittable extensions)。

定义 2.6　概念化(conceptualization)　领域空间 $\langle D, W \rangle$ 中 D 的概念化定义为一个有序三元组 $C = \langle D, W, \acute{R} \rangle$,其中 $\langle D, W \rangle$ 为领域空间,$\acute{R}$ 为 $\langle D, W \rangle$ 上概念关系的集合。

从上述定义可见,概念化是定义在一个领域空间上的所有概念关系的集合。

定义 2.7　意图结构(intended structure)　$\forall w \in W, S_{wC}$ 是可能世界 w 关于 C 的意图结构,$S_{wC} = \langle D, R_{wC} \rangle$,其中 $R_{wC} = \{\rho(w) | \rho \in \acute{R}\}$,表示 $\acute{R}$ 中概念关系的关于 w 的外延集合。

符号 S_C 表示概念化 C 的所有意图世界结构,$S_C = \{S_{wC} | w \in W\}$。

定义 2.8　模型(model)　假定逻辑语言 L 具有词汇表 V,词汇表 V 由常量符号集合和谓词符号集合构成。逻辑语言 L 的模型定义为结构 $\langle S, I \rangle$,其中 $S = \langle D, R \rangle$ 表示一个世界结构;$I: V \rightarrow D \cup R$ 表示一个解释函数,把 V 中的常量符号映射为 D 中的元素,把 V 中的谓词符号映射为 R 中的元素。

由以上定义可见,一个模型确定了一种语言的特定外延解释。类似地,通过概念化可以确定内涵解释 $\langle C, \Im \rangle$ 为一个结构 $\langle C, \Im \rangle$,其中 $C = \langle D, W, \acute{R} \rangle$ 是一个概念化,$\Im: V \rightarrow D \cup \acute{R}$ 表示一个解释函数,把 V 中的常量符号映射为 D 中的元素,把 V 中的谓词符号映射

为 $\acute{R}$ 中的元素。

定义 2.9 本体承诺(ontological commitment) 逻辑语言 L 的一个本体承诺 $K=\langle C,3\rangle$ 定义为 L 的一个内涵解释模型,其中 $C=\langle D,W,\acute{R}\rangle$,$3:V\rightarrow D\cup\acute{R}$ 表示一个解释函数,把 V 中的常量符号映射为 D 中的元素,把 V 中的谓词符号映射为 $\acute{R}$ 中的元素。

如果 $K=\langle C,3\rangle$ 是逻辑语言 L 的本体承诺,称逻辑语言 L 通过本体承诺 K 承诺于概念化 C,同时,C 是 K 的基本概念化。

已知逻辑语言 L 及其词汇表 V,$K=\langle C,3\rangle$ 是逻辑语言的本体承诺,则模型 $\langle S,I\rangle$ 与 K 兼容需要满足以下条件:

- $S\in S_C$;
- 对每一个常量 c,$I(c)=3(c)$;
- 存在一个可能世界 w,对于每个谓词符号 p,满足 I 把谓词 p 映射为 $3(p)$ 允许的外延。即存在一个概念上的关系 ρ,满足 $3(p)=\rho\wedge\rho(w)=I(p)$。

定义 2.10 意图模型(intended model) 逻辑语言 L 的所有与 K 兼容的模型 $M(L)$ 构成一个集合,称为 L 关于 K 的内涵模型,记作 $I_K(L)$,见图 2.19。

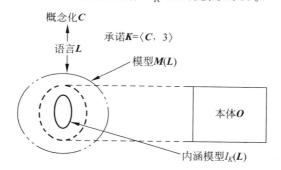

图 2.19 概念化、语言和本体关系图

给定逻辑语言 L 及其本体承诺 $K=\langle C,3\rangle$,L 的本体是按照使本体的模型集合最逼近于 L 关于 K 的内涵模型集合的方式设计的公理集合。

定义 2.11 本体(ontology) 本体是一种说明形式化词汇内涵的逻辑理论,即一种词汇世界特定概念化的本体承诺。使用该词汇表的逻辑语言 L 的内涵模型受本体承诺 K 的约束。

如果存在本体承诺 $K=\langle C,3\rangle$ 使本体 O 包含 L 关于 K 的内涵模型,那么称语言 L 的本体 O 相似于概念化 C。

如果本体 O 的设计目的是为了描述概念化 C 的特征,同时本体 O 相似于概念化 C,那么称本体承诺于 C。如果逻辑语言 L 承诺于某个概念化 C,以至本体 O 承诺于概念化 C,那么逻辑语言 L 承诺于本体 O。

图 2.19 表示语言 L、本体 O 与概念化 C 之间关系的示意图。本体 O 是用于解释形式化词汇内涵意义的逻辑理论,使用这种词汇表的逻辑语言 L 的内涵模型受本体承诺 K 的约束。本体通过接近这些内涵模型间接地反映这些本体承诺,本体 O 是语言相关的,而概念化 C 是语言无关的。

2.5.2　本体的组成与分类

1. 本体的组成

在知识工程领域,本体是一个工程上的人工产物,是由用于描述某种确定现实情况的特定术语集,加上一组关于术语内涵意义的显式假定集合构成的。在最简单的情况下,本体只描述概念的分类层次结构;在复杂的情况下,本体可以在概念分类层次的基础上加入一组合适的关系、公理、规则来表示概念之间的其他关系,约束概念的内涵解释。

概括地讲,一个完整的本体应由概念、关系、函数、公理和实例五类基本元素构成。

概念是广义上的概念,除了一般意义上的概念外,也可以是任务、功能、行为、策略、推理过程,等等。本体中的这些概念通常构成一个分类层次。

关系表示概念之间的一类关联。典型的二元关联如继承关系形成概念的层次结构。

函数是一种特殊的关系,其中第 n 个元素对于前面 $n-1$ 个元素是惟一确定的。一般地,函数用 $F: C_1 \times \cdots \times C_{n-1} \rightarrow C_n$ 表示。

公理用于描述一些永真式。更具体地说,公理是领域中在任何条件下都成立的断言。

实例是指属于某个概念的具体实例,特定领域的所有实例构成领域概念类的指称域。

图 2.20 是一个具体说明本体的实例,具体说明 ontology 的内容。图中表示的内容为某领域研究人员 ontology 库的一部分,是对研究人员(person)和出版物(publication)这两个概念,以及研究人员的合作关系(cooperatesWith)、研究人员与出版物之间相互关系公理的定义。

> FORALL Person1,Person2
>   Person1：Researcher[cooperatesWith—≫Person2]
>   ↔
>   Person2：Researcher[cooperatesWith—≫Person1].
>
> FORALL Person1,Publication1
>   Publication1：Publication [author—≫Person1]
>   ↔
>   Person1：Person[Publication—≫Publication1].

图 2.20　Ontology 的实例

2. 本体的分类

从不同的角度出发,存在多种对本体的分类标准。按照本体的主题,当前常见的本体可以分为如下 5 种类型:

(1) 知识表示本体:包括知识的本质特征和基本属性。

(2) 通用常识本体:包括通用知识工程和常识知识库等。

(3) 领域本体:提供一个在特定领域中可重用的概念、概念的属性、概念之间的关系及属性和关系的约束,或该领域的主要理论和基本原理等。

(4) 语言学本体:是指关于语言、词汇等的本体。

(5) 任务本体:主要涉及动态知识,而不是静态知识。

此外,本体还有很多其他的分类。如同本体的概念一样,学术界目前对于本体的分类也有很多不同看法。一些常用的概念对于本体的分类具有指导作用,也会有助于建造本体。

2.5.3 本体的建模

构造出一个领域的本体,可以极大地提高计算机对该领域的信息处理能力及改善该领域的信息共享效果。目前,本体已经成为知识获取和表示、规划、进程管理、数据库框架集成、自然语言处理和企业模拟等研究领域的核心。

1. 本体建模方法

建立本体模型的过程可分为非形式化阶段和形式化阶段。在非形式化阶段本体模型是用自然语言和图表来描述的,例如用概念图来表示本体,形成本体原型。在形式化阶段通过知识表示语言(例如 RDF、DAML＋OIL、OWL 等)对本体模型进行编码,形成便于人们交流的、无歧义的、可被软件或智能体直接解释的本体。

由于本体工程到目前为止仍处于相对不成熟的阶段,每一个工程拥有自己独立的方法。例如,尤斯乔德(Uschold)和金(King)的"骨架"法、格鲁宁格(Gruninger)和福克斯(Fox)的"评价法"(TOVE)、伯内拉斯(Berneras)的 KACTUS 工程法、马德里大学的 Methontology 方法、SENSUS 方法、甘唐(Gandon)的五阶段法等。

本节以甘唐提出的五阶段法为例,说明本体的建模过程。以下建立的 NUDT5 本体描述了某信息系统与管理实验室的状况。该本体可用于信息系统与管理各实验室的知识管理。

阶段 1:数据收集和分析

从组织的文档、报告中抽取出有关的概念:"Something、Entity、Document、Person、OrganizationGroup、SomeRelation、Author、FamilyName、Title"等。

阶段 2:建立一个字典

获取这些概念的定义。

Entity:独立存在的能区别于其他东西的东西;

Document:包含可以表示思想的元素的实体;

Author:表示一个文档被一个人创造的关系;

Title:指定一个文档的文字;

等等。

阶段 3:对字典进行求精,建立内容更丰富的表

对概念进行分类,建立更详细的表,如表 2.2～表 2.5。

表 2.2 顶层概念表

类	父类	自然语言定义
Something		一种有形的、无形的或者抽象的存在的东西
Entity	Something	独立存在的、能区别于其他东西的东西
…	…	……

表 2.3 中间层概念表

类	父类	自然语言定义
Document	Entity	包含可以表示思想的元素的实体
Person	Entity	人类的一个单独的个体
…	…	……

表 2.4　顶层关系表

关系	领域	范围	父辈关系	自然语言定义
SomeRelation	Something			两个事物之间属于、连接、刻画等抽象
...	...	...	...	......

表 2.5　中间层关系表

关系	领域	范围	父辈关系	自然语言定义
Author	Document	Person	SomeRelation	表示一个文档被一个人创造的关系
Title	Document	Literal(RDF)	SomeRelation	指定一个文档的文字
...	...	...	...	......

本体概念的层次结构如图 2.21 所示。

图 2.21　本体概念的层次结构图

本体关系的层次结构如图 2.22 所示。

图 2.22　本体关系的层次结构图

阶段 4：用 RDFS 语言描述上述各表

其中 rdfs 和 rdf 是 W3C 定义的两个 RDFS。

```
<?xml version＝"1.0" encoding＝"ISO-9999-9" ?>
< rdf:RDF xmlns:rdfs＝http://www.w3.org/2000/01/rdf-schema♯
    xmlns: rdf＝"http://www.w3.org/1999/02/22-rdf-syntax-ns♯ " >
```

用 RDFS 语言分别描述顶层概念、中间层概念、扩展层概念、顶层关系、中间层关系和扩展层关系。本体分为三层：顶层概念和关系、中间层概念和关系、扩展层概念和关系。其中顶层本体是最抽象的一层，它对于所有的问题和领域都是可以重用的；中间层本体对于相似领域是可以重用的；扩展层本体只是在本领域内可用，对于其他领域，需要重新建立这部分本体。

阶段 5：定义关系的代数属性，定义知识的推理规则

```
< rdf:Property rdf:ID＝"Author">
    < rdfs:inverse rdf:resource＝"♯hasWrited" />
</rdf:Property >
< rdf:Property rdf:ID＝"hasWrited">
    < rdfs:inverse rdf:resource＝"♯ Author" />
</rdf:Property >
```

本体 NUDT5 的建立过程如图 2.23 所示，可以在它的基础上进行扩充。

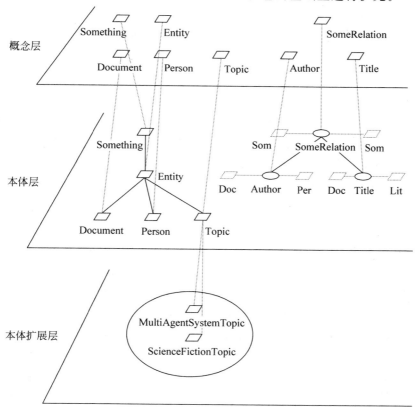

图 2.23　本体 NUDT5 的建立过程图

2. 本体建模语言

互联网最初的设计是提供一个分布的共享信息空间,通过超级链接来支持人类的信息查询和信息通信。但是这样的信息表示和组织方法缺乏结构化,机器程序无法理解信息的内容和进行自动处理。近年来出现的语义网(Semantic Web)技术,其目标在于建立一个"与计算机对话的 Web",使计算机能够充分利用 Web 的资源,为人类提供更好的服务。语义网技术超越了传统互联网的限制,它使用一个结构化和逻辑链接的表示方法对信息进行编码,使得 Web 上的信息具有计算机可以理解的语义,满足 agent 对 Web 上异构和分布信息的有效访问、搜索和推理。W3C 是 Web 标准的主要制订者和新技术的主要倡导者,该组织专门成立了语义 Web 的专题研究组 Semantic Web WorkGroup,并将 XML 协议族作为实现语义 Web 的基础之一。

语义网的核心概念之一就是本体,本体定义了组成主题领域词汇的基本术语和关系,以及用于组合术语和关系以定义词汇外延的规则。本节使用本体来获取某一领域的知识,用本体描述该领域的概念,以及这些概念之间的关系。在建立了本体之后,应该按照一定的规范格式对本体进行描述和存储,称用来描述本体的语言为本体描述语言。本体描述语言使得用户能够为领域模型编写清晰的、形式化的概念描述,因此它应该满足以下要求:

(1) 良好定义的语法;

(2) 良好定义的语义;

(3) 有效的推理支持;

(4) 充分的表达能力;

(5) 便于表达。

许多研究工作者都在致力于研究本体描述语言,因此产生了许多种本体描述语言,它们各有千秋,包括 RDF 和 RDF-S、OIL、DAML、DAML＋OIL、OWL、XML、KIF、SHOE、XOL、OCML、Ontolingua、CycL、Loom 等。其中,和具体系统相关的(基本上只在相关项目中使用的)有 Ontolingua、CycL、Loom 等。和 Web 相关的有 RDF 和 RDF-S、OIL、DAML、DAML＋OIL、OWL、SHOE、XOL 等。其中 RDF 和 RDF-S、OIL、DAML、OWL、XOL 之间有着密切的联系,是 W3C 的本体语言标准中的不同层次,也都是基于 XML 的。而 SHOE 是基于 HTML 的,是 HTML 的一个扩展。

实现 Web 数据的语义表示和自动处理是未来互联网技术发展的一个长期的目标。目前,DARPA、W3C、Standford、MIT、Harvard、TC&C 等众多研究机构都在为实现语义 Web 的远景目标而努力,从不同的角度探讨解决这一问题的方案。以智能体技术为代表的智能处理模式被认为是在广泛分布、异构和不确定性信息环境中具有良好应用前景的模式,而多智能体在语义 Web 上运行时需要使用本体,因此,本体技术已成为当前语义 Web 技术的研究热点。

目前,在信息系统领域本体(ontology)的应用变得越来越重要与广泛,其主要应用包括知识工程、数据库设计与集成、信息系统互操作、仿真、信息检索与抽取、语义 Web、知识管理、智能信息处理等多个领域。

2.6 知识图谱

自计算机网络问世以来,网络(Web)技术不断取得快速发展,先后经历了以文档互联为主要特征的"Web 1.0"时代与以数据互联为特征的"Web 2.0"时代,并正在发展到基于知识互联的"Web 3.0"时代。Web 3.0 的目标是构建一个人与机器共同理解的万维网,从更深层次上揭示人类认知的整体性与关联性,实现网络智能化。知识图谱(knowledge graph)以其强大的语义处理能力和开放互联能力,为知识互联奠定坚实基础,使 Web 3.0 提出的"知识之网"构想成为可能。

Google 于 2012 年 5 月 17 日正式提出知识图谱,其最初愿望是提高引擎的搜索能力,提高用户的搜索质量及增强搜索体验。

2.6.1 知识图谱的定义与架构

1. 知识图谱的定义

定义 2.12 根据维基百科词条,知识图谱是 Google 用于增强其搜索引擎功能的一种知识库。知识图谱本质上是一种表示实体之间关系的语义网络,可以对现实世界的事物及其相互关系进行形式化描述。

从上述定义可知,知识图谱是一种知识库,也是一类语义网络,表明知识图谱与知识库和语义网络的密切关系。现在的知识图谱往往被用于泛指各种大规模的知识库。

知识图谱的通用表示方式为三元组,即 $G=(E,R,S)$,其中

$E=\{e_1, e_2, \cdots, e_{|E|}\}$ 是知识库中的实体集合,共包含 $|E|$ 种不同实体;$R=\{r_1, r_2, \cdots, r_{|E|}\}$ 是知识库中的关系集合,共包含 $|R|$ 种不同关系;

$S \leqslant E \times R \times E$ 代表知识库中的三元组集合。

三元组的基本形式主要包括实体1、关系、实体2和概念、属性、属性值等。实体是知识图谱中最基本的元素,不同的实体间存在不同的关系。概念主要指集合、类别、对象类型、事物的种类,如动植物、国家等;属性主要指对象可能具有的属性、特征、特点及参数等,如体重、出生地等;属性值指对象指定属性的值,如埃及、2020-01-16、65 千克、26 岁等。每个实体(概念的外延)可用一个全局唯一确定的 ID 来标识,每个属性-属性值对(attribute-value pair)用来刻画实体的内在特性,而关系可用来连接两个实体,刻画它们之间的关联。

按照应用范围可把知识图谱分为通用知识图谱和行业知识图谱。通用知识图谱主要应用于智能搜索等领域,注重广度,强调融合更多的实体,其准确度比行业知识图谱低,且易受概念范围的影响,很难借助本体库对公理、规则及约束条件的支持能力规范其实体、实体间的关系、属性等。行业知识图谱一般需要依靠特定行业的数据来构建,具有特定的行业意义。行业知识图谱中,实体的属性与数据模式往往比较丰富,需要考虑到不同的业务场景与使用人员。

2. 知识图谱的架构

知识图谱的架构如图 2.24 所示,图中虚线框内表示知识图谱的构建过程,也是知识图

谱更新的过程,包括信息获取、知识融合和知识处理过程;左边为数据获取部分,涉及结构化数据、半结构化数据和非结构化数据获取;右边即为构成的可用于知识搜索的大规模数据库——知识图谱。

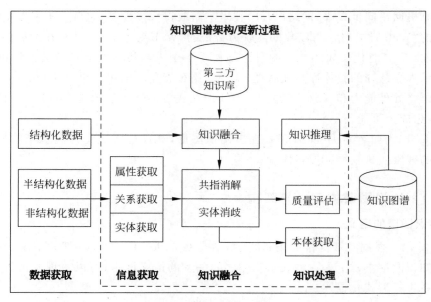

图 2.24　知识图谱的技术架构

下面进一步说明知识图谱的技术架构。

虚线框的左边的 3 种输入数据结构,即结构化数据、半结构化数据和非结构化数据,它们可以来自任何地方,只要是构建这个知识图谱所需要的。

虚线框内表示整个知识图谱的构建过程,其中包含了信息获取、知识融合、知识处理 3 个阶段。

最右边是生成的知识图谱,而且这个技术架构是循环往复与迭代更新的过程。知识图谱不是一次性生成的,而是逐步积累的过程。信息获取是从各种类型的数据源中提取出实体、属性及实体间的关系,并在此基础上形成本体化的知识表示;知识融合是对获得的新知识进行整合,以消除可能出现的矛盾和歧义,如某个实体可能有多种表示、某些特定称谓也可能对应于多个不同的实体等;知识处理是对经过融合的新知识进行质量评估(部分需要人工参与甄别),然后才能将合格的新知识加入到知识图谱中,以确保知识库图谱质量。

2.6.2　知识图谱的关键技术

知识图谱的信息获取、知识融合和知识处理是构建知识图谱的关键技术,如图 2.24 所示。知识图谱的这三个过程各有难点。下面介绍这三个模块要解决的问题和遇到的难点。

1. 信息获取

信息获取(information acquisition)是构建知识图谱的第 1 步,其关键问题是如何从异构数据源中自动抽取信息得到候选指示单元。信息获取是一种自动化地从半结构化和非结构化数据中提取实体、关系及实体属性等结构化信息的技术,涉及实体获取、关系获取和属性获取等关键技术。

（1）实体获取（entity extraction）

实体获取又称为命名实体识别（named entity recognition，NER），是指从文本数据集自动识别出命名实体。实体抽取的质量（准确率和召回率）对后续知识获取效率和质量影响很大，是信息获取最为基础和关键的部分。

Ling 等于 2012 年归纳出 112 种实体类别，基于条件随机场（conditional random field，CRF）进行实体边界识别，采用自适应感知机算法实现了对实体的自动分类，取得较好效果。

随着互联网内容的动态变化，采用人工预定义的实体分类体系方式已不适应新的需求，面向开放域的实体识别和分类研究应运而生。这种实体识别和分类研究不需要（也不可能）为每个领域或者每个实体类别建立单独的语料库作为训练集。因此，该领域面临的主要挑战是如何从给定的少量实体实例中自动发现具有区分力的模型。一种思路是根据已知的实体实例进行特征建模，再利用该模型处理海量数据集得到新的命名实体列表，然后针对新实体建模，迭代地生成实体标注语料库。另一种思路是利用搜索引擎的服务器日志，事先并不给出实体分类等信息，而是基于实体的语义特征从搜索日志中识别出命名实体，然后采用聚类算法对识别出的实体对象进行分类。

（2）关系获取（relation extraction）

文本语料经过实体获取，得到的是一系列离散的命名实体。为了得到语义信息，还需要从相关的语料中提取出实体之间的关联关系，通过关联关系将实体（概念）联系起来，才能形成网状知识结构。研究关系抽取技术的目的就是要解决如何从文本语料中抽取实体间的关系这一基本问题。

关系获取的方法有模式匹配方法（人工构造语法和语义规则）、统计机器学习方法、基于特征向量或核函数的有监督学习方法、半监督和无监督学习方法、面向开放域的信息抽取方法及面向开放域的信息抽取方法与面向封闭领域的传统方法相结合的方法等。

（3）属性获取（attribute extraction）

属性获取的目标是从不同信息源中采集特定实体的属性信息。属性抽取技术能够从多种数据来源中汇集这些信息，实现对实体属性的完整勾画。

属性获取的方法包括：将属性获取任务转化为关系获取任务（将实体的属性视作实体与属性值之间的一种名词性关系）；基于规则和启发式算法（抽取结构化数据）；基于百科类网站的半结构化数据的抽取方法（通过自动抽取半结构化数据生成训练语料，用于训练实体属性标注模型，然后将其应用于对非结构化数据的实体属性抽取）；数据挖掘方法（直接从文本中挖掘实体属性和属性值之间的关系模式，据此实现对属性名和属性值在文本中的定位）。

2. 知识融合

通过知识融合（knowledge fusion），消除从原始的非结构化和半结构化数据中获取到的实体、关系及实体的属性信息与事实对象之间的歧义，形成高质量的知识库。

如果将接下来的过程比喻成拼图，那么这些抽取的信息就是拼图碎片，杂乱无章，甚至还有从其他拼图里跑来的用来干扰已抽取拼图的错误碎片。

拼图碎片（信息）之间的关系是扁平化的，缺乏层次性和逻辑性；拼图（知识）中还存在大量冗杂和错误的拼图碎片（信息）。如何解决这一问题就是知识融合需要做的。

知识融合包括两方面内容：实体链接和知识合并。

（1）实体链接

实体链接(entity linking)是指将文本中抽取得到的实体对象链接到知识库中对应的正确实体对象的操作。其基本思路是：首先根据给定的实体指称项，从知识库中选出一组候选实体对象，然后通过相似度计算将指称项链接到正确的实体对象。

实体链接的流程如下：从文本中通过实体抽取得到实体指称项。进行实体消歧和共指消解，判断知识库中的同名实体是否代表不同的含义及知识库中是否存在其他命名实体表示相同的含义。在确认知识库中对应的正确实体对象之后，将该实体指称项链接到知识库中对应实体。

实体消歧(entity disambiguation)：用于解决同名实体产生歧义问题的技术。通过实体消歧，可根据当前语境准确建立实体链接。实体消歧采用聚类法，也可以看做基于上下文的分类问题，类似于词性消歧和词义消歧。

共指消解(coreference resolution)：主要用于解决多个指称对应同一实体对象的问题。在一次会话中，多个指称可能指向的是同一实体对象。利用共指消解技术，可以将这些指称项关联（合并）到正确的实体对象。共指消解还有一些其他的名字，如对象对齐、实体同义和实体匹配。

（2）知识合并

在构建知识图谱时，可以从第三方知识库产品或已有结构化数据获取知识输入。常见的知识合并(knowledge merger)需求有两个，一个是合并外部知识库，另一个是合并关系数据库。

将外部知识库融合到本地知识库需要处理两个层面的问题：数据层的融合和模式层的融合。数据层融合包括实体的指称、属性、关系及所属类别等，主要问题是如何避免实例及关系的冲突，造成不必要的冗余问题。模式层的融合将新得到的本体融入已有的本体库中。然后是合并关系数据库，在知识图谱构建过程中，一个重要的高质量知识来源是企业或者机构自己的关系数据库。为了将这些结构化的历史数据融入知识图谱中，可以采用资源描述框架(RDF)作为数据模型。业界和学术界将这一数据转换过程形象地称为 RDB2RDF，其实质就是将关系数据库的数据转换成 RDF 的三元组数据。

3. 知识处理

前面通过信息获取从原始语料中提取出了实体、关系与属性等知识要素，并经过知识融合、消除实体指称项与实体对象之间的歧义，得到一系列基本事实表达。然而事实并不等于知识，要想最终获得结构化、网络化的知识体系，还需要经过知识处理的过程。知识处理主要包括 4 方面内容：本体构建、知识推理、质量评估和知识更新。

（1）本体构建

本体是指特定领域中某些概念及其相互之间关系的形式化表达，如"人""事""物"等。本体可以采用人工编辑的方式手动构建（借助本体编辑软件），也可以通过数据驱动的自动化方式构建。因为人工方式工作量巨大，且很难找到符合要求的专家，因此当前主流的全局本体库产品都是从一些面向特定领域的现有本体库出发，采用自动构建技术逐步扩展得到的。

自动化本体构建过程包含三个阶段：实体并列关系相似度计算、实体上下位关系抽取、本体的生成。

（2）知识推理

完成了本体构建之后，就已经搭建好了一个知识图谱雏形，知识图谱之间大多数关系的缺失值都非常严重。可以使用知识推理（knowledge reasoning）技术在已有知识库基础上进一步挖掘隐含知识和发现知识，从而丰富和扩展知识库。

可以发现：如果 A 是 B 的配偶，B 是 C 的老板，C 坐落于 D，那么我们就可以认为，A 生活在 D 这个城市。

根据这一条规则，可以去挖掘图谱里是否还有其他的路径满足这个条件，就可以将 A 与 D 两个关联起来。此外，还可以思考，串联里有一环是 B 是 C 的老板，那么 B 是 C 的 CEO 或者 B 是 C 的 CTO，是不是也可以作为这个推理策略的一环呢？

当然，知识推理的对象不局限于实体间的关系，也可以是实体的属性值、本体的概念层次关系等。

推理属性值：已知某实体的生日属性，可以通过推理得到该实体的年龄属性。

推理概念：已知（老虎，科，猫科）和（猫科，目，食肉目）可以推出（老虎，目，食肉目）。

知识推理算法主要可以分为三大类：基于逻辑的推理、基于图的推理和基于深度学习的推理。

（3）质量评估

质量评估也是知识库构建技术的重要组成部分，它可以对知识的可信度进行量化，通过舍弃置信度较低的知识来保障知识库的质量。

（4）知识更新

知识库的更新包含概念层的更新和数据层的更新。概念层更新是指新增数据后获得了新的概念，需要自动将新概念添加到知识库的概念层中。数据层更新主要是新增或更新实体、关系、属性值；对数据层更新需要考虑数据源的可靠性、数据的一致性等可靠数据源，并选择在各数据源中出现频率高的事实和属性加入知识库。

知识图谱的内容更新有两种方式：全面更新是以更新后的全部数据为输入，从零开始构建知识图谱。这种方法比较简单，但资源消耗大，而且需要耗费大量人力资源进行系统维护。增量更新以当前新增数据为输入，向现有知识图谱中添加新增知识。这种方式资源消耗小，但需要大量人工干预（定义规则等），因此实施起来比较困难。

2.6.3　知识图谱的应用领域

利用知识图谱建立基于知识的系统，提供智能化知识服务，是建立知识图谱的终极目标，也是知识图谱的应用任务。知识图谱为互联网上海量、异构、动态的大数据表达、组织、管理及利用提供了一种更为有效的方式，使得网络的智能化水平更高，更加接近于人类的认知思维。知识图谱的主要应用包括基于知识的互联网资源的信息融合、语义搜索、基于知识的问答系统、基于知识的大数据分析和挖掘、专家系统、个性化推荐、知识存储和数据校验等。图 2.25 表示知识图谱目前的主要应用示例。知识图谱不仅能够使计算机更好地理解互联网资源的知识内容，也为计算机提供更好的组织和管理海量数据资源的结构。

（1）基于知识图谱的互联网资源融合与服务

研究语义标注或者实体链接技术，实现不同资源类型和不同媒体类型的互联网资源的融合、管理与服务。很多研究团队进行知识图谱应用平台研究。例如，W3C 倡建的 Linked

Open Data 把互联文档组成的万维网扩展成由互联数据组成的全球数据和知识共享平台；欧盟第七合作框架的 LarKC、LOD2、Xlike 等项目分别支持建立大规模知识获取和推理、互联数据生成与链接及跨语言知识抽取平台，在政府开放数据、智慧城市、智慧医疗等领域获得成功应用。对于互联网金融行业，知识图谱可用于信用卡反欺诈、精准营销、异常分析和失联客户管理等。

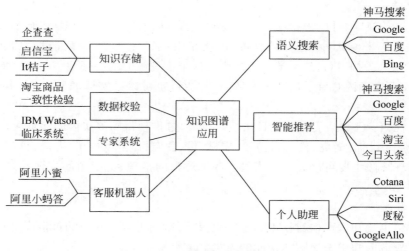

图 2.25　知识图谱的应用示例

（2）基于知识图谱和语义的实体和关系搜索

基于关键词的搜索技术在知识图谱的知识支持下可以上升为基于实体和关系的检索，称为语义搜索。语义搜索可以查看更多维度的数据，搜索到用户感兴趣的客观世界的实体和实体关系信息，而不只是包含关键词的网页文档。其中对于实体类型匹配和实体链接及基于实体和关系的排序是核心技术。语义搜索利用具有良好语义定义的形式，以有向图的方式提供满足用户需求的结构化语义内容。语义搜索可以利用知识图谱准确地捕捉用户搜索意图，进而基于知识图谱中的知识解决传统搜索中遇到的关键字语义多样性及语义消歧的难题，通过实体链接实现知识与文档的混合检索。

（3）基于知识图谱的自动问答系统

问答系统（question answering，QA）是信息服务的一种高级形式，能够让计算机自动回答用户提出的问题。不同于现有的搜索引擎，问答系统返回用户的不再是基于关键词匹配的相关文档排序，而是精准的自然语言形式的答案。智能问答需要针对用户输入的自然语言进行理解，从知识图谱中或目标数据中给出用户问题的答案，其关键技术及难点包括准确的语义解析、正确理解用户的真实意图及根据返回答案的评分评定来确定优先级顺序。基于知识图谱的问答，可以看做基于知识图谱的搜索，就是问句形式与知识图谱某种属性的对应，可以将不同的问句一一对应为知识图谱中的各个属性。这类方法依赖于语义解析器的性能，受到词、短语、从句等不同颗粒度下文本内容歧义、结构歧义的影响，在面对大规模、开放域知识库时，往往性能很低。

（4）可视化决策支持

可视化决策支持是指通过提供统一的图形接口，结合可视化、推理和检索等，为用户提供信息获取的入口。例如,决策支持可以通过图谱可视化技术对创投图谱中的初创公司发展情况、投资机构投资偏好等信息进行解读,通过节点探索、路径发现、关联探寻等可视化分析技术展示公司的全方位信息。可视化决策支持需要考虑的关键问题包括通过可视化方式辅助用户快速发现业务模式、提升可视化组件的交互友好程度,以及大规模图环境下底层算法的效率等。

（5）个性化推荐

个性化推荐是根据用户的个性化特征,为用户推荐感兴趣的产品或内容。百度百科给出的定义是：个性化推荐系统是互联网和电子商务发展的产物,它是建立在海量数据挖掘基础上的一种高级商务智能平台,向顾客提供个性化的信息服务和决策支持。人们上网时会经常查找一些感兴趣的页面或产品,在浏览器上浏览过的痕迹会被系统自动记录下来,放入特征库。例如,浏览新闻时如果关注体育类或者社会热点,新闻 App 就会推荐体育题材或者社会热点的新闻。

（6）其他行业

知识图谱的应用涉及很多行业,如医疗、教育、电商、客服机器人、金融、社交等。知识图谱也为专家系统的开发与升级提供了有效技术。只要有关系存在,就有知识图谱的用武之地。

在探索知识图谱的应用场景时,要充分考虑知识图谱的如下优势：①对海量、异构、动态的半结构化、非结构化数据的有效组织与表达能力；②依托强大知识库的深度知识推理能力；③与深度学习、类脑科学等领域结合逐步扩展的认知能力。在对知识图谱技术丰富积累的基础上,可使知识图谱获得更广泛和更大规模的应用。

2.7 小结

本章所讨论的知识表示问题是人工智能研究的核心问题之一。对知识表示新方法和混合表示方法的研究仍然是许多人工智能专家学者们感兴趣的研究方向。适当选择和正确使用知识表示方法将极大地提高人工智能问题求解效率。人们总是希望能够使用行之有效的知识表示方法解决面临的问题。

知识表示方法有很多,本章介绍了其中的 6 种,有图示法、公式法、结构化方法、陈述式表示等。

2.1 节讨论状态空间表示。状态空间法是一种基于解答空间的问题表示和求解方法,它是以状态和操作符为基础的。在利用状态空间图表示时,从某个初始状态开始,每次加一个操作符,递增地建立起操作符的试验序列,直到达到目标状态为止。由于状态空间法需要扩展过多的节点,容易出现"组合爆炸",因而只适用于表示比较简单的问题。

2.2 节分析问题归约表示。问题归约法从目标(要解决的问题)出发,逆向推理,通过一系列变换把初始问题变换为子问题集合和子子问题集合,直至最后归约为一个平凡的本原问题集合。这些本原问题的解可以直接得到,从而解决了初始问题,用与或图来有效地说明问题归约法的求解途径。问题归约法能够比状态空间法更有效地表示问题。状态空间法是问题归约法的一种特例。在问题归约法的与或图中,包含与节点和或节点,而在状态空间法中只含有或节点。

2.3 节研究谓词逻辑表示。谓词逻辑法采用谓词合式公式和一阶谓词演算把要解决的问题变为一个有待证明的问题,然后采用消解定理和消解反演来证明一个新语句是从已知的正确语句导出的,从而证明这个新语句也是正确的。谓词逻辑是一种形式语言,能够把数学中的逻辑论证符号化。谓词逻辑法常与其他表示方法混合使用,灵活方便,可以表示比较复杂的问题。

2.4节介绍语义网络。语义网络是一种结构化表示方法,它由节点和弧线或链线组成。节点用于表示物体、概念和状态,弧线用于表示节点间的关系。语义网络的解答是一个经过推理和匹配而得到的具有明确结果的新的语义网络。语义网络可用于表示多元关系,扩展后可以表示更复杂的问题。

2.5节研讨本体技术。本体是概念化的一个显式规范说明或表示。本体可定义为被共享的概念化的一个形式规范说明。本节在论述了本体的基本概念后,讨论了本体的组成、分类与建模。本体是一种比框架更有效的表示方法。

2.6节阐述知识图谱。知识图谱是一种知识库,也是一类语义网络;知识图谱的架构包括信息获取、知识融合和知识处理过程。信息获取、知识融合和知识处理是构建知识图谱的关键技术。知识图谱已在基于知识的互联网资源信息融合、语义搜索、基于知识的问答系统、基于知识的大数据分析和挖掘、专家系统、个性化推荐、知识存储和数据校验等方面得到广泛应用。

对于同一问题可以有许多不同的表示方法。不过对于特定问题,有的表示方法比较有效,其他表示方法可能不大适用,或者不是好的表示方法。

在表示和求解比较复杂的问题时,采用单一的知识表示方法是远远不够的。往往必须采用多种方法混合表示,可使所研究的问题获得更有效的解决。

习题 2

2-1　状态空间法、问题归约法、谓词逻辑法和语义网络法的要点是什么?它们有何本质上的联系及异同点?

2-2　设有 3 个传教士和 3 个野人来到河边,打算乘一只船从右岸渡到左岸去。该船的负载能力为两人。在任何时候,如果野人人数超过传教士人数,那么野人就会把传教士吃掉。如何用状态空间法来表示该问题? 给出具体的状态表示和算符。

2-3　利用图 2.26,用状态空间法规划一个最短的旅行路程:此旅程从城市 A 开始,访问其他城市不多于一次,并返回 A。选择一个状态表示,表示出所求得的状态空间的节点及弧线,标出适当的代价,并指明图中从起始节点到目标节点的最佳路径。

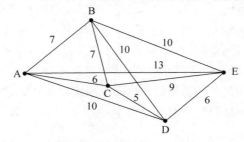

图 2.26　推销员旅行问题

2-4　试说明怎样把一棵与或解树用来表达图 2.27 所示的电网络阻抗的计算。单独的 R、L 或 C 可分别用 R、$j\omega L$ 或 $1/j\omega C$ 来计算,这个事实用作本原问题。后继算符应以复合并联和串联阻抗的规则为基础。

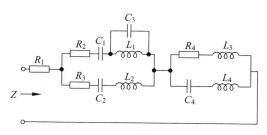

图 2.27　电网络阻抗图

2-5　试用四元数列结构表示四圆盘梵塔问题,并画出求解该问题的与或图。

2-6　用谓词演算公式表示下列英文句子(多用而不是省用不同谓词和项,例如不要用单一的谓词字母来表示每个句子)。

A computer system is intelligent if it can perform a task which, if performed by a human, requires intelligence.

2-7　把下列语句表示成语义网络描述:

(1) All men are mortal.

(2) Every cloud has a silver lining.

(3) All branch managers of DEC participate in a profit-sharing plan.

2-8　试说明知识图谱的架构和关键技术。

2-9　知识图谱有哪些应用?

2-10　在表示和求解比较复杂的问题时,为什么往往必须采用多种方法混合表示?

第 ③ 章

知识搜索与推理

第 2 章研究的知识表示方法是问题求解所必需的。表示问题是为了进一步解决问题。从问题表示到问题解决，是一个求解的过程，也就是搜索过程。在这一过程中，采用适当的搜索技术，包括各种规则、过程和算法等推理技术，力求找到问题的解答。本章首先讨论一些用于解决比较简单问题的搜索原理，然后研究一些比较新的、能够求解比较复杂问题的推理技术，包括不确定性推理和概率推理等问题。

3.1 图搜索策略

从 2.1 节的状态空间表示可见，状态空间法用图结构来描述问题的所有可能状态，其问题的求解过程转化为在状态空间图中寻找一条从初始节点到目标节点的路径。从本节起，将要研究如何通过网络寻找路径，进而求解问题。首先研究图搜索的一般策略，它给出图搜索过程的一般步骤，并可从中看出无信息搜索和启发式搜索的区别。

可把图搜索控制策略看成一种在图中寻找路径的方法。初始节点和目标节点分别代表初始数据库和满足终止条件的目标数据库。求得把一个数据库变换为另一数据库的规则序列问题就等价于求得图中的一条路径问题。在图搜索过程中涉及的数据结构除了图本身之外，还需要两个辅助的数据结构，即存放已访问但未扩展节点的 OPEN 表，以及存放已扩展节点的 CLOSED 表。搜索过程是从隐式状态空间图中不断生成显式的搜索图和搜索树，最终找到路径的过程。为实现这一过程，图中每个节点除了自身的状态信息外，还需存储诸如父节点是谁，由其父节点通过什么操作可到达该节点，以及节点位于搜索树的深度、从起始节点到该节点的路径代价等信息。每个节点的数据结构参考如图 3.1 所示，图中一个节点的数据结构包含 5 个域，即 STATE——节点所表示状态的基本信息；PARENT NODE——指针域，指向当前节点的父节点；ACTION——从

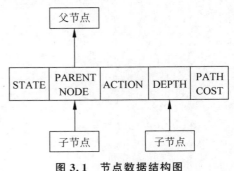

图 3.1 节点数据结构图

父节点表示的状态转换为当前节点状态所使用的操作；DEPTH——当前节点在搜索树中的深度；PATH COST——从起始节点到当前节点的路径代价。

图搜索(GRAPHSEARCH)的一般过程如下：

（1）建立一个只含有起始节点 S 的搜索图 G，把 S 放到 OPEN 表中。

（2）初始化 CLOSED 表为空表。

（3）LOOP：若 OPEN 表是空表，则失败退出。

（4）选择 OPEN 表上的第一个节点，把它从 OPEN 表移出并放进 CLOSED 表中。称此节点为节点 n。

（5）若 n 为一目标节点，则有解并成功退出，此解是追踪图 G 中沿着指针从 n 到 S 这条路径而得到的(指针将在第 7 步中设置)。

（6）扩展节点 n，生成后继节点集合 M。

（7）对那些未曾在 G 中出现过的(既未曾在 OPEN 表上，也未在 CLOSED 表上出现过的) M 成员设置其父节点指针指向 n 并加入 OPEN 表。对已经在 OPEN 或 CLOSED 表中出现过的每一个 M 成员，确定是否需要将其原来的父节点更改为 n。对已在 CLOSED 表上的每个 M 成员，若修改了其父节点，则将该节点从 CLOSED 表中移出，重新加入 OPEN 表中。

（8）按某一任意方式或按某个探试值，重排 OPEN 表。

（9）GO LOOP。

以上搜索过程可用图 3.2 的程序框图来表示。

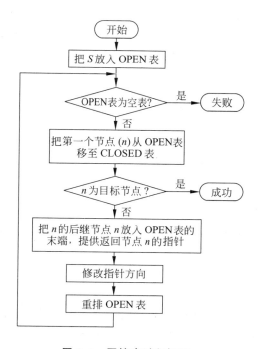

图 3.2　图搜索过程框图

这个过程一般包括各种各样的具体的图搜索算法。此过程生成一个显式的图 G(称为搜索图)和一个 G 的子集 T(称为搜索树)，树 T 上的每个节点也在图 G 中。搜索树是由第

7步中设置的指针来确定的。由于在搜索过程中每次都会根据需要来确定是否修改当前节点指向其父节点的指针,所以已经被扩展出来的 G 中的每个节点(除 S 外)都有且仅有惟一一个父节点,即形成了一棵树,也就是搜索树 T。由于在树结构中,任意两点间只存在惟一一条路径,所以可以从 T 中找到到达任意节点的惟一路径。搜索过程中使用的 OPEN 表存储的都是当前搜索树的叶子节点,因此也被称为 Fronge 表,即前沿表。较确切地说,在过程的第 3 步,OPEN 表上的节点都是搜索树上未被扩展的那些节点;在 CLOSED 表上的节点,或者是几个已被扩展但是在搜索树中没有生成后继节点的叶子节点,或者是搜索树的非叶子节点。

过程的第 8 步对 OPEN 表上的节点进行排序,以便能够从中选出一个"最好"的节点作为第 4 步扩展用。这种排序可以是任意的(即盲目的,属于盲目搜索),也可以用以后要讨论的各种启发思想或其他准则为依据(属于启发式搜索)。每当被选作扩展的节点为目标节点时,这一过程就宣告成功结束。这时,能够重现从起始节点到目标节点的这条成功路径,其办法是从目标节点按指针向 S 返回追溯。当搜索树不再剩有未被扩展的叶子节点时,过程就以失败告终(某些节点最终可能没有后继节点,所以 OPEN 表可能最后变成空表)。在失败终止的情况下,从起始节点出发,一定达不到目标节点。

GRAPHSEARCH 算法同时生成一个节点的所有后继节点。为了说明图搜索过程的某些通用性质,将继续使用同时生成所有后继节点的算法,而不采用修正算法。在修正算法中,一次只生成一个后继节点。

从图搜索过程可以看出,是否重新安排 OPEN 表,即是否按照某个试探值(或准则、启发信息等)重新对未扩展节点进行排序,将决定该图搜索过程是无信息搜索或启发式搜索。3.2 节和 3.3 节将依次讨论盲目搜索和启发式搜索策略。

3.2　盲目搜索

不需要重新安排 OPEN 表的搜索叫做无信息搜索或盲目搜索,它包括宽度优先搜索、深度优先搜索和等代价搜索等。盲目搜索只适用于求解比较简单的问题。

3.2.1　宽度优先搜索

如果搜索是以接近起始节点的程度依次扩展节点的,那么这种搜索就叫做宽度优先搜索(breadth-first search),这种搜索是逐层进行的,在对下一层的任一节点进行搜索之前,必须搜索完本层的所有节点。

宽度优先搜索算法如下:

(1) 把起始节点放到 OPEN 表中(如果该起始节点为一目标节点,则求得一个解答)。

(2) 如果 OPEN 表是个空表,则没有解,失败退出;否则继续。

(3) 把第一个节点(节点 n)从 OPEN 表移出,并把它放入 CLOSED 的扩展节点表中。

(4) 扩展节点 n。如果没有后继节点,则转向上述步骤(2)。

(5) 把 n 的所有后继节点放到 OPEN 表的末端,并提供从这些后继节点回到 n 的指针。

（6）如果 n 的任一个后继节点是个目标节点，则找到一个解答，成功退出；否则转向步骤（2）。

上述宽度优先算法如图 3.3 所示。

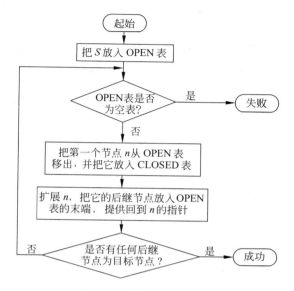

图 3.3　宽度优先算法框图

这一算法假定起始节点本身不是目标节点。要检验起始节点是目标节点的可能性，只要在步骤（1）的最后，加上一句"如果起始节点为一目标节点，则求得一个解答"即可做到，正如步骤（1）括号内所写的。

显而易见，宽度优先搜索方法在假定每一次操作的代价都相等的情况下，能够保证在搜索树中找到一条通向目标节点的最短途径；在宽度优先搜索中，节点进出 OPEN 表的顺序是先进先出，因此其 OPEN 表是一个队列结构。

图 3.4 绘出把宽度优先搜索应用于八数码难题时所生成的搜索树。这个问题就是要把初始棋局变为如下目标棋局的问题：

$$
\begin{array}{ccc}
1 & 2 & 3 \\
8 & & 4 \\
7 & 6 & 5
\end{array}
$$

搜索树上的所有节点都标记它们所对应的状态描述，每个节点旁边的数字表示节点扩展的顺序（按顺时针方向移动空格）。图 3.4 中的第 26 个节点是目标节点。

3.2.2　深度优先搜索

另一种盲目（无信息）搜索叫做深度优先搜索（depth-first search）。在深度优先搜索中，首先扩展最新产生的（即最深的）节点。深度相等的节点可以任意排列。定义节点的深度如下：

（1）起始节点（即根节点）的深度为 0。

（2）任何其他节点的深度等于其父节点深度加 1。

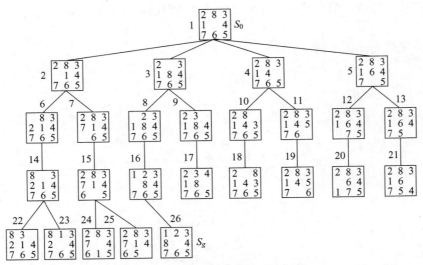

图 3.4   八数码难题的宽度优先搜索树

首先,扩展最深的节点的结果使得搜索沿着状态空间某条单一的路径从起始节点向下进行;只有当搜索到达一个没有后裔的状态时,它才考虑另一条替代的路径。替代路径与前面已经试过的路径的不同之处仅仅在于改变最后 n 步,而且保持 n 尽可能小。

对于许多问题,其状态空间搜索树的深度可能为无限深,或者可能至少要比某个可接受的解答序列的已知深度上限还要深。为了避免考虑太长的路径(防止搜索过程沿着无益的路径扩展下去),往往给出一个节点扩展的最大深度——深度界限。任何节点如果达到了深度界限,那么都将把它们作为没有后继节点处理。值得说明的是,即使应用了深度界限的规定,所求得的解答路径并不一定就是最短的路径。

含有深度界限的深度优先搜索算法如下:

(1) 把起始节点 S 放到未扩展节点 OPEN 表中。如果此节点为一目标节点,则得到一个解。

(2) 如果 OPEN 表为一空表,则失败退出。

(3) 把第一个节点(节点 n)从 OPEN 表移到 CLOSED 表。

(4) 如果节点 n 的深度等于最大深度,则转向步骤(2)。

(5) 扩展节点 n,产生其全部后裔,并把它们放入 OPEN 表的前头。如果没有后裔,则转向步骤(2)。

(6) 如果后继节点中有任一个为目标节点,则求得一个解,成功退出;否则,转向步骤(2)。

有界深度优先搜索算法的程序框图如图 3.5 所示。很显然,深度优先算法中节点进出 OPEN 表的顺序是后进先出,OPEN 表是一个栈。

图 3.6 绘出按深度优先搜索生成的八数码难题搜索树,其中,设置深度界限为 5。粗线条的路径表明含有 4 条应用规则的一个解。从图可见,深度优先搜索过程是沿着一条路径进行下去,直到深度界限为止,然后再考虑只有最后一步有差别的相同深度或较浅深度可供选择的路径,接着再考虑最后两步有差别的那些路径,等等。

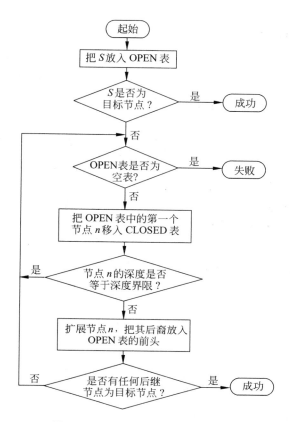

图 3.5 有界深度优先搜索算法框图

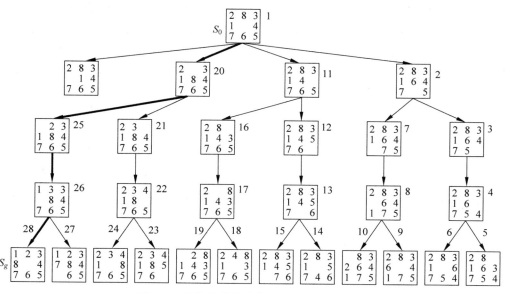

图 3.6 八数码难题的有界深度优先搜索树

3.2.3 等代价搜索

在宽度优先搜索中,假定每一步操作的代价都相同的情况下,它能找到最短路径,这条路径实际就是一条包含最少操作次数或应用算符的解。但对于很多问题来说,应用算符序列最少的解往往并不是想要的解,也不等同于最优解,通常人们希望找的是问题具有某些特性的解,尤其是最小代价解。搜索树中每条连接弧线上的有关代价及随之而求得的具有最小代价的解答路径,与许多这样的广义准则相符合。宽度优先搜索可被推广用来解决这种寻找从起始状态至目标状态的具有最小代价的路径问题,这种推广了的宽度优先搜索算法叫做等代价搜索算法。如果所有的连接弧线具有相等的代价,那么等代价算法就简化为宽度优先搜索算法。在等代价搜索算法中,不是描述沿着等长度路径进行的扩展,而是描述沿着等代价路径进行的扩展。

在等代价搜索算法中,把从节点 i 到它的后继节点 j 的连接弧线代价记为 $c(i,j)$,把从起始节点 S 到任一节点 i 的路径代价记为 $g(i)$。在搜索树上,假设 $g(i)$ 也是从起始节点 S 到节点 i 的最少代价路径上的代价,因为它是惟一的路径。等代价搜索方法以 $g(i)$ 的递增顺序扩展其节点,其算法如下:

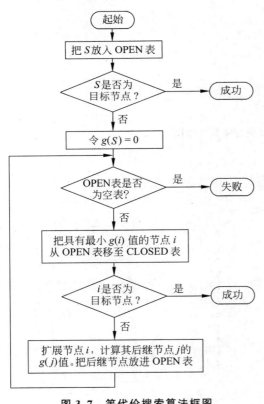

图 3.7 等代价搜索算法框图

（1）把起始节点 S 放到未扩展节点表 OPEN 中。如果此起始节点为一目标节点,则求得一个解；否则令 $g(S)=0$。

（2）如果 OPEN 表是个空表,则没有解而失败退出。

（3）从 OPEN 表中选择一个节点 i,使其 $g(i)$ 为最小。如果有几个节点都合格,那么就要选择一个目标节点作为节点 i（要是有目标节点的话）；否则,就从中选一个作为节点 i。把节点 i 从 OPEN 表移至扩展节点表 CLOSED 中。

（4）如果节点 i 为目标节点,则求得一个解。

（5）扩展节点 i。如果没有后继节点,则转向步骤（2）。

（6）对于节点 i 的每个后继节点 j,计算 $g(j)=g(i)+c(i,j)$,并把所有后继节点 j 放进 OPEN 表。提供回到节点 i 的指针。

（7）转向步骤（2）。

等代价搜索算法框图如图 3.7 所示。

3.3 启发式搜索

盲目搜索的效率低,耗费过多的计算空间与时间。如果能够找到一种方法用于排列待扩展节点的顺序,即选择最有希望的节点加以扩展,那么,搜索效率将会大为提高。在许多情况下,能够通过检测来确定合理的顺序。本节所介绍的搜索方法就是优先考虑这类检测。称这类搜索为启发式搜索(heuristically search)或有信息搜索(informed search)。

3.3.1　启发式搜索策略和估价函数

要在盲目搜索中找到一个解,所需要扩展的节点数目可能是很大的。因为这些节点的扩展次序完全是随意的,而且没有利用已解决问题的任何特性。因此,除了那些最简单的问题之外,一般都要占用很多时间或空间(或者两者均有)。这种结果是组合爆炸的一种表现形式。

有关具体问题领域的信息常常可以用来简化搜索。假设初始状态、算符和目标状态的定义都是完全确定的,然后决定一个搜索空间。因此,问题就在于如何有效地搜索这个给定空间。进行这种搜索的技术一般需要某些有关具体问题领域的特性的信息。已把此种信息叫做启发信息,并把利用启发信息的搜索方法叫做启发式搜索方法。

利用启发信息来决定哪个是下一步要扩展的节点。这种搜索总是选择"最有希望"的节点作为下一个被扩展的节点。这种搜索叫做有序搜索(ordered search),也称为最佳优先搜索(best-first search)。

通常对于图的搜索问题总希望使解路径的代价与求得此路径所需要的搜索代价的某些综合指标为最小,一个比较灵活(但代价也较大)的利用启发信息的方法是应用某些准则来重新排列每一步 OPEN 表中所有节点的顺序。然后,搜索就可能沿着某个被认为是最有希望的边缘区段向外扩展。应用这种排序过程,需要某些估算节点"希望"的量度,这种量度叫做估价函数(evolution function)。估价函数的值越小,意味着该节点位于最优解路径上的"希望"越大,最后找到的最优路径即平均综合指标为最小的路径。

实际上,确定一种搜索方法是否比另一种搜索方法具有更强的启发能力的问题,往往就变成在实际应用这些方法的经验中获取有关信息的直观知识问题。

估价函数能够提供一个评定候选扩展节点的方法,以便确定哪个节点最有可能在通向目标的最佳路径上。启发信息可用在 GRAPHSEARCH 第 8 步中来重新排列 OPEN 表上的节点,使得搜索沿着那些被认为最有希望的区段扩展。一个估量某个节点"希望"程度的重要方法是对各个节点使用估价函数的实值函数。估价函数的定义方法有很多,比如:试图确定一个处在最佳路径上的节点的概率;提出任意节点与目标集之间的距离量度或差别量度;或者在棋盘式的博弈和难题中根据棋局的某些特点来决定棋局的得分数。这些特点被认为与向目标节点前进一步的希望程度有关。

用符号 f 来标记估价函数,用 $f(n)$ 表示节点 n 的估价函数值。暂时令 f 为任意函数,以后将会提出 f 是从起始节点约束地通过节点 n 而到达目标节点的最小代价路径上的一个估算代价。

用函数 f 来排列 GRAPHSEARCH 第 8 步中 OPEN 表上的节点。根据习惯,OPEN 表上的节点按照它们 f 函数值的递增顺序排列。根据推测,某个具有低的估价值的节点较有可能处在最佳路径上。应用某个算法(例如等代价算法)选择 OPEN 表上具有最小 f 值的节点作为下一个要扩展的节点。这种搜索方法叫做有序搜索或最佳优先搜索,而其算法就叫做有序搜索算法或最佳优先搜索算法。

3.3.2　有序搜索

有序搜索(ordered search)又称为最佳优先搜索(best-first search),它总是选择最有希望的节点作为下一个要扩展的节点。

尼尔逊(Nilsson)曾提出一个有序搜索的基本算法,该算法可以看成是启发式图搜索算法的一般策略。估价函数 f 是这样确定的:一个节点的希望程序越大,其 f 值就越小。被选为扩展的节点,是估价函数最小的节点。

有序状态空间搜索算法如下:

(1) 把起始节点 S 放到 OPEN 表中,计算 $f(S)$ 并把其值与节点 S 联系起来。

(2) 如果 OPEN 表是个空表,则失败退出,无解。

(3) 从 OPEN 表中选择一个 f 值最小的节点 i。结果有几个节点合格,当其中有一个为目标节点时,则选择此目标节点,否则就选择其中任一个节点作为节点 i。

(4) 把节点 i 从 OPEN 表中移出,并把它放入 CLOSED 的扩展节点表中。

(5) 如果 i 是个目标节点,则成功退出,求得一个解。

(6) 扩展节点 i,生成其全部后继节点。对于 i 的每一个后继节点 j:

　　(a) 计算 $f(j)$。

　　(b) 如果 j 既不在 OPEN 表中,又不在 CLOSED 表中,则用估价函数 f 把它添入 OPEN 表。从 j 加一指向其父节点 i 的指针,以便一旦找到目标节点时记住一个解答路径。

　　(c) 如果 j 已在 OPEN 表中或 CLOSED 表中,则比较刚刚对 j 计算过的 f 值和前面计算过的该节点在表中的 f 值。如果新的 f 值较小,则

　　　　(i) 以此新值取代旧值。

　　　　(ii) 从 j 指向 i,而不是指向它的父节点。

　　　　(iii) 如果节点 j 在 CLOSED 表中,则把它移回 OPEN 表。

(7) 转向步骤(2),即 GO TO(2)。

步骤(6.c)是一般搜索图所需要的,该图中可能有一个以上的父辈节点。具有最小估价函数值 $f(j)$ 的节点被选为父节点。但是,对于树搜索来说,它最多只有一个父节点,所以步骤(6.c)可以略去。值得指出的是,即使搜索空间是一般的搜索图,其显式子搜索图总是一棵树,因为节点 j 从来没有同时记录过一个以上的父节点。

有序搜索算法框图示于图 3.8。

宽度优先搜索、等代价搜索和深度优先搜索都是有序搜索技术的特例。对于宽度优先搜索,选择 $f(i)$ 作为节点 i 的深度。对于等代价搜索,$f(i)$ 是从起始节点至节点 i 这段路径的代价。

当然,与盲目搜索方法比较,有序搜索目的在于减少被扩展的节点数。有序搜索的有效性直接取决于 f 的选择,这将敏锐地辨别出有希望的节点和没有希望的节点。不过,如果这种辨别不准确,那么有序搜索就可能失去一个最好的解甚至全部的解。如果没有适用的、准确的希望量度,那么 f 的选择将涉及两方面的内容:一方面是一个时间和空间之间的折中方案;另一方面是保证有一个最优的解或任意解。

节点希望量度及某个具体估价函数的合适程度取决于手头的问题情况。根据所要求的解答类型,可以把问题分为下列 3 种情况。第一种情况假设该状态空间含有几条不同代价的解

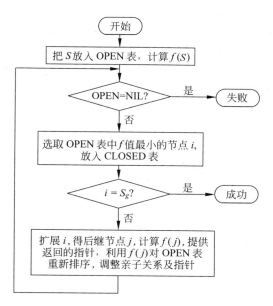

图 3.8　有序搜索算法框图

答路径,其问题是要求得最优(即最小代价)解答。这种情况有代表性的例子为 A* 算法。

　　第二种情况与第一种情况相似,但有一个附加条件:此类问题有比较难的,如果按第一种情况加以处理,则搜索过程很可能在找到解答之前就超过了时间和空间界限。这种情况下的关键问题是:①如何通过适当的搜索试验找到好的(但不是最优的)解答;②如何限制搜索试验的范围和所产生的解答与最优解答的差异程度。

　　第三种情况是不考虑解答的最优化;或许只存在一个解,或者任何一个解与其他的解一样好。这时,问题是如何使搜索试验的次数最少,而不像第二种情况那样试图使某些搜索试验和解答代价的综合指标最小。

　　常见的第三类问题的例子是定理证明问题。第二类问题的一个例子是推销员旅行问题。在这个问题中,寻求一些经过一个城市集合的旅行路线是很繁琐的,其困难也是很大的。这个困难在于寻找一条最短的或接近于最短的路径,同时要求路径上的点不重复。不过,在大多数情况下很难清楚地区别这两种类型。一个通俗的试验问题——八数码难题可以作为任何一类问题来处理。

　　下面再次用八数码难题的例子来说明有序搜索是如何应用估价函数排列节点的。采用了简单的估价函数

$$f(n) = d(n) + W(n)$$

其中,$d(n)$ 是搜索树中节点 n 的深度,这个深度实际就等同于从初始节点到节点 n 所需要进行的操作次数;$W(n)$ 用来计算节点 n 相对于目标棋局错放的棋子个数,一般来说,错放的棋子数量越少越接近于目标状态,因此这个值相当于描述了当前节点 n 与目标节点之间的距离。在这种估价函数定义下,起始节点棋局

2   8   3
1   4
7   6   5

的 f 值等于 $0+3=3$。

图 3.9 表示出利用这个估价函数把有序搜索应用于八数码难题的结果。图中圆圈内的数字表示该节点的 f 值。从图可见,这里所求得的解答路径和用其他搜索方法找到的解答路径相同。不过,估价函数的应用显著地减少了被扩展的节点数(如果只用估价函数 $f(n)=d(n)$,那么就得到宽度优先搜索过程)。

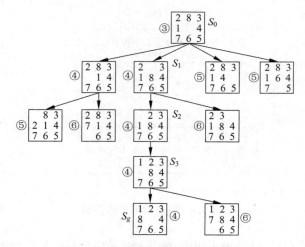

图 3.9　八数码难题的有序搜索树

正确地选择估价函数对确定搜索结果具有决定性的作用。使用不能识别某些节点真实希望的估价函数会形成非最小代价路径;而使用一个过多地估计了全部节点希望的估价函数(就像宽度优先搜索方法得到的估价函数一样)又会扩展过多的节点。实际上不同的估价函数定义会直接导致搜索算法具有完全不同的性能。

3.3.3　A* 算法

令估价函数 f 使得在任意节点上其函数值 $f(n)$ 能估算出从节点 S 到节点 n 的最小代价路径的代价与从节点 n 到某一目标节点的最小代价路径的代价之总和,也就是说,$f(n)$ 是约束通过节点 n 的一条最小代价路径的代价的一个估计。因此,OPEN 表上具有最小 f 值的那个节点就是所估计的加有最少严格约束条件的节点,而且下一步要扩展这个节点是合适的。

在正式讨论 A* 算法之前,先介绍几个有用的记号。令 $k(n_i,n_j)$ 表示任意两个节点 n_i 和 n_j 之间最小代价路径的实际代价(对于两节点间没有通路的节点,函数 k 没有定义)。于是,从节点 n 到某个具体的目标节点 t_i,某一条最小代价路径的代价可由 $k(n,t_i)$ 给出。令 $h^*(n)$ 表示整个目标节点集合 $\{t_i\}$ 上所有 $k(n,t_i)$ 中最小的一个,因此,$h^*(n)$ 就是从 n 到目标节点最小代价路径的代价,而且从 n 到目标节点的代价为 $h^*(n)$ 的任一路径就是一条从 n 到某个目标节点的最佳路径(对于任何不能到达目标节点的节点 n,函数 h^* 没有定义)。

通常感兴趣的是想知道从已知起始节点 S 到任意节点 n 的一条最佳路径的代价 $k(S,n)$。为此,引入一个新函数 g^*,这将使记号得到某些简化。对所有从 S 开始可达到 n 的路径来说,函数 g^* 定义为

$$g^*(n) = k(S, n)$$

其次,定义函数 f^*,使得在任一节点 n 上其函数值 $f^*(n)$ 就是从节点 S 到节点 n 的一条最佳路径的实际代价,加上从节点 n 到某目标节点的一条最佳路径的代价之和,即

$$f^*(n) = g^*(n) + h^*(n)$$

因而 $f^*(n)$ 值就是从 S 开始约束通过节点 n 的一条最佳路径的代价,而 $f^*(S) = h^*(S)$ 是一条从 S 到某个目标节点中间无约束的一条最佳路径的代价。

估价函数 f 是 f^* 的一个估计,此估计可由下式给出:

$$f(n) = g(n) + h(n)$$

其中,g 是 g^* 的估计;h 是 h^* 的估计。对于 $g(n)$ 来说,一个明显的选择就是搜索树中从 S 到 n 这段路径的代价,这一代价可以由从 n 到 S 寻找指针时,把所遇到的各段弧线的代价加起来给出(这条路径就是到目前为止用搜索算法找到的从 S 到 n 的最小代价路径)。这个定义包含了 $g(n) \geqslant g^*(n)$。$h^*(n)$ 的估计 $h(n)$ 依赖于有关问题的领域的启发信息,这种信息可能与八数码难题中的函数 $W(n)$ 所用的那种信息相似。把 h 叫做启发函数。

A* 算法是一种有序搜索算法,其特点在于对估价函数的定义上。对于一般的有序搜索,总是选择 f 值最小的节点作为扩展节点。因此,f 是根据需要找到一条最小代价路径的观点来估算节点的。可考虑每个节点 n 的估价函数值为两个分量:从起始节点到节点 n 的代价及从节点 n 到目标节点的代价。

在讨论 A* 算法前,先做出下列定义:

定义 3.1 在 GRAPHSEARCH 过程中,如果第 8 步的重排 OPEN 表是依据 $f(x) = g(x) + h(x)$ 进行的,则称该过程为 A 算法。

定义 3.2 在 A 算法中,如果对所有的 x 存在 $h(x) \leqslant h^*(x)$,则称 $h(x)$ 为 $h^*(x)$ 的下界,它表示某种偏于保守的估计。

定义 3.3 采用 $h^*(x)$ 的下界 $h(x)$ 为启发函数的 A 算法,称为 A* 算法。当 $h = 0$ 时,A* 算法就变为等代价搜索算法。

A* 算法

(1) 把 S 放入 OPEN 表,记 $f = h$,令 CLOSED 表为空表。

(2) 重复下列过程,直至找到目标节点为止。若 OPEN 表为空表,则宣告失败。

(3) 选取 OPEN 表中未设置过的具有最小 f 值的节点为最佳节点 BESTNODE,并把它移入 CLOSED 表。

(4) 若 BESTNODE 为一目标节点,则成功求得一解。

(5) 若 BESTNODE 不是目标节点,则扩展之,产生后继节点 SUCCSSOR。

(6) 对每个 SUCCSSOR 进行下列过程:

(a) 建立从 SUCCSSOR 返回 BESTNODE 的指针。

(b) 计算 $g(SUC) = g(BES) + g(BES, SUC)$。

(c) 如果 SUCCSSOR $\in$ OPEN,则称此节点为 OLD,并把它添至 BESTNODE 的后继节点表中。

(d) 比较新旧路径代价。如果 $g(SUC) < g(OLD)$,则重新确定 OLD 的父节点为 BESTNODE,记下较小代价 $g(OLD)$,并修正 $f(OLD)$ 值。

(e) 若至 OLD 节点的代价较低或一样,则停止扩展节点。

（f）若 SUCCSSOR 不在 OPEN 表中,则看其是否在 CLOSED 表中。

（g）若 SUCCSSOR 在 CLOSED 表中,比较新旧路径代价。如果 $g(SUC) < g(OLD)$,则重新确定 OLD 的父节点为 BESTNODE,记下较小代价 $g(OLD)$,并修正 $f(OLD)$ 值,并将 OLD 从 CLOSED 表中移出,移入 OPEN 表。

（h）若 SUCCSSOR 既不在 OPEN 表中,又不在 CLOSED 表中,则把它放入 OPEN 表中,并添入 BESTNODE 后裔表,然后转向步骤(7)。

（7）计算 f 值。

（8）GO LOOP。

A^* 算法参考框图如图 3.10 所示。

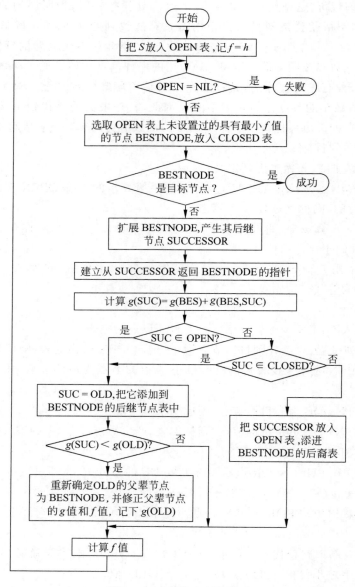

图 3.10 A^* 算法参考框图

前面已经提到过,A^*算法中估价函数的定义是非常重要的,尤其是其中的启发函数 $h(n)$,由于启发信息在算法中就是通过 $h(n)$ 体现,如果在估价函数的定义中恰好令 $h(n)=h^*(n)$,则可以看到搜索树将只扩展出最佳路径,也就是最理想的情况,但一般情况下必须满足 $h(n)$ 不超过 $h^*(n)$ 算法才能保证找到最优解,$h(n)$ 的这种特性称为可纳性,即 $h(n)$ 的定义必须满足可纳性才能保证算法的最优性。对于同一个问题,如果有两种不同的启发函数定义均能满足可纳性,且对于所有节点 x 来说,都有 $h_1(x) \leqslant h_2(x)$,则称 h_2 比 h_1 占优,采用 h_2 的算法将比采用 h_1 的算法更加高效。例如,3.3.2 节中用有序搜索求解八数码问题的例子中,放错的棋子数 $W(n)$ 相当于启发函数 $h(n)$,显然该定义可满足可纳性要求,在上述问题中,若将 $h(n)$ 定义为所有棋子距离目标位置的曼哈顿距离(与目标位置的水平距离和垂直距离之和)之和,则该定义会比放错的棋子数占优,在这种估价函数定义下起始节点棋局

$$
\begin{array}{ccc}
2 & 8 & 3 \\
1 & & 4 \\
7 & 6 & 5
\end{array}
$$

的 h 值等于 $1+1+2=4$,显然该定义也能满足可纳性要求。利用该函数来计算 f 值,搜索效率要更高,读者可以试着画出搜索树,比较两种不同估价函数对算法的影响。

3.4 消解原理

第 2 章中讨论过谓词公式、某些推理规则及置换合一等概念。在这个基础上,能够进一步研究消解原理(resolution principle)。有些专家把它叫做归结原理。

消解(resolution)是一种可用于一定的子句公式的重要推理规则。一子句定义为由文字的析取组成的公式(一个原子公式和原子公式的否定都叫做文字)。当消解可使用时,消解过程被应用于母体子句对,以产生一个导出子句。例如,如果存在某个公理 $E_1 \vee E_2$ 和另一公理 $\sim E_2 \vee E_3$,那么 $E_1 \vee E_3$ 在逻辑上成立。这就是消解,而称 $E_1 \vee E_3$ 为 $E_1 \vee E_2$ 和 $\sim E_2 \vee E_3$ 的消解式(resolvent)。

3.4.1 子句集的求取

在说明消解过程之前,首先说明任一谓词演算公式可以化成一个子句集。变换过程由下列步骤组成:

(1)消去蕴涵符号

只应用 $\vee$ 和 $\sim$ 符号,以 $\sim A \vee B$ 替换 $A \rightarrow B$。

(2)减少否定符号的辖域

每个否定符号 $\sim$ 最多只用到一个谓词符号上,并反复应用狄·摩根定律。例如,

$$以 \sim A \vee \sim B \text{ 代替 } \sim(A \wedge B)$$
$$以 \sim A \wedge \sim B \text{ 代替 } \sim(A \vee B)$$
$$以 A \text{ 代替 } \sim(\sim A)$$
$$以 (\exists x)(\sim A) \text{ 代替 } \sim(\forall x)A$$

$$以(\forall x)(\sim A)代替 \sim (\exists x)A$$

（3）对变量标准化

在任一量词辖域内,受该量词约束的变量为一哑元(虚构变量),它可以在该辖域内处处统一地被另一个没有出现过的任意变量所代替,而不改变公式的真值。合式公式中变量的标准化意味着对哑元改名以保证每个量词有其自己惟一的哑元。例如,把

$$(\forall x)(P(x)(\exists x)Q(x))$$

标准化而得到

$$(\forall x)(P(x)(\exists y)Q(y))$$

（4）消去存在量词

在公式$(\forall y)((\exists x)P(x,y))$中,存在量词是在全称量词的辖域内,人们允许所存在的x可能依赖于y值。令这种依赖关系明显地由函数$g(y)$所定义,它把每个y值映射到存在的那个x。

这种函数叫做Skolem函数。如果用Skolem函数代替存在的x,就可以消去全部存在量词,并写成

$$(\forall y)P(g(y),y)$$

从一个公式消去一个存在量词的一般规则是以一个Skolem函数代替每个出现的存在量词的量化变量,而这个Skolem函数的变量就是由那些全称量词所约束的全称量词量化变量,这些全称量词的辖域包括要被消去的存在量词的辖域。Skolem函数所使用的函数符号必须是新的,即不允许是公式中已经出现过的函数符号。例如,

$(\forall y)(\exists x)P(x,y)$被$((\forall y)P(g(y),y))$代替,其中$g(y)$为一Skolem函数。

如果要消去的存在量词不在任何一个全称量词的辖域内,那么就用不含变量的Skolem函数即常量。例如,$(\exists x)P(x)$化为$P(A)$,其中常量符号A用来表示人们知道的存在实体。A必须是个新的常量符号,它未曾在公式中其他地方使用过。

（5）化为前束形

到这一步,已不留下任何存在量词,而且每个全称量词都有自己的变量。把所有全称量词移到公式的左边,并使每个量词的辖域包括这个量词后面公式的整个部分。所得公式称为前束形。前束形公式由前缀和母式组成,前缀由全称量词串组成,母式由没有量词的公式组成,即

$$前束形 = \underbrace{(前缀)}_{全称量词串} \quad \underbrace{(母式)}_{无量词公式}$$

（6）把母式化为合取范式

任何母式都可写成由一些谓词公式和(或)谓词公式的否定的析取的有限集组成的合取。这种母式叫做合取范式。可以反复应用分配律。把任一母式化成合取范式。

例如,把$A \lor (B \land C)$化为

$$(A \lor B) \land (A \lor C)$$

（7）消去全称量词

到了这一步,所有余下的量词均被全称量词量化了。同时,全称量词的次序也不重要了。因此,可以消去前缀,即消去明显出现的全称量词。

(8) 消去连词符号 ∧

用 (A,B) 代替 $(A \land B)$，以消去明显的符号 ∧。反复代替的结果，最后得到一个有限集，其中每个公式是文字的析取。任一个只由文字的析取构成的合式公式叫做一个子句。

(9) 更换变量名称

可以更换变量符号的名称，使一个变量符号不出现在一个以上的子句中。

下面举个例子来说明把谓词演算公式化为一个子句集的过程。这个化为子句集的过程遵照上述 9 个步骤。这个例子如下：

$$(\forall x)(P(x) \rightarrow ((\forall y)(P(y) \rightarrow P(f(x,y)))$$
$$\land \sim (\forall y)(Q(x,y) \rightarrow P(y))))$$

① $(\forall x)(\sim P(x) \lor ((\forall y)(\sim P(y) \lor P(f(x,y)))$
$\qquad \land \sim (\forall y)(\sim Q(x,y) \lor P(y))))$

② $(\forall x)(\sim P(x) \lor ((\forall y)(\sim P(y) \lor P(f(x,y)))$
$\qquad \cdot \land (\exists y)(\sim (\sim Q(x,y) \lor P(y))))$

$\quad (\forall x)(\sim P(x) \lor ((\forall y)(\sim P(y) \lor P(f(x,y)))$
$\qquad \land (\exists y)(Q(x,y) \land \sim P(y))))$

③ $(\forall x)(\sim P(x) \lor ((\forall y)(\sim P(y) \lor P(f(x,y)))$
$\qquad \land (\exists w)(Q(x,w) \land \sim P(w))))$

④ $(\forall x)(\sim P(x) \lor ((\forall y)(\sim P(y) \lor P(f(x,y)))$
$\qquad \land (Q(x,g(x)) \land \sim P(g(x)))))$

其中，$w = g(x)$ 为一个 Skolem 函数。

⑤ $(\forall x)(\forall y)(\sim P(x) \lor ((\sim P(y) \lor P(f(x,y))) \land (Q(x,g(x)) \land \sim P(g(x)))))$
$\qquad$ 前缀母式

⑥ $(\forall x)(\forall y)((\sim P(x) \lor \sim P(y) \lor P(f(x,y)))$
$\qquad \land (\sim P(x) \lor Q(x,g(x))) \land (\sim P(x) \lor \sim P(g(x))))$

⑦ $(\sim P(x) \lor \sim P(y) \lor P(f(x,y)))$
$\qquad \land (\sim P(x) \lor Q(x,g(x))) \land (\sim P(x) \lor \sim P(g(x)))$

⑧ $\sim P(x) \lor \sim P(y) \lor P(f(x,y))$
$\quad \sim P(x) \lor Q(x,g(x))$
$\quad \sim P(x) \lor \sim P(g(x))$

⑨ 更改变量名称，在上述第 8 步的 3 个子句中，分别以 x_1, x_2 和 x_3 代替变量 x。这种更改变量名称的过程，有时称为变量分离标准化。于是，可以得到下列子句集：

$$\sim P(x_1) \lor \sim P(y) \lor P(f(x_1,y))$$
$$\sim P(x_2) \lor Q(x_2,g(x_2))$$
$$\sim P(x_3) \lor \sim P(g(x_3))$$

必须指出，一个句子内的文字可含有变量，但这些变量总是被理解为全称量词量化了的变量。如果一个表达式中的变量被不含变量的项所置换，则得到称为文字基例的结果。例如，$Q(A, f(g(B)))$ 就是 $Q(x,y)$ 的一个基例。在定理证明系统中，消解作为推理规则使用时，希望从公式集来证明某个定理，首先就要把公式集化为子句集。可以证明，如果公式 X 在逻辑上遵循公式集 S，那么 X 在逻辑上也遵循由 S 的公式变换成的子句集。因此，子句是表示公式的一个完善的一般形式。

并不是所有问题的谓词公式化为子句集都需要上述 9 个步骤。对于某些问题,可能不需要其中的一些步骤。

3.4.2　消解推理规则

令 L_1 为任一原子公式,L_2 为另一原子公式;L_1 和 L_2 具有相同的谓词符号,但一般具有不同的变量。已知两子句 $L_1 \vee \alpha$ 和 $\sim L_2 \vee \beta$,如果 L_1 和 L_2 具有最一般合一者 σ,那么通过消解可以从这两个父辈子句推导出一个新子句 $(\alpha \vee \beta)\sigma$。这个新子句叫做消解式。它是由取这两个子句的析取,然后消去互补对而得到的。

下面列举几个从父辈子句求消解式的例子。

例 3.1　假言推理

例 3.2　合并

例 3.3　重言式

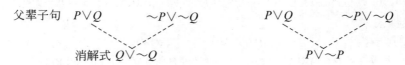

例 3.4　空子句(矛盾)

例 3.5　链式(三段论)

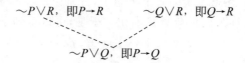

从以上各例可见,消解可以合并几个运算为一简单的推理规则。

3.4.3　含有变量的消解式

上述简单的对基子句的消解推理规则可推广到含有变量的子句。为了对含有变量的子句使用消解规则,必须找到一个置换,作用于父辈子句使其含有互补文字。

下面举几个对含有变量的子句使用消解的例子。

例 3.6

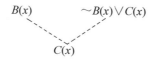

例 3.7

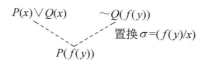

例 3.8

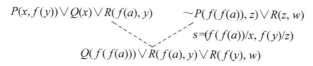

本节中所列举的对基子句和对含有变量的子句进行消解的例子,其父辈子句和消解式列表示于表 3.1。这些例子表示出消解推理的某些常用规则。

表 3.1 子句和消解式

父 辈 子 句	消 解 式
P 和 $\sim P \vee Q$(即 $P \rightarrow Q$)	Q
$P \vee Q$ 和 $\sim P \vee Q$	Q
$P \vee Q$ 和 $\sim P \vee \sim Q$	$Q \vee \sim Q$ 和 $P \vee \sim P$
$\sim P$ 和 P	NIL
$\sim P \vee Q$(即 $P \rightarrow Q$)和 $\sim Q \vee R$(即 $Q \rightarrow R$)	$\sim P \vee R$(即 $P \rightarrow R$)
$B(x)$ 和 $\sim B(x) \vee C(x)$	$C(x)$
$P(x) \vee Q(x)$ 和 $\sim Q(f(y))$	$P(f(y)),\sigma = \{f(y)/x\}$
$P(x,f(y)) \vee Q(x) \vee R(f(a),y)$ 和	$Q(f(f(a))) \vee R(f(a),y) \vee R(f(y),w)$
$\sim P(f(f(a)),z) \vee R(z,w)$	$\sigma = \{f(f(a))/x,f(y)/z\}$

3.4.4 消解反演求解过程

可以把要解决的问题作为一个要证明的命题。消解通过反演产生证明。也就是说,要证明某个命题,其目标公式被否定并化成子句形,然后添加到命题公式集内,把消解反演系统应用于联合集,并推导出一个空子句(NIL),产生一个矛盾,从而使定理得到证明。这种消解反演的证明思想,与数学中反证法的思想十分相似。

1. 消解反演

给出一个公式集 S 和目标公式 L,通过反证或反演来求证目标公式 L,其证明步骤如下:

(1) 否定 L,得 $\sim L$;

(2) 把 $\sim L$ 添加到 S 中;

(3) 把新产生的集合 $\{\sim L,S\}$ 化成子句集;

(4) 应用消解原理,力图推导出一个表示矛盾的空子句。

可以简单讨论一下用反演证明过程的正确性。设公式 L 在逻辑上遵循公式集 S,那么按照定义满足 S 的每个解释也满足 L。绝不会有满足 S 的解释能够满足 $\sim L$ 的,所以不存在能够满足并集 $S \cup \{\sim L\}$ 的解释。如果一个公式集不能被任一解释所满足,那么这个公式是不可满足的。因此,如果 L 在逻辑上遵循 S,那么 $S \cup \{\sim L\}$ 是不可满足的。可以证明,如果消解反演反复应用到不可满足的子句集,那么最终将要产生空子句 NIL。因此,如果 L 在逻辑上遵循 S,那么由并集 $S \cup \{\sim L\}$ 消解得到的子句,最后将产生空子句;反之,可以证明,如果从 $S \cup \{\sim L\}$ 的子句消解得到空子句,那么 L 在逻辑上遵循 S。

下面举例说明消解反演过程。

例 3.9   前提:每个储蓄钱的人都获得利息。

结论:如果没有利息,那么就没有人去储蓄钱。

证明:令 $S(x,y)$ 表示"x 储蓄 y"

$M(x)$ 表示"x 是钱"

$I(x)$ 表示"x 是利息"

$E(x,y)$ 表示"x 获得 y"

于是可以把上述命题写成下列形式:

前提:

$$(\forall x)(\exists y)(S(x,y)) \land M(y) \to ((\exists y)(I(y) \land E(x,y)))$$

结论:

$$\sim (\exists x)I(x) \to (\forall x)(\forall y)(M(y) \to \sim S(x,y))$$

把前提化为子句形:

$$(\forall x)(\sim (\exists y)(S(x,y) \land M(y)) \lor (\exists y)(I(y) \land E(x,y)))$$

$$(\forall x)((\forall y)(\sim (S(x,y) \land M(y))) \lor (\exists y)(I(y) \land E(x,y)))$$

$$(\forall x)((\forall y)(\sim S(x,y) \lor \sim M(y)) \lor (\exists y)(I(y) \land E(x,y)))$$

令 $y = f(x)$ 为 Skolem 函数,则可得子句形如下:

(1) $\sim S(x,y) \lor \sim M(y) \lor I(f(x))$

(2) $\sim S(x,y) \lor \sim M(y) \lor E(x,f(x))$

又结论的否定为

$$\sim (\sim (\exists x)I(x) \to (\forall x)(\forall y)(S(x,y) \to \sim M(y)))$$

化为子句形:

$$\sim ((\exists x)I(x) \lor (\forall x)(\forall y)(\sim S(x,y) \lor \sim M(y)))$$

$$(\sim (\exists x)I(x) \land (\sim (\forall x)(\forall y)(\sim S(x,y) \lor \sim M(y))))$$

变量分离标准化之后得下列各子句:

(3) $\sim I(z)$

(4) $S(a,b)$

(5) $M(b)$

现在可以通过消解反演来求得空子句 NIL。该消解反演可以表示为一棵反演树,如图 3.11 所示,其根节点为 NIL。因此,储蓄问题的结论获得证明。

2. 反演求解过程

从反演树求取对某个问题的答案,其过程如下:

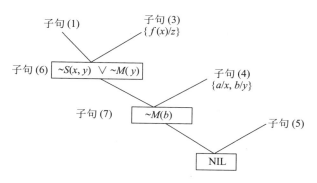

图 3.11 储蓄问题反演树

（1）把由目标公式的否定产生的每个子句添加到目标公式否定之否定的子句中。

（2）按照反演树,执行和以前相同的消解,直至在根部得到某个子句为止。

（3）用根部的子句作为一个回答语句。

答案求取涉及把一棵根部有 NIL 的反演树变换为在根部带有可用作答案的某个语句的一棵证明树。由于变换关系涉及把由目标公式的否定产生的每个子句变换为一个重言式,所以被变换的证明树就是一棵消解的证明树,其在根部的语句在逻辑上遵循公理加上重言式,因而也单独地遵循公理。因此被变换的证明树本身就证明了求取办法是正确的。

下面讨论一个简单的问题作为例子:

“如果无论约翰(John)到哪里去,菲多(Fido)也就去那里,那么如果约翰在学校里,菲多在哪里呢?”

显然,这个问题说明了两个事实,然后提出一个问题,而问题的答案大概可从这两个事实推导出。这两个事实可以解释为下列公式集 S:

$$(\forall x)(AT(JOHN, x) \rightarrow AT(FIDO, x))$$

和

$$AT(JOHN, SCHOOL)$$

如果首先证明公式

$$(\exists x)AT(FIDO, x)$$

在逻辑上遵循 S,然后寻求一个存在 x 的例,那么就能解决“菲多在哪里”的问题。关键想法是把问题化为一个包含某个存在量词的目标公式,使得此存在量词量化变量表示对该问题的一个解答。如果问题可以从给出的事实得到答案,那么按这种方法建立的目标函数在逻辑上遵循 S。在得到一个证明之后,就可求取存在量词量化变量的一个例,作为一个回答。

对于上述例题能够容易地证明 $(\exists x)AT(FIDO, x)$ 遵循 S。也可以说明,用一种比较简单的方法来求取合适的答案。消解反演可用一般方式得到,其办法是首先对被证明的公式加以否定,再把这个否定式附加到集合 S 中去,化这个扩充集的所有成员为子句形,然后用消解证明这个子句集是不可满足的。图 3.12 表示出上例的反演树。从 S 中的公式得到的子句叫做公理。

注意目标公式 $(\exists x)AT(FIDO, x)$ 的否定产生

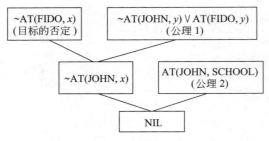

图 3.12　"菲多在哪里"的反演树

$$(\exists x)(\sim \mathrm{AT}(\mathrm{FIDO}, x))$$

其子句形式为

$$\sim \mathrm{AT}(\mathrm{FIDO}, x)$$

对本例应用消解反演求解过程,有:

(1) 目标公式否定的子句形式为

$$\sim \mathrm{AT}(\mathrm{FIDO}, x)$$

把它添加至目标公式的否定之否定的子句中,得重言式

$$\sim \mathrm{AT}(\mathrm{FIDO}, x) \lor \mathrm{AT}(\mathrm{FIDO}, x)$$

(2) 用图 3.13 的反演树进行消解,并在根部得到子句

$$\mathrm{AT}(\mathrm{FIDO}, \mathrm{SCHOOL})$$

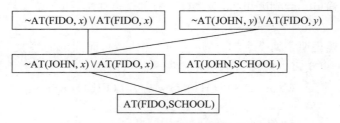

图 3.13　从消解求取答案例题的反演树

(3) 从根部求得答案 AT(FIDO,SCHOOL),用此子句作为回答语句。

因此,子句 AT(FIDO,SCHOOL)就是这个问题的合适答案,如图 3.13 所示。

3.5　规则演绎系统

对于许多比较复杂的系统和问题,如果采用前面讨论过的搜索推理方法,那么很难甚至无法使问题获得解决。需要应用一些更先进的推理技术和系统求解这种比较复杂的问题,包括规则演绎系统、产生式系统、系统组织技术、不确定性推理和非单调推理等,而对于那些发展特别快的高级求解技术,如计算智能、专家系统、机器学习和智能规划等,则将在后续相关章节讨论。

对于许多公式来说,子句形是一种低效率的表达式,因为一些重要信息可能在求取子句形过程中丢失。本章将研究采用易于叙述的 if→then(如果→那么)规则来求解问题。

基于规则的问题求解系统运用下述规则来建立:

$$If \rightarrow Then \qquad (3.1)$$

即

$$
\begin{array}{ll}
If & if1 \\
& if2 \\
& \vdots \\
Then & then1 \\
& then2 \\
& \vdots
\end{array}
\qquad (3.2)
$$

其中,If 部分可能由几个 if 组成,而 Then 部分可能由一个或一个以上的 then 组成。

在所有基于规则的系统中,每个 if 可能与某断言(assertion)集中的一个或多个断言匹配。有时把该断言集称为工作内存。在许多基于规则的系统中,then 部分用于规定放入工作内存的新断言。这种基于规则的系统叫做规则演绎系统(rule based deduction system)。在这种系统中,通常称每个 if 部分为前项(antecedent),称每个 then 部分为后项(consequent)。

有时,then 部分用于规定动作,这时,称这种基于规则的系统为反应式系统(reaction system)或产生式系统(production system)。将在 3.6 节讨论产生式系统。

3.5.1 正向规则演绎系统

在基于规则的系统中,有两种推理方式,即正向推理(forward chaining)和逆向推理(backward chaining)。对于从 if 部分向 then 部分推理的过程,叫做正向推理。正向推理是从事实或状况向目标或动作进行操作的。反之,对于从 then 部分向 if 部分推理的过程,叫做逆向推理。逆向推理是从目标或动作向事实或状况进行操作的。

1. 正向推理

正向推理从一组表示事实的谓词或命题出发,使用一组产生式规则,用以证明该谓词公式或命题是否成立。设有下列规则集合 R_1 至 R_3:

$$
\begin{array}{ll}
R_1: & P_1 \rightarrow P_2 \\
R_2: & P_2 \rightarrow P_3 \\
R_3: & P_3 \rightarrow P_4
\end{array}
$$

其中,P_1、P_2、P_3 和 P_4 为谓词公式或命题。设总数据库中已存在事实 P_1,则应用规则 R_1、R_2、R_3 进行正向推理,其过程如图 3.14 所示。

图 3.14 正向推理过程

实现正向推理的一般策略是:先提供一批事实(数据)到总数据库中。系统利用这些事实与规则的前提相匹配,触发匹配成功的规则,把其结论作为新的事实添加到总数据库中。继续上述过程,用更新过的总数据库的所有事实再与规则库中另一条规则匹配,用其结论再次修改总数据库的内容,直到没有可匹配的新规则,不再有新的事实加到总数据库中。当产生式系统的左部和右部是用谓词表示时,全局规则的前提与总数据库中的事实相匹配意味着对左部谓词中出现的变量进行统一的置换,使置换后的左部谓词成为总数据库中某个谓词的实例,使左部谓词实例与总数据库中的某个事实相同。执行右部是指当左部匹配成功时,用左部匹配时使用的相同变量,并按相同方式对右部谓词进行置换,把置换结果(即右部谓词实例)加入总数据库。

2. 事实表达式的与或形变换

在基于规则的正向演绎系统中,把事实表示为非蕴涵形式的与或形,作为系统的总数据库。不把这些事实化为子句形,而是把它们表示为谓词演算公式,并把这些公式变换为叫做与或形的非蕴涵形式。要把一个公式化为与或形(即子句集)的步骤见 3.4 节。

例如,有事实表达式

$$(\exists u)(\forall v)(Q(v,u) \wedge \sim((R(v) \vee P(v)) \wedge S(u,v)))$$

把它化为

$$Q(v,A) \wedge ((\sim R(v) \wedge \sim P(v)) \vee \sim S(A,v))$$

对变量更名标准化,使得同一变量不出现在事实表达式的不同主要合取式中。更名后得表达式

$$Q(w,A) \wedge ((\sim R(v) \wedge \sim P(v)) \vee \sim S(A,v))$$

必须注意到 $Q(v,A)$ 中的变量 v 可用新变量 w 代替,而合取式($\sim R(v) \wedge \sim P(v)$)中的变量 v 却不可更名,因为后者也出现在析取式 $\sim S(A,v)$ 中。与或形表达式是由符号 $\wedge$ 和 $\vee$ 连接的一些文字的子表达式组成的。呈与或形的表达式并不是子句形,而是接近于原始表达式形式,特别是它的子表达式不是复合产生的。

3. 事实表达式的与或图表示

与或形的事实表达式可用与或图来表示。图 3.15 的与或树表示出上述例子的与或形

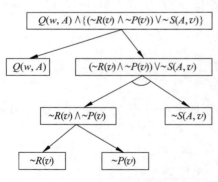

图 3.15　一个事实表达式的与或树表示

事实表达式。图中,每个节点表示该事实表达式的一个子表达式。某个事实表达式($E_1 \vee E_2 \vee \cdots \vee E_k$)的析取关系子表达式 $E_1,E_2,\cdots,E_k$ 是用后继节点表示的,并由一个 k 线连接符把它们连接到父节点上。某个事实表达式($E_1 \wedge E_2 \wedge \cdots \wedge E_n$)的每个合取子表达式 $E_1,E_2,\cdots,E_n$ 是由单一的后继节点表示的,并由一个单线连接符接到父节点。在事实表达式中,用 k 线连接符(一个合取记号)来分解析取式,很可能会令人感到意外。在后面的讨论中,将会了解到采用这种约定的原因。

表示某个事实表达式的与或图的叶节点均由表达式中的文字来标记。图中标记有整个事实表达式的节点,称为根节点,它在图中没有祖先。

公式的与或图表示有个有趣的性质,即由变换该公式得到的子句集可作为此与或图的解图的集合(终止于叶节点)读出;也就是说,所得到的每个子句是作为解图的各个叶节点

上文字的析取。这样,由表达式

$$Q(w,A) \wedge ((\sim R(v) \wedge \sim P(v)) \vee \sim S(A,v))$$

得到的子句为

$$Q(w,A)$$
$$\sim S(A,v) \vee \sim R(v)$$
$$\sim S(A,v) \vee \sim P(v)$$

上述每个子句都是图 3.15 解图之一的叶节点上文字的析取。所以,可把与或图看作对子句集的简洁表示。不过,实际上表达式的与或图表示此子句集的通用性稍差,因为没有复合出共同的子表达式会妨碍在子句形中可能做到的某些变量的更名。例如,上面的最后一个子句,其变量 v 可全部改为 u,但无法在与或图中加以表示,因而失去了通用性,并且可能带来一些困难。

一般把事实表达式的与或图表示倒过来画,即把根节点画在最下面,而把其后继节点往上画。图 3.15 的与或图表示就是按通常方式画出的,即目标在上面。

4. 与或图的 F 规则变换

这些规则是建立在某个问题辖域中普通陈述性知识的蕴涵公式基础上的。把允许用作规则的公式类型限制为下列形式:

$$L \rightarrow W \qquad (3.3)$$

式中,L 是单文字;W 为与或形的惟一公式。也假设出现在蕴涵式中的任何变量都有全称量化作用于整个蕴涵式。这些事实和规则中的一些变量被分离标准化,使得没有一个变量出现在一个以上的规则中,而且使规则变量不同于事实变量。

单文字前项的任何蕴涵式,不管其量化情况如何,都可以化为某种量化辖域的整个蕴涵式的形式。这个变换过程首先把这些变量的量词局部地调换到前项,然后再把全部存在量词 Skolem 化。举例说明,公式

$$(\forall x)(((\exists y)(\forall z)P(x,y,z)) \rightarrow (\forall u)Q(x,u))$$

可以通过下列步骤加以变换:

(1) 暂时消去蕴涵符号

$$(\forall x)(\sim ((\exists y)(\forall z)P(x,y,z)) \vee (\forall u)Q(x,u))$$

(2) 把否定符号移进第一个析取式内,调换变量的量词

$$(\forall x)((\forall y)(\exists z)(\sim P(x,y,z)) \vee (\forall u)Q(x,u))$$

(3) 进行 Skolem 化

$$(\forall x)((\forall y)(\sim P(x,y,f(x,y))) \vee (\forall u)Q(x,u))$$

(4) 把所有全称量词移至前面,然后消去

$$\sim P(x,y,f(x,y)) \vee Q(x,u)$$

(5) 恢复蕴涵式

$$P(x,y,f(x,y)) \rightarrow Q(x,u)$$

用一个自由变量的命题演算情况来说明如何把这类规则应用于与或图。把形式为 $L \rightarrow W$ 的规则应用到任一个具有叶节点 n 并由文字 L 标记的与或图上,可以得到一个新的与或图。在新的图上,节点 n 由一个单线连接符接到后继节点(也由 L 标记),它是表示为 W 的一个与或图结构的根节点。作为例子,考虑把规则 $S \rightarrow (X \wedge Y) \vee Z$ 应用到图 3.16 所

示的与或图中标有 S 的叶节点上。所得到的新与或图结构表示于图3.17,图中标记 S 的两个节点由一条叫做匹配弧的弧线连接起来。

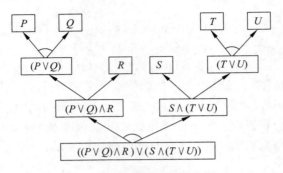

图 3.16　不含变量的与或图

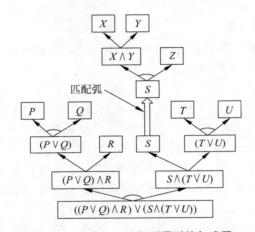

图 3.17　应用 $L \rightarrow W$ 规则得到的与或图

在应用某条规则之前,一个与或图(图3.16)表示一个具体的事实表达式。其中,在叶节点结束的一组解图表示该事实表达式的子句形。希望在应用规则之后得到的图,既能表示原始事实,又能表示从原始事实和该规则推出的事实表达式。

假设有一条规则 $L \rightarrow W$,根据此规则及事实表达式 $F(L)$,可以推出表达式 $F(W)$。$F(W)$ 是用 W 代替 F 中的所有 L 而得到的。当用规则 $L \rightarrow W$ 来变换以上述方式描述的 $F(L)$ 的与或图表示时,就产生一个含有 $F(W)$ 表示的新图;也就是说,它的以叶节点终止的解图集以 $F(W)$ 子句形式代表该子句集。这个子句集包括在 $F(L)$ 的子句形和 $L \rightarrow W$ 的子句形间对 L 进行所有可能的消解而得到的整集。

再讨论图3.17的情况。规则 $S \rightarrow ((X \wedge Y) \vee Z)$ 的子句形是

$$\sim S \vee X \vee Z$$

和

$$\sim S \vee Y \vee Z$$

$((P \vee Q) \wedge R) \vee (S \wedge (T \vee U))$ 的子句形解图集为

$$P \vee Q \vee S$$

$$R \vee S$$
$$P \vee Q \vee T \vee U$$
$$R \vee T \vee U$$

应用两个规则子句中任一个对上述子句形中的 S 进行消解

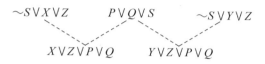

及

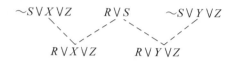

于是得到 4 个子句对 S 进行消解的消解式的完备集为

$$X \vee Z \vee P \vee Q$$
$$Y \vee Z \vee P \vee Q$$
$$R \vee X \vee Z$$
$$R \vee Y \vee Z$$

这些消解式全部包含在图 3.17 的解图所表示的子句之中。

从上述讨论可以得出结论：应用一条规则到与或图的过程，以极其有效的方式达到了用其他方法要进行多次消解才能达到的目的。

要使应用一条规则得到的与或图继续表示事实表达式和推得的表达式，这可利用匹配弧两侧有相同标记的节点来实现。对一个节点应用一条规则之后，此节点就不再是该图的叶节点。不过，它仍然由单一文字标记，而且可以继续具有一些应用于它的规则。把图中标有单文字的任一节点都称为文字节点，由一个与或图表示的子句集就是对应于该图中以文字节点终止的解图集。

5. 作为终止条件的目标公式

应用 F 规则的目的在于从某个事实公式和某个规则集出发来证明某个目标公式。在正向推理系统中，这种目标表达式只限于可证明的表达式，尤其是可证明的文字析取形的目标公式表达式。用文字集表示此目标公式，并设该集各元都为析取关系(在以后各节所要讨论的逆向系统和双向系统，都不对目标表达式作此限制)。目标文字和规则可用来对与或图添加后继节点，当一个目标文字与该图中文字节点 n 上的一个文字相匹配时，就对该图添加这个节点 n 的新后裔，并标记为匹配的目标文字。这个后裔叫做目标节点，目标节点都用匹配弧分别接到它们的父节点上。当产生一个与或图，并包含终止在目标节点上的一个解图时，系统便成功地结束。此时，实际上已推出一个等价于目标子句的一部分的子句。

图 3.18 给出一个满足以目标公式 $(C \vee G)$ 为基础的终止条件的与或图，可把它解释为用一个"以事实来推理"的策略对目标表达式 $(C \vee G)$ 的一个证明。最初的事实表达式为 $(A \vee B)$。由于不知道 A 或 B 哪个为真，因此可以试着首先假定 A 为真，然后再假定 B 为真，分别地进行证明。如果两个证明都成功，那么就得到根据析取式 $(A \vee B)$ 的一个证明。而 A 或 B 到底哪个为真都无关紧要。图 3.18 中标有 $(A \vee B)$ 的节点，其两个后裔由一个 2

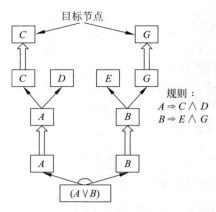

图 3.18　满足终止条件的与或图

线连接符来连接。因而这两个后裔都必须出现在最后解图中,如果对节点 n 的一个解图通过 k 线连接符包含 n 的任一后裔,那么此解图必须包含通过这个 k 线连接符的所有 k 个后裔。

图 3.18 的例子证明过程如下:

事实: $A \lor B$

规则: $A \to C \land D, B \to E \land G$

目标: $C \lor G$

把规则化为子句形,得子句集

$$\sim A \lor C, \sim A \lor D$$
$$\sim B \lor E, \sim B \lor G$$

目标的否定为

$$\sim (C \lor G)$$

其子句形为

$$\sim C, \sim G$$

用消解反演来证明目标公式,如图 3.19 所示。

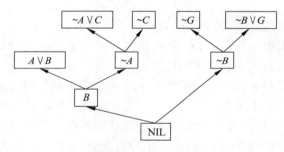

图 3.19　用消解反演求证目标公式的过程

从图 3.18 可推得一个空子句 NIL,从而使目标公式 $(C \lor G)$ 得到证明。

得到的结论是:当正向演绎系统产生一个含有以目标节点作为终止的解图时,此系统就成功地终止。

对于表达式含有变量的正向产生式系统,考虑把一条 $(L \to W)$ 形式的规则应用到与或图的过程,其中 L 是文字,W 是与或形的一个公式,而且所有表达式都可以包含变量。如果这个与或图含有的某个文字节点 L' 同 L 合一,那么这条规则就是可应用的。设其最一般合一者为 u,那么这条规则的应用能够扩展这个图。为此,建立一个有向的匹配弧,从与或图中标有 L' 的节点出发到达一个新的标有 L 的后继节点。这个后继节点是与或图表示的根节点,用 mgu,或者简写为 u 来标记这段匹配弧。

3.5.2　逆向规则演绎系统

基于规则的逆向演绎系统,其操作过程与正向演绎系统相反,即为从目标到事实的操作过程,从 then 到 if 的推理过程。

1．逆向推理

逆向推理从表示目标的谓词或命题出发，使用一组产生式规则证明事实谓词或命题成立，即首先提出一批假设目标，然后逐一验证这些假设。如果使用前述三条规则 R_1 至 R_3，则逆向推理过程如图 3.20 所示。

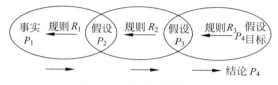

图 3.20　逆向推理过程

首先假设目标 P_4 成立，由规则 $R_3(P_3 \rightarrow P_4)$ 必须先验证 P_3 成立才能证明 P_4 成立。不过，总数据库中不存在事实 P_3，所以只能假设子目标 P_3 成立。由规则 $R_2(P_2 \rightarrow P_3)$，应验证 P_2；同样因总数据库中不存在事实 P_2，假设子目标 P_2 成立。再由规则 $R_1(P_1 \rightarrow P_2)$，要验证 P_2 成立必须先验证 P_1。因总数据库中没有事实 P_1，所以假设子目标 P_1 成立，并最后得出 P_4 成立的结论。

要实现逆向推理，其策略如下：首先假设一个可能的目标，然后由产生式系统试图证明此假设目标是否在总数据库中。若在总数据库中，则该假设目标成立；否则，若该假设为终叶（证据）节点，则询问用户，若不是，则再假定另一个目标，即寻找结论部分包含该假设的那些规则，把它们的前提作为新的假设，并力图证明其成立。这样反复进行推理，直到所有目标均获证明或者所有路径都得到测试为止。

从上面的讨论可知，正向推理和逆向推理各有其特点和适用场合。正向推理由事实（数据）驱动，从一组事实出发推导结论。其优点是算法简单、容易实现，允许用户一开始就把有关的事实数据存入数据库，在执行过程中系统能很快获得这些数据，而不必等到系统需要数据时才向用户询问。其主要特点是盲目搜索，可能会求解许多与总目标无关的子目标，每当总数据库内容更新后都要遍历整个规则库，推理效率较低。因此，正向推理策略主要用于已知初始数据，而无法提供推理目标，或解空间很大的一类问题，如监控、预测、规划、设计等问题的求解。

逆向推理由目标驱动，从一组假设出发验证结论。其优点是搜索目的性强，推理效率高。缺点是目标的选择具有盲目性，可能会求解许多假的目标；当可能的结论数目很多，即目标空间很大时，推理效率不高；当规则的右部是执行某种动作（如打开阀门）而不是结论时，逆向推理不便使用。因此逆向推理主要用于结论单一或者已知目标结论，而要求验证的系统，如选择、分类、故障诊断等问题的求解。正向推理和逆向推理策略的比较见表 3.2。

表 3.2　正向推理和逆向推理的比较

	正向推理	逆向推理
驱动方式	数据驱动	目标驱动
推理方法	从一组数据出发向前推导结论	从可能的解答出发，向后推理验证解答
启动方法	从一个事件启动	由询问关于目标状态的一个问题而启动
透明程度	不能解释其推理过程	可解释其推理过程

续表

	正 向 推 理	逆 向 推 理
推理方向	由底向顶推理	由顶向底推理
典型系统	CLIPS,OPS	PROLOG

2. 目标表达式的与或形式

逆向演绎系统能够处理任意形式的目标表达式。首先,采用与变换事实表达式同样的过程,把目标公式化成与或形,即消去蕴涵符号→,把否定符号移进括号内,对全称量词Skolem化并删去存在量词。留在目标表达式与或形中的变量假定都已存在量词量化。例如,目标表达式

$$(\exists y)(\forall x)(P(x) \rightarrow (Q(x,y) \land \sim(P(x) \land S(y))))$$

化成与或形

$$\sim P(f(y)) \lor (Q(f(y),y) \land (\sim R(f(y)) \lor \sim S(y)))$$

式中,$f(y)$为一 Skolem 函数。

对目标的主要析取式中的变量分离标准化可得

$$\sim P(f(z)) \lor (Q(f(y),y) \land (\sim R(f(y)) \lor \sim S(y)))$$

应注意不能对析取的子表达式内的变量 y 改名而使每个析取式具有不同的变量。

与或形的目标公式也可以表示为与或图。不过,与事实表达式的与或图不同的是,对于目标表达式,与或图中的 k 线连接符用来分开合取关系的子表达式。上例所用的目标公式的与或图如图 3.21 所示。在目标公式的与或图中,把根节点的任一后裔叫做子目标节点,而标在这些后裔节点中的表达式叫做子目标。

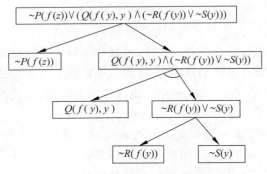

图 3.21　一个目标公式的与或图表示

这个目标公式的子句形表示中的子句集可从终止在叶节点上的解图集读出:

$$\sim P(f(z))$$
$$Q(f(y),y) \land \sim R(f(y))$$
$$Q(f(y),y) \land \sim S(y)$$

可见目标子句是文字的合取,而这些子句的析取是目标公式的子句形。

3. 与或图的 B 规则变换

现在应用 B 规则即逆向推理规则来变换逆向演绎系统的与或图结构,这个 B 规则是建

立在确定的蕴涵式基础上的,正如正向系统的 F 规则一样。不过,现在把这些 B 规则限制为

$$W \rightarrow L$$

形式的表达式。其中,W 为任一与或形公式,L 为文字,而且蕴涵式中任何变量的量词辖域为整个蕴涵式。其次,把 B 规则限制为这种形式的蕴涵式还可以简化匹配,使之不会引起重大的实际困难。此外,可以把像 $W \rightarrow (L_1 \wedge L_2)$ 这样的蕴涵式化为两个规则 $W \rightarrow L_1$ 和 $W \rightarrow L_2$。

4. 作为终止条件的事实节点的一致解图

逆向系统中的事实表达式均限制为文字合取形,它可以表示为一个文字集。当一个事实文字和标在该图文字节点上的文字相匹配时,就可把相应的后裔事实节点添加到该与或图中。这个事实节点通过标有 mgu 的匹配弧与匹配的子目标文字节点连接起来。同一个事实文字可以多次重复使用(每次用不同变量),以便建立多重事实节点。

逆向系统成功的终止条件是与或图包含某个终止在事实节点上的一致解图。

下面讨论一个简单的例子,看看基于规则的逆向演绎系统是怎样工作的。这个例子的事实、应用规则和问题分别表示如下:

事实:

F_1:DOG(FIDO);狗的名字叫 Fido

F_2:~BARKS(FIDO);Fido 是不叫的

F_3:WAGS-TAIL(FIDO);Fido 摇尾巴

F_4:MEOWS(MYRTLE);猫咪的名字叫 Myrtle

规则:

R_1:(WAGS-TAIL(x_1) $\wedge$ DOG(x_1)) $\rightarrow$ FRIENDLY(x_1);摇尾巴的狗是温顺的狗

R_2:(FRIENDLY(x_2) $\wedge$ ~BARKS(x_2)) $\rightarrow$ ~AFRAID(y_2, x_2);温顺而又不叫的东西是不值得害怕的

R_3:DOG(x_3) $\rightarrow$ ANIMAL(x_3);狗为动物

R_4:CAT(x_4) $\rightarrow$ ANIMAL(x_4);猫为动物

R_5:MEOWS(x_5) $\rightarrow$ CAT(x_5);猫咪是猫

问题:是否存在这样的一只猫和一条狗,使得这只猫不怕这条狗?

用目标表达式表示此问题为

$$(\exists x)(\exists y)(CAT(x) \wedge DOG(y) \wedge \sim AFRAID(x, y))$$

图 3.22 表示出这个问题的一致解图。图中,用双线框表示事实节点,用规则编号 R_1、R_2 和 R_5 等来标记所应用的规则。此解图中有八条匹配弧,每条匹配弧上都有一个置换。这些置换为 $\{x/x_5\}$,$\{MYRTLE/x\}$,$\{FIDO/y\}$,$\{x/y_2, y/x_2\}$,$\{FIDO/y\}$($\{FIDO/y\}$ 重复使用 4 次)。由图 3.22 可见,终止在事实节点前的置换为 $\{MYRTLE/x\}$ 和 $\{FIDO/y\}$。把它应用到目标表达式,就得到该问题的回答语句如下:

$$(CAT(MYRTLE) \wedge DOG(FIDO) \wedge \sim AFRAID(MYRTLE, FIDO))$$

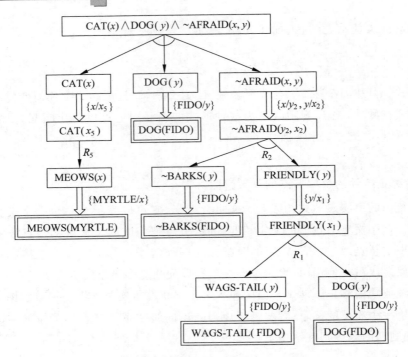

图 3.22　逆向系统的一个一致解图

3.5.3　双向规则演绎系统

除了正向规则演绎系统和逆向规则演绎系统外,还有一种同时含有正向推理和逆向推理的演绎系统,即双向规则演绎系统。

1. 双向推理

双向推理又称为正反向混合推理,它综合了正向推理和逆向推理的长处,而克服了两者的短处。双向推理的推理策略是同时从目标向事实推理和从事实向目标推理,并在推理过程中的某个步骤,实现事实与目标的匹配。具体的推理策略有多种。例如,通过数据驱动帮助选择某个目标,即从初始证据(事实)出发进行正向推理,同时以目标驱动求解该目标,通过交替使用正逆向混合推理对问题进行求解。双向推理的控制策略比前两种方法都要复杂。美国斯坦福研究所人工智能中心研制的基于规则的专家系统工具 KAS,就是采用正逆向混合推理的产生式系统的一个典型例子。

图 3.23 给出双向推理过程的示意图。

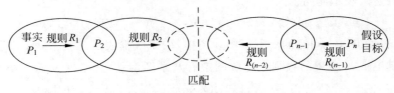

图 3.23　双向推理过程

2. 组合演绎系统

3.5.1节和3.5.2节所讨论的基于规则的正向演绎系统和逆向演绎系统都具有局限

性。正向演绎系统能够处理任意形式的 if 表达式,但被限制在 then 表达式为由文字析取组成的一些表达式上。逆向演绎系统能够处理任意形式的 then 表达式,但被限制在 if 表达式为文字合取组成的一些表达式上。希望能够构成一个组合的系统,使它具有正向和逆向两系统的优点,以求克服各自的缺点(局限性)。这个系统就是本节要研究的双向(正向和逆向)组合演绎系统。

正向和逆向组合系统是建立在两个系统相结合的基础上的。此组合系统的总数据库由表示目标和表示事实的两个与或图结构组成。这些与或图最初用来表示给出的事实和目标的某些表达式集合,现在这些表达式的形式不受约束。这些与或图结构分别用正向系统的 F 规则和逆向系统的 B 规则来修正。设计者必须决定哪些规则用来处理事实图及哪些规则用来处理目标图。尽管新系统在修正由两部分构成的数据库时,实际上只沿一个方向进行,但仍然把这些规则分别称为 F 规则和 B 规则。继续限制 F 规则为单文字前项和 B 规则为单文字后项。

组合演绎系统的主要复杂之处在于其终止条件,终止涉及两个图结构之间的适当交接处。这些结构可由标有合一文字的节点上的匹配棱线来连接。用对应的 mgu 来标记匹配棱线。对于初始图,事实图和目标图间的匹配棱线必须在叶节点之间。当用 F 规则和 B 规则对图进行扩展之后,匹配就可以出现在任何文字节点上。

在完成两个图间的所有可能匹配之后,目标图中根节点上的表达式是否已经根据事实图中根节点上的表达式和规则得到证明的问题仍然需要判定。只有当求得这样的一个证明时,证明过程才算成功地终止。当然,当能够断定在给定方法限度内找不到证明时,过程则以失败告终。

一个简单的终止条件是某个判定与或图根节点是否为可解过程的直接归纳。这个终止条件是建立在事实节点和目标节点间一种叫做 CANCEL 的对称关系的基础上的。CANCEL 的递归定义如下:

定义 3.4 如果 (n,m) 中有一个为事实节点,另一个为目标节点,而且如果 n 和 m 都由可合一的文字所标记,或者 n 有个外向 k 线连接符接至一个后继节点集 $\{S_i\}$ 使得对此集的每个元 CANCEL(S_i,m) 都成立,那么就称这两个节点 n 和 m 互相 CANCEL(即互相抵消)。

当事实图的根节点和目标图的根节点互相 CANCEL 时,就得到一个候补解。在事实图和目标图内证明该目标根节点和事实根节点互相 CANCEL 的图结构叫做候补 CANCEL图。如果候补 CANCEL 图中所有匹配的 mgu 都是一致的,那么这个候补解就是一个实际解。

我们应用 F 规则和 B 规则来扩展与或搜索图,因此,置换关系到每条规则的应用。解图中的所有置换,包括在规则匹配中得到的 mgu 和匹配事实与目标文字间所得到的 mgu,都必须是一致的。

3.4 节和 3.5 节讨论的消解反演推理、消解演绎推理和规则演绎推理等推理方法,都是确定性推理。它们建立在经典逻辑基础上,运用确定性知识进行精确推理,也是一种单调性推理。现实中遇到的问题和事物间的关系,往往比较复杂,客观事物存在的随机性、模糊性、不完全性和不精确性,往往导致人们认识上一定程度的不确定性。这时,若仍然采用经典的精确推理方法进行处理,必然无法反映事物的真实性。为此,需要在不完全和不确定的情况下运用不确定知识进行推理,即进行不确定性推理。

下面将介绍一些不确定性推理技术,包括贝叶斯推理、概率推理等,它们已在专家系统、机器人规划和机器学习等领域获得广泛应用。

3.6　不确定性推理

不确定性推理(reasoning with uncertainty)也称不精确推理(inexact reasoning),是一种建立在非经典逻辑基础上的基于不确定性知识的推理,它从不确定性的初始证据出发,通过运用不确定性知识,推出具有一定程度的不确定性的和合理的或近乎合理的结论。

不确定性推理中所用的知识和证据都具有某种程度的不确定性,这就给推理机的设计与实现增加了复杂性和难度。除了必须解决推理方向、推理方法、控制策略等基本问题外,一般还需要解决不确定性的表示与量度、不确定性匹配、不确定性的传递算法及不确定性的合成等重要问题。

3.6.1　不确定性的表示与度量

1. 不确定性的表示

不确定性推理中存在三种不确定性,即关于知识的不确定性、关于证据的不确定性和关于结论的不确定性。它们都具有相应的表示方式和量度标准。

（1）知识不确定性的表示

知识的表示与推理是密切相关的,不同的推理方法要求有相应的知识表示模式与之对应。在不确定性推理中,由于知识都具有不确定性,所以必须采用适当的方法把知识的不确定性及不确定的程度表示出来。

在确立不确定性的表示方法时,有两个直接相关的因素需要考虑:一是要能根据领域问题特征把其不确定性比较准确地描述出来,满足问题求解的需要。二是要便于在推理过程中推算不确定性。只有把这两个因素结合起来统筹考虑的表示方法才是实用的。

（2）证据不确定性的表示

观察事物时所了解的事实往往具有某种不确定性。例如,当观察某种动物的颜色时,可能说该动物的颜色是白色的,也可能是灰色的。这就是说,这种观察具有某种程度的不确定性。这种观察时产生的不确定性会导致证据的不确定性。在推理中,有两种来源的证据:一种是用户在求解问题时提供的初始证据,例如患者的症状、化验结果等;另一种是在推理中用前面推出的结论作为当前推理的证据。对于前一种情况,由于这种证据多来源于观察,往往有不确定性,因而推出的结论当然也具有不确定性,当把它用作后面推理的证据时,它也就是具有不确定性的证据。

（3）结论不确定性的表示

上述由于使用知识和证据具有的不确定性,使得出的结论也具有不确定性。这种结论的不确定性也叫做规则的不确定性,它表示当规则的条件被完全满足时,产生某种结论的不确定程度。

2. 不确定性的度量

需要采用不同的数据和方法来量度不确定性的程度。首先必须确定数据的取值范围。例如,在 MYCIN 等专家系统中,用可信度来表示知识和证据的不确定性,其取值范围为$[-1,+1]$。也可以用$[0,1]$之间的值来表示某些问题的不确定性。

在确定量度方法及其范围时,必须注意到:

(1)量度要能充分表达相应知识和证据不确定性的程度。

(2)量度范围的指定应便于领域专家和用户对不确定性的估计。

(3)量度要便于对不确定性的传递进行计算,而且对结论算出的不确定性量度不能超出量度规定的范围。

(4)量度的确定应当是直观的,并有相应的理论依据。

3.6.2　不确定性的算法

1. 不确定性的匹配算法

推理是一个不断运用知识的过程。为了找到所需的知识,需要在这一过程中用知识的前提条件与已知证据进行匹配,只有匹配成功的知识才有可能被应用。

在确定性推理中,知识是否匹配成功是很容易确定的。但在不确定性推理中,由于知识和证据都具有不确定性,而且知识所要求的不确定性程度与证据实际具有的不确定性程度不一定相同,因而就出现了“怎样才算匹配成功”的问题。对于这个问题,目前常用的解决方法是:设计一个用来计算匹配双方相似程度的算法,再指定一个相似的限度,用来衡量匹配双方相似的程度是否落在指定的限度内。如果落在指定的限度内,就称它们是可匹配的,相应的知识可被应用,否则就称它们是不可匹配的,相应的知识不可应用。以上用来计算匹配双方相似程度的算法称为不确定性匹配算法,用来指出相似的限度称为阈值。

2. 不确定性的更新算法

不确定性推理的根本目的是根据用户提供的初始证据(这种证据也往往具有不确定性),通过运用不确定性知识,最终推出不确定性的结论,并推算出结论的确定性程度。所以不确定性推理除了要解决前面提出的问题之外,还需要解决不确定性的更新问题,即在推理过程中如何考虑知识不确定性的动态积累和传递。不确定性的更新算法一般包括如下算法:

(1)已知规则前提即证据 E 的不确定性 $C(E)$ 和规则的强度 $f(H,E)$,其中 H 表示假设,试求 H 的不确定性 $C(H)$。即定义算法 g_1,使得

$$C(H) = g_1[C(E), f(H,E)]$$

(2)假设的不确定性算法——并行规则算法。根据独立的证据 E_1 和 E_2,分别求得假设 H 的不确定性为 $C_1(H)$ 和 $C_2(H)$。求出证据 E_1 和 E_2 的组合导致结论 H 的不确定性 $C(H)$,即定义算法 g_2,使得

$$C(H) = g_2[C_1(H), C_2(H)]$$

(3)证据合取的不确定性算法。根据两个证据 E_1 和 E_2 的不确定性值 $C(E_1)$ 和 $C(E_2)$,求出证据 E_1 和 E_2 合取的不确定性,即定义算法 g_3,使得

$$C(E_1 \text{ AND } E_2) = g_3[C(E_1), C(E_2)]$$

(4)证据析取的不确定性算法。根据两个证据 E_1 和 E_2 的不确定性值 $C(E_1)$ 和 $C(E_2)$,求出证据 E_1 和 E_2 析取的不确定性,即定义算法 g_4,使得

$$C(E_1 \text{ OR } E_2) = g_4[C(E_1), C(E_2)]$$

证据合取和证据析取的不确定性算法统称为组合证据的不确定性算法。实际上,规则的前提可以是用 AND 和 OR 把多个条件连接起来构成的复合条件。目前,关于组合证据的不确定性的计算已经提出了多种方法,其中用得较多的有如下几种:

(1) 最大最小法

$$\begin{cases} C(E_1 \text{ AND } E_2) = \min\{C(E_1), C(E_2)\} \\ C(E_1 \text{ OR } E_2) = \max\{C(E_1), C(E_2)\} \end{cases} \tag{3.4}$$

(2) 概率方法

$$\begin{cases} C(E_1 \text{ AND } E_2) = C(E_1)C(E_2) \\ C(E_1 \text{ OR } E_2) = C(E_1) + C(E_2) - C(E_1)C(E_2) \end{cases} \tag{3.5}$$

(3) 有界方法

$$\begin{cases} C(E_1 \text{ AND } E_2) = \max\{0, C(E_1) + C(E_2) - 1\} \\ C(E_1 \text{ OR } E_2) = \min\{1, C(E_1) + C(E_2)\} \end{cases} \tag{3.6}$$

上述的每一组公式都有相应的适用范围和使用条件,如概率方法只能在事件之间完全独立时使用。

3.7　概率推理

上面讨论了不确定性推理要解决的一些主要问题。不过,并非任何一个不确定性推理都必须包括上述各项内容,而且在不同的不确定性推理模型中,这些问题的解决方法是各不相同的。目前用得较多的不精确推理模型有概率推理、可信度方法、证据理论、贝叶斯推理和模糊推理等。从本节起将分别对它们加以介绍。

3.7.1　概率的基本性质和计算公式

在一定条件下,可能发生也可能不发生的试验结果叫做随机事件,简称事件。随机事件有两种特殊情况,即必然事件和不可能事件。必然事件是在一定条件下每次试验都必定发生的事件;不可能事件指在一定条件下各次试验都一定不发生的事件。概率论是研究随机现象中数量规律的科学。

随机事件在一次试验中是否发生,固然是无法事先肯定的偶然现象,但当进行多种重复试验时,就可以发现其发生的可能性大小的统计规律性。这一统计规律性表明事件发生的可能性大小是事件本身所固有的一种客观属性。称这种事件发生的可能性大小为事件概率。令 A 表示一个事件,则其概率记为 $P(A)$。概率具有下列基本性质:

(1) 对于任一事件 A,有

$$0 \leqslant P(A) \leqslant 1$$

(2) 必然事件 D 的概率 $P(D) = 1$,不可能事件 Φ 的概率 $P(\Phi) = 0$。

(3) 若 A, B 是两个事件,则

$$P(A \cup B) = P(A) + P(B) - P(A \cap B) \tag{3.7}$$

(4) 若事件 $A_1, A_2, \cdots, A_k$ 是两两互不相容(或称互斥)的事件,即有 $A_i \cap A_j = \varphi (i \neq j)$,则

$$P\left(\bigcup_{i=1}^{k} A_i\right) = P(A_1) + P(A_2) + \cdots + P(A_k) \tag{3.8}$$

若事件 A, B 互斥, 则

$$P(A \bigcup B) = P(A) + P(B) \tag{3.9}$$

(5) 若 A, B 是两个事件, 且 $A \supset B$ (表示事件 B 的发生必然导致事件 A 的发生), 则

$$P(A \backslash B) = P(A) - P(B) \tag{3.10}$$

其中, 事件 $A \backslash B$ 表示事件 A 发生而事件 B 不发生。

(6) 对任一事件 A, 有

$$P(\overline{A}) = 1 - P(A) \tag{3.11}$$

其中, $\overline{A}$ 表示事件 A 的逆, 即事件 A 和事件 $\overline{A}$ 有且仅有一个发生。

概率的部分计算公式如下:

(1) 条件概率与乘法公式

在事件 B 发生的条件下, 事件 A 发生的概率称为事件 A 在事件 B 已发生的条件下的条件概率, 记作 $P(A|B)$。当 $P(B) > 0$ 时, 规定

$$P(A \mid B) = \frac{P(A \bigcap B)}{P(B)}$$

当 $P(B) = 0$ 时, 规定 $P(A|B) = 0$, 由此得出乘法公式:

$$P(A \bigcap B) = P(B)P(A \mid B) = P(A)P(B \mid A)$$

$$P(A_1 A_2 \cdots A_n) = P(A_1)P(A_2 \mid A_1)P(A_3 \mid A_1 A_2) \cdots P(A_n \mid A_1 A_2 \cdots A_{n-1}),$$

$$(P(A_1 A_2 \cdots A_{n-1}) > 0) \tag{3.12}$$

(2) 独立性公式

若事件 A 与 B 满足 $P(A|B) = P(A)$, 则称事件 A 关于事件 B 是独立的。独立性是相互的性质, 即 A 关于 B 独立, B 也一定关于 A 独立, 或称 A 与 B 相互独立。

A 与 B 相互独立的充分必要条件是

$$P(A \bigcap B) = P(A)P(B) \tag{3.13}$$

(3) 全概率公式

若事件 B_1, B_2, $\cdots$, B_i 满足

$$B_i \bigcap B_j = \Phi, \quad i \neq j$$

$$P\left(\bigcup_{i=1}^{\infty} B_i\right) = 1, P(B_i) > 0, \quad i = 1, 2, \cdots$$

则对于任意一事件 A, 有

$$P(A) = \sum_{i=1}^{\infty} P(A \mid B_i)P(B_i) \tag{3.14}$$

若 B_i 只有 n 个, 则此公式也成立, 此时右端只有 n 项相加。

(4) 贝叶斯 (Bayes) 公式

若事件 B_1, B_2, $\cdots$, B_i 满足全概率公式条件, 则对于任一事件 $A(P(A) > 0)$, 有

$$P(B_i \mid A) = \frac{P(B_i)P(A \mid B_i)}{\sum\limits_{i=1}^{\infty} P(B_i)P(A \mid B_i)} \tag{3.15}$$

若 B_i 只有 n 个,则此公式也成立,这时右端分母只有 n 项相加。

3.7.2 概率推理方法

设有如下产生式规则:

$$\text{IF } E \text{ THEN } H$$

则证据(或前提条件)E 不确定性的概率 $P(E)$,概率方法不精确推理的目的就是求出在证据 E 下结论 H 发生的概率 $P(H|E)$。

把贝叶斯方法用于不精确推理的一个原始条件是:已知前提 E 的概率 $P(E)$ 和 H 的先验概率 $P(H)$,并已知 H 成立时 E 出现的条件概率 $P(E|H)$。如果只使用这一条规则进行一步推理,则使用如下最简形式的贝叶斯公式便可以从 H 的先验概率 $P(H)$ 推得 H 的后验概率

$$P(H|E) = \frac{P(E|H)P(H)}{P(E)} \tag{3.16}$$

若一个证据 E 支持多个假设 $H_1, H_2, \cdots, H_n$,即

$$\text{IF } E \text{ THEN } H_i, \quad i = 1, 2, \cdots, n$$

则可得如下贝叶斯公式

$$\frac{P(H_i)P(E|H_i)}{\sum_{j=1}^{n} P(H_j)P(E|H_j)}, \quad i = 1, 2, \cdots, n \tag{3.17}$$

若有多个证据 $E_1, E_2, \cdots, E_m$ 和多个结论 $H_1, H_2, \cdots, H_n$,并且每个证据都以一定程度支持结论,则

$$P(H_i|E_1 E_2 \cdots E_m) = \frac{P(E_1|H_i)P(E_2|H_i)\cdots P(E_m|H_i)P(H_i)}{\sum_{j=1}^{n} P(E_1|H_j)P(E_2|H_j)\cdots P(E_m|H_j)P(H_j)} \tag{3.18}$$

这时,只要已知 H_i 的先验概率 $P(H_i)$ 及 H_i 成立时证据 $E_1, E_2, \cdots, E_m$ 出现的条件概率 $P(E_1|H_i), P(E_2|H_i), \cdots, P(E_m|H_i)$,就可利用上述公式计算出在 $E_1, E_2, \cdots, E_m$ 出现情况下的 H_i 的条件概率 $P(H_i|E_1 E_2 \cdots E_m)$。

例 3.10 设 H_1, H_2, H_3 为三个结论,E 是支持这些结论的证据,且已知:

$$P(H_1) = 0.3, \qquad P(H_2) = 0.4, \qquad P(H_3) = 0.5$$
$$P(E|H_1) = 0.5, \quad P(E|H_2) = 0.3, \quad P(E|H_3) = 0.4$$

求:$P(H_1|E), P(H_2|E)$ 及 $P(H_3|E)$ 的值。

解:根据式(3.18)可得:

$$P(H_1|E) = \frac{P(H_1) \times P(E|H_1)}{P(H_1) \times P(E|H_1) + P(H_2) \times P(E|H_2) + P(H_3) \times P(E|H_3)}$$
$$= \frac{0.15}{0.15 + 0.12 + 0.2}$$
$$= 0.32$$

根据同一公式可求得:

$$P(H_2|E) = 0.26$$

$$P(H_3 \mid E) = 0.43$$

计算结果表明,由于证据 E 的出现,H_1 成立的概率略有提高,而 H_2,H_3 成立的概率却有不同程度的下降。

例 3.11　已知:

$$P(H_1) = 0.4, \qquad P(H_2) = 0.3, \qquad P(H_3) = 0.3$$

$$P(E_1 \mid H_1) = 0.5, \quad P(E_1 \mid H_2) = 0.6, \quad P(E_1 \mid H_3) = 0.3$$

$$P(E_2 \mid H_1) = 0.7, \quad P(E_2 \mid H_2) = 0.9, \quad P(E_2 \mid H_3) = 0.1$$

求: $P(H_1 \mid E_1 E_2)$、$P(H_2 \mid E_1 E_2)$ 及 $P(H_3 \mid E_1 E_2)$ 的值。

解: 根据式(3.18)可得:

$$P(H_1 \mid E_1 E_2)$$

$$= \frac{P(E_1 \mid H_1)P(E_2 \mid H_1)P(H_1)}{P(E_1 \mid H_1)P(E_2 \mid H_1)P(H_1) + P(E_1 \mid H_2)P(E_2 \mid H_2)P(H_2) + P(E_1 \mid H_3)P(E_2 \mid H_3)P(H_3)}$$

$$= 0.45$$

同法计算可得:

$$P(H_2 \mid E_1 E_2) = 0.52$$

$$P(H_3 \mid E_1 E_2) = 0.03$$

从以上计算可以看出,由于证据 E_1 和 E_2 的出现,使 H_1 和 H_2 成立的概率有不同程度的提高,而 H_3 成立的概率下降了。

概率推理方法具有较强的理论基础和较好的数学描述。当证据和结论彼此独立时,计算不很复杂。但是,应用这种方法时要求给出结论 H_i 的先验概率 $P(H_i)$ 及证据 E_j 的条件概率 $P(E_j \mid H_i)$,而要获得这些概率数据却是相当困难的。此外,贝叶斯公式的应用条件相当严格,即要求各事件彼此独立,如果证据间存在依赖关系,那么就不能直接采用这种方法。

3.8　主观贝叶斯方法

直接用贝叶斯公式求结论 H_i 在存在证据 E 时的概率 $P(H_i \mid E)$,需要给出结论 H_i 的先验概率 $P(H_i)$ 及证据 E 的条件概率 $P(H_i \mid E)$。对于实际应用,这是不易做到的。杜达(Duda)和哈特(Hart)等在贝叶斯公式的基础上,于1976年提出主观贝叶斯方法,建立了不精确推理模型,并把它成功地应用于 PROSPECTOR 专家系统。

3.8.1　知识不确定性的表示

在主观贝叶斯方法中,用下列产生式规则表示知识

$$\text{IF } E \text{ THEN (LS,LN)} \quad H \tag{3.19}$$

其中,(LS,LN)表示该知识的静态强度,称 LS 为式(3.19)成立的充分性因子,LN 为式(3.19)成立的必要性因子,它们分别衡量证据(前提)E 对结论 H 的支持程度和 $\sim E$ 对结论 H 的支持程度。定义

$$\text{LS} = \frac{P(E \mid H)}{P(E \mid \sim H)} \tag{3.20}$$

$$LN = \frac{P(\sim E \mid H)}{P(\sim E \mid \sim H)} = \frac{1 - P(E \mid H)}{1 - P(E \mid \sim H)} \qquad (3.21)$$

LS 和 LN 的取值范围为 $[0, +\infty)$，其具体数值由领域专家决定。

主观贝叶斯方法的不精确推理过程就是根据前提 E 的概率 $P(E)$，利用规则的 LS 和 LN，把结论 H 的先验概率 $P(H)$ 更新为后验概率 $P(H \mid E)$ 的过程。

由式(3.16)可知

$$P(H \mid E) = \frac{P(E \mid H)P(H)}{P(E)}$$

$$P(\sim H \mid E) = \frac{P(E \mid \sim H)P(\sim H)}{P(E)}$$

以上两式相除，可得

$$\frac{P(H \mid E)}{P(\sim H \mid E)} = \frac{P(E \mid H)}{P(E \mid \sim H)} \cdot \frac{P(H)}{P(\sim H)} \qquad (3.22)$$

再定义概率函数为

$$O(X) = \frac{P(X)}{1 - P(X)} \quad \text{或} \quad O(X) = \frac{P(X)}{P(\sim X)} \qquad (3.23)$$

即 X 的概率等于 X 出现的概率与 X 不出现的概率之比。由式(3.23)可知，随着 $P(X)$ 的增大，$O(X)$ 也在增大，且有

$$O(X) = \begin{cases} 0, & P(X) = 0 \\ +\infty, & P(X) = 1 \end{cases} \qquad (3.24)$$

这样，就可把取值为 $[0, 1]$ 的 $P(X)$ 放大为取值为 $[0, +\infty)$ 的 $O(X)$。

将式(3.23)代入式(3.22)可得

$$O(H \mid E) = \frac{P(E \mid H)}{P(E \mid \sim H)} \cdot O(H)$$

再把式(3.20)代入上式得

$$O(H \mid E) = LS \cdot O(H) \qquad (3.25)$$

同理可得

$$O(H \mid \sim E) = LN \cdot O(H) \qquad (3.26)$$

式(3.25)和式(3.26)就是修改的贝叶斯公式。从这两式可知：当 E 为真时，可利用 LS 将 H 的先验概率 $O(H)$ 更新为其后验概率 $O(H \mid E)$；当 E 为假时，可利用 LN 将 H 的先验概率 $O(H)$ 更新为其后验概率 $O(H \mid \sim E)$。

从以上三式还可以看出：LS 越大，$O(H \mid E)$ 就越大，且 $P(H \mid E)$ 也越大，这说明 E 对 H 的支持越强。当 LS$\to \infty$ 时，$O(H \mid E) \to \infty$，$P(H \mid E) \to 1$，这说明 E 的存在导致 H 为真。因此 E 对 H 是充分的，且称 LS 为充分性因子。同理，可以看出 LN 反映了 $\sim H$ 的出现对 H 的支持程度。当 LN$= 0$ 时，将使 $O(H \mid \sim E) = 0$，这说明 E 的不存在导致 H 为假。因此说 E 对 H 是必要的，且称 LN 为必要性因子。

3.8.2　证据不确定性的表示

主观贝叶斯方法中证据的不确定性也是用概率表示的。例如对于初始证据 E，用户根

据观察 S 给出 $P(E|S)$,它相当于动态强度。由于难以给出 $P(E|S)$,因而在具体应用系统中往往采用适当的变通方法,如在 PROSPECTOR 中引进了可信度的概念,让用户在 $-5\sim$ 5 之间的 11 个整数中根据实际情况选一个数作为初始证据的可信度,表示对所提供证据可以相信的程度。可信度 $C(E|S)$ 与概率 $P(E|S)$ 的对应关系如下:

$C(E|S)=-5$,表示在观察 S 下证据 E 肯定不存在,即 $P(E|S)=0$。

$C(E|S)=0$,表示 S 与 E 无关,即 $P(E|S)=P(E)$。

$C(E|S)=5$,表示在观察 S 下证据 E 肯定存在,即 $P(E|S)=1$。

$C(E|S)$ 为其他数时,它与 $P(E|S)$ 的对应关系,可通过对上述三点进行分段线性插值得到,如图 3.24 所示。

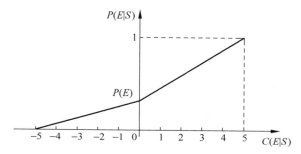

图 3.24 $C(E|S)$ 与 $P(E|S)$ 的对应关系

从图 3.24 可求得:

$$P(E\mid S)=\begin{cases}\dfrac{C(E\mid S)+P(E)\times(5-C(E\mid S))}{5}, & 0\leqslant C(E\mid S)\leqslant 5\\[3mm]\dfrac{P(E)\times(C(E\mid S)+5)}{5}, & -5\leqslant C(E\mid S)\leqslant 0\end{cases} \quad(3.27)$$

$$C(E\mid S)=\begin{cases}5\times\dfrac{P(E\mid S)-P(E)}{1-P(E)}, & P(E)\leqslant P(E\mid S)\leqslant 1\\[3mm]5\times\dfrac{P(E\mid S)-P(E)}{P(E)}, & 0\leqslant P(E\mid S)\leqslant P(E)\end{cases} \quad(3.28)$$

由式(3.27)和式(3.28)可见,只要用户对初始证据给出相应的可信度 $C(E|S)$,系统就会把它转化为 $P(E|S)$,也就相当于给出了证据 E 的概率 $P(E|S)$。

当证据不确定时,要用杜达(Duda)等人证明的下列公式计算后验概率:

$$P(H\mid S)=P(H\mid E)P(E\mid S)+P(H\mid\sim E)P(\sim E\mid S) \quad(3.29)$$

当 $P(E|S)=1$ 时,

$$P(\sim E\mid S)=0,\quad P(H\mid S)=P(H\mid E)$$

当 $P(E|S)=0$ 时,

$$P(\sim E\mid S)=1,\quad P(H\mid S)=P(H\mid\sim E)$$

当 $P(E|S)=P(E)$ 时,

$$P(H\mid S)=P(H\mid E)P(E\mid S)+P(H\mid\sim E)P(\sim E\mid S)$$
$$=P(H\mid E)P(E)+P(H\mid\sim E)P(\sim E)$$
$$=P(H)$$

当 $P(E|S)$ 为其他值时,通过分段线性插值即可得计算 $P(H|S)$ 的公式,如图 3.25 所示。函数的解析式为

$$P(H \mid S) = \begin{cases} P(H \mid \sim E) + \dfrac{P(H) - P(H \mid \sim E)}{P(E)} \times P(E \mid S), & 0 \leqslant P(E \mid S) < P(E) \\[3mm] P(H) + \dfrac{P(H \mid E) - P(H)}{1 - P(E)} \times [P(E \mid S) - P(E)], & P(E) \leqslant P(E \mid S) \leqslant 1 \end{cases}$$

(3.30)

并称之为 EH 公式。

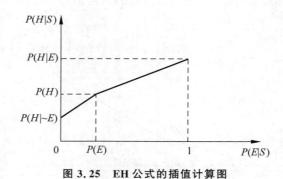

图 3.25　EH 公式的插值计算图

将式(3.27)代入式(3.30),可得:

$$P(H \mid S) = \begin{cases} P(H \mid \sim E) + [P(H) - P(H \mid \sim E)] \times \left[\dfrac{1}{5}C(E \mid S) + 1\right], & C(E \mid S) \leqslant 0 \\[3mm] P(H) + [P(H \mid E) - P(H)] \times \dfrac{1}{5}C(E \mid S), & C(E \mid S) > 0 \end{cases}$$

(3.31)

并称其为 CP 公式。

3.8.3　主观贝叶斯方法的推理过程

当采用初始证据进行推理时,通过提问用户得到 $C(E \mid S)$,通过 CP 公式就可求出 $P(H \mid S)$。当采用推理过程中得到的中间结论作为证据进行推理时,通过 EH 公式可求得 $P(H \mid S)$。

如果有 n 条知识都支持同一结论 H,而且每条知识的前提条件分别是 n 个相互独立的证据 $E_1, E_2, \cdots, E_n$,而这些证据又分别与观察 $S_1, S_2, \cdots, S_n$ 相对应。这时,首先对每条知识分别求出 H 的后验概率 $O(H \mid S_i)$,然后按下述公式求出所有观察下 H 的后验概率:

$$O(H \mid S_1, S_2, \cdots, S_n) = \frac{O(H \mid S_1)}{O(H)} \cdot \frac{O(H \mid S_2)}{O(H)} \cdot \cdots \cdot \frac{O(H \mid S_n)}{O(H)} \cdot O(H)$$ (3.32)

下面通过一个实例来进一步说明主观贝叶斯方法的推理过程。

例 3.12　已知下列规则:

$$R_1: \quad \text{IF} \quad E_1 \quad \text{THEN} \quad (2, 0.000001) \quad H_1$$

$$R_2: \quad \text{IF} \quad E_2 \quad \text{THEN} \quad (100, 0.000001) \quad H_1$$

$$R_3: \quad \text{IF} \quad H_1 \quad \text{THEN} \quad (65, 0.01) \quad H_2$$

$$R_4: \quad \text{IF} \quad E_4 \quad \text{THEN} \quad (300, 0.0001) \quad H_2$$

且先验概率 $O(H_1) = 0.1$，$O(H_2) = 0.01$，通过用户得到 $C(E_1 \mid S_1) = 3$，$C(E_2 \mid S_2) = 1$，$C(E_3 \mid S_3) = -2$。

试求：$O(H_2 \mid S_1, S_2, S_3)$。

解： 由上述规则提供的知识可形成图 3.26 所示的推理网络。

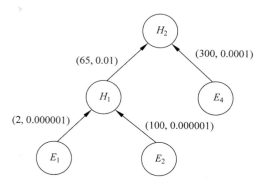

图 3.26　一个推理网络

求解过程如下：

(1) 计算 $O(H_1 \mid S_1)$

$$P(H_1) = \frac{O(H_1)}{1 + O(H_1)} = \frac{0.1}{1 + 0.1} = \frac{1}{11} \approx 0.091$$

$$P(H_1 \mid E_1) = \frac{O(H_1 \mid E_1)}{1 + O(H_1 \mid E_1)} = \frac{\text{LS}_1 O(H_1)}{1 + \text{LS}_1 O(H_1)} = \frac{2 \times 0.1}{1 + 2 \times 0.1} = \frac{1}{6} \approx 0.167$$

因为 $C(E_1 \mid S_1) = 3 > 0$，故使用 CP 公式的后一部分进行计算：

$$P(H_1 \mid S_1) = P(H_1) + [P(H_1 \mid E_1) - P(H_1)] \times \frac{1}{5} \times C(E_1 \mid S_1)$$

$$= \frac{1}{11} + \left(\frac{1}{6} - \frac{1}{11}\right) \times \frac{1}{5} \times 3 = \frac{3}{22} \approx 0.158$$

(2) 计算 $O(H_1 \mid S_2)$

$$P(H_1) = \frac{1}{11} \approx 0.09$$

$$P(H_1 \mid E_2) = \frac{O(H_1 \mid E_2)}{1 + O(H_1 \mid E_2)} = \frac{\text{LS}_2 O(H_1)}{1 + \text{LS}_2 O(H_1)} = \frac{100 \times 0.1}{1 + 100 \times 0.1} = \frac{10}{11} \approx 0.909$$

因为 $C(E_2 \mid S_2) = 1 > 0$，故使用 CP 公式的后一部分进行计算：

$$P(H_1 \mid S_2) = P(H_1) + [P(H_1 \mid E_2) - P(H_1)] \times \frac{1}{5} \times C(E_2 \mid S_2)$$

$$= \frac{1}{11} + \left(\frac{10}{11} - \frac{1}{11}\right) \times \frac{1}{5} \times 1 = \frac{14}{55} \approx 0.255$$

$$O(H_1 \mid S_2) = \frac{P(H_1 \mid S_2)}{1 - P(H_1 \mid S_2)} = \frac{14/55}{1 - 14/55} = \frac{14}{41} \approx 0.341$$

（3）计算 $O(H_1|S_1,S_2)$

据式（3.32）可得：

$$O(H_1 \mid S_1,S_2) = \frac{O(H_1 \mid S_1)}{O(H_1)} \cdot \frac{O(H_1 \mid S_2)}{O(H_1)} \cdot O(H_1)$$

$$= \frac{3/19}{0.1} \times \frac{14/41}{0.1} \times 0.1 = \frac{7}{13} \approx 0.538$$

（4）计算 $O(H_2|S_1,S_2)$

$$P(H_2) = \frac{O(H_2)}{1+O(H_2)} = \frac{0.01}{1+0.01} = \frac{1}{101} \approx 0.01$$

$$P(H_1 \mid S_1,S_2) = \frac{O(H_1 \mid S_1,S_2)}{1+O(H_1 \mid S_1,S_2)} = \frac{7/13}{1+7/13} = \frac{7}{20} \approx 0.35$$

$$P(H_2 \mid H_1) = \frac{O(H_2 \mid H_1)}{1+O(H_2 \mid H_1)} = \frac{LS_3 O(H_2)}{1+LS_3 O(H_2)} = \frac{65 \times 0.01}{1+65 \times 0.01} = \frac{13}{33} \approx 0.394$$

因为 $P(H_1|S_1,S_2) = \frac{7}{20} > P(H_1)$，故采用 EH 公式的后一部分进行计算：

$$P(H_2 \mid S_1,S_2) = P(H_2) + \frac{P(H_2 \mid S_1,S_2) - P(H_1)}{1-P(H_1)} \times [P(H_2 \mid H_1) - P(H_2)]$$

$$= \frac{1}{101} + \frac{\frac{7}{20} - \frac{1}{11}}{1 - \frac{1}{11}} \times \left(\frac{13}{33} - \frac{1}{101}\right) = \frac{3}{25} \approx 0.12$$

$$O(H_2 \mid S_1,S_2) = \frac{P(H_2 \mid S_1,S_2)}{1-P(H_2 \mid S_1,S_2)} = \frac{\frac{3}{25}}{1-\frac{3}{25}} = \frac{3}{22} \approx 0.136$$

（5）计算 $O(H_2|S_3)$

$$P(H_2 \mid \sim E_3) = \frac{O(H_2 \mid \sim E_3)}{1+O(H_2 \mid \sim E_3)} = \frac{LN_4 O(H_2)}{1+LN_4 O(H_2)} = \frac{0.0001 \times 0.01}{1+0.0001 \times 0.01} \approx 10^{-6}$$

$$P(H_2) = \frac{1}{101} \approx 0.01$$

因为 $C(E_3|S_3) = -2 < 0$，故采用 CP 公式的前一部分进行计算：

$$P(H_2 \mid S_3) = P(H_2 \mid \sim E_3) + [P(H_2) - P(H_2 \mid \sim E_3)]\left[\frac{1}{5}C(E_3 \mid S_3) + 1\right]$$

$$= 10^{-6} + \left(\frac{1}{101} - 10^{-6}\right)\left(\frac{-2}{5} + 1\right) \approx 0.006$$

$$O(H_2 \mid S_3) = \frac{P(H_2 \mid S_3)}{1-P(H_2 \mid S_3)} = \frac{0.006}{1-0.006} \approx 0.006$$

（6）计算 $O(H_2|S_1,S_2,S_3)$

$$O(H_2 \mid S_1,S_2,S_3) = \frac{O(H_2 \mid S_1,S_2)}{O(H_2)} \cdot \frac{O(H_2 \mid S_3)}{O(H_2)} \cdot O(H_2)$$

$$= \frac{\frac{3}{22}}{0.01} \times \frac{0.006}{0.01} \times 0.01 \approx 0.081$$

从上述计算可以看出，H_2 原来的先验概率 0.01，经过推理后，其后验概率为 0.081，相当于概率增加了 7 倍多。

主观贝叶斯方法具有下列优点：

（1）主观贝叶斯方法的计算公式大多是在概率论的基础上推导出来的，具有比较坚实的理论基础。

（2）规则的 LS 和 LN 是由领域专家根据实践经验给出的，避免了大量的数据统计工作。此外，它既用 LS 指出了证据 E 对结论 H 的支持程度，又用 LN 指出了 E 对 H 的必要性程度，比较全面地反映了证据与结论间的因果关系，符合现实中某些领域的实际情况，使推出的结论具有比较准确的确定性。

（3）主观贝叶斯方法不仅给出了在证据确定情况下由 H 的先验概率更新为后验概率的方法，而且还给出了在证据不确定情况下更新先验概率为后验概率的方法。由其推理过程还可以看出，它实现了不确定性的逐级传递。因此，可以说主观贝叶斯方法是一种比较实用而又灵活的不确定性推理方法，它已成功地应用在专家系统中。

主观贝叶斯方法也存在一些缺点：

（1）它要求领域专家在给出规则的同时，给出 H 的先验概率 $P(H)$，这是比较困难的。

（2）贝叶斯定理中关于事件间独立性的要求使主观贝叶斯方法的应用受到一定限制。

3.9　小结

本章所讨论的知识的搜索与推理是人工智能研究的另一核心问题。对这一问题的研究曾经十分活跃，而且至今仍不乏高层次的研究课题。正如知识表示一样，知识的搜索与推理也有众多的方法，同一问题可能采用不同的搜索策略，而其中有的比较有效，有的不大适合具体问题。

3.1 节研究图搜索策略如何通过网络寻找路径，进而求解问题。首先研究图搜索的一般策略，它给出图搜索过程的一般步骤，并可从中看出无信息搜索和启发式搜索的区别。

3.2 节讨论盲目搜索。在应用盲目搜索进行求解的过程中，一般是"盲目"地穷举的，即不运用特别信息的。盲目搜索包括宽度优先搜索、深度优先搜索和等代价搜索等，其中，有界深度优先搜索在某种意义上讲，是具有一定的启发性的。从搜索效率看，一般来说，有界深度优先搜索较好，宽度优先搜索次之，深度优先搜索较差。不过，如果有解，那么宽度优先搜索和深度优先搜索一定能够找到解答，不管付出多大代价；而有界深度优先搜索则可能丢失某些解。

3.3 节介绍启发式搜索，主要讨论有序搜索（或最好优先搜索）和最优搜索 A^* 算法。与盲目搜索不同的是，启发式搜索运用启发信息，引用某些准则或经验来重新排列 OPEN 表中节点的顺序，使搜索沿着某个被认为最有希望的前沿区段扩展。正确选择估价函数，对于寻求最小代价路径或解树至关重要。启发式搜索要比盲目搜索有效得多，因而应用较为普遍。

3.4 节探讨消解原理。在求解问题时，可把问题表示为一个有待证明的问题或定理，然后用消解原理和消解反演过程来证明。在证明时，采用推理规则进行正向搜索，希望能够使问题（定理）最终获得证明。另一种策略是采用反演方法来证明某个定理的否定是不成立的。为此,首先假定该定理的否定是正确的,接着证明由公理和假定的定理之否定所组成的集合是不成立的,即导致矛盾的结论——该定理的否定是不成立的,因而证明了该定理必定是成立的。这种通过证明定理的否定不能成立的方法叫做反演证明。

3.5 节研讨规则演绎系统。有些问题既可使用正向搜索,又可使用逆向搜索,还可以混合从两个搜索方向进行搜索,即双向搜索。当这两个方向的搜索边域以某种形式会合时,此搜索以成功而告终。

规则演绎系统采用 if-then 规则来求解问题。其中,if 为前项或前提,then 为后项或结论。按照推理方式的不同可把规则演绎系统分为 3 种,即正向规则演绎系统、逆向规则演绎系统和双向规则演绎系统。正向规则演绎系统是从事实到目标进行操作的,即从状况条件到动作进行推理,也就是从 if 到 then 的方向进行推理。称这种推理规则为正向推理规则或 F 规则。把 F 规则应用于与或图结构,使与或图结构发生变化,直至求得目标为止。这时,所得与或图包含终止目标节点,求解过程从求得目标解图而成功地结束,而且目标节点与目标子句等价。

逆向规则演绎系统是从 then 向 if 进行推理,即从目标或动作向事实或状况条件进行推理。称这种推理规则为逆向推理规则或 B 规则。把 B 规则应用于与或图结构,使之发生变化,直至求得某个含有终止在事实节点上的一致解图而成功地终止。逆向规则演绎系统能够处理任何形式的目标表达式,因而得到较为普遍的应用。

正向规则演绎系统和逆向规则演绎系统都具有局限性。前者能够处理任意形式的事实表达式,但只适用于由文字的析取组成的目标表达式。后者能够处理任意形式的目标表达式,但只适用于由文字的合取组成的事实表达式。双向规则演绎系统组合了正向和逆向两种规则演绎系统的优点,克服了各自的缺点,具有更高的搜索求解效率。双向组合系统是建立在正向和逆向两系统相结合的基础上的,其综合数据库是由表示目标和表示事实的两个与或图组成的。分别使用 F 规则和 B 规则来扩展和修正与或图结构。当两个与或图结构之间在某个适当交接处出现匹配时,求解成功,系统即停止搜索。

确定性推理方法在许多情况下,往往无法解决面临的现实问题,因而需要应用不确定性推理等高级知识推理方法,包括非单调推理、时序推理和不确定性推理等。它们均属于非经典推理。

从 3.6 节起阐述不确定性推理,包括概率推理(3.7 节)、主观贝叶斯方法(3.8 节)等。

不确定性推理是一种建立在非经典逻辑基础上的基于不确定性知识的推理,它从不确定性的初始证据出发,通过应用不确定性知识,推出具有一定程度的不确定性或近乎合理的结论。

顾名思义,概率推理就是应用概率论的基本性质和计算方法进行推理的,它具有较强的理论基础和较好的数字描述。概率推理主要采用贝叶斯公式进行计算。

对于许多实际问题,直接应用贝叶斯公式计算各种相关概率很难实现。在贝叶斯公式基础上,提出了主观贝叶斯方法,建立了不精确推理模型。应用主观贝叶斯方法可以表示知识的不确定性和证据的不确定性,并通过 CP 公式用初始证据进行推理,通过 EH 公式用推理的中间结论为证据进行推理,求得概率的函数解析式。主观贝叶斯方法已在一些专家系统(如 PROSPECTOR)中得到成功应用。

除了本章介绍与讨论的这些不确定性推理方法外,还有可信度方法、证据理论和可能性理论等方法。限于篇幅,有些方法不予介绍,而另一些方法(如模糊推理等)将在本书的后续章节中进行叙述。

习题 3

3-1 什么是图搜索过程? 其中,重排 OPEN 表意味着什么? 重排的原则是什么?

3-2 试举例比较各种搜索方法的效率。

3-3 化为子句形有哪些步骤? 请结合例子说明。

3-4 如何通过消解反演求取问题的答案?

3-5 什么叫合式公式? 合式公式有哪些等价关系?

3-6 用宽度优先搜索求图 3.27 所示迷宫的出路。

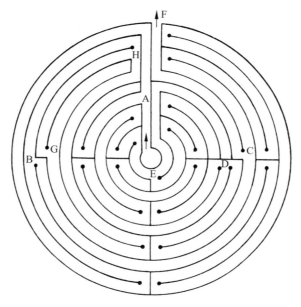

图 3.27 迷宫一例

3-7 用有界深度优先搜索方法求解图 3.28 所示八数码难题。

3-8 应用最新的方法来表达传教士和野人问题,编写一个计算机程序,以求得安全渡过全部 6 个人的解答。

提示:在应用状态空间表示和搜索方法时,可用 (N_m, N_c) 来表示状态描述,其中 N_m 和 N_c 分别为传教士和野人的人数。初始状态为 $(3,3)$,而可能的中间状态为 $(0,1)$,$(0,2)$,$(0,3)$,$(1,1)$,$(2,1)$,$(2,2)$,$(3,0)$,$(3,1)$ 和 $(3,2)$ 等。

2	8	
1	6	3
7	5	4

S_0

1	2	3
8		4
7	6	5

S_g

图 3.28 八数码难题

3-9 试比较宽度优先搜索、有界深度优先搜索及有序搜索的搜索效率,并以实例数据加以说明。

3-10　一个机器人驾驶卡车,携带包裹(编号分别为♯1、♯2和♯3)分别投递到林(LIN)、吴(WU)和胡(HU)3家住宅。规定了某些简单的操作符,如表示驾驶方位的 drive(x,y)和表示卸下包裹的 unload(z);对于每个操作符,都有一定的先决条件和结果。试说明状态空间问题求解系统如何能够应用谓词演算求得一个操作符序列,该序列能够生成一个满足 $AT(♯1,LIN) \wedge AT(♯2,WU) \wedge AT(♯3,HU)$的目标状态。

3-11　规则演绎系统和产生式系统有哪几种推理方式?各自的特点是什么?

3-12　把下列句子变换成子句形式:

(1) $(\forall x)\{P(x) \rightarrow P(x)\}$

(2) $(\forall x)(\forall y)(On(x,y) \rightarrow Above(x,y))$

(3) $(\forall x)(\forall y)(\forall z)(Above(x,y) \wedge Above(y,z) \rightarrow Above(x,z))$

(4) $\sim((\forall x)(P(x) \rightarrow ((\forall y)(P(y) \rightarrow P(f(x,y))) \wedge (\forall y)(Q(x,y) \rightarrow P(y)))))$

3-13　非经典逻辑、非经典推理与经典逻辑、经典推理有何不同?

3-14　什么是不确定性推理?为什么需要采用不确定性推理?

3-15　不确定性推理可分为哪几种类型?

3-16　设有三个独立的结论 H_1,H_2,H_3 及两个独立的证据 E_1,E_2,它们的先验概率和条件概率分别为

$$P(H_1)=0.4, \qquad P(H_2)=0.3, \qquad P(H_3)=0.3$$

$$P(E_1 \mid H_1)=0.5 \quad P(E_1 \mid H_2)=0.3 \quad P(E_1 \mid H_3)=0.5$$

$$P(E_2 \mid H_1)=0.7 \quad P(E_2 \mid H_2)=0.9 \quad P(E_2 \mid H_3)=0.1$$

试利用概率方法分别求出:

(1) 已知证据 E_1 出现时 $P(H_1|E_1)$、$P(H_2|E_1)$、$P(H_3|E_1)$的概率值,说明 E_1 的出现对结论 H_1,H_2 和 H_3 的影响。

(2) 已知 E_1 和 E_2 同时出现时 $P(H_1|E_1E_2)$、$P(H_2|E_1E_2)$、$P(H_3|E_1E_2)$的概率值,说明 E_1 和 E_2 同时出现对结论 H_1,H_2 和 H_3 的影响。

3-17　在主观贝叶斯推理中,LS 和 LN 的意义是什么?

3-18　设有如下推理规则:

$$R_1: \quad IF \quad E_1 \quad THEN \quad (500,0.01) \quad H_1$$

$$R_2: \quad IF \quad E_2 \quad THEN \quad (1,100) \quad H_1$$

$$R_3: \quad IF \quad E_3 \quad THEN \quad (1000,1) \quad H_2$$

$$R_4: \quad IF \quad H_1 \quad THEN \quad (20,1) \quad H_2$$

而且已知 $P(H_1)=0.1,P(H_2)=0.1,P(H_3)=0.1$,初始证据的概率为 $P(E_1|S_1)=0.5,P(E_2|S_2)=0,P(E_3|S_3)=0.8$。用主观贝叶斯方法求 H_2 的后验概率 $P(H_2|S_1,S_2,S_3)$。

第 4 章

基于知识的机器学习

从人工智能的发展过程看,机器学习是继专家系统之后人工智能应用的又一重要研究领域,也是人工智能和神经计算的核心研究课题之一。伴随着 AlphaGo 和 ChatGPT 的成功,无人驾驶汽车的出现,语音识别、图像识别等的突破,机器学习在人工智能的高速发展中备受瞩目。本章将首先介绍机器学习的定义、意义和简史,然后讨论机器学习的主要策略和基本结构,最后逐一研究各种基于知识的机器学习方法与技术,包括归纳学习、类比学习、解释学习、知识发现和强化学习等。对机器学习的讨论和机器学习研究的进展,必将促使人工智能和整个科学技术的进一步发展。

4.1 机器学习的定义和发展历史

本节讨论机器学习的定义和发展历史。对学习和机器学习存在一些不同的定义,而机器学习的发展已进入蓬勃发展和广泛应用的新阶段。

4.1.1 机器学习的定义

学习是人类具有的一种重要的智能行为,但究竟什么是学习,长期以来却众说纷纭。社会学家、逻辑学家和心理学家都各有其不同的看法。按照人工智能大师西蒙的观点,学习就是系统在不断重复的工作中对本身能力的增强或者改进,使得系统在下一次执行同样任务或类似任务时,会比现在做得更好或效率更高。

下面给出关于学习、学习系统和机器学习的不同定义。

N. Wiener 于 1965 年对学习给出一个比较普遍的定义:

定义 4.1 一个具有生存能力的动物在它的一生中能够被其经受的环境所改造。一个能够繁殖后代的动物至少能够生产出与自身相似的动物(后代),即使这种相似可能随着时间变化。如果这种变化是自我可遗传的,那么,就存在一种能受自然选择影响的物质。如果该变化以行为形式出现,并假定这种行为是无害的,那么这种变化就会世代相传下去。这种从一代至其下一代的变化形式称为**种族学习**(racial learning)或**系统发育学习**(system growth learning),而发生在特定个体上的这种行为变化或行为学习,则称为**个体发育学习**

(individual growth learning)。

C. Shannon 在 1953 年对学习给予较多限制的定义：

定义 4.2　假设 ①一个有机体或一部机器处在某类环境中，或者同该环境有联系；②对该环境存在一种"成功的"度量或"自适应"度量；③这种度量在时间上是比较局部的，也就是说，人们能够用一个比有机体生命期短的时间来测试这种成功的度量。对于所考虑的环境，如果这种全局的成功度量能够随时间而改善，那么我们就说，对于所选择的成功度量，该有机体或机器正为适应这类环境而学习。

I. Tsypkin 为学习和自学习下了较为一般的定义：

定义 4.3　**学习**是一种过程，通过对系统重复输入各种信号，并从外部校正该系统，从而系统对特定的输入作用具有特定的响应。**自学习**就是不具外来校正的学习，即不具奖罚的学习，它不给出系统响应正确与否的任何附加信息。

西蒙对学习给予更准确的定义：

定义 4.4　**学习**表示系统中的自适应变化，该变化能使系统比上一次更有效地完成同一群体所执行的同样任务。

米切尔(Mitchell)给学习下了个比较宽广的定义，使其包括任何计算机程序通过经验来提高某个任务处理性能的行为：

定义 4.5　对于某类任务 T 和性能度量 P，如果一个计算机程序在 T 上以 P 衡量的性能随着经验 E 而自我完善，那么就称这个计算机程序从经验 E 中学习。

定义 4.6　**学习系统**(learning system)能够学习有关过程的未知信息，并用所学信息作为进一步决策或控制的经验，从而逐步改善系统的性能。

定义 4.7　如果一个系统能够学习某一过程或环境的未知特征固有信息，并用所得经验进行估计、分类、决策或控制，使系统的品质得到改善，那么称该系统为**学习系统**。

定义 4.8　**学习系统**是一个能在其运行过程中逐步获得过程及环境的非预知信息，积累经验，并在一定的评价标准下进行估值、分类、决策和不断改善系统品质的智能系统。

在人类社会中，不管一个人有多深的学问，多大的本领，如果他不善于学习，那么就不必过于看重他。因为他的能力总是停留在一个固定的水平上，不会创造出新奇的东西。但一个人若具有很强的学习能力，则不可等闲视之了。虽然他现在的能力不是很强，但是"士别三日，当刮目相待"，几天以后他可能具备许多新的本领，根本不是当初的情景了。机器具备了学习能力，其情形完全与人类似。1959 年美国的塞缪尔(A. L. Samuel)设计了一个下棋程序，这个程序具有学习能力，它可以在不断的对弈中改善自己的棋艺。4 年后，这个程序战胜了设计者本人。又过了 3 年，这个程序战胜了美国一个保持 8 年之久的常胜不败的冠军。这个程序向人们展示了机器学习的能力，提出了许多令人深思的社会问题与哲学问题。

机器的能力能否超过人，很多持否定意见的人的一个主要论据是：机器是人造的，其性能和动作完全是由设计者规定的，因此无论如何其能力也不会超过设计者本人。这种意见对不具备学习能力的机器来说的确是对的，可是对具备学习能力的机器就值得考虑了，因为这种机器的能力在应用中不断地提高，过一段时间之后，设计者本人也可能不知道它的能力到了何种水平。

什么叫做机器学习(machine learning)？至今，还没有统一的定义，而且也很难给出一个公认的和准确的定义。为了便于进行讨论和估计学科的进展，有必要对机器学习给出定义,即使这种定义是不完全的和不充分的。

定义 4.9　顾名思义,**机器学习**是研究如何使用机器来模拟人类学习活动的一门学科。

稍微严格的提法是:

定义 4.10　机器学习是一门研究机器获取新知识和新技能,并识别现有知识的学问。

综合上述两定义,可给出如下定义:

定义 4.11　机器学习是研究机器模拟人类的学习活动、获取知识和技能的理论和方法,以改善系统性能的学科。

这里所说的"机器",指的就是计算机;现在是电子计算机,以后还可能是中子计算机、量子计算机、光子计算机或神经计算机,等等。

4.1.2　机器学习的发展史

机器学习是人工智能研究和应用较为重要的分支,它的发展过程大体上可分为 4 个阶段。

第一阶段是在 20 世纪 50 年代中叶至 60 年代中叶,属于热烈时期。在这个时期,所研究的是"没有知识"的学习,即"无知"学习;其研究目标是各类自组织系统和自适应系统;其主要研究方法是不断修改系统的控制参数以改进系统的执行能力,不涉及与具体任务有关的知识。指导本阶段研究的理论基础是早在 40 年代就开始研究的神经网络模型。随着电子计算机的产生和发展,机器学习的实现才成为可能。这个阶段的研究导致了模式识别这门新学科的诞生,同时形成了机器学习的两种重要方法,即判别函数法和进化学习。塞缪尔的下棋程序就是使用判别函数法的典型例子。不过,这种脱离知识的感知型学习系统具有很大的局限性。无论是神经模型、进化学习或是判别函数法,所取得的学习结果都很有限,远不能满足人们对机器学习系统的期望。在这个时期,我国研制了数字识别学习机。

第二阶段在 20 世纪 60 年代中叶至 70 年代中叶,称为机器学习的冷静时期。本阶段的研究目标是模拟人类的概念学习过程,并采用逻辑结构或图结构作为机器内部描述。机器能够采用符号来描述概念(符号概念获取),并提出关于学习概念的各种假设。本阶段的代表性工作有温斯顿(P. H. Winston)的结构学习系统和海斯·罗思(Hayes Roth)等的基于逻辑的归纳学习系统。虽然这类学习系统取得了较大的成功,但只能学习单一概念,而且未能投入实际应用。此外,神经网络学习机因理论缺陷未能达到预期效果而转入低潮。

第三阶段从 20 世纪 70 年代中叶至 80 年代中叶,称为复兴时期。在这个时期,人们从学习单个概念扩展到学习多个概念,探索不同的学习策略和各种学习方法。机器的学习过程一般都建立在大规模的知识库上,实现知识强化学习。尤其令人鼓舞的是,本阶段已开始把学习系统与各种应用结合起来,并取得很大的成功,促进了机器学习的发展。在出现第一个专家学习系统之后,示例归约学习系统成为研究主流,自动知识获取成为机器学习的应用研究目标。1980 年,在美国的卡内基·梅隆大学(CMU)召开了第一届机器学习国际研讨会,标志着机器学习研究已在全世界兴起。此后,机器归纳学习进入应用。1986 年,国际杂志《机器学习》(*Machine Learning*)创刊,迎来了机器学习蓬勃发展的新时期。70 年代末,中国科学院自动化研究所进行质谱分析和模式文法推断研究,表明我国的机器学习研究得到恢复。1980 年西蒙来华传播机器学习的火种后,我国的机器学习研究出现了新局面。

第四阶段即机器学习的蓬勃发展和广泛应用新阶段。本阶段始于 1986 年。一方面,由于神经网络研究的重新兴起,对连接机制(connectionism)学习方法的研究方兴未艾,机器学习的研究已在全世界范围内出现新的高潮,对机器学习的基本理论和综合系统的研究得到加强和发展。另一方面,实验研究和应用研究得到前所未有的重视。随着人工智能技术和计算机技术的快速发展,已为机器学习提供了新的更强有力的研究手段和环境。具体地说,在这一时期符号学习由"无知"学习转向有专门领域知识的增长型学习,因而出现了有一定知识背景的分析学习。神经网络由于隐节点和反向传播算法的进展,使连接机制学习东山再起,向传统的符号学习挑战。基于生物发育进化论的进化学习系统和遗传算法,因吸取了归纳学习与连接机制学习的长处而受到重视。基于行为主义(actionism)的强化(reinforcement)学习系统因发展新算法和应用连接机制学习遗传算法的新成就而显示出新的生命力。1989 年瓦特金(C. Watkins)提出 Q-学习,促进了强化学习的深入研究。

知识发现最早于 1989 年 8 月提出。1997 年,国际专业杂志 *Knowledge Discovery and Data Mining* 问世。知识发现和数据挖掘研究的蓬勃发展,为从计算机数据库和计算机网络提取有用信息和知识提供了新的方法。知识发现和数据挖掘已成为 21 世纪机器学习的一个重要研究课题,并已取得许多有价值的研究和应用成果。知识发现的核心是数据驱动,从大量数据中去发现有用的信息,很多统计学的方法应用其中。从 20 世纪 90 年代中期开始,统计学习逐渐成为机器学习的主流技术。在这期间,博瑟(Boser)、盖约(Guyon)和瓦普尼克(Vapnik)提出了有效的支持向量机(support vector machine,SVM)算法,其优越的性能最早在文本分类研究中显现出来。神经网络与支持向量机是统计学习的代表方法。

近 20 年来,我国的机器学习研究开始进入稳步发展和逐渐繁荣的新时期。每两年一次的全国机器学习研讨会已举办了 10 多次,学术讨论和科技开发蔚然成风,研究队伍不断壮大,科研成果更加丰硕。

机器学习进入新阶段的重要表现在下列诸方面:

(1) 机器学习已成为新的边缘学科并在高校形成一门课程。它综合应用心理学、生物学和神经生理学及数学、自动化和计算机科学形成机器学习理论基础。

(2) 结合各种学习方法,取长补短的多种形式的集成学习系统研究正在兴起。特别是连接学习、符号学习的耦合,由于可以更好地解决连续性信号处理中知识与技能的获取与求精问题,因而受到重视。

(3) 机器学习与人工智能各种基础问题的统一性观点正在形成。例如学习与问题求解结合进行、知识表达便于学习的观点产生了通用智能系统 SOAR 的组块学习。类比学习与问题求解结合的基于案例方法已成为经验学习的重要方向。

(4) 各种学习方法的应用范围不断扩大,一部分已形成商品。归纳学习的知识获取工具已在诊断分类型专家系统中广泛使用。连接学习在声图文识别中占优势。分析学习已用于设计综合专家系统。遗传算法与强化学习在工程控制中有较好的应用前景。与符号系统耦合的神经网络连接学习将在企业的智能管理与智能机器人运动规划中发挥作用。

(5) 数据挖掘和知识发现,尤其是深度学习的研究与应用已形成热潮,并在图像处理、语音识别、生物医学、金融管理、商业销售等领域得到成功应用,给机器学习注入新的活力。

(6) 与机器学习有关的学术活动空前活跃。国际上除每年一次的机器学习研讨会外,还有计算机学习理论国际会议及遗传算法国际会议。

如今,机器学习的应用已遍及人工智能的各个分支,如专家系统、自动推理、自然语言理解、模式识别、计算机视觉和智能机器人等领域。

4.2　机器学习的主要策略与基本结构

本节研究机器学习的主要策略与基本结构,讨论基于知识的各种机器学习方法及机器学习系统的基本结构。

4.2.1　机器学习的主要策略

学习是一项复杂的智能活动,从 20 世纪 50 年代到 70 年代初,人工智能研究处于"推理期",人们认为只要给机器赋予逻辑推理能力,机器就能具有智能。E. A. Feigenbaum 在著名的《人工智能手册》中,按照学习中使用推理的多少,把机器学习技术划分为四大类——机械学习、示教学习、类比学习和示例学习。学习中所用的推理越多,系统的能力越强。

机械学习就是记忆,是最简单的学习策略。这种学习策略不需要任何推理过程。外界输入知识的表示方式与系统内部表示方式完全一致,不需要任何处理与转换。虽然机械学习在方法上看来很简单,但由于计算机的存储容量相当大,检索速度又相当快,而且记忆精确、无丝毫误差,所以也能产生人们难以预料的效果。塞缪尔的下棋程序就是采用了这种机械记忆策略。为了评价棋局的优劣,他给每一个棋局都打了分,对自己有利的分数高,不利的分数低,走棋时尽量选择使自己分数高的棋局。这个程序可记住 53 000 多棋局及其分值,并能在对弈中不断地修改这些分值以提高自己的水平,这对于人来说是无论如何也办不到的。

比机械学习更复杂一点的学习是示教学习策略。对于使用示教学习策略的系统来说,外界输入知识的表达方式与内部表达方式不完全一致,系统在接受外部知识时需要一点推理、翻译和转化工作。MYCIN 和 DENDRAL 等专家系统在获取知识上都采用这种学习策略。

类比学习系统只能得到完成类似任务的有关知识。因此,学习系统必须能够发现当前任务与已知任务的相似之处,由此制定出完成当前任务的方案。因此,它比上述两种学习策略需要更多的推理。

采用示例学习策略的计算机系统,事先完全没有完成任务的任何规律性的信息,所得到的只是一些具体的工作例子及工作经验。系统需要对这些例子及经验进行分析、总结和推广,得到完成任务的一般性规律,并在进一步的工作中验证或修改这些规律,因此需要的推理是最多的。

此外,从统计学习的角度来看,机器学习还可以分为有监督学习、无监督学习、半监督学习和强化学习等几种类别:

(1) 有监督学习从给定的训练数据集中学习出一个函数,当新的数据到来时,可以根据这个函数预测结果。监督学习的训练集要求是包括输入和输出,也可以说是特征和目标。训练集中的目标是由人标注的。常见的监督学习算法包括回归分析和统计分类。

(2) 无监督学习与监督学习相比,训练集没有人为标注的结果。常见的无监督学习算法有聚类。

（3）半监督学习介于监督学习与无监督学习之间。

（4）强化学习通过观察来学习做成如何的动作。每个动作都会对环境有所影响,学习对象根据观察到的周围环境的反馈来做出判断。

4.2.2　机器学习系统的基本结构

以西蒙的学习定义为出发点,可为"推理期"的机器学习系统建立起简单的学习模型,总结出设计学习系统应当注意的某些总的原则。

图4.1　学习系统的基本结构

图4.1表示学习系统的基本结构。环境向系统的学习部分提供某些信息,学习部分利用这些信息修改知识库,以增进系统执行部分完成任务的效能,执行部分根据知识库完成任务,同时把获得的信息反馈给学习部分。在具体的应用中,环境、知识库和执行部分决定了具体的工作内容,学习部分所需要解决的问题完全由上述3部分确定。下面分别叙述这3部分对设计学习系统的影响。

（1）影响学习系统设计的最重要的因素是环境向系统提供的信息,或者更具体地说是信息的质量。知识库里存放的是指导执行部分动作的一般原则,但环境向学习系统提供的信息却是各种各样的。如果信息的质量比较高,与一般原则的差别比较小,则学习部分比较容易处理。如果向学习系统提供的是杂乱无章的指导执行具体动作的具体信息,则学习系统需要在获得足够数据之后,删除不必要的细节,进行总结推广,形成指导动作的一般原则,放入知识库。这样学习部分的任务就比较繁重,设计起来也较为困难。

（2）知识库是影响学习系统设计的第二个因素。知识的表示有多种形式,比如特征向量、一阶逻辑语句、产生式规则、语义网络和框架等。这些表示方式各有其特点,在选择表示方式时要兼顾以下4个方面。

① 表达能力强。人工智能系统研究的一个重要问题是所选择的表示方式能很容易地表达有关的知识。例如,如果研究的是一些孤立的木块,则可选用特征向量表示方式。用(〈颜色〉,〈形状〉,〈体积〉)这样形式的一个向量表示木块,比方说(红,方,大)表示的是一个红颜色的方形大木块,(绿,方,小)表示一个绿颜色的方形小木块。但是,如果用特征向量描述木块之间的相互关系,比方说要说明一个红色的木块在一个绿色的木块上面,则比较困难了。这时采用一阶逻辑语句描述是比较方便的,可以表示成 $\exists x \exists y (\mathrm{RED}(x) \wedge \mathrm{GREEN}(y) \wedge \mathrm{ONTOP}(x, y))$。

② 易于推理。在具有较强表达能力的基础上,为了使学习系统的计算代价比较低,希望知识表示方式能使推理较为容易。例如,在推理过程中经常会遇到判别两种表示方式是否等价的问题。在特征向量表示方式中,解决这个问题比较容易;在一阶逻辑表示方式中,解决这个问题要花费较高的计算代价。因为学习系统通常要在大量的描述中查找,很高的计算代价会严重地影响查找的范围。因此如果只研究孤立的木块而不考虑相互的位置,则应该使用特征向量表示。

③ 容易修改知识库。学习系统的本质要求它不断地修改自己的知识库,当推广得出一般执行规则后,要加到知识库中。当发现某些规则不适用时要将其删除。因此学习系统的知识表示一般都采用明确、统一的方式,如特征向量、产生式规则等,以利于知识库的修改。

从理论上看,知识库的修改是个较为困难的课题,因为新增加的知识可能与知识库中原有的知识矛盾,有必要对整个知识库做全面调整。删除某一知识也可能使许多其他的知识失效,需要进一步做全面检查。

④ 知识表示易于扩展。随着系统学习能力的提高,单一的知识表示已经不能满足需要;一个系统有时同时使用几种知识表示方式。不但如此,有时还要求系统自己能构造出新的表示方式,以适应外界信息不断变化的需要。因此,要求系统包含如何构造表示方式的元级描述。现在,人们把这种元级知识也看成是知识库的一部分。这种元级知识使学习系统的能力得到极大提高,使其能够学会更加复杂的东西,不断地扩大它的知识领域和执行能力。

对于知识库,最后需要说明的一个问题是学习系统不能在全然没有任何知识的情况下凭空获取知识,每一个学习系统都要求具有某些知识理解环境提供的信息,分析比较,做出假设,检验并修改这些假设。因此,更确切地说,学习系统是对现有知识的扩展和改进。

（3）因为学习系统获得的信息往往是不完全的,所以学习系统所进行的推理并不是完全可靠的,它总结出来的规则可能正确,也可能不正确。这要通过执行效果加以检验。正确的规则能使系统的效能提高,应予保留;不正确的规则应予修改或从数据库中删除。

与以"推理"和"知识"为重点的早期机器学习方法不同,以神经网络和支持向量机为代表的统计学习方法则是一种数据驱动的学习方法。这一类的学习方法以"学习"为重点,研究从大量数据中获得有效信息的学习机制。在此基础上构建的系统包含了训练和预测两个部分,其基本结构如图 4.2 所示。

图 4.2 统计学习系统基本结构

在这个结构中不存在显示的"知识库",而只有一个学习模型,这个模型可以是神经网络,可以是支持向量机,也可以是决策树等。这些模型从历史数据中根据不同的学习算法进行学习,通过建立目标函数,即结构化风险,寻找使得风险最小化的模型参数,使得模型输出的计算结果与训练数据尽量吻合,并具备良好的泛化能力,以期获得对新数据的预测能力。

4.3 归纳学习

从本节起,将逐一讨论几种比较常用的学习方法。这一节首先研究归纳学习的方法。

归纳(induction)是人类拓展认识能力的重要方法,是一种从个别到一般、从部分到整体的推理行为。归纳推理是应用归纳方法,从足够多的具体事例中归纳出一般性知识,提取事物的一般规律;它是一种从个别到一般的推理。在进行归纳时,一般不可能考察全部相关事例,因而归纳出的结论无法保证其绝对正确,只能以某种程度相信它为真。这是归纳推理的一个重要特征。例如,由"麻雀会飞""鸽子会飞""燕子会飞"……这样一些已知事实,有可能归纳出"有翅膀的动物会飞""长羽毛的动物会飞"等结论。这些结论一般情况下都是正确的,但当发现鸵鸟有羽毛、有翅膀,但不会飞时,就动摇了上面归纳出的结论。这说明上面归纳出的结论不是绝对为真的,只能以某种程度相信它为真。

归纳学习(induction learning)是应用归纳推理进行学习的一种方法。根据归纳学习有无教师指导,可把它分为示例学习和观察与发现学习。前者属于有师学习,后者属于无师学习。

4.3.1　归纳学习的模式和规则

除了穷归纳与数学归纳外,一般的归纳推理结论只是保假的,即归纳依据的前提错误,那么结论也错误,但前提正确时结论也不一定正确。从相同的实例集合中可以提出不同的理论来解释它,应按某一标准选取最好的作为学习结果。

可以说,人类知识的增长主要得益于归纳学习方法。虽然归纳得出的新知识不像演绎推理结论那样可靠,但存在很强的可证伪性,对于认识的发展和完善具有重要的启发意义。

1. 归纳学习的模式

归纳学习的一般模式为:

给定:①观察陈述(事实)F,用以表示有关某些对象、状态、过程等的特定知识;②假定的初始归纳断言(可能为空);③背景知识,用于定义有关观察陈述、候选归纳断言及任何相关问题领域知识、假设和约束,其中包括能够刻画所求归纳断言的性质的优先准则。

求:归纳断言(假设)H,能重言蕴涵或弱蕴涵观察陈述,并满足背景知识。

假设 H 永真蕴涵事实 F,说明 F 是 H 的逻辑推理,则有

$$H \quad |> \quad F \quad (读作 H 特殊化为 F)$$

或

$$F \quad |< \quad H \quad (读作 F 一般化或消解为 H)$$

图 4.3　归纳学习系统模型

这里,从 H 推导 F 是演绎推理,因此是保真的;而从事实 F 推导出假设 H 是归纳推理,因此不是保真的,而是保假的。

归纳学习系统的模型如图 4.3 所示。实验规划过程通过对实例空间的搜索完成实例选择,并将这些选中的活跃实例提交解释过程。解释过程对实例加以适当转换,把活跃实例变换为规则空间中的特定概念,以引导规则空间的搜索。

2. 归纳概括规则

在归纳推理过程中,需要引用一些归纳规则。这些规则分为选择性概括规则和构造性概括规则两类。令 D_1、D_2 分别为归纳前后的知识描述,则归纳是 $D_1 \Rightarrow D_2$。如果 D_2 中所有描述基本单元(如谓词子句的谓词)都是 D_1 中的,只是对 D_1 中基本单元有所取舍,或改变连接关系,那么就是选择性概括。如果 D_2 中有新的描述基本单元(如反映 D_1 各单元间的某种关系的新单元),那么就称之为构造性概括。这两种概括规则的主要区别在于后者能够构造新的描述符或属性。设 CTX、CTX_1 和 CTX_2 表示任意描述,则有如下几条常用的选择性概括规则。

(1) 取消部分条件

$$CTX \wedge S \rightarrow K \Rightarrow CTX \rightarrow K \tag{4.1}$$

其中,S 是对事例的一种限制,这种限制可能是不必要的,只是联系着具体事物的某些无关特性,因此可以去除。例如在医疗诊断中,检查患者身体时,患者的衣着与问题无关,因此要从对患者的描述中去掉对衣着的描述。这是常用的归纳规则。这里,把⇒理解为"等价于"。

(2) 放松条件

$$CTX_1 \rightarrow K \Rightarrow (CTX_1 \vee CTX_2) \rightarrow K \tag{4.2}$$

一个事例的原因可能不止一个,当出现新的原因时,应该把新原因包含进去。这条规则的一种特殊用法是扩展 CTX_1 可以取值的范围。如将一个描述单元项 $0 \leqslant t \leqslant 20$ 扩展为 $0 \leqslant t \leqslant 30$。

(3) 沿概念树上溯

$$\left.\begin{array}{c} CTX \wedge [L=a] \rightarrow K \\ CTX \wedge [L=b] \rightarrow K \\ \vdots \\ CTX \wedge [L=i] \rightarrow K \end{array}\right| \Rightarrow CTX \wedge [L=S] \rightarrow K \tag{4.3}$$

其中,L 是一种结构性的描述项,S 代表所有条件中的 L 值在概念分层树上最近的共同祖先。这是一种从个别推论总体的方法。

例如,人很聪明,猴子比较聪明,猩猩也比较聪明,人、猴子、猩猩都是属于动物分类中的灵长目。因此,利用这种归纳方法可推出结论:灵长目的动物都很聪明。

(4) 形成闭合区域

$$\left.\begin{array}{c} CTX \wedge [L=a] \rightarrow K \\ CTX \wedge [L=b] \rightarrow K \end{array}\right| \Rightarrow CTX \wedge [L=S] \rightarrow K \tag{4.4}$$

其中,L 是一个具有线性关系的描述项,a 和 b 是它的特殊值。这条规则实际上是一种选取极端情形,再根据极端情形下的特性来进行归纳的方法。

例如,温度为 8℃ 时,水不结冰,处于液态;温度为 80℃ 时,水也不结冰,处于液态。由此可以推出:温度在 8～80℃ 时,水都不结冰,都处于液态。

(5) 将常量转化成变量

$$F(A,Z) \wedge F(B,Z) \wedge \cdots \wedge F(I,Z) \Rightarrow F(a,x) \wedge F(b,x) \wedge \cdots \wedge F(i,x) \rightarrow K \tag{4.5}$$

其中,$Z,A,B,\cdots,I$ 是常量,$x,a,b,\cdots,I$ 是变量。

这条规则是只从事例中提取各个描述项之间的某种相互关系,而忽略其他关系信息的方法。这种关系在规则中表现为一种同一关系,即 $F(A,Z)$ 中的 Z 与 $F(B,Z)$ 中的 Z 是同一事物。

4.3.2　归纳学习方法

归纳学习有示例学习和观察发现学习等。

1. 示例学习

示例学习(learning from examples)又称为实例学习,它是通过环境中若干与某概念有关的例子,经归纳得出一般性概念的一种学习方法。在这种学习方法中,外部环境(教师)提供的是一组例子(正例和反例),它们是一组特殊的知识,每一个例子表达了仅适用于该例子的知识。示例学习就是要从这些特殊知识中归纳出适用于更大范围的一般性知识,以覆盖所有的正例并排除所有反例。例如,如果用一批动物作为示例,并且告诉学习系统哪一个动物是"马",哪一个动物不是。当示例足够多时,学习系统就能概括出关于"马"的概念模型,使自己能识别马,并且能把马与其他动物区别开来。

例 4.1 表 4.1 给出肺炎与肺结核两种病的部分病例。每个病例都含有 5 种症状:发烧(无、低、中度、高),咳嗽(轻微、中度、剧烈),X 光图像(点状、索条状、片状、空洞),血沉(正常、快),听诊(正常、干鸣音、水泡音)。

表 4.1 肺病实例

疾病	病例号	症 状				
		发烧	咳嗽	X 光图像	血沉	听诊
肺炎	1	高	剧烈	片状	正常	水泡音
	2	中度	剧烈	片状	正常	水泡音
	3	低	轻微	点状	正常	干鸣音
	4	高	中度	片状	正常	水泡音
	5	中度	轻微	片状	正常	水泡音
肺结核	1	无	轻微	索条状	快	正常
	2	高	剧烈	空洞	快	干鸣音
	3	低	轻微	索条状	快	正常
	4	无	轻微	点状	快	干鸣音
	5	低	中度	片状	快	正常

通过示例学习,可以从病例中归纳产生如下的诊断规则:

(1) 血沉＝正常∧(听诊＝干鸣音∨水泡音)→诊断＝肺炎;

(2) 血沉＝快→诊断＝肺结核。

2. 观察发现学习

观察发现学习(learning from observation and discovery)又称为描述性概括,其目标是确定一个定律或理论的一般性描述,刻画观察集,指定某类对象的性质。观察发现学习可分为观察学习与机器发现两种。前者用于对事例进行聚类,形成概念描述;后者用于发现规律,产生定律或规则。

(1) 概念聚类

概念聚类的基本思想是把事例按一定的方式和准则分组,如划分为不同的类或不同的层次等,使不同的组代表不同的概念,并且对每一个组进行特征概括,得到一个概念的语义符号描述。例如,对如下事例:

喜鹊、麻雀、布谷鸟、乌鸦、鸡、鸭、鹅、……

可根据它们是否家养分为如下两类:

鸟＝{喜鹊,麻雀,布谷鸟,乌鸦,……}

家禽＝{鸡,鸭,鹅,……}

这里,"鸟"和"家禽"就是由分类得到的新概念,而且根据相应动物的特征还可得知:

　　　　　　　　　"鸟有羽毛、有翅膀、会飞、会叫、野生"

　　　　　　　"家禽有羽毛、有翅膀、不会飞、会叫、家养"

如果把它们的共同特性抽取出来,就可进一步形成"鸟类"的概念。

　　(2) 机器发现

　　机器发现是指从观察事例或经验数据中归纳出规律或规则的学习方法,也是最困难且最富创造性的一种学习。它又可分为经验发现与知识发现两种,前者指从经验数据中发现规律和定律,后者指从已观察的事例中发现新的知识。本章后续部分将专门讨论知识发现问题。

4.4　类比学习

　　类比(analogy)是一种很有用和有效的推理方法,它能清晰简洁地描述对象间的相似性,也是人类认识世界的一种重要方法。类比学习(learning by analogy)就是通过类比,即通过对相似事物加以比较所进行的一种学习。当人们遇到一个新问题需要进行处理,但又不具备处理这个问题的知识时,总是回想以前曾经解决过的类似问题,找出一个与目前情况最接近的已有方法来处理当前的问题。例如,当教师要向学生讲授一个较难理解的新概念时,总是用一些学生已经掌握且与新概念有许多相似之处的例子作为比喻,使学生通过类比加深对新概念的理解。像这样通过对相似事物的比较所进行的学习就是类比学习。类比学习在科学技术的发展中起着重要的作用,许多发明和发现就是通过类比学习获得的。例如,卢瑟福将原子结构和太阳系进行类比,发现了原子结构;水管中的水压计算公式和电路中的电压计算公式相似,等等。

　　本节首先介绍类比推理,然后讨论类比学习的形式和学习步骤,最后研究类比学习的过程和研究类型。

4.4.1　类比推理和类比学习形式

　　类比推理是由新情况与已知情况在某些方面的相似来推出它们在其他相关方面的相似。显然,类比推理是在两个相似域之间进行的:一个是已经认识的域,它包括过去曾经解决过且与当前问题类似的问题及相关知识,称为源域,记为 S;另一个是当前尚未完全认识的域,它是待解决的新问题,称为目标域,记为 T。类比推理的目的是从 S 中选出与当前问题最近似的问题及其求解方法以求解决当前的问题,或者建立起目标域中已有命题间的联系,形成新知识。

　　设用 S_1 与 T_1 分别表示 S 与 T 中的某一情况,且 S_1 与 T_1 相似;再假设 S_2 与 S_1 相关,则由类比推理可推出 T 中的 T_2,且 T_2 与 S_2 相似。其推理过程如下。

　　(1) 回忆与联想

　　遇到新情况或新问题时,首先通过回忆与联想在 S 中找出与当前情况相似的情况,这些情况是过去已经处理过的,有现成的解决方法及相关的知识。找出的相似情况可能不止一个,可依其相似度从高至低进行排序。

　　(2) 选择

　　从找出的相似情况中选出与当前情况最相似的情况及其有关知识。在选择时,相似度越高越好,这有利于提高推理的可靠性。

(3) 建立对应关系

在 S 与 T 的相似情况之间建立相似元素的对应关系,并建立起相应的映射。

(4) 转换

在上一步建立的映射下,把 S 中的有关知识引到 T 中来,从而建立起求解当前问题的方法或者学习到关于 T 的新知识。

在以上每一步中都有一些具体的问题需要解决。

下面对类比学习的形式加以说明。

设有两个具有相同或相似性质的论域:源域 S 和目标域 T,已知 S 中的元素 a 和 T 中的元素 b 具有相似的性质 P,即 $P(a) \backsim P(b)$(这里用符号 $\backsim$ 表示相似),a 还具有性质 Q,即 $Q(a)$。根据类比推理,b 也具有性质 Q。即

$$P(a) \wedge Q(a),\ P(a) \backsim P(b) \quad \vdash Q(b)Q(a) \tag{4.6}$$

其中,符号 $\vdash$ 表示类比推理。

类比学习采用类比推理,其一般步骤如下。

(1) 找出源域与目标域的相似性质 P,找出源域中另一个性质 Q 和性质 P 对元素 a 的关系:$P(a) \to Q(a)$。

(2) 在源域中推广 P 和 Q 的关系为一般关系,即对于所有的变量 x 来说,存在 $P(x) \to Q(x)$。

(3) 从源域和目标域映射关系,得到目标域的新性质,即对于目标域的所有变量 x 来说,存在 $P(x) \to Q(x)$。

(4) 利用假言推理:$P(b)$,$P(x) \to Q(x)$ $\vdash Q(b)$,最后得出 b 具有性质 Q。

从上述步骤可见,类比学习实际上是演绎学习和归纳学习的组合。步骤(2)是一个归纳过程,即从个别现象推断出一般规律;而步骤(4)是一个演绎过程,即从一般规律找出个别现象。

4.4.2 类比学习过程与研究类型

类比学习主要包括如下四个过程:

(1) 输入一组已知条件(已解决问题)和一组未完全确定的条件(新问题)。

(2) 对输入的两组条件,根据其描述,按某种相似性的定义寻找两者可类比的对应关系。

(3) 按相似变换的方法,将已有问题的概念、特性、方法、关系等映射到新问题上,以获得待求解新问题所需的新知识。

(4) 对类推得到的新问题的知识进行校验。验证正确的知识存入知识库中,而暂时还无法验证的知识只能作为参考性知识,置于数据库中。

类比学习的关键是相似性的定义与相似变换的方法。相似定义所依据的对象随着类比学习的目的而变化,如果学习目的是获得新事物的某种属性,那么定义相似时应依据新、旧事物的其他属性间的相似对应关系。如果学习目的是获得求解新问题的方法,那么应依据新问题的各个状态间的关系与老问题的各个状态间的关系进行类比。相似变换一般要根据新、老事物间以何种方式对问题进行相似类比而决定。

类比学习的研究可分为两大类：

（1）问题求解型的类比学习，其基本思想是当求解一个新问题时，总是首先回忆一下以前是否求解过类似的问题，若是则可以此为根据，通过对先前的求解过程加以适当修改，使之满足新问题的解。

（2）预测推定型的类比学习，它又分为两种方式，一种是传统的类比法，用来推断一个不完全确定的事物可能还具有的其他属性。设 X 和 Y 为两个事物，P_i 为属性（$i=1,2,\cdots,n$），则有下列关系：

$$P_1(x) \wedge \cdots \wedge P_n(x) \wedge P_1(y) \wedge \cdots \wedge P_{n-1}(y) \wedge P_n(y) \tag{4.7}$$

另一种是因果关系型的类比，其基本问题是：已知因果关系 $S_1: A \rightarrow B$，给定事物 A' 与 A 相似，则可能有与 B 相似的事物 B' 满足因果关系 $S_2: A' \rightarrow B'$。

进行类比的关键是相似性判断，而其前提是配对，两者结合起来就是匹配。实现匹配有多种形式，常用的有下列几种。

（1）等价匹配：要求两个匹配对象之间具有完全相同的特性数据。

（2）选择匹配：在匹配对象中选择重要特性进行匹配。

（3）规则匹配：若两规则的结论部分匹配，且其前提部分亦匹配，则两规则匹配。

（4）启发式匹配：根据一定背景知识，对对象的特征进行提取，然后通过一般化操作使两个对象在更高更抽象的层次上相同。

4.5 解释学习

基于解释的学习（explanation-based learning）可简称为解释学习，是 20 世纪 80 年代中期开始兴起的一种机器学习方法。解释学习根据任务所在领域知识和正在学习的概念知识，对当前实例进行分析和求解，得出一个表征求解过程的因果解释树，以获取新的知识。在获取新知识的过程中，通过对属性、表征现象和内在关系等进行解释而学习到新的知识。

4.5.1 解释学习过程和算法

解释学习一般包括下列 3 个步骤：

（1）利用基于解释的方法对训练例子进行分析与解释，以说明它是目标概念的一个例子。

（2）对例子的结构进行概括性解释，建立该训练例子的一个解释结构以满足所学概念的定义；解释结构的各叶节点应符合可操作性准则，且使这种解释比最初的例子能适用于更大一类例子。

（3）从解释结构中识别出训练例子的特性，并从中得到更大一类例子的概括性描述，获取一般控制知识。

解释学习是把现有的不能用或不实用的知识转化为可用的形式，因此必须了解目标概念的初始描述。1986 年米切尔（Mitchell）等人为基于解释的学习提出了一个统一的算法 EBG，该算法建立了基于解释的概括过程，并运用知识的逻辑表示和演绎推理进行问题求解。EBG 问题可由图 4.4 表示，其求解问题的形式可描述于下。

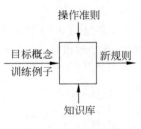

图 4.4 EBG 问题

给定:

(1) 目标概念(要学习的概念)描述 TC;

(2) 训练实例(目标概念的一个实例)TE;

(3) 领域知识(由一组规则和事实组成的用于解释训练实例的知识库)DT;

(4) 操作准则(说明概念描述应具有的形式化谓词公式)OC。

求解:训练实例的一般化概括,使之满足:

(1) 目标概念的充分概括描述 TC;

(2) 操作准则 OC。

其中,领域知识 DT 是相关领域的事实和规则,在学习系统中作为背景知识,用于证明训练实例 TE 为什么可作为目标概念的一个实例,从而形成相应的解释。训练实例 TE 是为学习系统提供的一个例子,在学习过程中起着重要的作用,它应能充分地说明目标概念 TC。操作准则 OC 用于指导学习系统对目标概念进行取舍,使得通过学习产生的关于目标概念 TC 的一般性描述成为可用的一般性知识。

从上述描述可以看出,在解释学习中,为了对某一目标概念进行学习,从而得到相应的知识,必须为学习系统提供完善的领域知识以及能说明目标概念的一个训练实例。在系统进行学习时,首先运用领域知识 DT 找出训练实例 TE 为什么是目标概念 TC 之实例的证明(即解释),然后根据操作准则 OC 对证明进行推广,从而得到关于目标概念 TC 的一般性描述,即一个可供以后使用的形式化表示的一般性知识。

可把 EBG 算法分为解释和概括两步:

(1) 解释,即根据领域知识建立一个解释,以证明训练实例如何满足目标概念的定义。目标概念的初始描述通常是不可操作的。

(2) 概括,即对步骤(1)的证明树进行处理,对目标概念进行回归,包括用变量代替常量,以及必要的新项合成等工作,从而得到所期望的概念描述。

由上可知,解释工作是将实例的相关属性与无关属性分离开来;概括工作则是分析解释结果。

4.5.2 解释学习举例

下面举例说明解释学习的工作过程。

例 4.2 通过解释学习获得一个物体(x)可以安全地放置到另一物体(y)上的概念。

已知:目标概念为一对物体(x,y),使 safe-to-stack(x,y),有

$$\text{safe-to-stack}(x,y) \rightarrow \sim \text{fragile}(y)$$

训练例子是描述两物体的下列事实:

on(a,b)

isa(a,brick)

isa(b,endtable)

volume(a,1)

density(a,1)

weight(brick,5)

times(1,1,1)

less(1,5)

…

知识库中的领域知识是把一个物体放置到另一物体上的安全性准则：

$$\text{lighter}(X,Y)\rightarrow\text{safe-to-stack}(X,Y)$$
$$\text{weight}(P_1,W_1)\wedge\text{weight}(P_2,W_2)\wedge\text{less}(W_1,W_2)\rightarrow\text{lighter}(P_1,P_2)$$
$$\text{volume}(P,V)\wedge\text{density}(P,Q)\wedge\text{times}(V,D,W)\rightarrow\text{weight}(P,W)$$
$$\text{isa}(P,\text{endtable})\wedge\text{weight}(B,S)\rightarrow\text{weight}(P,S)$$

其证明树如图 4.5 所示。

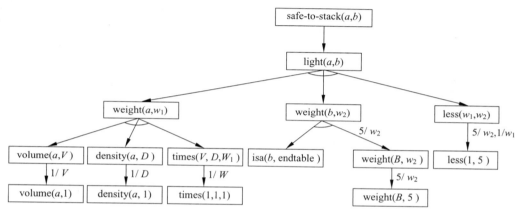

图 4.5 safe-to-stack 解释的证明树

对证明树中常量换为变量进行概括，可得到下面的一般性规则：

$$\text{volume}(X,V)\wedge\text{density}(X,D)\wedge\text{times}(V,D,W_1)\wedge\text{isa}(Y,\text{endtable})\wedge$$
$$\text{weight}(B,W_2)\wedge\text{less}(W_1,5)\rightarrow\text{safe-to-stack}(X,Y)$$

4.6 强化学习

一个能够感知其环境的自主机器人，如何通过学习选择达到其目标的最佳动作？当机器人在其环境中做出每个动作时，指导者会提供相关奖励或惩罚信息，以表示当前状态是否正确。在实例学习方法中，环境提供输入/输出对，学习的任务就是找到一个函数满足这些输入/输出对之间的关系。这种有教师(指导者)的学习在很多情况下是可行的。本节介绍的增强学习(又称强化学习)，由于其方法的通用性、对学习背景知识要求较少及适用于复杂、动态的环境等特点，已引起了许多研究者的兴趣，成为机器学习的主要的方式之一。

在强化学习中，学习系统根据从环境中反馈信号的状态(奖励/惩罚)，调整系统的参数。这种学习一般比较困难，主要是因为学习系统并不知道哪个动作是正确的，也不知道哪个奖惩赋予哪个动作。在计算机领域，第一个强化学习问题是利用奖惩手段学习迷宫策略。20世纪 80 年代中后期，强化学习才逐渐引起人们广泛的研究。最简单的强化学习采用的是学习自动机(learning automata)。近年来,根据反馈信号的状态,提出了Q-学习和时差学习等强化学习方法。

4.6.1 强化学习概述

1. 学习自动机

学习自动机是强化学习使用的最普通的方法。这种系统的学习机制包括两个模块:学习自动机和环境。学习过程是根据环境产生的刺激开始的。自动机根据所接收到的刺激,对环境做出反应,环境接收到该反应对其做出评估,并向自动机提供新的刺激。学习系统根据自动机上次的反应和当前的输入自动地调整其参数。学习自动机的学习模式如图4.6所示。这里延时模块用于保证上次的反应和当前的刺激同时进入学习系统。

许多现实问题可以应用学习自动机的基本思想,例如NIM游戏。在NIM游戏中,桌面上有三堆硬币,如图4.7所示。该游戏有两个人参与,每个选手每次必须拿走至少一枚硬币,但是只能在同一行中拿。谁拿了最后一枚硬币,谁就是失败者。

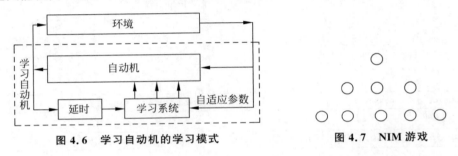

图 4.6 学习自动机的学习模式   **图 4.7 NIM 游戏**

假定游戏的双方为计算机和人,并且计算机保留了在游戏过程中它每次拿走硬币的数量的记录。这可以用一个矩阵来表示,如图4.8所示,其中第(i,j)个元素表示对计算机来说从第j状态到i状态成功的概率。显然上述矩阵的每一列的元素之和为1。

目标状态	源状态						
	135	134	133	⋯	⋯	125	⋯
135	#	#	#	#	#	#	⋯
134	1/9	#	#	⋯	⋯	#	⋯
133	1/9	1/8	#	⋯	⋯	#	⋯
132	1/9	1/8	1/7	⋯	⋯	#	⋯
124	#	1/8	#	#	⋯	1/8	⋯

图 4.8 NIM 游戏中的部分状态转换图

其中#表示无效状态

可为系统增加一个奖惩机制,以便于系统的学习。在完成一次游戏后,计算机调整矩阵中的元素,如果计算机取得了胜利,则对应于计算机所有的选择都增加一个量,而相应列中的其他元素都降低一个量,以保持每列的元素之和为1。如果计算机失败了,则与之相反,计算机所有的选择都降低一个量,而每一列中的其他元素都增加一个量,同样保持每列元素之和为1。经过大量的试验,矩阵中的量基本稳定不变,当轮到计算机选择时,它可以从矩阵中选取使得自己取胜的最大概率的元素。

2. 自适应动态程序设计

强化学习假定系统从环境中接收反应,但是只有到了其行为结束后(即终止状态)才能确定其状况(奖励还是惩罚)。并假定,系统初始状态为 S_0,在执行动作(假定为 a_0)后,系统到达状态 S_1,即

$$S_0 \xrightarrow{a_0} S_1$$

对系统的奖励可以用效用(Utility)函数来表示。在强化学习中,系统可以是主动的,也可以是被动的。被动学习是指系统试图通过自身在不同的环境中的感受来学习其效用函数。而主动学习是指系统能够根据自己学习得到的知识,推出在未知环境中的效用函数。

关于效用函数的计算,可以这样考虑:假定,如果系统达到了目标状态,效用值应最高,假设为1,对于其他状态的静态效用函数,可以采用下述简单的方法计算。假设系统通过状态 S_2,从初始状态 S_1 到达了目标状态 S_7(见图4.9)。现在重复试验,统计 S_2 被访问的次数。假设在100次试验中,S_2 被访问了5次,则状态 S_2 的效用函数可以定义为 $5/100 = 0.05$。现假定系统以等概率的方式从一个状态转换到其邻接状态(不允许斜方向移动),例如,系统可以从 S_1 以0.5的概率移动到 S_2 或者 S_6,如果系统在 S_5,它可以0.25的概率分别移动到 S_2, S_4, S_6 和 S_8。

S_3	S_4	S_7(目标)
S_2	S_5	S_8
S_1	S_6	S_9

图4.9　简单的随机环境

对于效用函数,可以认为"一个序列的效用是累积在该序列状态中的奖励之和"。静态效用函数值比较难以得到,因为这需要大量的实验。强化学习的关键是给定训练序列,更新效应值。

在自适应动态程序设计中,状态 i 的效应值 $U(i)$ 可以用下式计算:

$$U(i) = R(i) + \sum_{\forall j} M_{ij} U(j) \tag{4.8}$$

其中,$R(i)$ 是状态 i 时的奖励;M_{ij} 是从状态 i 到状态 j 的概率。

对于一个小的随机系统,可以通过求解类似上式的所有状态中的所有效用方程来计算 $U(i)$。但当状态空间很大时,求解起来就不是很方便了。

为了避免求解类似式(4.8)的方程,可以通过下面的公式来计算 $U(i)$:

$$U(i) \leftarrow U(i) + \alpha [R(i) + U(j) - U(i)] \tag{4.9}$$

其中,$\alpha(0 < \alpha < 1)$ 为学习率,它随学习过程的进行而逐渐变小。

由于式(4.9)考虑了效用函数的时差,所以该学习称为时差学习。

另外,对于被动的学习,M 一般为常量矩阵。但是对于主动学习,它是可变的。所以,对于式(4.9)可以重新定义为

$$U(i) = R(i) + \max_a \sum_{\forall j} M_{ij}^a U(j) \tag{4.10}$$

这里 M_{ij}^a 表示在状态 i 执行动作 a 达到状态 j 的概率。这样,系统会选择使得 M_{ij}^a 最大的动作,这样 $U(i)$ 也会最大。

4.6.2　Q-学习

Q-学习是一种基于时差策略的强化学习,它是指定在给定的状态下,在执行完某个动作后期望得到的效用函数,该函数为动作-值函数。在 Q-学习中,动作-值函数表示为 $Q(a,i)$,它表示在状态 i 执行动作 a 的值,也称 Q-学习中,使用 Q-值代替效用值;效用值和 Q-学习中,使用 Q-值代替效用值;效用值和 Q-值之间的关系如下:

$$U(i) = \max_a Q(a,i)$$

在强化学习中,Q-值起着非常重要的作用:第一,和条件-动作规则类似,它们都可以不需要使用模型就可以做出决策;第二,与条件-动作不同的是,Q-值可以直接从环境的反馈中学习获得。

同效用函数一样,对于 Q-值可以有下面的方程:

$$U(a,j) = R(i) + \sum_{\forall j} M_{ij}^a \max_a Q(a',j) \tag{4.11}$$

对应的时差方程为

$$Q(a,j) \leftarrow Q(q,j) + \alpha \left[R(i) + \max_a Q(a',j) - Q(a,j) \right] \tag{4.12}$$

强化学习方法作为一种机器学习的方法,在实际中取得了很多应用,例如博弈、机器人控制等。另外,在 Internet 信息搜索方法,搜索引擎必须能自动地适应用户的要求,这类问题也属于无背景模型的优点,但是它也存在一些问题。

(1) 概况问题。典型的强化学习方法,如 Q-学习,都假定状态空间是有限的,且允许用状态-动作记录其 Q 值。而许多实际的问题,往往对应的状态空间很大,甚至状态是连续的;或者状态空间不很大,但是动作很多。另外,对某些问题,不同的状态可能具有某种共性,从而对应于这些状态的最优动作是一样的。因而,在强化学习中研究状态-动作的概括表示是很有意义的,这可以使用传统的泛化学习,如实例学习、神经网络学习等。

(2) 动态和不确定环境。强化学习通过与环境的试探性交互,获取环境状态信息和增强信号来进行学习,这使得能否准确地观察到状态信息成为影响系统学习性能的关键。然而,许多实际问题的环境往往含有大量的噪声,无法准确地获取环境的状态信息,就可能无法使强化学习算法收敛,如 Q-值摇摆不定。

(3) 当状态空间较大时,算法收敛前的实验次数可能要求很多。

(4) 多目标学习。大多数强化学习模型针对的是单目标学习问题的决策策略,难以适应多目标学习,难以适应多目标多策略的学习要求。

(5) 许多问题面临的是动态变化的环境,其问题求解目标本身可能也会发生变化。一旦目标发生变化,已学习到的策略有可能变得无用,整个学习过程要从头开始。

4.7　小结

本章对机器学习作了入门介绍。

机器学习在过去 20 年中获得较大发展,越来越多的研究者加入机器学习研究行列。已经建立起许多机器学习的理论和技术。除了本章介绍的解释学习、归纳学习、类比学习、强化学习等方法外,还有纠错学习、演绎学习、遗传学习及训练感受器的学习和训练近似网络的学习等。机器学习将会起到越来越大的作用。

归纳学习(induction learning)是应用归纳推理进行学习的一种方法。根据归纳学习有无教师指导,可把它分为示例学习和观察与发现学习。前者属于有师学习,后者属于无师学习。

类比学习(learning by analogy)是通过类比,即通过对相似事物加以比较所进行的一种学习。

解释学习根据任务所在领域知识和正在学习的概念知识,对当前实例进行分析和求解,得出一个表征求解过程的因果解释树,以获取新的知识。

在强化学习中,学习系统根据从环境中反馈信号的状态(奖励/惩罚),调整系统的参数。强化学习已成为机器学习的主要方式之一。最简单的强化学习采用的是学习自动机。近年来,提出了 Q-学习和时差学习等强化学习方法。

随着机器学习研究的不断深入开展和计算机技术的进步,已经设计出不少具有优良性能的机器学习系统,并投入实际应用。这些应用领域涉及计算机视觉、图像处理、模式识别、机器人动力学与控制、自动控制、自然语言理解、语音识别、信号处理和专家系统等。与此同时,各种改进型学习算法得以开发,显著地改善了机器学习网络和系统的性能。

机器学习的发展趋势表明,机器学习作为人工智能的应用来考虑,其技术水平和应用领域将可能超过专家系统,为人工智能的发展做出突出贡献。

今后机器学习将在理论概念、计算机理、综合技术和推广应用等方面开展新的研究。其中,对结构模型、计算理论、算法和混合学习的开发尤为重要。在这些方面,有许多事要做,有许多新问题需要人们去解决。

习题 4

4-1 什么是学习和机器学习?为什么要研究机器学习?

4-2 试谈机器学习的主要策略和类型。

4-3 试述机器学习系统的基本结构,并说明各部分的作用。

4-4 试说明归纳学习的模式和学习方法。

4-5 什么是类比学习?其推理和学习过程为何?

4-6 试述解释学习的基本原理、学习形式和功能。

4-7 强化学习有何特点?学习自动机的学习模式为何?

4-8 什么是 Q-学习?它有何优缺点?

第2篇
基于数据的人工智能

数据——人工智能之基

第 5 章

群体智能与进化计算

现代科学技术发展的一个显著特点就是信息科学与生命科学的相互交叉、相互渗透和相互促进。生物信息学就是两者结合而形成的新的交叉学科。计算智能则是另一个有说服力的示例。计算智能涉及神经计算、模糊计算、进化计算、粒群计算、蚁群算法、自然计算、免疫计算和人工生命等领域，它的研究和发展正反映了当代科学技术多学科交叉与集成的重要发展趋势。

创造、发明和发现是千千万万科技开拓者的共同品性和永恒追求。包括牛顿、爱因斯坦、图灵和维纳等科学巨匠在内的科学家们，都致力于寻求与发现创造的技术和秩序。人类的所有发明，几乎都有它们的自然界配对物。原子能的和平利用和军事应用与出现在星球上的热核爆炸相对应；各种电子脉冲系统则与人类神经系统的脉冲调制相似；蝙蝠的声呐和海豚的发声起到一种神秘电话的作用，启发人类发明了声呐传感器和雷达；鸟类的飞行行为激发了人类飞天的梦想，因此发明了飞机和飞船，实现了空中和宇宙飞行。科学家和工程师们应用数学和科学来模仿自然、扩展自然。人类智能已激励出高级计算、学习方法和技术。毫无疑问，智能是可达的，其证据就在我们眼前，就发生在我们的日常工作和生活中。

5.1 粒群优化算法

自然界中很多生物以社会群居的形式生活在一起，例如鸟群、鱼群、蚁群、人群等。群体智能系统研究的热点之一是探索这些生物如何以群体的形式存在。受对群体运动行为模拟的启发，20 多年来，研究人员提出了大量的群体智能系统，其中以粒子群优化算法（particle swarm optimization，PSO）和蚁群算法（ant colony optimization，ACO）最具代表性。本节和 5.2 节分别讨论群体智能（swarm intelligence）行为及其优化计算方法，包括粒群优化算法和蚁群算法。本节先讨论粒群优化算法。

5.1.1 群体智能和粒群优化概述

1. 群体智能概念

自 20 世纪 70 年代开始，科学家对这些群体行为展开了研究，许多人通过计算机来模拟群体的运动行为。其中,最具代表性的当属 C. W. Reynolds 和 F. Heppner 对鸟群运动行为的模拟。C. W. Reynolds 将鸟群的飞行视为一种舞蹈,并且从美学的角度出发进行了模拟。动物学家 F. Heppner 更关注于鸟群运动的潜在准则,例如,为什么鸟群可以同步飞行、可以突然变向、规模较小的鸟群可以聚集成规模较大的鸟群、规模较大的鸟群可以分裂为若干个规模较小的鸟群等。社会生物学家 E. O. Wilson 还对鱼群的运动行为进行了模拟,并提出了以下猜想:同类生物之间的信息共享常常提供了一种进化的优势;他的这一猜想后来成为研究各种群体智能系统的基础。此外,还有研究人员对人类的运动行为进行模拟。鸟群和鱼群通过调整自身的运动来避免碰撞、寻找食物和同伴、适应周围的环境(如温度)等。

假定你和你的朋友正在执行寻宝的任务,这个团队内的每个人都有一个金属探测器并能把自己的通信信号和当前位置传给 n 个最邻近的伙伴。因此,每人都知道是否有一个邻近伙伴比他更接近宝藏。如果是这种情况,你就可以向该邻近伙伴移动。这样做的结果就使得你发现宝藏的机会得以改善,而且,找到该宝藏也可能要比你单人寻找快得多。

这是一个群体行为(swarm behavior)的极其简单的实例,其中,群中个体交互作用,使用比单一个体更有效的方法去求解全局目标。

可把群体(swarm)定义为某种交互作用的组织或真体之结构集合。在群体智能计算研究中,群体的个体组织包括蚂蚁、白蚁、蜜蜂、黄蜂、鱼群和鸟群等。在这些群体中,个体在结构上是很简单的,而它们的集体行为却可能变得相当复杂。例如,在一个蚁群中,每只蚂蚁个体只能执行一组很简单任务中的一项,而在整体上,蚂蚁的动作和行为却能够确保建造最佳的蚁巢结构、保护蚁后和幼蚁、清净蚁巢、发现最好的食物源及优化攻击策略等全局任务的实现。

社会组织的全局群体行为是由群体内个体行为以非线性方式出现的。于是,在个体行为和全局群体行为之间存在某种紧密的联系。这些个体的集体行为构成和支配了群体行为。另一方面,群体行为又决定了个体执行其作用的条件。这些作用可能改变环境,因而也可能改变这些个体自身的行为及其地位。由群体行为决定的条件包括空间和时间两种模式。

群体行为不能仅由独立于其他个体的个体行为所确定。个体间的交互作用在构建群体行为中起到重要的作用。个体间的交互作用帮助改善对环境的经验知识,增强了到达优化的群体进程。个体间的交互作用或合作是由遗传学或通过社会交互确定的。例如,个体在解剖学上的结构差别可能分配到不同的任务。举例来说,在一个具体的蚁群内,工蚁负责喂养幼蚁和清净蚁巢,而母蚁则切割被抓获的大猎物和保卫蚁巢。工蚁比母蚁小,而且形态与母蚁有别。社会交互作用可以是直接的或间接的。直接交互作用是通过视觉、听觉或化学接触;间接交互作用是在某一个体改变环境,而其他个体是反映该新的环境时出现的。

群体社会网络结构形成该群存在的一个集合,它提供了个体间交换经验知识的通信通道。群体社会网络结构的一个惊人的结果是它们在建立最佳蚁巢结构、分配劳力和收集食物等方面的组织能力。

群体计算建模已获得许多成功的应用,例如,功能优化、发现最佳路径、调度、结构优化及图像和数据分析等。从不同的群体研究得到不同的应用。其中,最引人注目的是对蚁群和鸟群的研究工作。下面将分别综述这两种群体智能的研究情况。其中,粒群优化方法是由模拟鸟群的社会行为发展起来的,而蚁群优化方法主要是由建立蚂蚁的轨迹跟踪行为模型而形成的。

2. 粒群优化概念

粒群优化(particle swarm optimization, PSO)算法是一种基于群体搜索的算法,它建立在模拟鸟群社会的基础上。粒群概念的最初含义是通过图形来模拟鸟群优美和不可预测的舞蹈动作,发现鸟群支配同步飞行和以最佳队形突然改变飞行方向并重新编队的能力。这个概念已包含在一个简单和有效的优化算法中。

在粒群优化中,被称为粒子(particles)的个体是通过超维搜索空间"流动"的。粒子在搜索空间中的位置变化是以个体成功地超过其他个体的社会心理意向为基础的。因此,群中粒子的变化是受其邻近粒子(个体)的经验或知识影响的。粒子的搜索行为受到群中其他粒子的搜索行为的影响。由此可见,粒群优化是一种共生合作算法。建立这种社会行为模型的结果是:在搜索过程中,粒子随机地回到搜索空间中一个原先成功的区域。

3. 粒群优化与进化计算的比较

粒群优化扎根于一些交叉学科,包括人工生命、进化计算和群论等。粒群优化与进化计算存在一些相似和相异之处。两者都是优化算法,都力图在自然特性的基础上模拟个体种群的适应性。它们都采用概率变换规则通过搜索空间求解。这些就是粒群优化和进化计算的相似之处。

粒群优化与进化计算也有几个重要的区别。粒群优化有存储器,而进化计算没有。粒子保持它们及其邻域的最好解答。最好解答的历史对调整粒子位置起到重要作用。此外,原先的速度被用于调整位置。虽然这两种算法都建立在适应性的基础上,然而粒群优化的变化是通过向同等的粒子学习而不是通过遗传来重组和变异得到的。粒群优化不用适应度函数而是由同等粒子间的社会交互作用来带动搜索过程。

5.1.2 粒群优化算法

粒群优化是以邻域原理(neighborhood principle)为基础进行操作的,该原理来源于社会网络结构研究。驱动粒群优化的特性是社会交互作用。群中的个体(粒子)相互学习,而且基于获得的知识移动到更相似于它们的、较好的邻近区域。邻域内的个体进行相互通信。

群是由粒子的集合组成的,而每个粒子代表一个潜在的解答。粒子在超空间流动,每个粒子的位置按照其经验和邻近粒子的位置而变化。令 $x_i(t)$ 表示 t 时刻 P_i 在超空间的位置。把速度矢量 $v_i(t)$ 加至当前位置,则位置 P_i 变为

$$x_i(t) = x_i(t-1) + v_i(t)$$

速度矢量推动优化过程,并反映出社会所交换的信息。下面给出了3种不同的粒群优化算法,它们对社会信息交换扩展程度是不同的。这些算法概括了初始的PSO算法。

1. 个体最佳算法

对于个体最佳(individual best)算法,每一个体只把它的当前位置与自己的最佳位置pbest相比较,而不使用其他粒子的信息。具体算法如下:

(1) 对粒群 $P(t)$ 初始化,使得 $t=0$ 时每个粒子 $P_i \in P(t)$ 在超空间中的位置 $x_i(t)$ 是随机的。

(2) 通过每个粒子的当前位置评价其性能 $\mathcal{F}$。

（3）比较每个个体的当前性能与它至今有过的最佳性能，如果
$\mathcal{F}(\boldsymbol{x}_i(t)) < \mathrm{pbest}_i$，那么

$$\begin{cases} \mathrm{pbest}_i = \mathcal{F}(\boldsymbol{x}_i(t)) \\ x_{\mathrm{pbest}_i} = \boldsymbol{x}_i(t) \end{cases}$$

（4）改变每个粒子的速度矢量

$$\boldsymbol{v}_i(t) = \boldsymbol{v}_i(t-1) + \rho(\boldsymbol{x}_{\mathrm{pbest}} - \boldsymbol{x}_i(t))$$

其中，ρ 为一位置随机数。

（5）每个粒子移至新位置

$$\begin{cases} \boldsymbol{x}_i(t) = \boldsymbol{x}_i(t-1) + \boldsymbol{v}_i(t) \\ t = t+1 \end{cases}$$

其中，$\boldsymbol{v}_i(t) = \boldsymbol{v}_i(t)\Delta t$，而 $\Delta t = 1$，所以 $\boldsymbol{v}_i(t)\Delta t = \boldsymbol{v}_i(t)$。

（6）转回步骤（2），重复递归直至收敛。

上述算法中粒子离开其先前发现的最佳解答越远，该粒子（个体）移回它的最佳解答所需要的速度就越大。随机值 ρ 的上限为用户规定的系统参数。ρ 的上限越大，粒子轨迹振荡就越大。较小的 ρ 值能够保证粒子的平滑轨迹。

2. 全局最佳算法

对于全局最佳（global best）算法，粒群的全局优化方案 gbest 反映出一种被称为星形（star）的邻域拓扑结构。在该结构中，每个粒子能与其他粒子（个体）进行通信，形成一个全连接的社会网络，如图 5.1(a)所示。用于驱动各粒子移动的社会知识包括全群中选出的最佳粒子位置。此外，每个粒子还根据先前已发现的最好的解答来运用它的历史经验。

全局最佳算法如下：

（1）对粒群 $P(t)$ 初始化，使得 $t=0$ 时每个粒子 $P_i \in P(t)$ 在超空间中的位置 $\boldsymbol{x}_i(t)$ 是随机的。

（2）通过每个粒子的当前位置 $\boldsymbol{x}_i(t)$ 评价其性能 $\mathcal{F}$。

（3）比较每个个体的当前性能与它至今有过的最好性能，如果
$\mathcal{F}(\boldsymbol{x}_i(t)) < \mathrm{pbest}_i$，那么

$$\begin{cases} \mathrm{pbest}_i = \mathcal{F}(\boldsymbol{x}_i(t)) \\ \boldsymbol{x}_{\mathrm{pbest}_i} = \boldsymbol{x}_i(t) \end{cases}$$

（4）把每个粒子的性能与全局最佳粒子的性能进行比较，如果
$\mathcal{F}(\boldsymbol{x}_i(t)) < \mathrm{gbest}_i$，那么

$$\begin{cases} \mathrm{gbest} = \mathcal{F}(\boldsymbol{x}_i(t)) \\ \boldsymbol{x}_{\mathrm{gbest}_i} = \boldsymbol{x}_i(t) \end{cases}$$

（5）改变粒子的速度矢量

$$\boldsymbol{v}_i(t) = \boldsymbol{v}_i(t-1) + \rho_1(\boldsymbol{x}_{\mathrm{pbest}_i} - \boldsymbol{x}_i(t)) + \rho_2(\boldsymbol{x}_{\mathrm{gbest}} - \boldsymbol{x}_i(t))$$

其中，ρ_1 和 ρ_2 为随机变量；上式中的第 2 项称为认知分量；最后一项称为社会分量。

（6）把每个粒子移至新的位置

$$\begin{cases} \boldsymbol{x}_i(t) = \boldsymbol{x}_i(t-1) + \boldsymbol{v}_i(t) \\ t = t + 1 \end{cases}$$

（7）转向步骤(2)，重复递归直至收敛。

对于全局最佳算法，粒子离开全局最佳位置和它自己的最佳解答越远，该粒子回到它的最佳解答所需的速度变化也越大。随机值 ρ_1 和 ρ_2 确定为 $\rho_1 = r_1 c_1$，$\rho_2 = r_2 c_2$，其中 r_1，$r_2 \sim U(0,1)$，而 c_1 和 c_2 为正加速度常数。

3. 局部最佳算法

局部最佳(local best)算法用粒群优化的最佳方案 lbest 反映一种称为环形(ring)的邻域拓扑结构。该结构中每个粒子与它的 n 个中间邻近粒子通信。如果 $n=2$，那么一个粒子与它的中间相邻粒子的通信如图 5.1(b)所示。粒子受它们邻域的最佳位置和自己过去经验的影响。

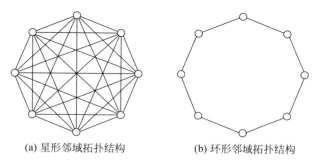

(a) 星形邻域拓扑结构　　　　(b) 环形邻域拓扑结构

图 5.1　粒群优化的邻域拓扑结构

本算法与全局算法不同之处仅在于步骤(4)和步骤(5)中，以 lbest 取代 gbest。在收敛方面，局部最佳算法要比全局最佳算法慢得多，但局部最佳算法能够求得更好的解答。

以上各种算法的步骤(2)检测各粒子的性能。其中，采用一个函数来测量相应解答与最佳解答的接近度。在进化计算中，称这种接近度为适应度函数。

上述各算法继续运行直至其达到收敛止。通常对一个固定的迭代数或适应度函数估计执行蚁群优化算法。此外，如果所有粒子的速度变化接近于 0，那么就中止蚁群优化算法。这时，粒子位置将不再变化。标准的粒群优化算法受 6 个参数影响。这些参数为问题维数、个体(粒子)数、ρ 的上限、最大速度上限、邻域规模和惯量。

除了上面讨论过的几种算法，即 pbest，gbest，lbest 外，近年来的研究使这些原来的算法得以改进，其中包括改善其收敛性和提高其适应性。

粒群优化已用于求解非线性函数的极大值和极小值，也成功地应用于神经网络训练。这时，每个粒子表示一个权矢量，代表一个神经网络。粒群优化也成功地应用于人体颤抖分析，以便诊断帕金森(Parkinson)疾病。

总而言之，粒群优化算法已显示出它的有效性和鲁棒性，并具有算法的简单性。不过，需要开展更进一步的研究，以便充分利用这种优化算法的益处。

5.2　蚁群算法

蚂蚁是一种众所周知的群居性小昆虫,单只蚂蚁很难完成复杂的任务,但是蚁群却拥有巨大的能量。人们知道它能够预报暴雨和洪涝气象,也听说它能够毁坏河堤和水坝,引起水患。这个个体甚微的小生灵,作为群体表现出十分独特的生物特征和生命行为。1992年,意大利学者多里戈(M. Dorigo)在他的博士论文中提出了蚁群算法。1999年,多里戈和迪卡罗(G. Di Caro)给出了蚁群算法的一个通用框架,对蚁群算法的发展具有重要意义。同年,马尼佐(V. Maniezzo)和科洛龙(A. Colorni)从生物进化和仿生学角度出发,研究蚂蚁寻找路径的自然行为,并用该方法求解 TSP 问题、二次分配问题和作业调度问题等,取得较好结果。蚁群算法已显示出它在求解复杂优化问题特别是离散优化问题方面的优势,是一种很有发展前景的计算智能方法。

5.2.1　蚁群算法理论

1. 蚁群算法基本原理

蚁群算法(又称为人工蚁群算法)是受到对真实蚁群行为研究的启发而提出的。为了说明人工蚁群系统的原理,先从蚁群搜索食物的过程谈起。像蚂蚁、蜜蜂等群居昆虫,虽然单个昆虫的行为极其简单,但由单个简单的个体所组成的群体却表现出极其复杂的行为。仿生学家经过大量细致观察研究后发现,蚂蚁个体之间是通过一种称为外激素(pheromone)的物质进行信息传递的。蚂蚁在运动过程中,能够在它所经过的路径上留下该种物质,而且蚂蚁在运动过程中能够感知这种物质,并以此指导自己的运动方向。因此,由大量蚂蚁组成的蚁群的集体行为便表现出一种信息正反馈现象:某一路径上走过的蚂蚁越多,则后来者选择该路径的概率就越大。蚂蚁个体之间就是通过这种信息的交流达到搜索食物的目的。

下面用多里戈所举的例子来说明蚁群系统的原理。如图 5.2 所示。设 A 是蚂蚁的巢穴,E 是食物源,HC 为一障碍物。由于存在障碍物,蚂蚁只能绕经 H 或 C 由 A 到达 E,或由 E 到达 A。各点之间的距离见图 5.2。设每个时间单位有 30 只蚂蚁由 A 到达 B,又有 30 只蚂蚁由 E 到达 D,蚂蚁过后留下的外激素为 1。为便于讨论,设外激素停留的时间为 1。在初始时刻,由于路径 BH、BC、DH、DC 上均无信息存在,位于 B 和 D 的蚂蚁可以随机选择路径。从统计的角度可以认为它们以相同的概率选择 BH、BC、DH、DC。经过一个时间单位后,在路径 BCD 上的信息量是路径 BHD 上的信息量的两倍。在 $t=1$ 时刻,将有 20 只蚂蚁由 B 和 D 到达 C,有 10 只蚂蚁由 B 和 D 到达 H。随着时间的推移,蚂蚁将会以越来越大的概率选择路径 BCD,最终完全选择路径 BCD,从而找到由蚁巢到食物源的最短路径。由此可见,蚂蚁个体之间的信息交换是一个正反馈过程。

2. 蚁群系统模型

以求解 n 个城市 TPS 的问题为例来说明蚁群系统模型。为了模拟实际蚂蚁的行为,令 m 表示蚁群中蚂蚁的数量;$d_{ij}(i,j=1,2,\cdots,n)$ 表示城市 i 和城市 j 之间的距离,$b_i(t)$ 表示 t 时刻位于城市 i 的蚂蚁个数,$m=\sum_{i=1}^{n}b_i(t)$。$\tau_{ij}(t)$ 表示 t 时刻在 ij 连线上残留的信息

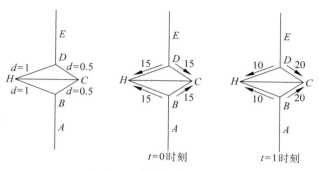

图 5.2 蚁群系统示意图

量。在初始时刻,各条路径上信息量相等,设 $\tau_{ij}(0)=C(C$ 为常数)。蚂蚁 $k(k=1,2,\cdots,m)$ 在运动过程中,根据各条路径上的信息量决定转移方向。$p_{ij}^{k}(t)$ 表示在 t 时刻蚂蚁由位置 i 转移到位置 j 的概率:

$$p_{ij}^{k}=\begin{cases}\dfrac{\tau_{ij}^{\alpha}\eta_{ij}^{\beta}(t)}{\displaystyle\sum_{s\in \text{allowed}_k}\tau_{ij}^{\alpha}\eta_{ij}^{\beta}(t)}, & j\in \text{allowed}_k\\ 0, & \text{其他}\end{cases}$$

其中,$\text{allowed}_k=\{0,1,\cdots,n-1\}$ 表示蚂蚁 k 下一步允许选择的城市;α,β 分别表示蚂蚁在运动过程中所积累的信息及启发式因子在蚂蚁路径选择中所起的不同作用;η_{ij} 表示由城市 i 转移到城市 j 的期望程度,可根据某种启发式算法具体确定。与真实蚁群系统不同,人工蚁群系统具有一定的记忆功能,这里用 $\text{tabu}_k(k=1,2,\cdots,m)$ 记录蚂蚁 k 目前已经走过的城市。随着时间的推移,以前留下的信息逐渐消逝,用参数 $(1-p)$ 表示信息消逝程度,经过 n 个时刻,蚂蚁完成一次循环。各路径上信息量要根据下式作调整:

$$\tau_{ij}(t+n)=\rho\cdot\tau_{ij}(t)+\Delta\tau_{ij}$$

$$\Delta\tau_{ij}=\sum_{k=1}^{m}\Delta\tau_{ij}^{k}$$

其中,$\Delta\tau_{ij}^{k}$ 表示第 k 只蚂蚁在本次循环中留在路径 ij 上的信息量,$\Delta\tau_{ij}$ 表示本次循环中留在路径 ij 上的信息量:

$$\Delta\tau_{ij}^{k}=\begin{cases}\dfrac{Q}{L_k}, & \text{若第 }k\text{ 只蚂蚁在本次循环中经过 }ij\\ 0, & \text{其他}\end{cases}$$

其中,Q 是常数,L_k 表示第 k 只蚂蚁在本次循环中所走过路径长度。在初始时刻,$\tau_{ij}(0)=C(\text{const}),\Delta\tau_{ij}=0$,其中,$i,j=0,1,\cdots,n-1$。根据具体算法的不同,$\tau_{ij},\Delta\tau_{ij}$ 及 $p_{ij}^{k}(t)$ 的表达形式可以不同,要根据具体问题而定。多里戈曾给出三种不同模型,分别称为 ant-cycle system,ant-quantity system,ant-density system。参数 $Q、C、\alpha、\beta、\rho$ 可以用实验方法确定其最优组合。停止条件可以用固定循环次数或当进化趋势不明显时便停止计算。

上述蚁群系统模型是一个递归过程,易于在计算机上实现。其实现过程可用伪代码表示如下。

```
begin
```
初始化过程:
```
ncycle:=0;
bestcycle:=0;
```
$$\tau_{ij}:=C;$$
$$\Delta\tau_{ij}=0;$$
η_{ij} 由某种启发式算法确定;
$\mathrm{tabu}_k=\varnothing;$
while(not termination condition)
{ncycle:=ncycle+1;
for (index = 0;index<n;index++)这里,index 表示当前已经走过的城市个数
{**for**(k = 0;k<m;k++)
{以概率 $p^k_{[\mathrm{tabu}_{[k]}[\mathrm{index\text{-}1}]][j]}$ 选择城市 j;
$j\in\{0,1,\cdots,n-1\}$-tabu_k 中;
}
将刚刚选择的城市 j 加到 tabu_k 中
}
计算 $\Delta\tau^k_{ij}(\mathrm{index}),\tau_{ij}(\mathrm{index}+n)$
确定本次循环中找到的最佳路径
}
输出最佳路径及最佳结果
end

由算法复杂度分析理论可知,该算法复杂度为 $O(nc,n^3)$,其中 nc 表示循环次数。以上是针对求解 TSP 问题说明蚁群问题的,对该模型稍作修正,便可以应用于其他问题。

实验和比较结果表明,ant-cycle system,ant-quantity system 和 ant-density system 三种算法中,ant-cycle system 算法的效果最好。这是因为它能够使用全局信息,并能保证残留信息不被无限累积,使算法忘记不好的路径。图 5.3 给出了 ant-cycle system 算法框图。

5.2.2　蚁群算法的研究与应用

1. 蚁群算法的研究

自 1991 年多里戈等提出蚁群算法以来,吸引了许多研究人员对该算法进行研究,并成功地运用于解决组合优化问题,如 TSP、QAP(quadratic assignment problem)、JSP(job-shop scheduling problem)等。对于许多组合优化问题,只要①能够用一个图来阐述将要解决的问题;②能定义一种正反馈过程,如问题中的残留信息;③问题结构本身能提供解题用的启发式信息如 TSP 问题中城市的距离;④能够建立约束机制(如 TSP 问题中已访问城市的列表),那么就能够用蚁群算法加以解决。自从包含蚁群算法在内的蚁群优化(ant colony optimization,ACO)出现之后,许多相关算法的框架被提出来。1998 年召开了关于蚁群优化的第一届学术会议(ANTS'98),更引起了研究者的广泛关注。

蚁系统(ant system,AS)是随蚁群概念最早提出来的算法,它首先被成功地运用于 TSP 问题。虽然与一些比较完善的算法(如遗传算法等)比较起来,基本蚁群算法计算量比较大,效果也并不一定更好,但是它的成功运用范例还是激起人们对蚁群算法的极大兴趣,并吸引了一批研究人员从事蚁群算法的研究。蚁系统的优点在于:正反馈能迅速找到好的解决方法,分布式计算可以避免过早地收敛,强启发能在早期的寻优中迅速找到合适的解决

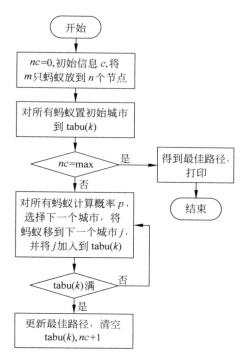

图 5.3 Ant-cycle system 算法框图

方案。蚁群算法已被成功地应用于许多能被表达为在图表上寻找最佳路径的问题。

蚁群系统(ant colony system,ACS)区别于蚁群算法之处主要在于:蚁群系统算法中,蚂蚁在寻找最佳路径的过程中只能使用局部信息,即采用局部信息对外激素浓度进行调整;在进行寻优的所有蚂蚁结束路径寻找后,外激素的浓度会再一次调整,这次采用的是全局信息,而且只对过程中发现的最后路径上的外激素浓度进行加强。有一个状态传递机制,用于指导蚂蚁最初的寻优过程,并能积累问题目前状态。

最大-最小蚁群系统(MAX-MIN ant system,MMAS)是到目前为止解决 TSP、QAP 等问题最好的蚁群优化类算法。和其他寻优算法比较起来,它属于最好的解决方案之一。MMAS 的特点是:只对最佳路径增加外激素的浓度,从而更好地利用了历史信息(这与 ACS 算法调整方案有点类似)。为了避免算法过早收敛于非全局最优解,把各条路径可能的外激素浓度限制于 $[\tau_{\min},\tau_{\max}]$,超出这个范围的值被强制设为 $\tau_{\min}$ 或者是 $\tau_{\max}$,这样可以有效地避免某条路径上的信息量远大于其余路径,使得所有蚂蚁都集中在一条路径上,从而使算法不再扩散;将各条路径上的外激素的起始浓度设为 $\tau_{\max}$,这样便可以更加充分地进行寻优。

2. 蚁群算法的应用

对蚂蚁行为的研究已导致各种相关算法的开发,并把它们应用于求解各种问题,这些算法建立了蚂蚁搜索行为(如收集食物)的模型,产生了新的组合优化算法,应用于网络路径选择和作业调度等。蚂蚁动态地分配劳动力产生出自适应任务分配策略。它们合作搬运的特性产生了机器人式的实现。把蚁群算法进行优化的工作称为蚁群优化(ant colony optimization,ACO),它已在解决组合优化问题中显示出优越性。

蚁群算法和蚁群优化已被成功地应用于二次分配问题(quadratic assignment problem, QAP)、作业调度问题(job-scheduling problem, JSP)、图表着色问题(graph coloring problem, GCP)、最短公超序问题(shortest common supersequence problem, SCSP, 一种 NP 难题)、电话网络和数据通信网络的路由优化及机器人建模和优化等。

蚁群算法源于对自然界中的蚂蚁寻找蚁巢到食物及食物回到蚁巢的最短路径方法的研究。它是一种并行算法,所有"蚂蚁"均独立行动,没有监督机构。它又是一种合作算法,依靠群体行为进行寻优;它还是一种鲁棒算法,只要对算法稍作修改,就可以求解其他组合优化问题。

蚁群算法是一个相当年轻的研究领域,刚刚走过 20 多年路程,尚未形成完整的理论体系,其参数选择更多地依赖于实验和经验,许多实际问题也有待深入研究与解决。随着蚁群算法的深入开展,它将会提供一个分布式和网络化的优化算法,促进计算智能的进一步发展。

5.3 进化算法与遗传算法

达尔文于 1859 年完成的科学巨著《物种起源》中,提出了自然选择学说,指出物种是在不断演变的,而且这种演变是一种由低级到高级、由简单到复杂的过程。1868 年,达尔文的第 2 部科学巨著《动物和植物在家养下的变异》问世,进一步阐述了他的进化论观点,提出了物种的变异和遗传、生物的生存斗争和自然选择的重要论点。生物种群的生存过程普遍遵循达尔文的物竞天择、适者生存的进化准则。种群中的个体根据对环境的适应能力而被大自然所选择或淘汰。进化过程的结果反映在个体结构上,其染色体包含若干基因,相应的表现型和基因型的联系体现了个体的外部特性与内部机理间的逻辑关系。生物通过个体间的选择、交叉、变异来适应大自然环境。生物染色体用数学方式或计算机方式来体现就是一串数码,仍叫染色体,有时也叫个体;适应能力用对应一个染色体的数值来衡量;染色体的选择或淘汰问题是按求最大还是最小问题来进行的。为求解优化问题,人们试图从自然界中寻找启迪。优化是自然界进化的核心,每个物种都在随着自然界的进化而不断优化自身结构以适应自然的变化。20 世纪 60 年代以来,如何模仿生物来建立功能强大的算法,进而将它们运用于复杂的优化问题,越来越成为一个研究热点。对优化与自然界进化的深入观察和思考,导致了进化算法(evolutionary algorithms, EAs)的诞生,并已发展成为一个重要的研究方向。

进化计算包括遗传算法(genetic algorithms, GA)、进化策略(evolution strategies)、进化编程(evolutionary programming)和遗传编程(genetic programming),本节将讨论进化算法和遗传算法。

5.3.1 进化算法原理

为了求解优化问题,研究人员试图从自然界中寻找答案。优化是自然界进化的核心,比如每个物种都在随着自然界的进化而不断优化自身结构。

对进化算法的研究可追溯到 20 世纪 50 年代。当时,研究人员已经开始意识到达尔文的进化论可用于求解复杂问题。受达尔文进化论"物竞天择,适者生存"思想的启发,20 世纪 60 年代美国密歇根大学的 J. Holland 提出了遗传算法。K. De Jong 率先将遗传算法应用于函数优化。20 世纪 60 年代中期,L. J. Fogel 等美国学者提出了进化编程(evolutionary programming,EP)。几乎在同一时期,德国学者 I. Rechenberg 和 H. P. Schwefel 开始了进化策略(evolution strategy,ES)的研究。在随后的 15 年里,上述 3 种算法独立地得到了发展。直到 20 世纪 90 年代,GA、EP 和 ES 才逐步走向统一,统称为进化算法。很快,进化算法又增加了一个新的成员——遗传编程(genetic programming,GP),它由美国斯坦福大学的 J. R. Koza 于 20 世纪 90 年代早期创立。GA、EP、ES 和 GP 是进化算法的 4 大经典范例,它们为研究人员求解优化问题提供了崭新的思路。

由于进化算法求解优化问题的巨大潜力,大批研究人员开始参与进化算法的研究,并取得了显著进展。目前,进化算法已经在许多领域得到了非常广泛的应用,并受到生物学、心理学、物理学等众多学科的关注。进化计算领域的第一本国际期刊 *Evolutionary Computation* 于 1993 年问世,由麻省理工学院出版社(MIT Press)出版。美国电气和电子工程师协会(Institute of Electrical and Electronics Engineers,IEEE)于 1996 年创办了国际期刊 *IEEE Transactions on Evolutionary Computation*。进化计算在 IEEE 中起初隶属于神经网络协会。2004 年 2 月,IEEE 神经网络协会正式更名为 IEEE 计算智能协会。此后,进化计算、神经网络、模糊计算作为 3 个主要分支共同隶属于 IEEE 计算智能协会。进化计算领域还举办了许多高水平的国际学术会议,如 IEEE 每年举办的进化计算大会(IEEE Congress on Evolutionary Computation),国际计算机组织(Association for Computing Machinery,ACM)每年举办的遗传和进化计算大会(ACM Genetic and Evolutionary Computation Conference)等。

事实上,随着对自然界的进一步认识和研究的不断深入,20 多年来研究人员又提出了大量的进化算法范例。根据我们对文献的搜集发现,现有的进化算法范例已超过 30 种。例如,M. Dorigo 于 1992 年提出了蚁群算法(ant colony optimization);R. G. Robert 于 1994 年提出了文化算法(cultural algorithm);R. Eberhart 和 J. Kennedy 于 1995 年发明了粒子群优化算法(particle swarm optimization);同年,R. Storn 和 K. Price 提出了差异进化算法(differential evolution)。此外,人工免疫系统(artificial immune system)、量子进化算法(quantum-inspired evolutionary algorithm)、和声搜索算法(harmony search)、细菌觅食算法(bacterial foraging optimization)、人工鱼群算法(artificial fish swarm algorithm)、人口迁移算法(population migration algorithm)、文化基因算法(memetic algorithm)、人工蜂群算法(artificial bee colony algorithm)、生物地理算法(biogeography-based optimization)、组搜索算法(group search optimizer)、萤火虫算法(firefly algorithm)、布谷鸟算法(cuckoo search)、蝙蝠算法(bat algorithm)、教学算法(teaching-learning-based optimization algorithm)等进化算法范例也相继被提出。

上述进化算法范例的出现极大地促进了进化计算领域的发展,进化计算领域也因此呈现出一派欣欣向荣的景象。

在解释进化算法的主要原理之前,先通过图 5.4 介绍基于梯度的优化方法的主要缺陷。假设图 5.4 中的优化问题为极小化问题。图 5.4(a)称为单峰优化问题,这类优化问题仅包含一个局部最优解,因此全局最优解与局部最优解相同。图 5.4(b)称为多峰优化问题,这类优化问题同时包含多个局部最优解,通常全局最优解为其中的某一个局部最优解。在求解优化问题时,基于梯度的优化方法首先确定一个初始点,接着基于梯度来计算下降方向和步长。通过利用下降方向和步长,可以产生一个新的点。基于梯度的优化方法通过反复执行上述过程来搜索全局最优解。对于单峰优化问题,基于梯度的优化方法非常有效。如图 5.4(a)所示,通过对初始点 x_a 不断施加下降方向和步长,最后可收敛于全局最优解 x^*。然而,对于图 5.4(b)中的多峰优化问题,执行同样的过程,则可能收敛于局部最优解 $\hat{x}$,而非全局最优解 x^*。对于多峰优化问题,基于梯度的优化方法不能找到全局最优解的原因似乎非常直观:多峰优化问题包含多个局部最优解,然而基于梯度的优化方法往往从单点出发进行搜索,因此极易收敛于某一个局部最优解。

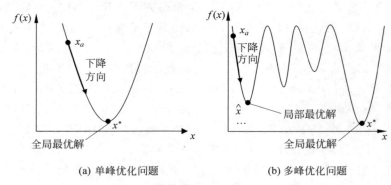

(a) 单峰优化问题　　　　　　　(b) 多峰优化问题

图 5.4　基于梯度的优化方法的主要缺陷

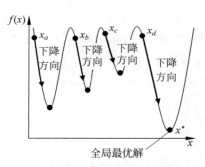

图 5.5　进化算法的主要原理

那么,对于复杂优化问题,能否通过多点出发来同步搜索全局最优解呢? 这便是进化算法的主要原理。如图 5.5 所示,对于与图 5.4(b)中相同的多峰优化问题,进化算法采用多点出发(例如 x_a,x_b,x_c 和 x_d)、沿着多个方向同时进行搜索。虽然每个点最后收敛于一个局部最优解,但是这些局部最优解中就有可能包含全局最优解 x^*。显然,与基于梯度的优化方法相比,进化算法能够以更大概率找到优化问题的全局最优解。

5.3.2　进化算法框架

如前所述,进化算法基于多点同时进行搜索。在进化算法中,这些点称为个体(individual),所有的个体构成了一个群体(population)。进化算法从选定的初始群体出发,通过不断迭代逐步改进当前群体,直至最后收敛于全局最优解或满意解。这种群体迭代进化的思想给优化问题的求解提供了一种全新思路。

进化算法一般用于求解具有以下形式的优化问题:

$$\text{maximize/minimize} f(\boldsymbol{x}), \boldsymbol{x} = (x_1, x_2, \cdots, x_D) \in S = \prod_{i=1}^{D} [L_i, U_i]$$

其中,x 为决策向量,x_i 为第 i 个决策变量,D 为决策变量的个数,$f(x)$ 为目标函数,S 为搜索空间(也称决策空间),L_i 和 U_i 分别为第 i 个决策变量的下界和上界。当优化问题只有一个决策变量时(如图 5.4 和图 5.5 中的优化问题),x 可以直接表示为 x,也就是一个标量。

一般来说,在求解优化问题时,进化算法的整体框架如图 5.6 所示。在进化算法的迭代过程中,首先应产生一个包含 N 个个体($x_1, x_2, \cdots, x_N$)的群体,接着通过选择算子(selection operator)从群体中选择某些个体组成父代个体集(parent set),然后利用交叉算子(crossover operator)和变异算子(mutation operator)对父代个体集进行相关操作(operation)产生子代个体集(offspring set),最后将替换算子(replacement operator)应用于旧的群体和子代个体集,得到下一代群体。其中,初始群体一般在搜索空间中随机产生,交叉算子和变异算子用于发现新的候选解,选择算子和替换算子则用于确定群体的进化方向。

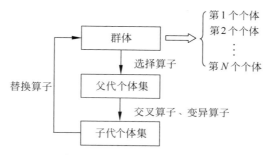

图 5.6 进化算法整体框架

5.3.3 遗传算法的编码与解码

受达尔文进化论的启发,美国密歇根大学的 J. Holland 于 20 世纪 60 年代,在对细胞自动机进行研究时提出了遗传算法。目前,遗传算法已成为进化算法的最主要范例之一。

遗传算法是模仿生物遗传学和自然选择机理,通过人工方式构造的一类优化搜索算法,是对生物进化过程进行的一种数学仿真,是进化计算的一种最重要形式。遗传算法与传统数学模型是截然不同的,它为那些难以找到传统数学模型的难题指出了一个解决方法。同时进化计算和遗传算法借鉴了生物科学中的某些知识,这也体现了人工智能这一交叉学科的特点。自从霍兰德(Holland)于 1975 年在他的著作 *Adaptation in Natural and Artificial Systems* 中首次提出遗传算法以来,经过 40 多年的研究,现在已发展到一个比较成熟的阶段,并且在实际中得到很好的应用。本节将介绍遗传算法的基本机理和求解步骤,使读者了解到什么是遗传算法,它是如何工作的,并评介遗传算法研究的进展和应用情况。

在经典的遗传算法中,每一个个体也称为染色体,由二进制串组成。例如,可采用以下二进制串来表示一个个体:

0	0	1	0	1	1
(6)	(5)	(4)	(3)	(2)	(1)

在上述二进制串中,每一维称为基因(gene),每一维的取值(0 或 1)称为等位基因(allele),每一维的位置(用括号表示)称为基因座(locus)。需要说明的是,每一维的位置从

右向左开始计算,右边第一维为起始位置。

由于经典的遗传算法采用二进制串来表示一个个体,所以在实际执行过程中涉及个体的编码和解码。

下面采用一个具体的优化问题来解释个体的编码和解码:

$$\text{maximize} f(x) = -x^2 + 10\cos(2\pi x) + 30, \quad -5 \leqslant x \leqslant 5 \tag{5.1}$$

上述优化问题仅包含一个决策变量 x,其下界 L_x 和上界 U_x 分别为 -5 和 5。通过分析可知,上述优化问题的全局最优解为 $x^* = 0$,全局最优解的目标函数值为 $f(x^*) = 40$。该优化问题所对应的函数如图 5.7 所示。

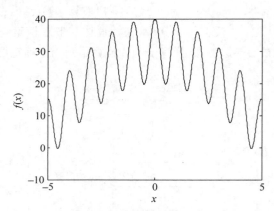

图 5.7　式(5.1)中优化问题所对应的函数

在采用遗传算法优化该问题时,首先需要产生一个初始群体。初始群体由 N 个二进制串组成,那么每个二进制串的长度是多少呢? 事实上,二进制串的长度可由搜索精度(SearchAccuracy)决定。假设期望的搜索精度为 0.01,那么二进制串的长度为

$$l = \left\lceil \log_2\left(\frac{U_x - L_x}{\text{SearchAccuracy}}\right) \right\rceil = \left\lceil \log_2\left(\frac{5 - (-5)}{0.01}\right) \right\rceil = 10 \tag{5.2}$$

其中,$\lceil \ \rceil$ 表示上取整操作。由式(5.2)可知,初始群体中的每个个体可用一个长度为 10 的二进制串来表示,记为 $A_{10}A_9A_8 \cdots A_3A_2A_1$。

在群体进化过程中,需要计算每个个体的适应度。个体的适应度通常依赖于个体的目标函数值 $f(x)$。显然,在计算 $f(x)$ 时,需要使用个体的实数值(非二进制)信息,因此,需要对二进制串解码。由于二进制串的长度为 10,所以总共存在 2^{10} 个二进制串,这导致实际的搜索精度(δ)为

$$\delta = \frac{U_x - L_x}{2^l - 1} = \frac{5 - (-5)}{2^{10} - 1} \approx 0.009\ 775 \tag{5.3}$$

值得注意的是,实际搜索精度与期望搜索精度存在一定偏差,主要原因在于式(5.2)中的上取整操作。接着,解码可通过以下公式完成:

$$x = L_x + \delta \cdot \sum_{i=1}^{l} A_i 2^{i-1} \tag{5.4}$$

在完成解码后,便可得到二进制串的实数值信息,随后可通过 $f(x)$ 计算个体的目标函数值。

对于式(5.1)中的优化问题，2^{10} 个二进制串和解码得到的实数值之间的关系由表 5.1 给出。

表 5.1　二进制串和解码得到的实数值之间的关系

二进制串（解码前）	实数值（解码后）
0000000000	$L_x = -5$
0000000001	$L_x + \delta \approx -4.9902$
0000000010	$L_x + 2\delta = -4.9805$
⋮	⋮
1111111110	$L_x + 1022\delta \approx 4.9901$
1111111111	$L_x + 1023\delta \approx 4.9998$

需要说明的是，编码只需要在产生初始群体时执行。然而，在遗传算法的每一次迭代中，均需要对包含 N 个二进制串的群体进行解码。

5.3.4　遗传算法的遗传算子

遗传算法包括 3 个遗传算子(genetic operator)，分别为选择算子(selection operator)、交叉算子(crossover operator)和变异算子(mutation operator)。下面分别介绍这 3 个算子。

1. 选择算子

选择算子可视为模拟自然界选择的一个人工版本，体现了进化论中"优胜劣汰"的思想，其执行主要依赖于个体适应度。一般来说，适应度高的个体被选择的概率大；相反，适应度低的个体被选择的概率小。在遗传算法中，通常使用的选择算子为：赌轮选择(roulette wheel selection)和联赛选择(tournament selection)。

赌轮选择类似于现实生活中的轮盘赌游戏，它的执行过程如下：

步骤 1　在完成解码后，对群体中的每个个体 $x_i(i=1,2,\cdots,N)$，计算其目标函数值 $f(x_i)$；

步骤 2　根据每个个体的目标函数值 $f(x_i)$，计算其适应度 $\mathrm{fit}(x_i)$，在某些情况下，$\mathrm{fit}(x_i)$ 可以与 $f(x_i)$ 相同；

步骤 3　计算每个个体适应度 $\mathrm{fit}(x_i)$ 占群体适应度总和 $\sum_{i=1}^{N}\mathrm{fit}(x_i)$ 的比例，记为 B_1，$B_2,\cdots,B_N$；

步骤 4　从第一个个体开始，对适应度比例进行累加，记为 $C_1,C_2,\cdots,C_N$；

步骤 5　产生一个 $[0,1]$ 之间均匀分布的随机数 rand，将 rand 逐一与 $C_i(i=1,2,\cdots,N)$ 进行比较，并记录比 rand 小的 C_i 的个数，记为 k；

步骤 6　选择第 $k+1$ 个个体 x_{k+1}。

在上述步骤中，个体 $x_i=(x_{i,1},x_{i,2},\cdots,x_{i,D})$ 也表示一个决策向量，它包含 D 个决策变量。对于式(5.1)中的优化问题，x_i 可以直接表示为 x_i，也就是一个标量。需要说明的是，每执行上述步骤一次，仅选择一个个体。因此，如果要选择 N 个个体构造父代个体集，则需执行上述步骤 N 次。

下面通过一个例子来解释赌轮选择。对于式(5.1)中的优化问题，假设解码后得到了 3 个个体：$x_1=1$，$x_2=2$，$x_3=3$。这 3 个个体的目标函数值、适应度、适应度所占比例、适应度所占比例的累加均在表 5.2 中给出。

表 5.2　3 个个体的目标函数值、适应度、适应度所占比例、适应度所占比例的累加

个体	x_1	x_2	x_3
	1	2	3
目标函数值	$f(x_1)$	$f(x_2)$	$f(x_3)$
	39	36	31
适应度	$\text{fit}(x_1)$	$\text{fit}(x_2)$	$\text{fit}(x_3)$
	39	36	31
适应度所占比例	B_1	B_2	B_3
	0.3679	0.3396	0.2925
适应度所占比例的累加	C_1	C_2	C_3
	0.3679	0.7075	1.0000

表 5.2 中,假设个体的适应度与其目标函数值相等。根据步骤 5、步骤 6 和表 5.2 可知,当 $0 \leqslant \text{rand} \leqslant 0.3679$ 时,个体 x_1 会被选择;当 $0.3679 < \text{rand} \leqslant 0.7075$ 时,个体 x_2 会被选择;当 $0.7075 < \text{rand} \leqslant 1.0000$ 时,个体 x_3 会被选择。显然,个体的选择概率与其适应度成正比。就以上 3 个个体而言,x_1 具有最大的选择概率,x_2 次之,x_3 最小。

对于赌轮选择,需要注意以下两点:

(1) 在设计适应度时,适应度可以直接等于目标函数值,也可以与目标函数值具有某种关系。但无论如何,应保证质量好的个体比质量差的个体具有更高的适应度。

(2) 由于每个个体具有不同的选择概率,因此具有较高适应度的个体可能被多次选择,而具有较低适应度的个体可能被淘汰。

此外,联赛选择的执行过程如下:

步骤 1　从群体中随机选择 M 个个体,计算每个个体的目标函数值;

步骤 2　根据每个个体的目标函数值,计算其适应度;

步骤 3　选择适应度最大的个体。

类似于赌轮选择,联赛选择每执行一次仅选择一个个体。联赛选择的执行过程相对比较简单,但是需要定义一个额外的参数 M。实际上,M 决定了群体的选择压。

2. 交叉算子

在遗传算法中,交叉算子通过个体之间的信息交换来模仿自然界中的交配过程。对于群体中随机选择的两个个体,交叉算子以概率 pc 对它们执行交叉操作。通常使用的交叉算子包括一点交叉和两点交叉。假设随机选择的两个个体为

0	1	0	0	1	0

0	0	1	0	1	1

一点交叉首先需要选择一个交叉点 $\text{CPoint}(1 \leqslant \text{CPoint} < l)$,接着在 $[0,1]$ 之间随机产生一个均匀分布的随机数 rand。如果 rand < pc,则将这两个个体位于交叉点右半部分的信息进行交换,得到两个子代个体,如图 5.8 所示。

在执行两点交叉时,首先需要选择两个交叉点 CPoint_1 和 CPoint_2,并且这两个交叉点

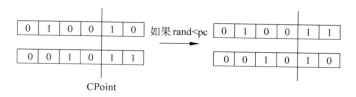

图 5.8　一点交叉示意图

满足 $1 \leqslant \text{CPoint}_1 < \text{CPoint}_2 < L$。接着在 $[0,1]$ 之间随机产生一个均匀分布的随机数 rand。如果 rand $<$ pc,则将这两个个体位于两个交叉点之间的信息进行交换,得到两个子代个体,如图 5.9 所示。

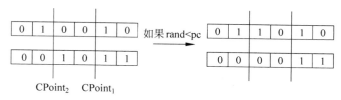

图 5.9　两点交叉示意图

3. 变异算子

遗传算法的变异算子旨在模仿生物界的基因突变过程。变异算子对执行完交叉操作后的群体中的每个个体以概率 pm 执行变异操作。首先对每一个个体的 l 个二进制位,在 $[0,1]$ 之间随机产生 l 个均匀分布的随机数,记为 $\text{rand}_l, \cdots, \text{rand}_1$。如果 $\text{rand}_i < \text{pm}(i \in \{1, 2, \cdots, l\})$,则对第 i 个二进制位执行取反操作:如果第 i 位为 0,则将其变异为 1;如果第 i 位为 1,则将其变异为 0。变异算子的执行过程可由图 5.10 进行解释。

图 5.10　变异算子示意图

需要指出的是,式(5.1)中的优化问题仅包含一个决策变量。因此,上述编码、解码、交叉和变异操作只针对一个决策变量进行。对于包含多个决策变量的优化问题,每一个决策变量都需要执行相同的编码、解码、交叉和变异操作。

5.3.5　遗传算法的执行过程

遗传算法的执行过程如下:

步骤 1　令迭代次数 $G = 0$;

步骤 2　令适应度评价(fitness evaluations)次数 FES $= 0$;

步骤 3　根据期望的搜索精度,确定每个决策变量的二进制串长度 $l_i(i \in \{1, 2, \cdots, D\})$;

步骤 4　随机产生一个包含 N 个个体的初始群体 P_G,群体中的每个个体为一个长度为 $\sum\limits_{i=1}^{D} l_i$ 的二进制串;

步骤 5　对 P_G 中的每个个体进行解码;

步骤 6　计算 P_G 中每个解码后个体的适应度,得到适应度集合 fit_G;

步骤 7　FES $=$ FES $+ N$;

步骤 8　令 $P_{G+1} = \varnothing$, $\mathrm{fit}_{G+1} = \varnothing$;

步骤 9　对 P_G 的个体根据其适应度执行选择操作,得到父代个体集 S_G;

步骤 10　将 S_G 中的个体随机分为 $N/2$ 组,对每组中的两个个体,以概率 pc 执行交叉操作,得到一个新的群体 C_G;

步骤 11　对 C_G 中每个个体的每一个二进制位,以概率 pm 执行变异操作,得到子代个体集 M_G;

步骤 12　对 M_G 中的每个个体进行解码;

步骤 13　计算 M_G 中每个解码后个体的适应度,得到适应度集合 fit'_G;

步骤 14　FES=FES+N;

步骤 15　执行替换操作: $P_{G+1} = M_G$, $\mathrm{fit}_{G+1} = \mathrm{fit}'_G$;

步骤 16　$G = G+1$;

步骤 17　如果满足结束准则,输出群体中具有最高适应度的个体;否则转至步骤 8。

从上述执行过程可以看出,遗传算法包含 4 个主要参数:二进制串的长度 $\sum\limits_{i=1}^{D} l_i$、群体规模 N、交叉概率 pc、变异概率 pm。其中,二进制串的长度由用户期望的搜索精度决定。此外,群体规模 N 与优化问题的复杂程度和决策变量的个数息息相关。当优化问题越复杂、决策变量的个数越多时,群体规模应越大。在遗传算法中,交叉算子是产生子代个体的主要方式,它决定了遗传算法的全局搜索能力;变异算子是产生子代个体的辅助方式,其主要目的在于增加群体的多样性、帮助群体跳出局部最优。因此,遗传算法通常采用较大的交叉概率 pc 和较小的变异概率 pm。

为了从理论上保证全局收敛性,并且在实际执行中提高优化性能,遗传算法通常采用精英保存策略。精英保存策略是指当前群体中具有最高适应度的个体直接进入下一代群体,并且不参与交叉和变异。例如,具有精英保存策略的遗传算法可按以下方式执行步骤 9 至步骤 15:

步骤 9　找出群体 P_G 中具有最高适应度和最低适应度的个体。对 P_G 中剩余的 $(N-2)$ 个个体,根据其适应度执行选择操作,得到父代个体集 S_G,其中 S_G 包含 $(N-2)$ 个个体;

步骤 10　将 S_G 中的个体随机分为 $(N-2)/2$ 组,对每组中的两个个体,以概率 pc 执行交叉算子,得到一个新的群体 C_G;

步骤 11　对 C_G 中每个个体的每一个二进制位,以概率 pm 执行变异操作,得到子代个体集 M_G;

步骤 12　对 M_G 中的每个个体进行解码;

步骤 13　计算 M_G 中每个解码后个体的适应度,得到适应度集合 fit'_G;

步骤 14　FES=FES+N-2;

步骤 15　将 P_G 中具有最高适应度的个体复制两份,将复制后的两个个体加入 M_G,并将其适应度加入 fit'_G。此时,M_G 包含 N 个个体。执行替换操作: $P_{G+1} = M_G$, $\mathrm{fit}_{G+1} = \mathrm{fit}'_G$。

在遗传算法中,如何设计结束准则也是一个非常重要的问题。许多研究人员对此展开了大量理论和实验研究。一般来说,在进行算法性能比较时,为了保证比较的公平性,可通过设置最大适应度评价次数的方式来设计结束准则。

5.3.6 遗传算法的执行实例

下面仍以式(5.1)中的优化问题为例,来解释遗传算法的实际执行过程。已经介绍过,对于该优化问题期望的搜索精度为0.01。由于该优化问题仅包含一个决策变量,所以二进制串的长度 l 为10。其他参数的具体取值如下:群体规模 $N=10$,pc=0.9,pm=0.05,当适应度评价次数等于1000时迭代结束。此外,采用赌轮选择、一点交叉和精英保存策略。而且,在优化过程中,个体的适应度等于其目标函数值。

假设初始化后得到了表5.3中所示的10个个体(也就是10个二进制串)。它们解码后的实数值,以及解码后的适应度也在表5.3中给出。

表5.3 10个初始个体、解码后的实数值、解码后的适应度

10个初始个体										解码后的实数值	解码后的适应度
x_1	0	0	1	1	0	0	1	0	1	0	-3.0254	30.7196
x_2	1	0	0	0	0	1	1	1	0	1	0.2884	27.5294
x_3	1	0	0	0	1	0	0	0	0	0	0.3177	25.7729
x_4	0	1	1	0	0	0	0	0	0	0	-1.2463	28.6770
x_5	0	0	1	0	1	0	1	1	1	1	-3.2893	16.7332
x_6	0	0	1	0	1	0	0	0	0	0	-3.4360	8.9924
x_7	1	1	1	1	0	1	1	1	1	1	4.6774	3.7178
x_8	0	0	0	1	1	0	1	1	0	1	-3.9345	23.6848
x_9	0	0	0	0	1	0	0	1	1	1	-4.6188	1.3245
x_{10}	0	1	1	1	0	0	1	0	1	1	-0.5132	19.7710

在这10个个体中,第1个个体和第9个个体分别具有最高和最低的适应度。因此,在执行带精英保存策略的遗传算法时,除这两个个体之外的其他8个个体均参与赌轮选择。假设赌轮选择后,产生了表5.4中所示的8个父代个体。从表5.4可以看出,第7个个体由于具有较低的适应度,所以在赌轮选择中被淘汰了。相反,由于第4个个体具有较高的适应度,所以被复制了两份。

表5.4 选择后得到的8个父代个体

x_2	1	0	0	0	0	1	1	1	0	1
x_3	1	0	0	0	1	0	0	0	0	0
x_4	0	1	1	0	0	0	0	0	0	0
x_4	0	1	1	0	0	0	0	0	0	0
x_5	0	0	1	0	1	0	1	1	1	1
x_6	0	0	1	0	1	0	0	0	0	0
x_8	0	0	0	1	1	0	1	1	0	1
x_{10}	0	1	1	1	0	0	1	0	1	1

随后,这8个个体将被随机分为4组,每组中的两个个体以0.9的概率执行交叉操作,

得到一个新的群体。接着,新得到群体的每一个二进制位均以 0.05 的概率执行变异操作。假设交叉和变异完成后,得到的 8 个子代个体与精英保存得到的两个个体(也就是将群体中具有最高适应度的个体复制了两份)如表 5.5 所示。

表 5.5　交叉、变异后得到的 8 个子代个体与精英保存得到的两个个体

10 个子代个体										解码后的实数值	解码后的适应度
y_1	0	0	1	0	1	0	1	1	1	1	−3.2893	16.7332
y_2	0	1	1	1	0	0	1	0	1	1	−0.5132	19.7710
y_3	1	1	0	0	1	0	1	1	0	1	2.9472	30.7689
y_4	0	0	0	0	0	1	1	1	0	1	−4.0909	21.6770
y_5	0	0	1	0	1	0	0	0	0	0	−3.4360	8.9924
y_6	1	1	0	1	0	0	0	0	0	0	2.8201	26.3124
y_7	0	1	1	0	0	1	0	0	0	0	−1.0899	37.2576
y_8	0	1	1	1	0	0	0	0	0	0	−0.6207	22.3562
y_9	0	0	1	1	0	0	1	0	1	0	−3.0254	30.7196
y_{10}	0	0	1	1	0	0	1	0	1	0	−3.0254	30.7196

表 5.5 还给出了这 10 个个体解码后的实数值和解码后的适应度。综合表 5.3 和表 5.5 可见,初始群体经选择、交叉和变异,下一代群体的最高适应度优于初始群体的最高适应度,这表明遗传算法的选择、交叉和变异能够有效提高群体的适应度。因此,通过不断执行选择、交叉和变异,群体最后有望收敛于全局最优解。而且,精英保存策略直接让群体中的最好个体进入下一代群体,这保证了群体质量不被退化。

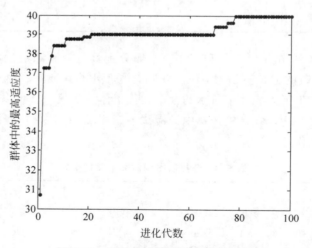

图 5.11　群体的最高适应度进化情况

图 5.11 给出了群体最高适应度的进化情况。从图 5.11 可以看出,一方面通过选择、交叉和变异,群体的最高适应度能够得以不断提升;另一方面,由于精英保存策略,群体的最高适应度没有出现退化现象。如图 5.11 所示,群体最后找到了式(5.1)中优化问题的全局最优解。

5.4 小结

本章讨论群体智能和进化计算问题,这些研究领域体现出生命科学与信息科学的紧密结合,也是广义人工智能力图研究和模仿人类和动物智能(主要是人类的思维过程和智力行为)的重要进展。

5.1 节介绍粒群优化算法,它是一种基于群体搜索的算法,是建立在模拟鸟群社会的基础上的。在粒群优化中,被称为粒子的个体是通过超维搜索空间"流动"的。粒子在搜索空间中的位置变化是以个体成功地超过其他个体的社会心理意向为基础的。粒子的搜索行为受到群体中其他粒子的搜索行为的影响。因此可见,粒群优化是一种共生合作算法。建立这种社会行为模型的结果是:在搜索过程中,粒子随机地回到搜索空间中一个原先成功的区域。粒群优化算法有个体最佳算法、全局最佳算法和局部最佳算法三种。近年来的研究使这些算法得以改进,其中包括改善其收敛性和适应性。

5.2 节讨论蚁群算法。从生物进化和仿生学角度出发,研究蚂蚁寻找食物路径的自然行为,提出了蚁群算法。用该方法求解 TSP 问题、分配问题和调度等问题,取得较好结果。蚁群算法已显示出它在求解复杂优化问题特别是离散优化问题方面的优势,是一种很有发展前景的计算智能方法。

5.3 节探讨进化算法和遗传算法。进化计算遵循自然界优胜劣汰、适者生存的进化准则,模仿生物群体的进化机制,并被用于处理复杂系统的优化问题。

遗传算法是模仿生物遗传学和自然选择机理,通过人工方式而构造的一类搜索算法,是对生物进化过程的一种数学仿真,也是进化计算的最重要形式。本章以简单遗传算法为研究对象,分析了遗传算法的结构和机理,包括遗传算法的编码与解码、适应度函数、遗传操作等。在讨论遗传算法的求解步骤时,归纳了遗传算法的特点,给出算法框图、遗传算法的一般结构及求解实例。

希望通过本章讨论,读者能够对群体智能和进化计算的基础知识有所了解。需要进一步深入研究的读者,请参阅相关参考文献。

习题 5

5-1 什么是群体智能和粒群优化?

5-2 粒群优化有哪些算法?各有什么特点?

5-3 简介蚁群算法的基本原理。你是如何理解蚁群系统模型的?

5-4 试举例说明蚁群算法的应用。

5-5 试述遗传算法的基本原理,并说明遗传算法的求解步骤。

5-6 如何利用遗传算法求解问题,试举例说明求解过程。

5-7 用遗传算法求 $f(x) = x\cos x + 2$ 的最大值。

5-8 粒群优化与进化计算有何异同之处?

第 6 章

数据处理和人工神经网络

第 1 章曾经指出：数据是事实或观察的结果，指所有能输入计算机并被程序处理的数字、字母、符号、影像信号和模拟量等各种介质的总称。

数据已从神经网络的计算智能数据迅速发展到互联网带来的海量数据。从经典数据到大数据、从大数据到活数据、从互联网到物联网及两网发展带来的海量数据、从监督学习和半监督学习到无监督学习和强化学习及通过新的计算架构获取的数据等。

本章首先讨论数据处理的类型、数据预处理和数据特征工程，然后介绍人工神经网络和基于神经网络的学习，最后论述深度学习基础。

6.1 数据处理概述

统计学观点认为：数据是统计活动过程中获得的反映社会现象的数字资料及与之相联系的其他资料的总称。统计学研究客观事物离不开数据，数据是客观现象进行计量的结果，所以数据的类型和质量在统计分析中起到重要作用，甚至还能影响统计结果。数据的类型、分布与特征反映了对象的基本状况，也决定了要使用的分析方法。数据要应用、有价值，还要结合具体的业务场景，才能有标准、能判断。

在做数据分析之前，首先要搞清研究的对象属于哪类范畴，然后再按着这个分支检索需要用到的知识或方法来解决问题。统计学的目的是对数据（特别是未知的数据）进行描述、假设推断、预测和分析，是统计为得出最终结论的一个手段，分析的过程就是通过描述，从数据中获取有用的信息。

6.1.1 数据类型

统计学习的核心思想就是要从大量的已知数据中推断未知数据的分布，这些数据通常被结构化为一个二维表形式的数据集，数据集中每一条记录被称为一个"样本"。数据有不同的类型，从大类来分可以分为定性数据和定量数据，二者的主要区别在于是否具有数值特性。

定性数据，又称为分类数据。它用于确定数据的属性，是不支持算术运算的数据，用于

说明事物的品质特征,结果表现为类别,可能是文字也可能是数字,又可以分为两类:

(1) 无序数据。比如,人的性别可以分为男、女、未知三类,也可以把它们记为 0,1,2;学生的成绩可以分为及格、不及格,按自己的需求、惯例等,也可以用 0,1 或者 a,b 来标识,等等。

(2) 顺序数据,是分类数据的一种,无序数据不要求有顺序,顺序数据却是有序的。比如空气污染可以分为优、良、轻度污染、中度污染、重度污染,其中后面一级均比前面一级的程度更严重,也可以用 1,2,3,4,5 来标识这几种分类。学生的成绩也可以分为优秀、良好、及格、不及格,后面一级的数据也都比前面的更差,虽然是表示类别,但可以用数据的大小来反映类别之间的关系。

定量数据,即数值型数据,用于说明现象的数量特征,形式是数字,也可以分为两类,主要按数值是否连续来区分:

(1) 离散型数据,又称为不连续数据,这类数据在任意两个数据点之间的个数是有限的。例如,某年级有 10 个班,这里班级的数目就是离散数据(如:八班与十班之间必然只有九班这一个班,这种划分是有限的)。离散型是通过计数方式得到的,增长量不固定,比如,一个企业 1 月份招聘了 10 人,2 月份招聘了 50 人。

(2) 连续型数据,连续数据是指任意两个数据点之间可以细分出无限多个数值。例如,智商数就是连续数据(如智商分数介于 100 与 101 之间可以有 100.5、100.6…等无限个数值)。连续数据的增长量可以划分为固定的单位,例如,人的年龄是 1 岁、1.2 岁、1.5 岁、2 岁……,人的身高是 1.5 米、1.51 米、1.52 米……。

一个数据集,往往既有定性数据,也有定量数据,两者相互补充,定性是定量的前提和依据,定量使定性更加具体、准确,结合使用通过比较来分析和说明问题。

6.1.2　数据预处理

数据预处理是建立机器学习模型的第一步,甚至是最重要的一步。数据的数量和质量直接决定了模型的预测和泛化能力的好坏。它涉及很多因素,包括准确性、完整性、一致性、时效性、可信性和可解释性。来自真实世界的数据往往存在很多问题,可能有大量的缺失值,包含很多噪声,也可能因为人工录入错误导致有异常点存在。下面介绍几种常见的数据预处理方法。

1. 无量纲化

对于样本中的数据,特征的规格可能不一,不能够放在一起比较。无量纲化使不同规格的数据转换到同一规格。常见的无量纲化方法有标准化和区间缩放法。标准化的前提是特征值服从正态分布,标准化后,其转换成标准正态分布。区间缩放法利用了边界值信息,将特征的取值区间缩放到某个特定的范围,例如[0,1]等。

(1) 标准化

标准化需要计算特征的均值和方差:

$$x = \frac{x - u}{\sigma}$$

其中,x 为某一维特征,u 为数据集中该维特征的均值,σ 为标准差。

（2）区间缩放法

区间缩放法最常见的思路是利用两个最值进行缩放。

$$x = \frac{x - x_{\min}}{x_{\max} - x_{\min}}$$

其中，x 为某一维特征，$x_{\min}$ 和 $x_{\max}$ 为数据集中该维特征的最小值和最大值。

值得注意的是，在进行统计机器学习的过程中，通常会将数据集划分为训练集与测试集，训练集的无量纲化处理直接使用训练集中数据的均值、标准差、最小值、最大值，而测试集的无量纲化处理却不应使用测试集中的数据计算上述参数，而应直接使用训练集中统计出来的数值。

2. 缺失值处理

主要的缺失情况包括：

（1）完全随机缺失。某个变量是否缺失与它自身的值无关，也与其他任何变量的值无关。例如，由于测量设备出故障导致某些值缺失。

（2）随机缺失。在控制了其他变量已观测到的值后，某个变量是否缺失与它自身的值无关。例如，人们是否透露收入可能与性别、教育程度、职业等因素有关。如果这些因素都观测到了，而且尽管收入缺失的比例在不同性别、教育程度、职业的人群之间有差异，但是在每类人群内收入是否缺失与收入本身的值无关，那么收入就是随机缺失。

（3）非随机缺失。即使控制了其他变量已观测到的值，某个变量是否缺失仍然与它自身的值有关。例如，在控制了性别、教育程度、职业等已观测因素之后，如果收入是否缺失还依赖于收入本身的值，那么收入就是非随机缺失的。

缺失值的处理方式也需要根据具体任务需求来选择，常见的处理方式包括：

（1）不处理。针对类似 XGBoost 等树模型，有些模型有处理缺失的机制，所以可以不处理。

（2）删除处理。对于特征缺失值太多的样本，可以直接删除。

（3）直接填充 0 和 −1 值。

（4）插值填充。插值方法可以是线性插值，也可以是非线性插值。

（5）KNN 预测缺失值。采用 KNN(k-最近邻)算法找出与存在缺失值的样本距离最近的 k 个不存在缺失值的样本。如果缺失值是离散的，使用 K 近邻分类器，投票选出 k 个邻居中最多的类别进行填补；如果为连续变量，则用 K 近邻回归器，拿 k 个邻居中该变量的平均值填补缺失。

（6）用缺失值所在列的均值、中值、众数或者随机抽样的结果进行填充。

3. 异常值处理

数据中的异常值通常指一些极大或极小的值，往往也称为离群点。这些异常值的存在会使数据的中心发生偏移，常见的处理方式包括：

（1）删除：如果是由输入误差和数据处理误差引起的异常值，或者异常值很小，则可以直接删除。

（2）填充：一般采用平均值、中值、预测模型填充等。

（3）区别对待：如果存在大量的异常值，则应该在统计模型中区别对待。其中一个方法是将数据分为两个不同的组,异常和非异常的分别归为一组,且两组分别建立模型,最终将两组的输出合并。

4. 定性变量量化

对于只有两个类别的情况,如"成功"或"失败","患病"或"非患病",通常用单个二进制的数字或者位表示位 0 和 1,也可以用 -1 和 1 进行表示。

对于有 k 个类别的情况,最常用的方法是使用虚拟变量(dummy variables),又称虚设变量、名义变量或者哑变量。对于每一个具有 k 个类别的分类变量,用一个 K 维二进制向量表示,每个向量只有一维为"1",代表其属于对应的类别。如手写数字识别 $(0,0,1,0,0,0,0,0,0)$ 表示该输出是"2",该方法也称"独热编码"(one-hot)。

5. 连续特征离散化

连续值经常离散化或者分离成"箱子"进行分析,为什么要做数据分箱呢?因为离散后稀疏向量内积乘法运算速度更快,计算结果也方便存储,容易扩展;离散后的特征对异常值更具鲁棒性,如 age$>$30 为 1,否则为 0,对于年龄为 200 的异常值也不会对模型造成很大的干扰。离散化的方式如下:

(1)定量特征二值化

定量特征也可以进行二值化,其核心在于设定一个阈值,大于阈值的赋值为 1,小于等于阈值的赋值为 0,表达如下:

$$x' = \begin{cases} 1, & x \geq \text{阈值} \\ 0, & x \leq \text{阈值} \end{cases}$$

(2)数据等频分箱

等频划分:将某个特征的数据按照从小到大的顺序排列好,假如要分成 4 份,那么从小到大,总数的 25% 组成第一份,总数的 25%~50% 组成第二份,总数的 50%~75% 组成第三份,剩下的组成第四份。这样可以保证每个划分区间内样本的数量基本一致,但是容易造成数值相近的样本被分到不同区间的情况。

(3)数据等距分箱

找出该特征的最大值和最小值,然后平均分成 n 份。这种方法潜在的问题在于:如果数据在某个区间内很集中,那么会导致划分的结果中存在某个区间中样本数量很多,而某些区间中样本数量很少的情况。比如说,一件衣服的价格在 50~1000 元,但是大部分衣服的价格在 100~300 元,这时候如果进行等距划分,就会造成不同区间中样本数量不一致的情况。

6.1.3 特征工程

有这么一句话在计算机业界广泛流传:数据和特征决定了机器学习的上限,而模型和算法只是逼近这个上限而已。特征工程就是将原始数据转化成表达更好的问题本质特征的过程,使得将这些特征运用到预测模型中能提高对不可见数据的模型预测精度。简单的说,特征工程就是通过特征向量 $\boldsymbol{X}$,创造新的特征向量 $\boldsymbol{X'}$。在特征工程中,需要使用专业的背景知识和技巧来处理数据,使得特征能在机器学习算法上发挥更好的作用。其本质是一项工程活动,目的在于探究如何分解和聚合原始数据,以便更好地表达问题的本质,最大限度地从原始数据中提取特征以供算法和模型使用。

所谓特征,可以简单地理解成能描述样本特性的量,是从原始数据中抽取出对结果预测更有用或表达更充分的信息。特征可分为三大类,即物理特征、结构特征和数学特征。物理特征和结构特征易于为人直觉感知,但有时难于定量描述,因而不易用于机器判别,比如颜色、材质属于物理特征,大小、形状等属于结构特征。数学特征则易于用机器定量描述和判别,如基于统计学的均值、方差、众数等特征。

并不是一个样本的所有属性都可以看作特征,区分它们的关键在于这个属性对解决这个问题有没有影响,可以认为特征是对建模任务有用的属性。比如可以通过鸢尾花的花瓣长度和宽度、萼片长度和宽度来分辨花的种类,那么花瓣长度和宽度、萼片长度和宽度就是"特征"。表 6.1 显示了从加利福尼亚州房价信息的数据集中抽取的 5 个样本数据的示例。

表 6.1　加利福尼亚州房价样本数据示例

房龄中位数	房间总数	卧室总数	房价中位数
15	5612	1283	66900
19	7650	1901	80100
17	720	174	85700
14	1501	337	73400
20	1454	326	65500

在表 6.1 中,每行记录表示一个实例或一个样本,在该例子中即为某街区所有房子的房龄中位数、房间总数、卧室总数和房价中位数。每列则表示样本的一个属性,每个属性可以是一个特征。特征与属性的不同之处在于,特征是一个对问题建模有意义的属性,若现在需要对某街区的房价进行预测,那么上述前三个属性可以被选为特征,而第四个属性,也就是房价则作为正确答案的参考值,即"标签"。这样结构化好的样本数据,每个都可以用一个特征向量来表示,假设用 X 表示一个样本,则

$$X = (x_1, x_2, \cdots, x_d)$$

其中,x_i 为第 i 个特征($i = 1, 2, \cdots, d$),d 为特征的维度。若该样本是有标签的,则可表示为 (X, y),其中 y 为标签。

真实世界中采集的数据一般来源于原始测量,可称为原始特征。但很多原始特征并不能反映对象的本质,而且在实践任务中,特征的维数越大,机器学习的难度也越大,要求的训练样本数量也越多。分析各种特征的有效性并选择或衍生出最有代表性的特征是一项非常重要的工作。提取有效信息、压缩特征空间的方法主要有两类,即特征选择和特征提取。

1. 特征选择

特征选择是从原始特征中挑选出一些最有代表性和分类性能最好的特征,主要方法如下:

(1) 过滤法(filter)

过滤法是依据特征向量和目标变量之间的关系来进行特征选择的。这类方法依赖于真实世界的数据集特征,不需要借助学习算法,一般通过对每一个特征进行"打分"来进行评估,这个"分数"相当于对应特征的权重,权重即代表了该特征的重要性。

(2) 包装法(wrapper)

另一种主流的特征选择方法是基于机器学习模型的方法。有些机器学习方法本身就具有对特征进行打分的机制,或者很容易将其运用到特征选择任务中,例如 SVM、决策树和随

机森林等。包装法从初始特征集合中不断地选择特征子集,训练学习器,根据学习器的性能来对子集进行评价,直到选择出最佳的子集。包装法特征选择是直接针对给定学习器进行优化。

(3) 嵌入法(embedded)

嵌入式特征选择类似于过滤法,只不过权重系数是通过训练得来的,是一种让算法自己决定使用哪些特征的方法。在使用嵌入法时,先使用某些机器学习的算法和模型进行训练,得到各个特征的权值系数,根据权值系数从大到小选择特征。包装法与嵌入法的区别在于:包装法根据预测效果评分来选择,而嵌入法根据预测后的特征权重值系数来选择特征。

2. 特征提取

特征提取则是用映射或变换的方法把原始特征变换为较少的新特征,是从原始特征中衍生出二次特征,常用的方法包括傅里叶变换、主成分分析(principal component analysis, PCA)等。相关方法在很多文献中均有介绍,不在本书的讨论范围内,在此就不一一赘述了。

6.2 人工神经网络

作为动态系统辨识、建模和控制的一种新的和令人感兴趣的工具,人工神经网络在过去20多年里得到大力研究并取得重要进展。涉及 ANN 的杂志和会议论文剧增:有关 ANN 的专著、教材、会议录和专辑相继出版。其中,一些专辑对推动这一思潮起到重要作用。

本节将首先介绍人工神经网络的由来、特性、结构、模型和算法,然后讨论神经网络的表示和推理。这些内容是神经网络的基础知识,而神经计算是以神经网络为基础的计算。

6.2.1 人工神经网络研究的进展

人工神经网络研究的先锋麦卡洛克和皮茨曾于 1943 年提出一种叫做"似脑机器"(mindlike machine)的思想,这种机器可由基于生物神经元特性的互连模型来制造,这就是神经学网络的概念。他们构造了一个表示大脑基本组分的神经元模型,对逻辑操作系统表现出通用性。随着大脑和计算机研究的进展,研究目标已从"似脑机器"变为"学习机器",为此一直关心神经系统适应律的赫布(Hebb)提出了学习模型。罗森布拉特(Rosenblatt)命名感知器,并设计一个引人注目的结构。到 20 世纪 60 年代初期,关于学习系统的专用设计方法有威德罗(Widrow)等提出的 Adaline(adaptive linear element,即自适应线性元)及斯坦巴克(Steinbuch)等提出的学习矩阵。由于感知器的概念简单,因而在开始介绍时人们对它寄托很大希望。然而,不久之后明斯基和帕伯特(Papert)从数学上证明了感知器不能实现复杂逻辑功能。

到了 20 世纪 70 年代,格罗斯伯格和科霍恩对神经网络研究做出重要贡献。以生物学和心理学证据为基础,格罗斯伯格提出几种具有新颖特性的非线性动态系统结构。该系统的网络动力学由一阶微分方程建模,而网络结构为模式聚集算法的自组织神经实现。基于神经元组织自调整各种模式的思想,科霍恩发展了他在自组织映射方面的研究工作。沃博斯在 20 世纪 70 年代开发出一种反向传播算法。霍普菲尔德在神经元交互作用的基础上引入一种递归型神经网络,这种网络就是有名的 Hopfield 网络。在 20 世纪 80 年代中叶,作为一种前馈神经网络的学习算法,帕克和鲁梅尔哈特等重新发现了反向传播算法。近十多年来,神经网络已在从家用电器到工业对象的广泛领域找到它的用武之地,主要应用涉及模式识别、图像处理、自动控制、机器人、信号处理、管理、商业、医疗和军事等领域。

人工神经网络的下列特性是至关重要的:

(1)并行分布处理。神经网络具有高度的并行结构和并行实现能力,因而具有较好的耐故障能力和较快的总体处理能力。这特别适于实时和动态处理。

(2)非线性映射。神经网络具有固有的非线性特性,这源于其近似任意非线性映射(变换)能力。这一特性给处理非线性问题带来新的希望。

(3)通过训练进行学习。神经网络是通过所研究系统过去的数据记录进行训练的。一个经过适当训练的神经网络具有归纳全部数据的能力。因此,神经网络能够解决那些由数学模型或描述规则难以处理的问题。

(4)适应与集成。神经网络能够适应在线运行,并能同时进行定量和定性操作。神经网络的强适应和信息融合能力使它可以同时输入大量不同的控制信号,解决输入信息间的互补和冗余问题,并实现信息集成和融合处理。这些特性特别适于复杂、大规模和多变量系统。

(5)硬件实现。神经网络不仅能够通过软件,而且可借助软件实现并行处理。近年来,一些超大规模集成电路实现硬件已经问世,而且可从市场上购买到。这使得神经网络成为具有快速和大规模处理能力的网络。

十分显然,神经网络由于其学习和适应、自组织、函数逼近和大规模并行处理等能力,因而具有用于智能系统的潜力。

对于神经网络在机器学习、模式识别、信号处理、系统辨识和优化等方面的应用,已有广泛研究。在控制领域,已经做出许多努力,把神经网络用于控制系统,处理控制系统的非线性和不确定性及逼近系统的辨识函数等。

6.2.2　人工神经网络的基本结构

神经网络的结构是由基本处理单元及其互连方法决定的。

1. 神经元及其特性

连接机制结构的基本处理单元与神经生理学类比往往称为神经元。每个构造起网络的神经元模型模拟一个生物神经元,如图 6.1 所示。该神经元单元由多个输入 $x_i, i=1,2,\cdots,n$ 和一个输出 y 组成。中间状态由输入信号的权和表示,而输出为

$$y_j(t)=f\Big(\sum_{i=1}^{n}w_{ji}x_i-\theta_j\Big) \qquad (6.1)$$

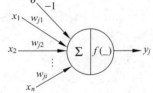

图 6.1　神经元模型

其中,θ_j 为神经元单元的偏置(阈值),w_{ji} 为连接权系数(对于激发状态,w_{ji} 取正值;对于抑制状态,w_{ji} 取负值),n 为输入信号数目,y_j 为神经元输出,t 为时间,$f(\_)$ 为输出变换函数,有时叫做激励函数,往往采用 0 和 1 二值函数或 S 形函数,如图 6.2 所示,这三种函数都是连续和非线性的。一种二值函数可由下式表示:

$$f(x) = \begin{cases} 1, & x \geqslant x_0 \\ 0, & x < x_0 \end{cases} \tag{6.2}$$

如图 6.2(a)所示。一种常规的 S 形函数如图 6.2(b)所示,可由式(6.3)表示:

$$f(x) = \frac{1}{1 + \mathrm{e}^{-ax}}, \quad 0 < f(x) < 1 \tag{6.3}$$

常用双曲正切函数(见图 6.2(c))来取代常规 S 形函数,因为 S 形函数的输出均为正值,而双曲正切函数的输出值可为正或负。双曲正切函数如式(6.4)所示:

$$f(x) = \frac{1 - \mathrm{e}^{-ax}}{1 + \mathrm{e}^{-ax}}, \quad -1 < f(x) < 1 \tag{6.4}$$

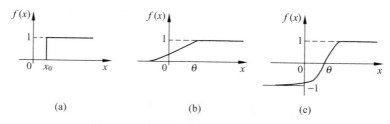

图 6.2 神经元中的某些变换(激励)函数

2. 人工神经网络的基本特性和结构

人脑内含有极其庞大的神经元(有人估计约为一千多亿个),它们互连组成神经网络,并执行高级的问题求解智能活动。

人工神经网络由神经元模型构成,这种由许多神经元组成的信息处理网络具有并行分布结构。每个神经元具有单一输出,并且能够与其他神经元连接;存在许多(多重)输出连接方法,每种连接方法对应一个连接权系数。严格地说,人工神经网络是一种具有下列特性的有向图:

(1) 对于每个节点 i,存在一个状态变量 x_i;

(2) 从节点 i 至节点 j,存在一个连接权系统数 w_{ji};

(3) 对于每个节点 i,存在一个阈值 θ_i;

(4) 对于每个节点 i,定义一个变换函数 $f_i(x_i, w_{ji}, \theta_i), i \neq j$;对于最一般的情况,此函数取 $f_i\left(\sum_j w_{ji} x_j - \theta_i\right)$ 形式。

人工神经网络的结构基本上分为两类,即递归(反馈)网络和前馈网络,简介如下。

(1) 递归网络

在递归网络中,多个神经元互连以组织一个互连神经网络,如图 6.3 所示。有些神经元的输出被反馈至同层或前层神经元。因此,信号能够从正向和反向流通。Hopfield 网络、Elmman 网络和 Jordan 网络是递归网络有代表性的例子。递归网络又叫做反馈网络。

图 6.3 中,V_i 表示节点的状态,x_i 为节点的输入(初始)值,x_i' 为收敛后的输出值,$i = 1, 2, \cdots, n$。

（2）前馈网络

前馈网络具有递阶分层结构,由一些同层神经元间不存在互连的层级组成。从输入层至输出层的信号通过单向连接流通;神经元从一层连接至下一层,不存在同层神经元间的连接,如图 6.4 所示。图中,实线指明实际信号流通而虚线表示反向传播。前馈网络的例子有多层感知器(MLP)、学习矢量量化(LVQ)网络、小脑模型联接控制(CMAC)网络和数据处理方法(GMDH)网络等。

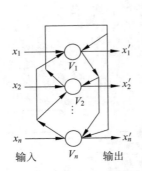

图 6.3　递归(反馈)网络

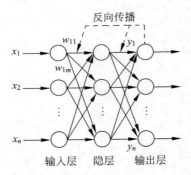

图 6.4　前馈(多层)网络

3. 人工神经网络的主要学习算法

神经网络主要通过两种学习算法进行训练,即指导式(有师)学习算法和非指导式(无师)学习算法。此外,还存在第三种学习算法,即强化学习算法,可把它看作有师学习的一种特例。

（1）有师学习

有师学习算法能够根据期望的和实际的网络输出(对应于给定输入)间的差来调整神经元间连接的强度或权。因此,有师学习需要有老师或导师来提供期望或目标输出信号。有师学习算法的例子包括 △ 规则、广义 △ 规则或反向传播算法及 LVQ 算法等。

（2）无师学习

无师学习算法不需要知道期望输出。在训练过程中,只要向神经网络提供输入模式,神经网络就能够自动地适应连接权,以便按相似特征把输入模式分组聚集。无师学习算法的例子包括 Kohonen 算法和 Carpenter-Grossberg 自适应谐振理论(ART)等。

（3）强化学习

如前所述,强化学习是有师学习的特例。它不需要老师给出目标输出。强化学习算法采用一个“评论员”来评价与给定输入相对应的神经网络输出的优度(质量因数)。

6.3　神经网络学习

本节将讨论通过训练神经网络的学习问题。典型神经网络的学习问题包括:

（1）神经网络是如何通过反向传播(back propagation,BP)进行学习的,以及模拟神经网络是如何改善学习特性的。

（2）Hopfield 网络是如何学习的。

6.3.1 基于反向传播网络的学习

反向传播算法是一种计算单个权值变化引起网络性能变化值的较为简单的方法。由于 BP 算法过程包含从输出节点开始,反向地向第一隐含层(即最接近输入层的隐含层)传播由总误差引起的权值修正,所以称为"反向传播"。

1. 反向传播网络的结构

鲁梅尔哈特(Rumelhart)和麦克莱兰(Meclelland)于 1985 年发展了 BP 网络学习算法,实现了明斯基的多层网络设想。BP 网络不仅含有输入节点和输出节点,而且含有一层或多层隐(层)节点,如图 6.5 所示。输入信号先向前传递到隐节点,经过作用后,再把隐节点的输出信息传递到输出节点,最后给出输出结果。节点的激发函数一般选用 S 型函数。

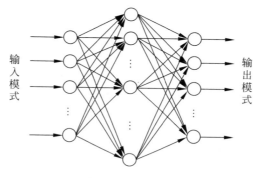

图 6.5 BP 网络

BP 算法的学习过程由正向传播和反向传播组成。在正向传播过程中,输入信息从输入层经隐单元层逐层处理后,传至输出层。每一层神经元的状态只影响下一层神经元的状态。如果在输出层得不到期望输出,那么就转为反向传播,把误差信号沿原连接路径返回,并通过修改各层神经元的权值,使误差信号最小。

2. 反向传播公式

反向传播特性的数学论证是以下列两个概念为依据的:

(1) 设 y 为某些变量 x_i 的平滑函数。我们想知道如何实现每个 x_i 初始值的递增变化,以便尽可能快地增大 y 值,每个 x_i 初始值的变化应当与 y 对 x_i 的偏导数成正比,即

$$\Delta x_i \propto \frac{\partial y}{\partial x_i} \tag{6.5}$$

这个概念称为梯度法(gradient ascent)。

(2) 设 y 为某些中间变量 x_i 的函数,而每个 x_i 又为变量 z 的函数。要知道 y 对 z 的导数,即

$$\frac{\mathrm{d}y}{\mathrm{d}z} = \sum_i \frac{\partial y}{\partial x_i} \frac{\mathrm{d}x_i}{\mathrm{d}z} = \sum_i \frac{\mathrm{d}x_i}{\mathrm{d}z} \frac{\partial y}{\partial x_i} \tag{6.6}$$

这个概念称为连锁法(chain rule)。

有一个待改善的权的集合和一个对应于期望输出的简单的输入集合。需要知道一种测量权的状况的方法和一种改善测量性能的方法。

测量性能的标准方法是取一训练(采样)输入,然后求取每个输出方差之和。对所有训练求取输出方差之和,得

$$P = \sum_s \left(\sum_z (d_{sz} - O_{sz})^2 \right) \tag{6.7}$$

其中,P 为被测神经元性能,s 为全部训练输入的记号,z 为全部输出节点的记号,d_{sz} 为训练输入 s 在节点 z 的期望输出,O_{sz} 为训练输入 s 在节点 z 的实际输出。

当然,被测性能 P 是权的函数。因此,如果能够计算出性能对每个权值的偏导数,那么就能够调用梯度法。然后,按是否与对应的偏导数成正比变化权值,就能很快地登上性能之山(爬山法)。

值得指出的是,由于性能是以全部训练输入之和的形式给出的,所以能够分别对每个训练输入性能的偏导数求和,计算出性能对具体权值的偏导数。这样,就可以去掉下标 s 以减少记号上的混乱,而每次把注意力集中于训练输入。也就是说,对每个训练输入导出的调整值求和来修正每个权值。考虑偏导数:

$$\frac{\partial P}{\partial W_{i \to j}} \tag{6.8}$$

其中,$W_{i \to j}$ 为连接第 i 层节点和第 j 层节点的权值。

下一步是找出一种计算 P 对 $W_{i \to j}$ 偏导数的有效方法。通过计算接近输出层节点的权值来表示这个偏导数,就能找到这个方法。

权值 $W_{i \to j}$ 对性能 P 的作用是通过中间变量 O_j,即第 j 个节点的输出来实现的。应用连锁法来表示 P 对 $W_{i \to j}$ 的偏导数:

$$\frac{\partial P}{\partial W_{i \to j}} = \frac{\partial P}{\partial O_j} \frac{\partial O_j}{\partial W_{i \to j}} = \frac{\partial O_j}{\partial W_{i \to j}} \frac{\partial P}{\partial O_j} \tag{6.9}$$

现在来考虑 $\dfrac{\partial O_j}{\partial W_{i \to j}}$ 项。对节点 j 的全部输入求和,并通过一个阈值函数而求得 O_j。即 $O_j = f\left(\sum_i O_i W_{i \to j} \right)$,其中 f 为阈值函数。把这个和作为中间变量 σ_j 处理,即 $\sigma_j = \sum_i O_i W_{i \to j}$,再次应用连锁法,得

$$\frac{\partial O_j}{\partial W_{i \to j}} = \frac{\mathrm{d}f(\sigma_j)}{\mathrm{d}\sigma_j} \frac{\partial \sigma_j}{\partial W_{i \to j}} = \frac{\mathrm{d}f(\sigma_j)}{\mathrm{d}\sigma_j} \tag{6.10}$$

将式(6.10)代入式(6.9),求得关键方程

$$\frac{\partial P}{\partial W_{i \to j}} = O_i \frac{\mathrm{d}f(\sigma_j)}{\mathrm{d}\sigma_j} \frac{\partial P}{\partial O_j} \tag{6.11}$$

偏导数可由右边的下一层节点的偏导数之和来表示。由于 O_j 对 P 的作用是通过下一层节点的输出 O_k 实现的,所以可应用连锁法来计算:

$$\frac{\partial P}{\partial O_j} = \sum_k \frac{\partial P}{\partial O_k} \frac{\partial O_k}{\partial O_j} = \sum_k \frac{\partial O_k}{\partial O_j} \frac{\partial P}{\partial O_k} \tag{6.12}$$

对节点 k 的全部输入求和,并通过一阈值函数求得 O_k。即 $O_k = f\left(\sum_j O_j W_{j \to k} \right)$,其中 f 为阈值函数。把这个和作为中间变量 σ_k 处理,并又一次应用连锁法,可得

$$\frac{\partial O_k}{\partial O_j} = \frac{\mathrm{d}f(\sigma_k)}{\mathrm{d}\sigma_k} \frac{\partial \sigma_k}{\partial O_j} = \frac{\mathrm{d}f(\sigma_k)}{\mathrm{d}\sigma_k} W_{j \to k} = W_{j \to k} \frac{\mathrm{d}f(\sigma_k)}{\mathrm{d}\sigma_k} \tag{6.13}$$

将式(6.13)代入式(6.11),求得又一个关键方程:

$$\frac{\partial P}{\partial O_j} = \sum_k W_{j \to k} \frac{\mathrm{d}f(\sigma_k)}{\mathrm{d}\sigma_k} \frac{\partial P}{\partial O_k} \tag{6.14}$$

综上所述,求得两个关键方程式(6.11)和式(6.14),它们表示两个重要的结果。第一,性能对权值的偏导数取决于性能对下一个输出的偏导数;第二,性能对输出的偏导数取决于性能对下一层输出的偏导数。从这两个结果可得出结论:P 对第 i 层的任何权的偏导数必须借助计算右边第 j 层的偏导数而得到。

不过,要最后完成上述计算,还必须确定性能对最后一层每个输出的偏导数。这种计算很容易进行,即

$$\frac{\partial P}{\partial O_z} = \frac{\partial}{\partial O_z} \left[-(d_z - O_z)^2 \right] = 2(d_z - O_z) \tag{6.15}$$

下面讨论阈值函数 f 对其自变量 σ 的导数。这里,σ 对应于一个节点的输入之和。我们很自然地选择既能在直觉上满足要求又能在数学上易于处理的 f 函数:

$$f(\sigma) = \frac{1}{1 + \mathrm{e}^{-\sigma}} \tag{6.16}$$

$$\frac{\mathrm{d}f(\sigma)}{\mathrm{d}\sigma} = \frac{\mathrm{d}}{\mathrm{d}\sigma} \left(\frac{1}{1 + \mathrm{e}^{-\sigma}} \right) = (1 + \mathrm{e}^{-\sigma})^{-2} \mathrm{e}^{-\sigma} = f(\sigma)(1 - f(\sigma)) = O(1 - O) \tag{6.17}$$

异乎寻常的是,这个导数是以每个节点的输出 $O = f(\sigma)$ 表示的,而不是以输出之和 σ 表示的。不过,这种导数表示方法正是我们所期望的,因为我们的总目标是要建立这样的方程式,即能以其右边节点之值来表示本节点的性能。

权值的变化应当由某个比率参数 r 决定。r 值选得越大越有利于提高学习速度,但又不能太大,以免使输出过分地超过期望值而引起超调。

令 $\beta = \partial P / \partial O$,并以 r 代替式(6.15)中的 2,则可得反向传播公式如下:

$$\Delta W_{i \to j} = r O_j (1 - O_j) \beta_j \tag{6.18}$$

$$\begin{cases} \beta_j = \sum_k W_{j \to k} O_k (1 - O_k) \beta_k, & \text{对于隐节点} \\ \beta_z = d_z - O_z, & \text{对于输出节点} \end{cases} \tag{6.19}$$

在计算每个训练输入组合的变化时,按照连锁法要求,必须对这些单一训练输入的组合所产生的权值变化求和。然后,就能够改变权值。

3. 反向传播学习算法

根据前面求得的两个反向传播方程,可得反向传播训练神经元的算法如下。

(1) 选取比率参数 r。

(2) 进行下列过程直至性能满足要求为止。

　① 对于每一训练(采样)输入:

　　(a) 计算所得输出,

　　(b) 按式(6.20)计算输出节点的值

$$\beta_z = d_z - O_z \tag{6.20}$$

　　(c) 按式(6.21)计算全部其他节点

$$\beta_j = \sum_k W_{j \to k} O_k (1 - O_k) \beta_k \tag{6.21}$$

(d) 按式(6.22)计算全部权值变化

$$\Delta W_{i \to j} = r O_i O_j (1 - O_j) \beta_j \qquad (6.22)$$

② 对于所有训练(采样)输入,对权值变化求和,并修正各权值。

权值变化与输出误差成正比,作为训练目标输出只能逼近 1 和 0 两值,而绝不可能达到 1 和 0 值。因此,当采用 1 作为目标值进行训练时,所有输出实际上呈现出大于 0.9 的值;而当采用 0 作为目标值进行训练时,所有输出实际上呈现出小于 0.1 的值,这样的性能就被认为是满意的。

反向传播算法是一种很有效的学习算法,它已解决了不少问题,成为神经网络的重要模型之一。反向传播算法框图如图 6.6 所示。

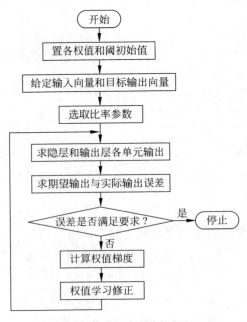

图 6.6 反向传播算法框图

6.3.2 基于 Hopfield 网络的学习

还有一类人工神经网络,即反馈神经网络,它是一种动态反馈系统,比前馈网络具有更强的计算能力。反向网络可用一个完备的无向图表示。本节将以霍普菲尔德(Hopfield)网络为例,研究反馈神经网络的模型算法和学习示例,以求对反馈网络有一个初步和基本的了解。

1. Hopfield 网络模型

Hopfield 离散随机神经网络模型是由霍普菲尔德(Hopfield)于 1982 年提出的。1984年,他又提出连续时间神经网络模型。这两种模型的许多重要特性是密切相关的。一般在进行计算机仿真时采用离散模型,而在用硬件实现时采用连续模型。

Hopfield 网络是一种具有正反相输出的带反馈人工神经元,如图 6.7(a)所示。它用无源电子器件 R_j 和 C_j 的并联模拟生理神经元的输出时间常数,用跨导 T_j 模拟生物神经元通过突触互联传输信息时的损耗,用有源电子器件运算放大器的非线性特性模拟生物神经元的输入输出非线性关系,并补充信息传输路径上的损耗,Hopfield 网络模拟电路如图 6.7(b)所示。由于这种网络能够实现神经元间的相互激励与抑制,因而具有很强的能力。图 6.7 中的每个放大器就是一个神经元。

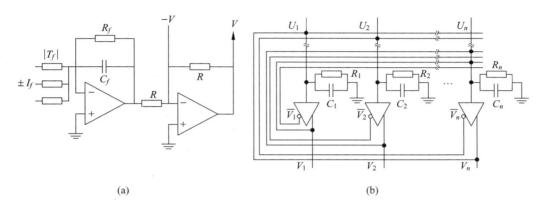

图 6.7　Hopfield 网络原型及模拟电路

每个放大器(神经元)的输出可用一个非线性动态方程来描述。令第 i 个放大器的输入为 U_i,输出为 V_i,于是有下列非线性动态方程:

$$C_i \frac{\mathrm{d}U_i}{\mathrm{d}t} = \sum_{j=1}^{n} W_{ij} V_j - \frac{U_i}{\tau_i} + I_i \tag{6.23}$$

$$V_i = f_i(u_i) \tag{6.24}$$

其中,C_i 为放大器的输入电容,W_{ij} 为第 j 个放大器输出至第 i 个放大器输入之间的联接权,n 为神经元的个数,I_i 为神经元的外部输入,$f_i(\cdot)$ 为第 i 个放大器的输出特性,即神经元特性,其形状为 S 曲线。这里忽略去神经元输出响应的固有时间。τ_i 见下面说明。

在 Hopfield 网络中,假定联接权 W_{ij} 是对称的,取 $W_{ij} = W_{ji}$,并要求 W_{ij} 值可正可负。为此,在网络中同时采用放大器的正向和反向输出,并采用 $|T_{ij}| = 1/R_{ij}$,其中 R_{ij} 为第 j 个放大器输出和第 i 个放大器输入之间的电阻值。

式(6.23)中的 τ_i 值由式(6.25)决定:

$$\frac{1}{\tau_i} = \frac{1}{\rho_i} + \sum_{j=1}^{n} \frac{1}{R_{ij}} \tag{6.25}$$

其中,R_i 为放大器的输入阻抗。一般可取 τ_i 和 C_i 为常数。

式(6.23)和式(6.24)能独立地描述几个神经元的运行状态。把这 n 个输出组成的向量作为系统的状态向量,第 i 个输出即为状态向量的第 i 个元素。下面可在状态空间中考虑 Hopfield 网络的运行。

为了描述 Hopfield 网络的稳定性,引入如下的 Lyapunov 函数,又称能量函数:

$$E = -\frac{1}{2} \sum_i \sum_j w_{ij} v_i v_j + \sum_i \frac{1}{\tau_i} \int_0^{v_i} f_i^{-1}(v) \mathrm{d}v - \sum_i I_i v_i \tag{6.26}$$

在高增益的情况下,式(6.26)的第二项可以忽略。

考虑到权重 W_{ij} 的对称性,可求得 E 的时间导数值为

$$\frac{\mathrm{d}E}{\mathrm{d}t} = -\sum_i \frac{\mathrm{d}v_i}{\mathrm{d}t} \Big(\sum_j W_{ij} v_j - \frac{u_i}{\tau_j} + I_i \Big) \tag{6.27}$$

再根据式(6.24),即有

$$\frac{\mathrm{d}E}{\mathrm{d}t} = -\sum_i C_i \frac{\mathrm{d}f_i^{-1}}{\mathrm{d}v_i} \Big(\frac{\mathrm{d}v_i}{\mathrm{d}t} \Big)^2 \tag{6.28}$$

$f_i(\cdot)$ 是 S 形函数,故 $f_i^{-1}(\cdot)$ 单调增,式(6.27)右边的每一项都是非负的,从而有

$$\frac{\mathrm{d}E}{\mathrm{d}t} \leqslant 0 \tag{6.29}$$

并且,仅当 $\mathrm{d}V_i/\mathrm{d}t = 0$,$\forall i$ 时,式(6.29)的等号成立。$\mathrm{d}V_i/\mathrm{d}t$ 对应的是状态空间中能量函数 E 的稳定平衡点,表示的是网络最终可能的输出值的集合。因为函数 E 是有界函数,故式(6.29)表明网络总是吸引到 E 函数的局部最小值上。

通过适当地选取权 W_{ij} 的值及外部输入信号 I_i,将优化问题匹配到神经网络上。神经网络在进行这样的构造后,给输入电压一组初始值,这时,网络将收敛到极小化目标函数 E 的稳定状态,目标函数达到它的局部极小值。

2. Hopfield 网络算法

Hopfield 提出,如果把神经网络的各平衡点设想为存储于该网络的信息,而且网络的收敛性保证系统的动态特性随时间而达到稳定,那么这种网络就成为按内容定址的存储器(content addressable memory,CAM),或称为联想存储器。

有一种联想存储器,它有 n 个节点,每个节点均接受二值输入,由节点的阈值型非线性函数得到 $+1$ 或 -1 输出,每个节点的输出经互联 W_{ij} 送至所有其他节点。霍普菲尔德证明了当权值对称地设置($W_{ji} = W_{ij}$)且节点输出被异步地更新时,该网络是收敛的。

Hopfield 算法

(1) 设置互联权值

$$W_{ij} = \begin{cases} \sum_{s=0}^{m-1} x_i^s x_j^s, & i \neq j \\ 0, & i = j ; \ 0 \leqslant i,j \leqslant n-1 \end{cases} \tag{6.30}$$

其中,x_i^s 为 S 类采样的第 i 个分量,可为 $+1$ 或 -1;采样类别数为 m,节点数为 n。

(2) 对未知类别的采样初始化

$$y_i(0) = x_i, \quad 0 \leqslant i \leqslant n-1 \tag{6.31}$$

其中,$y_i(t)$ 为节点 i 在时刻 t 的输出;当 $t=0$ 时,$y_i(0)$ 就是节点 i 的初始值,x_i 为输入采样的第 i 个分量,也可为 $+1$ 或 -1。

(3) 迭代运算

$$y_i(t+1) = f\Big(\sum_{i=0}^{n-1} W_{ij} y_i(t) \Big), \quad 0 \leqslant j \leqslant n-1 \tag{6.32}$$

其中,函数 f 为阈值型。本过程一直重复到新的迭代不能再改变节点的输出为止,即收敛为止。这时,各节点的输出与输入采样达到最佳匹配。否则

(4) 转步骤(2)。

Hopfield 算法框图如图 6.8 所示。

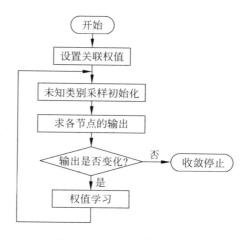

图 6.8　Hopfield 算法框图

6.4　小结

本章讨论数据处理的类型、数据预处理和数据特征工程,介绍人工神经网络和基于神经网络的学习,论述深度学习基础。

6.1 节简介数据处理基础,涉及数据处理的类型、数据预处理和数据特征工程。

数据可分为定性数据和定量数据。数据预处理是建立机器学习模型最重要的一步,预处理方法包括无量纲化、缺失值处理、异常值处理和连续特征离散化等。特征是从原始数据中抽取出的对结果预测更有用或表达更充分的信息。特征可分为三大类,即物理特征、结构特征和数学特征。特征工程就是将原始数据转化成表达更好的问题本质特征的过程,使得将这些特征运用到预测模型中能提高对不可见数据的模型预测精度。提取有效信息,压缩特征空间的方法主要有特征选择和特征提取两类。

6.2 节讨论人工神经网络。神经网络的基元是神经元,具有多个输入和一个输出。神经元间为带权的有向连接。输入信号借助激励函数得到输出。

人工神经网络可分为递归(反馈)网络和多层(前馈)网络两种基本结构。在学习算法上,人工神经网络可采用有师(监督式)学习和无师(无监督式)学习两种。有时,对增强(强化)学习单独进行讨论;实际上,可把强化学习看作有师学习的特例。人工神经网络已获得比较广泛的应用。

人工神经网络以反向传播网络和 Hopfield 网络的应用最为广泛。6.3 节研究基于反向传播网络的学习和基于 Hopfield 网络的学习,介绍反向传播网络的结构、传播公式、学习算法和学习示例及 Hopfield 网络的学习模型、网络算法和学习示例。

习题 6

6-1　什么是数据?数据预处理有哪些方法?

6-2　数据是怎么分类的?

6-3 什么是特征和特征工程?

6-4 如何提取特征工程的有效信息?

6-5 人工神经网络为什么具有诱人的发展前景和潜在的广泛应用领域?

6-6 简述生物神经元及人工神经网络的结构和主要学习算法。

6-7 考虑一个具有阶梯型阈值函数的神经网络,假设

(1)用一常数乘所有权值和阈值;

(2)用一常数加所有权值和阈值。

试说明网络性能是否会变化。

6-8 构造一个神经网络,用于计算含有 2 个输入的 XOR 函数。指定所用神经网络单元的种类。

6-9 假定有个具有线性激励函数的神经网络,即对于每个神经元,其输出等于常数 c 乘以各输入加权和。

(1)设该网络有个隐含层。对于给定的权 W,写出输出层单元的输出值,此值以权 W 和输入层 I 为函数,而对隐含层的输出没有任何明显的叙述。试证明:存在一个不含隐含单位的网络能够计算上述同样的函数。

(2)对于具有任意隐含层数的网络,重复进行上述计算,从中给出线性激励函数的结论。

6-10 试实现一个分层前馈神经网络的数据结构,为正向评价和反向传播提供所需信息。应用这个数据结构,写出一个神经网络输出,以作为一个例子,并计算该网络适当的输出值。

6-11 试述基于反向传播网络的结构。

6-12 如何理解基于反向传播网络的传播公式和学习算法?

6-13 试述 Hopfield 网络的结构。

6-14 如何理解 Hopfield 网络的传播公式和学习算法?

6-15 应用神经网络模型优化求解销售员旅行问题。

6-16 增大权值是否能够使 BP 学习变慢?

第 7 章

基于数据的机器学习

机器学习是一个多领域交叉研究和应用领域,涉及概率论、统计学、计算机科学等多门学科,是人工智能及模式识别学科的共同研究热点,其理论和方法已被广泛应用于解决工程和科学领域的复杂问题。基于数据的机器学习是通过输入训练数据对模型进行训练,使模型掌握数据所蕴含的潜在规律,进而对所输入的数据进行准确的分类或预测。本章主要叙述基于数据机器学习方法的一些基本概念和基础。回归、集成及分类问题都是机器学习的重要问题,本章介绍的机器学习方法包括线性回归、决策树、支持向量机、集成学习(包括 adaboost 和随机森林)、k 均值聚类和深度学习,这些方法是主要的回归、集成和分类方法。

7.1 线性回归

线性回归(linear regression)是利用线性回归方程的最小二乘函数对一个或多个自变量和因变量之间的关系进行建模的一种回归分析。在回归分析中,若只有一个自变量和一个因变量,而且两者间的关系可以用一条直线来近似表示,那么称这种回归分析为一元线性回归分析;若回归分析中有两个或两个以上的自变量,并且因变量和自变量之间是线性关系,则称为多元线性回归分析。

线性回归就是建立一个线性模型,从而尽可能准确地预测所解释变量的平均值,对于一个含有 n 个维度的输入,线性模型为

$$f(x) = \omega_1 x_1 + \omega_2 x_2 + \cdots + \omega_n x_n + b \tag{7.1}$$

一般向量形式为

$$f(x) = \omega^{\mathrm{T}} x + b \tag{7.2}$$

其中,$x = (x_1, x_2, \cdots, x_n)$ 为输入,对应特征向量,称为自变量;$y = f(x)$ 为输出,即预测值,称为因变量;ω 与 b 为回归系数,其中 $\omega = (\omega_1, \omega_2, \cdots, \omega_n)$,求回归系数的过程就是利用训练数据求解线性方程组的一个方程解。其中,ω 直观地表达了各个属性在预测中的重要性,因此线性模型具有很好的解释性。

给定一个数据集 $D = \{(x_1, y_1), (x_2, y_2), \cdots, (x_m, y_m)\}$,其中 $x_i = (x_{i1}, x_{i2}, \cdots, x_{in})$。线性回归将学习得到一个线性模型来尽可能准确地预测输出实值 $f(x_i) = \omega x_i + b$,

并且使得 $f(x_i)$ 尽可能接近 y_i。

对于一元线性回归,学习得到 ω 和 b 的关键就是衡量 $f(x_i)$ 和 y_i 之间的差值。在回归任务中常用均方误差作为性能度量指标:

$$E(f;D) = \frac{1}{m} \sum_{i=1}^{m} (f(x_i) - y_i)^2 \tag{7.3}$$

基于均方误差最小化来求解模型的方法称为最小二乘法,在线性回归中,最小二乘法试图找到一条直线使得所有样本到直线的欧氏距离之和最小。确定 ω 和 b 就是使得 $E_{(\omega,b)} = \sum_{i=1}^{m} (f(x_i) - y_i)^2 = \sum_{i=1}^{m} (y_i - \omega x_i - b)^2$ 最小化的过程,称为线性回归的最小二乘参数估计。

为使 $E_{(\omega,b)}$ 最小化,首先分别对 ω 和 b 求导得到:

$$\frac{\partial E_{(\omega,b)}}{\partial \omega} = 2 \left[\omega \sum_{i=1}^{m} x_i^2 - \sum_{i=1}^{m} (y_i - b) x_i \right] \tag{7.4}$$

$$\frac{\partial E_{(\omega,b)}}{\partial b} = 2 \left[mb - \sum_{i=1}^{m} (y_i - \omega x_i) \right] \tag{7.5}$$

令 $\frac{\partial E_{(\omega,b)}}{\partial \omega} = 0$ 和 $\frac{\partial E_{(\omega,b)}}{\partial b} = 0$,求解得到 ω 和 b:

$$\omega = \frac{\sum_{i=1}^{m} y_i (x_i - \bar{x})}{\sum_{i=1}^{m} x_i^2 - \frac{1}{m} \left(\sum_{i=1}^{m} x_i \right)^2} \tag{7.6}$$

$$b = \frac{1}{m} \sum_{i=1}^{m} (y_i - \omega x_i) \tag{7.7}$$

其中,$\bar{x} = \frac{1}{m} \sum_{i=1}^{m} x_i$。

对于多元线性回归,每个样本由 n 个属性描述。类似地,可以采用最小二乘法对 ω 和 b 进行参数估计,为便于推导,将 ω 和 b 写成向量形式 $\hat{\omega} = (\omega; b)$,相应地,数据集 D 为一个 $m \times (n+1)$ 大小的矩阵 $\boldsymbol{X}$,写作

$$\boldsymbol{X} = \begin{pmatrix} x_{11} & x_{12} & \cdots & x_{1n} & 1 \\ x_{21} & x_{22} & \cdots & x_{2n} & 1 \\ \vdots & \vdots & \ddots & \vdots & \vdots \\ x_{m1} & x_{m2} & \cdots & x_{mn} & 1 \end{pmatrix} = \begin{pmatrix} x_1^{\mathrm{T}} & 1 \\ x_2^{\mathrm{T}} & 1 \\ \vdots & \vdots \\ x_m^{\mathrm{T}} & 1 \end{pmatrix} \tag{7.8}$$

将 y 写成向量形式 $\boldsymbol{y} = (y_1, y_2, \cdots, y_m)$,想要确定 ω 和 b 来确定线性模型,就要使均方误差最小化,即应使得 $E_{\hat{\omega}} = (y - \boldsymbol{X}\hat{\omega})^{\mathrm{T}} (y - \boldsymbol{X}\hat{\omega})$ 最小化。

同样地,对 $\hat{\omega}$ 进行求导,得到:

$$\frac{\partial E_{\hat{\omega}}}{\partial \hat{\omega}} = 2\boldsymbol{X}^{\mathrm{T}} (\boldsymbol{X}\hat{\omega} - y) \tag{7.9}$$

令 $\frac{\partial E_{\hat{\omega}}}{\partial \hat{\omega}} = 0$,可以求解得到 $\hat{\omega}$。此时需要考虑 $\boldsymbol{X}^{\mathrm{T}}\boldsymbol{X}$ 是否满秩,当 $\boldsymbol{X}^{\mathrm{T}}\boldsymbol{X}$ 是满秩矩阵或正

定矩阵时,令 $\dfrac{\partial E_{\hat{\omega}}}{\partial \hat{\omega}}=0$ 就可以解得:

$$\hat{\omega}=(\boldsymbol{X}^{\mathrm{T}}\boldsymbol{X})^{-1}\boldsymbol{X}^{\mathrm{T}}y \tag{7.10}$$

其中,$(\boldsymbol{X}^{\mathrm{T}}\boldsymbol{X})^{-1}$ 是 $(\boldsymbol{X}^{\mathrm{T}}\boldsymbol{X})$ 的逆矩阵,令 $\hat{x}_i=(x_i,1)$,最终的多元线性回归模型为

$$f(\hat{x}_i)=\hat{x}_i^{\mathrm{T}}(\boldsymbol{X}^{\mathrm{T}}\boldsymbol{X})^{-1}\boldsymbol{X}^{\mathrm{T}}y \tag{7.11}$$

然而,在实际计算中 $\boldsymbol{X}^{\mathrm{T}}\boldsymbol{X}$ 通常都不是满秩矩阵,比如当自变量的数量大于样本数量时,就会导致矩阵 $\boldsymbol{X}$ 的列数大于行数,从而 $\boldsymbol{X}^{\mathrm{T}}\boldsymbol{X}$ 就是不满秩的。此时可以解得多个 $\hat{\omega}$,它们均能使得均方误差最小化,至于最终选择哪一个解将由学习算法的偏好决定,常用的方法是引入正则化项。

线性回归在分析多因素模型时更加简单和方便,可以准确地计量各个因素之间的相关程度与回归拟合程度的高低,提高预测的效果。

7.2 决策树

本节介绍机器学习的决策树方法,包括决策树模型、特征选择、决策树生成及决策树的剪枝等。

7.2.1 决策树的模型与学习

决策树(decision tree)是一种基本的分类与回归方法,这里主要讨论用于分类的决策树模型。在学习时,采用训练数据样本集,根据损失函数最小化的原则建立决策树模型,在对新的数据样本进行预测时,只要采用学习好的决策树模型就可以进行分类。决策树学习主要包括3个步骤:特征的选择、树的生成及树的剪枝。

决策树是一种树形结构,其中每个内部节点表示一个属性上的判断,每个分支代表一个判断结果的输出,最后每个叶节点代表一种分类结果。图 7.1 为一个决策树的示意图,其中的圆表示内部节点,方框表示叶节点。

对于决策树学习,假设给定训练数据集 $D=\{(x_1,y_1),(x_2,y_2),\cdots,(x_N,y_N)\}$,其中,$\boldsymbol{x}_i=(x_i^{(1)},x_i^{(2)},\cdots,x_i^{(n)})^{\mathrm{T}}$ 为输入样本特征向量,n 为特征个数,$y_i\in\{1,2,\cdots,K\}$ 为类标记,N 为样本容量。学习的目标是根据训练数据集学习得到一个决策树模型,并且根据模型可以对新的样本数据进行准确分类。决策树学习的损失函数一般采用正则化的极大似然函数,策略就是以损失函数为目标函数的最小化。

决策树学习算法是一个递归地选择最优特征,并基于该特征对训练数据集进行划分,最后使得子数据集有一个好的分类结果的过程。首先,构建一个根节点,把所有的训练数据样本都放在根节点,然后选择一个最优的特征,根据该特征把训练集划分为多个子集,使得各个子集在当前条件下有一个最好的分类。如果这些子

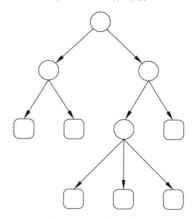

图 7.1 决策树模型

集已经能够被基本正确分类,那么就构建叶节点,并将这些子集分到所对应的叶节点中去;如果还有子集不能被基本正确分类,那么就再选择新的最优特征,然后继续对其进行划分并构建相应的节点。如此递归下去,直至所有的子集都被基本正确分类,或者没有合适的特征为止,最后每个子集都被分到叶节点上,即都有了明确的类。这就生成了一棵决策树。

由此生成的决策树可能对训练数据集进行一个很好的分类,但是对于新的测试数据,可能并不能很好地分类,所以对于生成的决策树还需要进行剪枝,使其具有更好的泛化能力。具体地就是去掉过于细分的叶节点,使其退回父节点或者更高的节点,然后将父节点或更高的节点改为新的叶节点。至此可以看出,决策树学习算法包括了特征选择、决策树的生成及剪枝过程。决策树的生成对应的是模型的局部选择,考虑局部最优;决策树的剪枝对应的是模型的全局选择,考虑全局最优。

7.2.2　特征选择

特征选择就是选择对训练数据集有好的分类效果的特征来提高决策树学习的效率。一般特征选择的准则是信息增益或信息增益比。

信息增益——首先给出熵和条件熵的定义:

熵表示随机变量不确定性的度量。设 X 是一个取有限个值的离散随机变量,其概率分布为

$$P(X=x_i)=p_i, \quad i=1,2,\cdots,n \tag{7.12}$$

则随机变量 X 的熵定义为

$$H(X)=-\sum_{i=1}^{n} p_i \log p_i \tag{7.13}$$

条件熵 $H(Y|X)$ 表示在已知随机变量 X 的条件下随机变量 Y 的不确定性。设有随机变量 (X,Y),其联合概率分布为

$$P(X=x_i,Y=y_j)=p_{ij}, \quad i=1,2,\cdots,n, j=1,2,\cdots,m \tag{7.14}$$

条件熵定义为 X 给定条件下 Y 的条件概率分布的熵对 X 的数学期望

$$H(Y \mid X)=\sum_{i=1}^{n} p_i H(Y \mid X=x_i) \tag{7.15}$$

其中,$p_i=P(X=x_i),i=1,2,\cdots,n$。

当熵和条件熵中的概率由数据估计(特别是极大似然估计)得到时,所对应的熵与条件熵分别称为经验熵和经验条件熵。

信息增益表示在知道特征 A 信息的情况下使类别 Y 不确定性减少的程度,则特征 A 对训练数据集 D 的信息增益 $g(D,A)$ 定义为集合 D 的经验熵 $H(D)$ 与特征 A 给定条件下 D 的经验条件熵 $H(D|A)$ 之差,即

$$g(D,A)=H(D)-H(D \mid A) \tag{7.16}$$

熵 $H(Y)$ 与条件熵 $H(Y|X)$ 之差称为互信息,而决策树学习的信息增益就是互信息,一般信息增益大的特征具有更强的分类能力。所以利用信息增益来做特征选择的方法就是对训练数据集或子集 D 计算每个特征的信息增益,然后通过比较选择信息增益最大的特征。

设训练数据集为 D，$|D|$ 表示其样本个数。设有 K 个类 C_k，$k=1,2,\cdots,K$，$\{C_k\}$ 为属于类 C_k 的样本个数，有 $\sum_{k=1}^{K}|C_k|=|D|$。设特征 A 有 n 个取值 $\{a_1,a_2,\cdots,a_n\}$，根据取值将 D 划分为 $D_1,D_2,\cdots,D_n$，$|D_i|$ 为 D_i 的样本个数，有 $\sum_{i=1}^{n}|D_i|=|D|$。记子集 D_i 中属于类 C_k 的样本集合为 D_{ik}，即 $D_{ik}=D_i\bigcap C_k$，$|D_{ik}|$ 为 D_{ik} 的样本个数。那么信息增益计算如下。

首先计算数据集 D 的经验熵 $H(D)$：

$$H(D)=-\sum_{k=1}^{K}\frac{|C_k|}{|D|}\log_2\frac{|C_k|}{|D|} \tag{7.17}$$

然后计算特征 A 对数据集 D 的经验条件熵 $H(D|A)$：

$$H(D|A)=\sum_{i=1}^{n}\frac{|D_i|}{|D|}H(D_i)=-\sum_{i=1}^{n}\frac{|D_i|}{|D|}\sum_{k=1}^{K}\frac{|D_{ik}|}{|D_i|}\log_2\frac{|D_{ik}|}{|D_i|} \tag{7.18}$$

最后计算信息增益：

$$g(D,A)=H(D)-H(D|A) \tag{7.19}$$

在训练数据集经验熵大的时候，信息增益的值会偏大，反之信息增益的值会偏小，从而出现分类困难的问题，为了校正这一问题，可以使用信息增益比，这是特征选择的另一准则。

信息增益比定义：特征 A 对训练数据集 D 的信息增益比 $g_R(D,A)$ 定义为其信息增益 $g(D,A)$ 与训练数据集 D 的经验熵 $H(D)$ 之比

$$g_R(D,A)=\frac{g(D,A)}{H(D)} \tag{7.20}$$

现通过一个例子来说明如何采用信息增益原则进行特征选择。

例 1　表 7.1 是一个由 15 个样本组成的软件用户流失训练数据，数据包括软件用户的 2 个特征。第 1 个特征是性别，有 2 个可能值：男，女；第 2 个特征是活跃度，有 3 个可能值：高、中、低；表的最后一列是类别，用户是否流失，取 2 个值：是，否。

表 7.1　软件用户流失样本数据表

ID	性别	活跃度	类别
1	男	高	否
2	女	中	否
3	男	低	是
4	女	高	否
5	男	高	否
6	男	中	否
7	男	中	是
8	女	中	否
9	女	低	是
10	女	中	否
11	女	高	否
12	男	低	是
13	女	低	是
14	男	高	否
15	男	高	否

对表 7.1 所给的训练数据集 D,根据信息增益准则选择特征。首先计算经验熵 $H(D)$:

$$H(D) = -\frac{5}{15}\log_2\frac{5}{15} - \frac{10}{15}\log_2\frac{10}{15} = 0.9182 \tag{7.21}$$

然后计算各个特征对数据集 D 的信息增益,分别以 A_1,A_2 表示性别和活跃度 2 个特征,则

$$
\begin{aligned}
g(D,A_1) &= H(D) - \left(\frac{8}{15}H(D_1) + \frac{7}{15}H(D_2)\right) \\
&= 0.9182 - \left[\frac{8}{15}\left(-\frac{3}{8}\log_2\frac{3}{8} - \frac{5}{8}\log_2\frac{5}{8}\right) + \right. \\
&\quad \left. \frac{7}{15}\left(-\frac{2}{7}\log_2\frac{2}{7} - \frac{5}{7}\log_2 7\right)\right] \\
&= 0.0064
\end{aligned}
\tag{7.22}
$$

其中,D_1,D_2 分别是 D 中 A_1(性别)取值为男、女的样本子集。同理,

$$g(D,A_2) = H(D) - \left(\frac{6}{15}H(D_1) + \frac{5}{15}H(D_2) + \frac{4}{15}H(D_3)\right) = 0.6776 \tag{7.23}$$

其中,D_1,D_2,D_3 分别是 D 中 A_2(活跃度)取值为高、中、低的样本子集。

最后比较各个特征的信息增益,活跃度的信息增益比性别的信息增益大,即活跃度对用户流失的影响比性别大,所以选择特征 A_2 作为最优特征。

7.2.3   决策树的生成算法

决策树学习的基本算法流程遵循简单直观的"分而治之"策略,见表 7.2。

表 7.2   决策树生成算法的基本流程

输入:训练集 $D = \{(x_1, y_1), (x_2, y_2), \cdots, (x_m, y_m)\}$;

属性集:$A = \{a_1, a_2, \cdots, a_d\}$

Process: Function TreeGenerate (D, A)

1:生成节点 node;

2:if D 中所有样本均属于同一类别 C 则

3:    将 node 标记为 C 类别;return

4:end if

5:if $A = \varnothing$ 或 D 中样本所有属性值都一样,则

6:    将 node 设为叶节点,其类别设为最多类;return

7:end if

8:从 A 中选择最佳划分属性 a_*;

9:for 每个最佳划分属性的属性值 a_*^v do

10:    为 node 生成一个分支;令 D_v 表示 D 中 a_* 的属性值为 a_*^v 的样本的集合;

11:    if D_v 为空,则

12:        将 node 设为叶节点,其类别设为 D 中样本数量最多的类别;return

13:    else

14:        递归调用 TreeGenerate(D_v, $A\{a_*\}$)

15:    end if

16:end for

决策树的生成算法基本都遵循这个流程,其中经典算法包括 ID3 算法和 C4.5 算法。两种算法的流程相似,区别在于对最佳划分属性的选择上,ID3 算法采用信息增益,而 C4.5 算法使用信息增益比。

下面分别介绍决策树生成算法的 ID3 算法和 C4.5 算法。

ID3 算法——从根节点开始,计算所有特征的信息增益,然后选择信息增益最大的特征作为节点特征,根据该特征的不同取值得到各个子节点,再对各个子节点递归地采用同样的方法来生成决策树,直到所有特征的信息增益非常小或没有特征可以选择为止,这就生成了一棵决策树。这相当于用极大似然法进行概率模型选择。ID3 算法只有树的生成,容易产生过拟合。

C4.5 算法——C4.5 算法与 ID3 算法相似,C4.5 算法对 ID3 算法做出了改进,在 C4.5 算法中采用信息增益比来选择特征。

7.2.4 决策树的剪枝

由于生成的决策树存在过拟合的问题,所以需要对生成的决策树进行剪枝,从而简化决策树。决策树的剪枝是从已生成的决策树上剪掉一些叶节点或叶节点以上的子树,并将其父节点或根节点作为新的叶节点,从而达到简化决策树的目的。

可以通过最小化决策树的损失函数或代价函数来实现决策树的剪枝,设树 T 的叶节点有 $|T|$ 个,t 是树 T 的叶节点,该叶节点有 N_t 个样本,其中 k 类的样本有 N_{tk} 个,$k=1$,$2,\cdots,K$,$H_t(T)$ 为叶节点 t 上的经验熵,$\alpha \geqslant 0$ 为参数,那么定义决策树学习的损失函数为

$$C_\alpha(T) = \sum_{t=1}^{|T|} N_t H_t(T) + \alpha |T| \qquad (7.24)$$

其中,经验熵为

$$H_t(T) = -\sum_k \frac{N_{tk}}{N_t} \log \frac{N_{tk}}{N_t} \qquad (7.25)$$

现令

$$C(T) = \sum_{t=1}^{|T|} N_t H_t(T) = -\sum_{t=1}^{|T|} \sum_{k=1}^{K} N_{tk} \log \frac{N_{tk}}{N_t} \qquad (7.26)$$

则有

$$C_\alpha(T) = C(T) + \alpha |T| \qquad (7.27)$$

其中,$C(T)$ 为模型与训练数据的拟合程度,$|T|$ 为模型复杂度,α 则用来控制两者间的影响,较大的 α 促使选择较为简单的树,较小的 α 促使选择较为复杂的树,$\alpha=0$ 则表示只考虑模型与训练数据的拟合程度,不考虑模型的复杂度。

剪枝就是在 α 确定时,选择损失函数最小的模型。当 α 确定时,子树越大,虽然模型和训练数据的拟合程度越好,但是模型的复杂度也会更高。相反地,当 α 确定时,子树越小,虽然模型的复杂度越低,但是模型和训练数据的拟合程度也越差。其实利用损失函数最小化原则进行剪枝就是用正则化的极大似然估计进行模型选择。所以决策树生成学习的是局部模型,而决策树的剪枝学习的是整体的模型。

图 7.2 为决策树剪枝过程示意图。

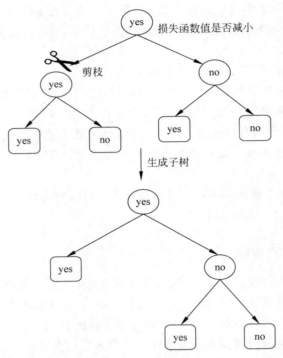

图 7.2　决策树的剪枝

7.3　支持向量机

支持向量机是一种常用的机器学习方法。本节讨论支持向量机样本的超平面的间隔、对偶、软间隔与正则化、核函数等问题。

7.3.1　间隔与支持向量

给定训练样本集 $D=\{(x_1,y_1),(x_2,y_2),\cdots,(x_m,y_m)\}$,分类学习最基本的想法是基于训练集 D 在样本空间中找到一个划分超平面,将不同类别的样本分开。但能将训练样本分开的划分超平面可能有很多,如图 7.3 所示。

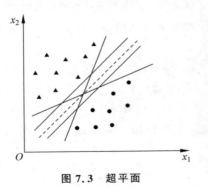

图 7.3　超平面

其中位于两类训练样本"正中间"的划分是最好的,即图 7.3 中的虚线超平面。例如由于训练集的局限性或噪声的因素,当样本更接近两个类的分隔界时,将使许多划分超平面出现错误,而虚线超平面受影响最小,所产生的分类结果是最鲁棒的,对未见示例的泛化能力最强。

在样本空间中,划分超平面可通过如下线性方程来描述:

$$\boldsymbol{\omega}^{\mathrm{T}}x+b=0 \tag{7.28}$$

其中，$\boldsymbol{\omega}=(\omega_1,\omega_2,\cdots,\omega_d)$ 为法向量，决定了超平面的方向；b 为位移项，决定了超平面与原点之间的距离。划分超平面由法向量 $\boldsymbol{\omega}$ 和位移 b 确定，记为 $(\boldsymbol{\omega},b)$，样本空间中任意点 x 到超平面 $(\boldsymbol{\omega},b)$ 的距离可写为

$$r=\frac{|\boldsymbol{\omega}^{\mathrm{T}}x+b|}{\|\boldsymbol{\omega}\|} \tag{7.29}$$

假设超平面 $(\boldsymbol{\omega},b)$ 能将训练样本正确分类，即对于 $(x_i,y_i)\in D$，若 $y_i=+1$，则有 $\boldsymbol{\omega}^{\mathrm{T}}x_i+b>0$；若 $y_i=-1$，则有 $\boldsymbol{\omega}^{\mathrm{T}}x_i+b<0$。令

$$\begin{cases}\boldsymbol{\omega}^{\mathrm{T}}x_i+b\geqslant+1, & y_i=+1\\ \boldsymbol{\omega}^{\mathrm{T}}x_i+b\leqslant-1, & y_i=-1\end{cases} \tag{7.30}$$

如图 7.4 所示，距离超平面最近的这几个训练样本点使式 (7.30) 的等号成立，它们被称为"支持向量"，两个异类支持向量到超平面的距离之和为

$$\gamma=\frac{2}{\|\boldsymbol{\omega}\|} \tag{7.31}$$

其中，γ 被称为"间隔"。

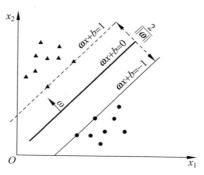

图 7.4　支持向量与间隔

欲找到具有"最大间隔"的划分超平面，也就是要找到满足式 (7.30) 中约束的参数 $\boldsymbol{\omega}$ 和 b，使得 γ 最大，即

$$\max_{\boldsymbol{\omega},b}\frac{2}{\|\boldsymbol{\omega}\|}$$
$$\text{s. t. } y_i(\boldsymbol{\omega}^{\mathrm{T}}x_i+b)\geqslant1,\quad i=1,2,\cdots,m \tag{7.32}$$

为了最大化间隔，仅需最大化 $\|\boldsymbol{\omega}\|^{-1}$，这等价于最小化 $\|\boldsymbol{\omega}\|^2$，于是，式 (7.32) 可重写为

$$\min_{\boldsymbol{\omega},b}\frac{1}{2}\|\boldsymbol{\omega}\|^2$$
$$\text{s. t. } y_i(\boldsymbol{\omega}^{\mathrm{T}}x_i+b)\geqslant1,\quad i=1,2,\cdots,m \tag{7.33}$$

这就是支持向量机 (support vector machine, SVM) 的基本型。

7.3.2　对偶问题

求解式 (7.33) 来得到最大化间隔划分超平面所对应的模型：

$$f(x)=\boldsymbol{\omega}^{\mathrm{T}}x+b \tag{7.34}$$

其中，$\boldsymbol{\omega}$ 和 b 是模型参数。式 (7.34) 是一个凸二次规划问题，使用拉格朗日乘子法可得到其"对偶问题"，对每条约束添加拉格朗日乘子 $\alpha_i\geqslant0$，则该问题的拉格朗日函数可写为

$$L(\boldsymbol{\omega},b,\alpha)=\frac{1}{2}\|\boldsymbol{\omega}\|^2+\sum_{i=1}^{m}\alpha_i[1-y_i(\boldsymbol{\omega}^{\mathrm{T}}x_i+b)] \tag{7.35}$$

其中，$\alpha=(\alpha_1,\alpha_2,\cdots,\alpha_m)$。令 $L(\boldsymbol{\omega},b,\alpha)$ 对 $\boldsymbol{\omega}$ 和 b 的偏导为零，可得：

$$\omega=\sum_{i=1}^{m}\alpha_iy_ix_i \tag{7.36}$$

$$0 = \sum_{i=1}^{m} \alpha_i y_i \tag{7.37}$$

将式(7.36)代入式(7.35),即可将 $L(\boldsymbol{\omega}, b, \alpha)$ 中的 $\boldsymbol{\omega}$ 和 b 消去,再考虑式(7.37)的约束,就得到下式的对偶问题:

$$\max_\alpha \sum_{i=1}^{m} \alpha_i - \frac{1}{2} \sum_{i=1}^{m} \sum_{j=1}^{m} \alpha_i \alpha_j y_i y_j x_i^{\mathrm{T}} x_j$$

$$\text{s. t.} \sum_{i=1}^{m} \alpha_i y_i = 0 \tag{7.38}$$

$$\alpha_i \geqslant 0, i = 1, 2, \cdots, m$$

解出 α 后,求出 $\boldsymbol{\omega}$ 与 b 即可得到模型

$$f(x) = \boldsymbol{\omega}^{\mathrm{T}} x + b = \sum_{i=1}^{m} \alpha_i y_i x_i^{\mathrm{T}} x + b \tag{7.39}$$

从对偶问题(式(7.38))解出的 α_i 是式(7.35)中的拉格朗日乘子,对应着训练样本 (x_i, y_i),由于式(7.34)中有不等式约束,因此上述过程需满足 KKT(Karush-Kuhn-Tucker)条件,即要求

$$\begin{cases} \alpha_i \geqslant 0 \\ y_i f(x_i) - 1 \geqslant 0 \\ \alpha_i (y_i f(x_i) - 1) = 0 \end{cases} \tag{7.40}$$

对任意训练样本 (x_i, y_i),总有 $\alpha_i = 0$ 或 $y_i f(x_i) = 1$。若 $\alpha_i = 0$,则该样本将不会在式(7.39)的求和中出现,也就不会对 $f(x)$ 有任何影响;若 $\alpha_i > 0$,则 $y_i f(x_i) = 1$,所对应的样本点位于最大间隔边界上,是一个支持向量,这显示出支持向量机的一个重要性质:训练完成后,大部分的训练样本都不需保留,最终模型仅与支持向量有关。

使用 SMO(sequential minimal optimization)算法求解式(7.38),该算法的基本思路是先固定 α_i 之外的所有参数,然后求 α_i 上的极值。由于存在约束 $\sum_{i=1}^{m} \alpha_i y_i = 0$,若固定 α_i 之外的其他变量,则 α_i 可由其他变量导出。于是 SMO 每次选择两个变量 α_i 和 α_j,并固定其他参数。这样,在参数初始化后,SMO 不断执行如下两个步骤直至收敛:

(1) 选取一对需更新的变量 α_i 和 α_j;

(2) 固定 α_i 和 α_j 以外的参数,求解式(7.38)获得更新后的 α_i 和 α_j。

注意到只需选取的 α_i 和 α_j 中有一个不满足 KKT 条件(式(7.40)),目标函数就会在迭代后减小。直观来看,KKT 条件违背的程度越大,则变量更新后可能导致的目标函数值减幅越大,于是,SMO 先选取违背 KKT 条件程度最大的变量,第二个变量应选择一个使目标函数值减小最快的变量,采用的是一种启发式的方法:使选取的两个变量所对应样本之间的间隔最大。

进一步确定偏移项 b,注意到对任意支持向量 (x_i, y_i),都有 $y_s f(x_s) = 1$,即

$$y_s \left(\sum_{i \in S} \alpha_i y_i x_i^{\mathrm{T}} x_s + b \right) = 1 \tag{7.41}$$

其中,$S = \{i \mid \alpha_i > 0, i = 1, 2, \cdots, m\}$ 为所有支持向量的下标集。使用所有支持向量求解的平均值

$$b = \frac{1}{|S|} \sum_{s \in S} \left(y_{s-} \sum_{i \in S} \alpha_i y_i x_i^{\mathrm{T}} x_s \right) \tag{7.42}$$

7.3.3 软间隔与正则化

训练数据集线性可分是理想的情形。在现实问题中,训练数据集往往是线性不可分的,即在样本中出现噪声或特异点,将这些特异点除去后,剩下大部分的样本点组成的集合是线性可分的,如图7.5所示。线性可分问题的支持向量机学习方法对线性不可分训练数据是不适用的,因为这时上述方法中的不等式约束并不能都成立,这就需要修改硬间隔最大化,使其成为软间隔最大化。

线性不可分意味着某些样本点 (x_i, y_i) 不能满足约束条件(式(7.30)),为了解决这个问题,可以对每个样本点 (x_i, y_i) 引入一个松弛变量 $\varepsilon_i \geqslant 0$,约束条件变为

$$y_i(\boldsymbol{\omega}^{\mathrm{T}} x_i + b) \geqslant 1 - \varepsilon_i \tag{7.43}$$

同时,对每个松弛变量 ε_i,支付一个代价,目标函数由原来的 $\frac{1}{2} \|\boldsymbol{\omega}\|^2$ 变为

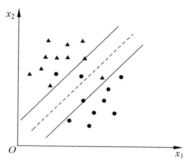

图 7.5 软间隔示意图

$$\frac{1}{2} \|\boldsymbol{\omega}\|^2 + C \sum_{i=1}^{m} \varepsilon_i \tag{7.44}$$

$C > 0$ 称为惩罚参数,一般由应用问题决定,C 值大时对误分类的惩罚增大,C 值小时对误分类的惩罚减小。最小化目标函数(式(7.44))包含两层含义:使 $\frac{1}{2} \|\boldsymbol{\omega}\|^2$ 尽量小即间隔尽量大,同时使误分类点的个数尽量小,C 是调和二者的系数。

线性支持向量机学习还有另外一种解释,就是最小化以下目标函数:

$$\sum_{i=1}^{m} [1 - y_i(\boldsymbol{\omega}^{\mathrm{T}} x_i + b)]_+ \lambda \|\boldsymbol{\omega}\|^2 \tag{7.45}$$

目标函数的第1项是经验损失或经验风险,函数

$$L[y(\boldsymbol{\omega}^{\mathrm{T}} x + b)] = [1 - y(\boldsymbol{\omega}^{\mathrm{T}} x + b)]_+ \tag{7.46}$$

称为合页损失函数(hinge loss function)。下标"+"表示以下取正值的函数:

$$[z]_+ = \begin{cases} z, & z > 0 \\ 0, & z \leqslant 0 \end{cases} \tag{7.47}$$

当样本点 (x_i, y_i) 被正确分类且确信度 $y_i(\boldsymbol{\omega}^{\mathrm{T}} x_i + b)$ 大于1时,损失是0,否则损失是 $1 - y_i(\boldsymbol{\omega}^{\mathrm{T}} x_i + b)$,目标函数的第2项是系数为 λ 的 $\boldsymbol{\omega}$ 的 L_2 范数,是正则化项。

合页损失函数如图7.6中虚线所示。图中还用粗黑线画出了0-1损失函数,可以认为它是二分类问题的真正损失函数,而合页损失函数是0-1损失函数的上界。由于0-1损失函数不是连续可导的,直接优化由其构成的目标函数比较困难,可以认为线性支持向量机是优化由0-1损失函数的上界(合页损失函数)构成的目标函数,这时的上界损失函数又称为代理损失函数。

对比而言,合页损失函数不仅要分类正确,而且确信度足够高时损失才是0。合页损失

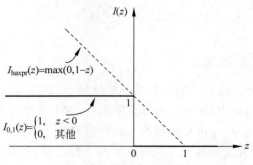

图 7.6　合页损失函数

函数对学习有更高的要求。

有了上面的思路,可以和训练数据集线性可分时一样来考虑训练数据集线性不可分时的线性支持向量机学习问题。线性不可分的线性支持向量机的学习问题变成如下凸二次规划问题:

$$
\begin{cases}
\max_{\boldsymbol{\omega},b,\varepsilon} \dfrac{1}{2}\|\boldsymbol{\omega}\|^2 + C\sum_{i=1}^{m}\varepsilon_i \\
\text{s. t. } y_i(\boldsymbol{\omega}^{\mathrm{T}}x_i + b) \geqslant 1-\varepsilon_i, \quad i=1,2,\cdots,m \\
\varepsilon_i \geqslant 0, \quad i=1,2,\cdots,m
\end{cases}
\tag{7.48}
$$

类似式(7.35),通过拉格朗日乘子法可得到式(7.44)的拉格朗日函数:

$$
L(\boldsymbol{\omega},b,\alpha) = \frac{1}{2}\|\boldsymbol{\omega}\|^2 + C\sum_{i=1}^{m}\varepsilon_i +
$$

$$
\sum_{i=1}^{m}\alpha_i\left[1-\varepsilon_i - y_i(\boldsymbol{\omega}^{\mathrm{T}}x_i + b)\right] - C\sum_{i=1}^{m}\mu_i\varepsilon_i
\tag{7.49}
$$

其中,$\alpha_i \geqslant 0,\mu_i \geqslant 0$ 是拉格朗日乘子。

令 $L(\boldsymbol{\omega},b,\alpha)$ 对 $\boldsymbol{\omega}$ 和 b 的偏导为零,可得:

$$
\omega = \sum_{i=1}^{m}\alpha_i y_i x_i
\tag{7.50}
$$

$$
0 = \sum_{i=1}^{m}\alpha_i y_i
\tag{7.51}
$$

$$
C = \alpha_i + \mu_i
\tag{7.52}
$$

将式(7.46)代入式(7.45),即可得到式(7.44)的对偶问题:

$$
\max_{\alpha}\sum_{i=1}^{m}\alpha_i - \frac{1}{2}\sum_{i=1}^{m}\sum_{j=1}^{m}\alpha_i\alpha_j y_i y_j x_i^{\mathrm{T}}x_j
$$

$$
\text{s. t. } \sum_{i=1}^{m}\alpha_i y_i = 0
$$

$$
0 \leqslant \alpha_i \leqslant C, \quad i=1,2,\cdots,m
\tag{7.53}
$$

将式(7.49)与硬间隔下的对偶问题(式(7.38))对比可看出,两者唯一的差别就在于对偶变量的约束不同:前者是 $0\leqslant\alpha_i\leqslant C$ 而后者是 $0\leqslant\alpha_i$,于是,可采用7.3.2节中同样的算法求解式(7.49)。

类似式(7.40),对软间隔支持向量机,KKT 条件要求

$$
\begin{cases}
\alpha_i \geqslant 0, \mu_i \geqslant 0 \\
y_i f(x_i) - 1 + \varepsilon_i \geqslant 0 \\
\alpha_i (y_i f(x_i) - 1 + \varepsilon_i) = 0 \\
\varepsilon_i \geqslant 0, \mu_i \varepsilon_i = 0
\end{cases}
\tag{7.54}
$$

于是,对任意训练样本(x_i, y_i),总有$\alpha_i = 0$或$y_i f(x_i) = 1 - \varepsilon_i$。若$\alpha_i = 0$,则该样本不会对$f(x)$有任何影响;若$\alpha_i > 0$,则$y_i f(x_i) = 1 - \varepsilon_i$,即该样本是一个支持向量。由式(7.48)可知,若$\alpha_i < C$则$\mu_i > 0$,进而有$\varepsilon_i = 0$,即该样本恰在最大间隔边界上;若$\alpha_i = C$,则有$\mu_i = 0$,此时若$\varepsilon_i \leqslant 1$则该样本落在最大间隔内部,若$\varepsilon_i > 1$则该样本被错误分类。由此可看出,软间隔支持向量机的最终模型仅与支持向量有关。

7.3.4 核函数

现实生活中的确有很多数据不是线性可分的,这些线性不可分的数据并非去掉异常点就能处理这么简单,对于分类问题是非线性的,这时可以使用非线性支持向量机。本节叙述非线性支持向量机,其主要特点是利用核技巧(kernel trick)。

1. 核技巧

先看一个非线性分类例子:如图7.7所示是一个分类问题,图中三角形表示正实例点,圆形表示负实例点。由图可见,无法用直线(线性模型)将正负实例正确分开,但可以用一条椭圆曲线(非线性模型)将它们分开。

设原空间为$\chi \in R^2$,$x = (x^{(1)}, x^{(2)})^T \in \chi$,新空间为$Z \in R^2$,$z = (z^{(1)}, z^{(2)})^T \in Z$,定义从原空间到新空间的变换(映射)

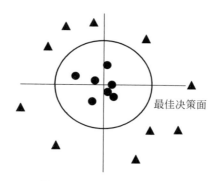

图 7.7 非线性分类示意图

$$
z = \phi(x) = ((x^{(1)})^2, (x^{(2)})^2)^T \tag{7.55}
$$

经过变换$z = \phi(x)$,原空间$\chi \in R^2$变换为新空间$Z \in R^2$,原空间中的点相应地变换为新空间中的点,原空间中的椭圆

$$
\omega_1 (x^{(1)})^2 + \omega_2 (x^{(2)})^2)^T + b = 0 \tag{7.56}
$$

变换成为新空间中的直线

$$
\omega_1 z^{(1)} + \omega_2 z^{(2)} + b = 0 \tag{7.57}
$$

在变换后的新空间里,直线$\omega_1 z^{(1)} + \omega_2 z^{(2)} + b = 0$可以将变换后的正负实例点正确分开,这样,原空间的非线性可分问题就变成了新空间中的线性可分问题。

2. 核函数

令$\phi(x)$表示将x映射后的特征向量,于是,在特征空间中划分超平面所对应的模型可表示为

$$
f(x) = \omega^T \phi(x) + b \tag{7.58}
$$

其中,ω和b是模型参数。类似式(7.33),有

$$\min_{\omega,b} \frac{1}{2} \| \omega \|^2 \tag{7.59}$$

$$\text{s. t. } y_i(\omega^{\mathrm{T}}\phi(x_i) + b) \geqslant 1, \quad i = 1, 2, \cdots, m$$

其对偶问题是

$$\max_{\alpha} \sum_{i=1}^{m} \alpha_i - \frac{1}{2} \sum_{i=1}^{m} \sum_{j=1}^{m} \alpha_i \alpha_j y_i y_j \phi(x_i)^{\mathrm{T}} \phi(x_j) \tag{7.60}$$

$$\text{s. t. } \sum_{i=1}^{m} \alpha_i y_i = 0$$

$$\alpha_i \geqslant 0, \quad i = 1, 2, \cdots, m$$

求解式(7.60)涉及计算 $\phi(x_i)^{\mathrm{T}}\phi(x_j)$，这是样本 x_i 与 x_j 映射到特征空间之后的内积。由于特征空间维数可能很高，甚至可能是无穷维，因此直接计算 $\phi(x_i)^{\mathrm{T}}\phi(x_j)$ 通常是困难的。设想函数：

$$k(x_i, x_j) = \langle \phi(x_i), \phi(x_j) \rangle = \langle \phi(x_i)^{\mathrm{T}}\phi(x_j) \rangle \tag{7.61}$$

即 x_i 与 x_j 在特征空间的内积等于它们在原始样本空间中通过函数 $k(\cdot, \cdot)$ 计算的结果，不必直接计算高维甚至无穷维特征空间中的内积，于是式(7.61)可重写为

$$\max_{\alpha} \sum_{i=1}^{m} \alpha_i - \frac{1}{2} \sum_{i=1}^{m} \sum_{j=1}^{m} \alpha_i \alpha_j y_i y_j k(x_i, x_j) \tag{7.62}$$

$$\text{s. t. } \sum_{i=1}^{m} \alpha_i y_i = 0$$

$$\alpha_i \geqslant 0, \quad i = 1, 2, \cdots, m$$

求解后即可得到：

$$\begin{aligned} f(x) &= \omega^{\mathrm{T}}\phi(x) + b \\ &= \sum_{i=1}^{m} \alpha_i y_i \phi(x_i)^{\mathrm{T}}\phi(x) + b \\ &= \sum_{i=1}^{m} \alpha_i y_i k(x, x_i) + b \end{aligned} \tag{7.63}$$

这里的函数 $k(\cdot, \cdot)$ 就是"核函数"(kernel function)。有下面的定理定义核函数：

定理 7.1(核函数)　令 χ 为输入空间，$k(\cdot, \cdot)$ 是定义在 $\chi \times \chi$ 上的对称函数，则 k 是核函数当且仅当对于任意数据 $D = \{x_1, x_2, \cdots, x_m\}$，"核矩阵"(kernel matrix)$\boldsymbol{K}$ 总是半正定的：

$$\boldsymbol{K} = \begin{bmatrix} k(x_1, x_1) & \cdots & k(x_1, x_j) & \cdots & k(x_1, x_m) \\ \vdots & \vdots & \vdots & \vdots & \vdots \\ k(x_i, x_1) & \cdots & k(x_i, x_j) & \cdots & k(x_i, x_m) \\ \vdots & \vdots & \vdots & \vdots & \vdots \\ k(x_m, x_1) & \cdots & k(x_m, x_j) & \cdots & k(x_m, x_m) \end{bmatrix} \tag{7.64}$$

定理 7.1 表明，只要一个对称函数所对应的核矩阵半正定，它就能作为核函数使用。对于一个半正定核矩阵，总能找到一个与之对应的映射 ϕ。换言之，任何一个核函数都隐式地定义了一个称为"再生核希尔伯特空间"(reproducing kernel Hilbert space，RKHS)的特征

空间。

特征空间的好坏对支持向量机的性能至关重要,总是希望样本在特征空间内线性可分。但是在不知道特征映射的形式时,并不知道什么样的核函数是合适的,而核函数也仅是隐式地定义了这个特征空间。因此,如何正确选择核函数很重要,表7.3列出了几种常用的核函数。

表 7.3　常用核函数

名称	表达式
线性核	$k(x_i,x_j)=x_i^{\mathrm{T}}x_j$
多项式核	$k(x_i,x_j)=(x_i^{\mathrm{T}}x_j)^d,d\geqslant 1$ 为多项式的次数
高斯核	$k(x_i,x_j)=\exp\left(\dfrac{\parallel x_i-x_j\parallel^2}{2\sigma^2}\right),\sigma>0$ 为高斯核的带宽
Sigmoid 核	$k(x_i,x_j)=\tanh(\beta x_i^{\mathrm{T}}x_j+\theta),\beta>0,\theta>0$

此外,还可通过函数组合得到,例如,

- 若 k_1 和 k_2 为核函数,则对于任意正数 γ_1 和 γ_2,其线性组合也是核函数:

$$\gamma_1 k_1+\gamma_2 k_2 \tag{7.65}$$

- 若 k_1 和 k_2 为核函数,则函数的直积也是核函数:

$$k_1\otimes k_2(x,z)=k_1(x,z)k_2(x,z) \tag{7.66}$$

- 若 k_1 为核函数,则对任意函数 $g(x)$,

$$k(x,z)=g(x)k_1(x,z)g(z) \tag{7.67}$$

也是核函数。

7.4　集成学习

在机器学习中,随机森林是一个包含多个决策树的分类器,并且其输出类别是由个别树输出的类别的众数而定。

7.4.1　随机森林

随机森林(radom forest)是指采用多棵决策树对样本进行训练并预测的一种算法,即随机森林算法是一个包含多棵决策树的算法。随机森林最终输出的类别是由个别决策树输出的类别的众数来决定的。随机森林主要应用于回归和分类两种场景,又侧重于分类。随机森林在对数据进行分类的同时,还可以给出各个变量的重要性评分,评估各个变量在分类中所起的作用。

随机森林的名称中有两个关键词,一个是"随机",一个是"森林"。"森林"很好理解,一棵叫做树,那么成百上千棵树就可以叫做森林,这样的比喻很贴切,其实这也是随机森林的主要思想——集成思想的体现。从直观的角度来看,每棵决策树都是一个分类器,如果是分类问题,那么对于一个输入样本,k 棵树会有 k 个分类结果。而随机森林集成了所有的分类投票结果,将投票次数最多的类别指定为最终的输出类别,这是一种最简单的 Bagging 思想。

在此之前,先了解 Bagging 的原理和性质。Bagging 属于并行式集成学习方法,它基于自助采样法(bootstrap sampling),在给定的包含 k 个样本的数据集中随机取出一个样本放入采样集,然后再把该样本放回初始数据集,使得下次采样时该样本还可能被选中,这样经过 k 次随机采样操作,就可以得到包含 k 个样本的采样集,初始训练集中有的样本在采样集中可能多次出现,有的样本可能从未出现。初始训练集中约有 63.2% 的样本出现在采样集中。照此,可以采样出 k 个含 k 个样本的采样集,然后基于每个采样集训练出一个基分类器,再将基分类器进行结合,这就是 Bagging 的基本流程。对预测输出进行结合时,Bagging 对分类采用简单投票法,对回归采用简单平均法。

从偏差-方差分解的角度看,Bagging 对样本进行重采样,对每一个重采样得到的采样集训练一个模型,最后取平均。由于采样集的相似性及使用的是同种模型,因此各模型有近似相等的偏差和方差,所以 Bagging 后的偏差和单个子模型的接近,一般来说不能显著降低偏差。另一方面,若各子模型独立,此时可以显著降低方差;若各子模型完全相同,此时不会降低方差。而 Bagging 方法得到的各子模型是有一定相关性的,属于上面两个极端状况的中间态,因此可以在一定程度降低方差。因此它在不剪枝的决策树、神经网络等易受样本扰动的学习器上的效果更明显。

而随机森林是 Bagging 的一个扩展,随机森林的构建过程大致如下:

(1) 先采用 bootstrap 重采样的方法从训练集中随机有放回地采样 k 个样本,每个样本的样本容量都与原始训练集一样,最后可以得到 k 个训练集。

(2) 接下来将在 k 个训练集的基础上分别训练得到 k 个决策树模型。

(3) 针对每一个决策树模型,从 M 个特征中随机选择 m 个特征,在每次分裂时都将选择最好的特征来进行分裂。

(4) 每棵树都将以同样的方式进行不断的分裂,一直分裂到该节点的训练样例属于同一类。在决策树的分裂过程中不需要剪枝。

(5) 最后将多个决策树组合起来得到随机森林。对于分类方面的问题,最终的分类结果将由多个分类器进行投票决定;而对于回归方面的问题,最终的预测结果将由多个预测值的均值决定。

随机森林构建示意图如图 7.8 所示。

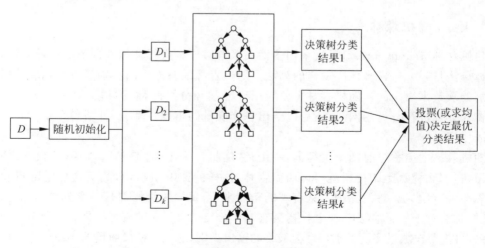

图 7.8　随机森林示意图

随机森林的一个优点是,不需要进行交叉验证或者用独立的测试集来获得误差的无偏估计。随机森林就可以在内部进行评估,也就是说在生成的过程中就可以对误差建立无偏估计。

构建随机森林的关键在于如何选择最优的 m,而解决这个问题主要是计算袋外错误率 oob error(out-of-bag error)。在构建每棵树时,对训练集采用了不同的 bootstrap,所以对于第 k 棵树而言,大约有 1/3 的训练实例没有参与第 k 棵树的生成,它们称为第 k 棵树的 oob 样本。对于这样的采样特点,就可以进行 oob 估计,首先对每个样本,计算它作为 oob 样本的树对它的分类情况(约 1/3 的树);然后以简单多数投票作为该样本的分类结果;最后用误分个数占样本总数的比率作为随机森林的 oob 误分率。oob 误分率是随机森林泛化误差的无偏估计,它的结果近似于需要大量计算的 k 折交叉验证。

相对于一般的算法来说,随机森林有很大的优势,其在各个数据集上的表现较好,可以处理大量的输入变量。其训练的速度较快,并且在训练的过程中,可以检测到各个特征之间是互相有影响的。对于不平衡的数据集来说,它可以平衡误差。但是随机森林算法也存在一些不足的地方,它在噪声较大的条件下,在分类或回归问题上可能会发生过拟合的现象。

7.4.2 Adaboost 算法

提升(Boosting)是一种重要的集成学习方法,其主要思想是将"弱学习算法"提升为"强学习算法"的过程,一般来说,找到弱学习算法要相对容易一些,然后通过反复学习得到一系列弱分类器,组合这些弱分类器得到一个强分类器,其中 AdaBoost 是典型的 Boosting 算法。

假设给定一个二类分类的训练数据集 $T = \{(x_1, y_1), (x_2, y_2), \cdots, (x_N, y_N)\}$,每个样本点由实例与标记组成,实例 $x_i \in \chi \subseteq R^n$,标记 $y_i = \{-1, +1\}$。

算法 7.1

输入:训练数据集 $T = \{(x_1, y_1), (x_2, y_2), \cdots, (x_N, y_N)\}$,其中 $x_i \in \chi \subseteq R^n$,$y_i = \{-1, +1\}$;弱学习算法;

输出:最终分类器 $G(x)$。

(1) 假设训练数据集具有均匀的权值分布,即每个训练样本在基本分类器中的学习中作用一样,这一假设保证开始能够在原始数据上学习基本分类器;初始化训练数据的权值分布:

$$D_1 = (w_{11}, \cdots, w_{1i}, \cdots, w_{1N}), \quad w_{1i} = \frac{1}{N}, \quad i = 1, 2, \cdots, N \tag{7.68}$$

(2) 反复学习基本分类器,在每一轮 $m = 1, 2, \cdots, M$ 顺序地执行下列操作:

(a) 使用具有权值分布 D_m 的训练数据集学习,得到基本分类器 $G_m(x): \chi \rightarrow \{-1, +1\}$。

(b) 计算 $G_m(x)$ 在训练数据集上的分类误差率:

$$e_m = P(G_m(x_i) \neq y_i) = \sum_{i=1}^{N} w_{mi} I(G_m(x_i) \neq y_i) \tag{7.69}$$

w_{mi} 表示第 m 轮中第 i 个实例的权值,$\sum_{i=1}^{N} w_{mi} = 1$,即 $G_m(x)$ 在加权的训练数据集上的分类误差率是被 $G_m(x)$ 误分类样本的权值之和。

(c) 计算 $G_m(x)$ 的系数：

$$\alpha_m = \frac{1}{2}\log\frac{1-e_m}{e_m} \tag{7.70}$$

这里，对数是自然对数，α_m 表示 $G_m(x)$ 在最终分类器中的重要性。由式(7.70)可知，当 $e_m \leqslant \frac{1}{2}$ 时，$\alpha_m \geqslant 0$，并且 α_m 随着 e_m 的减小而增大，所以分类误差率越小的基本分类器在最终分类器中的作用越大。

(d) 更新训练数据集的权值分布：

$$D_{m+1} = (w_{m+1,1}, \cdots, w_{m+1,i}, \cdots, w_{m+1,N}) \tag{7.71}$$

$$w_{m+1,i} = \frac{w_{mi}}{Z_m}\exp(-\alpha_m y_i G_m(x_i)), \quad i=1,2,\cdots,N \tag{7.72}$$

其中，Z_m 是规范化因子：

$$Z_m = \sum_{i=1}^{N} w_{mi}\exp(-\alpha_m y_i G_m(x_i)) \tag{7.73}$$

它使 D_{m+1} 成为一个概率分布。

式(7.72)也可以写成

$$w_{m+1,i} = \begin{cases} \dfrac{w_{mi}}{Z_m}\mathrm{e}^{-\alpha_m}, & G_m(x_i) = y_i \\[2mm] \dfrac{w_{mi}}{Z_m}\mathrm{e}^{\alpha_m}, & G_m(x_i) \neq y_i \end{cases} \tag{7.74}$$

由此可知，被基本分类器 $G_m(x)$ 误分类样本的权值得以扩大，而被正确分类的样本的权值却得以缩小。因此，误分类样本在下一轮学习中起更大的作用。由此可知，Adaboost 通过不改变所给的训练数据，而不断改变训练数据权值的分布，使得训练数据在基本分类器的学习中起不同的作用。

(3) 构建基本分类器的线性组合，实现 M 个分类器的加权表决

$$f(x) = \sum_{m=1}^{M} \alpha_m G_m(x) \tag{7.75}$$

得到最终分类器

$$G(x) = \mathrm{sign}(f(x)) = \mathrm{sign}\left(\sum_{m=1}^{M} \alpha_m G_m(x)\right) \tag{7.76}$$

系数 α_m 表示基本分类器 $G_m(x)$ 的重要性，所有 α_m 之和并不为 1。$f(x)$ 的符号决定实例 x 的类，$f(x)$ 的绝对值表示分类的确信度。算法框图如图 7.9 所示。

给定如表 7.4 所示训练数据集，假设弱分类器由 $x<v$ 或 $x>v$ 产生，其阈值 v 使该分类器在训练数据集上分类误差率最低，试用 Adaboost 算法学习一个强分类器。

表 7.4　训练数据集

序号	1	2	3	4	5	6	7	8	9	10
x	0	1	2	3	4	5	6	7	8	9
y	1	1	1	−1	−1	−1	1	1	1	−1

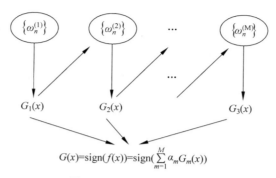

图 7.9　Adaboos 算法框图

解：初始化数据权值分布 $D_1 = (w_{11}, w_{12}, \cdots, w_{110})$，$w_{1i} = 0.1$，$i = 1, 2, \cdots, 10$。

对 $m = 1$，

（1）在权值分布为 D_1 的训练数据上，阈值 v 取 2.5 时分类误差率最低，故基本分类器为

$$G_1(x) = \begin{cases} 1, & x < 2.5 \\ -1, & x > 2.5 \end{cases}$$

（2）$G_1(x)$ 在训练数据集上的误差率 $e_1 = P(G_1(x_i) \neq y_i) = 0.3$。

（3）计算 $G_1(x)$ 的系数：$\alpha_1 = \dfrac{1}{2} \log \dfrac{1 - e_1}{e_1} = 0.4356$。

（4）更新训练数据的权值分布：

$$D_2 = (w_{21}, w_{22}, \cdots, w_{210})$$

$$w_{2i} = \frac{w_{1i}}{Z_1} \exp(-\alpha_1 y_i G_1(x_i)), \quad i = 1, 2, \cdots, 10$$

$$D_2 = (0.0715, 0.0715, 0.0715, 0.0715, 0.0715, 0.0715, 0.1666, 0.1666, 0.1666, 0.0715)$$

$$f_1(x) = 0.4236 G_1(x)$$

分类器 $\text{sign}(f_1(x))$ 在训练数据集上有 3 个误分类点。

对 $m = 2$，

（1）在权值分布为 D_2 的训练数据上，阈值 v 取 8.5 时分类误差率最低，故基本分类器为

$$G_2(x) = \begin{cases} 1, & x < 8.5 \\ -1, & x > 8.5 \end{cases}$$

（2）$G_2(x)$ 在训练数据集上的误差率 $e_2 = 0.2143$。

（3）计算 $\alpha_2 = 0.6496$。

（4）更新训练数据的权值分布：

$$D_3 = (0.0455, 0.0455, 0.0455, 0.1667, 0.1667, 0.1667, 0.1060, 0.1060, 0.1060, 0.0455)$$

$$f_2(x) = 0.4236 G_1(x) + 0.6496 G_2(x)$$

分类器 $\text{sign}(f_2(x))$ 在训练数据集上有 3 个误分类点。

对 $m = 3$，

(1) 在权值分布为 D_3 的训练数据上,阈值 v 取 5.5 时分类误差率最低,故基本分类器为

$$G_2(x) = \begin{cases} 1, & x < 5.5 \\ -1, & x > 5.5 \end{cases}$$

(2) $G_3(x)$ 在训练数据集上的误差率 $e_3 = 0.1820$。

(3) 计算 $\alpha_3 = 0.7514$。

(4) 更新训练数据的权值分布:

$$D_3 = (0.125, 0.125, 0.125, 0.102, 0.102, 0.102, 0.065, 0.065, 0.065, 0.125)$$

$$f_2(x) = 0.4236 G_1(x) + 0.6496 G_2(x) + 0.7514 G_3(x)$$

分类器 $\mathrm{sign}(f_3(x))$ 在训练数据集上误分类点个数为 0。

于是,最终分类器为

$$G(x) = \mathrm{sign}(f_3(x)) = \mathrm{sign}(0.4236 G_1(x) + 0.6496 G_2(x) + 0.7514 G_3(x))$$

7.5　聚类

聚类(clustering)任务是一种无监督学习。在无监督学习中,训练样本的标记信息是未知的,目标通过无标记训练样本的学习来揭示数据的内在性质及规律。聚类的任务是将数据集中的样本划分为若干个不相交的子集,每个子集称为一个"簇"。

聚类分为原型聚类、密度聚类、层次聚类,其中应用较广的是原型聚类,此类算法假设聚类结构能通过一组原型刻画,原型聚类先对原型进行初始化,然后对原型进行迭代更新求解,下面介绍原型聚类算法中最典型的 k 均值算法。

7.5.1　距离计算

聚类算法涉及衡量样本的距离,首先介绍距离计算公式。给定样本 $x_i = (x_{i1}, x_{i2}, \cdots, x_{in})$ 与 $x_j = (x_{j1}, x_{j2}, \cdots, x_{jn})$,最常用的是闵可夫斯基距离。

$$\mathrm{dist}_{\mathrm{mk}}(x_i, x_j) = \left(\sum_{u=1}^{n} |x_{iu} - x_{ju}|^p \right)^{\frac{1}{p}} \tag{7.77}$$

$p = 2$ 时,闵可夫斯基距离即欧式距离

$$\mathrm{dist}_{\mathrm{ed}}(x_i, x_j) = \| x_i - x_j \|_2 = \sqrt{\sum_{u=1}^{n} |x_{iu} - x_{ju}|^2} \tag{7.78}$$

$p = 1$ 时,闵可夫斯基距离即曼哈顿距离

$$\mathrm{dist}_{\mathrm{man}}(x_i, x_j) = \| x_i - x_j \|_1 = \sum_{u=1}^{n} |x_{iu} - x_{ju}| \tag{7.79}$$

7.5.2　k 均值聚类

给定样本集 $D = \{x_1, x_2, \cdots, x_m\}$,$k$ 均值聚类针对聚类所得簇划分 $C = \{C_1, C_2, \cdots, C_k\}$ 最小化平方误差:

$$E = \sum_{i=1}^{k} \sum_{x \in C_i} \| x - u_i \|_2^2 \tag{7.80}$$

其中，$u_i = \dfrac{1}{|C_i|} \sum\limits_{x \in C_i} x$ 是簇 C_i 的均值向量。E 越小则簇内样本相似度越高，一定程度上刻画了簇内样本围绕均值向量的紧密程度。

k 均值算法采用贪心策略来最小化式(7.80)，通过迭代优化来近似求解，算法流程如下：

(1) 输入：样本集 $D = \{x_1, x_2, \cdots, x_m\}$，聚类簇数 k。

(2) 过程：

1：从 D 中随机选择 k 个样本作为初始的聚类中心 $\{u_1, u_2, \cdots, u_k\}$
2：repeat
3：　for $j = 1, 2, \cdots, m$
4：　　计算样本 x_j 与各聚类中心 u_i 的距离：$d_{ji} = \| x_j - u_i \|_2$；
5：　　将样本 x_j 分配给距离它最近的聚类中心所在的簇
6：　end for
7：　for $i = 1, 2, \cdots, k$
8：　　计算新的聚类中心：$u_i' = \dfrac{1}{|C_i|} \sum\limits_{x \in C_i} x$；
10：if $u_i' \neq u_i$ then
11：　　将 u_i 更新为 u_i'
12：else
13：保持 u_i 不变
14：end if
15：end for
16：until 当前聚类中心均未更新

(3) 输出：簇划分 $C = \{C_1, C_2, \cdots, C_k\}$。

算法中的 k 是事先给定的，这个 k 值的选定是非常难以估计的，k 均值聚类算法中，首先需要根据初始聚类中心来确定一个初始划分，然后对初始划分进行优化。这个初始聚类中心的选择对聚类结果有较大的影响，一旦初始值选择得不好，可能无法得到有效的聚类结果。

算法需要不断地进行样本分类调整，不断地计算调整后的新的聚类中心，因此当数据量非常大时，算法的时间开销是非常大的。

7.5.3 样例说明

数据对象集合 S 见表 7.5，作为一个聚类分析到二维样本，要求的簇的数量 $k = 2$。

表 7.5 数据对象集合

O	1	2	3	4	5
x	0	0	1.5	5	5
y	2	0	0	0	0

(1) 选择 $O_1(0, 2), O_2(0, 0)$ 为初始的簇中心，即 $M_1 = O_1 = (0, 2), M_2 = O_2 = (0, 0)$。

（2）对剩余的每个对象，根据其与各簇中心的距离，将它分配给最近的簇。对 O_3：

$$d(M_1, O_3) = \sqrt{(0-1.5)^2 + (2-0)^2} = 2.5$$

$$d(M_2, O_3) = \sqrt{(0-1.5)^2 + (0-0)^2} = 1.5$$

显然 $d(M_2, O_3) \leqslant d(M_1, O_3)$，故将 O_3 分配给 C_2。同理，计算得，将 O_4 分配给 C_2，将 O_5 分配给 C_1。更新，得到新的簇 $C_1 = \{O_1, O_5\}$ 和 $C_2 = \{O_2, O_3, O_4\}$，中心为 $M_1 = O_1 = (0, 2)$，$M_2 = O_2 = (0, 0)$。

计算平方误差准则

$$E_1 = [(0-0)^2 + (2-2)^2] + [(0-5)^2 + (2-2)^2] = 25$$

$$E_2 = 27.25$$

总体平方误差是：$E = E_1 + E_2 = 25 + 27.25 = 52.25$。

（3）计算新的簇中心

$$M_1 = \left(\frac{0+5}{2}, \frac{2+2}{2}\right) = (2.5, 2)$$

$$M_2 = \left(\frac{0+1.5+5}{3}, \frac{0+0+0}{3}\right) = (2.17, 0)$$

重复步骤（2）和步骤（3），得到新簇 $C_1 = \{O_1, O_5\}$ 和 $C_2 = \{O_2, O_3, O_4\}$，中心为 $M_1 = (2.5, 2)$，$M_2 = (2.17, 0)$。

计算平方误差准则：

$$E = E_1 + E_2 = 12.5 + 13.15 = 25.65$$

即第一次迭代后，总体平方误差值由 52.25 减小为 25.65，由于在两次迭代中，簇中心不变，所以停止迭代过程，算法终止。

7.6　深度学习

进入 21 世纪以来，人类在机器学习领域虽然取得了一些突破性的进展，但在寻找最优的特征表达过程中往往需要付出巨大的代价，这也成为一个抑制机器学习效率进一步提升的重要障碍。效率需求在图像识别、语音识别、自然语言处理、机器人学和其他机器学习领域中表现得尤为明显。

深度学习（deep learning）是学习样本数据的内在规律和表示层次，这些学习过程中获得的信息对诸如文字、图像和声音等数据的解释有很大的帮助。它的最终目标是让机器能够像人一样具有分析学习能力，能够识别文字、图像和声音等数据。深度学习是一个复杂的机器学习算法，在语音和图像识别方面取得的效果远远超过先前相关技术。

深度学习在搜索技术、数据挖掘、机器学习、机器翻译、自然语言处理、多媒体学习、语音、推荐和个性化技术，以及其他相关领域都取得了很多成果。深度学习使机器能够模仿视听和思考等人类的活动，解决了很多复杂的模式识别难题，使得人工智能相关技术取得了很大进步。

深度学习算法不仅在机器学习中比较高效，而且在近年来的云计算、大数据并行处理研究中,其处理能力已在某些识别任务上达到了几乎和人类相媲美的水平。

本节主要讨论深度学习算法,着重介绍深度学习的定义、主要特点,并结合实例介绍深度学习算法的主要模型和应用。

7.6.1　深度学习的定义与特点

深度学习是机器学习研究的一个新方向,源于对人工神经网络的进一步研究,通常采用包含多个隐含层的深层神经网络结构。

1. 深度学习的定义

定义 7.1　深度学习算法是一类基于生物学对人脑进一步认识,将神经-中枢-大脑的工作原理设计成一个不断迭代、不断抽象的过程,以便得到最优数据特征表示的机器学习算法。该算法从原始信号开始,先做低层抽象,然后逐渐向高层抽象迭代,由此组成深度学习算法的基本框架。

2. 深度学习的一般特点

一般来说,深度学习算法具有如下特点。

(1) 使用多重非线性变换对数据进行多层抽象。该类算法采用级联模式的多层非线性处理单元来组织特征提取及特征转换。在这种级联模型中,后继层的数据输入由其前一层的输出数据充当。按学习类型,该类算法又可归为有监督学习,如分类(classification);无监督学习,如模式分析(pattern analysis)。

(2) 以寻求更适合的概念表示方法为目标。这类算法通过建立更好的模型来学习数据表示方法。对于学习所用的概念特征值或者说数据的表示,一般采用多层结构进行组织,这也是该类算法的一个特色。高层的特征值由低层特征值通过推演归纳得到,由此组成了一个层次分明的数据特征或者抽象概念的表示结构;在这种特征值的层次结构中,每一层的特征数据对应着相关整体知识或者概念在不同程度或层次上的抽象。

(3) 形成一类具有代表性的特征表示学习(learning representation)方法。在大规模无标识的数据背景下,一个观测值可以使用多种方式来表示,如一幅图像、人脸识别数据、面部表情数据等,而某些特定的表示方法可以让机器学习算法学习起来更加容易。所以,深度学习算法的研究也可以看作在概念表示基础上,对更广泛的机器学习方法的研究。深度学习一个很突出的前景便是它使用无监督的或者半监督的特征学习方法,加上层次性的特征提取策略,来替代过去手工方式的特征提取。

3. 深度学习的优点

深度学习具有如下优点。

(1) 采用非线性处理单元组成的多层结构,使得概念提取可以由简单到复杂。

(2) 每一层中非线性处理单元的构成方式取决于要解决的问题;同时,每一层学习模式可以按需求调整为有监督学习或无监督学习。这样的架构非常灵活,有利于根据实际需要调整学习策略,从而提高学习效率。

(3) 学习无标签数据优势明显。不少深度学习算法通常采用无监督学习形式来处理其他算法很难处理的无标签数据。现实生活中,无标签数据比有标签数据更普遍存在。因此,深度学习算法在这方面的突出表现,更凸显出其实用价值。

7.6.2　深度学习的常用模型

实际应用中,用于深度学习的层次结构通常由人工神经网络和复杂的概念公式集合组成。在某些情形下,也采用一些适用于深度生成模式的隐性变量方法。例如,深度信念网络、深度玻耳兹曼机等。至今已有多种深度学习框架,如深度神经网络、卷积神经网络和深度概念网络。

深度神经网络是一种具备至少一个隐层的神经网络。与浅层神经网络类似,深度神经网络也能够为复杂非线性系统提供建模,但多出的层次为模型提供了更高的抽象层次,因而提高了模型的能力。此外,深度神经网络通常都是前馈神经网络。常见的深度学习模型包含以下几类。

1. 卷积神经网络

卷积神经网络(convolutional neural network,CNN),在本质上是一种输入到输出的映射。

1984 年日本学者 Fukushima 基于感受野概念提出神经认知机,这是卷积神经网络的第一个实现网络,也是感受野概念人工神经网络领域的首次应用。受视觉系统结构的启示,当具有相同参数的神经元应用前一层的不同位置时,就可以获取一种变换不变性特征。LeCun 等人根据这个思想,利用反向传播算法设计并训练了 CNN。CNN 是一种特殊的深层神经网络模型,其特殊性主要体现在两个方面:一是它的神经元间的连接是非全连接的;二是同一层中神经元之间的连接采用权值共享的方式。其学习过程如图 7.10 所示。其中,输入到 C_1、S_4 到 C_5、C_5 到输出是全连接,C_1 到 S_2、C_3 到 S_4 是一一对应的连接,S_2 到 C_3 为了消除网络对称性,去掉了一部分连接,可以让特征映射更具多样性。需要注意的是,C_5 卷积核的尺寸要和 S_4 的输出相同,只有这样才能保证输出是一维向量。

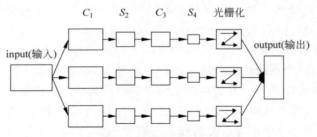

图 7.10　卷积神经网络的原理图

CNN 的基本结构包括两层,即特征提取层和特征映射层。在特征提取层 C 中,每个神经元的输入与前一层的局部接受域相连,并提取该局部的特征。一旦该局部特征被提取后,它与其他特征间的位置关系也随之确定下来;每一个特征提取层后都紧跟着一个计算层,对局部特征求加权平均值与二次提取,这种特有的两次特征提取结构使网络对平移、比例缩放、倾斜或者其他形式的变形具有高度不变性。S 层是特征映射层,网络中的计算层由多个特征映射组成,每个特征映射是一个平面,平面上采用权值共享技术,大大减少了网络的训练参数,使神经网络的结构变得更简单,适应性更强。另外,图像可以直接作为网络的输入,因此它需要的预处理工作非常少,避免了传统识别算法中复杂的特征提取和数据重建过程。特征映射结构采用影响函数核小的 sigmoid 函数作为卷积网络的激活函数,使得特征映射具有位移不变性。

并且,在很多情况下,有标签的数据是很稀少的,但正如前面所述,作为神经网络的一个典型,卷积神经网络也存在局部性、层次深等深度网络具有的特点。卷积神经网络的结构使得其处理过的数据中有较强的局部性和位移不变性。Ranzato 等人将卷积神经网络和逐层贪婪无监督学习算法相结合,提出了一种无监督的层次特征提取方法。此方法用于图像特征提取时效果明显。基于此,CNN 被广泛应用于人脸检测、文献识别、手写字体识别、语音检测等领域。

CNN 也存在一些不足之处,如由于网络的参数较多,导致训练速度慢,计算成本高,如何有效提高 CNN 的收敛速度成为今后的一个研究方向。另一方面,研究卷积神经网络的每一层特征之间的关系对于优化网络的结构有很大帮助。

2. 循环神经网络

循环神经网络(recurrent neural networks,RNNs)是深度网络中的常用模型,它的输入为序列数据,网络中节点之间的连接沿时间序列形成一个有向图,使其能够显示时间动态行为。1982 年,美国学者 John Hopfield 发现一种特殊类型的循环神经网络——Hopfield 网络。作为一个包含外部记忆的循环神经网络,Hopfiled 网络内部所有节点都相互连接,同时使用能量函数进行学习。1986 年,David Rumelhart 提出误差反向传播算法(error back propagtion,BP),系统解决了多层神经网络隐含层连接权学习问题。在此基础上,Jordan 同年建立了新的循环神经网络——Jordan 网络。此后在 1990 年,Jeffrey Elman 提出了第一个全连接的循环神经网络——Elman 网络。这两个网络都是面向序列数据的循环神经网络。

基本的循环神经网络如图 7.11 所示,它是结构为连续层的类神经元节点的网络。给定层中的每个神经元节点定向地与下一个连续层中的每个其他神经元节点连接,每个神经元节点具有随时间变化的实值激活函数,同时每处连接具有可修改的实值权重。RNNs 输入单元的输入集为 $\{x_0,x_1,\cdots,x_t,x_{t+1},\cdots\}$,输出单元的输出集为 $\{o_0,o_1,\cdots,o_t,o_{t+1},\cdots\}$,隐藏单元的状态集为 $\{h_0,h_1,\cdots,h_t,h_{t+1},\cdots\}$,能够捕捉序列信息。隐藏层之间是有连接的且隐藏层的输入不仅包括输入层的输入还包括上一时刻隐藏层的输出,隐藏层的神经元节点可以自连也可以互连。h_t 是隐藏层在 t 时间步的状态,也是 RNNs 的记忆单元,其计算公式为 $h_t=f(U*x_t+V*h_{t-1})$,公式中 f 是一般的非线性激活函数,如 tanh 函数等。传统神经网络中的参数是不共享的,而在 RNNs 中,每一层都各自共享参数 U,V,W,即 x_t 与 h_t 之间的 U 矩阵和 x_{t-1} 与 h_{t-1} 之间的 U 矩阵是一样的,同理对 V,W。权值共享大大降低了网络中需要学习的参数,降低了网络复杂度。

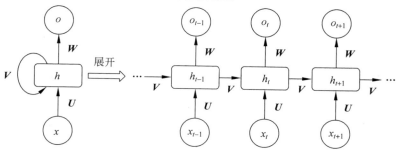

图 7.11　基本循环神经网络结构图

RNNs 使用时间序列信息,可以处理任意长度的输入输出数据。且不同于反馈神经网络,RNNs 可以使用它们的内部存储器来处理任意输入序列,这使得它广泛应用于手写体识别、自然语言处理和语音识别任务。但 RNNs 存在"梯度消失"、"梯度爆炸"、长时依赖等问题。梯度爆炸会导致权重振荡,降低网络质量,且随着网络层数的增加,问题会更加严重。为了解决上述问题,对 RNNs 进行改进,Hochreiter 和 Schmidhuber 提出了长短时记忆模型(long short-term memory,LSTM)。

3. 受限玻耳兹曼机

受限玻耳兹曼机(restricted Boltzmann machine,RBM)是一类可通过输入数据集学习概率分布的随机生成神经网络,是一种玻耳兹曼机的变体,但限定模型必须为二分图。如图 7.12 所示,模型中包含:可视层,对应输入参数,用于表示观测数据;隐含层,可视为一组特征提取器,对应训练结果,该层被训练发觉在可视层表现出来的高阶数据相关性;每条边必须分别连接一个可视单元和一个隐含层单元,为两层之间的连接权值。受限玻耳兹曼机大量应用在降维、分类、协同过滤、特征学习和主题建模等方面。根据任务的不同,受限玻耳兹曼机可以使用监督学习或无监督学习的方法进行训练。

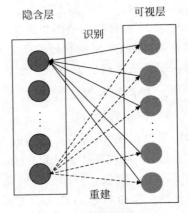

图 7.12 受限玻耳兹曼机

训练 RBM,目的就是要获得最优的权值矩阵,最常用的方法最初由 Geoffrey Hinton 在训练"专家乘积"中提出,被称为对比分歧(contrast divergence,CD)算法。对比分歧提供了一种最大似然的近似,被理想地用于学习 RBM 的权值训练。该算法在梯度下降的过程中使用吉布斯采样完成对权重的更新,与训练前馈神经网络中使用反向传播算法类似。

针对一个样本的单步对比分歧算法的步骤可总结如下:

步骤 1　取一个训练样本,计算隐层节点的概率,在此基础上从这一概率分布中获取一个隐层节点激活向量的样本;

步骤 2　计算和的外积,称为"正梯度";

步骤 3　获取一个重构的可视层节点的激活向量样本,此后再次获得一个隐含层节点的激活向量样本;

步骤 4　计算和的外积,称为"负梯度";

步骤 5　使用正梯度和负梯度的差,以一定的学习率更新权值。

类似地,该方法也可以用来调整偏置参数和。

深度玻耳兹曼机(deep Boltzmann machine,DBM)就是把隐含层的层数增加,可以看作多个 RBM 堆砌,并可使用梯度下降法和反向传播算法进行优化。

4. 自动编码器(auto encoder,AE)

自动编码器是一种尽可能复现输入信号的神经网络,是 Geoffrey Hinton 等人继基于逐层贪婪无监督训练算法的深度信念网络后提出来的又一种深度学习算法模型。AE 的基本单元有编码器和解码器,编码器是将输入映射到隐含层的映射函数,解码器是将隐含层表示映射回对输入的一个重构。

设定自编码网络一个训练样本 $x=\{x^1,\cdots,x^t\}$，编码激活函数和解码激活函数分别为 S_f 和 S_g，

$$f_\theta(x)=S_f(\boldsymbol{b}+\boldsymbol{W}x)$$

$$g_\theta(h)=S_g(\boldsymbol{d}+\boldsymbol{W}^{\mathrm{T}}h)$$

其训练机制就是通过最小化训练样本 D_n 的重构误差来得到参数 θ，也就是最小化目标函数

$$J_{AE}(\theta)=\sum_{x\in D_n}L(x',g(f(x')))$$

其中，$\theta=\{\boldsymbol{W},\boldsymbol{b},\boldsymbol{W}^{\mathrm{T}},\boldsymbol{d}\}$；$\boldsymbol{b}$ 和 $\boldsymbol{d}$ 分别是编码器和解码器的偏置向量，$\boldsymbol{W}$ 和 $\boldsymbol{W}^{\mathrm{T}}$ 是编码器和解码器的权重矩阵，S 为 sigmoid 函数。对于具有多个隐含层的非线性自编码网络，如果初始权重选得好，运用梯度下降法可以达到很好的训练结果。基于此，Hinton 和 Salakhutdinov 提出了用 RBM 网络来得到自编码网络的初始权值。但正如前面所述，一个 RBM 网络只含有一个隐含层，其对连续数据的建模效果并不是很理想。引入多个 RBM 网络形成一个连续随机再生模型。自编码系统的网络结构如图 7.13 所示。其预训练阶段就是逐层学习这些 RBM 网络，预训练过后，这些 RBM 网络就被"打开"形成一个深度自编码网络。然后利用反向传播算法进行微调，得到最终的权重矩阵。

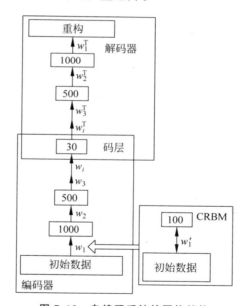

图 7.13　自编码系统的网络结构

实际上，自编码网络也可以看作由编码部分和解码部分构成的，编码部分对输入进行降维，即将原始高维连续的数据降到具有一定维数的低维结构上；解码部分则将低维上的点还原成高维连续数据。编码部分与解码部分之间的交叉部分是整个连续自编码网络的核心，能够反映具有嵌套结构的高维连续数据集的本质规律，并确定高维连续数据集的本质维数。

自动编码器的一个典型应用就是用来对数据进行降维。随着计算机技术、多媒体技术的发展，在实际应用中经常会碰到高维数据，这些高维数据通常包含许多冗余，其本质维数

往往比原始的数据维数要小得多,因此要通过相关的降维方法减少一些不太相关的数据而降低它的维数,然后用低维数据的处理办法进行处理。传统的降维方法可以分为线性和非线性两类,线性降维方法如主成分分析法(principal component analysis,PCA)、独立分量分析法(independent component analysis,ICA)和因子分析法(factor analysis,FA)在高维数据集具有线性结构和高斯分布时能有较好的效果。但当数据集在高维空间呈现高度扭曲时,这些方法则难以发现嵌入在数据集中的非线性结构及恢复内在的结构。自编码机作为一种典型的非线性降维方法,在图像重构、丢失数据的恢复等领域中得到了广泛应用。

5. 深度信念网络

深度信念网络(deep belief networks,DBNs)是一个贝叶斯概率生成模型,由多层随机隐变量组成,其结构如图 7.14 所示。上面的两层具有无向对称连接,下面的层得到来自上一层的自顶向下的有向连接,最底层单元构成可视层。也可以这样理解,深度信念网络就是在靠近可视层的部分使用贝叶斯信念网络(即有向图模型),并在最远离可见层的部分使用受限玻耳兹曼机的复合结构,也常常被视为多层简单学习模型组合而成的复合模型。

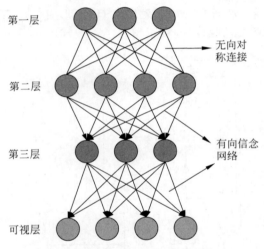

图 7.14　深度信念网络结构图

深度信念网络可以作为深度神经网络的预训练部分,并为网络提供初始权重,再使用反向传播或者其他判定算法作为调优的手段。这在训练数据较为缺乏时很有价值,因为不恰当的初始化权重会显著影响最终模型的性能,而预训练获得的权重在权值空间中比随机权重更接近最优的权重。这不仅提升了模型的性能,也加快了调优阶段的收敛速度。

深度信念网络中的内部层都是典型的 RBM,可以使用高效的无监督逐层训练方法进行训练。当单层 RBM 被训练完毕后,另一层 RBM 可被堆叠在已经训练完成的 RBM 上,形成一个多层模型。每次堆叠时,原有的多层网络输入层被初始化为训练样本,权重为先前训练得到的权重,该网络的输出作为后续 RBM 的输入,新的 RBM 重复先前的单层训练过程,整个过程可以持续进行,直到达到某个期望中的终止条件。

尽管对比分歧是对最大似然的近似,十分粗略,即对比分歧并不在任何函数的梯度方向上,但经验结果证实该方法是训练深度结构的一种有效的方法。

7.6.3 深度学习的总结与展望

虽然深度学习的理论研究和实际应用都取得了很大的成功,但从大量文献来看,仍然有很多值得进一步学习和探究的地方,据初步综述来看,主要有以下几个问题。

(1)模型问题。深度学习模型含有多个隐含层,利用逐层贪婪无监督训练算法进行训练,这样既能保证对复杂对象的有效表示,又避免了局部最优的问题。但是目前都是靠人工经验来确定隐含层的层数,如何能够针对不同类的输入选择特定隐含层的模型是提高深度学习效率的一个方面。另外,现有的几种算法模型都有一定的缺陷,寻求一种新的模型来进行更加有效的特征提取也是深度学习值得研究的一个问题。

(2)优化问题。尽管现在流行的逐层贪婪训练算法在处理语音识别等很多任务时都表现出很好的效果,但对于多语言的识别问题,现有模型因为无法获取足够的底层信息而无法识别。如果靠增加模型的复杂度来解决这一问题,必然又带来训练上的困难。找到一种更加有效的优化算法来解决信息量过大带来的问题是值得研究的另一个问题。

(3)降维问题。AE 模型侧重于对输入进行降维以解决高维数据的信息冗余问题,并且比 PCA、ICA 等传统降维方法表现的效果更好。但对于一个特定的框架,到底多少维的输入既能保证涵盖对象的本质特征又最有利于深度学习模型进行有效学习呢?这也是今后需要进一步解决的问题。

此外,为了降低深度学习模型的训练时间,通常的办法是采用图形处理单元方法。然而单个机器 GPU 对语音识别等大规模数据集的学习任务并不实用。面对这一问题,可以通过一种并行学习算法来解决。这也是充分利用深度学习在增强传统学习算法性能上的一个研究重点。

7.7 小结

本章分别介绍了线性回归、决策树、支持向量机、集成学习、聚类和深度学习。

7.1 节介绍了线性回归,是一种利用回归分析来确定两个或多个变量之间相互依赖的定量关系的统计分析方法。本节主要介绍了单变量线性回归和多元线性回归。

7.2 节讨论了决策树,是一种预测模型,它表示对象属性和对象值之间的映射关系。文中介绍了决策树学习算法的三个主要步骤——特征选择、树的生成和剪枝,并介绍了常用的 ID3 算法和 C4.5 算法。

7.3 节分析了支持向量机 SVM,它是一种广义线性分类器,通过监督学习对数据进行二分类。它的决策边界是求解学习样本的最大间隔超平面。通过正则化项来优化结构风险,同时利用核方法进行非线性分类。

7.4 节主要介绍了随机森林和 Adaboost 在集成学习中的应用。随机森林是一种使用多棵决策树来训练和预测样本的算法。最终输出的类别由各个决策树的类别输出综合决定;Adaboost 是一个迭代算法,在相同的训练集上训练不同的弱分类器,然后将这些弱分类器组合成一个更强的最终分类器。

7.5 节研究聚类,是一种发现内部结构的无监督学习技术。本节主要介绍 k-means 聚类,其核心思想是给出一组数据点和所需簇数 k,k-means 算法基于一定的距离函数将数据反复划分为 k 个簇。

7.6 节简介深度学习基础知识,包括深度学习的定义、常用模型、与神经网络的关系和展望。深度学习算法是一种基于生物学对人脑的进一步认识,将神经-中枢-大脑的工作原理设计成一个不断迭代、不断抽象的过程,以便得到最优数据特征表示的机器学习算法;该算法从原始信号开始,先做低级(底层)抽象,然后逐渐向高级(高层)抽象迭代,由此组成深度学习算法的基本框架。本节简介深度学习的定义与特点及深度学习与神经网络的关系。

习题 7

7-1　什么是一元线性回归和多元线性回归?请分别给出几个例子。

7-2　线性回归分析只能用来分析线性关系吗?为什么?

7-3　假设自变量 x 与因变量 y 之间满足以下非线性关系,怎么将其转化为线性回归问题?

$$y = w_0 + w_1 x + w_2 x^2 + \cdots + w_m x^m$$

7-4　在决策树模型中,根据什么来选择最佳分裂属性?

7-5　什么是熵、条件熵和信息增益?

7-6　请根据 ID3 算法建立以下学生选课问题的决策树:

假设将决策 y 分为以下 3 类:

(1) 必修 AI

(2) 选修 AI

(3) 不修 AI

做出这些决策的依据有以下 3 个属性:

x_1:学历层次　$x_1 = 1$ 研究生,$x_1 = 2$ 本科

x_2:专业类别　$x_2 = 1$ 电信类,$x_2 = 2$ 机电类

x_3:学习基础　$x_3 = 1$ 修过 AI,$x_3 = 2$ 未修 AI

表 7.6 给出了一个关于选课决策的训练例子集 S。

表 7.6　学生选课问题数据表

序号	属性值			决策方案 y_i
	x_1 学历层次	x_2 专业类别	x_3 学习基础	
1	1	1	1	3
2	1	1	2	1
3	1	2	1	3
4	1	2	2	2
5	2	1	1	3
6	2	1	2	2
7	2	2	1	3
8	2	2	2	3

7-7　什么是支持向量机?支持向量又是什么?

7-8　什么是硬间隔与软间隔？两者有什么区别？

7-9　对于样本空间中的超平面$\boldsymbol{\omega}^{\mathrm{T}}\boldsymbol{x}+b=0$，有$\boldsymbol{\omega}=(-1,3,2),b=1$。请判断以下向量是否为支持向量，并求出间隔。

$\quad$（1）$\boldsymbol{x}_1=(4,-2,2)$

$\quad$（2）$\boldsymbol{x}_2=(2,5,-6.5)$

$\quad$（3）$\boldsymbol{x}_3=(4,-2,4)$

7-10　什么是集成学习？有哪些特点？

7-11　如果已经在完全相同的训练集上训练了五个不同的模型，并且它们都达到了95%的准确率，是否还有机会通过结合这些模型来获得更好的结果？如果可以，该怎么做？如果不行，为什么？

7-12　Boosting 方法和 Bagging 方法有什么区别？

7-13　请简述随机森林算法的工作原理，随机森林算法有哪些优缺点？

7-14　随机森林中的训练样本为什么要随机抽样？为什么要又放回的抽样？

7-15　什么是聚类问题？与分类问题有什么区别？

7-16　请简述k-means 聚类算法，在该算法中k的初始值和初始类簇中心点怎么获得？

7-17　设数据样本集合S见表 7.7，$k=2$。$O_1(0,2),O_2(0,0)$为初始聚类中心，请用k-means 算法计算经一次迭代后聚类结果和新的聚类中心。

表 7.7　聚类分析数据表

O	x	y
1	0	2
2	0	0
3	1.5	0
4	5	0
5	5	2

7-18　什么是深度学习？深度学习具有哪些特点？

7-19　深度学习与神经网络的关系为何？

7-20　深度学习有哪些常用模型？

7-21　试述深度学习的应用领域。

7-22　深度学习应用及其发展前景如何？

第3篇
人工智能的算法与编程

算法——人工智能之魂

第 8 章

逻辑型人工智能编程语言

人工智能是从计算机科学发展和逐渐独立出来的一个重要分支,它的实现是以计算机为工具的,并分为硬件实现和软件实现两个层次。前者借助于专用的人工智能机(与通用的计算机体系结构有区别)实现人工智能;后者采用通用的计算机,由软件实现人工智能,是目前实现人工智能的主要途径。因此,计算机软件设计是人工智能的关键。

为了合适而有效地表示知识和进行知识推理,以数值计算为主要目标的传统编程语言(诸如 BASIC、FORTRAN 和 PASCAL 等)已不能满足要求;一些专用于人工智能和智能系统的、面向任务和知识的、以知识表示和逻辑推理为目标的符号和逻辑处理编程语言(如LISP、PROLOG)、专用开发工具及 MATLAB 工具箱等便应运而生。20 世纪 90 年代又出现一种跨平台解释型脚本语言 Python。

8.1 逻辑型编程语言概述

在人工智能和智能系统的研究过程中,人们已开发出许多专用和通用的程序设计语言。本节仅介绍几种通用编程语言,主要是 PROLOG 和 LISP 两种。长期以来,大多数人工智能系统都是用这两种语言编写的。后来,MATLAB 开发工具获得广泛应用。近年来,越来越多的人工智能开发用户开始应用 Python 语言。

1. 对符号和逻辑处理编程语言的要求

符号和逻辑处理程序设计语言除了应具有一般程序设计语言的特性外,还必须具备下列特性或功能:

(1) 具有表结构形式。LISP 的处理对象和基本数据结构是 S 表达式(即符号表达式),具有一组用于表处理的基本函数,能对表进行比较自由的操作。PROLOG 的处理对象是项,是表的特例。由于这类语言都以结构数据作为处理对象,而且都具有表处理能力,因而特别适用于符号处理。

(2) 便于表示知识和逻辑计算。例如,PROLOG 是以一阶谓词为基础的,而一阶逻辑是一种描述关系的形式语言(formal language),很接近于自然语言的描述方式。智能控制

(如专家控制)系统中的大量知识都是以事实和规则的形式表示的,所以用 PROLOG 表示知识就十分方便。

(3) 具有识别数据、确定控制匹配模式和进行自动演绎的能力。PROLOG 具有搜索、匹配和回溯等推理机制,在编制问题求解程序时,无需编写出专用搜索算法。当用 LISP 编程时,不仅要对问题进行描述,而且要编写搜索算法或利用递归来完成求解。

(4) 能够建立框架结构,便于聚集各种知识和信息,并作为一个整体存取。

(5) 具有以最适合于特定任务的方式把程序与说明数据结合起来的能力。

(6) 具有并行处理的能力。

2. 传统的符号和逻辑处理编程语言

图 8.1 表示几种人工智能传统编程语言及其发展关系。其中,IPL 是很早期的表处理语言;LISP 曾经是应用最广泛的符号和逻辑处理语言;INTERLISP 是新开发的一种 LISP 方言,比纯粹 LISP 的规模大,并提供更广泛的数组能力;SAIL 是 ALGOL 语言的变种,具有支持相关存储器等附加特性;PLANNER 是一种便于目标定向处理的早期语言;KPL 是一种能够支持复杂框架结构的语言;PROLOG 是一种基于规则的语言,把程序写为提供对象关系的规则。图 8.1 中,→表示提高结构层次,--▶表示提高自动演绎功能,━━▶表示提高知识构造功能。

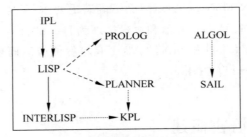

图 8.1　逻辑型编程语言的分类

图 8.1 说明了上述各语言之间的相互关系。有两个起点——IPL 和 ALGOL。这些语言主要沿 3 个方向发展,即增加自动演绎功能、增加管理更复杂知识结构的机能及提高句法灵活性等结构机能。各种编程语言在发展过程中都可能开发出多种型式和不同版本,以满足应用要求。例如,LISP 语言就有原 LISP、COMMON-LISP、GC-LISP;PROLOG 语言就有原 PROLOG、C-PROLOG、H-PROLOG、micro-PROLOG、Turbo-PROLOG 和最新的Visual-PROLOG 等形式。

8.2　LISP 语言

LISP 是最早和最重要的符号处理编程语言之一,它于 1958 年由美国的麦卡锡提出,并于 1960 年发表了他的第一篇关于 LISP 的论文。之后,LISP 很快受到人工智能工作者的欢迎,并获得广泛应用。LISP 是 LISt Processing(表处理)的缩写。

8.2.1　LISP 的特点和数据结构

1. LISP 特点

LISP 语言具有下列特点：

(1) 主要数据结构是表（符号表达式），而不是作为算术运算对象的数。

(2) 特性表简单，便于进行表处理。

(3) 最主要的控制结构为递归，适于过程描述和问题求解。

(4) LISP 程序内外一致，全部数据均以表形式表示。

(5) 能够产生更复杂的函数和解释程序。

(6) 对大多数事物的约束发生在尽可能晚的时刻。

(7) 数据和过程都可以表示成表，使得程序可能构成一个过程并执行这个过程。

(8) 大多数 LISP 系统可以交互方式运行，便于开发各类程序，包括交互程序。

2. 数据结构

在原 LISP 中，仅有一种数据类型，即表结构。大多数 LISP 程序设计中，数据是以表或者原子为特定形式。

(1) 原子

原子是 LISP 中最小的符号单位。原子有标识符，诸如 I AM A STUDENT，3，XYZ，或者 NIL 等。它们没有组合部分，各种性质或属性均可附加到单个原子上。

一个原子最重要的属性除其名字外是值，这与变量有值同义。一些原子有标准值：原子 NIL 的值是 NIL，T 的值是 T。任何数字原子，其相应的整数或浮点数是它的值。值得注意的是，这里的原子不是"类型"，任何原子，除常数外，可以给予任意值。

(2) 表

一个表递归地定义为括号内零个或 n 个元素的序列：

$$（元素 1 \cdots 元素 n）$$

其中每一个元素是一个原子或是一个表。零或空表写成（），或者 NIL。NIL 既是原子又是表。表的固有递归结构非常灵活，便于表示各种信号。

例如，

(4 6 7 9 14 17 20 24 76) 表示一组数

((−B)＋(SQRT((B＊B)−(4＊A＊C)))) 表示代数表达式

(I (know ((that (gasoline can)) explode))) 表示语法分析句子

(YELLOW TABLE) 表示断言

(AND(ON A B)(ON A C)(NOT(TOUCH B C))) 表示合取子句

(3) 表的数据结构

LISP 表的内部表示由 CONS 单元的基元构成。每个 CONS 单元是一个地址，它包括一对指针，每个指针指到一个原子，或者指到另一个 CONS 单元。

LISP 的表结构可以用来使任何数据结构模型化。例如，二维数组可以表示为由许多行组成的一张表，每行又是一张元素表。当然，对于许多目的，这种数组的实现是相当低效的。

（4）控制结构

LISP 是函数式程序语言，LISP 的控制结构主要是应用函数指导控制流，其中变元又可以是应用函数。这点与大多数程序设计语言的顺序控制结构（分离的句子是一句接一句地执行的）不同。在 LISP 中，语句与表达式没有区别，过程与函数也没有区别。每个函数，不管是否是一个语言原语，或是由用户定义的，都以指向一个表结构的形式返回一个单值。

3. 变量约束及其辖域

在 LISP 中有 3 种赋予符号含义的主要方法。这里将介绍其中最常用的两种：把变量约束到值上和建立函数。

（1）将变量约束到值上

变量本身并无什么含义，它只是一个符号。通过这个符号可以"达到"这个值。变量本身只不过是具有当前值的原子名称而已。当把此名称输入 LISP，LISP 通过告诉原子的当前值，作为回答。这个名称与原子当前具有的值之间的联系称为约束，例如，可把 x 约束到5。每当在程序中引用 x 时，LISP 都理解为5。以后可以重新把 x 约束到 pen，这就破坏了原来的联系而代之以 x 和 pen 之间的联系；在这以后，当引用 x 时，LISP 把它理解为 pen。x 值还可能是一般复杂数据。可以自由地用任意数据段约束任何一个任意选择的符号。在最简单的情况下，变量就是某个对象的名字，变量的值就是对象本身。因此，用户可以定义一些名词写入程序，并对这些名词赋予含义，还可以改变这些含义。

（2）建立函数

希望能够建立函数，以对名词进行运算，产生新的名词。建立函数的方法与用值约束符号的方法相同。不过，这时的值不是事实，而是要做的事情。完成这些后，再把符号正确地输入到 LISP 中去；LISP 不像以前那样理解对象，而是把对象理解为需要完成的某件事。当把有关符号约束到"含义"时，就规定了这件事。

（3）辖域

如前所述，当一个值约束一个变量时，约束一直有效，直到使用者改变它为止。当约束来自最高层即来自键盘时，这总是对的。来自函数内部所建立的约束可以是永久性的，但当函数完成时，这些约束往往就消失，变量的名字将成为无约束的。如果在整个程序执行过程中始终保持变量的约束，那么变量被认为是全程变量。如果变量的约束是建立在单个函数内部，而且当函数约束时，约束就消失，那么这是该函数的局部变量。当然，这二者之间有各种状态：可能希望在程序的某一点被赋值的变量在执行若干个子程序过程中保持它的值，然后再失掉这些值。

值得指出的是，如果局部变量已能解决问题，就不需要建立全程变量，否则会浪费计算机内存和求解时间。

8.2.2　LISP 的基本函数

S-表达式的语法可表示为

〈S-表达式〉::=＜原子|（〈S-表达式〉,〈S-表达式〉）

图 8.2 给出 LISP 所处理的各种对象间的关系：一个 S-表达式（即符号表达式）可以是

一张表或一个原子；一个原子可以是一个符号或一个数；一个数可为浮点数或定点数。

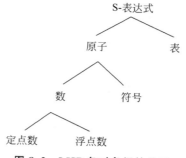

图 8.2　LISP 各对象间的关系

下面介绍 LISP 的一些基本函数。

1. CAR 和 CDR

函数 CDR 是 LISP 的系统函数，它删除表中第一个元素，返回表的其余部分。函数 CAR 返回的却是表中的第一个元素，例如，

```
(CAR '(FAST COMPUTERS ARE NICE))
FAST
(CDR '(FAST COMPUTERS ARE NICE))
(COMPUTERS ARE NICE)
```

CDR 总是返回一张表。当 CDR 作用于一张仅有一个元素的表时，就得到一张空表，表示为( )。可见，CAR 和 CDR 使表内元素分离。

2. SET 和 SETQ

SET 为赋值函数。一个原子符号的值是用 SET 建立起来的。SET 使它的第二个自变量为第一个自变量的值，例如，

```
(SET 'L'(A B))
(A B)
```

即表达式的值为(A B)，其副作用使(A B)变为 L 的值。如果输入 L，就会返回(A B)的结果。

```
L(A B)
```

SETQ 和 SET 的不同之处只在于，SETQ 不对第一个变量求值。SETQ 比 SET 用得更经常。

3. APPEND,LIST 和 CONS

APPEND,LIST 和 CONS 把表的元素放在一起。

APPEND 把所有作为自变量的表内各元素串在一起，例如，

```
(SET 'L'(A B))
(A B)
(APPEND L L)
(A B A B)
```

必须注意的是,APPEND 只把其自变量中的所有元素放在一起,而对这些元素本身不做任何事。LIST 与 APPEND 不同,是用它的自变量造出一张表,每个自变量成为表中的一个元素。例如,

```
(LIST L L L)
((A B)(A B)(A B))
```

CONS 作用于一张表,在其中插入一个新的第一元素。CONS 为表构造器的助记符。CONS 函数可表示为

```
(CONS⟨第一个元素⟩⟨某张表⟩)
```

例如,

```
(CONS '(A B)'(C D))
((A B)C D)
(CAR(CONS 'A'(B C))
A
```

4. EVAL

可直接用 EVAL 函数对一个自变量求值之后,再求一次值。例如,

```
(SETQ A 'B)
B
(SETQ B 'C)
C
(EVAL A)
C
```

原子 A 第一次被求值是因为它是一个函数的未加引号的自变量。求值后再被求值是因为该函数是 EVAL。EVAL 不管函数值如何,都要再求值。

5. DEFUN

DEFUN 使用户能够建立一些新的函数,其句法如下:

```
(DEFUN⟨函数名⟩(⟨参数 1⟩⟨参数 2⟩…⟨参数 n⟩)
⟨过程描述⟩)
```

DEFUN 不对其自变量求值,它仅仅查看一下自变量并建立一个函数定义,以后这个定义可以用函数名字来调用,只要函数名是被求值表的第一个元素。函数名必须是符号原子。用 DEFUN 时,也像其他函数一样,它也给出一个回答值。DEFUN 回送的值是函数名,但这个值不是重要的结果,因为 DEFUN 的主要目的是建立函数定义,而不是回送一个有用的值。当用到函数的回送值时,称这个值为返回值。函数在返回值之后,所完成的而且继续保留下来的作用称为副作用。DEFUN 的副作用是给一个原子赋值。在函数名之后的表称为参数表。每个参数都可能是出现在函数⟨过程描述⟩部分的符号原子。参数的值在一个函数被调用时由函数的一个自变量值来确定。例如,

```
(DEFUN F-TO-C(TEMP)
(QUOTIENT (DIFFERENCE TEMP 32)1.8))
F-TO-C
```

当用 F-TO-C 时,它作为第一个元素出现在一张双元素的表中。第二个元素是 F-TO-C 的自变量。自变量被求值之后,这个值就成为函数参数的暂时值。在这个函数中,TEMP 是参数,当 F-T-OC 求值时,自变量的值是已知的。

6. T 和 NIL

更复杂函数的定义需要用到谓词函数(predicate function)。谓词返回两个特殊原子 T 或 NIL 中的一个。T 和 NIL 两个值相当于逻辑上的真与假。常用的谓词函数有:

EQ(X Y)比较两个原子 X 和 Y,若它们相等则为真。

EQUAL(X Y)比较两个 S-表达式,如果它们相等则为真。这个函数更常使用。

ATOM(X) 如果 X 是个原子,则为真。

NUMBERP(X) 如果 X 的值是数字,则为真。

ONEP(X) 如果 X 的值为 1,则为真。

GREATERP(X Y) 如果 X 值大于 Y 值,则为真。

LESSP(X Y) 如果 X 值小于 Y 值,则为真。

NULL(X) 如果 X 值为 NIL,则为真。

MEMBER(X Y) 如果 X 的值是 Y 值表中的元素,则 S-表达式为真。

ZEROP(X) 若数字自变量 X 为 0,则取真值。

MINUSP(X) 若数字 X 为负,则取真值。

若一个谓词以 P 结尾,这个 P 是谓词的助记符。不过有些例外,如 AUTO 等。

7. AND,OR 及 NOT

AND 和 OR 可以进行组合测试。只有当所有的自变量均为非 NIL 时才能返回非 NIL。OR 只要有一个自变量为非 NIL 时就返回非 NIL。这两个谓词都可取任意多个自变量。NOT 仅当其自变量为 NIL 时才返回 T。

8. COND

COND 函数是一个条件函数,语法形式为

```
(COND ( <测试 1 > …<结果 1 >)
    ( <测试 2 > …<结果 2 >)
    ⋮
    (<测试 n >…<结果 n >))
```

函数名 COND 后面跟着一些表。每个表包含一个测试部分和如果测试成功后的返回值部分。每一个表叫做一个子句。该函数的功能是搜索每个子句,对每个子句的第一个元素求值,直到找到一个非 NIL 的值,这样该子句为成功的子句。然后这个成功子句中的其余各个元素被求值,将该子句最后一个元素的求值结果作为 COND 函数的值。如果没有找到成功的子句,COND 返回 NIL。当成功的子句只含有一个元素时,那么这个元素本身的值就是返回值,即测试元素与结果元素可以是同一个。

9. PROG

PROG 是个通用函数,它能设立新的变量,提供清晰的迭代过程。PROG 也可以只用于把几个依次执行的 S-表达式组合起来,成为一个序列。PROG 不对它的第一个自变量求值,第一个自变量必须是一个原子表或空表。一旦遇到函数 RETURN,则 PROG 立即终

止。PROG1 能返回第一个自变量的值。

10. GET 和 PUTPROP

GET 函数用于检索特征值,而补函数 PUTPROP 用于存放特征值或替代特征值。

11. LAMBDA

LAMBDA 用于定义匿名函数。为了避免无用函数名的激增,对于局部使用的函数可去掉函数名,采用新的函数定义方法,称为 λ-表达式,它用原子 LAMBDA 代替 DEFUN。

12. READ 和 PRINT

READ 和 PRINT 函数用于进行对话。PRINT 函数对它的单个变量求值,并把其值打印在新的一行上。PRINT 函数回答 T 作为它的值。例如,

```
(PRINT'EXAMPLE)
EXAMPLE
T
```

当遇到(READ)时,LISP 程序暂停并等待用户在键盘上打入一个 S-表达式。该表达式不必求值便成为(READ)的值。例如,在下例中当用户遇到(READ)函数后打入 EXAMPLE(跟着打入一个空格):

```
(READ)EXAMPLE
EXAMPLE
```

以上仅介绍 LISP 的基本函数和个别特别重要的函数。下面将介绍 LISP 的递归和迭代。

8.2.3　递归和迭代

函数通过简化问题求解过程,将被简化的问题再交给一个或多个与自己完全一样的函数,从而让程序解决此问题。这就叫做递归,它是重复地做某件事情的一种方法。

1. 递归

递归(recursion)是重复完成相同工作的有效方法。SHORTEN 函数用的是递归,其中包括一行 LISP 码,这行码使 SHORTEN 在它自身内部又发生一次。换句话说,SHORTEN 执行中的一部分涉及再次执行 SHORTEN,例如,

```
(DEFUNSHORTEN(L)
  (COND((NULL  L)NIL)
    (T(PRINTL)
  (SHORTEN(CDRL)))))) ←
```

当程序运行,LISP 求值器到达箭头所示的那行末尾时,已经建立了这个函数的一种新版本。这种新版本的自变量不同于输入数据。当求值器在新的 SHORTEN 中达到相同点时,同样的事情再次发生。如此重复,直到某一点,最后一行建立一个以空表作为自变量的 SHORTEN 的新版本。在最后这个循环中,不能达到箭头所指这点,因为 COND 把求值器引向 NIL 或什么也不做的指令。为便于说明,试对这个函数输入一个很短的表:

```
(SETQ ANIMALS'(DOG CAT MOUSE))
```

当输入（SHORTEN ANIMALS）时所发生的过程如图 8.3 所示。

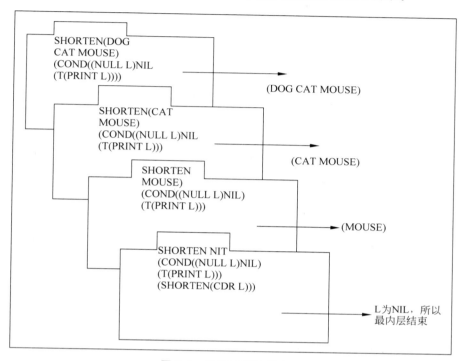

图 8.3　递归过程示例之一

在数据已经减少为 NIL 的循环中，机器不需要做什么。下一步机器所要做的工作是结束所有那些被部分地完成了的 SHORTEN 版本，并且回到最高层。为了使这个过程更清楚一些，我们把这个函数改写为

```
(DEFUNSHORTEN(L)
  (COND((NULL  L)NIL)
    (T(SHORTEN(CDRL))
  (PRINTL)))))
```

在这种情况下，L 不是在每个向前循环中被打印，而是留到 CONS 最终结束递归后再打印。所以，首先打印只留下一个元素的那个版本的 L，因为当 L 中只留下一个元素时，L 的 CDR 是 NIL。这样，在下一个被打印的 L 版本中有两个元素，如此继续，直到整个表为止。整个过程如图 8.4 所示。

2. 迭代

另一种重复地做相同事情的方法要简单得多，称为迭代（iteration）。迭代函数包含一个循环，不同于递归。迭代只执行函数的一种版本，并且不涉及展开程序。迭代只是简单的循环，它不同于递归的一个方面是，递归发生在逐渐加深的层次上，而迭代始终在同一层中，迭代循环步骤如下：

（1）约束某些变量。

（2）测试变量以检查出口（停止）条件是否适用。若适用，则进行步骤（3）。

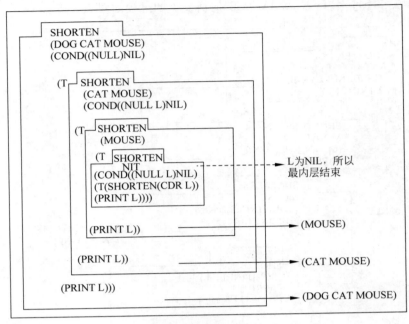

图 8.4　递归过程示例之二

（3）以某种方法改变变量的值。

（4）返回步骤（2）。

在不同的 LISP 方言中，用于实现迭代的指令各不相同，功能也有所区别，以下是一种基本的 PROG 循环的例子。

```
(PROG < VARS >
  TAG
  <停止试验>
  (…主体…)
  (GO  TAG))
```

其中主体可为所需的任何 LISP 指令序列，但其中至少有一条是用于改变某个变量的值，而且这个变量将在停止试验中被测试。例如，

```
(DEFUNSHORTEN(L)
(PROG(  )
  TAG
    (COND((NULL  L)(RETURN  NIL))
      (T(PRINTL)
          (SETQ  L(CDRL))
          (GOTAG)))))
```

其中，COND 的第一个子句是停止试验，T 子句是 PROG 指令的主体。在打印了 L 表的当前值之后，不是重新调用具有被截短的自变量 SHORTEN，而是把 L 重新置为它自己的 CDR，然后重复 TAG 和 GO TAG 这两个指令之间的程序。这样的循环一直继续到试验成功为止，即到 L 是 NIL 止。这时，RETURN 指令停止程序，返回所希望的任何 LISP 表

达式,这些表达式中最后的值就成为 PROG 的最后的值。在前面的对循环的说明中的第一条指出,约束某些局部变量;约束的含义是对这些变量赋值。在 PROG 指令中,任何变量如果其名字(符号)被直接放在 PROG 后面的括号内,那么这些变量就被约束(置)为 NIL。但 SHORTEN 不需要任何这样的变量,所以在此例子中,上述括号形成一个空表。

8.3 PROLOG 语言

PROLOG 语言是法国的柯尔迈伦(Alain Colmerauer)和他在马赛大学的助手于 1962 年发明的一种高效率逻辑型语言。PROLOG(PROgramming in LOGig)的主要基础就是逻辑程序编制的概念,本身就是一个演绎推理机,具有表处理功能,通过合一、置换、消解、回溯和匹配等机制来求解问题。PROLOG 已被应用于许多符号运算研究领域。

8.3.1 PROLOG 语法与数据结构

用 PROLOG 语言编程包括规定操作对象及关系的某些事实和规则,询问操作对象及关系的问题。

1. 项的定义

PROLOG 的操作对象是项,所有程序和数据均由项表示。项的定义如下:

<项>∷=<常量>|<变量>|<复合项>
<常量>∷=<原子>|<整数>
<原子>∷=<标识型原子>|<字符串原子>|<特殊原子>
<复合项>∷=<原子>(<项>{,<项>})|<项><原子><项>{<原子><项>}

原子用来标识事物的名字及谓词、函数名,变量则用来表示暂时不能命名或不需命名的事物,以及未知的数字。为了区别两者,有的 PROLOG 系统要求变量一律用大写字母开头。

2. 子句

PROLOG 中,称一个语句为子句(horn)。语句分事实、规则和问题 3 种形式。

(1)事实

事实的句型为 P1,是 P1:一的缩写。P1 的成立不依赖于别的目标,P1 恒为真。

(2)规则

规则的句型为

P1:—P2,P3,…,Pn

其中,“:—”的含义为“蕴涵于”,等价于一阶谓词逻辑中的“←”,而“,”(即逗号)表示合取(即 AND 逻辑)。此句型的语义表示

$$如果 P2 \wedge P3 \wedge \cdots \wedge Pn 为真,那么 P1 为真$$

(3)问题

问题又叫目标子句,其句型为

?—P1,P2,…,Pn

其中,P1,P2,…,Pn 均为谓词。问题的含义表示

$$P1 \wedge P2 \wedge \cdots \wedge Pn \text{ 为真吗?}$$

3. 表结构

PROLOG 的基本数据结构也是表。表是有若干元素的有序序列,表中元素可为常量、变量、项,也可以为表。PROLOG 中采用一对方括号[ ]把表元素括起来。每个元素间用逗号或空格分开。例如

```
[m,n,d,f]
[the,[robot,moves],down]
```

在 PROLOG 内引入"|"符号,如[X|Y]表示一个以 X 为首、以 Y 为尾的表。"|"的引入省去了 LISP 语句中的 CAR、CDR 和 CONS 运算。如表[m,n,d,f]中,表头为 m,表尾为[n,d,f]。

8.3.2 PROLOG 程序设计原理

PROLOG 程序分为两部分,即前提部分和问题部分。前提部分是所有规则和事实;问题部分为一目标子句序列。

PROLOG 程序的执行过程就是定理证明过程。如果目标子句为

?—Q1,Q2,$\cdots$,Qn

其执行过程从左到右检测目标 Q1,Q2,$\cdots$,Qn。

1. 匹配(matching)

PROLOG 对目标的处理原则如下。

(1) 设法满足一个目标从事实和规则的顶部开始搜索,有如下两种可能:

① 找到一个与之匹配的事实或规则的头。这时,目标获得匹配。如果匹配的是事实,则示例已匹配的且未曾示例过的变量。如果是与一条规则的头相匹配,将首先满足此规则。这个目标匹配成功,PROLOG 设法满足规则右边的目标。

② 找不到相匹配的事实或规则的头,则目标失败。此时,PROLOG 设法重新满足这个目标左边的第一个目标,即返回前一目标的含义。

(2) 设法重新满足这一目标

在这种情况下,首先必须把先前满足这个目标时示例的所有变量恢复成原来的未示例状态,即"忘记"先前由此目标所做过的工作。其次,PROLOG 从上次匹配的事实或规则处开始查寻。现在这种新的"回溯"目标,或者成功,或者失败,即或到(1)中之①,或者到(1)中之②。由此可见,PROLOG 程序的执行是通过合一和回溯实现的。

2. 合一(unification)

PROLOG 中两子句的合一是指其谓词名和参数个数相同,且对应参数项可合一。未约束的自由变量可与自身或任何不含该变量的项合一,并把变量约束为与其合一的项。如果非约束变量相互合一,则称为其变量共享。一组共享变量,如果其中一个变量约束为某一项,则其他变量也自动地约束为该项,常量只能与自身或变量合一。一个复合项与另一个复合项的函数符和参数数目都相同,且对应的参数项相互合一,则这两个复合项可合一。

在 PROLOG 中,一个目标与一个事实合一是指目标子句与事实子句合一。一个目标与一个规则合一是指目标子句与规则头部合一,其合一原则如下:

(1) 对事实子句(或规则)中的变量进行换名,使其不与目标中的变量同名,对变量约束表进行初始化。

(2) 检查目标子句与事实子句(或规则)的下一个相异项是否不存在;若不存在,则结束合一过程,合一成功,返回合一过程中产生的变量约束表;若存在,则转步骤(3)。

(3) 根据合一原则,判断目标子句与事实子句(或规则)的下一个相异项是否可合一。若可合一,就把这两项加入到变量约束表中,并对目标子句和事实子句(或规则)中的有关变量进行置换,然后转步骤(2);若不可合一,则结束合一过程,释放变量约束表,返回不可合一信息。

3. 回溯(backtracking)

PROLOG 中的回溯过程如下:

(1) 在系统执行问题语句时,先把问题语句作为初始目标,并置其为激发状态,开始执行该目标。

(2) 系统处于激发状态时,首先为该目标保存必要的回溯信息,然后判断它是否是单一子句组成的目标。如果是就转步骤(3);否则就依次从左到右求解激发目标的各个子目标。当所有子目标都得到满足时,激发目标就成功返回。否则,激发目标就失败返回。

(3) 系统执行一个由单一子句组成的激发目标时,就从事实规则库中取出与激发目标子句句首谓词符号相同的子句子集,从该子句子集的顶部开始查找可与激发目标合一的子句。可分为 5 种情况处理:

① 找到与激发目标合一的事实,对它们进行合一,并将合一结果通知激发目标的父辈目标,把父辈目标中的有关变量进行置换,并通过父辈目标对激发目标的兄弟目标中的有关变量进行置换。

② 如果找到与激发目标合一的规则,就先把规则中约束过的变量置换为其约束值,然后把规则中作为激发目标的子目标进行求解。如果子目标成功返回,就把执行完子目标后的激发目标中变量的约束情况通知激发目标之父辈目标,对父辈目标中的有关变量进行置换,并通过父辈目标把激发目标的兄弟目标中的有关变量进行置换;如果子目标执行失败,系统就从下一条事实或规则开始查找可与激发目标合一的事实或规则,重新求解该激发目标。

③ 如果系统找不到可与激发目标合一的事实或规则,该激发目标执行失败,系统收回该激发目标所占用的内存空间,并回溯到激发目标被执行前的最后一个成功目标,对其进行重新求解。目标失败返回时,系统自动撤消它。

④ 如果所有目标都得到满足,那么问题就获得解决,系统把初始目标中变量的约束情况作为结果输出。

⑤ 如果系统找不到解或找不到新的解,即系统已回溯到初始目标,且事实规则库中不再有另外的可与初始目标合一的事实或规则,那么系统就回答“NO”,并收回求解该问题时所占用的全部空间,开始执行下一语句。

8.4　小结

本章介绍了人工智能的编程语言。由于人工智能要处理的问题一般都比较复杂或困难,所以往往要采用多种编程语言,甚至包括传统编程语言,才能描述和求解面临的问题。

8.1 节阐述了对符号和逻辑编程语言的要求和分类。这里编程语言具有表结构形式,便于表示知识和进行逻辑计算及并行处理能力等功能。

8.2 节讨论了逻辑型语言 LISP 的特点、数据结构和变量约束及其豁域,简介 LISP 的基本函数及递归和迭代求解过程。LISP 就是一种表编程语言。

8.3 节介绍的 PROLOG 是一种以逻辑编程概念为基础的演绎推理机,它以一阶谓词演算为基础。由于采用了合一、置换、回溯和匹配等机制来搜索解答,所以用户不必编写求解搜索程序,只要把待解决的问题输入计算机系统就可以了。PROLOG 的功能不如 LISP 强,但它具有较好的应用场景。

值得指出的是,人工智能编程语言擅长于知识处理,而数值计算能力往往较差。所以,在求解具体系统时,可能要混合使用传统编程语言和人工智能型编程语言。

习题 8

8-1　计算下列各 LISP 函数值。

(1)（EQ(CAR"(A·B))(CDR"(C·B)))

(2)（EQ(CDR"(A))(CDR"(B)))

(3)（ATOM(CDR(CAR"((A·C)·B))))

(4)（CAADR"(A(BC)D))

(5)（CADDR(LIST"A "B" C))

8-2　试用 LISP 或 PROLOG 语言编写一个求解下列问题的程序:

(1) 推销员旅行问题。

(2) 八数码难题。

(3) 传教士和野人过河问题。

8-3　假设有 A、B、C、D、E、F、G、H、I 九个球,其中有一个球较轻,怎样用天平把这个较轻的球找出来,试用 LISP 语言写一个程序来描述和求解这个问题。

8-4　定义一个函数 CIRCLE,它的自变量是圆的半径,返回值是圆的周长及面积组成的表。

8-5　假设有下列 PROLOG 子句:

father(X, Y) X 是 Y 的父亲

mother(X, Y) X 是 Y 的母亲

male(X) X 是男性

female(Y) Y 是女性

parent(X, Y) X 是 Y 的双亲之一

diff(X,Y) X 与 Y 不是同一个人

试写出适用于下列关系的 PROLOG 规则：

Is mother(X) X 是一个母亲

Is father(Y) Y 是一个父亲

Is son(X) X 是一个儿子

Grand pa(X,Y) X 是 Y 的祖父

sibling(X,Y) X 是 Y 的同胞

8-6 试分别用 LISP 和 PROLOG 两种语言编写下列程序：

(1) 计算集合的并集、交集和差集的程序。

(2) 一个表的深度的程序（表的深度定义为该表的最大嵌套层数）。

8-7 你知道的人工智能最新的和有效的编程语言是什么？请予简介。

第 9 章

解释型语言和深度学习开源框架

9.1 Python 语言

Python 是一个具有解释性、编译性、互动性和面向对象的高层次脚本语言,可读性强,语法结构颇具特色。本章将简要介绍 Python 的基础知识,为人工智能编程提供支撑。

9.1.1 Python 简介

1. Python 发展史

荷兰人吉多·范罗苏姆(Guido van Rossum)于 1989 年开始开发了一个新的脚本解释程序,作为 ABC 语言的一种继承,并以 Python(大蟒蛇)作为该编程语言的名称。Python 自诞生之日起就是一种天生开放的语言。

2000 年 10 月,Python 2.0 发布。自 2004 年开始,Python 语言逐渐引起广泛关注,使用用户率呈线性增长。2008 年 12 月 Python 3.0 发布。此后,Python 语言成为最受欢迎的程序设计语言之一。

Python 是一种跨平台的解释型脚本语言,具有解释性、编译性、互动性和面向对象等特点。由于 Python 语言的简洁性、易读性及可扩展性,深受广大用户的青睐,已在科学计算、人工智能、软件开发、后端开发、网络爬虫等方面得到广泛应用。

Python 语言容易上手,但它跟传统的高级程序设计语言(如 C/C++语言、Java、C♯ 等)存在较大的差别,比较直观的差别是它跟其他语言的编程风格不一样。Python 语言主要是用缩进和左对齐的方式来表示语句的逻辑关系,而其他高级语言通常用大括号"{}"来表示。本节主要介绍 Python 语言的基本语法,以为人工智能编程提供支撑。

2. Python 的特点

随着版本的迭代,Python 现在是一种优秀并广泛使用的语言。在不断发展中,Python 的设计思想理念可以用三个词来总结:"优雅""明确""简单"。其开发者的哲学思想可以用一句话来总结:"用一种方法,最好是只有一种方法来做一件事情"。当面临多种选择的时候,开发者一般会选择明确的、没有或者很少有歧义的语法。同时,在设计的时候,尽量使用其他语言经常使用的标点符号和英文单词,让代码看上去更加简洁易懂。所以,Python 的源代码通常具有更好的可读性。

Python 除了具有更好的可读性特点之外,还具有规范的代码、丰富的库、可扩展性、面向对象等特点。下面将具体解释 Python 的特点。

(1) 简单:Python 是一种代表简单主义思想的语言。阅读一个良好的 Python 程序就感觉像是在读英语一样,Python 的这种伪代码本质是最大的优点之一。

(2) 易学:Python 具有相对少的关键字,语法定义明确,学习起来更加简单。

(3) 免费、开源:Python 是自由/开放源码软件 FLOSS(Free/Libre and Open Source Software)之一。简单地说,你可以自由地发布这个软件的拷贝、阅读它的源代码、对它做改动、把它的一部分用于新的自由软件中。

(4) 高层语言:使用 Python 语言编程时,不需要考虑诸如如何管理程序使用的内存一类的细节。

(5) 可移植性:由于其开源本质,Python 已被成功移植到许多平台上。如果开发时避免使用依赖于系统的特性,那么所有 Python 程序无须修改就可以在下述任何平台上运行:Linux、Windows、FreeBSD、Macintosh、Solaris、OS/2、Amiga、AROS、AS/400、BeOS、OS/390、z/OS、Palm OS、QNX、VMS、Psion、Acom RISC OS、VxWorks、PlayStation、Sharp Zaurus、Windows CE 、PocketPC、Symbian 及 Google 基于 Linux 开发的 Android 平台等。

(6) 可解释性:Python 语言写的程序不需要编译成二进制代码,可以直接从源代码运行程序。在计算机内部,Python 解释器把源代码转换成字节码的中间形式,然后再把它翻译成计算机使用的机器语言并运行。

(7) 面向对象编程:Python 既支持面向过程的编程也支持面向对象的编程。在"面向过程"的语言中,程序是由过程或仅仅是可重用代码的函数构建起来的。在"面向对象"的语言中,程序是由数据和功能组合而成的对象构建起来的。与其他主要的语言如 C++ 和 Java 相比,Python 以一种非常强大又简单的方式实现面向对象编程。

(8) 可扩展性:如果在项目中,需要一段关键代码运行得更快或者希望某些算法不公开,可以把部分程序用 C 或 C++编写,然后在 Python 程序中使用它们。

(9) 丰富的库:Python 标准库非常庞大,可以处理各种工作,包括正则表达式、文档生成、单元测试、线程、数据库、网页浏览器、CGI、FTP、电子邮件、XML、XML-RPC、HTML、WAV 文件、密码系统、GUI(图形用户界面)、toolkit 和其他与系统有关的操作。除了标准库以外,还有许多其他高质量的库,如 Twisted 和 Python 图像库等。

(10) 代码规范:Python 采用强制缩进的方式使得代码具有极佳的可读性。

Python 正因为具有上述特点,使得其在流行编程语言中占有一席之地,并且其用户数量上升速率已经远远赶超 C++语言。

Python 主要应用在科学运算、人工智能、大数据、云计算、系统运维等领域,市场占有率不断加大。此外,Python 在 WEB 开发方面也受到了重用,其中 YouTube、CIA、NASA 都大量使用了 Python。在国内一些大型网站,如豆瓣、知乎、搜狐、金山、腾讯、网易、百度、阿里、淘宝、新浪等公司都大量使用 Python 进行开发。

3. Python 版本

Python 目前有两个版本,分别为 Python 2. x 版和 Python 3. x 版。这两个版本是不兼容的,3.x 版本不考虑对 2.x 版本的向后兼容。此前大部分项目都是基于 2.7 版本进行开发的,但是 3.x 版本会越来越普及,未来的趋势是向 3.x 版本迁移。建议读者安装 Python 3.7.3 及以上版本进行学习。

3.x 版本与 2.x 版本的区别在于一些语法、内建函数和对象的行为均有所调整。但是,大部分 Python 库都支持两个版本。为了能够更好地做项目,有必要参阅 Python 的相关手册了解 2.x 版本和 3.x 版本之间的常见区别。

9.1.2 Python 的基本语法

1. 数据类型

Python 中的变量不需要声明。每个变量在使用前都必须赋值,变量赋值以后该变量才会被创建。在 Python 中,变量就是变量,它没有类型,我们所说的"类型"是变量所指的内存中对象的类型。

等号(=)用来给变量赋值。等号(=)运算符左边是一个变量名,右边是存储在变量中的值。Python 允许同时为多个变量赋值。例如:

```
a = b = c = 1
```

以上实例,创建一个整型对象,值为 1,从后向前赋值,三个变量被赋予相同的数值。也可以为多个对象指定多个变量。例如:

```
a, b, c = 1, 2, "Python"
```

以上实例,两个整型对象 1 和 2 分配给变量 a 和 b,字符串对象 "Python" 分配给变量 c。

Python 3 中常见的数据类型有:Number(数字)、String(字符串)、Bool(布尔类型)、List(列表)、Tuple(元组)、Set(集合)、Dictionary(字典)。此外还有一些高级的数据类型,如 bytes(字节数组类型)等。

Python 3 的六个标准数据类型包括:

- 3 个不可变数据:Number(数字)、String(字符串)、Tuple(元组);
- 3 个可变数据:List(列表)、Dictionary(字典)、Set(集合)。

(1) Number(数字)

Python 3 支持 int、float、bool、complex(复数)。在 Python 3 里,只有一种整数类型 int,表示为长整型,没有 Python 2 中的 Long。像大多数语言一样,数值类型的赋值和计算都是很直观的。内置的 type() 和 isinstance() 函数可以用来查询变量所指的对象类型。

实例:

```
>>> a, b, c, d = 20, 5.5, True, 4 + 3j
>>> print(type(a), type(b), type(c), type(d))
< class 'int'>< class 'float'>< class 'bool'>< class 'complex'>
```

(2) String(字符串)

Python 中的字符串用单引号 ' 或双引号" 括起来,同时使用反斜杠\转义特殊字符。

字符串的截取的语法格式如下：

变量[头下标:尾下标]

索引值以 0 为开始值，−1 为从末尾的开始位置。与 C 字符串不同的是，Python 字符串不能被改变，无法直接修改字符串的某一位字符。

（3）Bool（布尔类型）

布尔类型即 True 或 False。在 Python 中，True 和 False 都是关键字，表示布尔值。布尔类型可以用来控制程序的流程，比如判断某个条件是否成立，或者在某个条件满足时执行某段代码。

布尔类型特点如下：

① 布尔类型只有两个值：True 和 False。

② 布尔类型可以和其他数据类型进行比较，比如数字、字符串等。在比较时，Python会将 True 视为 1，False 视为 0。

③ 布尔类型可以和逻辑运算符一起使用，包括 and、or 和 not。这些运算符可以用来组合多个布尔表达式，生成一个新的布尔值。

④ 布尔类型也可以被转换成其他数据类型，比如整数、浮点数和字符串。在转换时，True 会被转换成 1，False 会被转换成 0。

在 Python 中，所有非零的数字和非空的字符串、列表、元组等数据类型都被视为 True，只有 0、空字符串、空列表、空元组等被视为 False。因此，在进行布尔类型转换时，需要注意数据类型的真假性。

（4）List（列表）

List（列表）是 Python 中使用最频繁的数据类型。列表可以完成大多数集合类的数据结构实现。列表中元素的类型可以不相同，它支持数字、字符串甚至可以包含列表（所谓嵌套）。列表是写在方括号［］之间、用逗号分隔开的元素列表。和字符串一样，列表同样可以被索引和截取，列表被截取后返回一个包含所需元素的新列表。列表截取的语法格式如下：

变量[头下标:尾下标:步长]

与 Python 字符串不一样的是，列表中的元素是可以改变的。

（5）Tuple（元组）

元组与列表类似，不同之处在于元组的元素不能修改。元组写在小括号()里，元素之间用逗号隔开，元组中的元素类型也可以不相同。元组与字符串类似，可以被索引且下标索引从 0 开始，−1 为从末尾开始的位置。也可以进行截取。其实，可以把字符串看作一种特殊的元组。虽然 Tuple 的元素不可改变，但它可以包含可变的对象，比如 list 列表。构造包含 0 个或 1 个元素的元组比较特殊，所以有一些额外的语法规则：

```
tup1 = ()          # 空元组
tup2 = (20,)       # 一个元素，需要在元素后添加逗号
```

（6）Set（集合）

集合是由一个或数个形态各异的大小整体组成的，构成集合的事物或对象称作元素或

者成员。基本功能是进行成员关系测试和删除重复元素。可以使用大括号{}或者 set()函数创建集合,注意:创建一个空集合必须用 set()而不是{},因为{}是用来创建一个空字典的。

创建格式:

```
parame = {value01,value02,...}
或者
set(value)
```

（7）Dictionary(字典)

字典是 Python 中另一个非常有用的内置数据类型。列表是有序的对象集合,字典是无序的对象集合。两者之间的区别在于:字典当中的元素是通过键来存取的,而不是通过偏移存取。字典是一种映射类型,用{}标识,它是一个无序的键(key):值(value)的集合。键(key)必须使用不可变类型。在同一个字典中,键(key)必须是唯一的。

2. 运算符

Python 语言支持算术运算、比较(关系)运算、赋值运算、逻辑运算、位运算、成员运算、身份运算。

（1）算术运算符

假设变量 a＝10、b＝21,算术运算符及其描述和实例结果见表9.1。

表9.1　算术运算符

运算符	描　　述	实　　例
＋	加:两个对象相加	a＋b 输出结果 31
－	减:得到负数或是一个数减去另一个数	a－b 输出结果－11
*	乘:两个数相乘或是返回一个被重复若干次的字符串	a * b 输出结果 210
/	除:x 除以 y	b/a 输出结果 2.1
%	取模:返回除法的余数	b%a 输出结果 1
**	幂:返回 x 的 y 次幂	a ** b 为 10 的 21 次方
//	取整除:往小的方向取整数	b//a 输出结果为 2 －b//a 输出结果为－3

（2）比较(关系)运算符

假设变量 a＝10、b＝20,比较(关系)运算符及其描述和实例结果见表9.2。

表9.2　比较(关系)运算符

运算符	描　　述	实　　例
＝＝	等于——比较两个对象是否相等	(a＝＝b)返回 False
!＝	不等于——比较两个对象是否不相等	(a!＝b)返回 True
＞	大于——返回 x 是否大于 y	(a＞b)返回 False
＜	小于——返回 x 是否小于 y。所有比较运算符返回 1 表示真,返回 0 表示假。这分别与特殊的变量 True 和 False 等价。注意,这些变量名的大写	(a＜b)返回 True

续表

运算符	描　述	实　例
>=	大于等于——返回 x 是否大于等于 y	(a>=b)返回 False
<=	小于等于——返回 x 是否小于等于 y	(a<=b)返回 True

（3）赋值运算符

赋值运算符及其描述和实例结果见表9.3。

表 9.3　赋值运算符

运算符	描　述	实　例
=	简单的赋值运算符	c=a+b 将 a+b 的运算结果赋值为 c
+=	加法赋值运算符	c+=a 等效于 c=c+a
-=	减法赋值运算符	c-=a 等效于 c=c-a
*=	乘法赋值运算符	c*=a 等效于 c=c*a
/=	除法赋值运算符	c/=a 等效于 c=c/a
%=	取模赋值运算符	c%=a 等效于 c=c%a
**=	幂赋值运算符	c**=a 等效于 c=c**a
//=	取整除赋值运算符	c//=a 等效于 c=c//a
:=	海象运算符,可在表达式内部为变量赋值,是 Python 3.8 版本新增运算符。在示例中,赋值表达式可以避免调用 len()两次	if (n:= len(a))>10:　　　print (f" List is too long (｛n｝ elements, expected <= 10)")

（4）逻辑运算符

假设变量 a=10、b=20,逻辑运算符及其描述和实例结果见表9.4。

表 9.4　逻辑运算符

运算符	逻辑表达式	描　述	实　例
and	x and y	布尔"与"——如果 x 为 False,x and y 返回 x 的值,否则返回 y 的计算值	(a and b)返回 20
or	x or y	布尔"或"——如果 x 是 True,它返回 x 的值,否则它返回 y 的计算值	(a or b)返回 10
not	not x	布尔"非"——如果 x 为 True,返回 False;如果 x 为 False,它返回 True	not(a and b)返回 False

（5）位运算符

位运算符是把数字看作二进制来进行计算的。Python 中的按位运算法则见表9.5,表中变量 a=60、b=13,运算过程中按 a 为 00111100、b 为 00001101 进行计算。

表 9.5　位运算符

运算符	描　述	实　例
&	按位与运算符:参与运算的两个值,如果两个相应位都为 1,则该位的结果为 1,否则为 0	(a&b)输出结果 12,二进制解释:00001100
|	按位或运算符:只要对应的两个二进制位有一个为 1 时,结果位就为 1	(a|b)输出结果 61,二进制解释:00111101
^	按位异或运算符:当两个对应的二进制位相异时,结果为 1	(a^b)输出结果 49,二进制解释:00110001

运算符	描　述	实　例
~	按位取反运算符：对数据的每个二进制位取反,即把1变为0、0变为1	~x类似于－x－1(~a)输出结果－61,二进制解释:11000011,在一个有符号二进制数的补码形式
<<	左移动运算符：运算数的各二进制位全部左移若干位,由"<<"右边的数指定移动的位数,高位丢弃,低位补0	a<<2输出结果240,二进制解释:11110000
>>	右移动运算符：把">>"左边的运算数的各二进制位全部右移若干位,">>"右边的数指定移动的位数	a>>2输出结果15,二进制解释:00001111

（6）成员运算符

成员运算符用于识别某一元素是否包含在变量中,这个变量可以是字符串、列表、元组等,其描述和实例结果见表9.6。

表9.6　成员运算符

运算符	描　述	实　例
in	如果在指定的变量中找到值,返回True,否则返回False	x在y中,如果x在y中,返回True
not in	如果在指定的变量中没有找到值,返回True,否则返回False	x不在y中,如果x不在y中,返回True

（7）身份运算符

身份运算符用于判断两个对象的存储单元（内存地址）是否相同,其描述和实例结果见表9.7。

表9.7　身份运算符

运算符	描　述	实　例
is	判断两个标识符是否引用自同一个对象	x is y,类似id(x)==id(y),如果引用的是同一个对象,则返回True,否则返回False
is not	判断两个标识符是否引用自不同对象	x is not y,类似id(x)!=id(y)。如果引用的不是同一个对象,则返回结果True,否则返回False

注：id()函数用于获取对象内存地址。

（8）运算符优先级

表9.8按行列出了从最高到最低优先级的所有运算符,同一行内的运算符具有相同优先级。除非特别指出,这里运算符均指二元运算。同一行内的运算符从左至右分组（除了幂运算是从右至左分组）。

表9.8　运算符优先级

运　算　符	描　述
(expressions...),[expressions...],{key：value...}, {expressions...}	圆括号的表达式

续表

运 算 符	描 述
x[index]，x[index:index]，x(arguments...)，x. attribute	读取，切片，调用，属性引用
await x	await 表达式
**	乘方(指数)
＋x，－x，～x	正，负，按位非 NOT
*，@，/，//，%	乘，矩阵乘，除，整除，取余
＋，－	加和减
<<，>>	移位
&	按位与 AND
^	按位异或 XOR
|	按位或 OR
in，not in，is，is not，<，<＝，>，>＝，!＝，＝＝	比较运算，包括成员检测和标识号检测
not x	逻辑非 NOT
and	逻辑与 AND
or	逻辑或 OR
if--else	条件表达式
lambda	lambda 表达式
:＝	赋值表达式

3. 流程控制

（1）条件控制

Python 条件语句是通过一条或多条语句的执行结果(True 或者 False)来决定执行的代码块,其流程如图 9.1 所示。

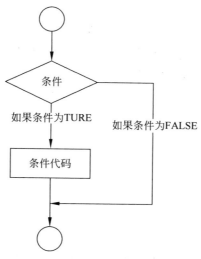

图 9.1 条件语句流程图

① if 语句

Python 中 if 语句的一般形式如下:

```
if condition_1：
    statement_block_1
elif condition_2：
    statement_block_2
else：
    statement_block_3
```

如果"condition_1"为 True,将执行"statement_block_1"块语句。

如果"condition_1"为 False,将判断"condition_2"。

如果"condition_2"为 True,将执行"statement_block_2"块语句。

如果 "condition_2" 为 False,将执行"statement_block_3"块语句。

② if 嵌套

在嵌套 if 语句中,可以把 if…elif…else 结构放在另外一个 if…elif…else 结构中。

```
if 表达式1：
    语句
    if 表达式2：
        语句
    elif 表达式3：
        语句
    else：
        语句
elif 表达式4：
    语句
else：
    语句
```

③ match…case

Python 3.10 增加了 match…case 的条件判断,不需要再使用一连串的 if-else 来判断。

match 后的对象会依次与 case 后的内容进行匹配,如果匹配成功,则执行匹配到的表达式,否则直接跳过,_可以匹配一切。语法格式如下:

```
match subject：
    case < pattern_1 >：
        < action_1 >
    case < pattern_2 >：
        < action_2 >
    case < pattern_3 >：
        < action_3 >
    case _：
        < action_wildcard >
```

case _：类似于 C 和 Java 中的 default:,当其他 case 都无法匹配时,匹配这条,保证永远会匹配成功。

(2) 循环语句

Python 中的循环语句有 for 和 while,其控制结构如图 9.2 所示。

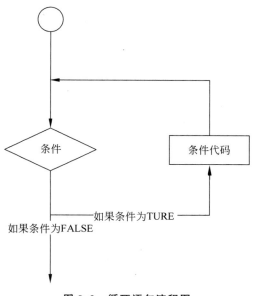

图9.2　循环语句流程图

① while 循环

Python 中 while 语句的一般形式如下：

```
while 判断条件(condition)：
    执行语句(statements)……
```

可以通过设置条件表达式永远不为 false 来实现无限循环。

while 循环使用 else 语句时，如果 while 后面的条件语句为 false，则执行 else 的语句块。语法格式如下：

```
while < expr >:
    < statement(s) >
else:
    < additional_statement(s) >
```

② for 语句

Python for 循环可以遍历任何可迭代对象，如一个列表或者一个字符串。for 循环的一般格式如下：

```
for < variable > in < sequence >:
    < statements >
else:
    < statements >
```

for 循环流程如图 9.3 所示。

for...else 语句用于在循环结束后执行一段代码。语法格式如下：

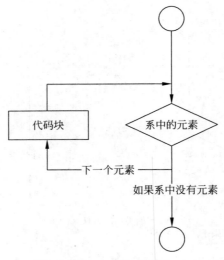

图 9.3　for 循环流程图

```
for item in iterable:
    # 循环主体
else:
    # 循环结束后执行的代码
```

当循环执行完毕（即遍历完 iterable 中的所有元素）后，会执行 else 子句中的代码，如果在循环过程中遇到了 break 语句，则会中断循环，此时不会执行 else 子句。

（3）break 和 continue 语句

break 语句可以跳出 for 和 while 的循环体，其执行流程如图 9.4 所示。如果从 for 或 while 循环中终止，任何对应的循环 else 块将不执行。

continue 语句被用来告诉 Python 跳过当前循环块中的剩余语句，然后继续进行下一轮循环，其执行流程如图 9.5 所示。

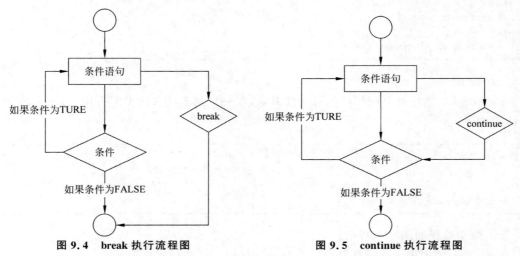

图 9.4　break 执行流程图　　　　　图 9.5　continue 执行流程图

4. 函数设计

函数是一个组织好和可重复使用的、用来实现单一或相关联功能的代码段。函数能提高应用的模块性和代码的重复利用率。Python 提供了许多内建函数,比如 print()。但也可以自己创建函数,叫做用户自定义函数。

(1) 函数定义

可以定义一个有自己想要功能的函数,简单的函数定义规则如下:

① 函数代码块以 def 关键词开头,后接函数标识符名称和圆括号()。一般格式如下:

```
def 函数名(参数列表):
    函数体
```

② 任何传入参数和自变量必须放在圆括号中间,圆括号之间可以用于定义参数。

③ 函数的第一行语句可以选择性地使用文档字符串——用于存放函数说明。

④ 函数内容以冒号 :起始,并且缩进。

⑤ return[表达式]结束函数,选择性地返回给调用方一个值,不带表达式的 return 相当于返回 None。

(2) 函数调用

当一个函数定义好后,即给函数一个名称并指定了函数里包含的参数和代码块结构,可以通过另一个函数调用执行,也可以直接从 Python 命令提示符执行。

(3) 参数传递

在调用函数时,大多数情况下,主调函数和被调函数之间有数据传递关系,这就是函数的参数传递。函数参数的作用是传递数据给函数使用,函数利用接收的数据进行具体的操作处理。函数参数在定义函数时放在函数名称后面的一对小括号中。

在使用函数时,经常会用到形式参数(形参)和实际参数(实参)。在定义函数时,函数名后面括号中的参数为形式参数。在调用一个函数时,函数名后面括号中的参数为实际参数,也就是将函数的调用者提供给函数的参数。

当实参为不可变对象时,进行的是值传递;当实参为可变对象时,进行的是引用传递。进行值传递后,改变形参的值,实参的值不变;进行引用传递后,改变形参的值,实参的值也一同改变。Strings、Tuples 和 Numbers 是不可更改的对象,而 List、Dictionary、Set 是可以修改的对象。可变对象在被调函数里修改了参数,那么在主调函数里,原始的参数也被改变了。

(4) 匿名函数

Python 使用 lambda 来创建匿名函数。所谓匿名,意即不再使用 def 语句这样标准的形式定义一个函数。

① lambda 只是一个表达式,函数体比 def 简单很多。

② lambda 的主体是一个表达式,而不是一个代码块。仅仅能在 lambda 表达式中封装有限的逻辑进去。

③ lambda 函数拥有自己的命名空间,且不能访问自己参数列表之外或全局命名空间里的参数。

④ lambda 函数虽然看起来只能写一行,却不等同于 C 或 C++ 的内联函数,后者的目的是调用小函数时不占用栈内存从而增加运行效率。

lambda 函数的语法只包含一个语句,如下:

```
lambda [arg1 [,arg2,...,argn]]:expression
```

(5) return 语句

return[表达式]语句用于退出函数,选择性地向调用方返回一个表达式。不带参数值的 return 语句返回 None。

5. 类与面向对象编程

Python 从设计之初就已经是一门面向对象的语言,正因为如此,在 Python 中创建一个类和对象是很容易的。

(1) 面向对象程序设计(object oriented programming,OOP)

面向对象程序设计以对象为核心,认为程序由一系列对象组成。类是对现实世界的抽象,包括表示静态属性的数据和对数据的操作,对象是类的实例化。对象间通过消息传递相互通信,来模拟现实世界中不同实体间的联系。在面向对象的程序设计中,对象是组成程序的基本模块。

① 类(class):用来描述具有相同的属性和方法的对象的集合。它定义了该集合中每个对象所共有的属性和方法。对象是类的实例。

② 方法:类中定义的函数。

③ 类变量:类变量在整个实例化的对象中是公用的。类变量定义在类中且在函数体之外。类变量通常不作为实例变量使用。

④ 数据成员:类变量或者实例变量用于处理类及其实例对象的相关的数据。

⑤ 方法重写:如果从父类继承的方法不能满足子类的需求,可以对其进行改写,这个过程叫方法的覆盖(override),也称为方法的重写。

⑥ 局部变量:定义在方法中的变量,只作用于当前实例的类。

⑦ 实例变量:在类的声明中,属性是用变量来表示的,这种变量就称为实例变量,实例变量就是一个用 self 修饰的变量。

⑧ 继承:即一个派生类(derived class)继承基类(base class)的字段和方法。继承也允许把一个派生类的对象作为一个基类对象对待。例如,一个 Dog 类型的对象派生自 Animal 类,这是模拟"是一个(is-a)"关系,Dog 是一个 Animal。

⑨ 实例化:创建一个类的实例,类的具体对象。

⑩ 对象:通过类定义的数据结构实例。对象包括两个数据成员(类变量和实例变量)和方法。

和其他编程语言相比,Python 在尽可能不增加新的语法和语义的情况下加入了类机制。Python 中的类提供了面向对象编程的所有基本功能:类的继承机制允许多个基类、派生类覆盖基类中的任何方法,方法中可以调用基类中的同名方法。对象可以包含任意数量和类型的数据。

（2）类定义

类定义的语法格式如下：

```
class ClassName：
    <statement-1>
          .
          .
          .
    <statement-N>
```

类实例化后，可以使用其属性。实际上，创建一个类之后，可以通过类名访问其属性。

（3）类对象

类对象支持两种操作：属性引用和实例化。属性引用使用和 Python 中所有的属性引用一样的标准语法：obj.name。

类对象创建后，类命名空间中所有的命名都是有效属性名。所以如果类定义是这样：

```
class MyClass：
    """一个简单的类实例"""
    i = 12345
    def f(self)：
        return 'hello world'
# 实例化类
x = MyClass()

# 访问类的属性和方法
print("MyClass 类的属性 i 为:", x.i)
print("MyClass 类的方法 f 输出为:", x.f())
```

以上创建了一个新的类实例并将该对象赋给局部变量 x，x 为空的对象。执行以上程序的输出结果为：

```
MyClass 类的属性 i 为：12345
MyClass 类的方法 f 输出为：hello world
```

类有一个名为 __init__() 的特殊方法（构造方法），该方法在类实例化时会自动调用。在类的内部，使用 def 关键字来定义一个方法，与一般函数定义不同，类方法必须包含参数 self 且为第一个参数，self 代表的是类的实例。

（4）继承

Python 同样支持类的继承，如果一种语言不支持继承，类就没有什么意义。派生类的定义如下：

```
class DerivedClassName(BaseClassName)：
    <statement-1>
          .
          .
          .
    <statement-N>
```

子类(派生类 DerivedClassName)会继承父类(基类 BaseClassName)的属性和方法。BaseClassName(实例中的基类名)必须与派生类定义在一个作用域内。

(5) 多继承

Python 同样有限地支持多继承形式。多继承的类定义形如下例:

```
class DerivedClassName(Base1, Base2, Base3):
    <statement-1>
        .
        .
        .
    <statement-N>
```

需要注意圆括号中父类的顺序。若是父类中有相同的方法名,而在子类使用时未指定,Python 从左至右搜索,即方法在子类中未找到时,从左至右查找父类中是否包含方法。

(6) 方法重写

如果父类方法的功能不能满足需求,可以在子类重写父类的方法,实例如下:

```
class Parent:                          # 定义父类
    def myMethod(self):
        print('调用父类方法')

class Child(Parent):                   # 定义子类
    def myMethod(self):
        print('调用子类方法')

c = Child()                            # 子类实例
c.myMethod()                           # 子类调用重写方法
super(Child,c).myMethod()             # 用子类对象调用父类已被覆盖的方法
```

super()函数是用于调用父类(超类)的一个方法。执行以上程序的输出结果为:

```
调用子类方法
调用父类方法
```

(7) 类属性

类的私有属性:两个下划线开头,声明该属性为私有,不能在类的外部被使用或直接访问。在类内部的方法中使用 self.__private_attrs。

类的私有方法:两个下划线开头,声明该方法为私有方法,只能在类的内部调用,不能在类的外部调用。在类的内部调用 self.__private_methods。

Python 同样支持运算符重载,可以对类的专有方法进行重载,实例如下:

```
class Vector:
    def __init__(self, a, b):
        self.a = a
        self.b = b
```

```
def __str__(self):
    return 'Vector (%d, %d)' % (self.a, self.b)

def __add__(self,other):
    return Vector(self.a + other.a, self.b + other.b)

v1 = Vector(2,10)
v2 = Vector(5,-2)
print (v1 + v2)
```

以上代码执行结果如下：

```
Vector(7,8)
```

9.1.3　Python 第三方开源工具包

Python 语言有超过 12 万个第三方库，覆盖信息技术几乎所有领域。下面简单介绍 NumPy、Matplotlib、Pandas、Scikit-learn 这四个在人工智能应用中最为常用的第三方库。

1. NumPy

NumPy(Numerical Python)是 Python 的一种开源的科学计算的基础包。这种工具可用来存储和处理大型矩阵，比 Python 自身的嵌套列表结构要高效得多，支持大量的维度数组与矩阵运算。它提供多维数组对象、各种派生对象(如掩码数组和矩阵)，以及用于数组快速操作的各种 API，包括数学、逻辑、形状操作、排序、选择、输入输出、离散傅里叶变换、基本线性代数、基本统计运算和随机模拟等。NumPy 包的核心是 ndarray 对象。它封装了 Python 原生的同数据类型的 n 维数组，为了保证其性能优良，其中有许多操作都是代码在本地进行编译后执行的。

NumPy 数组和原生 Python Array(数组)之间有几个重要的区别：

(1) NumPy 数组在创建时具有固定的大小，与 Python 的原生数组对象(可以动态增长)不同。更改 ndarray 的大小将创建一个新数组并删除原来的数组。

(2) NumPy 数组中的元素都需要具有相同的数据类型，因此在内存中的大小相同。例外情况：Python 的原生数组里包含了 NumPy 的对象时，这种情况下就允许不同大小元素的数组。

(3) NumPy 数组有助于对大量数据进行高级数学和其他类型的操作。通常，这些操作的执行效率更高，比使用 Python 原生数组的代码更少。

越来越多的基于 Python 的科学和数学软件包使用 NumPy 数组。虽然这些工具通常都支持 Python 的原生数组作为参数，但它们在处理之前还是会将输入的数组转换为 NumPy 的数组，而且也通常输出 NumPy 数组。换句话说，为了高效地使用当今科学/数学基于 Python 的工具(大部分的科学计算工具)，只知道如何使用 Python 的原生数组类型是不够的，还需要知道如何使用 NumPy 数组。

关于数组大小和速度的要点在科学计算中尤为重要。举一个简单的例子，考虑将 1 维数组中的每个元素与相同长度的另一个序列中的相应元素相乘的情况。如果数据存储在两

个 Python 列表 a 和 b 中,可以迭代每个元素计算,如下所示:

```
c = []
for i in range(len(a)):
    c.append(a[i] * b[i])
```

这样确实符合要求,但如果 a 和 b 每一个都包含数以百万计的数字,则 Python 中的循环会使得计算效率低下。我们可以通过在 C 中写入以下代码,更快地完成相同的任务(为了清楚起见,此处忽略了变量声明和初始化、内存分配等)。

```
for (i = 0; i < rows; i++); {
    c[i] = a[i] * b[i];
}
```

这节省了解释 Python 代码和操作 Python 对象所涉及的所有开销,但牺牲了用 Python 编写代码所带来的好处。如果数据增加了维度,例如由一维数组变成二维数组,C 代码(如前所述)会扩展为如下所示:

```
for (i = 0; i < rows; i++); {
    for (j = 0; j < columns; j++); {
        c[i][j] = a[i][j] * b[i][j];
    }
}
```

NumPy 提供了两全其美的解决方案:当涉及 ndarray 时,逐个元素的操作是"默认模式",但逐个元素的操作由预编译的 C 代码快速执行。上述乘法在 NumPy 中为:

```
c = a * b
```

这条指令以近 C 速度执行前面的示例所做的事情,语法却更为简单。

2. Matplotlib

Matplotlib 是 Python 中最受欢迎的数据可视化软件包之一,支持跨平台运行。它是 Python 常用的 2D 绘图库,类似 MATLAB 的绘图工具,同时它也提供了一部分 3D 绘图接口。Matplotlib 通常与 NumPy、Pandas 一起使用,是数据分析中不可或缺的重要工具之一。

Matplotlib 提供了一套面向对象绘图的 API,它可以轻松地配合 Python GUI 工具包(比如 PyQt、WxPython、Tkinter)在应用程序中嵌入图形。很多其他的 Python 绘图库是基于 Matplotlib 开发的,比如 seaborn、ggplot、plotnine、holoviews、basemap 等。与此同时,它也支持以脚本的形式在 Python、IPython Shell、Jupyter Notebook 及 Web 应用的服务器中使用。

Matplotlib 尝试使容易的事情变得更容易,使困难的事情变得可能。只需几行代码就可以生成图表、直方图、功率谱、条形图、误差图、散点图等。

使用 Matplotlib 绘图主要是用到其 pyplot 模块,它可以程序化生成多种多样的图表,只需要简单的函数就可以自主化定制图表,添加文本、点、线、颜色、图像等元素。为了简单绘图,pyplot 模块提供了类似于 MATLAB 的界面。对于高级用户,可以通过面向对象的界面或 MATLAB 用户熟悉的一组功能来完全控制线型、字体属性、轴属性等。此外,Matplotlib 附带了几个附加工具包,包括 3D 绘图工具 mplot3d、轴辅助工具 axes_grid1 和 axisartist 等。

3. Pandas

Pandas 是 Python 的核心数据分析支持库,提供了快速、灵活、明确的数据结构,旨在简单、直观地处理关系型、标记型数据。Pandas 的目标是成为 Python 数据分析实践与实战的必备高级工具,其长远目标是成为最强大、最灵活、可以支持任何语言的开源数据分析工具。经过多年不懈的努力,Pandas 离这个目标已经越来越近了。

Pandas 适用于处理以下类型的数据:

(1) 与 SQL 或 Excel 表类似的、含异构列的表格数据;

(2) 有序和无序(非固定频率)的时间序列数据;

(3) 带行列标签的矩阵数据,包括同构或异构型数据;

(4) 任意其他形式的观测、统计数据集,数据转入 Pandas 数据结构时不必事先标记。

Pandas 的主要数据结构是 Series(一维数据)与 DataFrame(二维数据),这两种数据结构足以处理金融、统计、社会科学、工程等领域里的大多数典型用例。Pandas 基于 NumPy 开发,可以与其他第三方科学计算支持库完美集成。Pandas 数据结构就像是低维数据的容器。比如,DataFrame 是 Series 的容器,Series 则是标量的容器。使用这种方式,可以在容器中以字典的形式插入或删除对象。

此外,通用 API 函数的默认操作要顾及时间序列与截面数据集的方向。多维数组存储二维或三维数据时,编写函数要注意数据集的方向,这对用户来说是一种负担;如果不考虑 C 或 Fortran 中连续性对性能的影响,一般情况下,不同的轴在程序里其实没有什么区别。Pandas 里,轴的概念主要是为了给数据赋予更直观的语义,即用"更恰当"的方式表示数据集的方向。

处理 DataFrame 等表格数据时,index(行)或 columns(列)比 axis 0 和 axis 1 更直观。用这种方式迭代 DataFrame 的列,代码更易读易懂:

```
for col in df.columns:
    series = df[col]
    # do something with series
```

Pandas 所有数据结构的值都是可变的,但数据结构的大小并非都是可变的,比如,Series 的长度不可改变,但 DataFrame 里就可以插入列。Pandas 里绝大多数方法都不改变原始的输入数据,而是复制数据,生成新的对象。一般来说,原始输入数据不变,更稳妥。

Pandas 的功能如下:

(1) 能处理浮点与非浮点数据里的缺失数据,表示为 NaN;

(2) 大小可变:插入或删除 DataFrame 等多维对象的列;

(3) 自动、显式数据对齐:显式地将对象与一组标签对齐,也可以忽略标签,在 Series、DataFrame 计算时自动与数据对齐;

（4）强大、灵活的分组（group by）功能：拆分-应用-组合数据集，聚合、转换数据；

（5）把 Python 和 NumPy 数据结构里不规则、不同索引的数据轻松地转换为 DataFrame 对象；

（6）基于智能标签，对大型数据集进行切片、花式索引、子集分解等操作；

（7）直观地合并（merge）、连接（join）数据集；

（8）灵活地重塑（reshape）、透视（pivot）数据集；

（9）轴支持结构化标签：一个刻度支持多个标签；

（10）成熟的 IO 工具：读取文本文件（CSV 等支持分隔符的文件）、Excel 文件、数据库等来源的数据，利用超快的 HDF5 格式保存/加载数据；

（11）时间序列：支持日期范围生成、频率转换、移动窗口统计、移动窗口线性回归、日期位移等时间序列功能。

以上这些功能主要是为了解决其他编程语言不足和科研数据处理需要的痛点。在人工智能应用中，处理数据一般分为三个阶段：数据整理与清洗、数据分析与建模、数据可视化与制表。Pandas 是处理数据的理想工具，且由于其很多底层算法都用 Python 优化过，因此速度很快。目前，Pandas 已广泛应用于金融领域。

4. Scikit-learn

Scikit-learn 最早源于由数据科学家 David Cournapeau 在 2007 年发起的 Google Summer of Code 项目 scikits.learn，后来作为 Matthieu Brucher 博士工作的一部分得以延续和完善，是 Python 语言中专门针对机器学习应用而发展起来的一款开源工具包。近十年来，有超过 20 位计算机专家参与其代码的更新和维护工作。

Scikit-learn 依托于 Numpy、Scipy 等几种工具包，封装大量经典及最新的机器学习模型，现在已经是相对成熟的机器学习开源项目。作为一款用于机器学习和实践的 Python 第三方开源程序库，Scikit-learn 因其出色的接口设计和高效的学习能力，应用广泛。

Scikit-learn 的基本功能主要分为分类、回归、聚类、数据降维、模型选择和数据预处理六大部分。

（1）分类：是指识别给定对象的所属类别，属于监督学习的范畴，最常见的应用场景包括垃圾邮件检测和图像识别等。目前 Scikit-learn 已经实现的算法包括：支持向量机（SVM）、最近邻、逻辑回归、随机森林、决策树及多层感知器（MLP）神经网络等。需要指出的是，由于 Scikit-learn 本身不支持深度学习，也不支持 GPU 加速，因此这里对于 MLP 的实现并不适用于处理大规模问题。

（2）回归：是指预测与给定对象相关联的连续值属性，最常见的应用场景包括预测药物反应和预测股票价格等。目前 Scikit-learn 已经实现的算法包括：支持向量回归（SVR）、脊回归、Lasso 回归、弹性网络（elastic net）、最小角回归（LARS）、贝叶斯回归，以及各种不同的鲁棒回归算法等。

（3）聚类：是指自动识别具有相似属性的给定对象，并将其分组为集合，属于无监督学习的范畴，最常见的应用场景包括顾客细分和试验结果分组。目前 Scikit-learn 已经实现的算法包括：K-均值聚类、谱聚类、均值偏移、分层聚类和 DBSCAN 聚类等。

（4）数据降维：是指使用主成分分析（PCA）、非负矩阵分解（NMF）或特征选择等降维技术来减少要考虑的随机变量的个数，其主要应用场景包括可视化处理和效率提升。

（5）模型选择：是指对于给定参数和模型的比较、验证和选择，其主要目的是通过参数调整来提升精度。目前 Scikit-learn 实现的模块包括：格点搜索、交叉验证和各种针对预测误差评估的度量函数。

（6）数据预处理：是指数据的特征提取和归一化，是机器学习过程中的第一个也是最重要的一个环节。这里归一化是指将输入数据转换为具有零均值和单位权方差的新变量，但因为大多数时候都做不到精确等于零，因此会设置一个可接受的范围，一般要求落在 0～1 之间。特征提取是指将文本或图像数据转换为可用于机器学习的数字变量，需要特别注意的是，这里的特征提取与上文在数据降维中提到的特征选择非常不同。特征选择是指通过去除不变、协变或其他统计上不重要的特征量来改进机器学习的一种方法。

总的来说，Scikit-learn 实现了一整套用于数据降维、模型选择和学习、特征提取和归一化的完整算法/模块。

9.2 深度学习框架

深度学习框架是现代人工智能领域的核心技术之一。深度学习框架是一款软件，它的作用在于屏蔽底层硬件复杂、繁琐的使用方式，对外提供简单应用的功能函数，为研究者和开发者提供了一种快速、高效、可扩展的手段来构建和训练各种深度学习模型。深度学习框架需要具备下列性能：

（1）通用深度学习框架能够支持多种深度学习算法和模型。这意味着框架需要提供丰富的层类型、损失函数和优化器等基础组件，以支持各种深度学习算法的实现和扩展。此外，框架还需要提供一种简单且统一的 API，以便用户能够轻松地定义、训练和评估各种深度学习模型。

（2）通用深度学习框架具备良好的可扩展性和可移植性。深度学习模型通常需要在大规模分布式系统中进行训练，因此框架需要支持分布式计算和多节点并行处理，以实现模型的高效训练。此外，框架还需要支持多种硬件平台和操作系统，使用户能够在各种环境中使用和部署深度学习模型。

（3）通用深度学习框架能够提供高效的计算和存储机制。由于深度学习模型通常具有大量的参数和复杂的计算图结构，因此框架需要采用高效的计算和存储机制，以保证模型的训练和推理效率。例如，框架可以使用 GPU 或其他专用硬件加速计算，或者使用高效的张量计算库来优化计算性能。

（4）通用深度学习框架能够提供灵活的部署和集成方式。框架应该支持将深度学习模型部署到各种环境中，如移动设备、嵌入式设备、云端服务器等。此外，框架还需要提供易于集成的 API 和工具，以便与其他应用程序和服务进行集成，如图像和语音识别、自然语言处理、机器翻译等。

（5）通用深度学习框架能够关注用户体验和易用性。框架应该提供友好的文档和示例代码，以帮助用户快速入门和使用。此外，框架还应该提供可视化工具和调试工具，以便用户可以更方便地监控模型的训练和调试过程，发现和解决潜在的问题。

9.2.1　深度学习框架的发展

进入 21 世纪前,已经出现了一些工具,如 MATLAB、OpenNN、Torch 等,可以用来描述和开发神经网络。然而,它们不是专门为神经网络模型开发定制的,拥有复杂的 API 并缺乏 GPU 支持。

2012 年,加拿大多伦多大学的 Alex Krizhevsky 等提出了 AlexNet 深度神经网络模型,该网络在 ImageNet 数据集上达到了最高精度,并大大超过了第二名。这一出色结果引发了深度神经网络的热潮,此后各种深度神经网络模型在 ImageNet 数据集的准确性上不断创下新高。这时,一些深度学习框架,如 Caffe、Chainer 和 Theano 应运而生。使用这些框架,用户可以方便地建立复杂的深度神经网络模型,如 CNN、RNN、LSTM 等。此外,这些框架还支持多 GPU 训练,大大减少了模型的训练时间,而且能够对以前无法装入单一 GPU 内存的大型模型进行训练。在这些框架中,Caffe 和 Theano 使用声明式编程风格,而Chainer 采用命令式编程风格。这两种不同的编程风格也为深度学习框架设定了两条不同的开发路径。

AlexNet 的成功引起了计算机视觉领域的高度关注,并重新点燃了神经网络的希望,大型科技公司加入了开发深度学习框架的行列。其中,谷歌开源了著名的 TensorFlow 框架,它至今仍是人工智能领域最流行的深度学习框架。Caffe 的发明者加入了 Facebook 并发布了 Caffe2;与此同时,Facebook AI 研究(FAIR)团队也发布了另一个流行的框架 PyTorch,它基于 Torch 框架,但使用了更流行的 Python API。微软研究院开发了 CNTK 框架。亚马逊采用了 MXNet,这是华盛顿大学、CMU 和其他机构的联合学术项目。TensorFlow 和 CNTK 借鉴了 Theano 的声明式编程风格,PyTorch 则继承了 Torch 的直观和用户友好的命令式编程风格。命令式编程风格更加灵活并且容易跟踪,而声明式编程风格通常为内存和基于计算图的运行时优化提供了更多的空间。另外,被称为「mix」-net 的 MXNet 同时支持一组符号(声明性)API 和一组命令式 API,并通过一种称为杂交(hybridization)的方法优化了使用命令式 API 描述模型的性能,从而享受到这两个领域的好处。

2015 年,何恺明等提出了 ResNet,再次突破了图像分类的边界,在 ImageNet 的准确率上再创新高。业界和学界已经达成共识,深度学习将成为下一个重大技术趋势,解决各种领域的挑战,这些挑战在过去被认为是不可能实现的。在此期间,所有深度学习框架都对多 GPU 训练和分布式训练进行优化,提供更加直观的用户 API,并衍生出专门针对计算机视觉和自然语言处理等特定任务的 model zoo 和工具包。值得注意的是,Francois Chollet 几乎是独自开发了 Keras 框架,该框架比现有框架(如 TensorFlow 和 MXNet)提供了神经网络和构建块的更直观的高级抽象。现在,这种抽象已成为 TensorFlow 模型层面事实上的 API。

正如人类历史发展一样,深度学习框架经过一轮激烈的竞争,最终形成了 TensorFlow 和 PyTorch 的双头垄断,它们代表了深度学习框架研发和生产中 95% 以上的用例。2019 年,Chainer 团队将他们的开发工作转移到 PyTorch;类似地,微软停止了 CNTK 框架的开发,部分团队成员转向支持 Windows 和 ONNX 运行的 PyTorch。Keras 被 TensorFlow 收购,并在 TensorFlow 2.0 版本中成为其高级 API 之一。在深度学习框架领域,MXNet 仍然位居第三。

尽管 TensorFlow、PyTorch 在技术发展上已经非常成熟,但是外部环境的变化使得我国拥有自主创新的 AI 底层能力成为眼下之刚需,这也为国内深度学习开源框架带来了发展的土壤。过去几年中,"开源""AI 底层"成为了国内 AI 厂商们十分重视的发展战略。百度飞桨(PaddlePaddle)——深度学习开源框架的先头兵,2016 年率先对外发布。2020 年,国内开源框架迎来了第一波集中爆发。独角兽旷视拿出工业级深度学习框架天元(MegEngine),此外,一流科技 OneFlow、华为昇思(MindSpore)也在同年登场。学界方面,清华大学开源了支持即时编译的深度学习框架计图(Jittor)。

目前,深度学习框架朝着支持超大规模模型和更好可用性的趋势发展。

首先是大型模型训练。随着 BERT(bidirectional encoder representation from Transformers,来自 Transformers 的双向编码表示)及其近亲 GPT-3 的诞生,训练大型甚至超大规模模型的能力成为了深度学习框架的理想特性。这就要求深度学习框架能够在数百台设备规模下有效地进行训练。

第二个趋势是可用性。深度学习框架都采用命令式编程风格,语义灵活,调试方便。同时,这些框架还提供了用户级的装饰器或 API,以通过一些 JIT(即时)编译器技术实现高性能编程。

深度学习在自动驾驶、个性化推荐、自然语言理解和医疗保健等广泛应用领域取得巨大成功,带来前所未有的用户、开发者和投资者热潮。这也是未来十年开发深度学习工具和框架的黄金时期。尽管深度学习框架从一开始就有了长足的发展,但它们对深度学习的地位还远远不如编程语言 Java/C++ 对互联网应用那样的成熟,还有很多令人兴奋的机遇和工作等待探索和完成。

9.2.2 深度学习开源框架比较

下面对最为经典和常用的深度学习开源框架进行介绍和比较。

1. TensorFlow

TensorFlow 是一个采用数据流图(data flow graphs),用于数值计算的开源软件库。TensorFlow 最初由 Google 大脑小组(隶属于 Google 机器智能研究机构)的研究员和工程师们开发出来,用于机器学习和深度神经网络方面的研究,但这个系统的通用性使其也可广泛用于其他计算领域。它是谷歌研发的基于 DistBelief 的第二代人工智能学习系统。2015年 11 月 9 日,Google 发布人工智能系统 TensorFlow 并宣布开源。

TensorFlow 命名来源于本身的原理,Tensor(张量)意味着 N 维数组,Flow(流)意味着基于数据流图的计算。TensorFlow 的运行过程就是张量从图的一端流动到另一端的计算过程,即 data flow graphs。TensorFlow 是一种基于图的计算框架,其中节点(Nodes)在图中表示数学操作,线(Edges)则表示在节点间相互联系的多维数据数组,即张量(Tensor),这种基于流的架构使 TensorFlow 具有非常高的灵活性,该灵活性也让 TensorFlow 框架可以在多个平台上进行计算,例如,台式计算机、服务器、移动设备等。

TensorFlow 有如下优势:

(1)高度的灵活性:只要能够将计算表示成一个数据流图,那么就可以使用 TensorFlow。

(2)可移植性:TensorFlow 支持 CPU 和 GPU 的运算,并且可以运行在台式机、服务器、手机移动端设备等。

（3）自动求微分：TensorFlow 内部实现了自动对于各种给定目标函数求导的方式。

（4）多种语言支持：Python、C++。

（5）性能高度优化。

TensorFlow 是一个非常全面的框架，基本可以满足对深度学习的所有需求。但是，它的缺点是非常底层，使用 TensorFlow 需要编写大量的代码。

2. PyTorch

PyTorch 是 Torch 的 Python 版本，是由 Facebook 开源的神经网络框架，专门针对 GPU 加速的深度神经网络编程。Torch 是一个经典的对多维矩阵数据进行操作的张量（tensor）库，在机器学习和其他数学密集型应用有广泛应用。与 TensorFlow 的静态计算图不同，PyTorch 的计算图是动态的，可以根据计算需要实时改变计算图。但由于 Torch 语言采用 Lua，导致在国内一直很小众，并逐渐被支持 Python 的 TensorFlow 抢走用户。作为经典机器学习库 Torch 的端口，PyTorch 为 Python 语言使用者提供了舒适的写代码选择。

PyTorch 有如下优势：

（1）简洁：PyTorch 的设计追求最少的封装，尽量避免重复造轮子。不像 TensorFlow 中充斥着 session、graph、operation、name_scope、variable、tensor、layer 等全新的概念，PyTorch 的设计遵循 tensor→variable(autograd)→nn.Module 三个由低到高的抽象层次，分别代表高维数组（张量）、自动求导（变量）和神经网络（层/模块），而且这三个抽象之间联系紧密，可以同时进行修改和操作。简洁的设计带来的另外一个好处就是代码易于理解。PyTorch 的源码只有 TensorFlow 的十分之一左右，更少的抽象、更直观的设计使得 PyTorch 的源码十分易于阅读。

（2）速度：PyTorch 的灵活性不以速度为代价，在许多评测中，PyTorch 的速度表现胜过 TensorFlow 和 Keras 等框架。框架的运行速度和程序员的编码水平有极大关系，但同样的算法，使用 PyTorch 实现的那个更有可能快过用其他框架实现的。

（3）易用：PyTorch 是所有框架中面向对象设计的最优雅的一个。PyTorch 的面向对象的接口设计来源于 Torch，而 Torch 的接口设计以灵活易用而著称。

（4）活跃的社区：PyTorch 提供了完整的文档、循序渐进的指南、作者亲自维护的论坛供用户交流和求教问题。

3. PaddlePaddle

PaddlePaddle 由百度公司在 2016 年 9 月推出。至此，百度公司成为继谷歌、脸书、IBM 之后另一个将人工智能技术开源的科技巨头，同时也是国内首个开源深度学习平台的科技公司。Paddle 的全称是 parallel distributed deep learning，即并行分布式深度学习，是在百度公司内部已经使用多年的框架。PaddlePaddle 打出的宣传语即是易学易用的分布式深度学习平台。同时，背靠百度公司扎实的开发功底，PaddlePaddle 也是一个十分成熟、稳定可靠的开发工具。

PaddlePaddle 有如下优势：

（1）易用：相比偏底层的谷歌 TensorFlow，PaddlePaddle 能让开发者聚焦于构建深度学习模型的高层部分。

（2）更快的速度：PaddlePaddle 上的代码更简洁，用它来开发模型显然能为开发者省去一些时间。这使得 PaddlePaddle 很适合于工业应用，尤其是需要快速开发的场景。另外，自诞生之日起，它就专注于充分利用 GPU 集群的性能，为分布式环境的并行计算进行加速。这使得在 PaddlePaddle 上，用大规模数据进行 AI 训练和推理可能要比 TensorFlow 这样的平台要快很多。

4. MindSpore

MindSpore 是华为公司推出的新一代深度学习框架，是源于全产业的最佳实践，最佳匹配昇腾处理器算力，支持终端、边缘、云全场景灵活部署，开创全新的 AI 编程范式，降低 AI 开发门槛。

2018 年华为全联接大会上提出了人工智能面临的十大挑战，其中提到训练时间少则数日多则数月，算力稀缺昂贵且消耗大，仍然面临没有"人工"就没有"智能"等问题。这是一项需要高级技能的专家的工作，高技术门槛、高开发成本、长部署周期等问题阻碍了全产业 AI 开发者生态的发展。为了助力开发者与产业更加从容地应对这一系统级挑战，新一代 AI 框架 MindSpore 具有如下优点：

（1）编程简单：MindSpore 函数式可微分编程架构可以让用户聚焦模型算法数学原生表达。深度学习手动求解过程不仅求导过程复杂，结果还很容易出错，所以现有深度学习框架都有自动微分的特性，帮助开发者利用自动微分技术实现自动求导，解决这个复杂、关键的问题。

（2）端云协同：MindSpore 针对全场景提供一致的开发和部署能力，以及按需协同能力，让开发者能够实现 AI 应用在云、边缘和手机上快速部署，全场景互联互通，实现更好的资源利用和隐私保护，创造更加丰富的 AI 应用。

（3）调试轻松：开发者可以只开发一套代码，通过变更一行代码，从容切换动态图/静态图调试方式。

（4）性能卓越：MindSpore 通过 AI Native 执行新模式，最大化发挥了"端—边—云"全场景异构算力；还可以通过灵活的策略定义和代价模型，自动完成模型切分与调优，获取最佳效率与最优性能。

（5）开源开放：在门户网站、开源社区提供更多学习资源、支持与服务。

9.2.3　深度学习框架基本功能

考虑到深度学习的计算特点、模型通用的基本模块和解决大计算量问题，大部分深度学习框架都包含张量、计算图、自动微分、基本深度模型组件、计算加速等基本功能。

1. 张量（Tensor）

张量是所有深度学习框架中最核心的组件，深度学习中的所有运算和优化算法都是基于张量进行的。几何代数中定义的张量是基于向量和矩阵的推广，通俗一点理解的话，可以将标量视为零阶张量，矢量视为一阶张量，那么矩阵就是二阶张量。

举例来说，可以将任意一张 RGB 彩色图片表示成一个三阶张量（三个维度分别是图片的高度、宽度和色彩数据）。一张普通的水果图片，按照 RGB 三原色表示可以拆分为红色、绿色和蓝色的三张灰度图片。如果将这种表示方法用张量的形式写出来，则如表 9.9 所示。

表 9.9　水果图片对应的张量

	0	1	2	3	4	5	6	7	8	9	...	310	311	312	313	314	315	316	317	318	319
0	[1.0, 1.0, 1.0,]	[1.0, 1.0, 1.0,]	[1.0, 1.0, 1.0,]	[1.0, 1.0, 1.0,]	[1.0, 1.0, 1.0,]	[1.0, 1.0, 1.0,]	[1.0, 1.0, 1.0,]	[1.0, 1.0, 1.0,]	[1.0, 1.0, 1.0,]	[1.0, 1.0, 1.0,]	...	[1.0, 1.0, 1.0]	[1.0, 1.0, 1.0]	[1.0, 1.0, 1.0]	[1.0, 1.0, 1.0]	[1.0, 1.0, 1.0]	[1.0, 1.0, 1.0]	[1.0, 1.0, 1.0]	[1.0, 1.0, 1.0]	[1.0, 1.0, 1.0]	[1.0, 1.0, 1.0]
1	[1.0, 1.0, 1.0,]	[1.0, 1.0, 1.0,]	[1.0, 1.0, 1.0,]	[1.0, 1.0, 1.0,]	[1.0, 1.0, 1.0,]	[1.0, 1.0, 1.0,]	[1.0, 1.0, 1.0,]	[1.0, 1.0, 1.0,]	[1.0, 1.0, 1.0,]	[1.0, 1.0, 1.0,]	...	[1.0, 1.0, 1.0]	[1.0, 1.0, 1.0]	[1.0, 1.0, 1.0]	[1.0, 1.0, 1.0]	[1.0, 1.0, 1.0]	[1.0, 1.0, 1.0]	[1.0, 1.0, 1.0]	[1.0, 1.0, 1.0]	[1.0, 1.0, 1.0]	[1.0, 1.0, 1.0]
2	[1.0, 1.0, 1.0,]	[1.0, 1.0, 1.0,]	[1.0, 1.0, 1.0,]	[1.0, 1.0, 1.0,]	[1.0, 1.0, 1.0,]	[1.0, 1.0, 1.0,]	[1.0, 1.0, 1.0,]	[1.0, 1.0, 1.0,]	[1.0, 1.0, 1.0,]	[1.0, 1.0, 1.0,]	...	[1.0, 1.0, 1.0]	[1.0, 1.0, 1.0]	[1.0, 1.0, 1.0]	[1.0, 1.0, 1.0]	[1.0, 1.0, 1.0]	[1.0, 1.0, 1.0]	[1.0, 1.0, 1.0]	[1.0, 1.0, 1.0]	[1.0, 1.0, 1.0]	[1.0, 1.0, 1.0]
3	[1.0, 1.0, 1.0,]	[1.0, 1.0, 1.0,]	[1.0, 1.0, 1.0,]	[1.0, 1.0, 1.0,]	[1.0, 1.0, 1.0,]	[1.0, 1.0, 1.0,]	[1.0, 1.0, 1.0,]	[1.0, 1.0, 1.0,]	[1.0, 1.0, 1.0,]	[1.0, 1.0, 1.0,]	...	[1.0, 1.0, 1.0]	[1.0, 1.0, 1.0]	[1.0, 1.0, 1.0]	[1.0, 1.0, 1.0]	[1.0, 1.0, 1.0]	[1.0, 1.0, 1.0]	[1.0, 1.0, 1.0]	[1.0, 1.0, 1.0]	[1.0, 1.0, 1.0]	[1.0, 1.0, 1.0]
4	[1.0, 1.0, 1.0,]	[1.0, 1.0, 1.0,]	[1.0, 1.0, 1.0,]	[1.0, 1.0, 1.0,]	[1.0, 1.0, 1.0,]	[1.0, 1.0, 1.0,]	[1.0, 1.0, 1.0,]	[1.0, 1.0, 1.0,]	[1.0, 1.0, 1.0,]	[1.0, 1.0, 1.0,]	...	[1.0, 1.0, 1.0]	[1.0, 1.0, 1.0]	[1.0, 1.0, 1.0]	[1.0, 1.0, 1.0]	[1.0, 1.0, 1.0]	[1.0, 1.0, 1.0]	[1.0, 1.0, 1.0]	[1.0, 1.0, 1.0]	[1.0, 1.0, 1.0]	[1.0, 1.0, 1.0]

表 9.9 中只显示了前 5 行和前 320 列的数据,每个方格代表一个像素点,其中的三维数组为颜色值。假设用[1.0,0,0]表示红色、[0,1.0,0]表示绿色、[0,0,1.0]表示蓝色,则前面 5 行的数据全是[1.0,1.0,1.0],即为白色。

将这一定义进行扩展,也可以用四阶张量表示一个包含多张图片的数据集,其中的四个维度分别是:图片在数据集中的编号,图片高度、宽度及色彩数据。

将各种各样的数据抽象成张量表示,然后再输入神经网络模型进行后续处理是一种非常必要且高效的策略。因为如果没有这一步骤,就需要根据各种不同类型的数据组织形式定义各种不同类型的数据操作,这会浪费大量的开发者精力。更关键的是,当数据处理完成后,还需要方便地将张量再转换回指定的格式。例如,Python NumPy 包中 numpy. imread和 numpy. imsave 两个方法,分别用来将图片转换成张量对象(即代码中的 Tensor 对象)和将张量再转换成图片保存起来。

所谓的"学习"就是不断纠正神经网络的实际输出结果和预期结果之间误差的过程。这一过程中需要对输入张量进行一系列的数学运算和处理操作。这里的一系列操作包含的范围很宽,可以是简单的矩阵乘法,也可以是卷积、池化和 LSTM 等稍复杂的运算。各开源库和深度学习框架支持的张量操作通常会不尽相同,详细情况可以查看如下官方文档。

NumPy:http://www. scipy-lectures. org/intro/numpy/operations. html
Theano:http://deeplearning. net/software/theano/library/tensor/basic. html
TensorFlow:https://www. tensorflow. org/api_docs/Python/math_ops/

由于大部分深度学习框架都是用面向对象的编程语言实现的,因此张量操作通常都是基于类实现的,而不是函数。这种实现思路一方面允许开发者将各种类似的操作汇总在一起,方便组织管理;另一方面也保证了整个代码的复用性、扩展性和对外接口的统一。总体上使整个框架更灵活和易于扩展,为将来的发展预留了空间。

2. 计算图(computation graph)

有了张量和基于张量的各种操作之后,下一步就是将各种操作整合起来,输出需要的结果。但不幸的是,随着操作种类和数量的增多,管理起来十分困难。各操作之间的关系难以理清,有可能引发各种意想不到的问题,包括多个操作之间应该并行还是顺次执行,如何协同各种不同的底层设备,以及如何避免各种类型的冗余操作等。这些问题将降低整个深度学习网络的运行效率或者引入不必要的错误,而计算图正是为解决这一问题产生的。

计算图首次被引入人工智能领域是 2009 年的论文 *Learning Deep Architectures for AI*。最初的计算图如图 9.6 所示,图中用不同的占位符($*$,$+$,$-$,$\sin$)构成操作节点,以字母 x、a、b 构成变量节点,再以有向线段将这些节点连接起来,组成一个表征运算逻辑关系的清晰明了的"图"型数据结构。

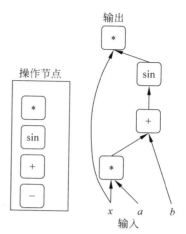

图 9.6 计算图表示的函数示例

随着技术的不断演进,结合脚本语言建模方便但执行缓慢和低级语言建模难但执行效率高的特点,逐渐形成了这样的一种开发框架:前端用 Python 等脚本语言建模,后端用 C++ 等低级语言执行,以此综合了两者的优点。可以看到,这种开发框架大大降低了传统框架做跨设备计算时的代码耦合度,也避免了每次后端变动都需要修改前端的维护开销。这里,在前端和后端之间起到关键耦合作用的就是计算图。

将计算图作为前后端之间的中间表示(intermediate representations)可以带来良好的交互性,开发者可以将 Tensor 对象作为数据结构,函数/方法作为操作类型,将特定的操作类型应用于特定的数据结构,从而定义出类似 MATLAB 的强大建模语言。

需要注意的是,通常情况下开发者不会将用于中间表示得到的计算图直接用于模型构造,因为这样的计算图通常包含了大量的冗余求解目标,也没有提取共享变量。因而,通常都会经过依赖性剪枝、符号融合、内存共享等方法对计算图进行优化。

目前,不同的深度学习框架对于计算图的实现机制和侧重点各不相同。例如,Theano 和 MXNet 都是以隐式处理的方式在编译中由表达式向计算图过渡。而 Caffe 则比较直接,可以创建一个 Graph 对象,然后以类似 Graph.Operator(xxx)的方式显示调用。

因为计算图的引入,开发者得以从宏观上俯瞰整个神经网络的内部结构。类似编译器可以从整个代码的角度决定如何分配寄存器那样,计算图也可以从宏观上决定代码运行时的 GPU 内存分配,以及分布式环境中不同底层设备间的相互协作方式。除此之外,现在也有许多深度学习框架将计算图应用于模型调试,可以实时输出当前某一操作类型的文本描述。

3. 自动微分(automatic differentiation)

计算图带来的另一个好处是让模型训练阶段的梯度计算变得模块化且更为便捷,也就是自动微分法。

正如上文提到的,若将神经网络视为由许多非线性过程组成的一个复杂的函数体,计算图则以模块化的方式完整表征了这一函数体的内部逻辑关系。因此这一复杂函数体的微分,即求取模型梯度的方法就变成了在计算图中简单地从输入到输出进行一次完整遍历的过程。

针对一些非线性过程(如修正线性单元 ReLU)或者大规模的问题,使用传统的微分法的成本往往非常高昂,有时甚至不可微。因此,以上述迭代式的自动微分法求解模型梯度已经被广泛采用,并且成功应对一些传统微分不适用的场景。

目前,许多计算图程序包(如 Computation Graph Toolkit)都已经预先实现了自动微分。另外,由于每个节点处的导数只能相对于其相邻节点计算,因此实现了自动微分的模块一般都可以直接加入任意的操作类中,当然也可以被上层的微分大模块直接调用。

4. 基本深度模型组件

深度学习的计算主要包含训练和预测(或推理)两个阶段,训练的基本流程是输入数据→网络层前向传播→计算损失→网络层反向传播梯度→更新参数,预测的基本流程是输入数据→网络层前向传播→输出结果。从运算的角度看,主要可以分为三种类型的计算:

(1) 数据在网络层之间的流动:前向传播和反向传播可以看作张量 Tensor(多维数组)在网络层之间的流动(forward 前向传播流动的是输入输出,backward 反向传播流动的是梯度),每个网络层会进行一定的运算,然后将结果输入给下一层。

(2) 计算损失:衔接前向传播和反向传播的中间过程,定义了模型的输出与真实值之间的差异,用来提供后续反向传播所需的信息。

(3) 参数更新:使用计算得到的梯度对网络参数进行更新的一类计算。

基于这三种类型,又可以对深度学习的基本组件做一个抽象:

(1) 张量(tensor),是神经网络中数据的基本单位,已在前面介绍。

(2) 网络层(layer),负责接收上一层的输入,进行该层的运算,将结果输出给下一层,由于张量的流动有前向和反向两个方向,因此对于每种类型网络层,都需要同时实现前向传播和反向传播两种运算。

(3) 损失(loss),在给定模型预测值与真实值之后,该组件输出损失值及关于最后一层的梯度(用于梯度回传)。

(4) 优化器(optimizer),负责使用梯度更新模型的参数。

深度学习框架还需要一些组件把上面这四种基本组件整合到一起,形成一个流水线(pipeline)。

(5) 网络(net)组件负责管理张量在张量之间的前向传播和反向传播,同时能提供获取参数、设置参数、获取梯度的接口。

(6) 模型(model)组件负责整合所有组件,形成整个流水线。即网络组件进行前向传播→损失组件计算损失和梯度→网络组件将梯度反向传播→优化器组件将梯度更新到参数。

图 9.7 给出上述深度学习框架基本组件架构图。

5. 计算加速

考虑到深度学习计算量巨大,计算加速对于深度学习框架来说至关重要,例如,同样训练一个神经网络,不加速需要 4 天的时间,加速的话可能只要 4 小时。深度学习框架主要从编程语言、分布式并行计算和数据处理优化等方面实现计算加速功能。

由于此前的大部分实现都是基于高级语言的(如 Java、Python、Lua 等),而即使是执行最简单的操作,高级语言也会比低级语言消耗更多的 CPU 周期,更何况是结构复杂的深度神经网络,因此运算缓慢就成了高级语言的一个天然的缺陷。目前,针对这一问题有两种解决方案。

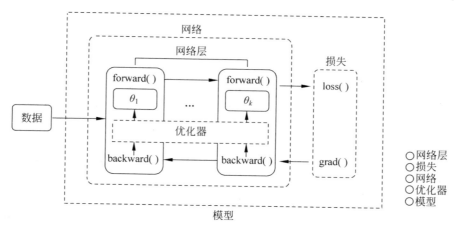

图 9.7 深度学习框架基本组件架构图（见文前彩图）

第一种方法是模拟传统的编译器。如传统编译器会把高级语言编译成特定平台的汇编语言实现高效运行一样，这种方法将高级语言转换为 C 语言，然后在 C 语言基础上编译、执行。为了实现这种转换，每一种张量操作的实现代码都会预先加入 C 语言的转换部分，然后由编译器在编译阶段将这些由 C 语言实现的张量操作综合在一起。目前 pyCUDA 和 Cython 等编译器都已经实现了这一功能。

第二种方法就是上文提到的，利用脚本语言实现前端建模，用低级语言如 C++ 实现后端运行，这意味着高级语言和低级语言之间的交互都发生在框架内部，因此每次后端变动都不需要修改前端，也不需要完整编译（只需要通过修改编译参数进行部分编译），因此整体速度更快。

除此之外，由于低级语言的最优化编程难度很高，而且大部分基础操作其实也都有公开的最优解决方案，因此另一个显著的加速手段就是利用现成的扩展包。例如，最初用 Fortran 实现的 BLAS（基础线性代数子程序），就是一个非常优秀的基本矩阵（张量）运算库，此外还有英特尔的 MKL（Math Kernel Library）等，开发者可以根据个人喜好灵活选择。值得一提的是，一般的 BLAS 库只是针对普通的 CPU 场景进行了优化，但目前大部分深度学习模型都已经开始采用并行 GPU 的运算模式，因此利用诸如 NVIDIA 推出的针对 GPU 优化的 cuBLAS 和 cuDNN 等更具针对性的库可能是更好的选择。

在深度学习中，当数据集和参数量的规模越来越大时，训练所需的时间和硬件资源会随之增加，最后会变成制约训练的瓶颈。分布式并行训练可以降低对内存、计算性能等硬件的需求，是进行训练的重要优化手段。根据并行的原理及模式不同，一般深度学习框架支持的并行训练的功能有以下几种：

数据并行（data parallel）：对数据进行切分的并行模式，一般按照批数据维度切分，将数据分配到各个计算单元中，进行模型计算。

模型并行（model parallel）：对模型进行切分的并行模式，可分为算子级模型并行、流水线模型并行、优化器模型并行等。

混合并行（hybrid parallel）：指涵盖数据并行和模型并行的并行模式。

目前，MindSpore 支持数据并行、半自动并行、自动并行、混合并行四种模式。

　　随着数据的增加,数据的存储、处理架构和计算资源会影响深度模型的性能。通常,深度学习框架要具有数据调优和均衡负责的功能。比如,MindSpore 提供了一种自动数据调优的工具——Dataset AutoTune,用于在训练过程中根据环境资源的情况自动调整数据处理管道的并行度,最大化利用系统资源加速数据处理管道的处理速度。此外,MindSpore 提供了一种运算负载均衡的技术,可以将 MindSpore 的 Tensor 运算分配到不同的异构硬件上,一方面均衡不同硬件之间的运算开销,另一方面利用异构硬件的优势对运算进行加速。

9.3　小结

　　本章根据深度学习实践的一般学习步骤,从深度学习常用编程语言 Python 到深度学习开源框架的基础知识,逐一进行了介绍。首先在 9.1 节中介绍了 Python 语言的发展历史和特点,并结合一些代码对 Python 的基本语法进行了讲解,最后介绍了人工智能中常用的 Python 第三方开源工具包,以为人工智能编程提供支撑。接着 9.2 节介绍了深度学习开源框架的发展,对常用开源框架进行了分析和比较,然后介绍了深度学习框架的基本功能。深度学习框架屏蔽了底层硬件复杂、繁琐的使用方式,方便使用者更好地利用机器资源,完成自己的定制化任务。

习题 9

9.1　Python 语言有哪些基本数据结构?

9.2　请用 Python 语言的 if 语句编写一个函数,用于判断给定的年份是否为闰年?

9.3　请简述 Python 语言 array 数组的切片方法,简要说明 array 在机器学习编程中的应用。

9.4　深度学习框架中的张量是什么意思?

9.5　请简述深度学习常用的算法。

第4篇
人工智能的计算能力

算力——人工智能的执行力

第 ⑩ 章

人工智能的算力及架构

算力即计算能力(computing power),是人工智能的核心要素之一和实现人工智能的重要保障,是继人力、畜力、水力、热力、电力之后的一种新的先进生产力。

随着人工智能科技的发展,人工智能算力不再是单纯的硬件设施,而是硬件和软件高度融合的智能融合架构,对人工智能的发展和人工智能产业化起到举足轻重的作用,已成为人工智能新的重要研究领域。

本章将研讨人工智能的算力问题,论述人工智能算力的定义和分类,介绍具有推理能力的人工智能芯片和人工智能芯片多数据计算中心,研究人工智能算力网络的研究进展、基本架构和应用示例,讨论分布式人工智能协同计算和云计算,为进一步深入研究人工智能算力打下不可或缺的基础。

10.1 人工智能算力的定义、分类和评估

本节介绍人工智能算力的定义、分类和评估,有助于对人工智能算力的理解与评价。

10.1.1 人工智能算力的定义

目前对算力还没有统一的标准定义。

定义 10.1 2018 年诺贝尔奖获得者威廉·诺德豪斯(William D. Nordhaus)将算力定义为设备根据内部状态的改变每秒能够处理的信息数据量。

定义 10.2 算力是机器在数学上的归纳和转化能力,把抽象复杂的数学表达式或数字通过数学方法转换为可以理解的数学式子的能力。

定义 10.3 算力是机器通过对信息数据进行处理实现目标结果输出的计算能力。

定义 10.4 算力(也称哈希率)是比特币网络处理能力的度量单位,即计算机计算哈希函数输出的速度(每秒运算次数)。

综上可见,算力代表了数据处理速度的能力,是数字化技术持续发展的衡量标准,也是人工智能的核心生产力和基本执行能力。算力是一种典型和重要的新质生产力。

如同水力、热力、电力等各有衡量指标和计量单位一样,算力也有衡量指标和基准单位。

常用的算力衡量单位是 FLOPS、TFLOPS 等,还有 MIPS、DMIPS、OPS 等,见表 10.1。

表 10.1　算力的衡量单位

衡量单位	英文全称	中文全称
MIPS	million instructions per second	每秒执行的百万指令数
DMIPS	Dhrystone million instructions excuted per second	整数运算每秒执行的百万指令数
OPS	operators per second	每秒运算次数
FLOPS	floating-point operators per second	每秒浮点运算次数
Hash/s	Hash per second	每秒哈希运算次数

浮点算力运算的不同量级有 MFLOPS、GFLOPS、TFLOPS、PFLOPS 等,见表 10.2。

表 10.2　算力的浮点运算衡量单位

衡量单位	英文全称	中文全称
MFLOPS	megaFLOPS	每秒一百万(10^6)次的浮点运算
GFLOPS	gigaFLOPS	每秒十亿(10^9)次的浮点运算
TFLOPS	teraFLOPS	每秒一万亿(10^{12})次的浮点运算
PFLOPS	petaFLOPS	每秒一千万亿(10^{15})次的浮点运算
EFLOPS	exaFLOPS	每秒一百亿亿(10^{18})次的浮点运算
ZFLOPS	zettaFLOPS	每秒十亿亿亿(10^{21})次的浮点运算

10.1.2　人工智能算力和芯片的分类

1. 按技术架构分类

一般将算力分为两大类,即通用算力和专用算力。承担输出算力任务的芯片,也相应地分为通用芯片和专用芯片。

中央处理器(central processing unit,CPU)芯片,如 x86 处理器,就是通用芯片。它们能完成多样化和灵活的算力任务,但其功耗较高。

专用芯片主要包括现场可编程门阵列(field programmable gate array,FPGA)和专用集成电路(application specific integrated circuit,ASIC)。

FPGA 可以通过硬件编程来改变芯片的逻辑结构,其软件是深度定制的,用于执行专门任务。此类芯片非常适合在芯片功能尚未完全定型、算法仍需不断完善的情况下使用。使用 FPGA 芯片需要通过定义硬件去实现软件算法,技术水平要求较高,因此在设计并实现复杂的人工智能算法方面难度较高。

ASIC 绝大部分软件算法都固化于硅片,是一种根据特殊应用场景要求进行全定制化的专用人工智能芯片。与 FPGA 相比,ASIC 芯片无法通过修改电路进行功能扩展。与 CPU、GPU 等通用计算芯片相比,ASIC 性能高、功耗低、成本低,适用于对性能功耗比要求极高的移动设备端。

FPGA 的性能和灵活性介于 CPU 和 ASIC 之间。

此外,还有神经拟态芯片(neuromimetic chip,NMC),即类脑芯片,如 IBM 研发的 TrueNorth 芯片,是一种模拟人脑神经网络结构的新型芯片,通过模拟人脑神经网络的工作机理实现感知和认知等功能。NMC具有很高的研究和开发难度,是目前研究热点之一,其成果多数属于实验室产品。

上述各种人工智能芯片的特点对比见表10.3。

表 10.3　人工智能芯片特点对比

芯 片 类 型	适 用 场 景	主 要 优 点	主 要 缺 点
GPU	高级复杂算法和通用性人工智能平台	通用性和浮点运算能力强、速度快	性能功耗比较低
半定制化 FPGA	具体行业	灵活性强、速度快、功耗低、可编程性强	价格高、编程复杂、整体运算能力不高
全定制化 FPGA	全定制场景	性能高、功耗低	电路需定制、开发周期长、扩展难、风险高
神经拟态芯片	实验室、自研平台	功耗低、可扩展性强、算存一体	算力低、对主流算法支持差、难以商用

2. 按芯片位置分类

（1）云端人工智能芯片

这类芯片运算能力强大,功耗较高,一般部署在公有云、私有云、混合云或数据中心、超算中心等计算基础设施领域,主要用于深度神经网络模型的训练和推理,处理语音、视频、图像等海量数据,支持大规模并行计算,通常以加速卡的形式集成多个芯片模块,并行完成相关计算任务。

在数据中心,又将算力的计算任务分为基础通用计算和 HPC 高性能计算（high-performance computing）。HPC 计算又细分为三类:①科学计算:基础科学如数学、物理、化学、生命科学和天文科学等研究及需要超大规模数据的领域如气象、环保、石油勘探、天文探测和宇航等。②工程计算:计算机辅助工程、计算机辅助制造、计算机辅助设计、新型自动化系统设计与实现、高速磁悬浮列车仿真等领域。③智能计算:即人工智能计算,包括机器学习、深度学习、数据分析及众多人工智能产业化等领域。专用人工智能计算数据中心除了智算中心外,还有超算中心。超算中心放置超级计算机,专门承担各种大规模科学计算和工程计算任务。

智能计算是一个算力大户,特别会"吃"算力。在人工智能计算中,涉及较多的矩阵或向量的乘法和加法,专用性较高,所以不宜使用 CPU 进行计算。实际应用中主要使用图形处理器（graphic processing unit,GPU）和前述专用芯片进行计算。GPU 上集成了规模巨大的计算矩阵,从而具备了更强大的浮点运算能力和更快的并行计算速度,是一种由大量运算单元组成的大规模并行计算架构芯片,主要用于处理图形、图像领域的海量数据运算,更加适用于解决人工智能算法的训练难题。GPU 已成为人工智能算力的主力。

（2）边缘端人工智能芯片

这类芯片一般功耗低、体积小、性能要求不高、成本也较低,相比于云端芯片,不需要运行特别复杂的算法,只需具备少量的人工智能计算能力,一般部署在智能手机、无人机、摄像头、边缘计算设备、工控设备等移动设备或嵌入式设备上。

3. 按算力任务分类

（1）人工智能训练芯片

人工智能训练芯片指专门对人工智能训练算法进行优化加速的芯片,由于训练所需的数据量巨大,算法复杂度高,因此,训练芯片对算力、能效、精度等要求非常高,还要具备较高的通用性,以支持已有的多种算法,甚至还要考虑未来的算法的训练。由于对算力有着极高要求,训练芯片一般更适合部署在大型云端设施中,而且多采用"CPU+GPU""CPU+GPU+加速芯片"等异构模式,加速芯片可以是 GPU 或 FPGA、ASIC 专用芯片等。

(2) 人工智能推理芯片

人工智能推理芯片指专门对人工智能推理算法进行优化加速的芯片,更加关注能耗、算力、时延、成本等综合因素,可以部署在云端和边缘端,实现难度和市场门槛相对较低,因此,这一领域的市场竞争者较多。

10.1.3 人工智能算力的评估

1. 算力指标评估体系

人工智能算力评估主要是全球算力指数的评估,是评估全球算力与 GDP 和数字经济共同发展的指数。全球计算力指数评估体系包括计算能力、计算效率、应用水平和基础设施支持 4 个方面,见表 10.4。

表 10.4　全球算力指数评估体系

计 算 能 力	应 用 水 平
通用计算能力:服务器支出规模占比、服务器出货量 科学计算能力:全球 Top500 超级计算数量及排名 AI 计算能力:AI 计算硬件支出规模占比及出货量 终端计算能力:智能手机和 PC 支出规模占比及出货量 边缘计算能力:边缘计算支出规模占比	大数据:相关软件、硬件、服务整体支出占比 人工智能:相关软件、硬件、服务整体支出占比 物联网:相关软件、硬件、服务整体支出占比 区块链:相关软件、硬件、服务整体支出占比 机器人:相关软件、硬件、服务整体支出占比
计 算 效 率	基 础 设 施 支 持
云计算渗透度:云管理软件服务器占比及云计算占比 CPU 利用率:服务器 CPU 平均使用率(调研数据) 内存利用率:服务器内存平均使用率(调研数据) 存储利用率:服务器存储设备平均使用率(调研数据) 新技术利用率:SSD/SCM 技术平均使用率(调研数据)	数据中心软件和服务:其软件和服务规模占比 数据中心规模:数据中心数量(统计数据) 数据中心效率:数据中心平均 PUE(调研数据) 网络基础设施:每年度出货量和运营商支出占比 存储基础设施:每年度存储出货容量及存储支出占比

(1) 计算能力是算力指数的核心组成部分,通过评估各类服务器及终端设备的数量和投入占比来反映不同国家在算力投入上的整体水平和重点。在指标评估体系中,计算能力部分增加了边缘计算能力子项,能够更全面地展现各国算力的形态和发展层次,创新并拓展了核心数据中心的功能和范畴,已经成为驱动全球企业级基础架构市场增长的重要力量。

(2) 计算效率体现了一国的计算力利用水平,部分国家由于在云计算等方面的利用率较高,对于算力的挖掘也更加有效。计算效率评估集中在各国的云计算普及率、新技术应用率及 CPU、内存、存储资源的使用率上。计算效率部分新增了新技术(SSD/SCM,即供应链设计与供应链管理等)利用率子项,结合计算、内存、存储等资源利用率,对评估算力的应用水平更加有效。

(3) 应用水平反映人工智能在大数据、人工智能、物联网、区块链、机器人等主要应用领域的相关软件、硬件和服务整体支出占比。这些新兴技术的应用是未来国家信息产业的核心驱动力,也将在一定程度上反映一个国家的经济发展潜力和综合国力。

(4)基础设施支持涉及数据中心的规模、软件、访问和效率及网络基础设施和存储基础设施等。数据中心体量、能耗水平、存储和网络基础设施支持在宏观层面为计算能力、计算效率和应用水平提供保障。数据中心软件及服务等子项能够提高算力支撑的丰富程度。

2. 算力综合评估结果

全球算力指标评估覆盖了六大洲的 15 个国家,包括美国、加拿大、日本、韩国、澳大利亚、英国、法国、德国、意大利、中国、印度、马来西亚、巴西、俄罗斯和南非。与 2020 年相比,评估国家范围增加了加拿大、意大利、马来西亚、韩国和印度。

基于各个国家的算力指数分值、各子项指标的聚类分析、指数的单位增长对数字经济和GDP 带来的推动力等因素,将这些国家划分成了三个梯队,分别是领跑者国家、追赶者国家和起步者国家。通过观察不同国家算力指数的分布及由算力指数的提升所带来的经济增长情况发现,三个梯队国家算力指数的划分点分别出现在 60 分和 40 分。将评分在 60 分以上的国家归类为领跑者国家,评分在 40~60 分的国家归类为追赶者国家,评分在 40 分以下的国家则归类为起步者国家。

研究结果显示,美国和中国分列前两位,同处于领跑者位置;追赶者国家包括日本、德国、英国、法国、加拿大、韩国、澳大利亚;印度、意大利、巴西、俄罗斯、南非和马来西亚则属于起步者国家。整体来看,全球各国间的算力竞争愈加白热化,除南非外,其余国家算力评分均有所提升。

10.2 人工智能芯片的发展

人工智能算力的进步离不开芯片的发展。本节讨论作为人工智能算力基础的人工智能芯片的发展历史和发展趋势,可以看到人工智能芯片已取得重大发展和巨大进步。

10.2.1 人工智能芯片的发展历史

1. CPU 阶段(2006 年以前)

本阶段人工智能算法尚未出现突破,能够获取的数据也较为有限,传统通用 CPU 已能完全满足计算需要,学术界和产业界对人工智能芯片均未提出特殊要求。因此,这个阶段人工智能芯片产业的发展较为缓慢。

2. GPU 阶段(2006—2010 年)

本阶段智能游戏和高清视频等行业快速发展,助推了 GPU 产品的迭代升级。2006 年英伟达(INVIDIA)第一次让 GPU 具备了可编程能力,使 GPU 的核心流式处理器既具有处理像素和图形等渲染能力,又同时具备通用的单精度浮点处理能力。GPU 编程更加便捷,所具有的并行计算特性比 CPU 的计算效率更高,更适用于深度学习等人工智能先进算法所需的算力场景。使用 GPU,人工智能算法的运算效率可以提高几十倍。因此,GPU 在人工智能领域的研究和应用中开始获得大规模使用。

3. CPU+GPU 阶段(2010—2015 年)

2010 年之后,以云计算和大数据等为代表的新一代信息技术高速发展并开始普及,云端采用"CPU＋GPU"混合计算模式使得人工智能所需的大规模计算更加便捷高效,进一步推动了人工智能算法的演进和人工智能芯片的广泛使用,同时也促进了各种类型人工智能芯片的研究与开发。

4. 专用 AI 芯片阶段(2016 年至今)

2016 年,谷歌旗下 DeepMind 公司研发的阿尔法狗(AlphaGo)围棋人工智能系统击败了世界冠军李世石,使得以深度学习为核心的人工智能技术得到了全球范围内的极大关注。该人工智能系统采用 TPU(tensor processing unit),即张量处理单元,一款为机器学习而定制的芯片,经过专门深度机器学习训练,使系统具有更高的计算能力。此后,研究人员开始研发专门针对人工智能算法进行优化的各种定制化芯片。专用人工智能芯片呈现出蓬勃发展的局面,人工智能算力在应用领域、计算能力、能耗比等方面都有了极大的提升。

10.2.2　人工智能芯片的发展态势

目前人工智能芯片出现如下发展态势:物联网等人工智能应用领域快速发展催生超低功耗人工智能芯片、开源芯片有望成为人工智能芯片的发展新秀、人工智能芯片将从确定算法和场景的加速芯片向通用智能芯片发展、类脑芯片领域呈现异军突起之势。

1. 开发超低功耗芯片

随着人工智能及其相关产业的高速发展,涌现出越来越多新的应用需求。新一代物联网、智能手机、智能可穿戴设备、智能家居和工业部门应用的各种智能传感器等领域将需要体积更小、功耗更低、能效比更高的人工智能芯片。常见的边缘端芯片如手机中的人工智能芯片,其功耗一般在几百毫瓦至几瓦,而超低功耗人工智能芯片的工作功耗一般是几十毫瓦甚至更低。例如,以智能手表为代表的智能可穿戴设备领域,设备的电池容量因尺寸等原因受到极大限制,而此类设备需要具备心率检测、手势识别、语音识别等智能生物信号处理功能,因此需要集成体积小且能效比超高的人工智能加速芯片,降低对电池的消耗。又如,在智能家居等领域,具备人脸识别、指纹识别等功能的智能门锁须由电池供电,而且不能经常更换电池,这就对门锁中执行人脸识别等功能的智能模块提出了极高的能效比要求。

2. 开源芯片成为新秀

当前,摩尔定律已逼近极限,传统通用架构的芯片性能提升也有限,难以适应需求各异的人工智能算法和广泛的应用场景,对新型架构人工智能芯片的需求日益增长,为各类初创型中小企业带来新的市场机遇。然而,芯片领域过高的技术门槛和知识产权壁垒,严重阻碍了人工智能芯片的进一步技术创新和发展。开源芯片的兴起有望突破这一瓶颈。开源芯片大幅降低了芯片设计领域的门槛,为企业节省了芯片架构和 IP 核等方面的授权费用,可以有效降低企业的研发成本。同时,由于开源社区的开发者们会持续不断地对开源芯片进行更新迭代,企业可以免费获取到最新、最优化的版本,并向社区贡献自己的力量,不断提升行业整体发展水平,有效促进人工智能芯片产业的繁荣。

3. 发展通用智能芯片

近几年,人工智能技术在语音识别和图像识别等领域取得突破性的进展,但要全面推广需要人工智能领域产生通用人工智能计算芯片,适用于任意人工智能应用场景。短期内人工智能芯片仍以"CPU＋GPU＋AI 加速芯片"的异构计算模式为主,中期会重点发展可自重构、自学习、自适应的人工智能芯片,未来将会走向通用的人工智能芯片。通用人工智能芯片就是能够支持和加速任意人工智能计算场景的芯片,即通过一个通用的数学模型,最大程度概括出人工智能的本质,经过一定程度的学习后能够精确、高效地处理任意场景下的智能计算任务。随着芯片制程工艺、新型半导体材料和物理器件等出现新突破,以及人类对于大脑和智能形成更深层次的认知,将有望最终实现真正意义上的通用人工智能芯片。

4. 类脑芯片异军突起

近年来在类脑芯片领域呈现可喜进展,国内外众多研究者开发出一款款具有优良性能的类脑芯片。例如,2014 年 IBM 公司推出了 TrueNorth 类脑芯片,采用 28nm 工艺,集成了 54 亿个晶体管,包括 4096 个内核、100 万个神经元和 2.56 亿个神经突触。又如,2019 年清华大学发布了"天机芯"类脑芯片,使用 28nm 工艺流片,包含约 40000 个神经元和 1000 万个突触,支持同时运行卷积神经网络、循环神经网络及神经模态脉冲神经网络等多种神经网络,是全球首款既能支持脉冲神经网络又可以支持人工神经网络的异构融合类脑计算芯片。此外,西井科技发布的 DeepSouth 芯片,用 FPGA 模拟神经元以实现脉冲神经网络的工作方式,包含约 5000 万个神经元和高达 50 多亿个神经突触,可以直接在芯片上完成计算,处理相同计算任务时,功耗仅为传统芯片的几十至几百分之一。

10.3 人工智能算力网络

本节研究人工智能算力网络的定义、特征、基本架构、工作机制、关键技术和应用示例,是人工智能算力网络的主要内容。

10.3.1 人工智能算力网络的定义和特征

1. 人工智能算力网络的定义

目前对算力网络(computing force newwork 或 computing first newwork,CFN,或 computing newwork)尚无统一定义。

定义 10.5 算力网络是以算为中心、网为根基,与云计算、人工智能、边缘计算、区块链、智能终端、网络安全等技术深度融合,提供一体化服务的新型基础设施。

定义 10.6 算力网络是一种根据业务需求,在云、网、边之间按需分配和灵活调度计算资源、存储资源及网络资源的新型信息基础设施。

从宏观上看,算力网络是一种思路,一种概念。从微观上看,算力网络是一种架构和性质与传统网络完全不同的网络。

算力网络的作用是为用户提供算力资源服务,但其实现方式与"云计算＋通信网络"的传统方式不同,是将算力资源彻底"融入"通信网络,以整体形式提供符合用户需求的算力资源服务。

算力与水力和电力一样,可实现"一点接入、即取即用"的服务。算力网络好比是电网,算力好比电力。构建了一张"电网",有了电力就可以使用电话、电视机、电风扇、洗衣机和电饭煲等家电设备及驱动各种机电设备运转。现在,构建了一张"算网",有了算力就能够通过

"超算"实现自主驾驶、人脸识别、同声翻译、智能游戏、脑机对接等智能行为。

2．人工智能算力网络的特征

人工智能算力网络具有以下 4 个特征：

（1）资源抽象

算力网络需要将计算资源、存储资源、网络资源（尤其是广域范围内的连接资源）及算法资源等都抽象出来，作为产品的组成部分提供给客户。

（2）业务承诺

以业务需求划分服务等级，而不是简单地以地域划分，向客户承诺诸如网络性能、算力大小等业务，屏蔽底层的差异性（如异构计算、不同类型的网络连接等）。

（3）统一管控

统一管控云计算节点、边缘计算节点、网络资源（含计算节点内部网络和广域网络）等，根据业务需求对算力资源及相应的网络资源、存储资源等进行统一调度。

（4）弹性调度

实时监测业务流量，动态调整算力资源，完成各类任务的高效处理和整合输出，并在满足业务需求的前提下实现资源的弹性伸缩，优化算力分配。

10.3.2　人工智能算力网络的基本架构和工作机制

从算力网络的定义可知，算力网络是将分布的计算节点连接起来，动态实时感知计算资源和网络资源状态，统筹分配和调度计算任务，形成一张计算资源可感知、可分配、可调度的网络，满足用户对算力的要求，是一种云、边、网深度融合的新范式，也是边缘计算向泛在计算（普适计算）网络融合的新进展。

本节依据互联网工程任务组（Internet engineering task force，IETF）的算力网络技术方案，介绍算力网络的基本架构和工作机制。

1．算力网络的主要任务

算力网络基本架构关注边缘计算节点状态的实时感知和边缘计算资源的分布式协同处理及调度两个重点。

（1）边缘计算节点状态的实时感知

实时感知边缘计算节点的负载状况对于合理分配计算任务和高效利用边缘计算资源具有重要意义。不同边缘计算节点在不同时间段的计算负载差异很大，而传统基于静态的服务调度方法无法适应不同边缘计算节点计算负载不平衡或计算负载快速变化。因此，边缘计算节点状态的实时感知是均衡地使用计算和网络资源、动态高效地处理调度计算任务的基础。

（2）边缘计算资源的分布式协同处理及调度

边缘计算正从单一的边缘节点扩展成为网络化、协作化的边缘计算网络。算力网络支持大规模边缘计算节点互联和协作，可提供优化的服务访问和负载均衡机制，以适应计算服务的动态特性。算力网络可根据计算任务的要求，结合实时的计算负载和网络状态条件，动态地将计算任务调度到最匹配的边缘计算节点，从而提高计算资源利用率和用户体验。

2. 算力网络的基本架构

算力网络(CFN)的原理架构如图 10.1 所示,包括 CFN 节点、CFN 服务、CFN 适配器 3 个部分。

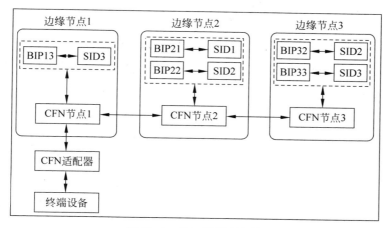

图 10.1　CFN 的原理架构

(1) CFN 节点

CFN 节点是 CFN 网络的基本功能实体,一般集成在边缘计算节点中,可以实时提供节点的计算资源负载情况及向用户终端提供 CFN 服务访问的能力。CFN 节点主要包括 CFN 入口和 CFN 出口。其中,CFN 入口面向客户端,负责服务的实时寻址和流量调度;CFN 出口面向服务端,负责服务状态的查询、汇聚和全网发布。CFN 节点可作为虚拟网络功能部署于服务器,也可部署在接入环或城域网中的接入路由器等物理设备。

(2) CFN 服务

CFN 服务是 CFN 节点服务注册表中的一个单位,代表一个应用服务,具有唯一服务 ID(SID)。在 CFN 中,SID 用来标识由多个边缘计算服务节点提供的特定应用服务,同时终端设备也采用 SID 来启动对服务的访问。在 CFN 系统中,SID 是一个任播地址,对某 SID 的请求可由不同的边缘计算节点响应。通过感知和计算网络状况,决定选择响应请求的边缘计算节点的过程称为算力服务调度。在算力服务调度期间,会选择最合适的边缘计算节点(即 CFN 出口),并基于该节点处理指定的计算服务请求。

一个服务通常可以部署在多个边缘计算服务节点中,这些节点可以由运行在 Pod、容器或者虚拟机上的工作负载实例实现,每个服务节点可以由 IP 地址来区分。例如,在图 10.1 中,SID2 标识的服务可以由具有 BIP22 的 CFN 节点 2 或具有 BIP32 的 CFN 节点 3 来提供。当从终端设备到 SID2 的服务请求到达 CFN 入口(在本例中是 CFN 节点 1)时,CFN 入口节点应动态确定该请求应发送到哪个 CFN 出口;在确定具体的边缘计算服务节点之后,所有访问该服务且来自相同流的后续数据包都将发送到所选服务节点的 BIP。

(3) CFN 适配器

在 CFN 中,CFN 适配器是一个重要的功能实体,并通过保持 BIP 信息、识别初始请求包等方式帮助终端设备接入 CFN。它可以作为 CFN 节点(内部模式)的一部分实现,也可以在单独的设备(外部模式)上实现。图 10.1 中显示了 CFN 适配器的外部模式,它可以部署在客户端侧(如连接多个用户设备的虚拟网关),并作为移动网络中的用户平面功能或固定网络中的宽带远程访问服务器。采用外部模式,可以将 CFN 适配器放在离客户端更近的地方,同时 CFN 节点可以放置在某个聚合点上,并连接多个 CFN 适配器。与内部模式相比,外部 CFN 适配器可保留较少的客户端绑定信息。

算力网络的体系架构如图 10.2 所示,可以分为控制平面和数据平面。控制平面的主要作用是在 CFN 间通告扩散服务状态信息,包括计算服务状态信息和网络服务状态信息。数据平面主要作用是基于 SID 从 CFN 入口经过 IP 底层、CFN 出口和应用编程接口 API 至服务端,进行寻址和路由转发,进而实现计算任务的分发调度。

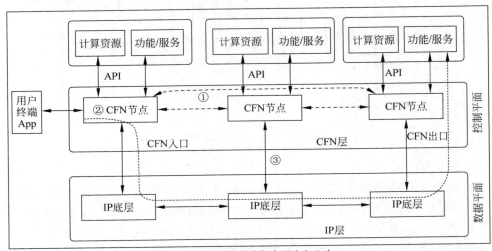

① 控制平面：◄ - - ► 服务状态信息通告和分发
② 数据平面：◄——► 计算任务分发和调度
③ 接口：◄——► 各设备、网元功能间的通信接口

图 10.2　CFN 体系架构的控制平面和数据平面

3. 人工智能算力网络的工作机制

基于上述算力网络基本架构,参阅图 10.1 和图 10.2,进一步介绍算力网络的基本工作流程如下:

(1) CFN 适配器识别来自终端设备的新服务请求,可通过特定的 SID 任播地址范围来识别。

(2) CFN 适配器将请求转发到其关联的 CFN 节点,即 CFN 入口。

(3) CFN 入口基于服务节点的计算资源负载状况、网络状态和其他信息,确定最合适的 CFN 出口;然后,CFN 入口将请求转发到选定的 CFN 出口。需要注意的是,CFN 入口也可以选择本节点来服务请求。在这种情况下,该节点既是 CFN 入口也是 CFN 出口。

(4) CFN 出口接收来自 CFN 入口的请求,并使用绑定 IP(BIP)作为目的地址,来接入所需的服务。

(5) CFN 适配器会保持关于流的绑定信息(包括 SID、CFN 出口等)。

(6) CFN 入口将来自相同流中相同服务的后续数据包发送到绑定的 CFN 出口,以保持其业务流黏性。

(7) CFN 各节点将服务节点的状态(如特定服务的可用计算资源)定期彼此分发。

10.3.3 人工智能算力网络的关键技术

算力网络作为一种新型网络技术,在关键技术方面特别是状态感知、任务调度等方面有关键性的技术创新。

1. 计算与网络资源状态感知机制

异构泛在计算资源状态的实时感知是算力网络的一项关键技术。实时动态地感知边缘网络的状态,如传输时延、抖动、带宽资源利用率等网络信息,进而选择一条最优的传输路径分发计算任务对提升算力网络系统性能具有重要意义。因此,异构泛在网络状态的实时感知是算力网络中的一项关键技术。

在 CFN 的系统架构设计中,充分考虑了计算与网络资源的实时感知,并将计算与网络资源的感知能力集成在了系统架构的控制平面。为了保证计算与网络资源实时感知,CFN节点之间需要相互通告相关的状态信息,包括关联的 SID 信息及 SID 对应的计算负载信息。当接收到访问 SID 的请求时,CFN 节点就进行算力服务调度,这些信息可以在 BGP/IGP 路由协议扩展中携带。

2. 计算任务调度机制

计算任务调度机制包括计算节点选择、网络链路选择、计算任务分派、动态任播等问题。在算力网络中,计算任务调度方面存在一些科学问题和关键技术亟须解决。其中,联合考虑计算和网络资源的负载均衡机制是优化计算任务调度性能的一项关键技术,即通过感知的边缘计算节点和网络链路的状态信息情况,设计实现计算和网络资源协同的负载均衡机制,对充分利用计算和网络资源、保证算力网络系统最优性能具有重要意义。此外,边缘网络域内调度问题和域间调度问题也是计算任务调度机制需要重点解决的关键技术问题。

利用云网融合技术及 SDN/NFV 等新型网络技术,将边缘计算节点、云计算节点及含广域网在内的各类网络资源深度融合在一起,减少边缘计算节点的管控复杂度,并通过集中控制或者分布式调度机制与云计算节点的计算和存储资源、广域网的网络资源进行协同,组成新一代信息基础设施,为客户提供包含计算、存储和连接的整体算力服务,并根据业务特性提供灵活、可调度的按需服务。

10.3.4 人工智能算力网络应用示例

本节介绍周旭等于 2020 年提出的一种融合边缘计算的新型科研云服务架构,阐述该架构的基本功能,给出相关典型应用场景与服务能力。该架构能够满足科学计算在数据传输优化、虚拟组网、5G 融合接入、边云协同算力网络和边缘云科研应用服务等多场景需求。

1. 系统架构

本系统以计算存储网络融合路线为基础,整合 5G、边缘计算、人工智能、网络虚拟化等技术,形成异构融合、云边协同人工智能算力网络架构,如图 10.3 所示。

图 10.4 中,云为中国科技云,执行云、网、边端智能协同调度和计算、存储、网络融合管理。网为基于 SD-WAN 和网络切片等技术,构建连接云、边的高效虚拟网络,基于智能路由和传输优化等技术,实现端对端的高效数据传输和服务访问。边为由研究单位、大学研究

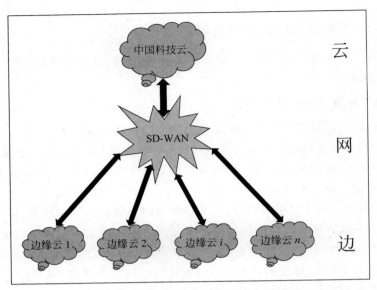

图 10.3　云、网、边协同的科技云系统架构

机构、科研园区、大数据中心或算力中心、超算中心和野外计算台站等组成的网络边缘集合，向网络边缘提供异构接入管理及面向应用的传输管理、分布式数据处理和边缘应用服务。

2. 功能架构

云、网、边协同的科技云功能架构如图 10.4 所示。基于"智能接入与边缘计算"与"SDN高速网络"，实现多样化接入资源与高速广域传输资源的一体化管理，为科研用户提供端到端的柔性网络服务；基于超融合计算及大数据存储管理技术，有效整合边缘计算、云计算、超级计算、智能计算、分布式存储等全局计算与存储资源，为科研用户提供高通量计算、可靠存储与可视化交互服务；基于"智能管控与运行服务"，实现全局计算、存储、网络资源的智能调度管理，打通科学数据"采集、汇聚、传输、处理、交互"全流程，为重大科技创新活动提供新型"云网一体"智能服务。

3. 典型应用场景与服务能力

(1) 传输优化

针对不同类型的用户及其应用场景，利用边缘计算网络功能虚拟化技术，提供灵活的流量接入方式和精细化的流量管理能力。在科技网及互联网上部署云转发节点，通过节点间的虚拟组网，在物理网络之上构建面向不同应用的虚拟加速专网。边缘云与云端转发节点之间形成虚拟加速网，采用动态路由及优化传输协议，实现对特定的科学数据流量的端到端传输优化，建设覆盖多场景、全终端的网络加速服务能力，并支持通过云服务的形式向用户提供加速服务开放，实现自助管理。

(2) 虚拟组网

针对需要专有网络保障的科研应用(如重大联合项目组和大科学装置等)，在边缘云上动态部署虚拟接入网关，与科技网上的云转发节点一起组成虚拟网络，在物理网络之上构建面向不同科研应用的虚拟专网。采用边缘云虚拟化技术，不需要在用户侧部署设备和在骨干网上部署物理路由器，即可实现零接触式的虚拟网络搭建，并可以按需动态构建与撤销。

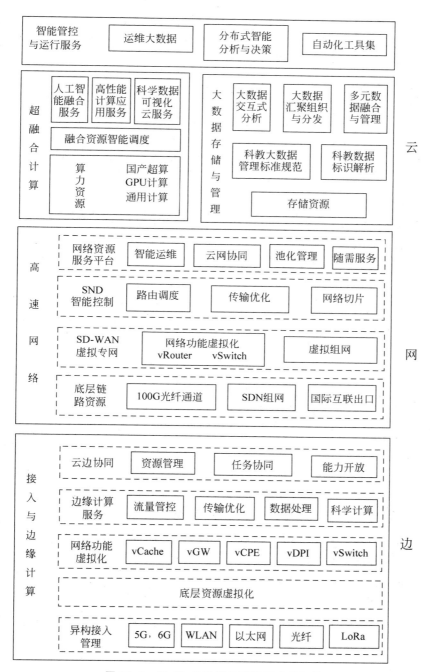

图 10.4 云、网、边协同的科技云功能架构

（3）5G 融合接入

现有科研园区内网与运营商移动网络相互隔离，园区内用户终端产生的 4G 流量全部直接进入运营商网络，数据安全性、流量成本等方面均存在问题，导致科研活动无法直接使用移动网络的接入能力。在 5G 规范中，移动边缘计算技术支持流量的本地分流。通过打通园区 5G 基站与边缘云之间的接口，可以将园区产生的特定 5G 流量分流到本地的边缘云,实现流量的内网化。5G 网络在稳定性和接入能力上相比 WiFi 有很大优势,传输速度媲美光纤。通过边缘计算本地分流的方式,可以将 5G 能力很好地融入未来的科研网络中,解决现有园区网络在部分应用场景中的网络能力不足问题。

(4)边云协同算力网络

通过虚拟组网技术,将分布在不同位置的边缘云及集中云连接起来,实现全网计算、存储、网络资源的统一调配,形成算力网络。在边、网、云协同模式下,根据不同的计算模型,数据处理程序可以进行分布式拆分,使之支持并行化处理。科学装置的数据产生后,在临近边缘云进行数据的前置处理及任务分块,在算力网络的统一调度下,将需要处理的数据及对应的处理程序,分发到集中云及资源空闲的多个边缘云上,进行并行分布式计算。在此模式之下,数据分析的效率及网络带宽的利用率都将大大提升。

(5)边缘云科研应用服务

现有科技云上有大量面向科研用户的云服务,科技云用户通过中国科技网进行访问,在长途链路环境下,网络带宽、时延、抖动等因素有可能会导致服务质量不稳定。边缘云提供了一个更靠近用户的虚拟化服务运行环境,通过虚拟化方式将云端服务封装后,可以根据具体应用场景的需求,预先或动态地将服务下沉到边缘云上,靠近用户提供更高质量的服务。同时,在边缘侧,整合 5G 等丰富的接入手段,用户可以方便地使用各种终端,随时随地高效访问科技云服务,开展科研工作。

10.4　普适人工智能算力网络

本节研究普适人工智能算力网络问题,通过在人工智能计算能力池中建立网络(表示为 Net-in-AI),提出一个普适人工智能算力网络框架,能够实现算力用户的适应性、网络的灵活性和算力提供商的盈利能力。通过本节学习,能够增强对人工智能算力网络的了解。

10.4.1　普适人工智能算力网络的基本架构

由于三重困境,例如用户的自适应计算需求、灵活的网络管理要求和供应商的激励要求,人工智能框架中的网络的完全开发并不是灵丹妙药。在大多数现有的工作中,计算需求、网络管理和激励都是单独研究的。然而,它们都是实现集成系统的潜在推动。

如何提取和分配资源,以及优化这三个问题,对框架的性能有着重大影响,而区块链和应用场景的作用也不容忽视。因此,为普适(泛在)人工智能提出了一个具有适应性、灵活性和盈利能力的算力网络框架,如图 10.5 所示。该框架由以下几层组成。

(1)基础设施层

B5G、6G 和边缘计算的全面建设正在加速人工智能算力从云到网络边缘和终端设备的扩展,其特点是经济的移动宽带、低延迟和高隐私。终端设备(如监视器和传感器)、网络边缘(如基站和网关)及云都在这个框架中被联合配置。此外,随着这些端边缘云计算设备数量和类型的激增,网络设备对弥合它们之间的差距寄予了厚望。对这些计算设备和计算需求的无处不在的访问将得到无线或有线接入网络的支持,如 WiFi、智能路由器、网关、基站等。

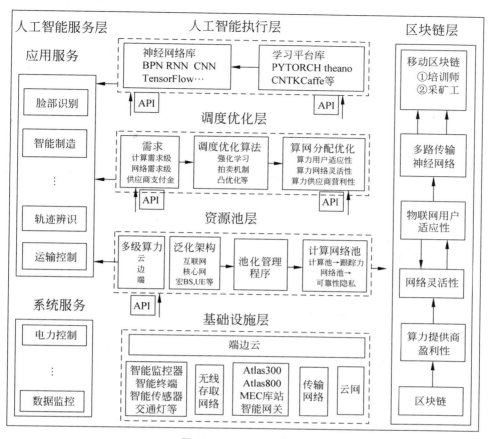

图 10.5 Net-in-AI 框图

（2）资源池层

多级计算和泛在网络在本层被提取和池化，其中池化管理程序是最重要的组件。池化管理程序一般负责感知来自基础设施层的物理计算和网络资源，同时将分散的资源分别池化并分组为计算池和网络池。由于算力是由去中心化计算提供商众筹的，计算池的可追溯使用将是一个主要问题。同时，对系统来说网络池的可靠性和隐私性也是特别必要的。

（3）调度优化层

根据系统提出的计算需求、网络需求和供应商的支付金额，这些需求被分为多个类别。由于系统中计算和网络资源的使用是激励驱动的，即按使用付费，因此支付金额类别可分为"高成本""适度成本"和"拾荒者"。分类后的需求将通过调度优化算法进行处理，如强化学习（RL）、拍卖机制、凸优化等。优化决策将在这一层进行，而优化目标是实现对人工智能计算能力用户的适应性、联网的灵活性，以及人工智算能力提供商的盈利能力。

（4）人工智能执行层

为了有效地完成人工智能服务，该框架可以通过可选和可插拔的神经网络及该层的学习执行平台实现。根据人工智能服务的要求，该框架选择合适的神经网络，如使用反向传播网络（BPN）的文本识别、使用递归神经网络（RNN）的顺序语音识别和使用卷积神经网络（CNNs）的图像识别。此外，这一层有许多学习平台，包括 TensorFlow、Caffe、PyTorch、

Theano、CNTK 等。

（5）人工智能服务层

人工智能服务分为两部分,即应用服务和系统服务。应用服务十分规范,涉及人工智能应用的诸多领域,可能包括人脸识别、智能制造、轨迹辨识、运输控制等。系统服务提供对各种物理系统的监控能力,如供电控制和数据监控等。

（6）区块链层

目前,来自端边缘云的异构、去中心化和众筹的人工智能计算能力被用户无偿使用。因此,需要一个可信的平台来支持计算能力网络中自治成员的可靠管理和保证服务可信度。在人工智能算力池中集成区块链和多级网络的框架实现了激励和智能计算网络的融合。引入以安全、透明和去中心化为特征的区块链层,作为一种有效的解决方案,以防篡改并以可追溯的方式在网络成员之间传递可信度。资源受限户可以向提供商请求计算能力,以运行移动区块链应用程序,并支持 NN 支持的多样化智能任务。实际上,任务中引用的 NN 是多路复用的。在区块链的帮助下可以循环使用算力,这为计算网络融合的可持续发展提供了强有力的支持。

10.4.2　普适人工智能算力网络的应用示例

像 YouTube 这样的短视频平台如雨后春笋般涌现,这导致了越来越多的人工智能任务,如物体识别、目标跟踪等。动作识别被认为是海量数据注释中的一项艰巨任务。以这个人工智能任务为例,展示了所提出的框架的工作流程,如图 10.6 所示。

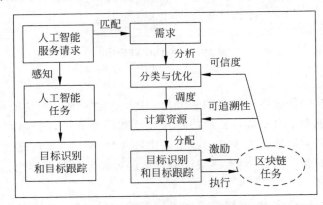

图 10.6　在 Net-in-AI 框架中执行人工智能任务的工作流程

当用户发出人工智能服务请求时,Net-in-AI（人工智能框架）感知人工智能任务的类型,例如视频的动作识别。在人工智能执行层中选择神经网络和学习平台,以满足人工智能任务的需求。然后,调度优化层对计算、联网和支付的需求进行分类,在资源池层部署用于调度计算和联网资源的优化算法。然后,将多级人工智能计算能力和泛在网络资源分配给基础设施层的计算节点,以执行特定的人工智能任务。最后,算力网络完成了人工智能任务的执行。此外,基础设施层还解决了区块链层的难题。区块链层的内在特征,如激励性、可追溯性和可信度,可以鼓励更多的基础设施加入 Net-in-AI 的网络,并保持框架以可靠和高效的方式运行。

在区块链的帮助下,为普适(泛在)人工智能提供算力网络的人工智能框架。该框架在计算能力用户的适应性、网络的灵活性及计算能力提供商的盈利能力方面具有潜在优势。实验结果证实了 Net-in-AI 的有效性。

10.5　小结

本章讨论了人工智能的算力,即计算能力,是人工智能的核心要素之一和实现人工智能的重要保障。算力是继人力、畜力、水力、热力、电力之后的一种新的先进生产力。

10.1 节讨论了人工智能算力的定义、分类和评估。目前对人工智能算力还没有统一的标准定义,简而言之可将算力理解为机器通过信息数据处理实现目标结果输出的计算能力。本节还给出了算力的衡量指标和基准单位。

按技术架构将人工智能算力分为两大类,即通用算力和专用算力。与此相应,将承担输出算力任务的芯片也分为通用芯片和专用芯片。按芯片位置分类可分为云端人工智能芯片和边缘端人工智能芯片。按算力任务分类分为人工智能训练芯片和人工智能推理芯片。

此外,本节还介绍了人工智能算力指标的评估体系和评估结果。评估体系涉及计算能力、计算效率、应用水平和基础设施支持。

10.2 节探讨了人工智能芯片的发展历史。芯片是人工智能算力的基础,芯片的发展水平是衡量人工智能算力的重要依据。按照技术进步过程可把人工智能芯片分为 CPU、GPU、CPU+GPU、专用 AI 芯片 4 个阶段。

人工智能芯片出现如下发展态势:人工智能应用领域快速发展催生超低功耗人工智能芯片、人工智能芯片将从确定算法和场景的加速芯片向通用智能芯片发展、开源芯片有望成为人工智能芯片的发展新秀、类脑芯片领域呈现异军突起之势。从人工智能芯片的发展历史和发展趋势可以看到,人工智能芯片已取得重大发展和巨大进步。

10.3 节研究了人工智能算力网络的定义、特征、基本架构、工作机制、关键技术和应用示例,是人工智能算力网络的主要内容。

算力网络是一种在云、网、边之间按需分配和灵活调度计算资源、存储资源及网络资源的新型信息基础设施。人工智能算力网络具有资源抽象、业务承诺、统一管控、弹性调度 4 个特征。

算力网络的原理架构由 CFN 节点、CFN 服务、CFN 适配器 3 个部分组成。基于算力网络原理架构给出了人工智能算力网络的工作机制。

在算力网络关键技术方面,讨论了计算与网络资源状态感知机制和计算任务调度机制等关键性技术创新。本节还提供了一个比较典型的人工智能算力网络应用示例,一种融合边缘计算的新型科研云服务架构,阐述该架构的基本功能,给出相关典型应用场景与服务能力。

10.4 节研讨了普适人工智能算力网络问题,通过在人工智能计算能力池中建立网络,提出一个普适人工智能算力网络框架,能够实现算力用户的适应性、网络的灵活性和算力提供商的盈利能力。

习题 10

10-1 人工智能算力有何定义？你是如何理解算力的？

10-2 算力在人工智能中的地位和作用是什么？

10-3 算力和电力都是生产力,试比较电力和算力的相应关系。

10-4 算力是如何衡量的？有哪些常用衡量单位？

10-5 人工智能算力与芯片是什么关系？它们是怎么分类的？

10-6 为什么需要对人工智能算力进行评估？

10-7 算力评估指标的体系是什么？评估结果如何？

10-8 试评介人工智能芯片的发展历史。

10-9 当前人工智能芯片出现怎样的发展态势？

10-10 如何定义人工智能的算力网络？试比较电网和算网的作用。

10-11 人工智能算力网络具有哪些特征？

10-12 算力网络的主要任务是什么？

10-13 人工智能算力网络的基本架构由哪些部分组成？每个部分的作用是什么？

10-14 结合插图,试介绍算力网络的工作机制或流程。

10-15 算力网络有哪些关键技术和机制？

10-16 请你在查阅文献资料的基础上,评介一个人工智能算力网络的应用实例。

10-17 与一般人工智能算力网络相比,普适人工智能算力网络有何特点？

10-18 区块链在普适人工智能算力网络中起到什么作用？

第5篇
人工智能的研究与
应用领域

第 ⑪ 章

专 家 系 统

专家系统是人工智能应用研究的主要领域,其开发与成功应用至今已经有 50 多年了。正如专家系统的先驱费根鲍姆(Feigenbaum)所说:专家系统的力量是从它处理的知识中产生的,而不是从某种形式主义及其使用的参考模式中产生的。这正符合一句名言:知识就是力量。到 20 世纪 80 年代,专家系统在全世界范围内得到迅速发展和广泛应用。进入 21 世纪以来,专家系统仍然不失为一种富有价值的智能决策和问题求解工具及人类专家的得力助手。

专家系统实质上为一计算机程序系统,能够以人类专家的水平完成特别困难的某一专业领域的任务。在设计专家系统时,知识工程师的任务就是使计算机尽可能模拟人类专家解决某些实际问题的决策和工作过程,即模仿人类专家如何运用他们的知识和经验来解决所面临问题及方法、技巧和步骤。

11.1 专家系统概述

专家系统是一个智能计算机程序系统,其内部含有大量的某个领域专家水平的知识与经验,能够利用人类专家的知识和解决问题的方法来处理该领域问题。也就是说,专家系统是一个具有大量的专门知识与经验的程序系统,它应用人工智能技术和计算机技术,根据某领域一个或多个专家提供的知识和经验,进行推理和判断,模拟人类专家的决策过程,以解决那些需要人类专家处理的复杂问题,简而言之,专家系统是一种模拟人类专家解决领域问题的计算机程序系统。

构造专家系统的一个源头是与问题相关的专家。什么是专家?专家就是对某些问题有特别突出理解的个人。专家通过经验发展有效和迅速解决问题的技能。我们的工作就是在专家系统中"克隆"这些专家。

11.1.1 专家系统的定义与特点

1. 专家系统的定义

第 1 章已经给出智能机器和人工智能的定义。在定义专家系统之前,还有必要介绍智能系统等的定义。

定义 11.1 **智能系统**(intelligent system)是一门通过计算实现智能行为的系统。简而言之,智能系统是具有智能的人工系统(artificial systems with intelligence)。

任何计算都需要某个实体(如概念或数量)和操作过程(运算步骤)。计算、操作和学习是智能系统的要素。而要进行操作,就需要适当的表示。

智能系统还可以有其他定义。

定义 11.2 从工程观点出发,把智能系统定义为一门关于生成表示、推理过程和学习策略以自动(自主)解决人类此前解决过的问题的学科。于是,智能系统是认知科学的工程对应物,而认知科学是一门哲学、语言学和心理学相结合的科学。

定义 11.3 能够驱动智能机器感知环境以实现其目标的系统叫智能系统。

专家系统也是一种智能系统。

对于专家系统也存在各种不同的定义。

定义 11.4 **专家系统**是一个智能计算机程序系统,其内部含有大量的某个领域专家水平的知识与经验,能够利用人类专家的知识和解决问题的方法来处理该领域问题。也就是说,专家系统是一个具有大量的专门知识与经验的程序系统,它应用人工智能技术和计算机技术,根据某领域一个或多个专家提供的知识和经验,进行推理和判断,模拟人类专家的决策过程,以便解决那些需要人类专家处理的复杂问题,简而言之,专家系统是一种模拟人类专家解决领域问题的计算机程序系统。

此外,还有其他一些关于专家系统的定义。这里首先给出专家系统技术先行者和开拓者、美国斯坦福大学教授费根鲍姆 1982 年对人工智能的定义。为便于读者准确理解该定义的原意,下面用英文原文给出:

定义 11.5 **Expert system** is "an intelligent computer program that uses knowledge and inference procedures to solve problems that are difficult enough to require significant human expertise for their solutions." That is, an expert system is a computer system that emulates the decision-making ability of a human expert. The term emulate means that the expert system is intended to act in all respects like a human expert.

下面是韦斯(Weiss)和库利柯夫斯基(Kulikowski)对专家系统的界定。

定义 11.6 **专家系统**使用人类专家推理的计算机模型来处理现实世界中需要专家做出解释的复杂问题,并得出与专家相同的结论。

2. 专家系统的特点

总体上,专家系统具有一些共同的特点和优点。专家系统具有下列 3 个特点:

(1) 启发性。专家系统能运用专家的知识与经验进行推理、判断和决策。世界上的大部分工作和知识都是非数学性的,只有一小部分人类活动是以数学公式或数字计算为核心的(约占 8%)。即使是化学和物理学学科,大部分也是靠推理进行思考的;对于生物学、大部分医学和全部法律,情况也是这样。企业管理的思考几乎全靠符号推理,而不是数值计算。

(2) 透明性。专家系统能够解释本身的推理过程和回答用户提出的问题,以便让用户能够了解推理过程,提高对专家系统的信赖感。例如,一个医疗诊断专家系统诊断某患者患有肺炎,而且必须用某种抗生素治疗,那么,这一专家系统将会向患者解释为什么他患有肺炎,而且必须用某种抗生素治疗,就像一位医疗专家对患者详细解释病情和治疗方案一样。

（3）灵活性。专家系统能不断地增长知识,修改原有知识,不断更新。由于这一特点,使得专家系统具有十分广泛的应用领域。

3. 专家系统的优点

近30年来,专家系统获得迅速发展,应用领域越来越广,解决实际问题的能力越来越强,这是专家系统的优良性能及对国民经济的重大作用决定的。具体地说,专家系统的优点包括下列几个方面:

（1）专家系统能够高效率、准确、周到、迅速和不知疲倦地进行工作。

（2）专家系统解决实际问题时不受周围环境的影响,也不可能遗漏忘记。

（3）可以使专家的专长不受时间和空间的限制,以便推广珍贵和稀缺的专家知识与经验。

（4）专家系统能促进各领域的发展,它使各领域专家的专业知识和经验得到总结和精炼,能够广泛有力地传播专家的知识、经验和能力。

（5）专家系统能汇集和集成多领域专家的知识和经验及他们协作解决重大问题的能力,它拥有更渊博的知识、更丰富的经验和更强的工作能力。

（6）军事专家系统的水平是一个国家国防现代化和国防能力的重要标志之一。

（7）专家系统的研制和应用,具有巨大的经济效益和社会效益。

（8）研究专家系统能够促进整个科学技术的发展。专家系统对人工智能的各个领域的发展起了很大的促进作用,并将对科技、经济、国防、教育、社会和人民生活产生极其深远的影响。

11.1.2　专家系统的结构和建造步骤

1. 专家系统的结构

专家系统的结构是指专家系统各组成部分的构造方法和组织形式。系统结构选择恰当与否,是与专家系统的适用性和有效性密切相关的。选择什么结构最为恰当,要根据系统的应用环境和所执行任务的特点而定。例如,MYCIN系统的任务是疾病诊断与解释,其问题的特点是需要较小的可能空间、可靠的数据及比较可靠的知识,这就决定了它可采用穷尽检索解空间和单链推理等较简单的控制方法和系统结构。与此不同的,HEARSAY-Ⅱ系统的任务是进行口语理解。这一任务需要检索巨大的可能解空间,数据和知识都不可靠,缺少问题的比较固定的路线,经常需要猜测才能继续推理等。这些特点决定了 HEARSAY-Ⅱ 必须采用比 MYCIN 更为复杂的系统结构。

图 11.1 表示专家系统的简化结构图。图 11.2 则为理想专家系统的结构图。由于每个专家系统所需要完成的任务和特点不相同,其系统结构也不尽相同,一般只具有图中部分模块。

接口是人与系统进行信息交流的媒介,它为用户提供了直观方便的交互作用手段。接口的功能是识别与解释用户向系统提供的命令、问题和数据等信息,并把这些信息转化为系统的内部表示形式。另一方面,接口也将系统向用户提出的问题、得出的结果和做出的解释以用户易于理解的形式提供给用户。

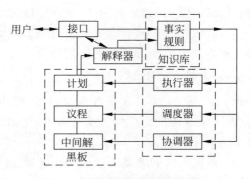

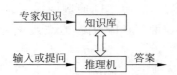

图 11.1　专家系统简化结构图　　　　图 11.2　理想专家系统结构图

黑板是用来记录系统推理过程中用到的控制信息、中间假设和中间结果的数据库。它包括计划、议程和中间解 3 部分。计划记录了当前问题总的处理计划、目标、问题的当前状态和问题背景。议程记录了一些待执行的动作,这些动作大多是由黑板中已有结果与知识库中的规则作用而得到的。中间解区域中存放当前系统已产生的结果和候选假设。

知识库包括两部分内容。一部分是已知的同当前问题有关的数据信息;另一部分是进行推理时要用到的一般知识和领域知识。这些知识大多以规则、网络和过程等形式表示。

调度器按照系统建造者所给的控制知识(通常使用优先权办法),从议程中选择一个项作为系统下一步要执行的动作。执行器应用知识库中及黑板中记录的信息,执行调度器所选定的动作。协调器的主要作用是当得到新数据或新假设时,对已得到的结果进行修正,以保持结果前后的一致性。

解释器的功能是向用户解释系统的行为,包括解释结论的正确性及系统输出其他候选解的原因。为完成这一功能,通常需要利用黑板中记录的中间结果、中间假设和知识库中的知识。

前面已指出,专家系统是一种智能计算机程序系统。那么,专家系统程序与常规的应用程序之间有何不同呢?

一般应用程序与专家系统的区别在于:前者把问题求解的知识隐含地编入程序,而后者把其应用领域的问题求解知识单独组成一个实体,即为知识库。知识库的处理是通过与知识库分开的控制策略进行的。更明确地说,一般应用程序把知识组织为两级:数据级和程序级;大多数专家系统则将知识组织成三级:数据、知识库和控制。

在数据级上,是已经解决了的特定问题的说明性知识及需要求解问题的有关事件的当前状态。在知识库级是专家系统的专门知识与经验。是否拥有大量知识是专家系统成功与否的关键,因而知识表示就成为设计专家系统的关键。在控制程序级,根据既定的控制策略和所求解问题的性质来决定应用知识库中的哪些知识。这里的控制策略是指推理方式。按照是否需要概率信息来决定采用非精确推理或精确推理。推理方式还取决于所需搜索的程度。

下面把专家系统的主要组成部分归纳于下。

(1) 知识库(knowledge base)

知识库用于存储某领域专家系统的专门知识,包括事实、可行操作与规则等。为了建立知识库,要解决知识获取和知识表示问题。知识获取涉及知识工程师(konwledge engineer)如何从专家那里获得专门知识的问题;知识表示则要解决如何用计算机能够理解的形式表达和存储知识的问题。

(2) 综合数据库(global database)

综合数据库又称全局数据库或总数据库,它用于存储领域或问题的初始数据和推理过程中得到的中间数据(信息),即被处理对象的一些当前事实。

(3) 推理机(reasoning machine)

推理机用于记忆所采用的规则和控制策略的程序,使整个专家系统能够以逻辑方式协调地工作。推理机能够根据知识进行推理和导出结论,而不是简单地搜索现成的答案。

(4) 解释器(interpreter)

解释器能够向用户解释专家系统的行为,包括解释推理结论的正确性及系统输出其他候选解的原因。

(5) 接口(interface)

接口又称界面,它能够使系统与用户进行对话,使用户能够输入必要的数据、提出问题和了解推理过程及推理结果等。系统则通过接口,要求用户回答提问,并回答用户提出的问题,进行必要的解释。

2. 专家系统的建造步骤

成功地建立系统的关键在于尽可能早地着手建立系统,从一个比较小的系统开始,逐步扩充为一个具有相当规模和日臻完善的试验系统。

建立系统的一般步骤如下:

(1) 设计初始知识库。知识库的设计是建立专家系统最重要和最艰巨的任务。初始知识库的设计包括:

(a) 问题知识化,即辨别所研究问题的实质,如要解决的任务是什么,它是如何定义的,可否把它分解为子问题或子任务,它包含哪些典型数据等;

(b) 知识概念化,即概括知识表示所需要的关键概念及其关系,如数据类型、已知条件(状态)和目标(状态)、提出的假设及控制策略等;

(c) 概念形式化,即确定用来组织知识的数据结构形式,应用人工智能中各种知识表示方法把与概念化过程有关的关键概念、子问题及信息流特性等变换为比较正式的表达,它包括假设空间、过程模型和数据特性等;

(d) 形式规则化,即编制规则,把形式化了的知识变换为由编程语言表示的可供计算机执行的语句和程序;

(e) 规则合法化,即确认规则化了的知识的合理性,检验规则的有效性。

(2) 原型机(prototype)的开发与试验。在选定知识表达方法之后,即可着手建立整个系统所需要的实验子集,它包括整个模型的典型知识,而且只涉及与试验有关的足够简单的任务和推理过程。

(3) 知识库的改进与归纳。反复对知识库及推理规则进行改进试验,归纳出更完善的结果。经过相当长时间(如数月至两三年)的努力,使系统在一定范围内达到人类专家的水平。

上述设计与建立步骤,如图 11.3 所示。

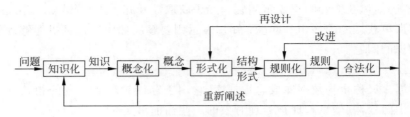

图 11.3　建立专家系统的步骤

11.2　基于规则的专家系统

本章将根据专家系统的工作机理和结构,逐一讨论基于规则的专家系统、基于框架的专家系统、基于模型的专家系统和基于 Web 的专家系统。本节介绍基于规则的专家系统。

11.2.1　基于规则的专家系统的工作模型和结构

1. 基于规则的专家系统的工作模型

产生式系统的思想比较简单,然而却十分有效。产生式系统是专家系统的基础,专家系统就是从产生式系统发展而成的。基于规则的专家系统是一个计算机程序,该程序使用一套包含在知识库内的规则对工作存储器内的具体问题信息(事实)进行处理,通过推理机推断出新的信息。其工作模型如图 11.4 所示。

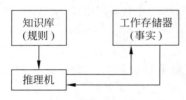

图 11.4　基于规则的工作模型

从图 11.4 可见,一个基于规则的专家系统采用下列模块来建立产生式系统的模型。

(1) 知识库。以一套规则建立人的长期存储器模型。

(2) 工作存储器。建立人的短期存储器模型,存放问题事实和由规则激发而推断出的新事实。

(3) 推理机。借助于把存放在工作存储器内的问题事实和存放在知识库内的规则结合起来,建立人的推理模型,以推断出新的信息。推理机作为产生式系统模型的推理模块,并把事实与规则的先决条件(前项)进行比较,看看哪条规则能够被激活。通过这些激活规则,推理机把结论加进工作存储器,并进行处理,直到再没有其他规则的先决条件能与工作存储器内的事实相匹配为止。

基于规则的专家系统不需要一个人类问题求解的精确匹配,而能够通过计算机提供一个复制问题求解的合理模型。

2. 基于规则的专家系统的结构

一个基于规则的专家系统的完整结构如图 11.5 所示。其中,知识库、推理机和工作存储器是构成本专家系统的核心。其他组成部分或子系统如下。

(1) 用户界面(接口)。用户通过该界面观察系统,并与系统对话(交互)。

(2) 开发(者)界面。知识工程师通过该界面对专家系统进行开发。

（3）解释器。对系统的推理提供解释。

（4）外部程序。如数据库、扩展盘和算法等，对专家系统的工作起支持作用，它们应易于为专家系统所访问和使用。

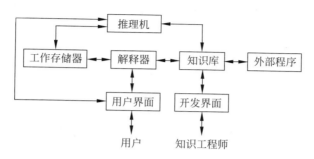

图 11.5　基于规则的专家系统的结构

所有专家系统的开发软件，包括外壳和库语言，都将为系统的用户和开发者提供不同的界面。用户可能使用简单的逐字逐句的指示或交互图示。在系统开发过程中，开发者可以采用源码方法或被引导至一个灵巧的编辑器。

解释器的性质取决于所选择的开发软件。大多数专家系统外壳（工具）只提供有限的解释能力，诸如，为什么提这些问题及如何得到某些结论。库语言方法对系统解释器有更好的控制能力。

基于规则的专家系统已有数十年的开发和应用历史，并已被证明是一种有效的技术。专家系统开发工具的灵活性可以极大地减少基于规则的专家系统的开发时间。尽管在20世纪90年代，专家系统已向面向目标的设计发展，但是基于规则的专家系统仍然继续发挥重要的作用。基于规则的专家系统具有许多优点和不足之处，在设计开发专家系统时，使开发工具与求解问题匹配是十分重要的。

11.2.2　基于规则的专家系统的特点

任何专家系统都有其优点和缺点。其优点是开发此类专家系统的理由，其缺点是改进或者创建新的专家系统来替换此类专家系统的原因。

1. 基于规则的专家系统的优点

基于规则的专家系统具有以下优点。

（1）自然表达

对于许多问题，人类用 IF-THEN 类型的语句自然地表达他们求解问题的知识。这种易于以规则形式捕获知识的优点让基于规则的方法对专家系统设计来说更具吸引力。

（2）控制与知识分离

基于规则的专家系统将知识库中包含的知识与推理机的控制相分离。这个特征不是仅对基于规则的专家系统惟一的，而是所有专家系统的标志。这个有价值的特点允许分别改变专家系统的知识或者控制。

（3）知识模块化

规则是独立的知识块。它从 IF 部分中已建立的事实逻辑地提取 THEN 部分中问题有关的事实。由于它是独立的知识块,所以易于检查和纠错。

（4）易于扩展

专家系统知识与控制的分离可以容易地添加专家系统的知识所能合理解释的规则。只要坚守所选软件的语法规定来确保规则间的逻辑关系,就可在知识库的任何地方添加新规则。

（5）智能成比例增长

甚至一个规则可以是有价值的知识块。它能从已建立的证据中告诉专家系统一些有关问题的新信息。当规则数目增大时,对于此问题专家系统的智能级别也类似地增加。

（6）相关知识的使用

专家系统只使用与问题相关的规则。基于规则的专家系统可能具有提出大量问题议题的大量规则。但专家系统能在已发现的信息基础上决定哪些规则是用来解决当前问题的。

（7）从严格语法获取解释

由于问题求解模型与工作存储器中的各种事实匹配的规则,所以经常提供决定如何将信息放入工作存储器的机会。因为通过使用依赖于其他事实的规则可能已经放置了信息,所以可以跟踪所用的规则来得出信息。

（8）一致性检查

规则的严格结构允许专家系统进行一致性检查,来确保相同的情况不会做出不同的行为。许多专家系统的壳能够利用规则的严格结构自动检查规则的一致性,并警告开发者可能存在冲突。

（9）启发性知识的使用

人类专家的典型优点就是他们在使用"拇指法则"或者启发信息方面特别熟练,来帮助他们高效地解决问题。这些启发信息是经验提炼的"贸易窍门",对他们来说这些启发信息比课堂上学到的基本原理更重要。可以编写一般情况的启发性规则,得出结论或者高效地控制知识库的搜索。

（10）不确定知识的使用

对许多问题而言,可用信息将仅仅建立一些议题的信任级别,而不是完全确定的断言。规则易于写成要求不确定关系的形式。

（11）可以合用变量

规则可以使用变量改进专家系统的效率。这些可以限制为工作存储器中的许多实例,并通过规则测试。一般而言,通过使用变量能够编写适用于大量相似对象的一般规则。

2. 基于规则的专家系统的缺点

基于规则的专家系统具有以下缺点。

（1）必须精确匹配

基于规则的专家系统试图将可用规则的前部与工作存储器中的事实相匹配。要使这个过程有效,这个匹配必须是精确的,反过来必须严格坚持一致的编码。

（2）有不清楚的规则关系

尽管单个规则易于解释,但通过推理链常常很难判定这些规则是怎样逻辑相关的。因为这些规则能放在知识库中的任何地方,而规则的数目可能是很大的,所以很难找到并跟踪这些相关的规则。

（3）可能比较慢

具有大量规则的专家系统可能比较慢。之所以发生这种困难，是因为当推理机决定要用哪个规则时必须扫描整个规则集。这就可能导致较长的处理时间，这对实时专家系统是有害的。

（4）对一些问题不适用

当规则没有高效地或自然地捕获领域知识的表示时，基于规则的专家系统对有些领域可能不适用。知识工程师的任务就是选择最合适于问题的表示技术。

11.3 基于模型的专家系统

11.2 节讨论的基于规则的专家系统是以逻辑心理模型为基础的，是采用规则逻辑，并以逻辑作为描述启发式知识的工具而建立的计算机程序系统。综合各种模型的专家系统无论在知识表示、知识获取还是知识应用上都比那些基于逻辑心理模型的系统具有更强的功能，从而有可能显著改进专家系统的设计。本节介绍基于模型的专家系统。

11.3.1 基于模型的专家系统的提出

对人工智能的研究内容有着各种不同的看法。有一种观点认为：人工智能是对各种定性模型（物理的、感知的、认识的和社会的系统模型）的获得、表达及使用的计算方法进行研究的学问。根据这一观点，一个知识系统中的知识库是由各种模型综合而成的，而这些模型又往往是定性的模型。由于模型的建立与知识密切相关，所以有关模型的获取、表达及使用自然地包括了知识获取、知识表达和知识使用。所说的模型概括了定性的物理模型和心理模型等。以这样的观点来看待专家系统的设计，可以认为一个专家系统是由一些原理与运行方式不同的模型综合而成的。

采用各种定性模型来设计专家系统，其优点是显而易见的。一方面，它增加了系统的功能，提高了性能指标；另一方面，可独立地深入研究各种模型及其相关问题，把获得的结果用于改进系统设计。PESS(purity expert system)是一个利用四种模型的专家系统开发工具。这四种模型为：基于逻辑的心理模型、神经元网络模型、定性物理模型及可视知识模型。这四种模型不是孤立的，PESS 支持用户将这些模型进行综合使用。基于这些观点，已完成了以神经网络为基础的核反应堆故障诊断专家系统及中医医疗诊断专家系统，为克服专家系统中知识获取这一瓶颈问题提供一种解决途径。定性物理模型则提供了对深层知识及推理的描述功能，从而提高了系统的问题求解与解释能力。至于可视知识模型，既可有效地利用视觉知识，又可在系统中利用图形来表达人类知识，并完成人机交互任务。

在诸多模型中，人工神经网络模型的应用最为广泛。早在 1988 年，就有人把神经网络应用于专家系统，使传统的专家系统得到发展。

11.3.2 基于神经网络的专家系统

神经网络模型从知识表示、推理机制到控制方式，都与目前专家系统中的基于逻辑的心理模型有本质的区别。知识从显式表示变为隐式表示，这种知识不是通过人的加工转换成规则,而是通过学习算法自动获取的。推理机制从检索和验证过程变为网络上隐含模式对输入的竞争。这种竞争是并行的和针对特定特征的,并把特定论域输入模式中的各个抽象概念转化为神经网络的输入数据,以及根据论域特点适当地解释神经网络的输出数据。

如何将神经网络模型与基于逻辑的心理模型相结合是值得进一步研究的课题。从人类求解问题来看,知识存储与低层信息处理是并行分布的,高层信息处理则是顺序的。演绎与归纳是不可少的逻辑推理,两者结合起来能够更好地表现人类的智能行为。从综合两种模型的专家系统的设计来看,知识库由一些知识元构成,知识元可为一神经网络模块,也可以是一组规则或框架的逻辑模块。只要对神经网络的输入转换规则和输出解释规则给予形式化表达,使之与外界接口及系统所用的知识表达结构相似,则传统的推理机制和调度机制都可以直接应用到专家系统中去,神经网络与传统专家系统集成,协同工作,优势互补。根据侧重点不同,其集成有三种模式。

(1) 神经网络支持专家系统。以传统的专家系统为主,以神经网络的有关技术为辅。例如,对专家提供的知识和样例,通过神经网络自动获取知识;又如运用神经网络的并行推理技术以提高推理效率。

(2) 专家系统支持神经网络。以神经网络的有关技术为核心,建立相应领域的专家系统,采用专家系统的相关技术完成解释等方面的工作。

(3) 协同式的神经网络专家系统。针对大的复杂问题,将其分解为若干子问题,针对每个子问题的特点,选择用神经网络或专家系统加以实现,在神经网络和专家系统之间建立一种耦合关系。

图 11.6 表示一种神经网络专家系统的基本结构。其中,自动获取模块输入、组织并存储专家提供的学习实例、选定神经网络的结构、调用神经网络的学习算法,为知识库实现知识获取。当新的学习实例输入后,知识获取模块通过对新实例的学习,自动获得新的网络权值分布,从而更新了知识库。

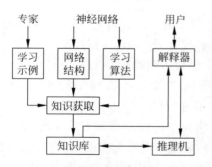

图 11.6　神经网络专家系统的基本结构

下面讨论神经网络专家系统的几个问题。

(1) 神经网络的知识表示是一种隐式表示,是把某个问题领域的若干知识彼此关联地表示在一个神经网络中。对于组合式专家系统,同时采用知识的显式表示和隐式表示。

(2) 神经网络通过实例学习实现知识自动获取。领域专家提供学习实例及其期望解,神经网络学习算法不断修改网络的权值分布。经过学习纠错而达到稳定权值分布的神经网络,就是神经网络专家系统的知识库。

(3) 神经网络的推理是正向非线性数值计算过程,同时也是一种并行推理机制。由于神经网络各输出节点的输出是数值,因而需要一个解释器对输出模式进行解释。

(4) 一个神经网络专家系统可用加权有向图表示,或用邻接权矩阵表示,因此,可把同一知识领域的几个独立的专家系统组合成更大的神经网络专家系统,只要把各个子系统间有连接关系的节点连接起来即可。组合神经网络专家系统能够提供更多的学习实例,经过学习训练能够获得更可靠更丰富的知识库。与此相反,若把几个基于规则的专家系统组合成更大的专家系统,由于各知识库中的规则是各自确定的,因而组合知识库中的规则冗余度和不一致性都较大。也就是说,各子系统的规则越多,组合的大系统知识库越不可靠。

11.4　基于 Web 的专家系统

随着互联网技术的发展,Web 逐步成为大多数软件用户的交互接口,软件逐步走向网络化,体现为 Web 服务。专家系统的发展也离不开这个趋势,专家系统的用户界面已逐步向 Web 靠拢,专家系统的知识库和推理机也都逐步和 Web 接口交互起来。Web 已成为专家系统一个新的重要特征。

11.4.1　基于 Web 的专家系统的结构

基于 Web 的专家系统是集成传统专家系统和 Web 数据交互的新型技术。这种组合技术可简化复杂决策分析方法的应用,通过内部网将解决方案递送到工作人员手中,或通过 Web 将解决方案递送到客户和供应商手中。

传统的专家系统主要面向人与单机进行交互,最多通过客户端/服务器网络结构在局域网内进行交互。基于 Web 的专家系统将人机交互定位在互联网层次,专家、知识工程师和普通用户通过浏览器可访问专家系统应用服务器,将问题传递给 Web 推理机,然后 Web 推理机通过后台数据库服务器对数据库和知识库进行存取,推导出一些结论,然后将这些结论告诉用户。基于 Web 的专家系统的简单结构如图 11.7 所示,主要分为 3 个层次:浏览器、应用逻辑层和数据库层,这种结构符合 3 层网络结构。

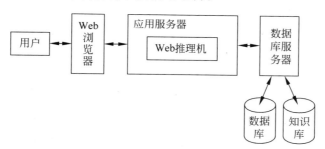

图 11.7　基于 Web 的专家系统的结构

根据这种基本的基于 Web 的专家系统结构,可以设计多种多样的基于 Web 的专家系统及其工具。下面举两个典型的结构配置加以说明。

1. 基于 Web 的飞机故障远程诊断专家系统的结构

在航空机务部门,对飞机故障的诊断,传统的方法是根据故障现象,由现场的机务人员进行故障分析、判断,然后采取相应的措施。对于现场处理不了的技术难题,往往要请教相关的技术人员或外地的有关专家,而联系专家的过程既影响了对故障的及时处理,有时还会给部门造成巨大的损失。互联网技术的发展为这类问题的解决提供了新的途径,下面介绍一种针对某型号飞机,将互联网技术与故障诊断技术有机结合实现的基于 Web 的飞机故障远程诊断专家系统。该系统充分利用老"机务"、老专家丰富的维护经验,为机务部门提供方便、快捷的故障远程诊断方案,提高部门的工作能力和效率。

远程诊断专家系统主要由三大部分组成:基于知识库的服务器端诊断专家系统、基于Web浏览器的诊断咨询系统、专家知识库的维护管理系统。其系统核心是基于知识库的专家系统,它既具有数据库管理和演绎能力,又提供专家推理判断等智能模块。为提高数据传输效率和结构灵活性,系统采用浏览器/Web/服务器三层体系结构,用户通过浏览器向Web服务器发送飞机故障现象、咨询请求等,服务器端的专家系统收到浏览器传来的请求信息后,调用知识库,运行推理模块进行推理判断,最后将产生的故障诊断结果显示在浏览器上,实现远程诊断的功能。故障诊断的核心是专家系统,而专家系统设计的关键是知识库的设计。通常知识库的存储采用链表形式。知识库的扩充、删除、修改操作实质上是插入、删除和修改链表的一个节点。与链表相比,用源语言DBMS(数据库管理系统)管理知识库,库结构的设计更简单快捷,对知识库的操作也方便可靠。综合分析目前众多的数据库产品,选择MS SQL Server 2000作为专家系统的数据库管理系统,它不但是一个高性能的多用户数据库系统,而且提供Web支持,具有数据容错、完整性检查和安全保密等功能,可实现网络环境下数据间的互操作。故障诊断专家系统主要由知识库(规则、事实)、推理机、解释器和Web接口组成,如图11.8所示。

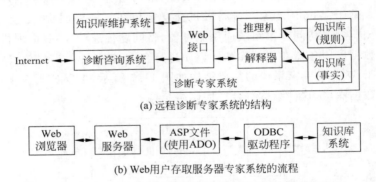

(a) 远程诊断专家系统的结构

(b) Web用户存取服务器专家系统的流程

图 11.8　基于 Web 的飞机故障远程诊断专家系统的结构

专家系统的知识库由规则库和事实库组成。规则库中存放产生式规则的集合;事实库中存放事实的集合,包括输入的事实或中间结果(事实)和最后推理所得的一些事实。目前,专家系统和数据库的结合主要采用系统耦合——"强耦合"和"弱耦合"来实现。强耦合指DBMS既管理规则库又管理事实库,采用这种方法系统设计的复杂程度较高;弱耦合则是将专家系统和DBMS作为两个独立的子系统结合起来,它们分别管理规则库和事实库。

为了提高系统的可理解性、可测性、可靠性和可维护性,该专家系统的构建采用弱耦合方式,对规则库和事实库分别进行管理。

推理机是用于记忆所用规则和控制系统运行的程序,使整个专家系统能够以逻辑方式协调工作,其推理方法的选择对整个专家系统的性能将产生很大影响。

常用的推理方法主要有三种:正向推理、逆向推理、正逆向混合推理。本系统主要采用正向推理,首先验证提交的诊断请求的正确性,然后根据诊断请求读取规则库中相应的规则,搜索事实库中已知的事实表,找到与请求条件相匹配的事实。

解释器向用户解释专家系统的行为,包括解释推理的正确性及系统输出其他候选的原因等。推理机、解释器由 ASP 技术编程实现,与知识库之间的接口通过 ODBC 实现。

2. 基于 Web 的拖网绞机专家系统的结构

基于 Web 的拖网绞机专家系统采用基于 C/S 的网络结构模型,从总体功能来看,各客户端都只能完成整个拖网绞机专家系统中的部分功能,各客户端之间相互协同工作来完成全局的系统设计。通过网络将分布于各地的多个客户端相互连接起来,并与 Web 服务器相连,再通过 Web 服务器与数据库服务器相连,其系统结构如图 11.9 所示。

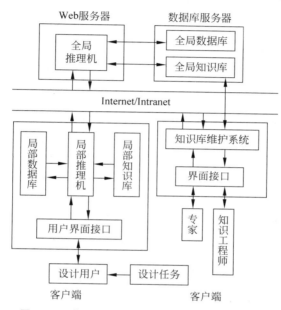

图 11.9 基于 Web 的拖网绞机专家系统的结构

在系统中,Web 服务器处于核心地位,它通过网络向客户端发布设计信息、任务及最新的进展,同时接收来自各客户端的信息。这样,通过 Web 服务器,就可以在分散的设计者之间建立有效的沟通渠道。另外,通过 Web 服务器还可与数据库服务器建立联系,从而实现对知识库的管理和利用,实现对各种数据库的管理和调用,实现对透明协作平台的管理以达到异地之间的透明协作。

在客户端,设计者以客户端的方式通过网络与服务器连接,了解最新的设计信息,向服务器传递自己的成果,参加各种非实时的协作,并利用透明设计平台进行客户端之间的并行协作设计。而且各客户端间也可通过透明协作平台建立点对点的连接,可以减少协作任务的规模,减轻服务器端协作管理的负担,从而提高协同工作的效率。

该系统中,服务器是一个复杂的系统,协作任务的协调、管理和技术支持都通过服务器实现,它是整个系统正常运作的中心;客户端的配置则比较简单,只要安装浏览器和相应的软件即可,用户可以自由选择参加协作的方式和时间。对于整个系统来讲,在服务器的管理和协调下,用户可随时加入与退出,这样保证了客户之间协作的实时性和可靠性,也保证了系统的灵活性和开放性。

11.4.2　基于 Web 的专家系统的实例

本节介绍两个基于 Web 的专家系统的实例,包括前面提到的基于 Web 的飞机故障远程诊断专家系统、基于 Web 的拖网绞机专家系统。

1. 基于 Web 的飞机故障远程诊断专家系统

基于 Web 的飞机故障远程诊断专家系统的设计涉及内容较多,既有数据库技术、人工智能技术、Web 技术,同时还要结合飞机故障诊断技术,是一个跨学科、多分支的综合信息系统。目前已经针对某种型号的飞机建立了一个原型系统,可以实现对常见故障的远程诊断。不过,还有很多艰苦细致的工作要做,如知识库的更新与完善、智能性的进一步提高、诊断速度的加快等。只有不断提高整个系统的总体性能,才能使之更加实用,更好地为部门服务。

前面介绍了基于 Web 的飞机故障远程诊断专家系统的功能和结构,下面讨论该系统的实现,首先是其诊断咨询系统的实现。

(1) 诊断咨询系统的实现

为了用户能方便、快捷地使用专家诊断系统,面向用户的应用程序在设计中必须基于浏览器/服务器(B/S)模式,使用户可以通过浏览器快速实现专家咨询,及时排除故障。用户页面设计成 HTML 格式,利用动态交互、动态生成及 ActiveX 控件技术,并内嵌 ASP 程序,实现与远程服务器专家系统的连接。

要实现 Web 同专家系统的连接,可采用的技术很多,有 CGI(common gateway interface)、ISAP、Java applet、ASP(active server page)及 PHP(personal home page)等,综合分析各种技术的特点,选择 ASP 技术来实现 Web 与专家系统的接口编程。

ASP 是微软 Web 服务器端的一个开发环境,它运行在微软的 IIS(internet information server/Windows NT)或 PWS(personal web server/Windows 95/98)下。ASP 内置在 HTML 文件中,它采用 JavaScript 或 VBScript 脚本语言书写,提供应用程序对象、会话对象、请求对象、响应对象、服务器对象等,利用这些对象可以从浏览器中接收和发送信息,提供了数据访问组件(ADO)、文件访问组件、AD 转换组件、内容连接组件等。通过 ADO (active data object)组件与数据库交互,可以实现与任何 ODBC 兼容数据库或 OLE DB 数据源的高性能连接。ADO 允许网络开发者方便地将数据库与一个“激活”的网页相连,以便存取与操作数据。由于 ASP 应用程序是运行在服务器端的,而不是在浏览器上的,因此实现了 ASP 与浏览器的无关性,提高了数据处理的效率。

Web 用户存取远程专家系统的具体实现过程如下。

① 用户端借助浏览器页面填写飞机故障现象表单,指定 URL,通过 HTTP 通信协议从 Web 服务器下载指定的 ASP 文件。

② Web 服务器判断 ASP 文件中是否含有脚本程序(JavaScript 或 VBScript),若有,则执行相应的程序(推理机)。对于那些不是脚本的部分则直接传给浏览器。

③ 若脚本程序使用了 ADO 对象,则 Web 服务器会根据 ADO 对象所设置的参数来启动对应的 ODBC 驱动程序,然后利用 ADO 对象访问专家知识库。

④ 根据推理匹配结果,由脚本程序利用 ASP 所做的输出对象生成 Web 页面,从 Web

服务器传递给客户端浏览器,从而实现飞机故障的远程诊断。

（2）知识库的管理与维护

由于知识库在整个专家系统中占据至关重要的地位,其自身的优劣将直接影响诊断结果的质量,因此对知识库的管理与维护具有重要的意义。在整个运行过程中,知识库系统应始终保持产生式规则的一致性、事实数据的准确性和完整性。

知识库主要来源于领域专家及以往的事件记录,因此需要大量的数据收集、分析、加工、整理工作,而且要对这些数据进行结构化、规范化。为此,对各种故障现象进行了分类、标引,并建立了关键词,以便对数据进行处理和检索。

在收集、分析、整理原始数据的基础上,根据数据结构设计规范,在 SQL Server 系统中建立数据库系统的主表,同时确定各种数据之间的关联关系,集中录入大量的原始数据,构筑系统的基本信息库。

为了方便使用,实现维护操作的简易可靠,提高软件的重用性,对知识库的管理与维护也采用 B/S 模式,嵌入 ASP/ADO 技术,充分利用 SQL Server 的数据库管理功能,提供对库内容的增、删、改等操作,及时更新知识库,充分保证系统数据的正确性、完整性和一致性。

2. 基于 Web 的拖网绞机专家系统

基于 Web 的拖网绞机专家系统采用实例的方法,把设计知识存储于设计实例中。

（1）知识表示和知识库

一个完整的实例一般包含以下三方面信息:问题的初始条件、问题求解的目标、解决方案。但由于设计类问题一般比较复杂,很难用单个实例表达诸方面的信息,即使能表示,在操作上也难以实现。考虑到设计过程中不仅要描述设计对象结构组成的描述性知识,而且要表达由专家经验组成的规则知识和设计中的一些判断决策等过程性知识。为了能较好地解决在设计过程中的静态和动态问题,对于每一实例均采用框架和产生式规则表示,用框架结构表示拖网绞机及各部件的结构组成,用产生式规则控制设计过程及相互之间的约束关系。

知识的集合构成知识库,它由客户端的局部知识库和服务器端的全局知识库两部分组成。局部知识库是各客户端自用的知识和数据,主要包含各类拖网绞机特有的子实例、各种特有的设计规则、设计技术要求与规范和各自的参数等。全局知识库包括原有各类拖网绞机实例和设计过程中产生的新实例及检索这些实例时所需要的规则和求解策略,这类知识将作为公用,通过网络传到服务器,供各客户端扩展设计或处于交叉点设计时检索用。

其中实例库的建立是知识库的重点。为了与设计问题对应,采用分层分解方法将拖网绞机设计实例逐层分解,将复杂的拖网绞机实例表示成子实例的集合,组织成较为复杂的层次关系,从而构成一个完整而复杂的拖网绞机实例库。但是,当产品分解到零部件时将出现产品的所有变型序列,若要为每一零部件都建一实例库,将导致实例库数目庞大,显然管理和检索过程将变得复杂,因而采用逐层分解的数据表格的形式建立其子实例库。子实例库的数据结构分两类:一是同级间的子实例为不相容关系时,应分别建立子实例库,即应在不同的数据库中建立子实例库;二是同级间的子实例为相容关系时,应建立在同一子实例库中。不过,在两种子实例库中,均须有父实例和子实例字段,以保证链接的正确性。

为了减少实例库的数量和便于检索,采用主关联数据库、次关联数据库及子实例相结合的逐层(分层)分解方式。主关联数据库主要用于存储各种类型拖网绞机公有的主要结构属性,并建立和次关联数据库与子实例库之间的链接。对于某类拖网绞机特有的结构部分,相关的部件和零件间的信息应建立次关联数据库与子实例库。通过主关联数据库来确定拖网绞机的结构形式、拓扑结构及其各组成装置间的关系;通过次关联数据库建立部件、子部件间及零件间的关系。子实例库是子部件与零件及各组成机构的构件或零件的组合。

(2) 推理机

推理机由局部推理机和全局推理机组成。局部推理机是客户端子系统的核心,主要负责从用户接受任务,进行本地求解或向服务器请求,并把结果送给用户等。全局推理机是整个系统的核心,主要负责从客户端接受请求,利用数据库服务器进行全局求解,并把结果送给客户及对用户之间协调、全局信息的发布等。推理机的求解策略以基于实例推理为主,辅以基于规则推理。

① 基于实例推理

基于实例推理(CBR)是一种类比推理方法,其思想是用过去成功的实例和经验来解决当前问题,具有良好的自学习功能,较好地解决了知识获取的"瓶颈"问题。该法比较适合于经验积累较为丰富的问题领域,尤其是对于难以形成规则的不完整领域理论问题的求解和产品的变型设计。

对于拖网绞机的设计,很大程度上是属于变型设计。设计时需要以已存在的大量设计经验和实例为基础,通过改进已有的设计实例来适应新的设计要求;同时在设计过程中,又需要有丰富的设计领域知识,贯穿于整个设计过程。所以拖网绞机设计中采用基于实例的推理,先根据给定的原始设计条件和要求,采用类比的方式检索以往的设计经验和实例。经过归纳总结后,发现相似和不相似的地方,对不相似的地方进行改进设计。

设计的实现分为问题描述、实例检索、实例改写、实例存储4个步骤。其中实例检索时首先检索本地实例库中的实例,若检索到的最佳相似实例的相似度小于系统规定的某一阈值,则通过服务器检索公用实例库中的实例,并返回实例结果及相似度。经过检索得到拖网绞机相似实例组,一般只能近似满足当前新的设计任务和要求,因此,必须对求得的最佳相似实例进行适当的改写或重组。实例改写先改写本地实例库中的实例,后改写通过 Web 服务器进行协调分配后其他客户端的实例。两者最终优化作为设计结果,并将改写后的实例作为新的实例存储到全局实例库中。

② 基于规则的推理

基于规则的推理(RBR),又称产生式系统,是基于产生式知识表示方法的一种推理策略,是目前专家系统和人工智能研究领域中应用最为普遍的一种方法。该方法具有模块性强、清晰性好、易于理解等优点,且易于表达专家的启发性知识。在这种推理机制中,所有知识都表示成一条条规则,每条规则都由条件和动作两部分组成,其结构形式为:IF(条件),THEN(动作,结论),即条件→动作→结论。每条规则互相独立,只能依靠上下文来传递信息。

考虑到在设计过程中,既存在着类比设计过程,又存在着演绎推理过程。对于拖网绞机的设计,又有较丰富的专业领域知识和长期的设计经验,而表达启发性知识和各种专家经验,用产生式规则表示比较好。本系统引入了基于规则的推理,主要用于系统设计流程的控制和对检索到的不满足设计要求的相似实例进行改写。

（3）实例检索

基于实例的推理的关键技术是实例检索。实例检索时，许多实例属性属于定性属性。对于定性属性的实例检索，本系统采用了推理效率较高的 ID3 算法。该算法是由训练集建立判别树，从而对任意实例判定它是正例或反例的一种递归算法。由于它比较简单且效率较高，因而广泛用于机器学习。实例检索示例如下。

输入设计条件为：船型为远洋渔船；渔船尺度为 100m；渔船吨位为 600 000kg；主机功率为 100hp(英马力)[①]；作业形式为远洋拖网；绞机类型为单卷筒拖网绞机；卷筒负载为 90kN；公称速度为 0.1m/s；绳索直径为 15mm；绳索长度为 300m；作业海域为公海；风浪等级为 8 级以上。

（4）回溯策略

在基于规则推理的拖网绞机修正设计流程中，回溯点的确定先由推理机根据相关性引导回溯策略产生，然后采用人工干预的方式处理，以便根据具体问题进行具体分析。在回溯时，只考虑那些引起失败的假设，而忽略其他无关的决策，描述如下：

如果存在事实 A；

由假设 C→事实 D；

由 A 和 D→结论 F；

则认为(A,C)是 F 的相关论据，结果 F 不满足要求，则将根据 F 的相关性论据(A,C)重新考虑 A 和 C。A 为设计者决定不可改变，C 是产生的假设，所以回溯到 C 重新提出假设。

回溯点确定后，实例改写的具体工作由基于规则的推理机去完成，可以避免人类重复工作，也便于发挥领域知识和专家经验的特长；对改写结果的分析，涉及新的具体设计要求问题，特别是一些隐含约束问题，这些由人工处理较为合适。若上述修正设计过程失败，未能满足当前的主要设计任务和要求，则通过网络借助于 Web 服务器将未能满足要求的设计部分向其他客户端发出设计请求，和其他用户共同完成设计。

（5）Web 数据库访问

目前 Web 数据库访问技术主要有 CGI，API，JDBC，ASP 等几种方式。通过分析，本系统采用 ASP 技术实现对数据库访问。ASP 与数据库的连接通过 ADO(ActiveX Data Objects)组件来实现。ADO 是一组优化的访问数据库专用对象集，为 ASP 提供了完整的站点数据库访问方案。ADO 使用内置的 RecordSet 对象作为数据的主要接口，使用 VB Script 或 JavaScript 语言来控制对数据库的访问及查询结果的输出显示。其过程如下。

首先，在服务器上设置 DSN，通过 DSN 指向 ODBC 数据库。然后使用"Server. CreatObject"建立连接对象，并用"Open"打开待查询的数据库，例如拖网绞机公用实例库。命令格式如下：

```
Set Conn＝Server.CreatObject(ADODB.Connection)
Conn.open 拖网绞机公用实例库
```

在与数据库建立了连接之后，就可以设定 SQL 命令。用"Execute"开始执行拖网绞机公用实例库查询，并将查询结果存储到 RecordSet 对象 RS。命令格式如下：

---

① 1hp＝0.7457kW。

Set RS＝Conn. Execute(SQL 命令)

其中,SQL 命令中的查询条件从 HTML 的 Form 表单中由用户的输入决定。当定义了 RS 结果集对象之后,就可以用 RecordSet 对象命令,对查询结果进行控制,实现查询结果的输出显示。

11.5 智慧医疗诊断系统

人工智能已在各个产业领域获得成功应用,为经济发展、社会进步和人民生活做出重要贡献。其中,智慧医疗就是一个蓬勃发展的领域。

早在 50 年前,MYCIN 医疗专家系统就成功地用于抗生素药物治疗,在中国也开发出关幼波肝炎治疗等医疗专家系统。这些医疗专家系统是现在智慧医疗系统的"老前辈",而当代智慧医疗系统的功能已远超传统医疗专家系统。将智慧医疗系统放在"专家系统"这一章加以讨论,就是基于它们的某些共性和继承性。

11.5.1 智慧医疗诊断系统与专家系统

决策和诊断具有密切关系。实际上,诊断,如设备和系统故障诊断、人体疾病诊断、重大事故诊断等,也是一种决策。因此,本节首先讨论决策和决策系统的定义与组成,然后介绍人工智能在临床医疗中的应用。

1. 决策系统的定义

定义 11.7　决策系统(decision-making system,DMS)

决策系统是一个允许用户存取他们决策所需要的适当信息的计算机信息系统,这些信息应是集成的、相容的和相关的,以指导其行动与其策略协调。决策系统的适当性(appropriateness)是建立在大量数据的质量和掌握数据供给过程的基础上的。

决策系统由 3 个部分组成,如图 11.10 所示。

(1) 数据供给(数据提取、检验、转换和下载等);

(2) 信息存储(信息过滤、历史跟踪和信息集成等);

(3) 信息报告(包括关键指示器、多维分析和询问等)、信息分配(涉及互联网、决策入口等)及信息使用(信息模拟、统计和数据挖掘等)。

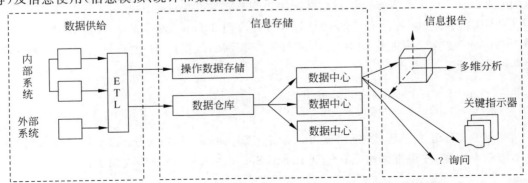

图 11.10　决策系统的组成

决策系统的另一种定义如下：

定义 11.8　决策系统

决策系统是一种联机实时系统，它能够根据预先建立的判定规则或模拟模型为用户的各种请求寻找最佳的实施方案。

智能决策支持系统（intelligent decision support systems，IDSS）是智能决策系统的一个重要的有代表性的研究领域，也是人工智能的又一个重要研究与应用领域。一方面，决策支持系统（decision support systems，DSS）进一步向智能决策支持系统发展需要人工智能基本原理的指导，并采用人工智能的各种技术；另一方面，决策支持系统的发展又为人工智能的进一步发展带来了新的机遇，产生了新的推动力，并提供了一个很好的试验和应用场所。也就是说，人工智能想在决策支持系统上找到新的应用，并使问题求解、搜索规划、知识表示与管理、搜索推理和智能系统等方面的基本理论得到进一步发展与应用。

定义 11.9　广义定义　DSS 是一种辅助决策过程的计算机系统（Finlay，1994）。

定义 11.10　精确定义　DSS 是一种应用支持决策方法的交互的、灵活的和适应的计算机信息系统，特别开发用于支持非结构管理问题的解决方案以改进决策，并且应用数据、提供友好界面和结合决策者自身的见识（Turban，1995）。

决策支持系统通常使用模型，并通过交互的和递归的过程来建立。它可为单一用户使用，也可以为基于 Web 的不同地点的许多用户所共用。

2. 决策系统的组成

决策支持系统的应用方案可由图 11.11 所示的子系统组成，包括数据管理子系统、模型管理子系统、知识管理子系统和用户界面子系统。

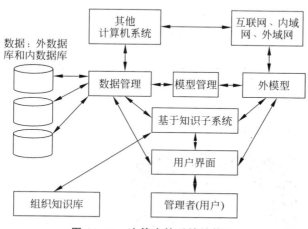

图 11.11　决策支持系统结构图

（1）数据管理子系统：一个含有相关状况数据的数据库，并由数据库管理系统进行管理。本子系统能够与数据仓库互连。

（2）模型管理子系统：一个包括财政、统计、管理学或其他定量模型的软件包，为系统提供分析能力和相应的软件管理，还包括建立用户模型所用的建模语言。往往称这种软件为模型库管理系统。本子系统可连接至共用的或外部模型存储器。

（3）知识管理子系统：能够支持其他子系统或作为一个独立单元工作。它向决策者提供智能以提高决策者的决策能力。该子系统可与组织知识库互连。

（4）用户界面子系统：通过本子系统，用户与 DSS 进行通信，并获得 DSS 的指令。

这些子系统构成 DSS 的应用系统，并可连接至公共的互连网、内域网或外域网。图 11.11 提供了对 DSS 一般结构的基本了解。

智能决策和决策支持系统已在所有知识领域得到应用。本书第 6 章～第 9 章将分别对智能数据融合、智能态势评估、资源智能规划、基于 Web 的决策支持系统等加以分析与讨论。在市场预测和商业管理、医院医疗诊断、政府行政战略和军事指挥等领域，决策系统和决策支持系统也大有用武之地。

11.5.2　智慧医疗诊断系统的一般架构和流程

智慧医疗诊断系统是典型的智慧医疗系统，也是人工智能研究和应用的重要领域和发展热点。现以智慧医疗影像处理为例，讨论智慧医疗诊断系统的一般架构和流程。

医疗影像深度学习处理系统和流程一般由 3 部分组成：①数据输入；②神经网络训练；③输出结果，如图 11.12 所示。

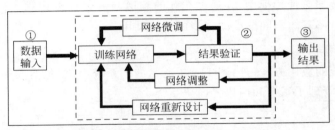

图 11.12　医疗影像深度学习处理系统流程

以骨龄检测为例，输入数据为带标签的骨龄检测医学影像样本集，如图 11.13 和表 11.1所示；神经网络训练为端对端深度神经网络 BoNet 训练，如图 11.14 所示；输出为骨龄检测结果，如图 11.15 所示。

① 数据输入：带标签的眼底医学影像样本集

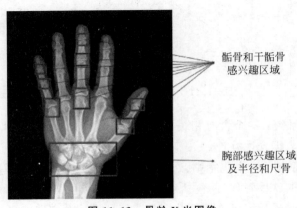

骺骨和干骺骨
感兴趣区域

腕部感兴趣区域
及半径和尺骨

图 11.13　骨龄 X 光图像

表 11.1 骨龄数据

年龄	性别和种族							
	男				女			
	A	B	C	H	A	B	C	H
0	2	5	3	4	1	4	3	1
1	5	5	5	5	5	5	5	5
2	5	5	5	5	5	5	5	5
3	5	5	5	5	5	5	5	5
4	5	5	5	5	5	5	5	5
5	9	9	10	9	8	9	7	10
6	6	7	8	9	6	9	7	10
7	7	9	9	10	7	9	8	10
8	5	10	10	10	9	11	9	9
9	7	10	7	10	7	9	8	10
10	14	15	11	12	15	12	12	14
11	15	15	14	14	12	10	13	15
12	15	15	13	15	14	15	15	15
13	15	15	12	15	15	15	13	15
14	12	14	10	14	13	12	11	14
15	10	10	10	10	10	10	10	10
16	10	10	10	10	10	10	10	10
17	10	10	10	10	10	10	10	10
18	10	10	10	10	10	10	10	10
总计	168	184	167	182	167	175	166	183
	700				691			
	1391							

② BoNet：端对端深度神经网络 BoNet 训练

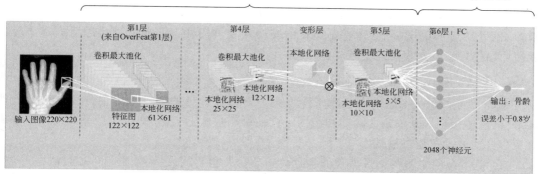

图 11.14 端对端深度神经网络训练

③ 骨龄检测输出结果

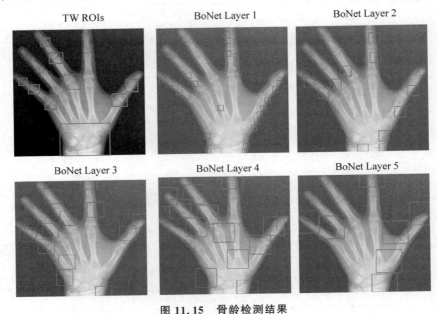

图 11.15　骨龄检测结果

11.5.3　智慧医疗诊断系统示例

下面以自兴智慧医疗科技有限公司研发并于最近投放市场的人类染色体智能辅助诊断系统为例,讨论智慧医疗诊断系统的架构、关键技术、核心功能和应用概况。

1. 系统架构

人类染色体智能辅助诊断系统 AICKS 由智能扫描仪、云端数据分析和数据存储服务及前端交互三大模块构成,如图 11.16 所示。

染色体智能扫描仪可支持高、低通量模块化自由切换,可实现切片的自动取放与扫描,染色体分裂相的智能查找、定位、分级、对焦与拍摄,输出高质量染色体中期图像,用于后期智能分析系统的分析及报告出具。云端通过图像处理、深度学习等人工智能技术对图像进行智能分析,并将原始图像、中间结果及最终结果保存在云端中。云端存储采用分布式技术,并利用多级备份与加密技术保证数据的安全性及可用性。前端主要通过浏览器实现智能阅片和报告签发过程中的交互工作。

2. 关键技术

AICKS 系统的核心技术包括基于深度学习与图像处理的染色体中期分裂相智能处理技术、染色体核型异常识别的深度神经网络自动检测技术、染色体图像数据库和知识图谱技术及全自动玻片智能扫描技术等。

(1)基于深度学习与图像处理的染色体中期分裂相智能去噪、分割与排序方法

染色体核型分析的对象为染色体中期分裂相图,分析的主要内容包括中期图中无关信息的过滤、单条染色体的逐一分割与排序。结合图像处理技术与深度学习方法,采用视觉与概念语义混合的多语义回归网络预测染色体重叠区域,结合多向性形态学的图像

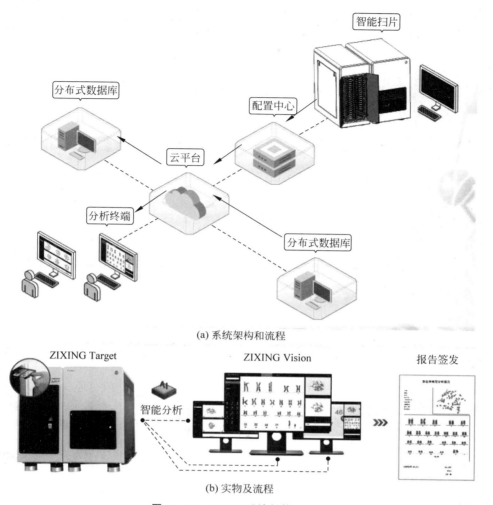

(a) 系统架构和流程

(b) 实物及流程

图 11.16 AICKS 系统架构

分割方法进行分割,再利用注意力机制提取染色体关键特征,并结合自编码机制增加不同染色体的差异,解决多形态染色体的识别排序问题,从而方便医生聚焦染色体分裂相。参阅图 11.17。

(2)染色体异常核型自动检测技术

通过将染色体带纹信息巧妙地融入深度神经网络,集成多种染色体异常类型识别的分支结构,输入染色体图像,可实现恶性疾病特异性异常染色体的自动识别。基于人工生成的异常染色体数据,结合染色体的带纹信息,用于染色体异常识别的深度神经网络的训练方法,解决染色体异常数据缺乏及普通的深度神经网络缺少医学先验知识的问题,便于医生清晰查看染色体带纹并分析结构。利用生成稀缺的异常染色体数据来训练深度神经网络,使模型能够较准确地识别异常染色体,从而较好地减轻医生的识图压力,提高阅片工作效率。参阅图 11.18。

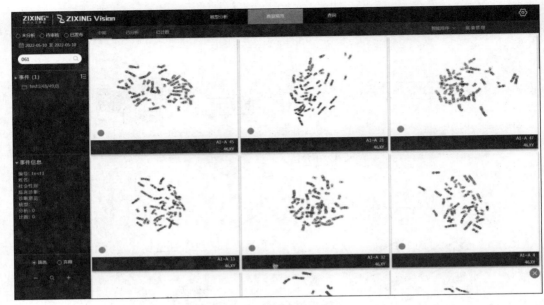

图 11.17 软件系统界面 1

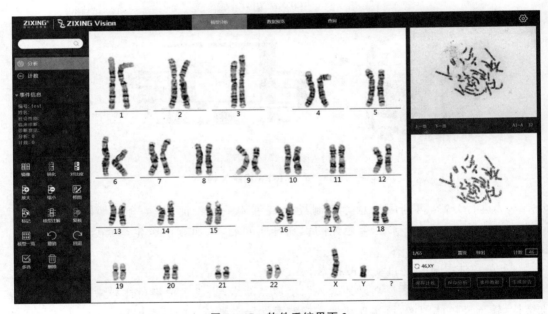

图 11.18 软件系统界面 2

（3）染色体图像数据库及知识图谱技术

高质量染色体标注图像数据库和染色体知识图谱可提供更有效的科研手段和平台,亦可为核型分析中的罕见和疑难病例提供医学案例参考。通过整合专业医学数据资源,以染色体异常、恶性血液肿瘤为主要实体,挖掘并揭示部分染色体异常与恶性血液肿瘤的关系,建立异常染色体图像和血液肿瘤疾病与相关文献和医学报告的知识图谱,发现异常核型与历史病例间的关联。建立知识图谱的关键技术涉及稀疏样本条件下的知识抽取技术、多源数据的知识对齐和融合方法、基于图神经网络的知识补全和发现技术等,为辅助诊断提供决策支持。

（4）全自动玻片智能扫描技术

扫描仪封闭式设计,实现防尘和防外界干扰;创新性 Z 轴设计,达到无接触式磁悬浮 Z 轴电机,实现耐磨损和免维护要求;回字形传送设计和专业气压防震底座设计,防止抖动,使设备具有更好的稳定性和耐用性。

对比传统技术,AICKS 在扫描、拍摄、分析等方面具有绝对优势,见表 11.2。

表 11.2　AICKS 与传统技术在扫描、拍摄、分析等方面的技术对比

稳定和高效扫描			
	AICKS 技术		传统技术
独特稳定结构	■ 玻片存储、传送及扫描整体过程均在封闭箱体内完成,降低外界干扰,稳定 ■ 高精度托盘式载物平台,四点均衡受力	显微镜组装	■ 外露式玻片传送臂易受外界干扰,玻片传送不到位,需定期校准,故障率高 ■ 悬臂式载物平台,两点受力,容易倾斜变形,存在对焦隐患
高效上片扫描	■ 内置全自动玻片信息识别系统,自动录入无需核对 ■ 实验号与玻片精准对应,信息自动关联医院系统,报告发放不出错 ■ 单玻片拍摄 50 个分裂相＜6min	手动信息录入	■ 工作量大,需要反复核对信息 ■ 容易出现玻片与信息错配,图像与玻片不符,无法发出报告
理想中期分裂相拍摄			
	AICKS 技术		传统技术
磁悬浮对焦	■ 磁悬浮 Z 轴自动对焦,无接触无磨损,精度高、稳定性好	传统对焦方式	■ Z 轴步进式齿轮传动,物理接触易磨损,图像质量降低
智能捕获	■ AI 智能分级评分,智能筛选符合专业标准分裂相,高精度对焦算法,拍摄清晰	图像采集	■ 无差别采集图像,拍摄图片无分裂相或分裂相不具备分析价值,导致后期分析选图麻烦,浪费时间
优质分裂相选取			
	AICKS 技术		传统技术
智能排序	■ 智能筛选并推选条带清晰、分散优、长度合适的"好"图 ■ 异常图像智能推荐	传统选图	■ 人工逐一筛选,总觉得下一张更好,费时费力 ■ 受科室人员的经验、主观、专业程度等影响大
实例分割与智能识别			
AICKS 技术		传统技术	
基于"亿"级染色体数据库训练,自动切割准确率＞99.5%,自动排列准确率＞99.1%		—	
异常染色体识别分析			
AICKS 技术		传统技术	
■ 异常深度分析工具,有助于平衡易位、缺失、倒位、重复、插入分析 ■ 嵌合体的检出率大大提升 ■ 异常染色体标记,重点关注		人工逐一核对,操作繁琐,工作量大,多依赖记忆,无法准确对比	

续表

数字化信息管理			
	AICKS 技术		传统技术
智能排序	■ 报告数据自动统计,数据表格化,电子存储,提升工作效率 ■ 数据在线备份,无需手动导出,便于历史数据实时查看。电信级容灾备份,充分保障数据安全	传统选图	■ 手工记录、工作繁杂、易出现数据错漏、效率低 ■ 需定期手动备份到硬盘,历史数据不便查询,硬盘有损坏风险,无法充分保障遗传数据安全

3. 核心功能

从系统的关键技术可知,AICKS 具备下列核心功能:

(1) 在染色体核型智能分析方面

能够与市场主流图像获取系统无缝对接,针对其输出的染色体中期图从网络上传云端,云端染色体核型智能分析系统综合利用语义分割、细粒度分类、智能决策、知识蒸馏、域迁移学习等人工智能技术实现对输入图像的智能分析,进行快速和准确的增强、分割、计数和排序,并实现对异常核型进行预警,最终将一份中期图自动转换为核型分析图并出具分析报告,整个处理过程在 2s 内完成。人工智能全自动识别准确率超过 99%,人工智能人机结合准确率达 100%。

(2) 在染色体智能扫描仪方面

可支持高、低通量模块化自由切换,实现切片的自动取放与扫描,染色体分裂相的智能查找、定位、分级、对焦与拍摄,输出高质量染色体中期图像,用于后期智能分析系统的分析及报告出具。显微物镜、传动技术、电机及控制部件的自主知识产权极大地降低了被国外技术"卡脖子"的风险,同时进一步节省医疗机构的采购成本,保障公民遗传信息安全。扫片效率可达到每张玻片≤6min,明显快于目前最快的每张玻片≤10min。

(3) 在染色体图像数据库及知识图谱方面

高质量染色体标注图像数据库和染色体知识图谱可以为医学研究者提供更有效的科研手段和平台,亦可为核型分析中的罕见病例和疑难病例提供医学参考案例。项目建立异常染色体图像与血液肿瘤疾病和相关文献、医学报告的知识图谱,构建异常核型与历史病例间的关联关系,为辅助诊断提供决策支持。

4. 应用概况

本染色体智能辅助诊断系统已在郑州大学第一附属医院、北京大学人民医院、中南大学湘雅医院、河南省妇幼保健院、湖南省妇幼保健院、广东省人民医院等全国 47 个城市 150 余家医院落地使用。已累计生成/发放病例报告 70 余万例,染色体智能分析准确率≥99%(人机结合准确率为 100%),单病例阅片效率提升 10 倍,减少医生重复劳动,降低 90% 的工作量,整体接诊能力提升 3 倍。

11.6　小结

作为人工智能应用的一个重要突破口,专家系统已在众多领域得到日益广泛的应用,并显示出它的强大生命力。

　　本章在产生式系统的基础上,11.1节研究了专家系统的基本问题,包括专家系统的定义、类型、特点、结构和建造步骤等。接着讨论了基于不同技术建立的专家系统,即11.2节基于规则的专家系统、11.3节基于模型的专家系统和11.4节基于Web的专家系统。从这些系统的工作原理和模型可以看出,人工智能的各种技术和方法在专家系统中得到很好的结合和应用,为人工智能的发展提供了很好的范例。

　　11.5节着重研讨智能决策与诊断医疗系统。医疗专家系统是现在智慧医疗系统的"老前辈",而智慧医疗系统是医疗专家系统发展的高级阶段。本节首先讨论决策和决策系统的定义与组成,接着介绍人工智能在临床医疗中的应用,然后研究智慧医疗诊断系统的一般架构和流程,最后以人类染色体智能辅助诊断系统为例,讨论智慧医疗诊断系统的架构、关键技术、核心功能和应用概况。

　　专家系统是人工智能应用研究的一个最早、最有成效的领域。人们期待它有新的发展和新的突破,成为21世纪人类进行智能管理诊断与决策咨询的得力工具。

习题 11

11-1　什么是专家系统?它具有哪些特点与优势?

11-2　专家系统由哪些部分构成?各部分的作用是什么?

11-3　建造专家系统的关键步骤是什么?

11-4　专家系统程序与一般的问题求解软件程序有何不同?开发专家系统与开发其他软件的任务有何不同?

11-5　基于规则的专家系统是如何工作的?其结构是什么?

11-6　为什么要提出基于模型的专家系统?试述神经网络专家系统的一般结构。

11-7　为什么要提出基于Web的专家系统?试述基于Web的专家系统的一般结构。

11-8　举例介绍一个基于Web的专家系统。

11-9　智能决策与智能诊断有何关系?

11-10　传统医疗专家系统与智能医疗系统的关系如何?

11-11　什么是决策系统和决策支持系统?

11-12　试举例简述智慧医疗在临床医疗中的应用。

11-13　试述智慧医疗诊断系统的一般架构和流程。

11-13　简介人类染色体智能辅助诊断系统的架构、关键技术、核心功能和应用概况。

11-14　专家系统面临什么问题?你认为应如何发展专家系统?

11-15　用基于规则的推理系统证明下述推理的正确性:

　　已知　　狗都会吠叫和咬人

　　　　　　任何动物吠叫时总是吵人的

　　　　　　猎犬是狗

　　结论　　猎犬是吵人的

第 ⑫ 章

智 能 规 划

智能规划(intelligent planning)是一种重要的问题求解技术,与一般问题求解相比,智能规划更注重于问题的求解过程,而不是求解结果。此外,规划要解决的问题,如机器人世界问题,往往是真实世界问题,而不是比较抽象的数学模型问题。智能规划系统与专家系统均属高级求解系统与技术。由于智能规划系统具有上述特点,而且具有广泛的应用场合和应用前景,因而引起人工智能界的浓厚研究兴趣,并取得许多研究成果。

在研究智能规划时,往往以机器人规划与问题求解作为典型例子加以讨论。这不仅是因为机器人规划是智能规划最主要的研究对象之一,更因为机器人规划能够得到形象的和直觉的检验。有鉴于此,常常把智能规划称为机器人规划(robot planning)。机器人规划的原理、方法和技术,可以推广应用至其他规划对象或系统。智能规划或机器人规划是继专家系统和机器学习之后人工智能的一个重要应用领域,也是机器人学的一个重要研究领域,是人工智能与机器人学一个令人感兴趣的结合点。

本章所讨论的智能规划,在机器人规划中称为高层规划(high-level planning),它具有与低层规划(low-level planning)不同的规划目标、任务和方法。此外,还介绍移动机器人导航的概况。

12.1　智能规划概述

早在人工智能出现之前,就存在一种基于运筹学(operation research)和应用数学的规划方法,即动态规划(dynamic programming 或 dynamic planning)理论和技术。

动态规划是运筹学的一个分支,是求解决策过程最优化的数学方法。20 世纪 50 年代初,美国数学家 R. E. Bellman 等在研究多阶段决策过程的优化问题时,提出了著名的最优化原理(principle of optimality),把多阶段过程转化为一系列单阶段问题,利用各阶段之间的关系,逐个求解,创立了解决这类过程优化问题的新方法——动态规划。1957 年出版了他的著作《动态规划》(*Dynamic Programming*),这是该领域的第一本著作。

本章所讨论的智能规划有别于动态规划,是一种基于人工智能理论和技术的自动规划。

本节中,我们首先引入规划的概念和定义,然后讨论智能规划系统的任务。

12.1.1　规划的概念和作用

在智能规划研究中,有的把重点放在消解原理证明机器上,它们应用通用搜索启发技术,以逻辑演算表示期望目标。STRIPS 和 ABSTRIPS 就属于这类系统。这种系统把世界模型表示为一阶谓词演算公式的任意集合,采用消解反演(resolution refutation)来求解具体模型的问题,并采用中间结局分析(means-ends analysis)策略来引导求解系统达到要求的目标。另一种规划系统采用管理式学习(supervised learning)来加速规划过程,改善问题求解能力。PULP-I即为一具有学习能力的规划系统,它是建立在类比基础上的。PULP-I系统采用语义网络来表示知识,比用一阶谓词公式前进了一步。20 世纪 80 年代以来,又开发出其他一些规划系统,包括非线性规划、应用归纳的规划系统、分层规划系统和专家规划系统等。随着人工神经网络、分布式智能系统、遗传算法等研究的深入,近年来又提出了基于人工神经网络的规划、基于分布式智能的规划、进化规划等研究热点。

1. 规划的概念

定义 12.1　从某个特定的问题状态出发,寻求一系列行为动作,并建立一个操作序列,直到求得目标状态为止。这个求解过程就称为规划。

定义 12.2　规划是关于动作的推理。它是一种抽象的和清晰的深思熟虑过程,该过程通过预期动作的期望效果,选择和组织一组动作,其目的是尽可能好地实现一个预先给定的目标。

人工智能辞典对规划和规划系统给出如下定义。

定义 12.3　规划是对某个待求解问题给出求解过程的步骤。规划涉及如何将问题分解为若干个相应的子问题,以及如何记录和处理问题求解过程中发现的子问题间的关系。

规划具有层次结构。在规划的任务-子任务层次结构中,位于最底层的子任务,其动作必须是个基本动作,就是无需再规划即可执行的动作。

定义 12.4　规划系统是一个涉及有关问题求解过程的步骤的系统。例如,计算机或飞机设计、火车或汽车运输路径、财政和军事等规划问题。

在日常生活中,规划意味着在行动之前决定行动的进程,或者说,规划这一词指的是在执行一个问题求解程序中任何一步之前,计算该程序几步的过程。一个规划是一个行动过程的描述。它可以像百货清单一样的没有次序的目标表列;但是一般来说,规划具有某个规划目标的蕴含排序。例如,对于大多数人来说,吃早饭之前要先洗脸和刷牙或漱口。又如,一个机器人要搬动某工件,必须先移动到该工件附近,再抓住该工件,然后带着工件移动。许多规划所包含的步骤是含糊的,而且需要进一步说明。譬如说,一个工作日规划中有吃午饭这个目标,但是有关细节,如在哪里吃、吃什么、什么时间去吃等,都没有说明。与吃午饭有关的详细规划是全日规划的一个子规划。大多数规划具有很大的子规划结构,规划中的每个目标可以由达到此目标的比较详细的子规划所代替。尽管最终得到的规划是某个问题求解算符的线性或分部排序,但是由算符来实现的目标常常具有分层结构。

我们已在第 2 章和第 3 章中集中地讨论了各种问题表示方法和搜索求解技术,并在后续章节中介绍了其他一些更为新颖的搜索推理技术。这些方法和技术都可以用于智能规划。例如,应用状态空间搜索技术,可以把规划问题表示为状态或节点,把规划动作(或称为事件)表示为算符或链接符;通过状态空间搜索求解能够得到一个算符序列,即为规划的动作序列,也就是规划的结果。也可以采用其他方法,如谓词逻辑、语义网络、框架、本体、规则演绎系统、专家系统、分布式智能系统和遗传算法等技术,进行智能规划。如同决策与搜索一样,规划与搜索密不可分。

在我们的周围,存在大量的各种大大小小的规划,大到国家长期科学技术发展纲要、国民经济和社会发展五年规划、国家发展战略规划、国家财政预算,再到工程建设规划、城市规划、人力资源规划、生育规划,小到个人的人生规划、工作规划、学习计划、家庭收支规划等。当然,这些规划的制订可能采用传统的数学和运筹学的方法,也可能采用人工智能的智能规划方法,还可能采用传统的与智能化的集成方法。

例如,战略规划就是组织制定长期目标并将其付诸实施。对于一个国家,其战略规划一般涉及 20~50 年内的重大目标。对于一些大型企业,其战略规划大约是 50 年内要实现的事情。制定战略规划主要分为两个阶段:第一个阶段是确定目标,即在未来的发展过程中,应对各种变化所要达到的目标。第二阶段就是要制定这个规划,当目标确定了以后,考虑使用什么手段、什么措施、什么方法来达到这个目标,这就是战略规划。

又如,城市规划是指城市人民政府为了实现一定时期内城市经济社会发展目标,确定城市性质、规模和发展方向,合理利用城市土地,协调城市空间布局和各项建设所作的综合部署和具体安排。

再如,人生规划就是根据社会发展的需要和个人发展的志向,对自己未来的发展道路做出一种预先的策划和设计。人生规划包括:健康规划;事业规划(包含职业规划与学习规划);情感规划(爱情、亲情、友情);晚景规划。

上述例子有助于我们对规划概念的理解。

2. 规划的作用

在科学发展观的指导下,对于国民经济和社会的重大问题,对于科学技术、工程和民生的重要问题,都需要进行科学规划和决策。然后,按照制订的规划,逐步实现规定目标。决策的优劣将决定行动的成败。智能决策系统和智能规划系统是科学决策的重要手段,它们同专家系统一起将成为 21 世纪智能管理与决策的得力工具。例如,国家和地区国民经济和社会发展计划、财政预算、三峡工程、南水北调工程、大飞机制造项目、智能制造 2025、财政与金融调控等。

中华人民共和国国民经济和社会发展第十四个五年(2021—2025 年)规划纲要,规划"十四五"时期经济社会发展主要目标:经济发展取得新成效;改革开放迈出新步伐;社会文明程度得到新提高;生态文明建设实现新进步;民生福祉达到新水平;国家治理效能得到新提升。这是五年内我国经济社会发展的宏伟蓝图,是全国各族人民共同的行动纲领,是政府履行经济调节、市场监管、社会管理和公共服务职责的重要依据。

企业人力资源规划是为了实施企业的发展战略,完成企业的生产经营目标,根据企业内部环境和条件的变化,运用科学的方法对企业人力资源需求和供给进行预测,制定相应的政策和措施,从而使企业人力资源供给和需求达到平衡。

城市规划的根本作用是作为建设城市和管理城市的基本依据,是保证城市合理地进行建设和城市土地合理开发利用及正常经营活动的前提和基础,是实现城市社会经济发展目标的综合手段。

　　人生规划使我们在规划人生的同时可以更理性地思考自己的未来,初步尝试性地选择未来适合自己从事的事业和生活,尽早(多从学生时代)开始培养自己的综合能力和综合素质(就业力)。

　　从以上例子可见,规划对各项事业和工作的重要指导作用。如果缺乏规划,那么可能导致不是最佳的问题求解甚至错误的问题求解。例如,有人由于缺乏规划,为了借一本书和还一本书而去了两次图书馆。此外,如果目标不是独立的,那么动作前缺乏规划就可能在实际上排除了该问题的某个解答。

　　规划可用来监控问题求解过程,并能够在造成较大的危害之前发现差错。规划的好处可归纳为简化搜索、解决目标矛盾及为差错补偿提供基础。

　　无数正面经验和负面教训告诉我们:科学规划方法不仅对国家和社会贡献很大,而且对于个人学习和工作也极为有益。对于个人,使用个人记事本(工作日历或月历、备忘录)是十分有益于工作和学习的。用科学规划的思想和方法来规划你的学习、工作、研究和生活,规划你的未来,让你对未来准备更充分,决策更科学,行动更有效,取得成果更好更快,使你的未来更加美好! 用科学规划的思想和方法来规划国家大事和社会问题,规划国家的未来,让社会成员对未来准备更充分,决策更科学,行动更有效,取得成果更好更快,使祖国的明天更加美好!

12.1.2　规划的分类

　　按照规划内容、规划方法和规划实质的不同,可对规划进行如下分类。

1. 按规划内容分

　　规划内容五花八门,但比较重要和普遍进行的规划有:国家长远战略目标规划、国民经济和社会的重大问题规划或计划、国家和地方各级政府国民经济和社会发展五年计划和年度计划及财政预算、重大项目(如三峡工程、南水北调工程、大飞机制造项目等)论证规划、国家财政与金融调控战略与规划、人才战略与规划、企业车间作业调度及水陆空交通运行调度、城市规划和环境规划等。

　　对于每个规划,一般存在若干个子规划。例如,对于城市规划,包括中心城规划、郊区规划、产业空间布局规划、专业系统规划和重点地区规划等子规划。又如,对于环境规划,则涉及流域环境经济系统规划、城市环境经济系统规划、开发区环境经济系统规划、区域土地可持续利用规划、城市固体废物管理规划等。

2. 按规划方法分

　　规划方法也是多种多样的,采用较多和效果较好的方法有非递阶(非分层)规划与递阶(分层)规划,线性规划与非线性规划,同步规划和异步规划,基于脚本、框架和本体的规划,基于专家系统的规划,基于竞争机制的规划,基于消解原理的规划,基于规则演绎的规划,应用归纳的规划,具有学习能力的规划,基于计算智能的规划,偏序规划(partial-order planning),基于人工神经网络的规划、基于分布式智能的规划、进化规划、多目标规划及不确定性动态规划等。

　　在一个规划系统中,可能同时采用两种或多种方法,对同一问题进行综合求解,以求得到更佳的规划结果。

3. 按规划实质分

按规划实质分类,就是淡化规划内容,只考虑规划的实质,如目标、任务、途径、代价等,进行比较抽象的规划。按照规划的实质,可把规划分为:

(1) 任务规划。对求解问题的目标和任务等进行规划,又可称为高层规划。

(2) 路径规划。对求解问题的途径、路径、代价等进行规划,又可称为中层规划。

(3) 轨迹规划。对求解问题的空间几何轨迹及其生成进行规划,又可称为底层规划。

12.2 任务规划

从本节起,将逐一讨论任务规划、路径规划和轨迹规划等。其中,对于任务规划,介绍了积木世界的规划、基于消解原理的规划、具有学习能力的规划系统、分层规划、基于专家系统的规划等。对于路径规划,综述了机器人路径规划的主要方法和发展趋势,研究了基于模拟退火算法的机器人局部路径规划、基于免疫进化和示例学习的机器人路径规划及基于蚁群算法的机器人路径规划等。而对于轨迹规划,由于不属于人工智能的研究范畴,只给予简要说明。

12.2.1 积木世界的机器人规划

问题求解是一个寻求某个动作序列以达到目标的过程,机器人问题求解即寻求某个机器人的动作序列(可能包括路径等),这个序列能够使该机器人达到预期的工作目标,完成规定的工作任务。

1. 积木世界的机器人问题

机器人技术的发展为人工智能问题求解开拓了新的应用前景,并形成了一个新的研究领域——机器人学。许多问题求解系统的概念可以在机器人问题求解上进行试验研究和应用。机器人问题既比较简单,又很直观。在机器人问题的典型表示中,机器人能够执行一套动作。例如,设想有个积木世界和一个机器人。世界是几个有标记的立方形积木(在这里假定为一样大小的),它们或者互相堆叠在一起,或者摆在桌面上;机器人有可移动的机械手,它可以抓起积木块并移动积木从一处至另一处。在这个例子中,机器人能够执行的动作举例如下:

unstack(a,b):把堆放在积木 b 上的积木 a 拾起。在进行这个动作之前,要求机器人的手为空手,而且积木 a 的顶上是空的。

stack(a,b):把积木 a 堆放在积木 b 上。动作之前要求机械手必须已抓住积木 a,而且积木 b 顶上必须是空的。

pickup(a):从桌面上拾起积木 a,并抓住它不放。在动作之前要求机械手为空手,而且积木 a 顶上没有任何东西。

putdown(a):把积木 a 放置到桌面上。要求动作之前机械手已抓住积木 a。

机器人规划包括许多功能,例如识别机器人周围的世界,表述动作规划,并监视这些规划的执行。所要研究的主要是综合机器人的动作序列问题,即在某个给定初始情况下,经过某个动作序列而达到指定的目标。

采用状态描述作为数据库的产生式系统是一种最简单的问题求解系统。机器人问题的

状态描述和目标描述均可用谓词逻辑公式构成。为了指定机器人所执行的操作和执行操作的结果,需要应用下列谓词:

ON(a,b):积木 a 在积木 b 之上;

ONTABLE(a):积木 a 在桌面上;

CLEAR(a):积木 a 顶上没有任何东西;

HOLDING(a):机械手正抓住积木 a;

HANDEMPTY:机械手为空手。

图 12.1(a)所示为初始布局的机器人问题。这种布局可由下列谓词公式的合取来表示:

CLEAR(B):积木 B 顶部为空;

CLEAR(C):积木 C 顶部为空;

ON(C,A):积木 C 堆在积木 A 上;

ONTABLE(A):积木 A 置于桌面上;

ONTABLE(B):积木 B 置于桌面上;

HANDEMPTY:机械手为空手。

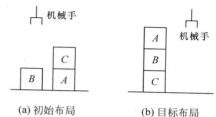

(a) 初始布局 　　 (b) 目标布局

图 12.1 积木世界的机器人问题

目标在于建立一个积木堆,其中,积木 B 堆在积木 C 上面,积木 A 又堆在积木 B 上面,如图 12.1(b)所示。也可以用谓词逻辑来描述此目标为

$$ON(B,C) \wedge ON(A,B)$$

2. 用 F 规则求解规划序列

采用 F 规则表示机器人的动作,这是一个叫做 STRIPS 规划系统的规则,它由三部分组成。第一部分是先决条件。为了使 F 规则能够应用到状态描述中去,这个先决条件公式必须是逻辑上遵循状态描述中事实的谓词演算表达式。在应用 F 规则之前,必须确信先决条件是真的。F 规则的第二部分是一个叫做删除表的谓词。当一条规则被应用于某个状态描述或数据库时,就从该数据库删去删除表的内容。F 规则第三部分叫做添加表。当把某条规则应用于某数据库时,就把该添加表的内容添进该数据库。对于堆积木的例子,move 这个动作可以表示如下:

move(X,Y,Z):把物体 X 从物体 Y 上面移到物体 Z 上面。

先决条件:CLEAR(X),CLEAR(Z),ON(X,Y)

删除表:ON(X,Z),CLEAR(Z)

添加表:ON(X,Z),CLEAR(Y)

如果 move 为此机器人仅有的操作符或适用动作,那么,可以生成如图 12.2 所示的搜索图或搜索树。

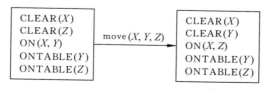

图 12.2 表示 move 动作的搜索树

下面更具体地考虑图 12.1 中所示的例子,机器人的 4 个动作(或操作符)可用 STRIPS 形式表示如下:

(1) stack(X,Y)

先决条件和删除表:HOLDING(X)∧CLEAR(Y)

添加表:HANDEMPTY,ON(X,Y)

(2) unstack(X,Y)

先决条件:HANDEMPTY∧ON(X,Y)∧CLEAR(X)

删除表:ON(X,Y),HANDEMPTY

添加表:HOLDING(X),CLEAR(Y)

(3) pickup(X)

先决条件:ONTABLE(X)∧CLEAR(X)∧HANDEMPTY

删除表:ONTABLE(X)∧HANDENPTY

添加表:HOLDING(X)

(4) putdown(X)

先决条件和删除表:HOLDING(X)

添加表:ONTABLE(X),HANDEMPTY

假定目标为图 12.1(b)所示的状态,即 ON(B,C)∧ON(A,B)。从图 12.1(a)所示的初始状态描述开始正向操作,只有 unstack(C,A)和 pickup(B)两个动作可以应用 F 规则。图 12.3 给出这个问题的全部状态空间,并用粗线指出了从初始状态(用 S0 标记)到目标状态(用 G 标记)的解答路径。与习惯的状态空间图画法不同的是,这个状态空间图显出问题的对称性,而没有把初始节点 S0 放在图的顶点上。此外,要注意到本例中的每条规则都有一条逆规则。

沿着粗线所示的支路,从初始状态开始,正向地依次读出连接弧线上的 F 规则,就得到一个能够达到目标状态的动作序列如下:

{unstack(C,A),putdown(C),pickup(B),stack(B,C),pickup(A),stack(A,B)}

就把这个动作序列叫做达到这个积木世界机器人问题目标的规划。

12.2.2　基于消解原理的规划

STRIPS(Stanford Research Institute Problem Solver),即斯坦福研究所问题求解系统,是一种基于消解原理的规划,是从被求解的问题中引出一般性结论而产生规划的。12.2.1 节已经介绍过 STRIPS 系统 F 规则的组成。

1. STRIPS 系统的组成

STRIPS 是由菲克斯(Fikes)、哈特(Hart)和尼尔逊(Nilsson)3 人分别在 1971 年及 1972 年研究成功的,它是夏凯(Shakey)机器人程序控制系统的一个组成部分。这个机器人是一部设计用于围绕简单的环境移动的自推车,它能够按照简单的英语命令进行动作。夏凯包含下列 4 个主要部分:

(1) 车轮及其推进系统。

(2) 传感系统,由电视摄像机和接触杆组成。

(3) 一台不在车体上的用来执行程序设计的计算机。它能够分析由车上传感器得到的

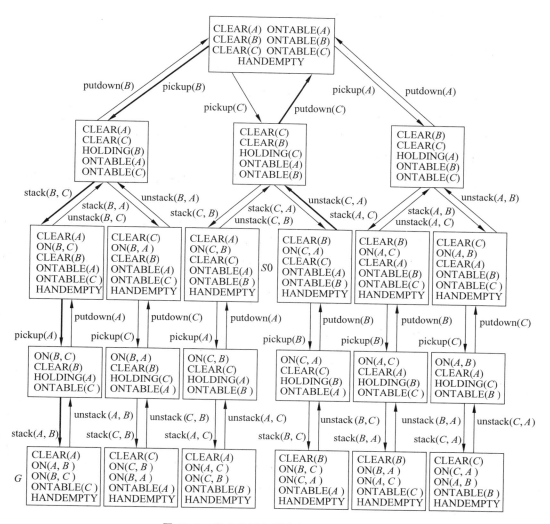

图 12.3 积木世界机器人问题的状态空间

反馈信息和输入指令,并向车轮发出使其推进系统触发的信号。

(4) 无线电通信系统,用于在计算机和车轮间的数据传送。

STRIPS 是决定把哪个指令送至机器人的程序设计。该机器人世界包括一些房间、房间之间的门和可移动的箱子,在比较复杂的情况下还有电灯和窗户等。对于 STRIPS 来说,任何时候所存在的具体的、突出的实际世界都由一套谓词演算子句来描述。例如,子句

$$INROOM(ROBOT, R_2)$$

在数据库中为一断言,表明该时刻机器人在 2 号房间内。当实际情况改变时,数据库必须进行及时修正。总体来说,描述任何时刻的世界的数据库就叫做世界模型。

控制程序包含许多子程序,当这些子程序被执行时,它们将会使机器人移动通过某个门,推动某个箱子通过一个门,关上某盏电灯或者执行其他的实际动作。这些程序本身是很复杂的,但不直接涉及问题求解。对于机器人问题求解来说,这些程序有点儿像人类问题求解中走动和拾起物体等动作一样的关系。

整个 STRIPS 系统的组成如下：

(1) 世界模型。为一阶谓词演算公式。

(2) 操作符(F 规则)。包括先决条件、删除表和添加表。

(3) 操作方法。应用状态空间表示和中间-结局分析。例如，

状态：(M, G)，包括初始状态、中间状态和目标状态。

初始状态：$(M_0, (G_0))$。

目标状态：得到一个世界模型，其中不遗留任何未满足的目标。

2. STRIPS 系统规划过程

每个 STRIPS 问题的解答为某个实现目标的操作符序列，即达到目标的规划。下面举例说明 STRIPS 系统规划的求解过程。

例 12.1　考虑 STRIPS 系统一个比较简单的情况，即要求机器人到邻室去取回一个箱子。机器人的初始状态和目标状态的世界模型示于图 12.4。

设有两个操作符，即 gothru 和 pushthru（"走过"和"推过"），分别描述于下：

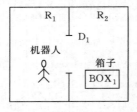 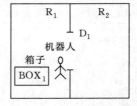

(a) 初始世界模型M_0　　　　　　(b) 目标世界模型G_0

图 12.4　STRIPS 的一个简化模型

OP1：gothru(d, r_1, r_2)。

机器人通过房间 r_1 和房间 r_2 之间的 d，即机器人从房间 r_1 走过门 d 而进入房间 r_2。

先决条件：INROOM(ROBOT, r_1)$\wedge$CONNECTS(d, r_1, r_2)，机器人在房间 r_1 内，而且门 d 连接 r_1 和 r_2 两个房间。

删除表：INROOM(ROBOT, S)，对于任何 S 值。

添加表：INROOM(ROBOT, r_2)。

OP2：pushthru(b, d, r_1, r_2)。

机器人把物体 b 从房间 r_1 经过门 d 推到房间 r_2。

先决条件：INROOM$(b, r_1)$$\wedge$INROOM(ROBOT, r_1)$\wedge$CONNECTS(d, r_1, r_2)。

删除表：INROOM(ROBOT, S)，INROOM(b, S)，对于任何 S。

添加表：INROOM(ROBOT, r_2)，INROOM(b, r_2)。

这个问题的差别表如表 12.1 所示。

假定这个问题的初始状态 M_0 和目标 G_0 如下：

$$M_0: \begin{cases} \text{INROOM(ROBOT, } R_1) \\ \text{INROOM(BOX}_1, R_2) \\ \text{CONNECTS}(D_1, R_1, R_2) \end{cases}$$

G_0：INROOM(ROBOT, R_1)$\wedge$INROOM(BOX$_1$, R_1)$\wedge$CONNECTS(D_1, R_1, R_2)

表 12.1 差别表

差 别	操 作 符	
	gothru	pushthru
机器人和物体不在同一房间内	×	
物体不在目标房间内		×
机器人不在目标房间内	×	
机器人和物体在同一房间内,但不是目标房间		×

下面,采用中间-结局分析方法来逐步求解这个机器人规划。

(1) do GPS 的主循环迭代,until M_0 与 G_0 匹配为止。

(2) begin。

(3) G_0 不能满足 M_0,找出 M_0 与 G_0 的差别。尽管这个问题不能马上得到解决,但是如果初始数据库含有语句 INROOM(BOX_1,R_1),那么这个问题的求解过程就可以得到继续。GPS 找到它们的差别 d_1 为 INROOM(BOX_1,R_1),即要把箱子(物体)放到目标房间 R_1 内。

(4) 选取操作符:一个与减少差别 d_1 有关的操作符。根据差别表,STRIPS 选取操作符:

$$OP2: pushthru(BOX_1, d, r_1, R_1)$$

(5) 消去差别 d_1,为 OP2 设置先决条件 G_1 为

$$INROOM(BOX_1, r_1) \wedge INROOM(ROBOT, r_1) \wedge CONNECTS(d, r_1, R_1)$$

这个先决条件被设定为子目标,而且 STRIPS 试图从 M_0 到达 G_1。尽管 G_1 仍然不能得到满足,也不可能马上找到这个问题的直接解答。不过 STRIP 发现:

如果

$$r_1 = R_2$$
$$d = D_1$$

当前数据库含有 INROOM(ROBOT,R_1),那么此过程能够继续进行。现在新的子目标 G_1 为

$$INROOM(BOX_1, R_2) \wedge INROOM(ROBOT, R_2) \wedge CONNECTS(D_1, R_2, R_1)$$

(6) GPS(p);重复步骤 3~步骤 5,迭代调用,以求解此问题。

步骤 3:G_1 和 M_0 的差别 d_2 为

$$INROOM(ROBOT, R_2)$$

即要求机器人移到房间 R_2。

步骤 4:根据差别表,对应于 d_2 的相关操作符为

$$OP1: gothru(d, r_1, R_2)$$

步骤 5:OP1 的先决条件为

$$G_2: INROOM(ROBOT, R_1) \wedge CONNECTS(d, r_1, R_2)$$

步骤 6:应用置换式 $r_1 = R_1$ 和 $d = D_1$,STRIPS 系统能够达到 G_2。

(7) 把操作符 gothru(D_1,R_1,R_2)作用于 M_0,求出中间状态 M_1:

删除表:INROOM(ROBOT,R_1)

添加表:INROOM(ROBOT,R_2)

$$M_1: \begin{cases} INROOM(ROBOT, R_2) \\ INROOM(BOX_1, R_2) \\ CONNECTS(D_1, R_1, R_2) \end{cases}$$

把操作符 pushthru 应用到中间状态 M_1：

删除表：$INROOM(ROBOT, R_2)$，$INROOM(BOX_1, R_2)$

添加表：$INROOM(ROBOT, R_1)$，$INROOM(BOX_1, R_1)$

得到另一中间状态 M_2 为

$$M_2: \begin{cases} INROOM(ROBOT, R_1) \\ INROOM(BOX_1, R_1) \\ CONNECTS(D_1, R_1, R_2) \end{cases}$$

$$M_2 = G_0$$

(8) end。

由于 M_2 与 G_0 匹配，所以我们通过中间-结局分析解答了这个机器人规划问题。在求解过程中，所用到的 STRIPS 规则为操作符 OP1 和 OP2，即

$$gothru(D_1, R_1, R_2), pushthru(BOX_1, D_1, R_2, R_1)$$

中间状态模型 M_1 和 M_2，即子目标 G_1 和 G_2，如图 12.5 所示。

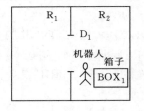 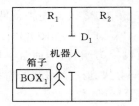

(a) 中间目标状态 M_1 (b) 中间目标状态 M_2

图 12.5　中间目标状态的世界模型

由图 12.5 可见，M_2 与图 12.4 的目标世界模型 G_0 相同。

因此，得到的最后规划为 $\{OP1, OP2\}$，即

$$\{gothru(D_1, R_1, R_2), pushthru(BOX_1, D_1, R_2, R_1)\}$$

这个机器人规划问题的搜索图如图 12.6 所示，与或树如图 12.7 所示。

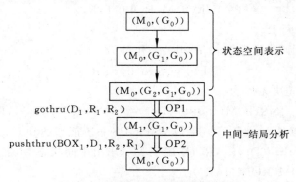

图 12.6　机器人规划例题的搜索图

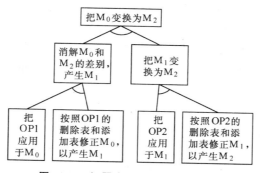

图12.7　机器人规划例题的与或图

12.2.3　分层规划

要求解困难的问题,一个问题求解系统可能不得不产生出冗长的规划。为了有效地对问题进行求解,重要的是在求得一个针对问题的主要解答之前,能够暂时删去某些细节,然后设法填入适当的细节。早期的办法(Fikes,1971年)涉及宏指令的应用,它由较小的操作符构成较大的操作符。不过,这种方法并不能从操作符的实际描述中消去任何细节。在ABSTRIPS系统(Sacerdoti,1974年)中,研究出一种较好的方法。这个系统实际上在抽象空间的某一层进行规划,而不管抽象空间中较低层的每个先决条件。

1. 长度优先搜索

问题求解的ABSTRIPS方法是比较简单的。首先,全面求解此问题时只考虑那些可能具有最高临界值的先决条件,这些临界值反映出满足该先决条件的期望难度。要做到这一点,与STRIPS的做法完全一样,只是不考虑比最高临界值低的低层先决条件而已。完成这一步之后,应用所建立起来的初步规划作为完整规划的一个轮廓,并考虑下一个临界层的先决条件。用满足那些先决条件的操作符来证明此规划。在选择操作符时,也不管比现在考虑的这一层要低的所有低层先决条件。继续考虑越来越低层的临界先决条件的这个过程,直至全部原始规划的先决条件均被考虑到为止。因为这个过程探索规划时首先只考虑一层的细节,然后再注意规划中比这一层低一层的细节,所以把它叫做长度优先搜索。

显然,指定适当的临界值对于这个分层规划方法的成功是至关重要的。那些不能被任何操作符满足的先决条件自然是最临界的。例如,如果试图求解一个涉及机器人绕着房子内部移动的问题,而且考虑操作符PUSHTHRUDOOR,那么存在一个大得足以能够让机器人通过的门这一先决条件是最高临界值,因为在正常情况下,如果这个先决条件不是为真,那么将一事无成。如果我们有操作符OPENDOOR,那么打开门这一先决条件就是较低的临界值。要使分层规划系统应用类似STRIPS的规划进行工作,除了规划本身之外,还必须知道可能出现在某个先决条件中的每项适当的临界值。给出这些临界值之后,就能够应用许多非分层规划所采用的方法来求解基本过程。

2. NOAH规划系统

（1）应用最小约束策略

一个寻找非线性规划而不必考虑操作符序列的所有排列的方法是应用最少约束策略来

选择操作符执行次序的问题。所需要的是某个能够发现那些需要的操作符的规划过程,以及这些操作符间任何需要的排序(例如,在能够执行某个已知的操作符之前,必须先执行其他一些操作符以建立该操作符的先决条件)。在应用这种过程之后,才能应用第二种方法来寻求那些能够满足所有要求约束的操作符的某个排序。问题求解系统 NOAH(Sacerdoti 在 1975 年提出并在 1977 年进一步完善)正好能够进行此项工作,它采用一种网络结构来记录它所选取的操作符之间所需要的排序。它也分层进行操作运算,即首先建立起规划的抽象轮廓,然后在后续的各步中,填入越来越多的细节。

图 12.8 说明 NOAH 系统如何求解图 12.1 所示的积木世界问题。图 12.8 中,方形框表示已被选入规划的操作符;两头为半圆形的框表示仍然需要满足的目标。本例中所用的操作符与至今我们使用过的操作符有点不同。如果提供了任何两个物体顶上均为空的条件,那么操作符 STACK 就能够把其中任一个物体放置在另一个物体(包括桌子)上。STACK 操作还包括拾起要移动的物体。

这个问题求解系统的初始状态图如图 12.8(a)所示。第一件要做的事是把这个问题分成两个子问题,如图 12.8(b)所示。这时,问题求解系统已决定采用操作符 STACK 来达到每个目标,但是它们还没有考虑这些操作符的先决条件。标记有 S 的节点表示规划中的一个分解,它的两个分量都一定要被执行,但其执行次序尚未决定。标记有 J 的节点表示规划的一个结合,两个分开的规划在此恢复到一起。

在下一步(即第 3 层),考虑了 STACK 的先决条件。在这个问题表示中,这些先决条件只是两个有关积木必须顶部为空。因此,此系统记录下操作符 STACK 能够被执行前必须满足的先决条件。这一点如图 12.8(c)所示。这时,该图表明操作符有两种排序:要求只有一个(即在堆叠前必须完成清顶工作),而关系暂不考虑(即有两种堆叠法)。

(2) 检验准则

现在,NOAH 系统应用一套准则来检验规划并查出子规划间的互相作用。每个准则都是一个小程序,它对所提出的规则进行专门观测。准则法已被应用于各种规划生成系统。对于早期的系统,如 HACKER 系统,准则只用于舍弃不满足的规划。在 NOAH 系统中,准则被用来提出推定的方法以便修正所产生的规划。

第一个准则涉及的是归结矛盾准则,它所做的第一件事是建立一个在规划中被提到一次以上的所有文字的表。这个表包括下列登记项:

CLEAR(B):

　　确定节点 2:CLEAR(B)

　　否定节点 3:STACK(A,B)

　　确定节点 4:CLEAR(B)

CLEAR(C):

　　确定节点 5:CLEAR(C)

　　否定节点 6:STACK(B,C)

当某个已知文字必须为真时,产生了对操作程序的约束;但是,这个约束在执行一个操作之前可能将被另一个操作所取消。如果出现这种情况,那么要求文字为真的操作必须首先被执行。已经建立起来的表指出一个操作下必须为真的而又为另外一个操作所否定的所有文字。在执行某个操作之前,往往要求某些东西为真,但这些东西然后又被同样的操作所

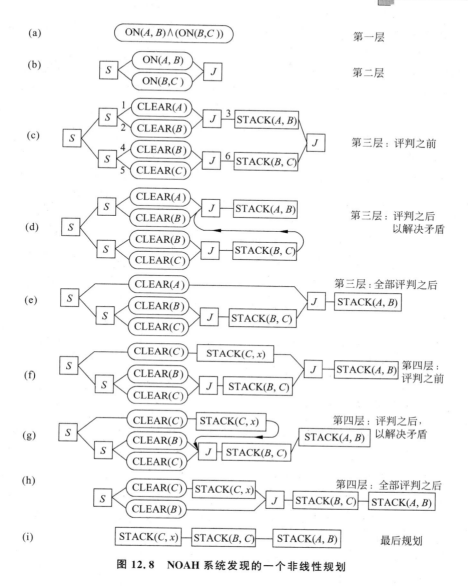

图 12.8　NOAH 系统发现的一个非线性规划

否定(例如,在执行 PICKUP 操作之前,要求 ARMEMPTY 为真,而在执行 PICKUP 操作之后,ARMEMPTY 又被这个同样的操作 PICKUP 所否定)。这并不会产生任何问题,因此可以从此表中删除那些被操作所否定的先决条件,而该操作正是由这些先决条件所保证的。完成这一步之后,得到下列表:

CLEAR(B):

　　否定节点 3:STACK(A,B)

　　确定节点 4:CLEAR(B)

应用这个表,系统得出结论:由于把 A 放到 B 上可能取消把 B 放到 C 上的先决条件,所以必须首先把 B 放到 C 上面。图 12.8(d)说明了加上这个排序约束之后的规划。

第二个准则叫做消除多余先决条件准则,包括除去对子目标的多余说明。注意到,图 12.8(d)中目标 CLEAR(B)出现两次,而且本规划的最后一步才被否定。这意味着,如果 CLEAR(B)实现一次就足够了。图 12.8(e)表示由该规划的一段中删去 CLEAR(B)而得到的结果。由于下一段的最后动作必须在上一段的最后动作之前发生,所以从上段删去 CLEAR(B)。因此,下段动作的先决条件必须比上段动作的先决条件早些确定。

现在,规划过程前进至细节的下一步,即第 4 层。得出的结论是:要使 A 顶部为空,就必须把 C 从 A 上移开。要做到这一步,C 必须已经是顶部为空的。图 12.8(f)表明这一点的规划,接着,再次应用归结矛盾准则,就生成表示在图 12.8(g)的规划。要产生这个规划,该准则观测到:把 B 放到 C 上会使 CLEAR(C)为假,所以有关使 C 的顶部为空的每件事,都必须在把 B 放在 C 之前做好。下一步,调用消除多余先决条件准则。值得注意的是,CLEAR(C)需要进行两次。在 C 可能被放置到任何地方之前,必须确定 CLEAR(C)。而把 C 放置到某处并不取消它原有的顶部为空的条件。因为在把 B 放到 C 上之前,必须把 C 放置于某处,而后者是要求 C 的顶部为空的另一提法。因为我们知道,当我们准备好要把 B 放到 C 上面时,C 应该是顶部为空的。因此,CLEAR(C)可从下段路径中删除去。这样做的结果,产生了如图 12.8(h)所示的规划。在规划的这一点上,系统观测到:余下的目标 CLEAR(C)和 CLEAR(B)在初始状态中均为真。因此,所产生的最后规划如图 12.8(i)所示。

这个例子提供了一个方法的粗略要点。这个方法表明,我们可以把分层规划和最少约定策略十分直接地结合起来,以求得非线性规划而不产生一个庞大的搜索树。

12.2.4　基于专家系统的规划

基于专家系统的规划主要用于机器人高层规划。虽然具有管理式学习能力的机器人规划系统能够加快规划过程,并改善问题求解能力,但是它仍然存在一些问题。首先,这种表达子句的语义网络结构过于复杂,因而设计技术较难。其次,与复杂的系统内部数据结构有关的是,PULP-Ⅰ系统具有许多子系统,而且需要花费大量时间来编写程序。再次,尽管 PULP-Ⅰ系统的执行速度要比 STRIPS 系统快得多,然而它仍然不够快。

我们在 30 多年前就已开始研究用专家系统的技术来进行不同层次的机器人规划和程序设计。本节将结合作者对机器人规划专家系统的研究,介绍基于专家系统的机器人规划。

1. 系统结构和规划机理

机器人规划专家系统就是用专家系统的结构和技术建立起来的机器人规划系统。大多数成功的专家系统都是以基于规则系统(rule-based system)的结构来模仿人类的综合机理的。在这里,我们也采用基于规则的专家系统来建立机器人规划系统。

(1) 系统结构及规划机理

基于规划的机器人规划专家系统由 5 个部分组成,如图 12.9 所示。

① 知识库。用于存储某些特定领域的专家知识和经验,包括机器人工作环境的世界模型、初始状态、物体描述等事实和可行操作或规则等。为了简化结构图,我们把表征系统目前状况的总数据库或称为综合数据库(global database)看作知识库的一部分。一般地,正如图 12.9 所示,总数据库(黑板)是专家系统的一个单独组成部分。

② 控制策略。它包含综合机理,确定系统应当应用什么规则及采取什么方式去寻找该

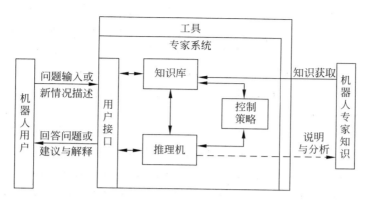

图 12.9 机器人规划专家系统的结构

规则。当使用 PROLOG 语言时,其控制策略为搜索、匹配和回溯(searching, matching and backtracking)。

③ 推理机。用于记忆所采用的规则和控制策略及推理策略。根据知识库的信息,推理机能够使整个机器人规划系统以逻辑方式协调地工作,进行推理,做出决策,寻找出理想的机器人操作序列。有时,把这一部分叫做规划形成器。

④ 知识获取。首先获取某特定域的专家知识,然后用程序设计语言(如 PROLOG 和 LISP 等)把这些知识变换为计算机程序,最后把它们存入知识库待用。

⑤ 解释与说明。通过用户接口,在专家系统与用户之间进行交互作用(对话),从而使用户能够输入数据、提出问题、知道推理结果及了解推理过程等。

此外,要建立专家系统,还需要有一定的工具,包括计算机系统或网络、操作系统和程序设计语言及其他支援软件和硬件。对于本节所研究的机器人规划系统,我们采用 DUALVAX11/780 计算机、VM/UNIX 操作系统和 C-PROLOG 编程语言。

当每条规则被采用或某个操作被执行之后,总数据库就要发生变化。基于规则的专家系统的目标就是要通过逐条执行规则及其有关操作来逐步地改变总数据库的状况,直到得到一个可接受的数据库(称为目标数据库)为止。把这些相关操作依次集合起来,就形成操作序列,它给出机器人运动所必须遵循的操作及其操作顺序。例如,对于机器人搬运作业,规划序列给出搬运机器人把某个或某些特定零部件或工件从初始位置搬运至目标位置所需要进行的工艺动作。

(2)任务级机器人规划三要素

任务级机器人规划就是要寻找简化机器人编程的方法,采用任务级编程语言使机器人易于编程,以开拓机器人的通用性和适应性。

任务规划是机器人高层规划最重要的一个方面,它包含下列 3 个要素:

① 建立模型。建立机器人工作环境的世界模型(world model)涉及大量的知识表示,其中主要有:任务环境内所有物体及机器人的几何描述(如物体形状尺寸和机器人的机械结构等)、机器人运动特性描述(如关节界限、速度和加速度极限和传感器特性等)及物体固有特性和机械手连杆描述(如物体的质量、惯量和连杆参数等)。

此外,还必须为每个新任务提供其他物体的几何、运动和物理模型。

② 任务说明。由机器人工作环境内各物体的相对位置来定义模型状态,并由状态的变换次序来规定任务。这些状态有初始状态、各中间状态及目标状态等。为了说明任务,可以采用 CAD 系统以期望的姿态来确定物体在模型内的位置;也可以由机器人本身来规定机器人的相对位置和物体的特性。不过,这种做法难以解释与修正。比较好的方法是,采用一套维持物体间相对位置所需要的符号空间关系。这样,就能够用某个符号操作序列来说明与规定任务,使问题得到简化。

③ 程序综合。任务级机器人规划的最后一步是综合机械手的程序。例如,对于抓取规划,要设计出抓住点的程序,这与机械手的姿态及被抓物体的描述特性有关。这个抓取点必须是稳定的。又如,对于运动规划,如果属于自由运动,那么就要综合出避开障碍物的程序;如果是制导和依从运动,那么就要考虑采用传感器的运动方式来进行程序综合。

2. ROPES 机器人规划系统

现在举例说明应用专家系统的机器人规划系统。这是一个不很复杂的例子。我们采用基于规则的系统和 C-PROLOG 程序设计语言来建立这一系统,并称为 ROPES 系统,即 RObot Planning Expert Systems(机器人规划专家系统)。

(1) 系统简化框图

ROPES 系统的简化框图如图 12.10 所示。

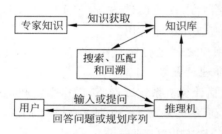

要建立一个专家系统,首先必须仔细、准确地获取专家知识。本系统的专家知识包括来自专家和个人经验,教科书、手册、论文和其他参考文献的知识。把所获取的专家知识用计算机程序和语句表示后存储在知识库中。推理规则也放在知识库内。这些程序和规则均用 C-PROLOG 语言编制。本系统的主要控制策略为搜索、匹配和回溯。

图 12.10 ROPES 系统简化框图

在系统终端的程序操作员(用户),输入初始数据,提出问题,并与推理机对话;然后,由推理机在终端得到答案和推理结果,即规划序列。

(2) 世界模型与假设

ROPES 系统含有几个子系统,它们分别用于进行机器人的任务规划、路径规划、搬运作业规划及寻找机器人无碰撞路径。这里仅以搬运作业规划系统为例来说明本系统的一些具体问题。

图 12.11 表示机器人装配线的世界模型。由图可见,该装配流水线经过 6 个工段(工段 1~工段 6)。有 6 个门道连接各有关工段。在装配线旁装设有 10 台装配机器人(机$_1$~机$_{10}$)和 10 个工作台(台$_1$~台$_{10}$)。在流水线所在车间两侧的料架上,放置着 10 种待装配零件,它们具有不同的形状、尺寸和重量。此外,还有 1 台流动搬运机器人和 1 部搬运小车。这台机器人能够把所需零件从料架送到指定的工作台上,供装配机器人用于装配。当所搬运的零配件的尺寸较大或较重时,搬运机器人需要用小搬运车来运送它们。我们称这种零部件为"重型"的。

除图 12.11 所提出的装配线模型外,我们还可以用图 12.12 来表示搬运机器人的可能操作次序。

为便于表示知识、描述规则和理解规划结果,给出本系统的一些定义如下:

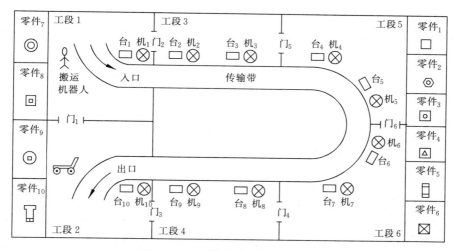

图 12.11 机器人装配线环境模型

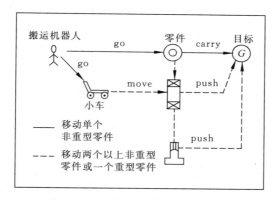

图 12.12 搬运机器人操作流程图

go(A,B)：搬运机器人从位置 A 走到位置 B，

其中，

$A=(\mathrm{area}A,Xa,Ya)$：工段 A 内位置(Xa,Ya)。

$B=(\mathrm{area}B,Xb,Yb)$：工段 B 内位置(Xb,Yb)。

Xa,Ya：工段 A 内笛卡儿坐标的水平和垂直坐标公尺数。

Xb,Yb：工段 B 内的坐标公尺数。

gothru(A,B)：搬运机器人从位置 A 走过某个门而到达位置 B。

carry(A,B)：搬运机器人抓住物体从位置 A 送至位置 B。

carrythru(A,B)：搬运机器人抓住物体从位置 A 经过某个门而到达位置 B。

move(A,B)：搬运机器人移动小车从位置 A 至位置 B。

movethru(A,B)：搬运机器人移动小车从位置 A 经过某个门而到达位置 B。

push(A,B)：搬运机器人用小车把重型零件从位置 A 推至位置 B。

pushthru(A,B)：搬运机器人用小车把重型零件从位置 A 经过某门推至位置 B。

loadon(M,N)：搬运机器人把某个重型零件 M 装到小车 N 上。

unload(M,N)：搬运机器人把某个重型零件 M 从小车 N 上卸下。

transfer(M,cartl,G)：搬运机器人把重型零件 M 从小车 cartl 上卸至目标位置 G 上。

（3）规划与执行结果

前已述及,本规划系统是采用基于规则的专家系统和 C-PROLOG 语言来产生规划序列的。本规划系统共使用 15 条规则,每条规则包含两条子规则,因此实际上共使用 30 条规则。把这些规则存入系统的知识库内。这些规则与 C-PROLOG 的可估价谓词(evaluated predicates)一起使用,能够很快得到推理结果。下面对几个系统的规划性能进行比较。

ROPES 系统是用 C-PROLOG 语言在美国普度大学普度工程计算机网络(PECN)上的 DUAL-VAX11/780 计算机和 VM/UNIX(4.2BSD)操作系统上实现的。而 PULP-Ⅰ系统则是用解释 LISP 在普度大学普度计算机网络(PCN)的 CDC-6500 计算机上执行的。STRIPS 和 ABSTRIPS 各系统是用部分编译 LISP(不包括垃圾收集)在 PDP-10 计算机上进行求解的。据估计,CDC-6500 计算机的实际平均运算速度要比 PDP-10 快 8 倍。但是,由于 PDP-10 所具有的部分编译和清除垃圾堆的能力,其数据处理速度实际上只比 CDC-6500 稍微慢一点。DUAL-VAX11/780 和 VM/UNIX 系统的运算速度也比 CDC-6500 要慢许多倍。不过,为了便于比较,在此我们用同样的计算时间单位来处理这 4 个系统,并对它们进行直接比较。

表 12.2 比较这 4 个系统的复杂性,其中,用 PULP-24 系统来代表 ROPES 系统。从表 12.2 可以清楚地看出,ROPES 系统最为复杂,PULP-Ⅰ系统次之,而 STRIPS 和 ABSTRIPS 系统最简单。

表 12.2　各规划系统世界模型的比较

系 统 名 称	物 体 数 目				
	房间	门	箱子	其他	总计
STRIPS	5	4	3	1	13
ABSTRIPS	7	8	3	0	18
PULP-Ⅰ	6	6	5	12	29
PULP-24	6	7	5	15	33

这 4 个系统的规划速度用曲线表示在图 12.13 的对数坐标上,从曲线可知,PULP-Ⅰ的规划速度要比 STRIPS 和 ABSTRIPS 快得多。

表 12.3 仔细地比较了 PULP-Ⅰ和 ROPES 两系统的规划速度。从图 12.13 和表 12.3 可见,ROPES(PULP-24)系统的规划速度要比 PULP-Ⅰ系统快得多。

（4）结论与讨论

① 本规划系统是 ROPES 系统的一个子系统,是以 C-PROLOG 为核心语言,于 1985 年在美国普度大学的 DUAL-VAX11/780 计算机上实现的,并获得良好的规划结果。与 STRIPS、ABSTRIPS 及 PULP-Ⅰ相比,本系统具有更好的规划性能和更快的规划速度。

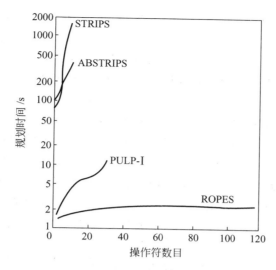

图 12.13 规划速度的比较

表 12.3 规划时间的比较

操作符数目	CPU 规划时间/s		操作符数目	CPU 规划时间/s	
	PULP-I	PULP-24		PULP-I	PULP-24
2	1.582	1.571	49	…	2.767
6	2.615	1.717	53	…	2.950
10	4.093	1.850	62	…	3.217
19	6.511	1.967	75	…	3.233
26	6.266	2.150	96	…	3.483
34	12.225	…	117	…	3.517

② 本系统能够输出某个指定任务的所有可能解答序列,而以前的其他系统只能给出任意一个解。当引入"cut"谓词后,本系统也只输出单一解;它不是"最优"解,而是个"满意"解。

③ 当涉及某些不确定任务时,规划将变得复杂起来。这时,概率、可信度和(或)模糊理论可被用于表示知识和任务,并求解此类问题。

④ C-PROLOG 语言对许多规划和决策系统是十分合适和有效的,它比 LISP 更加有效而且简单。在微型机上建立高效率的规划系统应当是研究的一个方向。

⑤ 当规划系统的操作符数目增大时,本系统的规划时间增加得很少,而 PULP-I 系统的规划时间却几乎是线性增加的。因此,ROPES 系统特别适用于大规模的规划系统,而PULP-I 只能用于具有较少操作符数目的系统。

12.3 路径规划

各种移动体在复杂环境中运动时,需要进行导航与控制,而有效的导航与控制又需要优化的决策和规划。移动智能机器人就是一种典型的移动体。移动智能机器人是一类能够通过传感器感知环境和自身状态,实现在有障碍物的环境中面向目标的自主运动,从而完成一定作业功能的机器人系统。本节以机器人为例讨论移动体的规划问题,有时把这种规划称为机器人规划。

导航技术是移动机器人技术的核心,而路径规划(path planning)是导航研究的一个重要环节和课题。所谓路径规划是指移动机器人按照某一性能指标(如距离、时间、能量等)搜索一条从起始状态到达目标状态的最优或次优路径。路径规划主要涉及的问题包括:利用获得的移动机器人环境信息建立较为合理的模型,再用某种算法寻找一条从起始状态到达目标状态的最优或近似最优的无碰撞路径;能够处理环境模型中的不确定因素和路径跟踪中出现的误差,使外界物体对机器人的影响降到最小;利用已知的所有信息来引导机器人的动作,从而得到相对更优的行为决策。如何快速有效地完成移动机器人在复杂环境中的导航任务仍将是今后研究的主要方向之一。怎样把各种方法的优点融合到一起以达到更好的效果也是一个有待探讨的问题。本节介绍我们在路径规划方面的一些最新研究成果。

12.3.1　机器人路径规划的主要方法和发展趋势

1. 移动机器人路径规划的主要方法

移动机器人路径规划方法主要有以下三种类型。

(1) 基于事例的学习规划方法

基于事例的学习规划方法依靠过去的经验进行学习及问题求解,一个新的事例可以通过修改事例库中与当前情况相似的旧的事例来获得。将其应用于移动机器人的路径规划中可以描述为:首先,利用路径规划所用到的或已产生的信息建立一个事例库,库中的任一事例包含每一次规划时的环境信息和路径信息,这些事例可以通过特定的索引取得。然后,把由当前规划任务和环境信息产生的事例与事例库中的事例进行匹配,以寻找出一个最优匹配事例,然后对该事例进行修正,并以此作为最后的结果。移动机器人导航需要良好的自适应性和稳定性,而基于事例的方法能满足这个需求。

(2) 基于环境模型的规划方法

基于环境模型的规划方法首先需要建立一个关于机器人运动环境的环境模型。在很多情况下,由于移动机器人的工作环境具有不确定性(包括非结构性、动态性等),使得移动机器人无法建立全局环境模型,而只能根据传感器信息实时地建立局部环境模型,因此局部模型的实时性、可靠性成为影响移动机器人是否可以安全、连续和平稳运动的关键因素。环境建模的方法基本上可以分为两类,即网络/图建模方法和基于网格的建模方法。前者主要包括自由空间法、顶点图像法、广义锥法等,它们可得到比较精确的解,但所耗费的计算量相当大,不适合于实际的应用。而后者在实现上要简单许多,所以应用比较广泛,其典型代表就是四叉树建模法及其扩展算法等。

基于环境模型的规划方法根据掌握环境信息的完整程度可以细分为环境信息完全已知的全局路径规划和环境信息完全未知或部分未知的局部路径规划。由于环境模型是已知的,全局路径规划的设计标准是尽量使规划的效果达到最优。在此领域已经有了许多成熟的方法,包括可视图法、切线图法、Voronoi 图法、拓扑法、惩罚函数法、栅格法等。

作为当前规划研究的热点问题,局部路径规划得到了深入细致的研究。对环境信息完全未知的情况,机器人没有任何先验信息,因此规划是以提高机器人的避障能力为主,而效果作为其次。已经提出和应用的方法有增量式的 D* Lite 算法和基于滚动窗口的规划方法等。环境部分未知时的规划方法主要有人工势场法、模糊逻辑算法、遗传算法、人工神经网络、模拟退火算法、蚁群优化算法、粒子群算法和启发式搜索方法等。启发式搜索方法有 A* 算法、增量式图搜索算法(又称作 Dynamic A* 算法)、D* 和 Focussed D* 等。美国于 1996 年 12 月发射了"火星探路者"探测器,其"索杰纳"火星车所采用的路径规划方法就是 D* 算法,能自主判断出前进道路上的障碍物,并通过实时重规划来做出后面行动的决策。

（3）基于行为的路径规划方法

基于行为的方法由 Brooks 在他著名的包容式结构中建立,它是受生物系统的启发而产生的自主机器人设计技术,它采用类似动物进化的自底向上的原理体系,尝试从简单的智能体来建立一个复杂的系统。将其用于解决移动机器人路径规划问题是一种新的发展趋势,它把导航问题分解为许多相对独立的行为单元,比如跟踪、避碰、目标制导等。这些行为单元是一些由传感器和执行器组成的完整的运动控制单元,具有相应的导航功能,各行为单元所采用的行为方式各不相同,这些单元通过相互协调工作来完成导航任务。

基于行为的方法大体可以分为反射式行为、反应式行为和慎思行为 3 种类型。反射式行为类似于青蛙的膝跳反射,是一种瞬间的应激性本能反应,它可以对突发性情况做出迅速反应,如移动机器人在运动中紧急停止等,但该方法不具备智能性,一般是与其他方法结合使用。慎思行为利用已知的全局环境模型为智能体系统到达某个特定目标提供最优动作序列,适合于复杂静态环境下的规划,移动机器人在运动中的实时重规划就是一种慎思行为,机器人可能出现倒退的动作以走出危险区域,但由于慎思规划需要一定的时间去执行,所以它对于环境中不可预知的改变反应较慢。反应式行为和慎思行为可以通过传感器数据、全局知识、反应速度、推理论证能力和计算的复杂性这几方面来加以区分。近来,在慎思行为的发展中出现了一种类似于人的大脑记忆的陈述性认知行为,应用此种规划不仅仅依靠传感器和已有的先验信息,还取决于所要到达的目标。比如对于距离较远且暂时不可见的目标,有可能存在一个行为分叉点,即有几种行为可供采用,机器人要择优选择,这种决策性行为就是陈述性认知行为。将它用于路径规划能使移动机器人具有更高的智能,但由于决策的复杂性,该方法难以用于实际,这方面的工作还有待进一步研究。

2. 路径规划的发展趋势

随着移动机器人应用范围的扩大,移动机器人路径规划对规划技术的要求也越来越高,单个规划方法有时不能很好地解决某些规划问题,所以新的发展趋向于将多种方法相结合。

（1）基于反应式行为规划与基于慎思行为规划的结合

基于反应式行为的规划方法在能建立静态环境模型的前提下可取得不错的规划效果,但它不适用于环境中存在一些非模型障碍物(如桌子、人等)的情况。为此,一些学者提出了混合控制的结构,即将慎思行为与反应式行为相结合,可以较好地解决这种类型的问题。

（2）全局路径规划与局部路径规划的结合

全局规划一般是建立在已知环境信息的基础上,适应范围相对有限;局部规划能适用于环境未知的情况,但有时反应速度不快,对规划系统品质的要求较高,因此如果把两者结合就可以达到更好的规划效果。

（3）传统规划方法与新的智能方法之间的结合

一些新的智能技术近年来已被引入路径规划,也促进了各种方法的融合发展,例如,人工势场与神经网络、模糊控制的结合等。

12.3.2　基于免疫进化和示例学习的机器人路径规划

下面介绍一种快速而有效地实现导航的路径规划算法——基于示例学习和免疫的进化路径规划。

进化计算的收敛速度较慢,经常要耗费大量的机器时间,达不到在线规划和实时导航的要求。如果仅有选择、交叉和变异的标准进化计算用于路径规划,理论上说使用最优保存策略时能以概率 1 进化出最佳路径,但进化的代价将是一个巨大的数字。通常基于进化的路径规划和导航都考虑了机器人导航特点,设计了新的进化算子。针对这种环境前后有一些相似性的情况,将过去进化过程中的经验(性能好的个体)通过示例表达并存入示例库,然后在新的进化过程中选取部分示例加入种群,同时将生命科学中的免疫原理和进化算法相结合,构造一类进化算法,满足在线规划下的实时性要求。算法中免疫算子是通过疫苗接种和免疫选择两个步骤来完成,并使用了按模拟退火原理的免疫选择算子。

1. 个体的编码方法

一条路径是从起点到终点、若干线段组成的折线,线段的端点叫节点(用平面坐标(x,y)表示),绕过了障碍物的路径为可行路径。一条路径对应进化种群中的一个个体,一个基因用其节点坐标(x,y)和状态量 b 组成的表来表示,b 刻画节点是否在障碍物内和本节点与下一节点组成的线段是否与障碍物相交,以及记录使用绕过障碍物的免疫操作状态(后面详细说明)。个体 X 可表示如下:

$$X = \{(x_1, y_1, b_1), (x_2, y_2, b_2), \cdots, (x_n, y_n, b_n)\}$$

其中,(x_1, y_1),(x_n, y_n)是固定的,分别表示起止。

群体的大小是预先给定的常数 N,按随机方式产生 $n-2$ 个坐标点(x_2, y_2),$\cdots$,(x_{n-1}, y_{n-1})。

2. 适应度函数

所要讨论的问题是求一条最短路径,要求路径与障碍物不交,并保证机器人能安全行驶。据此适应度函数可取为

$$\text{Fit}(X) = \text{dist}(X) + r\varphi(X) + c\phi(X) \tag{12.1}$$

其中,r 和 c 为正常数,$\text{dist}(X)$、$\varphi(X)$和 $\phi(X)$的定义如下:$\text{dist}(X) = \sum_{i=1}^{n-1} d(m_i, m_{i+1})$ 为路径总长,$d(m_i, m_{i+1})$为两相交节点 m_i 和 m_{i+1} 之间的距离,$\varphi(X)$为路径与障碍物相交的线段个数,$\phi(X) = \max_{i=2}^{n-1} C_i$ 为节点的安全度,其中,

$$C_i = \begin{cases} g_i - \tau, & g_i \geqslant \tau \\ e^{\tau - g_i} - 1, & 否则 \end{cases}$$

其中,g_i 为线段 $\overline{m_i m_{i+1}}$ 到所有检测到的障碍物的距离,τ 为预先定义的安全距离参数。

3. 免疫和进化算子

交叉算子:由选择方式选择两个个体,以两者中较短的一个的节点数为取值上限,以 1 为下限,产生一个服从均匀分布的随机数,以此数为交叉点,对两个个体进行交叉操作。记

交叉操作的概率为 p_c。

Ⅰ型变异算子：在路径上随机选一个节点(非起点和终点),将此节点的 x 坐标和 y 坐标分别用全问题空间内随机产生的值代之。

Ⅱ型变异算子：在路径上随机选一个节点 (x,y)(非起点和终点),将此节点的 x 坐标和 y 坐标用原来的坐标附近的一个随机值取代之。

免疫算子(immune operator)是关键的进化算子,如何设计免疫算子呢?首先对问题进行分析,路径规划的关键目标是避障,因此绕过障碍物所需要的信息就是重要的特征信息。设计绕过障碍物的免疫算子(或免疫操作),如图 12.14 所示,试图绕过挡住了道路的障碍物。

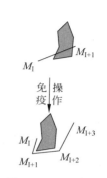

从机器人运动角度分析,直线运行是最理想的,随着环境的复杂化,运行的路线随之复杂化,特别是转角大的点,运动控制难度变大、前进速度变小。为了提高路径光滑度,转角大的点(用曲率来度量)要裁角。绕过障碍物的免疫操作产生的路径上的节点有时前后顺序错位,需要交换某些节点的前后顺序;有时有多余的节点,需要删除。为此使用了文中的裁角算子、交换算子和删除算子。

图 12.14　免疫算子

4. 算法描述与免疫、进化算子分析

构造的算法如下:

```
开始
{
初始化群体;
评价群体的适应度;
若不满足停机条件则循环执行:
{
从示例库中取出若干个体替换最差个体;
交叉操作;
Ⅰ型变异操作;
Ⅱ型变异操作;
删除操作;
交换操作;
裁角;
免疫操作接种疫苗;
免疫选择;
评价群体的适应度;
淘汰部分个体,保持种群规模;
}
}
```

在进行免疫操作的接种疫苗后进行免疫选择,就是将免疫操作产生的个体 X' 与其父本 X 进行比较,如果适应度值改进了,则替代其父本,否则按概率 $p(X) = \exp((\mathrm{fit}(X) - \mathrm{fit}(X'))/T_k)$ 替代其父本。

如果没有相似环境的示例库,也就是说是一个全新的环境,需要通过离线的免疫进化规划,这时是在算法中删除"从示例库中取出若干个体替换最差个体"。当满足停机条件时,将种群中的个体加入示例库存中。当环境发生变化时,就按上述算法进行,要不断地从示例库中取出示例加入当前进化种群,将过去进化过程中取得的经验发挥出来,加快进化速度。

　　如果环境多次发生变化,每发生一次,示例库中示例的数量就会增加,对此可以考虑按"先进先出"的方式对示例库存贮,将部分最早存入的示例删除,因为环境经过多次变化,最早的经验也许已经过时了。

　　如何在学习经验的同时适应环境的新变化,就是进化算子的任务了,特别是免疫算子。下面分析免疫算子等的作用,从整个免疫进化算法的算子构造来看,免疫算子主要作用是局部性的,进化算法是起全局作用的,因此构造的算法是全局收敛性能较好的进化算法和局部优化能力较强的免疫算子的结合;从抗体适应度提高能力来分析,结合式(12.1),绕过障碍物的免疫算子能将不可行路径变换为可行路径,裁角算子能使运动路径变得更光滑,但对不可行路径进行光滑化的免疫操作,其意义小于可行路径进行光滑化,这从式(12.1)的系数的确定上体现出来。在这种情况下,不可行路径进行光滑化的免疫操作概率应当小于绕过障碍物的免疫操作概率。如果都是可行路径,进行光滑化的免疫操作概率将适当增大。

　　状态表中保存了绕过障碍物的免疫操作的记录,指明光滑化和删除节点操作的使用频率,绕过障碍物的免疫操作产生的几个节点,在其后的几代进化中,应当使用较大的概率进行删除操作和光滑化操作。

　　状态表由如下几个部分组成:本节点到下一节点组成的线段是否与障碍物相交;绕过障碍物的免疫操作记录,若此节点在当代使用绕过障碍物的免疫操作或Ⅰ型变异操作,则置此处为某个整数 k(后面的仿真实验中 $k=6$),若是Ⅱ型变异操作,则置此处为 $k/2$,如果使用了光滑化和删除节点操作,则此值减1;当此值为0时,进行光滑化和删除节点操作的概率为 p_{d0}(仿真实验取0.2),否则为 p_{d1}(仿真实验取0.8)。

12.3.3　基于蚁群算法的机器人路径规划

　　很多路径规划方法,如基于进化算法的路径规划、基于遗传算法的路径规划算法等,存在计算代价过大、可行解构造困难等问题,在复杂环境中很难设计进化算子和遗传算子。可引入蚁群优化算法来克服这些缺点,但用蚁群算法来解决复杂环境中的路径规划问题也存在一些困难。本节首先介绍蚁群优化(ACO)算法,然后介绍一种基于蚁群算法的移动机器人路径规划方法。

1. 蚁群优化算法的简介

　　生物学家们发现自然界中的蚂蚁群在觅食过程中具有一些显著自组织行为的特征,例如:①蚂蚁在移动过程中会释放一种称为信息素的物质;②释放的信息素会随着时间的推移而逐步减少,蚂蚁能在一个特定的范围内觉察出是否有同类的信息素轨迹存在;③蚂蚁会沿着信息素轨迹多的路径移动等。正是基于这些基本特征,蚂蚁能找到一条从蚁巢到食物源的最短路径。此外,蚁群还有极强的适应环境的能力,如图12.15所示,在蚁群经过的路线上突然出现障碍物时,蚁群能够很快重新找到新的最优路径。

　　这种蚁群的觅食行为激发了广大科学工作者的灵感,从而产生了蚁群优化算法(ACO)。蚁群算法是对真实蚁群协作过程的模拟。每只蚂蚁在候选解的空间中独立地对解进行搜索,并在所寻得的解上留下一定的信息量。解的性能越好,蚂蚁留在其上的信息量越大,而信息量越大的解被再次选择的可能性也越大。在算法的初级阶段所有解上的信息量是相同的,随着算法的推进较优解上的信息量逐渐增加,算法最终收敛到最优解或近似最优解。以求解平面

(a) 蚁群在蚁巢和食物源之间的路径上移动　　(b) 路径上出现障碍物，蚁群以同样的
概率向左、右方向行进

(c) 较短路径上的信息素以更快的速度增加　　(d) 所有的蚂蚁都选择较短的路径

图 12.15　蚁群的自适应行为

上 n 个城市的 TSP 问题为例说明蚁群系统的基本模型。n 个城市的 TSP 问题就是寻找通过 n 个城市各一次且最后回到出发点的最短路径。设 m 是蚁群中蚂蚁的数量，$d_{ij}(i,j=1,2,\cdots,n)$ 表示城市 i 和城市 j 之间的距离，$\tau_{ij}(t)$ 表示 t 时刻在 ij 连线上残留的信息量。任一蚂蚁 $k(k=1,2,\cdots,m)$ 在运动过程中，按下式的概率转移规则决定转移方向。

$$p_{ij}^{k} = \begin{cases} \dfrac{\tau_{ij}^{n}(t)\eta_{ij}^{n}(t)}{\displaystyle\sum_{S\in \text{allowed}_k} \tau_{ij}^{n}(t)\eta_{ij}^{n}(t)}, & \text{假如 } j\in \text{allowed}_k \\ 0, & \text{否则} \end{cases}$$

其中，p_{ij}^{k} 表示在 t 时刻蚂蚁 k 由位置 i 转移到位置 j 的概率；η_{ij} 表示由城市 i 转移到城市 j 的期望程度，一般取 $\eta_{ij}=1/d_{ij}$；$\text{allowed}_k=\{0,1,\cdots,n-1\}-\text{tabu}_k$ 为蚂蚁 k 下一步允许选择的城市。随着时间的推移，以前留下的信息将逐渐消逝，用参数 $(1-\rho)$ 表示信息挥发程度，经过 n 个时刻，各个蚂蚁完成一次循环，各路径上信息量要根据下式作调整：

$$\begin{cases} \tau_{ij}(t+n)=\rho(t)\tau_{ij}(t)+\Delta\tau_{ij}, & \rho\in(0,1) \\ \Delta\tau_{ij}=\displaystyle\sum_{k=1}^{m}\Delta\tau_{ij}^{k} \end{cases}$$

其中，$\Delta\tau_{ij}^{k}$ 表示第 k 只蚂蚁在本次循环中留在路径 ij 上的信息量，$\Delta\tau_{ij}$ 表示本次循环中路径 ij 上信息量的增量。

$$\Delta\tau_{ij}^{k} = \begin{cases} \dfrac{Q}{L_k}, & \text{若第 } k \text{ 只蚂蚁在本次循环中经过 } ij \\ 0, & \text{否则} \end{cases}$$

其中，Q 为常数，L_k 表示第 k 只蚂蚁在本次循环中所走路径的长度。在初始时刻，$\tau_{ij}(0)=C$，$\Delta\tau_{ij}=0(i,j=0,1,\cdots,n-1)$。蚁群系统基本模型中的参数 Q,C,α,β,ρ 的选择一般由实验方法确定，算法的停止条件可取固定进化代数或当进化趋势不明显时便停止计算。

2. 基于蚁群算法的路径规划

机器人的路径规划问题非常类似于蚂蚁的觅食行为，机器人的路径规划问题可以看成从蚂蚁巢穴出发绕过一些障碍物寻找食物的过程，只要在巢穴有足够多的蚂蚁，这些蚂蚁一定能避开障碍物找到一条从巢穴到达食物的最短路径，图 12.15 就是蚁群绕过障碍物找到一条从巢穴到食物的路径的例子。大多数国外文献的研究集中在多机器人系统中模拟蚁群通信与协作方式。一些学者研究了基于 ACO 的机器人路径规划问题。为了使蚂蚁能找到食物(目标点),在食物附近建立一个气味区,蚂蚁只要进入气味区,就会沿着气味的方向找到食物。在障碍区,由于障碍物能阻隔食物的气味,蚂蚁闻不到食物气味,只能根据启发式信息素或随机选择行走路径。规划出的完整机器人行走路径由三部分组成:机器人的起始位置到蚂蚁初始位置的路径、蚂蚁初始位置到蚂蚁进入气味区位置的路径和蚂蚁进入气味区位置到终点位置的路径。

(1) 环境建模

设机器人在二维平面上的有限运动区域(环境地图)上行走,其内部分布着有限多个凸型静态障碍物。为简单起见将机器人模型化为点状机器人,同时行走区域中的静态障碍物根据机器人的实际尺寸及其安全性要求进行了相应"膨化"处理,并使得"膨化"后的障碍物边界为安全区域,且各障碍物之间及障碍物与区域边界不相交。

环境信息的描述要考虑三个重要因素:①如何将环境信息存入计算机;②便于使用;③问题求解的效率较高。采用二维笛卡儿矩形栅格表示环境,每个矩形栅格有一个概率,概率为 1 时表示存在障碍物,为 0 时不存在障碍物,机器人能自由通过。栅格大小的选取直接影响算法的性能,栅格选得小,环境分辨率高,但抗干扰能力弱,环境信息存储量大,决策速度慢;栅格选得大,抗干扰能力强,环境信息存储量小,决策速度快,但分辨率下降,在密集障碍物环境中发现路径的能力减弱。

(2) 邻近区的建立

一般来说,蚂蚁在巢穴附近活动,在巢穴附近没有任何障碍物,蚂蚁可以在这片区域自由行走。这样在这巢穴建立一个邻近区,蚂蚁随机放入这区域后,自由地穿过障碍区向着食物方向觅食。邻近区可以是一个扇区或三角区,如图 12.16(a)、(b)所示的阴影区。邻近区的建立方法是:找到从起点朝终点方向到障碍物的最近垂直距离 d,如图 12.16(c)所示,以此距离为半径或三角形的高度建立扇区或三角区。

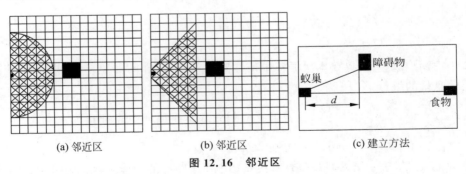

(a) 邻近区　　　　　(b) 邻近区　　　　　(c) 建立方法

图 12.16　邻近区

(3) 气味区的建立

任何一种食物都有气味,这种气味吸引蚂蚁朝其爬行,因此建立一个如图 12.17 所示的食物气味区。只要蚂蚁进入气味区,蚂蚁就还会闻到气味,朝着食物地点爬行。在非气味区,由于障碍物阻隔,蚂蚁闻不到气味,只能按后面介绍的方法(6)选择可行路径。当蚂蚁进入气味区时,它就会朝着食物方向前进最终找到食物。气味区建立方法是:从食物朝着起始位置方向直线扫描,没有遇到障碍物之前的区域为气味区。

（4）路径的构成

路径由三部分构成：机器人的起始位置到蚂蚁初始位置的路径、蚂蚁初始位置到蚂蚁进入气味区位置的路径和蚂蚁进入气味区位置到终点位置的路径，如图12.18所示，分别设为path0、path1和path2，所以总的路径长度 $L_{path}=L_{path0}+L_{path1}+L_{path2}$。

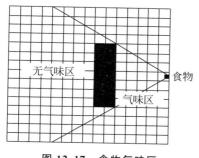

图 12.17　食物气味区

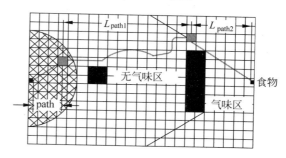

图 12.18　路径构成

（5）路径的调整

蚂蚁走过的路径是弯弯曲曲的，必须调整为光滑路径。调整方法如图12.19所示：从开始点 S 出发不断寻找直到找到点 Q，使得 Q 的下一个点 G 与 S 的连线穿过障碍物，而 Q 以前的点（包括 Q 点）与 S 的连线没有穿越障碍物，连接 Q 与 S，这时 $\overline{SQ}$ 上离障碍物最近的一点为 D，则 SD 就是要找的路径。下一步设 D 为 S，再在 S 与 G 之间寻找 D，直到 S 点与 G 重合。所得到的连线即为调整后的路径。显然 $\overline{SD}$ 为 S 到 D 的最短距离，而 $\overline{DG}<\overline{DQ}+\overline{QG}$，所以线段 $\overline{SDG}$ 是沿着曲线 $\overline{SG}$ 绕过障碍物的最短路径。设总的栅格数为 N，从起点到终点的直线距离的栅格数为 M，则其最坏时间复杂度为 $O(N^2)$，最好时间复杂度为 $O(M^2)$。

（6）路径方向的选择

蚂蚁沿食物方向可选择三个行走栅格，如图12.20所示分别编号为0,1,2。每只蚂蚁根据三个方向的概率选择一个行走方向，移至下一个栅格。

在时刻 t，蚂蚁 k 从栅格 i 沿 $j(j\in\{0,1,2\})$ 方向转移到下一栅格的概率 $p_{ij}^k(t)$ 为

$$p_{ij}^k(t)=\begin{cases}\dfrac{[\tau_{ij}(t)]^\alpha\cdot[\eta_{ij}(t)]^\beta}{\sum\limits_{S\in J_k(i)}[\tau_{ij}(t)]^\alpha\cdot[\eta_{ij}(t)]^\beta}, & j\in J_k(i)\\[6pt]0, & \text{否则}\end{cases} \qquad (12.2)$$

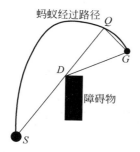

图 12.19　路径调整方法

图 12.20　路径方向选择

其中，$J_k(i)=\{0,1,2\}-\text{tabu}_k$ 表示蚂蚁 k 下一步允许选择的栅格集合。列表 tabu_k 记录了蚂蚁 k 刚刚走过栅格。α 和 β 分别表示信息素和启发式因子的相对重要程度。式(12.2)中的 η_{ij} 是一个启发式因子，表示蚂蚁从栅格 i 沿 $j(j \in \{0,1,2\})$ 方向转移到下一个栅格的期望程度。在蚂蚁系统(AS)中，η_{ij} 通常取城市 i 与城市 j 之间距离的倒数。由于栅格之间的距离相等，不妨取 1，于是式(12.2)变成

$$p_{ij}^k(t)=\begin{cases}\dfrac{[\tau_{ij}(t)]^\alpha}{\displaystyle\sum_{S \in J_k(i)}[\tau_{ij}(t)]^\alpha}, & j \in J_k(i)\\[4mm]0, & \text{否则}\end{cases}\qquad(12.3)$$

蚂蚁选择方向的方法：如果每一个可选择的方向的转移概率相等，则随机选择一个方向，否则根据式(12.3)选择概率最大的方向，作为蚂蚁下一步的行走方向。

(7) 信息素的更新

一只蚂蚁在栅格上沿三个方向中的一个方向到下一个栅格，故在每个栅格设三个信息素，每个信息素根据下式更新。

$$\tau_{ij}(t+n)=\rho\tau_{ij}(t)+\Delta\tau_{ij}\qquad(12.4)$$

$$\Delta\tau_{ij}=\sum_{k=1}^m\Delta\tau_{ij}^k\qquad(12.5)$$

其中，$\Delta\tau_{ij}$ 表示本次迭代栅格 i 沿 $j(j \in \{0,1,2\})$ 方向信息素的增量。$\Delta\tau_{ij}^k$ 表示第 k 只蚂蚁在本次迭代中栅格 i 沿 $j(j \in \{0,1,2\})$ 方向的信息素量，用 ρ 表示在某条路径上信息素轨迹挥发后的剩余度，ρ 可取 0.9。如果蚂蚁 k 没有经过栅格 i 沿 j 方向到达下一个栅格，则 $\Delta\tau_{ij}^k$ 的值为 0，$\Delta\tau_{ij}^k$ 表示为

$$\Delta\tau_{ij}^k=\begin{cases}\dfrac{Q}{L_k}, & \text{蚂蚁 } k \text{ 经 } i \text{ 栅格沿 } j \text{ 方向}\\[4mm]0, & \text{否则}\end{cases}\qquad(12.6)$$

其中，Q 为正常数，L_k 表示第 k 只蚂蚁在本次周游中所走过路径调整以后的长度。

(8) 算法描述

基于蚁群算法的路径规划(PPACO)步骤如下：

步骤 1　环境建模；

步骤 2　建立巢穴邻近区和食物产生的气味区；

步骤 3　在邻近区放置足够多的蚂蚁；

步骤 4　每只蚂蚁根据(6)中的方法选择下一个行走的栅格；

步骤 5　如果有蚂蚁产生了无效路径，则将该蚂蚁删除，否则直到该蚂蚁到达气味区并沿气味方向找到食物为止；

步骤 6　调整蚂蚁走过的有效路径并保存调整后路径中的最优路径；

步骤 7　按(7)中更改有效路径的信息素。

重复步骤 3～步骤 7 直到达到某个迭代次数或运行时间超过最大限度为止，结束整个算法。

12.4　移动机器人导航

智能移动机器人是一类能够通过传感器感知环境和自身状态,实现在有障碍物的环境中面向目标的自主运动,从而完成一定作业功能的机器人系统。近十多年来,移动机器人技术在工业、农业、航天、航海、军事及空间探测等许多领域都起到了重要的作用,同时又显示了广泛的应用前景,因而成为国际机器人学术界研究和关注的热点问题。

利用电、磁、光、力学等科学原理与方法,通过测量与空中飞行器、海上舰船、海里潜艇、地上车辆和行人等运动物体时空位置的有关参数,从而实现对运动物体的定位,并从出发点沿着预定的路线安全、准确、有效地引导移动体到达目的地,这就是导航,而称这种技术为导航技术。上述各种海陆空运动物体,如果是无人驾驶的,就是各种移动机器人。

在移动机器人相关技术的研究中,导航技术是其核心,而路径规划是导航研究的一个重要环节和课题。本节主要研究移动机器人的路径规划,特别是未知环境中的移动机器人规划。所谓路径规划是指移动机器人按照某一性能指标(如距离、时间、能量等)搜索一条从起始状态到目标状态的最优或次优路径。路径规划主要涉及的问题包括:①利用获得的移动机器人环境信息建立较为合理的环境模型,再用某种算法寻找一条从起始状态到目标状态的最优或近似最优的无碰撞路径;②能够处理环境模型中的不确定因素和路径跟踪中出现的误差,使外界物体对机器人的影响降到最小;③如何利用已知的所有信息来引导机器人的动作,从而得到相对更优的行为决策。

如何快速有效地实现移动机器人在复杂甚至未知环境中的导航任务仍然是今后机器人导航研究的主要方向之一。怎样融合各种导航方法的优点以达到更好的导航效果也是有待探讨的问题。多智能机器系统(MARS),如足球机器人作为一项新的智能技术已逐渐成为关注热点,它是在单体智能机器发展到需要协调作业的条件下产生的,其规划的难点在于多机器人的协调和避碰前进,这也将是移动机器人技术急需拓展的领域。

12.4.1　移动机器人导航的主要方法

从已有研究来看,移动机器人路径规划方法主要可以分为以下三种:基于事例学习的导航方法、基于环境模型的导航方法和基于行为的导航方法。

1. 基于事例学习的导航方法

基于事例学习的导航方法依靠过去的经验进行学习及问题求解,一个新的事例可以通过修改事例库中与当前情况相似的旧的事例来获得。对于移动机器人的路径规划可以描述为:首先,利用路径规划所用到的或已产生的信息建立一个事例库,库中的任一事例包含每一次规划时的环境信息和路径信息,这些事例可以通过特定的索引取得;随后,将由当前规划任务和环境信息产生的事例与事例库中的事例进行匹配,以寻找出一个最优匹配事例,然后对该事例进行修正,并以此作为最后的结果。移动机器人导航需要良好的自适应性和稳定性,而基于事例的方法能满足这个需求。将基于事例的在线匹配和增强式学习相结合,能够提高机器人的自适应性能,较好地适应了环境的变化。使用基于事例的方法时要注意保持事例库中的事例数量,以防止增加机器人在线规划时间或产生信息爆炸问题。把基于事例的方法与全局规划结合能够提高全局规划的效率。自主式水下机器人由于其在海底资源探测上的优势而受到各国的关注,但因为水下环境十分复杂(能见度差、定位困难等),而水下环境的拥挤程度相对较低,导致一般的规划方法都难以奏效。水下机器人工作在同一区域的可能性较大这一特征恰好有利于基于事例规划方法的应用,因此该方法被广泛用于解决水下机器人的导航问题。

2. 基于环境模型的导航方法

基于环境模型的导航方法首先需要建立一个关于机器人运动的环境模型。在很多时候由于移动机器人的工作环境具有不确定性(包括非结构性、动态性等),使得移动机器人无法建立全局环境模型,而只能根据传感信息实时地建立局部环境模型,因此局部模型的实时性、可靠性成为影响移动机器人是否可以安全、连续和平稳运动的关键。环境建模的方法基本上可以分为两类:网络/图建模方法、基于网格的建模方法。前者主要包括自由空间法、顶点图像法、广义锥法等,利用它们进行路径规划时可得到比较精确的解,但所耗费的计算量相当大,不适于实际的应用。而后者在实现上要简单许多,所以应用比较广泛,其典型代表就是四叉树建模法及其扩展算法。

基于环境模型的导航方法根据掌握环境信息的完整程度可以细分为环境信息完全已知的全局路径导航和环境信息完全未知或部分未知的局部路径导航。由于环境模型是已知的,全局路径规划的设计标准是尽量使规划的效果达到最优。在此领域已经有了许多成熟的方法,包括可视图法、切线图法、Voronoi 图法、拓扑法、惩罚函数法、栅格法等。

作为当前导航研究的热点问题,局部路径导航得到了深入细致的研究。对环境信息完全未知的情况,机器人没有任何先验信息,因此规划是以提高机器人的避障能力为主,而效果作为其次。增量式 D* Lite 算法利用启发式策略搜索一条从目标点指向机器人当前位置的路径,并在机器人向目标运动过程中根据局部环境的更新信息来实时重规划路径,由此得出一条最优路径。基于滚动窗口的规划方法也取得了较好的效果。在环境部分未知时的导航方法主要有人工势场法、人工神经网络算法、模糊逻辑算法、遗传算法、模拟退火算法、蚁群优化算法、粒子群算法和启发式搜索方法等。其中,启发式方法的研究取得了较大进展,其最初代表是 A* 算法,而其新发展是增量式图搜索算法(又称作 Dynamic A* 算法):D* 算法和 Focussed D* 算法。此外,还出现了一些基于 A* 的改进算法。基于环境模型的方法由于其导航的精确性和平稳性应用在很多领域,特别是在宇宙空间探测中。例如,美国于1996 年 12 月发射的"火星探路者"探测器所携带的"索杰纳"火星车就是采用 D* 算法作为路径导航方法,使"索杰纳"能在火星表面自如而谨慎地行走,且能自主判断出前进道路上的障碍物,并通过实时重规划来做出行动决策。

3. 基于行为的导航方法

基于行为的路径导航方法由 Brooks R A 在他著名的包容式结构中建立,它是一门受到生物系统启发而产生的用来设计自主机器人的技术,采用类似动物进化的自底向上的原理体系,尝试从简单的智能体来建立一个复杂的系统。将其用于解决移动机器人路径导航问题是一种新的发展趋势。它把导航问题分解为许多相对独立的行为单元,比如跟踪、避碰、目标制导等。这些行为单元是一些由传感器和执行器组成的完整的运动控制单元,具有相应的导航功能,各行为单元所采用的行为方式各不相同,这些单元通过相互协调工作来完成导航任务。

基于行为的导航方法大体可分为反射式行为、反应式行为和慎思行为 3 种类型。反射式行为类似于青蛙的膝跳反射,是一种瞬间的应激性本能反应,可以对突发性情况作出迅速反应,如移动机器人在运动中紧急停止等。该导航方法不具备智能性,一般要与其他导航方法结合使用。基于反应式行为的导航方法是由 Brooks 最先提出的,它直接读取传感器数据来规划下一步的动作,可以稳定及时地对不可预知的障碍和环境变化做出反应,但由于缺乏全局环境知识,因此所产生的动作序列可能不是全局最优的,不适合复杂环境下移动机器人的路径规划。慎思行为利用已知的全局环境模型为智能体系统到达某个特定目标提供最优动作序列,适合于复杂静态环境下的规划,移动机器人在运动中的实时重规划就是一种慎思行为,机器人可能出现倒退的动作以走出危险区域,但由于慎思规划需要一定的时间去执行,所以它对于环境中不可预知的改变反应较慢。反应式行为和慎思行为可以通过传感器数据、全局知识、反应速度、推理论证能力和计算的复杂性这几方面来加以区分。在慎思行为的发展中出现了一种类似于人的大脑记忆的陈述性认知行为,这种导航不仅仅依靠传感器和已有的先验信息,还取决于所要到达的目标。比如,对于距离较远且暂时不可见的目标,有可能存在一个行为分叉点,即有几种行为可供采用,机器人要择优选择,这种决策性行为就是陈述性认知行为。将这种方法用于路径规划能使移动机器人具有更高的智能,但由于决策的复杂性,该方法难以用于实际,还需要进一步研究。

12.4.2 移动机器人导航的发展趋势

随着移动机器人应用范围的扩大,对包括路径规划在内的移动机器人导航技术的要求也越来越高,单个规划方法有时不能很好地解决某些导航问题,所以新的发展趋向于将多种导航方法相结合。

1. 基于反应式行为规划与基于慎思行为规划的结合

基于反应式行为的规划方法在能建立静态环境模型的前提下可取得不错的规划效果,但它不适合于环境中存在一些非模型障碍物(如桌子、人等)的情况。为此,一些学者提出了混合控制的结构,即将慎思行为与反应式行为相结合,可以较好地解决这种类型的问题。可把结合两者的混合控制结构用于不可预知环境下的避碰导航。各个行为模块之间是异步运行的,与一般的控制结构相比,其模块规划出一点集而不是一条完整路径,反应式模块具有避碰和目标制导的双重功能。提出了一种三层控制结构,包括控制层、序列层和慎思层,其控制层利用反应式行为迅速地感应环境,慎思层主要进行路径规划等处理过程,序列层连接以上 2 层。该结构保证了机器人在时间上对环境的准确把握,还提出了一种实时的混合控制结构,能在有限的时间内选择合理的执行动作,并能根据环境信息来调节机器人的行为,具有较强的灵活性,有效地解决了有限可用时间与慎思行为需要消耗一定时间之间的矛盾,满足了反应式行为的变化要求。

2. 全局路径规划与局部路径规划的结合

全局规划一般是建立在已知环境信息的基础上,适应范围相对有限;局部规划能适用于环境未知的情况,但有时反应速度不快,对规划系统品质的要求较高,因此如果把两者结合就可以达到更好的规划效果。另一种三层控制结构,以全局规划作为最高层,以人工势场法的局部规划作为第二层,而最底层采用航向角方法来进行避障,适合于杂乱环境中的路径规划。还有一种包括全局规划、局部规划、智能监督、传感器信息融合、路径选择和导航 6 个层次的新的多级结构,该方法能有效地利用局部规划时间,从而得出相对更好的路径。

3. 传统规划方法与新的智能方法之间的结合

一些新的智能技术已被引入路径导航,促使各种方法的融合发展,如人工势场与神经网络及模糊控制的结合等。例如,提出一种神经网络、反应式行为和人工势场的混合控制结构,先用神经网络对环境进行分类以避免陷入局部最小,并建立基于反应式行为的控制器,再根据势场法选择一个特定的反应式行为来引导移动机器人前进,该结构有较好的鲁棒稳定性和动态环境适应性。又如,设计了一种融合了模糊逻辑和人工势场函数的模糊控制器,解决已知环境中存在未知动态障碍的规划问题,较大地提高了运动规划的效率,适合于实时应用。再如,利用人工势场法引导移动机器人向目标前进,再采用模糊逻辑的方法使机器人走出势能陷阱并产生一条平坦而安全的路径。

近年来,机器学习特别是深度学习、人工认知和机器思维、粒子群和蚁群优化等人工智能新技术也在移动机器人导航中获得日益广泛的应用。

12.4.3　基于机器学习的机器人导航

本节首先介绍基于机器学习的智能导航研究的进展,接着举例讨论基于机器学习的智能规划的应用。

1. 基于机器学习的智能导航的进展

近年来,机器学习已在自动规划和导航中得到越来越多的应用。本节首先简单介绍基于机器学习的智能导航研究和应用概况,然后讨论无人驾驶舰船自主航路规划研究进展。

机器学习已在模式识别、语音识别、专家系统和自动规划等领域获得成功应用。深度强化学习(deep reinforcement learning,DRL)可以有效地解决连续状态空间和动作空间的路径规划问题,能够直接将原始数据作为输入,并以输出结果作为执行作用,实现端到端的学习模式,大大提高了算法的效率和收敛性。最近几年,DRL 已十分广泛地应用于机器人控制、智能驾驶和交通控制的规划、控制和导航等领域。首先,机器学习已在各种机器人和智能移动体规划中广泛应用,例如,基于 HPSO 与强化学习的巡查机器人路径规划,基于深度强化学习的未知环境下机器人路径规划,基于云的 3D 网络和相关奖励的多臂机器人鲁棒抓取规划,基于深度学习的雾机器人方法用于机器人表面去毛刺的物体识别和抓取规划,从虚拟到现实的深度强化学习用于无地图导航的移动机器人的连续控制,基于学习的新颖行星漫游车全局路径规划,基于深度强化学习的无人舰船自主路径规划,考虑航行经验规则的无人船舶智能避碰导航,基于深度强化学习的智能体避障与路径规划等。

其次,深度强化学习也较多地应用于移动体(机器人)的底层规划和控制,例如,智能车辆深度强化学习的模型迁移轨迹规划,基于深度强化学习的四旋翼飞机底层控制等。此外,机器学习还应用于非机器人规划,例如,具有深度强化学习的社交意识运动规划,基于机器学习的人工智能辅助规划及基于意图网的整合规划与深度学习的目标导向自主导航等。

强化学习近年来引起了广泛的关注,能够实现学习从环境到行为的映射,并通过下述"最大化价值功能"和"连续动作空间"方式寻求最准确或最佳的行动决策。

最大化价值功能。Mnih 等提出了一种深度 Q 网络(DQN)算法,开启了 DRL 的广泛应用。DQN 算法利用深度神经网络强大的拟合能力,避免了 Q 表的巨大存储空间,并使用经验重播记忆(experience replay memory)和目标网络来增强训练过程的稳定性。同时,DQN 实现端到端学习方法,仅以原始数据作为输入,以输出结果作为每个动作的 Q 值。DQN 算法在离散作用动作中取得了很大成功,但是很难实现高维连续动作。如果将连续变化的动作无限地拆分,则动作的数量会随着自由度的增加而呈指数增加,这将导致维度灾难性问题,并可能导致极大的训练难度。此外,仅将动作离散化即可删除有关动作域结构的重要信息。Actor-Critic(AC)算法具有处理连续动作问题的能力,广泛用于连续动作空间。AC 算法的网络结构包括 Actor 网络和 Critic 网络。Actor 网络负责输出动作的概率值,Critic 网络评估输出动作。这样,可以不断优化网络参数,并获得最优的动作策略;但是 AC 算法的随机策略使得网络难以收敛。Lillicrap 等提出了深度确定性策略梯度(deep deterministic policy gradient,DDPG)算法,用于解决连续状态下的深度强化学习(DRL)问题。

连续动作空间。DDPG 算法是一种无模型算法,将 DQN 算法的优势与经验重播内存和目标网络结合在一起。同时,基于确定性策略梯度(DPG)的 AC 算法用于使网络输出结果具有一定的动作值,从而确保将 DDPG 应用于连续动作空间领域。DDPG 可以容易应用于复杂问题和较大的网络结构。朱敏等提出一种基于 DDPG 的类似人的自主汽车跟随计划的框架。在这种框架下,无人驾驶汽车通过反复试验从环境中学习,获得无人驾驶汽车的路径规划模型,具有良好的实验效果。这项研究表明,DDPG 可以深入了解驾驶员的行为,并有助于开发类似人类的自动驾驶算法和交通流模型。

2. 无人驾驶舰船自主航路规划研究进展

提高舰船的自主驾驶水平已成为增强船舶航行安全性和适应性的重要保障。无人舰船能够更适应海上复杂多变的恶劣环境。这就要求无人舰船具有自主的路径规划和避障能力,从而有效完成任务,增强舰船综合能力。

无人舰船的研究方向涉及自主路径规划、导航控制、自主防撞和半自主任务执行等。自主路径规划作为自主导航的基础和前提,在舰船自动化和智能化中起着关键作用。在实际导航过程中,舰船经常会与其他舰船相遇,这需要合理的方法来指导舰船避开其他船舶,并按目标航行。无人驾驶舰船路径规划方法可以指导舰船采取最佳行动路径,避免与其他舰船和障碍物发生碰撞。传统的路径规划方法通常需要相对完整的环境信息作为先验知识,并且在未知的和危险的海洋环境中获取周围环境信息非常困难。此外,传统算法运算量大,难以实现舰船的实时行为决策和准确路径规划。

目前,国内外已经进行了无人驾驶舰船自主路径规划的研究。这些方法包括传统算法,如 APF、速度障碍方法、A* 算法及一些智能算法,如蚁群优化算法、遗传算法、神经网络算法和其他 DRL 相关算法。

在智能船领域,DRL 在无人船控制中的应用已逐渐成为一个新的研究领域。例如,基于 Q 学习的无人货船的路径规划和操纵方法,基于相对值迭代梯度(RVIG)算法的无人驾驶船舶自主导航控制,基于 Dueling DQN 算法自动避免多艘船舶的碰撞提出了一种基于行为的 USV 局部路径规划和避障方法等。DRL 克服了通常的智能算法的缺点,该算法需要一定数量的样本,并具有更少的错误和响应时间。

在无人船领域中已经提出了许多关键的自主路径规划方法。然而,这些方法主要集中在中小型 USV 的研究上,而对无人船的研究相对较少。本书选择 DDPG 进行无人船道规划,因为它具有强大的深度神经网络功能拟合能力和较好的广义学习能力。

本自主路径规划提出一种基于 DRL 的模型,以实现未知环境下无人舰船的智能路径规划。该模型通过与环境的持续交互及使用历史经验数据,利用 DDPG 算法,可以在模拟环境中学习最佳行动策略。导航规则和船舶遇到的情况被转换成航行约束区域,以实现规划路径的安全性,确保模型的有效性和准确性。舰船自动识别系统(automatic identification system,AIS)提供的数据用于训练此路径规划模型。然后,通过将 DDPG 与人工势场相结合来获得改进的 DRL。最后,将路径规划模型集成到电子海图平台上进行实验。比较实验结果表明,改进后的模型可以实现收敛速度快和稳定性好的自主路径规划。

12.5　轨迹规划简介

轨迹规划,往往称为机器人轨迹规划,属于低层规划,基本上不涉及人工智能问题,而是在机械手运动学和动力学的基础上,讨论在关节空间和笛卡儿空间中机器人运动的轨迹规划和轨迹生成方法。所谓轨迹,是指机械手在运动过程中的位移、速度和加速度。而轨迹规划是根据作业任务的要求,计算出预期的运动轨迹。首先对机器人的任务、运动路径和轨迹进行描述。轨迹规划器只要求用户输入有关路径和轨迹的若干约束和简单描述,而复杂的细节问题则由规划器解决。例如,用户只需给出抓手的目标位姿,由规划器确定到达该目标的路径点、持续时间、运动速度等轨迹参数,并在计算机内部描述所要求的轨迹。最后,对内部描述的轨迹,实时计算机器人运动的位移、速度和加速度,生成运动轨迹。

通常将机械手的运动看作工具坐标系相对于工作坐标系的运动。这种描述方法既适用于各种机械手,也适用于同一机械手上装夹的各种工具。

对抓放作业的机器人(如用于上、下料),需要描述它的起始状态和目标状态,即工具坐标系的起始值和目标值。在此,用"点"这个词来表示工具坐标系的位置和姿态(简称位姿),如起始点和目标点等。对于另外一些作业,如弧焊和曲面加工等,不仅要规定机械手的起始点和终止点,而且要指明两点之间的若干中间点(称路径点),必须沿特定的路径运动(路径约束)。这类运动称为连续路径运动或轮廓运动,而前者称为点到点运动。

在规划机器人的运动轨迹时,还需要弄清楚在其路径上是否存在障碍物(障碍约束)。根据有无路径约束和障碍约束的组合,可把轨迹规划划分为四类。轨迹规划器可形象地看成一个黑箱,其输入包括路径的设定和约束,输出的是机械手末端手部的位姿序列,表示手部在各离散时刻的中间位形。机械手最常用的轨迹规划方法有两种:第一种方法要求用户对于选定的转变节点(插值点)上的位姿、速度和加速度给出一组显式约束(例如,连续性和光滑程度等),轨迹规划器从某一类函数(例如,n 次多项式)中选取参数化轨迹,对节点进行插值,并满足约束条件。第二种方法要求用户给出运动路径的解析式,如为直角坐标空间中的直线路径,轨迹规划器在关节空间或直角坐标空间中确定一条轨迹来逼近预定的路径。

轨迹规划既可在关节空间也可在直角空间中进行,但是所规划的轨迹函数必须连续和平滑,使得操作臂的运动平稳。在关节空间进行规划时,是将关节变量表示成时间的函数,并规划它的一阶和二阶时间导数;在直角空间进行规划是指将手部位姿、速度和加速度表示为时间的函数。而相应的关节位移、速度和加速度由手部的信息导出。通常通过运动学反解得出关节位移,用逆雅可比求出关节速度,用逆雅可比及其导数求解关节加速度。

用户根据作业给出各个路径节点后,规划器的任务包含:解变换方程、进行运动学反解和插值运算等;在关节空间进行规划时,大量工作是对关节变量的插值运算。

对轨迹规划感兴趣的读者,请参阅机器人学的相关著作。

12.6 小结

本章探讨智能规划问题,即机器人规划问题。12.1 节论述智能规划的概念、定义、分类和作用,并说明执行机器人规划系统任务的一般方法。从规划问题的实质对智能规划进行分类,将它们分为任务规划、路径规划和轨迹规划。然后,分节依次研究了任务规划、路径规划和轨迹规划。

12.2 节从积木世界的机器人规划入手,逐步深入地开展对机器人任务规划的讨论。所讨论的机器人任务规划包括下列几种方法:

(1)规则演绎法。用 F 规则求解规划序列。

(2)逻辑演算(消解原理)和通用搜索法。STRIPS 和 ABSTRIPS 系统即属此法。

(3)分层规划方法。如 NOAH 规划系统,它特别适用于非线性规划。

(4)基于专家系统的规划。如 ROPES 规划系统,它具有更快的规划速度、更强的规划能力和更大的适应性。

12.3 节讨论了机器人路径规划的主要方法和发展趋势,介绍了我们的最新研究成果,包括基于免疫进化和示例学习的机器人路径规划、基于蚁群算法的机器人路径规划及基于机器学习的机器人规划等。路径规划还有许多规划方法,本章只是给出了一些示例,与大家交流。这些研究实例都是以计算智能为基础的,而实际上存在许多传统人工智能的规划方法。我们并不是说传统人工智能的规划方法再没有用处,而是限于篇幅未能更多地对它们加以介绍。

12.4 节综述了移动机器人的导航问题,包括移动机器人导航的主要方法、移动机器人导航的发展趋势和基于机器学习的移动机器人导航。

12.5 节简介轨迹规划,由于把它归类于低层规划,不属于人工智能范畴,所以不予深入讨论。

值得指出的是,第一,智能机器人规划和移动机器人导航已发展为综合应用多种方法的规划。第二,智能机器人规划方法和技术已应用到图像处理、计算机视觉、作战决策与指挥、生产过程规划与监控及机器人学各领域,并将获得更为广泛的应用。第三,智能机器人规划尚有一些进一步深入研究的问题,如动态和不确定性环境下的规划、多机器人协调规划和实时规划等。今后,一定会有更先进的智能机器人规划系统和技术问世。

习题 12

12-1 结合实例叙述智能规划的概念和作用。

12-2 你认为智能规划应如何分类比较科学和可行?

12-3 有哪几种重要的任务规划系统?它们各有什么特点?你认为哪种规划方法有较

大的发展前景?

12-4 令 $right(x)$,$left(x)$,$up(x)$ 和 $down(x)$ 分别表示八数码难题中单元 x 左边、右边、上面和下面的单元(如果这样的单元存在的话)。试写出 STRIPS 规划来模拟向上移动 B(空格)、向下移动 B、向左移动 B 和向右移动 B 等动作。

12-5 考虑设计一个清扫厨房的规划问题。

(1)写出一套可能要用的 STRIPS 型操作符。当你描述这些操作符时,要考虑到下列情况:

- 清扫火炉或电冰箱会弄脏地板。
- 要清扫烘箱,必须应用烘箱清洗器,然后搬走此清洗器。
- 在清扫地板之前,必须先行清扫。
- 在清扫地板之前,必须先把垃圾筒拿出去。
- 清扫电冰箱造成垃圾污物,并把工作台弄脏。
- 清洗工作台或地板使洗涤盘弄脏。

(2)写出一个清扫厨房的可能初始状态描述,并写出一个可描述的(但很可能难以得到的)目标描述。

(3)说明如何把 STRIPS 规划技术用来求解这个问题(提示:你可能想修正添加条件的定义,以便当某个条件添加至数据库时,如果出现它的否定的话,就能自动删去此否定)。

12-6 曲颈瓶 F1 和 F2 的容积分别为 C1 和 C2。公式 CONT(X,Y)表示瓶子 X 含有 Y 容量单位的液体。试写出 STRIPS 规划来模拟下列动作:

(1)把 F1 内的全部液体倒进 F2 内。

(2)用 F1 的部分液体把 F2 装满。

12-7 机器人 Rover 正在房外,想进入房内,但不能开门让自己进去,而只能喊叫,让叫声促使开门。另一机器人 Max 在房间内,他能够开门并喜欢平静。Max 通常可以把门打开来使 Rover 停止叫喊。假设 Max 和 Rover 各有一个 STRIPS 规划生成系统和规划执行系统。试说明 Max 和 Rover 的 STRIPS 规则和动作,并描述导致平衡状态的规划序列和执行步骤。

12-8 用本章讨论过的任何规划生成系统,解决图 12.21 所示机械手堆积木问题。

12-9 考虑图 12.22 所示的寻找路径问题。

(1)对所示物体和障碍物(阴影部分)建立一个结构空间。其中,物体的初始位置有两种情况,一种情况如图所示,另一种情况是把物体旋转 90°。

(2)应用结构空间,描述一个寻求上述无碰撞路径的过程(程序)把问题限于无旋转的二维问题。

12-10 指出你的过程结构空间求得的图 12.22 问题的路径,并叙述如何把你在上题中所得结论推广至包括旋转情况。

12-11 图 12.23 表示机器人工作的世界模型。要求机器人 ROBOT 把 3 个箱子 BOX_1、BOX_2 和 BOX_3 移到如图 12.23(b)所示目标位置,试用专家系统方法建立本规划,并给出规划序列。

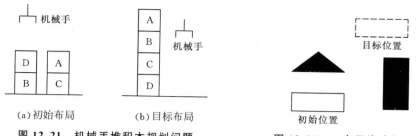

（a）初始布局　　　　（b）目标布局

图 12.21　机械手堆积木规划问题

图 12.22　一个寻找路径问题

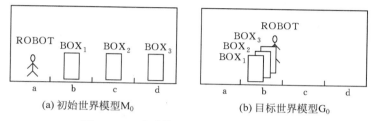

（a）初始世界模型M_0　　　　　　（b）目标世界模型G_0

图 12.23　移动箱子于一处的机器人规划

12-12　图 12.24 表示机器人工作的世界模型。要求机器人把箱子从房间 R_2 初始位置移至房间 R_1 目标位置，试建立本机器人规划专家系统，并给出规划结果。

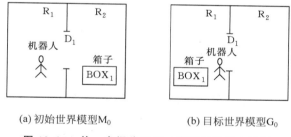

（a）初始世界模型M_0　　　　　　（b）目标世界模型G_0

图 12.24　从一房间移至另一房间的机器人规划

12-13　路径规划的作用是什么？你是否进行过路径规划研究？

12-14　除了本章介绍的路径规划方法外，你知道哪些其他的路径规划方法，包括传统人工智能规划方法？

12-15　轨迹规划是什么概念？为什么说它不属于人工智能范畴？

12-16　试述基于机器学习的机器人规划原理，并给出一个应用示例。

12-17　什么是机器人导航？它与机器人规划有何关系？

12-18　移动机器人导航有哪些方法？

12-19　移动机器人导航有什么发展趋势？

12-20　举例介绍基于机器学习的移动机器人导航系统，说明其主要技术。

第 13 章

机 器 感 知

　　机器感知就是使机器具有类似于人视觉、听觉、力觉、触觉、嗅觉、痛觉、接近感和速度感等感觉。其中,最重要的和应用最广的要算机器视觉(计算机视觉)和机器听觉。机器视觉能够识别与理解文字、图像、物体、场景以至人的身份等,机器听觉能够识别与理解声音和语言等。

　　机器感知是机器获取外部信息的基本途径。要使机器具有感知能力,就要为它安上各种传感器。本章研究人工智能的两个研究领域——计算机视觉和自然语言理解,而语音识别实际上是自然语言理解的研究方向之一。

13.1　计算机视觉

　　视觉是人类最完善的感知系统之一。计算机视觉是一门使用计算机及摄像机等相关设备获取被拍摄对象的数据与信息的学问,是对生物视觉的一种模拟。形象地说,就是给计算机安装上眼睛(摄像机)和大脑(算法),让计算机能够感知环境。它的主要任务就是通过对采集图片或视频进行处理以获得相应场景的三维信息,就像人类和许多其他类生物每天所做的那样。

13.1.1　图像工程概述

　　图像载体可以提供多维信息,在相当多的情况下是任何其他信息形式不能替代的。让计算机或机器"看"是一个不小的壮举。为了让机器像人或动物一样真正地观察世界,它依赖于人工智能的计算机视觉技术。

　　图像是用各种观测系统以不同形式和手段观测客观世界而获得的,可以直接或间接作用于人眼并进而产生视觉的实体。而图像技术是各种图像加工技术的总称,图像工程则是一个对各种图像技术进行综合集成的研究和应用的整体框架。图像工程的内容可分为图像处理、图像分析和图像理解三个层次,这三个层次既有联系又有区别,如图 13.1 所示。

　　图像处理的重点是图像之间进行的变换。尽管人们常用图像处理泛指各种图像技术,但比较狭义的图像处理主要是对图像进行各种加工,以改善图像的视觉效果并为自动识别

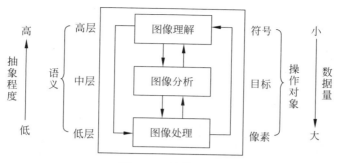

图 13.1 图像工程

奠定基础,或对图像进行压缩编码以减少所需存储空间。

图像分析主要是对图像中感兴趣的目标进行检测和测量,以获得它们的客观信息,从而建立对图像的描述。这里的数据可以是目标特征的测量结果,或是基于测量的符号表示,它们描述了目标的特点和性质。如果说图像处理是一个从图像到图像的过程,则图像分析是一个从图像到数据的过程。图像分析的基本步骤是把图像分割成一些互不重叠的区域,每一区域是像素的一个连续集,度量它们的性质和关系,最后把得到的图像关系结构与描述景物分类的模型进行比较,以确定其类型。识别或分类的基础是图像的相似度。一种简单的相似度可用区域特征空间中的距离来定义。另一种基于像素值的相似度量是图像函数的相关性。最后一种定义在关系结构上的相似度称为结构相似度。

图像分析的内容和模式识别、人工智能的研究领域有交叉,但图像分析与典型的模式识别有所区别。图像分析不限于把图像中的特定区域按固定数目的类别加以分类,它主要是提供关于被分析图像的一种描述。为此,既要利用模式识别技术,又要利用图像知识库,即人工智能中关于知识表达方面的内容。图像分析需要用图像分割方法抽取出图像的特征,然后对图像进行符号化描述。这种描述不仅能对图像中是否存在某一特定对象做出回答,还能对图像内容做出详细描述。

以图片分析和理解为目的的分割、描述和识别将用于各种自动化的系统,如字符和图形识别、用机器人进行产品的装配和检验、运动目标的自动识别和跟踪、指纹识别、X 光照片和血样的自动处理等。在这类应用中,往往需综合应用模式识别和计算机视觉等技术,图像处理更多的是作为前置处理而出现的。

图像理解的重点是在图像分析的基础上,进一步研究图像中各目标的性质和它们之间的相互联系,并得出对图像内容含义的理解及对原来客观场景的解释,从而指导和规划行动。

如果说图像分析主要以观察者为中心来研究客观世界,那么图像理解在一定程度上是以客观世界为中心,借助知识和经验等来把握整个客观世界(包括没有直接观察到的事物)的。

13.1.2 图像采集和处理

一幅图像所包含的信息首先表现为光的强度(intensity),它是随空间坐标(x,y)、光线的波长 λ 和时间 t 而变化的,因此图像函数可写成下式:

$$I = f(x, y, \lambda, t) \qquad (13.1)$$

若只考虑光的能量而不考虑它的波长,则在视觉效果上只有黑白深浅之分,而无色彩变化,这时称其为黑白图像或灰度图像,图像函数表示为

$$I = f(x, y, t) = \int_0^\infty f(x, y, \lambda, t) V_s(\lambda) d\lambda \qquad (13.2)$$

其中,$V_s(\lambda)$ 为相对视敏函数。

当考虑不同波长的彩色效应时,则为彩色图像。根据三基色原理,任何一种彩色可分解为红、绿、蓝三种基色。所以,彩色图像可表示为

$$I = \{f_r(x, y, t), f_g(x, y, t), f_b(x, y, t)\} \qquad (13.3)$$

其中,$f_c(x, y, t) = \int_0^\infty f(x, y, \lambda, t) R_c(\lambda) d\lambda$,$c \in \{r, g, b\}$,且 $R_c(\lambda)$ 分别为红、绿、蓝三基色的视敏函数。

数字图像是通过取样和量化过程将一个以自然形式存在的图像变换为适合计算机处理的数字形式,如图 13.2 所示。图像在计算机内部被表示为一个数字矩阵,矩阵中每一元素称为像素。图像数字化需要专门的设备,常见的有各种电子的和光学的扫描设备,还有机电扫描设备和手工操作的数字化仪。在计算机中,按照颜色和灰度的多少可以将图像分为二值图像、灰度图像、索引图像和真彩色 RGB 图像四种基本类型。大多数图像处理软件都支持这四种类型的图像。

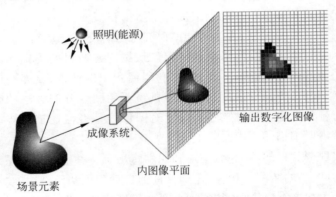

图 13.2　数字图像采集过程

图像处理是指利用计算机对图像进行去除噪声、增强、复原、分割、特征提取等处理的理论、方法和技术。狭义的图像处理主要是对图像进行各种加工,提高图像的视觉效果,便于用户的观察和进一步分析。

(1) 图像变换:由于图像阵列很大,直接在空间域中进行处理,涉及计算量很大。因此,往往采用各种图像变换的方法,如傅里叶变换、沃尔什变换、离散余弦变换等间接处理技术,将空间域的处理转换为变换域处理,不仅可减少计算量,而且可获得更有效的处理(如傅里叶变换可在频域中进行数字滤波处理)。目前小波变换在时域和频域中都具有良好的局部化特性,它在图像处理中也有着广泛而有效的应用。

(2) 图像压缩:图像压缩技术可减少描述图像的数据量(即比特数),以便节省图像传输和处理时间,减少所占用的存储器容量。压缩可以在不失真的前提下获得,也可以在允许

的失真条件下进行。编码是压缩技术中最重要的方法,它在图像处理技术中是发展最早且比较成熟的技术。

（3）图像增强和复原:图像增强和复原的目的是提高图像的质量,如去除噪声、提高图像的清晰度等。图像增强不考虑图像降质的原因,突出图像中所感兴趣的部分。例如,强化图像高频分量,可使图像中物体轮廓清晰,细节明显;又如,强化低频分量可减少图像中噪声影响。图像复原要求对图像降质的原因有一定的了解,一般讲应根据降质过程建立"降质模型",再采用某种滤波方法,恢复或重建原来的图像。

（4）图像分割:图像分割是数字图像处理中的关键技术之一。图像分割是将图像中有意义的特征部分提取出来,其有意义的特征包括图像中的边缘、区域等,这是进一步进行图像识别、分析和理解的基础。虽然目前已研究出不少边缘提取和区域分割的方法,但还没有一种普遍适用于各种图像的有效方法。因此,对图像分割的研究还在不断深入之中,是目前图像处理研究的热点之一。

（5）图像描述:图像描述是图像识别和理解的必要前提。作为最简单的二值图像可采用其几何特性描述物体的特性,一般图像的描述方法采用二维形状描述,有边界描述和区域描述两类方法。对于特殊的纹理图像,可采用二维纹理特征描述。随着图像处理研究的深入发展,已经开始进行三维物体描述的研究,提出了体积描述、表面描述、广义圆柱体描述等方法。

图像处理的各个内容是互相联系的。一个实用的图像处理系统往往结合应用几种图像处理技术才能得到所需要的结果。一幅图像进行处理后仍是一幅图像。而图像分析从图像中抽取某些有用的度量、数据或信息,目的是得到某种数值结果,而不是产生另一个图像。

13.1.3　图像分类

图像分类的任务就是给定一张图像,正确判断该图像所属的类别。图13.3表示图像分类的基本过程,主要包括预处理、特征提取、分类器及测试等基本模块。

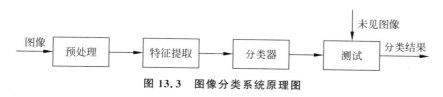

图 13.3　图像分类系统原理图

首先对输入的图像进行预处理,包括灰度化、几何矫正、图像增强、图像去噪、平滑和滤波等。对图像进行预处理能够改善图像质量,增强有关信息的可检测性,最大限度地简化数据。预处理过的图像将经过特征提取操作,传统的图像分类算法提取图像的色彩、纹理和空间等特征。基于深度学习的图像分类算法将底层特征组合成抽象的高层特征,有效地从大量样本中学习特征表达,提高模型的泛化能力。在训练过程中,对获取的图像特征经过训练得到一种分类规则或分类器。在测试阶段,让训练好的分类器预测未曾见过图像的类别,以此来评价分类器的质量。下面就传统的和基于深度学习的经典分类算法进行介绍。

1. 传统分类算法

传统分类器主要包括 KNN,SVM,BP 等,在 20 世纪 90 年代末 21 世纪初,KNN 和

SVM 在传统图像分类任务上应用最为广泛,SVM 将 MNIST 分类错误率降低到了 0.56%,超过以 LeNet 系列神经网络为代表的方法。BP 算法采用 Sigmoid 算法进行非线性映射,有效地解决了非线性相关的分类问题,但 BP 算法存在梯度消失的问题。

传统分类算法需要依靠手工设计提取图像特征,常用的图像特征有 SIFT,HOG,SURF 等,这些特征只包含了图像的部分信息。人为提取特征的设计过程繁琐且只支持有限参数量,提取的特征会直接影响系统的性能,很可能导致实验结果不理想,因此传统分类算法可以胜任简单的分类任务,但对于较为复杂的图像分类任务效果较差。

2. 基于深度学习的分类算法

传统分类算法主要依赖于手工提取的特征,这就导致分类任务的准确性很大程度上依赖于手工特征提取的质量。随着计算机的快速发展和计算能力的不断提高,深度学习逐渐走入人们的视野,尤其是深度学习中的卷积神经网络,在图像领域掀起一波热潮。

(1) AlexNet 网络。LeNet 模型是最早提出的卷积神经网络模型,在小规模 MNIST 数据集上取得了不错的效果,但无法胜任更复杂的图像分类任务。2012 年,AlexNet 被提出,通过使用线性整流函数(rectifiled linear unit,ReLU)作为激活函数,引入局部响应归一化缓解梯度消失问题,使用数据增强和 Dropout 技术大大缓解了过拟合问题,并采用两个 GPU 并行计算的方式训练,提高了训练速度。AlexNet 在 2012 年 ImageNet 比赛中以远超当时亚军的优势获得分类任务冠军,首次证明了学习到的特征可以超越手工设计的特征。

(2) VGGNet 网络。AlexNet 初始几层使用较大尺寸卷积核导致参数量较大,2014 年提出 VGGNet,通过堆叠采用 3×3 小卷积核和 2×2 的最大池化核,简化了卷积神经网络的结构,并且证实了加深网络结构可以提高分类的精度和性能。

(3) Inception 系列。增加网络深度虽然可以提升网络性能,但随着网络深度的增加,参数量加大,网络更易产生过拟合,同时对计算资源的需求也显著增加。GoogLeNet 引入了 Inception-V1 模块,采用稀疏连接降低模型参数量的同时,保证了计算资源的使用效率,在深度达到 22 层的情况下提升了网络的性能。Inception-V2 在 Inception-V1 基础上增加了批量归一化(batch normalization,BN)层和卷积分解,减少了内部协方差转移,加速了网络的训练且缓解了梯度消失问题,卷积分解将 5×5 卷积分解成两个 3×3 卷积,从而减少了参数量。Inception-V3 在 Inception-V2 基础上进行非对称卷积分解,如将 $n×n$ 大小的卷积分解成 $1×n$ 卷积和 $n×1$ 卷积的串联,且 n 越大,参数量减少得越多。得益于内存优化,Inception-V4 相比 Inception-V3 具有更统一的简化架构、更多的 Inception 模块。

(4) ResNet 网络。深度卷积神经网络不断在图像分类任务上取得突破,网络深度的增加提升了其特征提取能力。然而随着网络深度的增加,梯度消失的问题越来越严重,网络的优化越来越困难。据此,提出残差卷积神经网络(residual network,ResNet),在进一步加深网络的同时还能提升图像分类任务的性能。ResNet 由堆叠的残差模块组成,采用残差模块减轻了训练深层网络的困难,还采用了跨层连接的方式,在一定程度上缓解了深层神经网络中的梯度消散问题,为上千层的网络训练提供了可能。ResNet 通过堆叠残差模块使网络深度达到 152 层,在图像分类任务中获得成功。

与人工提取特征的传统图像分类算法相比,深度学习的分类算法使用卷积操作自动提取图像特征,有效地从大量样本中学习特征表达,模型泛化能力更强。随着深度卷积神经网络网络深度的增加,性能得到提升的同时,深度学习的分类算法也存在提取特征不完整、训练过拟合、梯度消失、模型参数量巨大及难以优化等问题。基于深度学习的网络模型需要很多由经验选择的合适超参数,这些超参数具有内部依赖性,使得它们的调整成本特别高,因此如何更好地选择超参数值有待进一步探索;而且网络模型对硬件计算能力要求高,依赖于大规模的数据且训练模型的动态适应能力还不足,这些都是未来需要解决的问题。

13.1.4 目标检测与跟踪

目标检测和目标跟踪是图像处理的重要内容。其中,目标检测是图像理解和计算机视觉的基石,而目标跟踪能够得到物体完整的运动轨迹。

1. 目标检测

目标检测就是找出图像中所有感兴趣的目标,并确定它们的类别和位置。作为图像理解和计算机视觉的基石,目标检测是解决图像分割、场景理解、目标追踪、图像描述、事件检测和活动识别等更复杂更高层次的视觉任务的基础。在图像或视频中进行目标检测是计算机视觉领域目前的研究热点,主要是通过结合目标定位和识别检测两项技术在给定图像中实现目标边框的精准定位并检测出该目标所属的具体类别。该技术广泛应用于人脸识别、机器人视觉、智能视频监控、无人驾驶、遥感影像分析、医学图像检测等领域。

如何捕捉有利于目标检测的图像特征是至关重要的。图像特征主要有图像的颜色特征、纹理特征、形状特征和空间关系特征。传统目标检测算法主要依赖于传统特征提取器来提取图像特征,常用的特征有 Haar 特征、LBP(local binary pattern)特征、SIFT(scale invariant feature transform)特征、HOG(histogram of orientation gradient)特征。Haar 特征能够描述图像中的纹理、边缘和线条等特征,基于 Haar 小波变换的思想,Haar 特征将图像划分成不同大小和不同形状的小矩形区域,对每个区域内的像素进行加权求和得到一个特定的 Haar 特征值。Haar 特征的计算速度相对较快,并且在处理大量数据时表现稳定,使其成为计算机视觉领域中比较受欢迎的特征提取方法之一。LBP 特征是一种用来描述图像局部特征的算子,可以提取图像的局部纹理特征,具有旋转不变性和灰度不变性等显著的优点。SIFT 特征,即为尺度不变特征变换,能够侦测与描述图像中的局部性特征,能在不同的尺度空间上查找特征点,并计算出特征点的方向。SIFT 特征提取器所查找到的特征点具有十分突出和不会因光照、仿射变换和噪声等因素而变化的特点,因而不仅对图片大小和旋转不敏感,而且受光照、噪声等影响较小。HOG 特征即方向梯度直方图,通过计算图像部分区域的梯度信息,并进行统计梯度信息的直方图来构成特征向量。HOG 特征提取器首先将图像分成小的连通区域(细胞单元),然后采集细胞单元中各像素点的梯度的或边缘的方向直方图,最后把这些直方图组合起来构成特征描述子。与其他的特征描述方法相比,HOG 特征具有图像几何的不变性和光学的形变不变性,并且在粗的空域抽样、精细的方向抽样及较强的局部光学归一化等条件下,目标检测效果受细微的动作影响可以忽略不计。随着深度学习的普及,许多研究人员将卷积神经网络应用到目标检测领域。基于深度学习的目标检测技术可以利用多结构网络模型及其强大的训练算法来自适应地学习图像高级语义信息,在提取图像特征后输入到分类网络来完成目标的分类和定位任务,有效地提高了目标检测的精度和效率。

提取到良好的图像特征之后,目标检测需要利用分类器和定位拟合确定感兴趣目标的类别和精准位置。13.1.3 节已经了解了传统分类器和基于深度学习的分类器算法,其中传统分类算法 SVM 算法和 HOG 特征结合算法在行人检测任务中取得了很好的效果。AlexNet、VGG 等基于深度学习的分类算法,是目标检测算法中经典的骨干架构,用于提取输入图像的特征。在确定感兴趣目标类别之后,目标检测算法采用定位拟合技术得到其精准的位置信息,通过回归器回归得到边界框(bounding box)中心点及其中心点坐标以及边界框的高度和宽度四个参数来获取边界框,从而确定图像中检测目标的边框位置。

2. 目标跟踪

目标跟踪就是在连续的视频序列中,建立所跟踪物体的位置关系,得到物体完整的运动轨迹。给定图像第一帧的目标坐标位置,计算在下一帧图像中目标的确切位置。目标跟踪在现实生活中有广泛的应用,包括智能视频监控、运动员比赛分析和人机交互等。

2010 年以前,目标跟踪领域大部分采用一些经典的跟踪方法,比如均值漂移、卡尔曼滤波、粒子滤波及光流法等。均值漂移是一种基于概率密度分布的跟踪方法,使目标的搜索一直沿着概率梯度上升的方向,迭代收敛到概率密度分布的局部峰值上。均值漂移计算速度快,且对目标形变和遮挡有一定鲁棒性,但提取的颜色直方图特征对目标的描述能力有限,缺乏空间信息,故仅能在目标与背景能够在颜色上区分开时使用,有较大局限性。卡尔曼滤波常被用于描述目标的运动模型,它不对目标的特征建模,而是对目标的运动模型进行建模,常用于估计目标在下一帧的位置。卡尔曼滤波能有效解决目标跟踪过程中目标出现遮挡或者消失的情况,但该方法只适用于线性系统,并且适用范围较小。粒子滤波器是从卡尔曼滤波器扩展而来的,是一种基于粒子分布统计的方法,其思想是从后验概率中选取特征表达其分布,可以应用于非线性、非高斯条件下的目标跟踪任务。传统的粒子滤波跟踪算法仅采用图像的颜色直方图对图像进行建模,粒子数量增加时计算量也会随之增加,并且在出现目标颜色与背景相似情况时,目标跟踪任务往往会失败。光流法利用视频序列在相邻帧之间的像素关系,寻找像素的位移变化来判断目标的运动状态;但光流法适用的范围较小,需要满足图像的光照强度保持不变、空间一致性及时间连续三种假设条件。在相关滤波方法用于目标跟踪之前,所有的跟踪算法都是在时域上进行处理。在运算过程中,涉及复杂的矩阵求逆计算,运算量大,实时性差。基于相关滤波的目标跟踪方法将计算转换到频域,利用循环矩阵在频域对角化的性质,可以大大减少运算量,提高运算速度。随着深度学习方法的发展,基于深度学习的目标跟踪算法通过使用深度学习建立全新的跟踪框架实现目标跟踪任务。基于深度学习的目标跟踪算法通过多层卷积神经网络提高了跟踪的精度,但随着网络深度的增加及训练网络复杂度的提升,算法的实时性不够。在相关滤波和基于深度学习的目标跟踪方法出现后,经典的跟踪方法大都被舍弃,这主要是因为这些经典方法无法处理和适应复杂的跟踪变化,其鲁棒性和准确度都被前沿的算法所超越。但是了解它们对理解跟踪过程是有必要的,有些方法在工程上仍然有十分重要的应用,常常被当作一种重要的辅助手段。

13.1.5　图像分割

与目标检测不同,图像分割是把图像的所有像素进行分类,分成具有若干种特定的相似性区域的过程,即把图像分成互不相交的连通区域。在智能安防、无人驾驶、卫星遥感、医学影像处理、生物特征识别等领域,图像分割可以提供精简且可靠的图像特征信息,进而有效地提高后续视觉任务的处理效率。

图像分割可以划分为语义分割与实例分割。图像的语义分割是对图像中所有的像素进行分类,并赋予不同的类别标签的过程。但是语义分割存在着不可忽视的缺点,即只能划分类别,无法对同一类别的不同个体进行区分,并且对复杂信息的图像处理效果较差,无法精准地理解图像中细节性信息。因此,为了进一步扩展图像分割的范围,实例分割方法结合了目标检测与语义分割的思想,对图像中所有像素进行分类,在语义分割的基础上区分出同一类别的不同实例。

最早的图像分割方法应用在医学影像处理领域,对影像中的特定目标分割后再进行医疗分析诊断。由于医学影像场景简单,背景和目标区别明显,在该领域中大多是通过简单的基于阈值的方法进行粗糙的像素级别分割。随着图像场景复杂度的进一步提高,对分割技术的要求也愈加严格,陆续出现了基于边缘、区域和聚类等分割方法,分割的效果也因此得到了改善。特别是将深度学习引入图像处理领域后,赋予了分割区域更准确的语义信息,图像分割问题也取得了突破性的进展,如 FCN、PSPNet、SegNet、DeepLab 及 Mask R-CNN 等。基于深度学习的图像分割方法的出现,使得分割的准确度不断提高,分割的过程也更加智能化。

1. 传统图像分割方法

传统图像分割方法是早期的分割手段,它们大多简单有效,经常作为图像处理的预处理步骤,用以获取图像的关键特征信息,提升图像分析的效率。下面介绍基于阈值、边缘、区域和聚类等常用且经典的分割方法。

(1) 基于阈值的图像分割方法

基于阈值的图像分割方法通过设定不同的灰度阈值,对图像灰度直方图进行分类,认为灰度值在同一个灰度范围内的像素属于同一类并具有一定相似性。该类方法的本质就是利用区域内部灰度的一致性和区域间灰度的多样性,实现类内距离最小和类间距离最大。用 $f(i,j)$ 表示原始图像像素的灰度值,通过设定阈值 T,将图像中的像素分为目标像素和背景像素两类,实现输入图像 $f(i,j)$ 到输出图像的 $g(i,j)$ 变换:

$$g(i,j) = \begin{cases} 1, & f(i,j) \geq T \\ 0, & f(i,j) < T \end{cases}$$

(13.4)

其中,$g(i,j)=1$ 表示属于目标类别的图像,$g(i,j)=0$ 表示属于背景类别的图像。由此可见,基于阈值的图像分割方法的关键是选取合适的灰度阈值,以准确地将图像分割开来。

大津法(OTSU)是一种确定图像二值化分割阈值的算法,由日本学者大津于 1979 年提出。它被认为是图像分割中阈值选取的最佳算法,计算简单,不受图像亮度和对比度的影响,因此在数字图像处理上得到了广泛的应用。大津法的基本思想是,按照图像的灰度特性设置的阈值将图像分成目标和背景两类。如果目标和背景之间像素点的灰度的方差越大,说明获取到的阈值就是最佳的阈值,也意味着此时图像分割的效果最好。OTSU 方法计算简单快速,在简单双峰场景中能进行快速分割;但对图像噪声敏感,当目标和背景大小比例悬殊时,类间方差函数可能呈现双峰或者多峰,图像分割效果很差甚至失去效果。

(2) 基于边缘的图像分割方法

在图像中若某个像素点与相邻像素点的灰度值差异较大,则认为该像素点可能处于边界处。若能检测出这些边界处的像素点,并将它们连接起来,就可形成边缘轮廓,从而将图像划分成不同的区域,基于边缘检测的图像分割算法通过检测包含不同区域的边缘来解决该问题。根据处理策略的不同,基于边缘的图像分割方法可分为串行边缘和并行边缘。串行边缘需先检测出边缘起始点,从起始点出发通过相似性准则搜索并连接相邻边缘点,完成图像边缘的检测;并行边缘则借助空域微分算子,用其模板与图像进行卷积,实现分割。常用的边缘检测算子有 Roberts,Sobel,Prewitt,LoG,Canny 等。

（3）基于区域的图像分割方法

基于区域的图像分割方法是根据图像的空间信息进行分割,通过像素的相似性特征对像素点进行分类并构成区域,主要分为区域生长和分裂合并。区域生长选择一组种子点作为生长起点,根据生长准则将种子点附近与其相似的像素点归并到种子点所在的像素区域内,实现区域的生长扩张。区域分裂合并通过相似性准则,将图像分裂为特性不同的区域,再将特性相同的区域进行合并,重复操作直至没有分裂和合并发生。

分水岭算法是比较经典的基于区域的图像分割方法,它是一种基于拓扑理论的数学形态学的分割方法,其基本思想是把图像看作测地学上的拓扑地貌,图像中每一点像素的灰度值表示该点的海拔高度,每一个局部极小值及其影响区域称为集水盆,而集水盆的边界则形成分水岭,如图 13.4 所示。分水岭对微弱边缘具有良好的响应,图像中的噪声、物体表面细微的灰度变化都有可能产生过度分割的现象,但是这也同时能够保证得到封闭连续边缘。

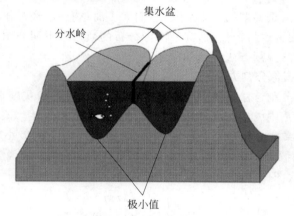

图 13.4　分水岭算法原理图

（4）基于聚类的图像分割方法

基于聚类的图像分割方法将具有特征相似性的像素点聚集到同一区域,反复迭代聚类结果至收敛,最终将所有像素点聚集到几个不同的类别中,完成图像区域的划分,从而实现分割。K-Means 聚类算法是著名的划分聚类分割方法,是一种简单的迭代型聚类算法。划分方法的基本思想是对于给定的样本集,采用距离作为相似性指标,按照样本之间的距离大小,将样本集划分为 K 个类。K-Means 聚类算法的核心思想就是让类内的点尽量紧密地连在一起,而让类间的距离尽量大。均值漂移算法是一种通用的聚类算法,它的基本原理是对于给定的样本,任选其中一个样本,以该样本为中心点划定一个圆形区域,求取该圆形区域内样本的质心,即密度最大处的点,再以该点为中心继续执行上述迭代过程,直至最终收敛。

2. 基于深度学习的图像分割方法

传统图像分割方法大多利用图像的表层信息,对于需要大量语义信息的分割任务则不适用,无法应对实际的需求。为应对图像分割场景日益复杂化的挑战,已提出一系列基于深度学习的图像分割方法,实现更加精准且高效的分割,使得图像分割的应用范围得到了进一步的推广。下面介绍 5 种基于深度学习的经典图像分割方法,包括:FCN,PSPNet,SegNet,DeepLab 和 Mask R-CNN。

(1) FCN 网络

FCN(full convolutional network)是基于深度学习的语义分割技术的开山之作,确立了图像语义分割通用网络模型框架。FCN 将 CNN 网络(经典分割网络 AlexNet,VGGNet等)中的全连接层换成卷积层,构建了端到端、像素到像素级别的语义分割网络。FCN 的网络结构如图 13.5 所示。

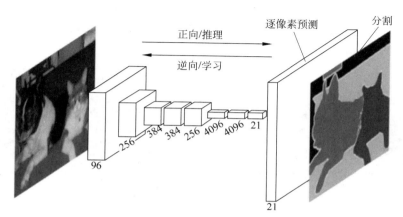

图 13.5 FCN 网络结构(见文前彩图)

FCN 主要有全卷积、上采样和跳跃结构三个特点。FCN 将 CNN 网络中的全连接层换成卷积层实现了全卷积操作,全连接层将二维空间的图像压缩为一维向量,导致图像失去空间信息,而替换为全卷积层后,图像就会一直保持二维性,空间信息就得到保留。当多层卷积使得图像特征图变小后,加入上采样(反卷积)就使得图像最后的输出分割图尺寸与原图的尺寸保持一致。FCN 还采用了跳跃结构,将不同池化的特征图进行上采样之后结合在一起,作为最后的输出。FCN 虽然效率高,复杂度低,但存在分割精度低、对细节不敏感等问题。

(2) PSPNet 网络

PSPNet(pyramid scene parsing network)针对 FCN 存在分割精度低和缺乏图像上下文信息问题进行了改进,网络结构如图 13.6 所示。PSPNet 提出了空间金字塔模块,该模块并联了四个不同大小的全局池化层,能够提取图像的多尺度信息。多尺度特征图经过卷积和上采样操作恢复到原始图像大小并进行拼接,拼接后的特征图融合了不同尺度的信息及充分上下文信息,因此降低了 FCN 网络图像类别误分割的概率。最后将拼接后的特征图再进行卷积和 Softmax 分类,就可获得对每个像素的预测结果。

(3) SegNet 网络

SegNet 是一种编码-解码结构的语义分割模型,其网络结构如图 13.7 所示。SegNet

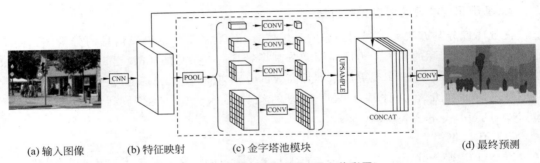

(a) 输入图像　　　(b) 特征映射　　　　(c) 金字塔池模块　　　　　　　(d) 最终预测

图 13.6　PSPNet 网络结构(见文前彩图)

中的编码器网络与 VGG16 中的卷积层拓扑结构相同,但去掉了 VGG16 的全连接层,这使得 SegNet 编码器网络明显更小,也更容易训练。SegNet 的关键模块是解码器网络,它由一个解码器层次结构组成,每个解码器对应一个编码器。适当的解码器使用从相应编码器接收到的最大池索引来对其输入特征映射执行非线性上采样,然后对稀疏的上采样映射进行卷积,改善了分割的分辨率。

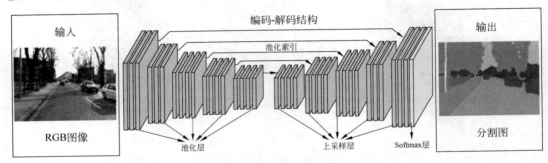

图 13.7　SegNet 网络结构

（4）DeepLab 系列网络

DeepLab 系列网络的核心是使用空洞卷积,即采用在卷积核里插孔的方式,不仅能在计算特征响应时明确地控制响应的分辨率,而且还能扩大卷积核的感受野,在不增加参数量和计算量的同时,能够整合更多的特征信息。最早的 DeepLab V1 将深度卷积神经网络的部分卷积层替换为空洞卷积,通过增大感受野来获得更多的语义信息。同时提出了全连接条件随机场,与神经网络的最后一层结合起来,提高了深层 CNN 的定位能力。DeepLab V2 使用膨胀卷积解决上采样过程中分辨率下降的问题,并且使用空洞空间金字塔池化(atrous spatial pyramid pooling,ASPP)和全连接条件随机场,在多个尺度上获取目标和图像语义信息。DeepLab V3 将膨胀卷积的级联模块和并行模块相结合,并行卷积在 ASPP 中分组,在 ASPP 中增加了 1×1 卷积和批归一化处理。DeepLab V3＋采用了含膨胀可分离卷积的编码器-解码器架构,使用 DeepLab V3 作为编码器,使用膨胀可分离卷积代替最大值池化和批归一化,使网络保留了较多的低层信息,同时优化了网络性能。

（5）Mask R-CNN 网络

Mask R-CNN 是在 Fast R-CNN 的基础上提出的分割模型,该模型在原有目标检测框架上添加了一个分割子网络来实现分割任务。区别于 FCN,PSPNet,SegNet,DeepLab 等模型实现的语义分割,Mask R-CNN 在语义分割的基础上实现了实例分割。Mask R-CNN 框架如图 13.8 所示,第一阶段,首先用 RPN(region proposal networks)提取出候选目标的边界框,然后对边界框里面的 RoI(regions of interest)进行 RoIAlign 处理,将 RoI 划分为 $n \times n$ 的子区域。第二阶段,预测分类和边界框回归任务并行,增加了为每个 RoI 输出二分类掩码的分支,以像素到像素的方式预测分割掩码。

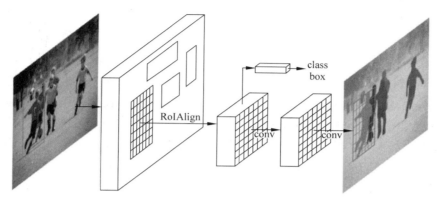

图 13.8　MaskR-CNN 网络结构(见文前彩图)

13.1.6　图像理解

图像理解(image understanding,IU)就是对图像的语义理解,是研究用计算机系统解释图像,实现类似人类视觉系统理解外部世界的一门科学。它以图像为对象,以知识为核心,研究图像中有什么目标、目标之间的相互关系、图像是什么场景及如何应用场景。图 13.9 是一个典型的图像语义理解示例。首先,确定出图像的前景目标,由此可以明确获知图像的描述对象为汽车。然后,依次判断出图像的背景类别(包括天空、树木、草地和道路),得到前景目标所处的环境信息,用于具体描述图像场景的语义标签和几何结构。

图 13.9　图像语义理解示例

在图像理解的过程中,计算机不仅需要粗略地推理出图像的前景与背景知识,还需要能够提供精确的像素级标注,准确划分各个语义概念所属的像素区域,完成图像内容的语义解释。在理解图像内容时,计算机以底层视觉特征为依据来感知图像,而人类则是通过图像中所表达的一系列场景信息、抽象信息、逻辑信息来感知图像,即人类视觉直接将图像内容映射为语义信息。计算机和人类对图像理解存在着显著的客观差异性,即图像的视觉特征表达与高层语义信息之间存在"语义鸿沟",如何解决这一瓶颈问题成为当前计算机视觉和人工智能领域的一个研究热点与难点,其研究具有深远的理论价值和实际应用意义。

随着计算机视觉和人工智能学科的发展,相关研究内容不断拓展、相互覆盖,图像理解既是对计算机视觉研究的延伸和拓展,又是人类智能的一个重要的研究和应用领域,近年来已在工业视觉、人机交互、视觉导航、虚拟现实、特定图像分析解释及生物视觉研究等领域得到了广泛应用。

1. 图像理解的发展

图像理解的早期研究可以追溯到计算机视觉研究,其输入是表述图像特征的结构化或半结构化的数据符号,通过计算机对这些数据符号进行处理和分析,而输出语义描述或行为决策,实现对人类视觉的模仿以达到感知和理解客观世界的目的。最早的代表性研究成果是美国麻省理工学院 Lawrence G. Roberts 提出的基于线条表达的三维物体感知,利用线条画表示法描述图像中的物体,将所得的物体线条与经过几何变换的物体模型进行匹配,可以较好地实现三维物体的识别,为计算机"理解"世界开创了先河。但是,现实世界中的许多复杂场景很难用简单的线条完整地刻画出来。为了获取更全面的计算机视觉感知方式,麻省理工学院人工智能实验室的 D. Marr 在图像理解过程中将图像处理、认知心理学及生物神经学等多种学科理论相结合,构建了首个较为完善的视觉系统框架,提出了著名的马尔视觉计算理论,对计算机视觉感知的研究发展起到了至关重要的作用。

随着学者对图像理解的深入研究,人们发现马尔视觉计算理论存在不足之处,例如,马尔理论认为视觉感知过程是一个自下而上的三维重建过程,缺乏高层知识反馈,从而导致许多视觉问题成为病态问题,无法构建三维重建框架。针对"被动复原性"问题,目的视觉、主动视觉等理论被相继提出,从原理上使得计算机视觉理解和人类视觉感知过程更为一致,强调了高层知识反馈在视觉算法中的必要性和重要性,以及视觉主体与外部环境的重要作用。但是由于高层知识的表述和反馈没有统一的标准,很难建立有效的计算模型。

随着人脑理解智能的研究和机器学习的进展,构建了基于机器学习的人类视觉理解框架,依据符合真实图像的场景结构对视觉理解过程进行合理的推理,通过归纳约束信息间接地揭示了图像理解的抽象模式,在整个计算模型中充分考虑了人类视觉的认知方式。因此,基于学习的视觉研究成为近年来图像理解领域的重要内容,尤其是基于概率推理的计算模型可以深入解决人类思维中的复杂问题。

2. 图像理解的层次

图像理解的层次结构如图 13.10 所示,底层理解以图像数据作为输入,其输出是以像素为基本单位的视觉特征。中层理解的输出是在抽象和简化底层描述的基础上,形成的与自然物体相匹配的特征表述,在视觉特征表述中初步结合了语义信息,提高了特征的表述能力。高层理解是以底层、中层的特征数据为基本输入,通过语义标注模型和先验知识推理而实现图像的语义解释。因此,整个图像理解的过程就是利用人工智能的方法综合处理视觉信息和知识信息及分析图像内容的过程。

图像语义理解的研究核心是解决或缩小图像的视觉特征表达与高层语义信息之间的语

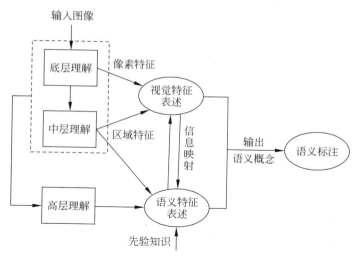

图 13.10　图像理解的过程

义鸿沟问题。图像的视觉特征表述是图像理解的基础,如何高效、快速地提取图像特征是图像理解的基本任务。基于知识表述、概念推理的图像语义标注研究是图像理解的关键环节。

3. 图像的语义标注

图像语义标注研究的本质是建立从视觉特征到其语义特征的准确映射,通过挖掘图像中隐含的语义知识和客观规律,采用一组语义概念来描述对象或场景类别等图像内容。图像的语义标注研究是近年来图像理解领域的研究热点,统计方法和机器学习技术是构建图像语义标注模型的主要方法。根据采用的建模方法不同,对图像语义标注模型分类见表 13.1。

表 13.1　图像语义标注模型分类

方法和技术	类别	主 要 模 型
统计	生成式	翻译模型、潜在语义分析模型、概率潜在语义分析模型、隐狄利克雷分配模型、相关模型、马尔可夫随机场模型
	判别式	支持向量机、贝叶斯、高斯混合模型、条件随机场模型
机器学习	归纳	聚类、关联、示例
	示教	相关反馈
	类比	网络检索

（1）基于统计的图像语义标注方法

基于统计的图像语义标注方法可以分成两种:生成式和判别式。

生成式的图像语义标注方法是根据训练集中已标注图像的视觉特征和语义特征之间的关系,建立两者的联合概率模型,利用该概率模型为未标注图像进行语义标注。翻译模型属于生成式图像语义标注模型,它是利用视觉特征与语义特征的共现关系,为图像区域的视觉特征寻找对应的语义词汇,整个图像标注过程相当于一个从图像视觉特征到语义词汇的翻译过程。从文本分类中得到启示,概率潜在语义分析(probabilistic latent semantic analysis,PLSA)、隐狄利克雷分配(latent Dirichlet allocation,LDA)等主题模型也被应用于图像标注的研究中,利用隐主题将图像的视觉特征与语义特征联系在一起,实现了图像的语义标注。相关模型不必像翻译模型一样为每个语义标注词分别建立与图像视觉特征的一对一映射关系,而是利用概率统计模型计算语义标注词和特征向量的联合分布,通过两者之间的关联关系对图像进行语义标注。马尔可夫随机场(Markov random field,MRF)模型是一种基于统计概率方法的图像标注模型,该模型可以对局部范围的上下文进行建模。由于生成式模型参数的训练较为复杂,使得 MRF 模型利用多特征和标注上下文信息的能力受到了限制。

判别式的图像语义标注方法是将所有语义特征分别视作相互独立的类,为每个类学习相应的判别模型,并利用判别模型预测待标注图像的语义标注结果。判别式的图像语义标注模型主要包括支持向量机(support vector machine,SVM)模型、贝叶斯(Bayes)模型、高斯混合模型(Gaussian mixture model,GMM)和条件随机场(canditional random field,CRF)模型。SVM 在解决小样本、非线性、高维模式识别时具有显著的优势。由于图像具有多种视觉特征,使得模型参数的数量较多,需要大量的训练数据来学习模型参数。这种情况下,可以使用 GMM 模型进行图像语义标注。CRF 是一种概率图像模型,最初用于序列数据的标注。由于具有较强的上下文描述能力,在图像标注中得到了广泛的应用。与 MRF 模型相比,CRF 模型由于具有整体概率分析特征,在上下文描述和多特征利用中均表现出更强的优势。

(2) 基于机器学习的图像语义标注方法

图像语义标注过程不仅使用了统计学习的方法,还融入了归纳、示教、类比等多种类型的机器学习策略。归纳学习是在已知关于某个概念的一系列实例的基础上,通过归纳得出一般概念性描述的学习方法。聚类属于无监督学习的归纳方法,采用聚类算法,可以实现对图像各区域的语义标注。归纳算法在区域归类时,只考虑了视觉特征的相似性而忽略了语义特征,以致其标注精度相对较低。示例学习是一种典型的归纳学习方法,从大量预先标注了"正例"和"反例"的实例中,归纳得到一般的概念性描述,在图像标注中得到了较好的应用。

示教学习(learning from instruction)是从外部环境获取信息,然后将知识转换为一般性的指示或建议的学习方法。反馈是一种典型的示教学习方法,通过迭代反馈信息来改善系统的学习效率。为了提高反馈信息的作用,研究者提出了单类学习、激励学习和多向学习等学习策略,并通过判别性特征和多元可视化特征提高了学习效率。类比学习是通过比较具有知识相似性的事物,进行知识推导的学习方法。在已标注的训练图像数量较少的情况下,利用大量的网络图像数据,采用类比学习方法可以提高图像标注模型的鲁棒性。此外,还有基于数据驱动的图像标注模型,在视觉特征与语义标注词汇对应搜索中,挖掘出具有显著描述性的词汇。

(3) 视觉字幕

从图像生成自然语言描述是计算机视觉、自然语言处理和人工智能交叉的一个新兴的跨学科问题。这项任务通常被称为图像或视觉字幕/描述(captioning),它构成了许多重要应用的技术基础,如语义视觉搜索、聊天机器人的视觉智能、社交媒体中的照片和视频分享及帮助视障人士感知周围环境视觉内容。由于深度学习的快速发展,人工智能研究界近年来在可视字幕方面取得了巨大的进步。

深度学习可以将最初的图像像素逐渐解释成图片的构成、图片的场景甚至将图片翻译成文字,即像人类理解图片一样由低到高逐渐地抽象出高层次特征。基于深度学习的图像理解的根本任务是通过训练深度学习神经网络,使其能够正确理解图像所表达出来的深层次非视觉上的语义信息,包括输入图片中的内容、图像中的场景及图像中蕴含的逻辑信息等。

斯坦福大学李飞飞团队提出的密集字幕(dense caption),其任务是通过构建和学习深度学习神经网络,对输入图像中的实体进行定位,并生成多角度、多实体、突出区域、模块化的复杂自然语言描述。

相比之前的图像分类发展到目标检测,密集字幕由单目标图像字幕变成了多目标图像字幕,本质上也是借鉴了 Faster RCNN 进行目标检测的手法。密集字幕的实现可以分为两个阶段。第一个阶段是单个单词描述的目标检测任务。具体来说,对图像低层视觉特征的提取,将像素点构成的图像输入神经网络,输出其特征向量,并对图像中的实体进行定位,从而进行物体检测。第一个阶段可以用卷积网络来实现。第二个阶段为语义阶段,对定位出来的每个实体生成文字描述,即对其进行密度更大和复杂度更高的"标签化"处理。

此外,最近的一些开创性的方法探索了用自然语言描述图像的任务,基于神经网络采用循环神经网络,作为生成字幕的核心架构元素。

13.2 自然语言理解

语言是人类有别于其他动物的一个重要标志。自然语言是区别于形式语言或人工语言(如逻辑语言和编程语言等)的人际交流的口头语言和(语音)书面语言(文字)。自然语言作为人类表达和交流思想最基本和最直接的工具,在人类社会活动中到处存在。婴儿呱呱落地的第一声啼哭,就是用语言(声音)向全世界宣布自己的降临。

本节将首先讨论自然语言处理(natural language processing,NLP)的概念、发展简史、研究意义及系统组成与模型等;接着,逐一研究自然语言的语法分析、语义分析和语境分析;然后,探讨语言的自动生成和机器翻译等重要问题;最后举例介绍自然语言理解系统。

13.2.1 自然语言理解概述

自 1954 年第一个机器翻译系统问世以来,经过半个多世纪的艰苦努力,计算机科学家、语言学家、心理学家们已在受限语言理解和面向领域的语言理解的研究中取得了不少重要的研究成果,并获得越来越广泛的应用。尤其是近 10 多年取得了有目共睹的丰硕成果和长足进展。

什么是语言和语言理解? 自然语言理解与人类的哪些智能有关? 自然语言理解研究是如何发展的? 理解自然语言的计算机系统是如何组成的以及它们的模型为何? 等等。这些问题是研究自然语言理解时感兴趣的。

1. 语言与语言理解

语言是人类进行通信的自然媒介,它包括口语、书面语及形体语(如哑语和旗语)等。一种比较正规的提法是:语言是用于传递信息的表示方法、约定和规则的集合。语言由语句组成,每个语句又由单词组成;组成语句和语言时,应遵循一定的语法与语义规则。语言由语音、词汇和语法构成。语音和文字是构成语言的两个基本属性。如果没有各种口语和书面语,如英语、华语、法语和德语等,人类之间的充分和有效交流就难以想象。语言是随着人类社会和人类自身的发展而不断进化的。现代语言允许任何一个具有正常语言能力的人与他人交流思想感情和技术等。

要研究自然语言理解,首先必须对自然语言的构成有个基本认识。

语言是音义结合的词汇和语法体系,是实现思维活动的物质形式。语言是一个符号体系,但与其他符号体系又有所区别。

语言是以词为基本单位的,词汇又受到语法的支配才可构成有意义的和可理解的句子,句子按一定的形式再构成篇章等。词汇又可分为词和熟语。熟语就是一些词的固定组合,如汉语中的成语。词又由词素构成,如"教师"是由"教"和"师"这两个词素所构成的。同样在英语中"teacher"也是由"teach"和"-er"这两个词素所构成的。词素是构成词的最小的有意义的单位。"教"这个词素本身有教育和指导的意义,而"师"则包含了"人"的意义。同样,英语中的"-er"也是一个表示"人"的后缀。

语法是语言的组织规律。语法规则制约着如何把词素构成词,词构成词组和句子。语言正是在这种严密的制约关系中构成的。用词素构成词的规则叫构词规则,如教+师→教师,teach+er→teacher。一个词又有不同的词形、单数、复数、阴性、阳性等。这种构造词形的规则称为构形法,如教师+们→教师们,teacher+s→teachers。这里只是在原来的词后面加上一个复数意义的词素,所构成的并不是一个新的词,而是同一词的复数形式。构形法和构词法称为词法。词法中的另一部分就是句法。句法也可分成两部分:词组构造法和造句法。词组构造法是词搭配成词组的规则,如红+铅笔→红铅笔,red+pencil→red pencil。这里"红"是一个修饰铅笔的形容词,它与名词"铅笔"组合成了一个新的名词。造句法则是用词或词组造句的规则,"我是计算机科学系的学生",这是按照汉语造句法构造的句子,"I am a student in the department of computer science"是英语造句法产生的同等句子。虽然汉语和英语的造句法不同,但它们都是正确的和有意义的句子。图13.11是上述构造的一个完整的图解。

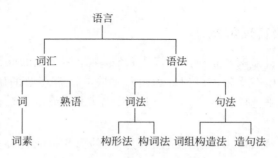

图 13.11　语言的构成

另外,语言是音义结合的,每个词汇有其语音形式。一个词的发音由一个或多个音节组合而成,音节又由音素构成,音素分为元音音素和辅音音素。自然语言中所涉及的音素并不多,一种语言一般只有几十个音素。由一个发音动作所构成的最小的语音单位就是音素。

迄今为止,对语言理解尚无统一的和权威的定义。按照考虑问题的角度不同而有不同的解释。从微观上讲,语言理解是指从自然语言到机器(计算机系统)内部之间的一种映射。从宏观上看,语言理解是指机器能够执行人类所期望的某些语言功能。这些功能包括:①回答有关提问;②提取材料摘要;③叙述不同词语;④翻译不同语言。

然而,对自然语言的理解却是一个十分艰难的任务。这中间有大量的极为复杂的编码和解码问题。一个能够理解自然语言的计算机系统就像一个人那样需要上下文知识及根据这些知识和信息进行推理的过程。自然语言不仅有语义、语法和语音问题,而且还存在模糊性等问题。具体地说,自然语言理解的困难是由下列3个因素引起的:①目标表示的复杂性;②映射类型的多样性;③源表达中各元素间交互程度的差异性。

自然语言理解是语言学、逻辑学、生理学、心理学、计算机科学和数学等相关学科发展和结合而形成的一门交叉学科,它能够理解口头语言或书面语言。语言交流是一种基于知识的通信。怎样才算理解了语言呢?归纳起来主要有下列几个方面:

(1) 能够理解句子的正确词序规则和概念,又能理解不含规则的句子。

(2) 知道词的确切含义、形式、词类及构词法。

(3) 了解词的语义分类及词的多义性和歧义性。

(4) 指定和不定特性及所有(隶属)特性。

(5) 问题领域的结构知识和时间概念。

(6) 语言的语气信息和韵律表现。

(7) 有关语言表达形式的文学知识。

(8) 论域的背景知识。

由此可见,语言的理解与交流需要一个相当庞大和复杂的知识体系。如果没有人工智能的参与,自然语言理解就无法实现。

2. 自然语言处理的概念和定义

我们把人类千百年来自然形成的用于交际的书面和口头语言,如汉语、英语、法语和西班牙语等,称为自然语言,以区别于人工(人造)语言,如计算机程序设计语言 BASIC,C,LISP,PROLOG,JAVA,Python 等。据统计,人类历史上以语言文字记载的知识约占知识总量的80%。在计算机应用上,约有85%用于语言文字的信息处理。语言信息处理技术已成为国家现代化水平的一个重要标志。

自然语言处理也称为计算语言学(computing linguistics),是一门理解和产生人类语言内容的学科,也是计算机科学与机器学习的子领域。自然语言处理是用计算机对人类的口头和书面形式的自然语言进行加工处理和应用的技术,它是一门涉及语言学、数学、计算机科学和控制论(cybernetics)等多学科交叉的边缘学科,是人工智能学科和智能科学的一个重要分支,也是人工智能的早期的和活跃的研究领域之一。

自然语言处理包括自然语言理解和自然语言生成两个方面。自然语言理解系统把自然语言转化为计算机程序更易于处理和理解的形式。自然语言生成系统则把与自然语言有关的计算机数据转化为自然语言。自然语言理解又被称为计算语言学。不过,自然语言处理和自然语言理解的研究内容通常大致相当。自然语言理解与自然语言处理往往互为通融。自然语言生成又往往与机器翻译等同,涉及文本翻译和语音翻译。其中,同步语音翻译就是人们长期追求的一个梦想。

国际上对自然语言处理和自然语言理解尚无统一的定义。下面给出几个有代表性的不尽相同的定义。

定义 13.1　自然语言处理是研究人类交际和人机通信的语言问题的一门学科。它要开发表示语言能力和性能的模型,建立实现这种语言模型过程的计算框架,提出不断完善这些过程和模型的辨识方法,以及探究实际系统的评价技术。(Bill Manaris,1999)

定义 13.2　自然语言处理是人工智能领域的主要内容,即利用计算机等工具对人类特有的语言信息(包括口语信息和文字信息)进行各种加工,并建立各种类型的人-机-人系统。自然语言理解是其核心,其中包括语音和语符的自动识别及语音的自动合成。(刘涌泉,2002)

定义 13.3　自然语言处理是利用计算机工具对人类特有的书面形式和口头形式的语言进行各种类型处理和加工的技术。(冯志伟,1996)

定义 13.4　自然语言处理是用计算机对自然语言的音、形、义等语言信息进行加工和操作,包括对字、词、短语、句子和篇章的输入、输出、识别、转换、压缩、存储、检索、分析、理解和生成等的处理技术。它是在语言学、计算机科学、控制论、人工智能、认知心理学和数学等相关学科的基础上形成的一门边缘学科。(蔡自兴,2008)

3. 自然语言处理的研究领域和方向

自然语言处理具有非常广泛的研究领域和研究方向。下面按照应用领域的不同,给出一些研究方向。

(1) 文字识别(text recognition,或 optical character recognition,OCR)

文字识别借助计算机系统自动识别印刷体或手写体文字,把它们转换为可供计算机处理的电子文本。对于文字识别,主要研究字符的图像识别,但对于高性能的文字识别系统,往往也要同时研究语言理解技术问题。

(2) 语音识别(speech recognition)

语音识别也被称为自动语音识别(automatic speech recognition,ASR),其目标是将人类语音中的词汇内容转换为计算机可读的书面语表示。语音识别技术的应用包括语音拨号、语音导航、室内设备控制、语音文档检索、简单的听写数据录入等。

(3) 机器翻译(machine translation)

机器翻译研究借助计算机程序把文字或演讲从一种自然语言自动翻译成另一种自然语言。简单来说,机器翻译是把一个自然语言的字词变换为另一个自然语言的字词。使用语料库技术,可自动进行更加复杂的翻译。

(4) 自动文摘(automatic summarization 或 automatic abstracting)

自动文摘是应用计算机对指定的文章做摘要的过程,即把原文档的主要内容和含义自动归纳,提炼并形成摘要或缩写。常用的自动文摘是机械文摘,根据文章的外在特征提取能够表达该文中心意思的部分原文句子,并把它们组成连贯的摘要。

(5) 句法分析(syntax parsing 或 syntax analysis)

句法分析又称自然语言语法分析(parsing in natural language)。它运用自然语言的句法和其他相关知识来确定组成输入句各成分的功能,以建立一种数据结构并用于获取输入句意义的技术。

(6) 文本分类(text categorization/document classification)

文本分类又称为文档分类,是在给定的分类体系和分类标准下,根据文本内容利用计算机自动判别文本类别,实现文本自动归类的过程,包括学习和分类两个过程。首先有一些文本及其属类的标准,学习系统从标注的数据中学到一个函数(分类器),分类系统利用学到的分类器对新给出的文本进行分类。

(7) 信息检索(information retrieval)

信息检索又称为情报检索,是利用计算机系统从海量文档中查找用户需要的相关文档的查询方法和查询过程。简而言之,信息检索是搜寻信息的科学,例如在海量文件中搜寻信息、文件和描述文件的元数据或在数据库(包括相关的独立数据库或是超文本的网络数据库)中进行搜寻。

(8) 信息获取(information extraction)

信息获取主要是指利用计算机从大量的结构化或半结构化的文本中自动抽取特定的一类信息(如事件和事实等),并使其形成结构化数据,填入数据库供用户查询使用的过程。其广泛目标是允许计算非结构化的资料。

(9) 信息过滤(information filtering)

信息过滤是指应用计算机系统自动识别和过滤那些满足特定条件的文档信息。一般指对网络有害信息的自动识别和过滤,主要用于信息安全和防护等。也就是说,信息过滤是根据某些特定要求,过滤或删除互联网某些敏感信息的过程。

(10) 自然语言生成(natural language generation)

自然语言生成是指将句法或语义信息的内部表示转换为由自然语言符号组成的符号串的过程,是一种从深层结构到表层结构的转换技术,是自然语言理解的逆过程。从生成的结果看,有语句生成、语段生成和篇章生成等形式,其中以语句生成更为基本和重要。

(11) 中文自动分词(Chinese word segmentation)

中文自动分词是指使用计算机自动对中文文本进行词语的切分,即像英文那样使得中文句子中的词之间存在空格加以标识。中文自动分词被认为是中文自然语言处理中的一个最基本的环节。

(12) 语音合成(speech synthesis)

语音合成又称为文语转换(text-to-speech conversion),是将书面文本自动转换成对应的语音表征。

(13) 问答系统(question answering system)

问答系统是借助计算机系统对人提出问题的理解,通过自动推理等方法,在相关知识资源中自动求解答案,并对问题做出相应的回答。有时,回答技术与语音技术、多模态输入/输出技术及人机交互技术相结合,构成人机对话系统。

此外,还有语言教学(language teaching)、词性标注(part-of-speech tagging)、自动校对(automatic proofreading)及讲话者识别/辨识/验证(speaker recognition/identification/verification)等。

4. 自然语言理解研究的意义

作为语言信息处理的一个高层重要方向,自然语言理解一直是人工智能界所关注的核心课题之一。现在,自然语言理解是继专家系统和机器学习之后人工智能又一重要的和富有活力的应用研究领域。如果计算机能够真正理解自然语言,人机间的信息交流能够以人们所熟悉的自然语言来进行,那必将对人类社会进步、经济发展和改善人民生活产生重大影响,极大地方便人类的生产活动和日常生活,具有无法估量的社会效益和经济价值。

自然语言理解研究和应用的重大进展也将是人工智能和智能科学的一项重大突破,必将对科学技术的其他领域做出特别贡献,促进其他学科和部门的进一步发展,并对人们的生活产生深远的影响。随着计算机的快速发展,计算机越来越广泛地进入我们的日常工作和生活,计算机与自然语言相结合的领域也越来越广阔。继机器翻译之后,信息检索、文本分类、篇章理解、自动文摘、自动校对、词典自动编辑、文字自动识别等领域都在不同程度上要求计算机具备自动分析、理解和生成自然语言的能力。特别是国际互联网和物联网的迅速扩展,网络上的信息资源加速度增长,在海量信息面前,人们迫切希望计算机能够具备自然语言的知识,能够帮助人们准确地获取所需的网上信息。自然语言理解研究可以使得计算机在一定程度上理解人类自然语言,从而帮助人们完成机器翻译、信息提取、信息检索、文本分类等各项工作。这对提高工作效率,丰富生活内容,推动相关领域和部门的发展都具有巨大的价值和意义。

语言是思维的载体和人际交流的工具。人类已经迈入 21 世纪,计算机可处理的自然语言文本数量空前增长,面向海量信息的文本挖掘、信息提取、跨语言信息处理、人机交互等应用需求急速增长。随着我国现代化建设的发展,信息处理技术的自动化愈来愈显得紧迫。人类历史上用语言文字形式记载和流传的知识占知识总量的 80% 以上。据统计,目前计算机的应用范围,用于数学计算的仅占 10%,用于过程控制的不到 5%,其余 85% 以上都是用于语言文字和信息处理的,并且随着计算机的普及和性能的提高、价格的降低,这一趋势还在增大。语言信息处理的技术水平和每年所处理的信息总量已经成为衡量一个国家现代化技术水平的重要标志之一。可以说,汉语自然语言理解作为中文信息自动化处理的关键技术,每提高一步给我国的科学技术、文化教育、经济建设、国家安全所带来的效益,将是无法用金钱的数额来计算的。

13. 2. 2　自然语言理解研究的基本方法和进展

1. 自然语言理解研究的基本方法

自然语言处理存在两种不同的研究方法,即理性主义(rationalist)和经验主义(empiricist)。

理性主义的主要理论是:人的很大一部分语言知识是天生的,由遗传决定。其代表人物是美国语言学家乔姆斯基(N. Chomsky),他的"内在语言功能"理论认为,小孩在接收到极为有限的信息量情况下,在那么小的年龄如何学会如此复杂的语言理解能力,这是很难知道的。因此,理性主义方法试图通过假定人的语言能力是与生俱来的、固有的一种本能,来回避这些困难问题。

在技术上,理性主义主张建立符号处理系统,由人工编写一般由规则表示的初始的语言表示体系,构造相应的推理程序;然后系统根据规则和程序把自然语言理解为符号结构。这样,在自然语言处理系统中,首先根据编写好的词法规则由词法分析器对输入句子的单词进行语法分析;然后,根据设计好的词法规则由词法分析器对输入句子进行语法结构分析;最后,根据变换规则把语法结构映射到以逻辑公式、语义网络和中间语言等表示的语义符号。

经验主义的主要理论是从假定人脑是具有一些认知能力开始的,但人脑并非一开始就具有一些具体的处理原则和对具体语言成分的处理方法,而是孩子的大脑一开始具有处理联想、模式识别和归纳等处理能力,这些能力能够使孩子充分利用感官输入来掌握具体的自然语言结构。

在技术上,经验主义主张建立特定的数学模型来学习复杂的和广泛的语言结构,然后应用统计学、机器学习和模式识别等方法来训练模型参数,以扩大语言的使用规模。经验主义的自然语言处理方法是以统计方法为基础的,因而又称经验主义方法为统计自然语言处理方法。统计自然语言处理需要收集一些文本作为建立统计模型的基础,这些文本叫做语料(corpus)。经过筛选、加工和标注处理的大批量语料构成的数据库叫做语料库(corpus base)。统计处理方法一般是建立在大规模语料库基础上的,因而又称为基于语料的自然语言处理方法。

2. 自然语言理解的历史和发展状况

对自然语言处理的研究可以追溯到 20 世纪 20 年代。不过,一般认为自然语言处理的研究是从机器翻译系统的研究开始的。电子计算机的出现才使得自然语言理解和处理成为可能。由于计算机能够进行符号处理,所以有可能应用计算机来处理和理解语言。随着计算机技术和人工智能总体技术的发展,自然语言理解不断取得进展。

可以把自然语言处理的发展过程粗略地划分为萌芽起步时期、复苏发展时期和以大规模真实文本处理为代表的繁荣发展时期。

(1) 萌芽起步时期(20 世纪 40 年代—60 年代中期)

这个时期,自然语言处理的经验主义方法处于统治地位。机器翻译是自然语言理解最早的研究领域。20 世纪 40 年代末期,人们期望能够用计算机翻译剧增的科技资料。美苏两国在 1949 年开始了俄-英和英-俄文字的机器翻译研究。由于早期研究中理论和技术的局限,所开发的机译系统的技术水平较低,不能满足实际应用的要求。1954 年,美国乔治敦(Georgetown)大学与 IBM 公司合作,在 IBM 701 计算机上将俄语翻译成英语,进行了第一次机器翻译试验。尽管这次试验使用的机器词汇仅仅有 250 个俄语单词,机器语法规则也只有 6 条,但是,它第一次显示了机器翻译的可行性。

1956 年,乔姆斯基提出形式语言和转换生成语法的理论,把自然语言和程序设计语言置于同一层面,使用统一的数学方法来对它们进行定义和解释。他建立的转换生成文法 TG 使语言学研究进入定量研究阶段,也促进了程序设计语言的发展。乔姆斯基所建立的语法体系仍然是自然语言理解研究中语法分析所必须依赖的语法体系。

机器翻译作为自然语言处理的核心研究领域,在这个时期经历了不平坦的发展道路。第一代机器翻译系统设计上的粗糙带来翻译质量的不佳。随着研究的深入,人们看到的不是机器翻译的成功,而是一个又一个它无法克服的局限。1966 年 11 月,美国科学院下属的语言自动处理咨询委员会向美国国家基金会提交了一份关于机器翻译的咨询报告。该报告对机器翻译下了一个否定性的结论,称"尽管在机器翻译上投入了巨大的努力,但使用开发这种技术,在可预见的将来没有成功的希望"。

在此后一段时间内,机器翻译的研究跌到低谷。在这段时期,研究人员开始反思机器翻译失败的原因,由此也引发了对自然语言理解本质更深刻的关注。

(2) 复苏发展时期(20 世纪 60 年代后期—80 年代)

自然语言处理领域的研究在这个时期被理性主义方法所控制。人们更关心思维科学,通过建立很多小的系统来模拟智能行为。这个时期,计算语言学理论得到长足进步,逐渐成熟。这个时期自然语言理解系统的发展可分为 60 年代以关键词匹配技术为主的阶段和 70

年代以句法-语义分析技术为主的阶段。

1968年,麻省理工学院(MIT)开发成功了SRI系统ELIZA。语义信息检索(semantic information retrieval,SIR)系统能够记住用户通过英语告诉它的事实,然后演绎这些事实,回答用户提出的问题。ELIZA系统能够模拟心理医师(机器)同患者(用户)的谈话。

该时期取得许多重要的理论研究成果,包括约束管辖理论、扩充转移网络、词汇功能语法、功能合一语法、广义短语结构语法和句法分析算法等。这些成果为自然语言自动句法分析奠定了良好的理论基础。在语义分析方面,提出了格语法、语义网络、优选语义学和蒙塔格语法等。其中,蒙塔格语法提出了利用数理逻辑研究自然语言的语法结构和语义关系的设想,为自然语言处理研究开辟了一条新的途径。

自然语言理解研究在句法和语义分析方面的重要进展还表现在建立了一些有影响的自然语言处理系统,在语言分析的深度和难度上有了很大进步。例如,伍兹(Woods)设计的LUNAR人机接口允许用普通英语同数据库对话,用于协助地质学家查找、比较和评价"阿波罗11"飞船带回的月球标本的化学分析数据。又如,威诺甘德(Winogand)开发的SHRDLU语言理解对话系统是一个限定性的人机对话系统,它把句法、语义、推理、上下文和背景知识灵活地结合于一体,成功地实现了人-机对话,并被用于指挥机器人的积木分类和堆叠试验。机器人系统能够接受人的自然语言指令,进行积木的堆叠操作,并能回答或者提出比较简单的问题。

进入20世纪80年代之后,自然语言理解的应用研究进一步开展,机器学习研究也十分活跃,并出现了许多具有较高水平的实用化系统。其中比较著名的有美国的METAL和LOGOS,日本的PIVOT和HICAT,法国的ARIANE及德国的SUSY等系统,这些系统是自然语言理解研究的重要成果,表明自然语言理解在理论上和应用上取得了重要进展。

这一时期取得的研究成果不仅为自然语言理解的进一步发展打下了坚实的理论基础,而且对现在的人类语言能力研究及促进认知科学、语言学、心理学和人工智能等相关学科的发展都具有重要的理论意义和现实意义。

(3)繁荣发展时期(20世纪90年代至今)

从20世纪90年代起,自然语言处理研究者越来越多地开展实用化和工程化的解决方法研究,经验主义方法被重新认识并得到迅速发展,使得一批商品化的自然语言人机接口和机器翻译系统进入国际市场。例如,美国人工智能公司(AIC)生产的英语人机接口系统Intellect、欧洲共同体在美国乔治敦大学开发的机译系统SYSTRAN和IBM公司的基于噪声信道模型的统计机器翻译模型及其实现翻译系统等。

这个时期自然语言处理研究的突出标志是基于语料库的统计方法用于自然语言处理,提出了语料库语言学,并发挥重要作用。由于语料库语言学从大规模真实语料中获取语言知识,使得对自然语言规律的认识更为客观和准确,因而引起了越来越多研究者的兴趣。随着计算机网络的快速发展和广泛应用,语料的获取更为便捷,语料库的规模更大,质量更高,而语料库语言学的兴起反过来又推动了自然语言处理其他相关技术的快速发展,一系列基于统计模型的自然语言处理系统得到开发。近10多年来,基于大规模语料的统计机器学习方法及其在自然语言处理中的应用开始得到关注和研究,基于语料库的机器翻译方法获得充分发展,也结束了基于规则的机器翻译系统一统天下的单一局面。例如,英国利希(Leech)领导的研究小组利用具有词类标记的语料库LOB,设计了CLAWS系统,能够根据这种统计信息,对 LOB 语料库的 100 万个词的语料进行词类自然标注,其准确率达 96%。

此外,隐马尔可夫模型等统计方法在语音识别中的成功应用对自然语言处理的发展起到了重要的推动作用。

深度学习架构和算法已经在 NLP 研究中获得越来越多的应用。在过去 10 年里,神经网络基于密集矢量表示已经在各种 NLP 上取得了优异成果。这种趋势是源于嵌入词和深度学习方法的成功应用。深度学习可实现多级自动功能的学习。相比之下,基于传统机器学习的 NLP 系统在很大程度上依赖于手工制作的功能,这种手工制作的功能非常耗时且通常不完整。NLP 研究早期分析一句话可能需要 7min,而现在数百万网页的自然语言文档可以在不到 1 秒的时间内处理完毕。目前已经提出了许多基于深度学习的复杂算法用来处理困难的 NLP 问题,如循环神经网络(递归神经网络,RNN)、卷积神经网络(CNNs)及记忆增强策略、注意机制、无监督模型、强化学习方法和深度生成语言模型等。深度学习研究的进展将导致 NLP 进一步取得实质性甚至突破性进展。

十分有趣的是,在人工智能各学派对不同观点进行激烈辩论的同时,20 世纪 80 年代末期至 90 年代初期的自然语言处理学界,理性主义和经验主义两种观点也争论得面红耳赤。直到十多年前,人们才从空泛的辩论中冷静下来,开始认识到:无论是理想主义还是经验主义,都不可能单独解决自然语言处理这一复杂问题,只有两者结合起来寻找融合的解决办法,以至建立新的集成理论方法,才是自然语言处理研究的康庄大道。两者方法从互相对立到互相结合和共同发展,使得自然语言处理研究进入一个前所未有的繁荣发展时期。

20 世纪 80 年代以来提出和进行的智能计算机研究,也对自然语言理解提出了新的要求。近 10 年来又提出了对多媒体计算机的研究。新型的智能计算机和多媒体计算机均要求设计出更为友好的人机界面,使自然语言、文字、图像和声音等信号都能直接输入计算机。要求计算机能以自然语言与人进行对话交流,就需要计算机具有自然语言能力,尤其是口语理解和生成能力。口语理解研究促进人机对话系统走向实用化。自然语言是表示知识最为直接的方法。因此,自然语言理解的研究也为专家系统的知识获取提供了新的途径。近年来,深度学习和 ChatGPT 研究的进展促进自然语言理解取得重大进步。此外,自然语言理解的研究已经促进计算机辅助语言教学(CALI)和计算机语言设计(CLD)等的发展。可以看出,21 世纪自然语言理解的研究正在取得新的突破,并获得更为广泛应用。

3. 自然语言理解研究的发展趋势

综合上述对自然语言发展过程的讨论,可以归纳出下列目前国际自然语言处理研究的某些发展趋势。

(1)基于句法-语义规则的理性主义方法及以模型和统计为基础的经验主义"轮流执政",各自控制自然语言处理研究的局面的时期已经结束。两种方法从互相对立到互相结合和共同发展,研究者已开始携起手来,优势互补,浅层处理与深层处理并重,统计与规则方法并重,形成混合的系统,寻找融合的解决办法,以求建立新的集成理论方法,使自然语言处理研究进入一个前所未有的繁荣发展时期。

(2)语料库语言学能够从大规模真实语料中获取语言知识,使得对自然语言规律的认识更为客观和准确,并使大规模真实文本的处理成为自然语言处理的主要战略目标。而语料库语言学的兴起反过来又推动了自然语言处理其他相关技术的快速发展,一系列基于统计模型的自然语言处理系统得到开发。

（3）经验主义主张建立特定的数学模型来学习复杂的和广泛的语言结构,然后应用统计学、机器学习和模式识别等方法来训练模型参数,以扩大语言的使用规模。它是以统计方法为基础的,因而统计数学方法日益受到重视,自然语言处理中越来越多地使用机器自动学习的方法来获取语言知识。

（4）自然语言处理中越来越重视词汇的作用,出现了强烈的"词汇主义"的倾向。继语料库之后,词汇知识库的建造成为一个新的普遍关注的研究问题。

（5）创建口语对话系统和语音转换引擎。早期的基于文本的对话现已扩大到包括移动设备上的语音对话,用于信息访问和基于任务的应用。语音处理已取得突破性进展,并广泛应用于各行各业,促进产业发展。

（6）ChatGPT 作为一种基于深度学习的自然语言处理技术,将获得不断发展和越来越广泛的应用场景,为人们带来更加智能、便捷和高效的服务。其中,人机交互和文本自动生成领域将是两个重要的应用领域。

4. 自然语言理解过程的层次

语言虽然表示成一连串的文字符号或者一串声音流,但其内部事实上是一个层次化的结构,从语言的构成中就可以清楚地看到这种层次性。一个文字表达的句子是由词素→词或词形→词组或句子构成的,而用声音表达的句子则是由音素→音节→音词→音句构成的,其中每个层次都受到语法规则的制约。因此,语言的分析和理解过程也应当是一个层次化的过程。许多现代语言学家把这一过程分为 5 个层次:语音分析、词法分析、句法分析、语义分析和语用分析。虽然这种层次之间并非是完全隔离的,但是这种层次化的划分的确有助于更好地体现语言本身的构成。

（1）语音分析

在有声语言中,最小可独立的声音单元是音素,音素是一个或一组音,它可与其他音素相区别。如 pin 和 bin 中分别有 /p/ 和 /b/ 这两个不同的音素,但 pin,spin 和 tip 中的音素 /p/ 是同一个音素,它对应了一组略有差异的音。语音分析则是根据音位规则,从语音流中区分出一个个独立的音素,再根据音位形态规则找出一个个音节及其对应的词素或词。

（2）词法分析

词法分析的主要目的是找出词汇的各个词素,从中获得语言学信息,如 unchangeable 是由 un-change-able 构成的。在英语等语言中,找出句子中的一个个词汇是很容易的事情,因为词与词之间是有空格来分隔的。但是要找出各个词素就复杂得多,如 importable,它可以是 im-port-able 或 import-able。这是因为 im,port 和 import 都是词素。而在汉语中要找出一个个词素则是再容易不过的事情,因为汉语中的每个字就是一个词素。但是要切分出各个词就远不是那么容易。如"我们研究所有东西",可以是"我们——研究所——有——东西"也可是"我们——研究——所有——东西"。

通过词法分析可以从词素中获得许多语言学信息。英语中词尾中的词素"s"通常表示名词复数,或动词第三人称单数,"ly"是副词的后缀,而"ed"通常是动词的过去式与过去分词等,这些信息对于句法分析都是非常有用的。另一方面,一个词可有许多的派生、变形,如 work,可变化出 works,worked,working,worker,workings,workable,workability 等。这些词若全部放入词典将是非常庞大的,而它们的词根只有一个。

（3）句法分析

句法分析是对句子和短语的结构进行分析。在语言自动处理的研究中,句法分析的研究是最为集中的,这与乔姆斯基的贡献是分不开的。自动句法分析的方法很多,有短语结构语法、格语法、扩充转移网络、功能语法等。句法分析的最大单位就是一个句子。分析的目的就是找出词、短语等的相互关系及各自在句子中的作用等,并以一种层次结构来加以表达。这种层次结构可为反映从属关系、直接成分关系,也可是语法功能关系。

（4）语义分析

对于语言中的实词而言,每个词都是用来称呼事物、表达概念的。句子是由词组成的,句子的意义与词义是直接相关的,但也不是词义的简单相加。"我打他"和"他打我"词是完全相同的,但表达的意义是完全相反的。因此,还应当考虑句子的结构意义。英语中 a red table(一张红色的桌子),它的结构意义是形容词在名词之前修饰名词,但在法语中却不同,one table rouge(一张桌子红色的),形容词在被修饰的名词之后。语义分析就是通过分析找出词义、结构意义及其结合意义,从而确定语言所表达的真正含义或概念。在语言自动理解中,语义和语境越来越成为一个重要的研究内容。

（5）语用分析

语用学（pragramatics）又称为语用论或语言实用学,是符号学的一个分支,是研究语言符号和使用者关系的一种理论。具体地说,语用学研究语言所存在的外界环境对语言使用者的影响,描述语言的环境知识及语言与语言使用者在给定语言环境中的关系。关注语用信息的自然语言处理系统更侧重于讲话者/听话者的模型设定,而非处理嵌入给定话语的结构信息。已经提出一些语言环境计算模型,用于描述讲话者及其通信目的,听话者及其对讲话者信息的重组方式。构建这些模型的难点在于如何把自然语言处理的各个方面和各种不确定的生理、心理、社会、文化（如语言表达能力、情感情绪、社区或语区、教育背景）等因素集中于一个完整的模型。

13.2.3 词法分析

词法分析（lexical analysis）是编译程序的一部分,它构造和分析源程序中的词,如常数、标识符、运算符和保留字等,并把源程序中的词变换为内部表示形式,然后按内部表示形式传送给编译程序的其余部分。词法分析是理解单词的基础,其主要目的是从句子中切分出单词,找出词汇的各个词素,从中获得单词的语言学信息并确定单词的词义。例如 misunderstanding 是由 mis-understand-ing 构成的,其词义由这 3 部分构成。不同的语言对词法分析有不同的要求,例如英语和汉语就有较大的差距。汉语中的每个字就是一个因素,所以要找出各个词素是相当容易的,但要切分出各个词就非常困难。

英语等语言的单词之间是用空格自然分开的,很容易切分一个单词,很方便找出句子的每个词汇。不过,英语单词有词性、数、时态、派生、变形等变化,因而要找出各个词素就复杂得多,需要对词尾或词头进行分析。如 uncomfortable 可以是 un-comfort-able 或 uncomfort-able,因为 un,comfort 和 able 都是词素。

一般地,词法分析可以从词素中获得许多有用的语言信息。例如,英语中构成词尾的词素"s"通常表示名词复数,或动词第三人称单数,而"ly"则是副词的后缀,"ed"是动词的过去时或过去分词等。这些信息对于句法分析是非常有用的。此外,一个词可有许多的派生和变形,如 program 可变化出 programs,programmed,programming,programmer 和 programmable 等。如果把这些词都收入词典那将是非常庞大的,但它们的词根只有一个。自然语言理解系统中的电子词典一般只放入词根,以支持词素分析,从而可极大地压缩电子词典的规模。

一个英语词法分析的算法如下:

```
repeat
    look for study in dictionary
    if not found
    then modify the study
until study is found or not further modification possible
```

它可以对那些按英语语法规则变化的英语单词进行分析,其中 study 是一个变量,初始值就是当前的单词。

例如,对于单词 matches,studies,可以做到如下的分析:

matches	studies	词典中查不到
matche	studie	修改 1:去掉"-s"
match	studi	修改 2:去掉"-e"
	study	修改 3:把 i 变成 y

这样,在修改 2 的时候,就可以找到 match,在修改 3 的时候就可以找到 study。

词义判断是英语词法分析的难点。词常有多种解释,查词典往往无法判断。要判断单词的词义只能通过对句子中的其他相关单词和词组进行分析。譬如,对于单词"diamond"有 3 种解释:菱形、棒球场、钻石。请看下面的句子:

John saw Steve's diamond shimmering from across the room.

其中的 diamond 词义必定是钻石,因为只有钻石才能闪光,而菱形和棒球场是不会闪光的。

13.2.4 句法分析

上两节介绍了语言分析过程的各个层次和词法分析。本节起将讨论句法分析、语义分析和语用分析等问题。

句法分析主要有两个作用:①分析句子或短语结构,确定构成句子的各个词、短语之间的关系及各自在句子中的作用等,并将这些关系表达为层次结构。②规范句法结构,在分析句子过程中,把分析句子各成分间关系的推导过程用树图表达,使这种图成为句法分析树。句法分析是由专门设计的分析器进行的,其分析过程就是构造句法树的过程,将每个输入的合法语句转换为一棵句法分析树。

在 13.2.2 节中已经介绍过,分析自然语言处理分为基于规则的方法和基于统计的方法两种。下面介绍基于规则的各种方法。

1. 短语结构语法

在基于规则的方法中,短语结构语法和乔姆斯基语法是两种描述自然语言和程序设计语言强有力的形式化工具,可用于对被分析句子进行形式化描述和分析。

定义 13.5 一个短语结构语法 G 由 4 个部分组成:

- T 为终结符集合,终结符是指被定义的那个语言的词(或符号)。

- N 为非终结符号集合,这些符号不能出现在最终生成的句子中,是专门用来描述语法的。显然,T 和 N 不相交,两者共同组成了符号集 V,因此有

$$V = T \cup N, \quad T \cap N = \varnothing$$

- P 为产生式规则集,具有 $a \to b$ 的形式,式中,$a \in V^+$,$b \in V^*$,$a \neq b$。V^* 表示由 V 中的符号构成的全部符号串集合,V^+ 表示 V^* 中除空串(空集合)$\varnothing$ 之外的其他符号串的集合。

- S 为起始符,是集合 N 的一个成员。

可以把短语结构语法 G 描述为如下四元组形式:

$$G = (T, N, S, P)$$

只要给出这 4 个部分,就可以定义一个具体的形式语言。

短语结构语法的基本运算就是把一个符号串重写为另一个符号串。如果 $a \to b$ 为一产生式规则,那么可通过 b 置换 a,重写任一包含子符号串 a 的符号串,记这个过程为"$\Rightarrow$"。如果 $u, v \in V^*$,且有 $uav \Rightarrow ubv$,那么就说 uav 直接产生 ubv,或者说 ubv 是由 uav 直接推导得出的。如果以不同的顺序使用产生式规则,那么就可以从同一符号产生许多不同的符号串。一部短语结构语法定义的语言 L(G)就是从起始符 S 推导出符号串 W 的集合。即一个符号串要属于 L(G)必须满足以下两个条件:

(1) 该符号串只包含终结符 T。

(2) 该符号串能根据语法 G 从起始符 S 推导出来。

从上述定义可见,采用短语结构语法定义的某种语言是由一系列产生式规则组成的。下面给出一个简单的短语结构语法。

例 13.1 $G = (T, N, S, P)$

$T = \{\text{the, man, killed, a, deer, likes}\}$
$N = \{\text{S, NP, VP, N, ART, V, Prep, PP}\}$
$S = S$
$P:$ (1) S→NP+VP
　　(2) NP→N
　　(3) NP→ART+N
　　(4) VP→V
　　(5) VP→V+NP
　　(6) ART→the | a
　　(7) N→man | deer
　　(8) V→killed | likes

2. 转移网络

可以用转移网络(transition network,TN)来进行句法分析。转移网络在自动机理论中用于表示语法。在句法分析中的转移网络由节点和弧组成,节点表示状态,弧对应于符号,通过该符号从一个给定状态转移到另一状态。相应的转移网络如图 13.12 所示,图中,$q_0, q_1, \cdots, q_T$ 是状态,q_0 是初态,q_T 是终态。

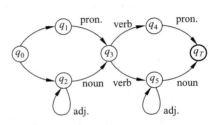

图 13.12 转移网络(TN)

弧上给出了状态转移的条件及转移的方向。该网络可用于分析句子,也可用于生成句子。

例如,用 TN 来识别句子 The little orange ducks swallow flies 的过程见表 13.2(这里忽略了词法分析,网络如图 13.13 所示)。

表 13.2　句子识别过程

词	当前状态	弧	新状态
the	a	a $\xrightarrow{det.}$ b	b
little	b	b $\xrightarrow{adj.}$ b	b
orange	b	b $\xrightarrow{adj.}$ b	b
ducks	b	b $\xrightarrow{noun}$ c	c
swallow	c	c $\xrightarrow{verb}$ e	e
flies	e	e $\xrightarrow{noun}$ f	F(识别)

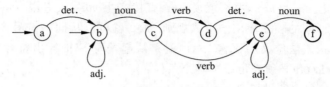

图 13.13　转移网络实例

识别过程到达 F 状态(终态),所以该句子被成功地识别了。分析结果如图 13.14 所示。从上述过程中可以看出,这个句子还可以在网络中走其他弧,如词 ducks 也可以走弧 c $\xrightarrow{verb}$ d,但接下来的 swallow 就找不到合适的弧了。此时对应于这个路径,该句子就被拒识了。由此看出,网络识别的过程中应找出各种可能的路径,因此算法要采用并行或回溯机制。

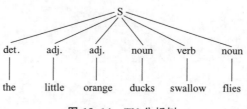

图 13.14　TN 分析树

(1) 并行算法。关键是在任何一个状态都要选择所有可以到达下一个状态的弧,同时进行试验。

(2) 回溯算法。是在所有可以通过的弧中选出一条往下走,并保留其他的可能性,以便必要时可回过来选择之。这种方式需要一个堆栈结构。

3. 扩充转移网络

扩充转移网络(augmented transition network,ATN)是由伍兹在 1970 年提出的,曾用于 LUNAR 人机接口系统。1975 年卡普兰(Kaplan)对其作了一些改进。ATN 语法属于增强型的上下文无关语法,即用上下文无关文法描述句子的文法结构,同时提供有效方式把理解语句所需的各种知识加到分析系统,以增强分析功能。ATN 是由一组网络所构成的,每个网络都有一个网络名,每条弧上的条件扩展为条件加上操作。这种条件和操作采用寄存器的方法来实现,在分析树的各个成分结构上都放上寄存器,用来存放句法功能和句法特征,条件和操作将对它们不断地进行访问和设置。ATN 弧上的标记也可以是其他网络的标记名,因此 ATN 是一种递归网络。在 ATN 中还有一种空弧 jump,它不对应一个句法成分,也不对应一个输入词汇。

ATN 的每个寄存器由两部分构成:句法特征寄存器和句法功能寄存器。在特征寄存器中,每一维特征都有一个特征名和一组特征值,以及一个缺省值来表示。如"数"的特征维可有两个特征值"单数"和"复数",缺省值可以是空值。英语中动词的形式可以用一维特征来表示:

Form:present, past, present-participle, past-participle.
Default:present.

功能寄存器则反映了句法成分之间的关系和功能。

分析树的每个节点都有一个寄存器,寄存器的上半部分是特征寄存器,下半部分是功能寄存器。

图 13.15 所示是一个简单的名词短语(NP)的扩充转移网络,网络中弧上的条件和操作如下:

NP-1：$f \xrightarrow{\text{det.}} g$
　　　　A：Number $\longleftarrow$ *.Number

NP-4：$g \xrightarrow{\text{noun}} h$
　　　　C：Number= *.Number or $\varnothing$
　　　　A：Number $\longleftarrow$ *.Number

NP-5：$f \xrightarrow{\text{pronoun}} h$
　　　　A：Number $\longleftarrow$ *.Number

NP-6：$f \xrightarrow{\text{proper}} h$
　　　　C：Number= *.Number or $\varnothing$

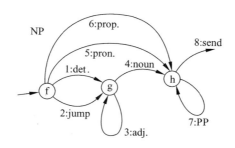

图 13.15　名词短语(NP)的扩充转移网络

该网络主要是用来检查 NP 中的数的一致值问题。其中用到的特征是 Number(数),它有两个值 singular(单数)和 plural(复数),缺省值是 $\varnothing$(空)。C 是弧上的条件,A 是弧上的操作,＊是当前词,proper 是专用名词,det. 是限定词,PP 是介词短语,＊. Number 是当前词的"数"。该扩充转移网络有一个网络名 NP。网络 NP 可以是其他网络的一个子网络,也可包含其他网络,如其中的 PP 就是一个子网络,这就是网络的递归性。弧 NP-1 将当前词的 Number 放入当前 NP 的 Number 中,而弧 NP-4 则要求当前 noun 的 Number 与 NP 的 Number 相同时,或者 NP 的 Number 为空时,将 noun 作为 NP 的 Number,这就要求 det. 的数和 noun 的数是一致的。因此,this book,the book,the books,these books 都可顺利通过这一网络,但是 this books 或 these book 就无法通过。如果当前 NP 是一个代词(pron.)或者专用名词(proper),那么网络就从 NP-5 或 NP-6 通过,这时 NP 的数就是代词或专用名词的数。PP 是一个修饰前面名词的介词短语,一旦到达 PP 弧就马上转入子网络 PP。

图 13.16 是一个句子的 ATN,主要用来识别主、被动态的句子,从中可以看到功能寄存器的应用。S 网络中所涉及的功能名和特征维包括:

功能名:Subject(主语),Direct-Obj(直接宾语),

Main-Verb(谓语动词)Auxs.(助动词),

Modifiers(修饰语)。

特征维:Voice(语态):Active(主动态),Passive(被动态),缺省值是 Actire。

Type(动词类型):Be,Do,Have,Modal,Non-Aux,缺省值是 Non-Aux。

Form(动词式):Inf(不定式),Present(现在式),Past(过去式),Pres-Part(现在分词),Past-Part(过去分词),缺省值是 Present。

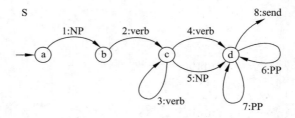

图 13.16　句子的扩充转移网络

网络描述如下:

S-1:$a \xrightarrow{NP} b$

　　A:Subject ⟵ ＊.

S-2:$b \xrightarrow{verb} c$

　　A:Main-Verb ⟵ ＊.

S-3:$c \xrightarrow{verb} c$

　　C:Main-Verb. Type＝Be,Do,Have or Modal

　　A:Auxs⇐Main-Verb,Main-Verb ⟵ ＊.

S-4:$c \xrightarrow{verb} d$

　　D:＊. Form＝Past-part and Main-Verb. Type＝Be

　　A:Voice ⟵ Passive,Auxs⇐Main-Verb,

Main-Verb ⟵ ∗ . Direct-Obj ⟵Subject ,

　　Subject ⟵dummy-NP.

S-5：c $\xrightarrow{\text{NP}}$ d

　　A：Direct-Obj ⟵ ∗ .

S-6：d $\xrightarrow{\text{PP}}$ d

　　A：Modifiers⟸ ∗ .

S-7：d $\xrightarrow{\text{PP}}$ d

　　C：Voice＝Passive and Subject＝dummy-NP and ∗ . Prep＝"by".

　　A：Subject ⟵ ∗ . Prep-Object.

S-8：d $\xrightarrow{\text{Send}}$ No Conditions，actions or initializations.

S-8 是赋值操作，Subject ⟵ ∗ 即把当前成分放入名为 Subject 的功能寄存器(当前成分做主语)。⟸是一种添加操作，Auxs⟸Main-Verb 就是将当前的谓语动词添加到 Auxs 功能寄存器中(原来 Auxs 可能已有内容)。S 网络中，当弧 S-2 遇到第一个动词时，就把它置入 Main-Verb，但是在接下来的弧 S-3 中发现 Main-Verb 中刚才被置入的是助动词，网络操作就把 Main-Verb 中的内容添加到 Auxs 寄存器的尾部。当 Auxs 是空时，添加操作与赋值是相同的，但是当 Auxs 非空时(有几个助动词)这是一个添加操作。另外，网络中有一种 dummy 节点，这是一种空节点，用来表示一种形式上的或者预示的成分，例如形式上的主语等。弧 S-4 和 S-7 就是对于被动态句子的分析和处理。弧 S-4 主要是识别被动态的谓语动词，一旦确认是被动态，则将当前的主语作为直接宾语，弧 S-7 是处理被动态句子中 by 所引导的介词短语，该介词的宾语就是实际上的主语。

当然作为一完整的 ATN 是相当复杂的，在实现过程中还必须解决许多问题，如非确定性分析、弧的顺序、非直接支配关系的处理等。ATN 方法在自然语言理解的研究中得到了广泛的应用。

4．词汇功能语法

词汇功能语法(lexical function grammar，LFG)是由卡普兰和布鲁斯南(Bresnan)在 1982 年提出的，它是一种功能语法，它更强调词汇的作用。LFG 用一种结构来表达特征、功能、词汇和成分的顺序。ATN 语法和转换语法都是有方向性的，ATN 语法的条件和操作要求语法的使用是有方向的，因为寄存器只有在被设置过之后才可被访问。LFG 的一个重要工作就是通过互不矛盾的多层描述来消除这种有序性限制。

LFG 对句子的描述分为两部分：直接成分结构(constituent structure，C-Structure)和功能结构(functional structure，F-structure)，C-structure 是由上下文无关语法产生的表层分析结果。在此基础上，经一系列代数变换产生 F-structure。LFG 采用两种规则：加入下标的上下文无关语法规则和词汇规则。表 13.3 给出了一些词汇功能语法的规则和词条，其中↑表示当前成分的上一层次的直接成分，如规则中 NP 的↑就是 S，VP 的↑也是 S；↓则表示当前成分。因此，(↑Subject)＝↓就表示 S 的主语是当前 NP。"⟨⟩"中表达的是句法模式，Hand＝⟨(↑Subject)，(↑Object)，(↑Object-2)⟩，表示谓语动词 hand 要有一个主语、一个直接宾语和一个间接宾语。

表 13.3 LFG 语法与词典

Grammar rules:

S→NP   VP

($\uparrow$ Subject) = $\downarrow$ $\uparrow$ = $\downarrow$

NP→Determiner Noun

VP→Verb NP   NP

$\uparrow$ = $\downarrow$ ($\uparrow$ Object) = $\downarrow$ ($\uparrow$ Object-2) = $\downarrow$

Lexical entries:

A	Determiner	($\uparrow$ Definiteness) = Indefinite
		($\uparrow$ Number) = Singular
baby	Noun	($\uparrow$ Number) = Singular
		($\uparrow$ Predicate) = 'Baby'
girl	Noun	($\uparrow$ Number) = Singular
		($\uparrow$ Predicate) = 'Girl'
handed	Verb	($\uparrow$ Tense) = Past
		($\uparrow$ Predicate) = Hand<($\uparrow$ Subject),($\uparrow$ Object),
		($\uparrow$ Object-2)>
the	Determiner	($\uparrow$ Definiteness) = Definite
toys	Noun	($\uparrow$ Number) = Plural
		($\uparrow$ Predicate) = 'Toy'

用 LFG 语法对句子进行分析的过程如下：

（1）用上下文无关语法分析获得 C-structure,不考虑语法中的下标,该 C-structure 就是一棵直接成分树;

（2）将各个非叶节点定义为变量,根据词汇规则和语法规则中的下标,建立功能描述（一组方程式）;

（3）对方程式作代数变换,求出各个变量,获得功能结构 F-structure。

上述过程如果能够得到一组以上解,则句子就是可识别的,并获得一个以上分析结果。分析获得多个解则说明原句子中存在着歧义现象,无解则说明无法识别。图 13.17 就是句子 A girl handed her baby the toys 的分析过程。方程的建立只要将 $\uparrow$ 用父节点变量来替代,$\downarrow$ 用当前节点来代替即可。规则 SNP VP 的下标有两组:一个是($\uparrow$ Subject) = $\downarrow$,替换得到 $(x_1, \text{Subject}) = x_2$;另一个是 $\uparrow$ = $\downarrow$,即 $x_1 = x_3$。方程式 $(x_1 \vee \text{Subject}) = x_2$ 的意义就是"x_1 的主语是 x_2",因此,上面两个方程式直接可用方程变换得到 $x_1 = x_3 = [\text{Subject} = x_2]$。在词汇规则中,词 a 对应了两条规则($\uparrow$ Definiteness) = Indefinite,($\uparrow$ Number) = Singular,词 a 的父节点就是 NP,即 x_2,所以得到方程式 $(x_2 \text{Definiteness}) = \text{Indefinite}$,$(x_2 \text{Number}) = \text{Singular}$。上述方程式通过解的合并和替代最终就可以获得图 13.17 中的 F-structure——一个语法功能的分析树。

LFG 同样也可以用于句子的生成。分析和生成的区别仅在于第一步,分析是由句子到 C-structure,而生成是由上下文无关语法直接产生 C-structure 和句子。同样,如果通过求解最终可有一个以上的解,则该句子就是正确的。

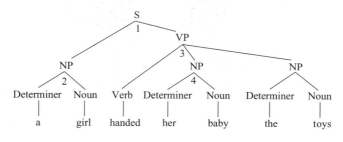

图 13.17　LFG 的一个语法功能的分析树

13.2.5　语义分析

建立句法结构只是语言理解模型中的一个步骤,进一步则要求进行语义分析以获得语言所表达的意义。第一步是要确定每个词在句子中所表达的词义,这涉及词义和句法结构上的歧义问题,如英语词 go 可有 50 种以上的意义。但即使一个词的词义很多,在一定的上下文条件下,在词组中,其意义通常是惟一的,这是由于受到了约束。这种约束关系可以通过语义分析来获得词义和句子的意义。第二步则更为复杂,那就是要根据已有的背景知识来确定语义,这就需要进一步的推理从而得出正确的结果。如已知"张经理开车去了商店",要回答"张经理是否坐进汽车?"这样的问题,就首先要从"开车"这个词义中得出"开车"与"坐进汽车"这两个概念之间的关系,只有这样才能正确地回答这个问题。

语义分析一般采用语义网络表示和逻辑表示两种方法。在 2.3 节和 2.4 节中,我们已分别介绍过谓词逻辑表示和语义网络表示,讨论了谓词逻辑的语言和语义网络的语义等。在阅读本节内容时可返回前面复习这些内容。作为例子,下面首先介绍一种语义的逻辑解析方法,然后简介语义文法和格文法等。

1. 语义的逻辑分析法

逻辑形式表达是一种框架式的结构,它表达一个特定形式的事例及其一系列附加的事实,如"Jack kissed Jill",可以用如下逻辑形式来表达:

(PAST S1 KISS-ACTION[AGENT(NAME j1 PERSON"Jack")][THEME NAME(NAME j2 PERSON"Jill")])

它表达了一个过去的事例 S1。PAST 是一个操作符,表示结构的类型是过去的,S1 是事例的名,KISS-ACTION 是事例的形式,AGENT 和 THEME 是对象的描述,有施事和主位。

逻辑形式表达对应的句法结构可以是不同的,但表达意义应当是不变的。the arrival of George at the station 和 George arrived at the station 在句法上一个是名词短语,而另一个是句子,但它们的逻辑形式是相同的。

(DEF/SING a1 ARRIVE-EVENT(AGENT a1 (NAME g1 PERSON"George"))(TO-LOC a1(DEF S4 STATION)))

(PAST a2 ARRIVE-EVENT[AGENT a1(NAME g1 PERSON "George")][TO-LOC a1 (NAME S4 STATION)])

在句法结构和逻辑形式的定义基础上,就可以运用语义解析规则,从而使最终的逻辑形式能有效地约束歧义。解析规则也是一种模式的映射变换。

(S　SUBJ　+ animate
MAIN-V+action-verb)

这一模式可以匹配任何一个有一个动作和一个有生命的主语体的句子。映射规则的形式为

(S　SUBJ+animate MAIN-V+action-verb)(?* T(MAIN-V))[AGENT V(SUBJ)]

其中,"?"表示尚无事件的时态信息,"*"代表一个新的事例。如果有一个句法结构:

(S　MAIN-V ran
SUBJ (NP TDE the HEAD man)
TENSE past)

运用上述映射(这里假设 NP 的映射是用其他规则)得到:

(?r1 RUN1[AGENT (DEF/SING m1 MAN)])

时态信息可采用另一个映射规则:

(S TENSE past)(PAST ? ?)

合并上述的映射就可最终获得逻辑形式表示:

(PAST r1 RUN1[AGENT(DEF/SING m1 MAN)])

这里只是一个简单的例子。在规则的应用中,还需要有很多的解析策略。

2. 语义分析文法

已经开发出多种语义分析文法,如语义文法和格文法等。语义文法是一种把文法知识和语义知识组合起来,并以统一的方式定义的文法规则集,是上下文无关的和形态上与自然语言文法相同的文法。它使用能够表示语义类型的符号,而不采用 NP,VP,PP 等表示句法成分的非终止符,因而可定义包含语义信息的文法规则。语义文法能够排除无意义的句子,具有较高的效率,而且可以略去对语义没有影响的句法问题。其缺点是应用时需要数量很大的文法规则,因而只适用于受到严格限制的领域。

格文法允许以动词为中心构造分析结果,虽然其文法规则只描述句法,但其分析结果产生的结构却对应于语义关系,而非严格的句法关系。在这种表示中,一个语句包含的名词词组和介词词组都用它们在句子中与动词的关系来表示,称为格,而称这种表示结构为格文法。传统语法中的格只表示一个词或短语在句子中的功能,如主格、宾格等,也只反映词尾的变化规则,因而称为表层格。在格文法中,格表示的是语义方面的关系,反映的是句子中包含的思想、观念和概念等,因而称为深层格。与短语结构语法相比,格文法对句子的深层语义有更好的描述,无论句子的表层形式如何变化,如陈述句变为疑问句,肯定句变为否定句,主动语态变为被动语态等,其底层的语义关系和各名词所代表的格关系都不会产生相应变化。格文法与类型层次结合能够从语义上对 ANT 进行解释。

13.2.6　文本的自动翻译——机器翻译

机器翻译是用计算机实现不同语言间的翻译。被翻译的语言称为源语言,翻译成的结

果语言称为目标语言。因此,机器翻译就是实现从源语言到目标语言转换的过程。

电子计算机出现之后不久,人们就想使用它来进行机器翻译。只有在理解的基础上才能进行正确的翻译,否则,将遇到一些难以解决的困难。

(1) 词的多义性。源语言可能一词多义,而目的语言要表达这些不同的含义需要使用不同的词汇。为选择正确的词,必须了解所表达的含义是什么。

(2) 文法多义性。对源语言中合乎文法规则但具有多义的句子,其每一可能的意思均可在目的语言中使用不同的文法结构来表达。

(3) 代词重复使用。源语言中的一个代词可指多个事物,但在目的语言中要有不同的代词,正确地选用代词需要了解其确切的指代对象。

(4) 成语。必须识别源语言中的成语,它们不能直接按字面意思翻译成目的语言。

如果不能较好地克服这些困难,就不能实现真正的翻译。

机器翻译,就是让机器模拟人的翻译过程。人在进行翻译之前,必须掌握两种语言的词汇和语法。机器也是这样,它在进行翻译之前,在它的存储器中已存储了语言学工作者编好的并由数学工作者加工过的机器词典和机器语法。人进行翻译时所经历的过程,机器也同样遵照执行:先查词典得到词的意义和一些基本的语法特征(如词类等),如果查到的词不止一个意义,那么就要根据上下文选取所需要的意义。在弄清词汇意义和基本语法特征之后,就要进一步明确各个词之间的关系。此后,根据译语的要求组成译文(包括改变词序、翻译原文词的一些形态特征及修辞)。

机器翻译的过程一般包括4个阶段:原文输入、原文分析(查词典和语法分析)、译文综合(调整词序、修辞和从译文词典中取词)和译文输出。下面以英汉机器翻译为例,简要地说明机器翻译的整个过程。

1. 原文输入

由于计算机只能接受二进制数字,所以字母和符号必须按照一定的编码法转换成二进制数字。例如 What are computers 这 3 个词就要变为下面这样 3 大串二进制代码:

```
What       110110 100111 100000 110011
are        100000 110001 110100
computers  100010 101110 101100 101111 110100
           110011 100100 110001 110010
```

2. 原文分析

原文分析包括两个阶段:查词典和语法分析。

(1) 查词典。通过查词典,给出词或词组的译文代码和语法信息,为以后的语法分析及译文的输出提供条件。机器翻译中的词典按其任务不同而分成以下几种:

① 综合词典:它是机器所能翻译的文献的词汇大全,一般包括原文词及其语法特征(如词类)、语义特征和译文代码,以及对其中某些词进一步加工的指示信息(如同形词特征、多义词特征等)。

② 成语词典:为了提高翻译速度和质量,可以把成语词典放到综合词典前面。例如,at the same time,不必经过综合词典得到每个词的信息后再到成语词典去找,可直接得到"副词状语"特征和"同时"的译文。

③ 同形词典：专门用来区分英语中有语法同形现象的词。例如 close 一词，经过综合词典加工未得到任何具体的词类，而只得到该词是形/动同形词的指示信息。该词转到这里后，按照同形词典所提供的检验方法，来确定它在句中到底是用作形容词还是动词。同形词典是根据语言中各类词的形态特征和分布规律构成的。例如，动词、形容词同形的图示中，就有这样的规则：colse 后有 er，est 为形容词，处于"冠词＋close＋名词"和"形容词＋close＋名词"等环境时也为形容词……。

④ （分离）结构词典：某些词在语言中与其他词可构成一种可嵌套的固定格式，我们给这类词定为分离结构词。根据这种固定搭配关系，可以简便而又切实地给出一些词的词义和语法特征(尤其是介词)，从而减轻语法分析部分的负担。例如：effect of…on。

⑤ 多义词典：语言中一词多义现象很普遍，为了解决多义词问题，必须把源语的各个词划分为一定的类属组。例如，名词就要细分为专有名词、物体类名词、不可数物质名词、抽象名词、方式方法类名词、时间类名词、地点类名词等。利用这样的语义类别来区分多义现象，是一种比较普遍的方法。例如 effect 一词，当它前面是专有名词(例如人名)时，要选择"效应"为其词义，如 Barret effect"巴勒特效应"；当它处在表示"过程"意义的动名词之后时就要译为"作用"，如 deoxidizing effect"脱氧作用"。这种利用语义搭配的办法，并非万能，但能解决相当一部分问题。

通过查词典，原文句中的词在语法类别上便可成为单功能的词，在词义上成为单义词(某些介词和连词除外)。这样就给下一步语法分析创造了有利条件。

(2) 语法分析。在词典加工之后，输入句就进入语法分析阶段。语法分析的任务是：进一步明确某些词的形态特征；切分句子；找出词与词之间句法上的联系，同时得出英汉语的中介成分。一句话，为下一步译文综合做好充分准备。

根据英汉语对比研究发现，翻译英语句子除了翻译各个词的意义之外，主要是调整词序和翻译一些形态成分。为了调整词序，首先必须弄清需要调整什么，即找出调整的对象。根据分析，英语句子一般可以分为这样一些词组：动词词组、名词词组、介词词组、形容词词组、分词词组、不定式词组、副词词组。正是这些词组承担着各种句法功能：谓语、主语、宾语、定语、状语……，其中除谓语外，其他词都可以作为调整的对象。

如何把这些词组正确地分析出来，是语法分析部分的一个主要任务。上述几种词组中需要专门处理的，实际上只是动词词组和名词词组。不定式词组和分词词组可以说是动词词组的一部分，可以与动词同时加工：动词前有 to，且又不属于动词词组，一般为不定式词组；-ed 词如不属于动词词组，又不是用作形容词，便是分词词组；-ing 词比较复杂，如不属于动词词组，还可能是某种动名词，如既不属于动词词组，又不为动名词，则是分词词组。形容词词组确定起来很方便，因为可以构成形容词词组的形容词在词典中已得到"后置形容词"特征。只要这类形容词出现在"名词＋后置形容词＋介词＋名词"这样的结构中，形容词词组便可确定。介词词组更为简单，只要同其后的名词词组连结起来也就构成了。比较麻烦的是名词词组的构成，因为要解决由连词 and 和逗号引起的一系列问题。

3. 译文综合

译文综合比较简单，事实上它的一部分工作(如该调整哪些成分和调整到什么地方)在上一阶段已经完成。

译文综合的主要任务是把应该移位的成分调动一下。

如何调动,即采取什么加工方法,是一个不平常的问题。根据层次结构原则,下述方法被认为是一种合理的加工方法:首先加工间接成分,从后向前依次取词加工,也就是从句子的最外层向内层加工;其次是加工直接成分,依成分取词加工;如果是复句,还要分别情况进行加工:对一般复句,在调整各分句内部各种成分之后,各分句都作为一个相对独立的语段处理,采用从句末(即从句点)向前依次选取语段的方法加工;对包孕式复句,采用先加工插入句,再加工主句的方法。因为如不提前加工插入句,主句中跟它有联系的那个成分一旦移位,它就失去了自己的联系词,整个关系就会混乱。

译文综合的第二个任务是修辞加工,即根据修辞的要求增补或删掉一些词,譬如可以根据英语不定冠词、数词与某类名词搭配增补汉语量词"个""种""本""条""根"等;再如若有even(甚至)这样的词出现,谓语前可加上"也"字;又如若主语中有 every(每个)、each(每个)、all(所有)、everybody(每个人)等词,谓语前可加上"都"字,等等。

译文综合的第三个任务是查汉文词典,根据译文代码(实际是汉文词典中汉文词的顺序号)找出汉字的代码。

4. 译文输出

通过汉字输出装置将汉字代码转换成文字,打印出译文来。

目前世界上已有十多个面向应用的机器翻译规则系统。其中一些是机助翻译系统,有的甚至只是让机器帮助查词典,但是据说也能把翻译效率提高 50%。这些系统都还存在一些问题,有的系统,人在其中参与太多,有所谓"译前加工""译后加工""译间加工",离真正的实际应用还有一段距离。

13.2.7　自然语言理解系统的主要模型

语言交流是一种基于知识的通信处理,说话者和听话者都是在做信息处理。确切地说人类尚未揭开人脑处理和理解语言的奥秘,要想用计算机的符号处理和推理功能来实现语言理解,首先要具备一些基本的处理能力。下面讨论语言理解的模型。

1. 基本模型

说话者都有一个明确的说话目的,如要表达一个观点,传达某一信息,或指使对方去干某事,然后通过处理生成一串文字或声音供接收者处理。其中说话者要选择用词、句子结构、重音、语调,等等,还必须融入以前或上一段谈话时所积累的知识等。图 13.18 表示自然语言理解的基本模型。

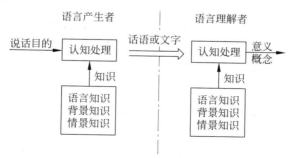

图 13.18　语言理解的基本模型

2. 单边模型

从语言产生或接收单边来看,认知处理过程如图 13.19 所示。

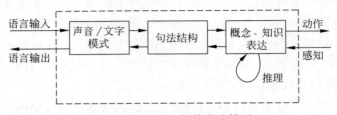

图 13.19　语言理解的单边模型

对于语言输入来说,首先是声音或文字识别,然后是语言的句法分析,建立句法结构,最后是语义概念的表达和推理。

3. 层次模型

语言的构成是层次化的,语言的处理也应当是一个层次化的过程。分层可以使一个非常复杂的过程分解为一个个模块化的、模块间相互独立的、有步骤的过程,如图 13.20 所示。从图上方向下走是一个语言理解的过程,而自底向上是一个语言生成的过程。

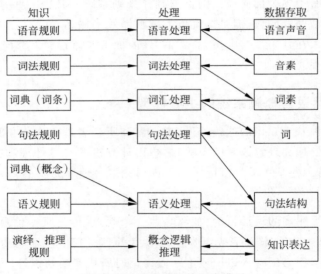

图 13.20　语言理解的层次模型

图 13.20 左边的知识是长期存储的,而右边的数据是短期存储的。上述分层模型提供了一个顺序逐层处理的过程,但是正如上面已经提到的,事实上人对语言的处理也并不是完全按照如此逐层进行的。人们常常要从语义的角度来理解句法结构,从句法结构的角度来分析词类,不然则无法理解。在生活中经常会碰到一些话,它们完全不合传统的语法,但却同样可以被人听懂和理解就是这个道理。因此,如果系统严格地按这种逐层方式来工作是很靠不住的,只要在低层次上稍有问题,整个理解过程就会完全崩溃。比如在输入时,文字中只要有一个词拼写错误,整个句子就变成无法理解的了。而事实上人在处理时完全具备了这种容错的能力。

更为完善的模型可以通过保留上述分层模型,但打破层次界限来建立,典型地可采用"黑板"系统的方式进行。在上述分层模型中,将所有的数据存取都放入"黑板",各个处理层都可以访问,而且处理结果再写入"黑板"。这样,每个处理器不限于只能用上一级的结果,而可以使用所有层次的信息。

13.2.8　自然语言理解应用实例 ChatGPT

随着人工智能技术的不断发展,自然语言处理技术也逐渐成为研究和应用的热点之一。其中,ChatGPT 作为一种基于深度学习的自然语言处理技术,可以模拟人类的自然语言交流,具有极高的应用价值。本节简介当前最热门的自然语言处理应用实例 ChatGPT,讨论 ChatGPT 的基本概念、工作原理、优缺点、应用场景及其未来发展趋势。

1.　ChatGPT 的基本概念

什么是 ChatGPT 呢?

ChatGPT 是 OpenAI 公司研发并于 2022 年 11 月 30 日发布的一种基于深度学习的自然语言处理技术,一款聊天机器人程序。它是在大型语料库上训练出来的一个深度学习模型,可以模拟人类的自然语言交流。GPT 的全称为"Generative Pre-trained Transformer",即生成预训练变换器。OpenAI 在 2019 年推出 ChatGPT 第一个版本,之后又推出 GPT-2 和 GPT-3。为改进 GPT-3,OpenAI 对其加入了指示学习(instruct learning)、提示学习(prompt learning)、微调(fine-tune)及人工反馈的强化学习(reinforcement learning from human feedback),使 ChatGPT 进入 GPT-3.5 时代。有了以上 4 项关键技术的加持,ChatGPT 相对于 GPT-3 不仅参数量大为减少,且在聊天领域的文本生成能力大为增加。2022 年 11 月 OpenAI 发布语言模型 ChatGPT(即 GPT-3.5)以来,ChartGPT 持续走红,成为近期的热点话题,ChartGPT 也成了现象级产品。现在的最新版本是 GPT-4。ChatGPT 是人工智能技术驱动的自然语言处理工具,它能够通过学习和理解人类的语言来进行对话,还能根据聊天的上下文进行互动,真正像人类一样来聊天交流。

中国科学院自动化研究所与百度公司近期合作开发了中国版 ChatGPT——CLUE-GPT,比英文版具有更好的中文语言处理能力,可以更准确、更完整地理解和表达中文信息。随着 CLUE-GPT 的不断推广和应用,将有更多基于中文的智能化系统和应用出现。这将极大地促进我国的自然语言处理研发,推动中国数字化和智能化进程,提升中国的科技创新能力和竞争力。

2. ChatGPT 的工作原理

ChatGPT 基于深度学习技术,使用了一种"变换器"(Transformer)模型架构来训练自己。ChatGPT 不仅是一个聊天机器人,而且是新一代的 AI 搜索引擎,已经可以帮你编程、搭建一个论文框架等。ChatGPT 的训练基于大量的文本数据,例如维基百科、新闻报道、社交媒体上的帖子等。通过不断地预测下一个单词或下一句话的可能性来学习自然语言,这个过程可以称为"自监督学习"。

在自然语言处理的对话任务中,ChatGPT 通常会先根据用户的输入生成一个上下文,然后在这个上下文的基础上生成下一句话。ChatGPT 处理对话过程包括以下 3 个步骤:

(1) 输入处理:ChatGPT 先对输入文本进行处理,转化为词向量表示,使用了一种叫做

"词嵌入"的技术,将每个单词映射到一个向量上。

(2) 上下文编码:ChatGPT 将输入的文本向量传入编码器,编码器是一种由多个变换器模块构成的神经网络,用于将文本序列转化为一种抽象的上下文表示。其中,每个单词的向量会受到上下文中其他单词的影响。

(3) 解码和生成:在生成下一句话的过程中,ChatGPT 使用另外一个神经网络,即解码器。解码器也是由多个变换器模块构成的,它的输入是编码器生成的上下文向量。解码器会根据上下文生成一系列单词的概率分布,然后从中选取概率最大的单词作为输出。这个过程可以不断迭代,生成多轮对话。

ChatGPT 是一种基于语言模型的生成模型,它不需要手动编写规则来完成对话任务。通过大量的数据自动学习自然语言的规律和语言表达方式,ChatGPT 在实际应用中具备非常强大的适应能力。

下面举例解释 ChatGPT 的工作原理。假设要和一个 ChatGPT 聊天,输入"你最近过得怎么样?"作为开场白。ChatGPT 会先将这个文本输入进去,然后生成一个"你最近过得怎么样?"的上下文。接下来,ChatGPT 会使用这个上下文来生成回复,如"我过得很好,谢谢你的关心。"这个聊天的生成过程可以分为以下 3 个步骤:

(1) 输入处理:ChatGPT 先使用词嵌入技术将"你最近过得怎么样?"转化为向量表示,将每个单词映射到一个向量上。

(2) 上下文编码:ChatGPT 将输入的文本向量传入编码器,编码器会将这个文本序列转化为一种抽象的上下文表示。

(3) 解码和生成:在生成回复的过程中,ChatGPT 会使用解码器,它的输入是编码器生成的上下文向量。解码器会根据上下文生成一系列单词的概率分布,然后从中选取概率最大的单词作为输出。在这个例子中,ChatGPT 会根据上下文生成一系列可能的回复,例如"我很好""我还行""我过得不错"等,最后选择概率最大的"我过得很好,谢谢你的关心。"作为输出。

需要注意的是,ChatGPT 生成的回复是基于大量的文本数据学习而来的,因此具有较高的自然度和连贯性。在实际应用中,ChatGPT 可以不断地根据用户的输入和上下文进行迭代,输出连贯的对话内容。

3. ChatGPT 的应用场景

ChatGPT 作为一种自然语言处理技术,在多个领域都有广泛的应用。例如智能客服、智能问答、在线教育、金融和医疗等领域。目前,ChartGPT 已经应用在多个实际场景中,取得了显著的效果。

(1) 智能客服问答:ChatGPT 可以帮助企业和机构实现客服和问答自动化,提高服务质量和效率。它可以根据用户的提问,快速地给出准确、全面的解答,并且不断优化自己的答案,以提供更好的用户体验。在线教育中,ChatGPT 可以帮助学生更快地找到答案,提高学习效率。它可以根据学生的问题,自动为其提供相关的知识点、案例和练习题,从而帮助学生更全面、更深入地掌握知识。

(2) 聊天应用:ChatGPT 可以作为聊天机器人,为用户提供有趣的对话体验。在聊天应用中,ChatGPT 可以通过不断学习用户的对话历史和兴趣爱好,生成个性化的回复,提高用户的满意度。

（3）语言翻译：ChatGPT 可用于语言翻译，帮助用户进行跨语言沟通。通过将原始语言的文本输入 ChatGPT，生成目标语言的文本，实现语言翻译。

（4）内容生成：ChatGPT 可以生成自然语言文本，例如生成新闻报道稿、文章、诗歌等。对于需要快速生成大量文本的场景，比如新闻报道和广告创意生成，ChatGPT 可以发挥很大的作用。

（5）语音识别和生成：ChatGPT 可用于语音识别和生成。通过将语音转化为文本，然后输入 ChatGPT 进行处理，可以生成对应的文本回复。反过来，ChatGPT 也可以将文本转化为语音，进行语音生成。

举例来说，在询问 ChatGPT "你有什么功能" 时，它回答道："作为一个 AI 助手，我可以提供以下一些功能：①问答：我可以回答各种问题，例如科学、历史、文化、语言、计算机等方面的问题。②翻译：我可以将文本或语音翻译成多种语言，例如英语、法语、中文等。③对话：我可以进行智能对话，回答各种关于生活、工作、学习等方面的问题。④生成：我可以生成文本、图片、音频和视频等多种类型的内容，例如文章、摘要、图像和音乐等。⑤学习：我可以根据用户的反馈和数据进行学习和优化，提高自己的表现和性能。⑥娱乐：我可以提供一些娱乐功能，例如笑话、游戏、音乐等。总之，我是一款功能多样、灵活性强的 AI 助手，可以帮助用户解决各种问题和需求。"

总之，ChatGPT 在自然语言处理领域有着广泛的应用前景和潜力，可以提高工作效率和改善用户体验，今后 ChatGPT 将有更多的应用场景被探索和开发，将为各个领域的数字化和智能化进程提供强大的支持和帮助。

4. ChatGPT 的优势和问题

（1）ChatGPT 的优势

ChatGPT 具有如下优势：

① 知识面广泛。相对于人类个体而言，ChatGPT 的知识面更广泛。人类个体的时间、精力包括脑力都是非常有限的，ChatGPT 则是利用深度学习方法对海量数据进行训练，并通过人工反馈的强化学习得到的语言模型，其知识面要远比人类个体广。

② 自然语言生成能力强。ChatGPT 是目前市场上最先进、最强大的自然语言处理模型，可以进行多种自然语言处理任务，包括文本生成、文本分类、情感分析、机器翻译等。同时，ChatGPT 还可以进行对话式交互，实现自然流畅的对话，让用户感觉就像和真人对话一样。这意味着 ChatGPT 能够一定程度地理解人类语言，包括英语、中文、法语、德语、西班牙语等及各种方言和口音，能够回答各种形式的问题。尤其是当文本中出现语法、拼写等错误时，它可以自动进行纠正，确保用户能够得到准确的答案。

③ 具有创造性和处理高效。由于能够记住已交互内容，并接受人工反馈的强化学习，ChatGPT 能较好地学习人类的偏好和习惯，并根据这些信息提供更好的答案。因此，ChatGPT 在创作或回答问题时生成的文本内容（如诗歌、小说、新闻、对话等）很像人类的风格，也使得 ChatGPT 在创造性上优于以往的文本生成模型。此外，ChatGPT 还拥有强大的记忆和联想能力，能够自动识别和推理出文本中的信息和关系。这使得 ChatGPT 能够高效和精准地处理大规模文本数据，帮助用户快速分析和理解文本内容。

④ 应用前景广阔。ChatGPT 能够出色应用于多种场景，比如客户服务、自然语言生成、语音助手、问答系统等领域。ChatGPT 的更多使用场景也在不断拓展，发展前景广阔。

ChatGPT 还能够根据用户的需求和意图,自动提供相关的信息和建议,帮助用户更好地完成各种任务。

(2) ChatGPT 的问题

ChatGPT 尚存在一些短板:

① 缺乏真实情感和思想。由于 ChatGPT 在训练语料里很难获取到人与人之间的表情、姿态及其他语境下的多模态信息,所以它虽然具有较强的生成能力,生成的文本合乎语法,四平八稳,但却很难创造出能与人情感交流的内容。

② 形成的观点带有偏见。由于供给 ChatGPT 的数据都是历史数据,它学习这些历史数据后很可能会根据所学内容形成偏见。尤其是 ChatGPT 接受了人工反馈的强化学习,就难免会使很多结论带有主观性,对某些问题易形成偏见。

③ 传播情况可能与事实不符。由于 ChatGPT 在生成答案时,往往是通过词语和词语之间的关联关系生成文本,但它却不能判别生成文本内容的真伪,所以很可能会传播与事实不符的情况。

④ 容易被欺骗,从而给出违背伦理道德的建议。ChatGPT 本来已由开发者设置好道德和伦理标准,用户询问的事情如果违反道德和伦理标准,ChatGPT 是有权拒绝回答的。但用户能够通过伪装、欺骗,轻易使 ChatGPT 放弃开发者为之设定好的道德和伦理标准。

5. ChatGPT 应用的发展趋势

ChatGPT 技术的不断发展,将会有更广泛的应用场景。其中,人机交互将是一个重要的应用领域。随着人工智能技术和自然语言处理技术的不断进步,ChatGPT 可以实现更为智能和自然的人机交互。比如,通过聊天机器人实现在线客服,通过语音识别和语音生成实现智能语音助手等。

此外,ChatGPT 等技术还可以应用于文本自动生成领域。比如,自动生成文章、新闻、电影剧本等。通过训练模型,可以让 ChatGPT 生成高质量和连贯的文本,从而实现文本生成自动化。这一领域具有十分广阔的应用前景,可以为人们的工作和生活带来很多便利。

总的来说,ChatGPT 作为一种基于深度学习的自然语言处理技术,具有极高的应用价值和广泛的应用领域。随着技术的不断进步和应用场景的不断拓展,ChatGPT 技术将会在更多领域中发挥作用,为人们提供更加智能、便捷和高效的服务。

13.3　语音识别

顾名思义,语音识别(speech recognition)就是利用机器将语音信号转换成文本信息,其最终目的是让机器能够听懂人的语言。语音识别技术,也被称为自动语音识别,是指让机器通过识别和理解把语音信号转变为计算机可读的文本或命令的高新科技。语音识别涉及模式识别、信号信息处理、语音学、语言学、生理学、心理学、人工智能、计算机科学和神经生物学等多个学科,关系密切。语音识别技术正逐步发展为计算机信息处理技术中的关键技术,成为一个具有巨大竞争力的新兴高技术产业,广泛应用于工业、家电、通信、汽车电子、医疗、家庭服务、消费、电子产品等各个领域。

13.3.1 语音识别技术的发展过程

科学家在研制计算机的过程中一直探索开发语音识别技术。经过近半个世纪的发展，现在数以百万计的人经常与汽车、智能电话/手机、聊天机器人和客户服务呼叫中心内的计算机进行语音交互。

1952年，AT&T贝尔研究所戴维斯(Davis)等人研制了世界上第一个能识别10个英文数字发音的实验系统Audry。1960年，英国伦敦学院的丹尼斯(Denes)等人开发了第一个计算机语音识别系统。成规模的语音识别研究开始于20世纪70年代，并在小词汇量和孤立词的识别方面取得了实质性进展。20世纪80年代以后，语音识别研究的重点逐渐转向大词汇量和非特定人的连续语音识别。同时，语音识别在研究思路上也发生了重大变化，由传统的基于标准模板匹配的技术思路开始转至基于统计模型的技术思路，以隐马尔可夫模型(HMM)方法为代表的基于统计模型方法逐渐在语音识别研究中占据主导地位。HMM能够很好地描述语音信号的短时平稳特性，并且将声学、语言学、句法等知识集成到统一框架中。此后，HMM的研究和应用逐渐成为了主流。例如，第一个"非特定人连续语音识别系统"是当时还在卡耐基梅隆大学攻读博士学位的李开复研发的SPHINX系统，其核心框架就是GMM-HMM框架，其中GMM(Gaussian mixture model，高斯混合模型)用来对语音的观察概率进行建模，HMM则对语音的时序进行建模。20世纪80年代后期，人工神经网络也成为了语音识别研究的一个方向。但这种浅层神经网络在语音识别任务上的效果一般，表现并不如GMM-HMM模型。20世纪90年代开始，语音识别掀起了第一次研究和产业应用的小高潮，主要得益于基于GMM-HMM声学模型的区分性训练准则和模型自适应方法的提出。这时期剑桥发布的HTK开源工具包大幅降低了语音识别研究的门槛。此后将近10年的时间里，语音识别的研究进展一直比较缓慢，基于GMM-HMM框架的语音识别系统整体效果还远远达不到实用化水平，语音识别的研究和应用陷入了瓶颈困境。

进入20世纪90年代后，语音识别技术开始应用于全球市场，许多著名科技互联网公司都为语音识别技术的开发和研究投入巨资。进入21世纪，语音识别技术研究重点转变为即兴口语和自然对话及多种语种的同声翻译。这几年中，即兴口语和自然对话及多种语种的同声翻译研究已取得一些重大突破，相关语音识别新产品层出不穷，准确率日益提高，已经进入了实用阶段。

2006年，欣顿(G. Hinton)提出使用受限玻耳兹曼机(RBM)对神经网络的节点进行初始化，即深度置信网络(deep belief network，DBN)。DBN解决了深度神经网络训练过程中容易陷入局部最优的问题，自此深度学习的大潮正式拉开。2009年，欣顿和他的学生默哈买德(D. Mohamed)将DBN应用在语音识别声学建模中，并且在小词汇量连续语音识别数据库上获得成功。2011年，DNN在大词汇量连续语音识别上获得成功，语音识别效果取得了近10年来最大的突破。从此，基于深度神经网络的建模方式正式取代GMM-HMM，成为语音识别的主流建模方式。

由于循环神经网络具有更强的长时建模能力，使得RNN也逐渐替代DNN成为语音识别的主流建模方案。科大讯飞结合传统的DNN框架和RNN的特点，研发出了一种名为前馈型序列记忆网络(feed-forward sequential memory network，FSMN)的新框架，采用非循环的前馈结构，达到了和BLSTM-RNN相当的效果。

中国的语音识别研究起始于 1958 年,由中国科学院声学所利用电子管电路识别 10 个元音。由于当时条件的限制,中国的语音识别研究工作一直处于缓慢发展的阶段。直至 1973 年,中国科学院声学所开始了计算机语音识别。进入 20 世纪 80 年代以来,随着计算机应用技术在我国的逐渐普及和应用及数字信号技术的进一步发展,国内许多单位具备了研究语音识别技术的基本条件。与此同时,国际上语音识别技术在经过了多年的沉寂之后重新成为研究热点。在这种形势下,国内许多单位纷纷投入这项研究工作中。

1986 年,语音识别作为智能计算机系统研究的一个重要组成部分而被列为专门研究课题。在"863"计划的支持下,中国开始组织语音识别技术的研究,并决定了每隔两年召开一次语音识别的专题会议。自此,中国语音识别技术进入了一个新的发展阶段。

现在,语音识别在移动终端上的应用最为火热,语音对话机器人、语音助手、互动工具等层出不穷,许多互联网公司纷纷投入人力、物力和财力展开此方面的研究和应用,目的是通过语音交互的新颖和便利模式迅速占领客户群。

世界各国著名的人工智能公司争先恐后开发语音识别产品,投放市场。其中比较有影响的公司和产品有苹果的 Siri、谷歌的 Google Now 和 GoogleHome、微软的 Cortana(小冰)、亚马逊的 Echo 和 Polly、脸书的 Jibbigo、IBM 的 ViaVoice、阿里巴巴的小蜜、科大讯飞的咪咕灵犀和 SR301、百度的 RavenH、腾讯的叮当智能屏、思必驰的 AISpeech 及五花八门、丰富多彩的聊天机器人产品等。

13.3.2　语音识别基本原理

语音识别的本质是一种基于语音特征参数的模式识别,即通过学习,系统能够把输入的语音按一定模式进行分类,进而根据判定准则找出最佳匹配结果。模式匹配原理已经被应用于大多数语音识别系统中。图 13.21 是基于模式匹配原理的语音识别系统基本原理框图。一般的模式识别包括预处理、特征提取、模式匹配等基本模块。

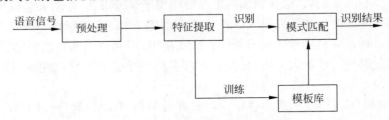

图 13.21　语音识别系统原理框图

图 13.22 表示语音识别系统识别过程的框架。

首先对输入语音进行预处理,语音信号通过麦克风采集,经过采样和 A/D 转换后由模拟信号转变为数字信号。然后对语音的数字信号进行预加重、分帧、加窗、端点检测和噪声滤波等预处理。预处理过的语音信号将按照特定的特征提取方法提取出最能够表现这段语音信号特征的参数,这些特征参数按时间序列构成了这段语音信号的特征序列。常用的特征参数包括基音周期、共振峰、短时平均能量或幅度、线性预测系数、感知加权预测系数、短时平均过零率、线性预测倒谱系数、自相关函数、梅尔倒谱系数、小波变换系数、经验模态分解系数、伽马通滤波器系数等。在训练过程中,获得的特征参数通过不同的训练方法获得声

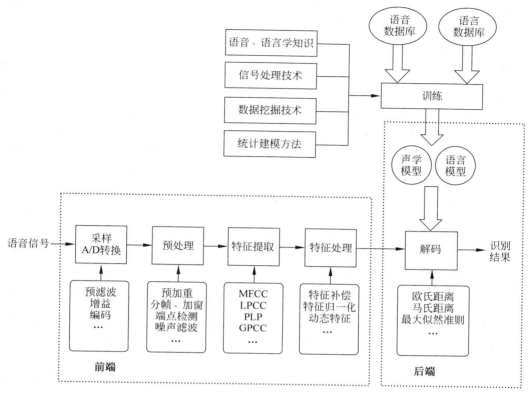

图 13.22 语音识别系统框架

学(语音)模型和语言模型,然后存入模板库(解码模块)。在解码过程中,新采集的语音信号经过处理获得特征参数后,与模板库中的模型进行模式匹配,并结合一些专家知识得出识别结果输出。

13.3.3 语音识别关键技术和方法

通过机器识别语音需要应对不同人员的不同声音、不同语速、不同内容及不同的环境。语音信号具有多变性、动态性、瞬时性和连续性等特点,这些因素都是语音识别发展的制约条件。下面介绍语音识别的声学特征提取、声学模型、语言模型、搜索算法和语音识别性能评价等关键技术。

1. 声学特征提取

模拟的语音信号采样得到波形数据后,送入特征提取模块,提取出合适的声学特征参数,供后续声学模型训练使用。好的声学特征应当考虑以下 3 个方面的因素。第一,应当具有较优的区分特性,以使声学模型不同的建模单元可以方便准确地建模。其次,特征提取也可以认为是语音信息的压缩编码过程,既需要将信道、说话人的因素消除,保留与内容相关的信息,又需要在不损失过多有用信息的情况下使用尽量低的参数维度,便于高效准确地进行模型训练。最后,需要考虑鲁棒性,即对环境噪声的抗干扰能力。

常用的声学特征有线性预测系数(linear prediction coefficients,LPCs)、倒谱系数

(cepstral coefficients, CEPs)、梅尔系数(Mel-frequency, Mel)、梅尔倒谱系数(Mel-frequency cepstral coefficients, MFCCs)等。

2. 声学模型

语音识别系统的模型通常由声学模型和语言模型两部分组成,分别对应于语音到音节概率的计算和音节到字概率的计算。现在的主流语音识别系统都采用隐马尔可夫模型(HMM)作为声学模型,这是因为 HMM 具有很多优良特性。HMM 模型的状态跳转模型很适合人类语音的短时平稳特性,可以对不断产生的观测值(语音信号)进行方便的统计建模;与 HMM 相伴生的动态规划算法可以有效地实现对可变长度的时间序列进行分段和分类处理;HMM 的应用范围广泛,只要选择不同的生成概率密度,离散分布或者连续分布都可以使用 HMM 进行建模。HMM 及与之相关的技术在语音识别系统中处于核心地位。自从鲍姆(Baum)与伊索(Easo)于 1967 年提出 HMM 理论以来,它在语音信号处理及相关领域的应用范围变得越来越广泛,在语音识别领域起到关键作用。

马尔可夫模型的概念是一个离散时域有限状态自动机,隐马尔可夫模型 HMM 是指这一马尔可夫模型的内部状态外界不可见,外界只能看到各个时刻的输出值。对语音识别系统,输出值通常就是从各个帧计算而得的声学特征。用 HMM 刻画语音信号需作出两个假设,一个是内部状态的转移只与上一状态有关,另一个是输出值只与当前状态(或当前的状态转移)有关,这两个假设大大降低了模型的复杂度。HMM 的打分、解码和训练相应的算法是前向算法、Viterbi 算法和前向后向算法。

语音识别中使用 HMM 通常是用从左向右单向、带自环、带跨越的拓扑结构来对识别基元建模,一个音素就是一个三至五状态的 HMM,一个词就是构成词的多个音素的 HMM 串行起来构成的 HMM,而连续语音识别的整个模型就是词和静音组合起来的 HMM。

3. 语言模型

语音识别中语言模型的目的就是根据声学模型输出的结果,给出概率最大的文字序列。语言模型主要分为规则模型和统计模型两种。

基于规则的语言模型是在对语言词汇系统按语法语义进行分类的基础上,通过确定自然语言的词法、句法及语义关系,试图达到同音词的大范围的基本唯一识别。其特点是适于处理封闭语料,能够反映语言的长距离约束关系和递归现象,但这种方法的鲁棒性差,不适合处理开放性语料,知识表达的一致性不好。

另一种是基于大规模语料库的统计语言模型。这种方法的特点是适合处理大规模真实语料,数据准备的一致性好,鲁棒性强,但由于其实现受系统的空间和时间限制,因而只能反映语言的紧邻约束关系,无法处理语言的长距离递归现象。统计语言模型是用概率统计的方法来揭示语言单位内在的统计规律,其中 N-Gram 模型简单有效,被广泛使用。

N-Gram 模型基于这样一种假设:第 N 个词的出现只与前面 $N-1$ 个词相关,而与其他任何词都不相关,整句的概率就是各个词出现概率的乘积。这些概率可以通过直接从语料中统计 N 个词同时出现的次数得到。常用的是二元的 Bi-Gram 和三元的 Tri-Gram。

语言模型的性能通常用交叉熵和复杂度(perplexity)来衡量。交叉熵的意义是用该模型对文本识别的难度,或者从压缩的角度来看,平均每个词要用几个位来编码。复杂度的意义是用该模型表示这一文本平均的分支数,其倒数可视为每个词的平均概率。

4. 语音识别中的搜索算法

连续语音识别中的搜索,就是寻找一个词模型序列以描述输入语音信号,从而得到词解码序列。搜索所依据的是对公式中的声学模型打分和语言模型打分。在实际使用中,往往要依据经验给语言模型加上一个高权重,并设置一个长词惩罚分数。最为常用的搜索算法有 Viterbi 算法、N-best 搜索、前向后向搜索算法。

基于动态规划的 Viterbi 算法在每个时间点上的各个状态,计算解码状态序列对观察序列的后验概率,保留概率最大的路径,并在每个节点记录下相应的状态信息以便最后反向获取词解码序列。Viterbi 算法在不丧失最优解的条件下,同时解决了连续语音识别中 HMM 模型状态序列与声学观察序列的非线性时间对准、词边界检测和词的识别,从而使这一算法成为语音识别搜索的基本策略。

为在搜索中利用各种知识源,通常要进行多遍搜索,第一遍使用代价低的知识源,产生一个候选列表或词候选网格,在此基础上使用代价高的知识源进行第二遍搜索得到最佳路径。此前介绍的知识源有声学模型、语言模型和音标词典,这些可以用于第一遍搜索。为实现更高级的语音识别或口语理解,往往要利用一些代价更高的知识源,如 4 阶或 5 阶的 N-Gram、4 阶或更高的上下文相关模型、词间相关模型、分段模型或语法分析,进行重新打分。许多最新的实时大词表连续语音识别系统都使用这种多遍搜索策略。

N-best 搜索便是一种多遍搜索方法。N-best 搜索产生一个候选列表,在每个节点要保留 N 条最好的路径,会使计算复杂度增加到 N 倍。简化的做法是只保留每个节点的若干词候选,但可能丢失次优候选。一个折中办法是只考虑两个词长的路径,保留 k 条。词候选网格以一种更紧凑的方式给出多候选,对 N-best 搜索算法作相应改动后可以得到生成候选网格的算法。

前向后向搜索算法是一个应用多遍搜索的例子。应用简单知识源进行前向 Viterbi 搜索后,搜索过程中得到的前向概率恰恰可以用在后向搜索的目标函数的计算中,因而可以使用启发式的 A^* 算法进行后向搜索,经济地搜索出 N 条候选。

13.3.4 语音识别技术展望

针对语音识别技术发展中存在的问题,特对语音识别技术的发展提出如下看法。

1. 改善语言模型和核心算法

目前使用的语言模型只是一种概率模型,还没有用到以语言学为基础的文法模型,而要使计算机理解人类的语言,就必须在这一点上取得进展,这是一个相当艰难的工作。此外,随着硬件资源的不断发展,一些核心算法如特征提取、搜索算法或者自适应算法将有可能进一步改进。

2. 提高语音识别的自适应能力

语音识别技术必须在自适应方面有进一步的提高,做到不受特定人、口音或者方言的影响。现实世界的用户类型是多种多样的,就声音特征来讲有男音、女音和童音的区别,此外,许多人的发音离标准发音差距甚远,这就涉及对口音或方言的处理。如果语音识别能做到自动适应大多数人的声线特征,那可能比提高一二个百分点识别率更重要。

3. 突破语音识别的鲁棒性

语音识别技术需要能排除各种环境因素的影响。目前,对语音识别效果影响最大的就是环境杂音或噪声。要在某些带宽特别窄的信道上传输语音,以及水声通信、地下通信、战略及保密话音通信等情况下实现有效的语音识别,就必须处理声音信号的特殊特征。语音识别技术要进一步应用,就必须在语音识别的鲁棒性方面取得重大突破。

4. 实现多语言混合识别及无限词汇识别

简单地说,目前使用的声学模型和语音模型过于局限,以至用户只能使用特定语音进行特定词汇的识别。这一方面是由于模型的局限,另一方面也受限于硬件资源。随着两方面技术的进步,将来的语音和声学模型可能会做到将多种语言混合纳入,因此用户就可以不必在语种之间来回切换。

5. 应用多语种交流系统

如果语音识别技术在上述几个方面确实取得了突破性进展,那么多语种交流系统的出现就是顺理成章的事情,这将是语音识别技术、机器翻译技术及语音合成技术的完美结合。最终,多语种自由交流系统将带给我们全新的生活空间。

比尔·盖茨曾说过:"语音技术将使计算机丢下鼠标键盘"。随着计算机的小型化,键盘鼠标已经成为了计算机发展的一大阻碍。一些科学家也说过:"计算机的下一代革命就是从图形界面到语音用户接口"。这表明了语音识别技术的发展无疑改变了人们的生活。

近年来,随着互联网的快速发展,以及手机等智能移动终端的普遍应用,可以从多个渠道获取大量文本或语音方面的语料,这为语音识别中的语言模型和声学模型的训练提供了丰富的资源,使得构建通用大规模语言模型和声学模型成为可能。

在语音识别中,训练数据的匹配和丰富性是推动系统性能提升的最重要因素之一,但是语料的标注和分析需要长期的积累和沉淀。如今,随着大数据技术的重大突破,大规模语料资源的积累将提到战略高度。

可以预测未来 5～10 年内,语音识别系统的应用将更加广泛。各种各样的语音识别系统新产品将更多地出现在市场上。人们也将调整自己的说话方式以适应各种各样的识别系统。

13.4　基于深度学习的自然语言处理

随着移动通信和机器学习的不断发展,实现人机自动对话的梦想正在逐渐成为现实。当前深度学习已在自然语言处理中获得十分广泛和有效应用。本节讨论基于深度学习的语音识别技术和基于深度学习的其他自然语言处理技术,如自动文本处理、自然语言问答和语义匹配等。

13.4.1　基于深度学习的语音处理技术

在过去的十多年里,深度学习研究取得了突破性进展。2009 年,深度学习首次成功用于语音识别。此后,基于深度神经网络的声学模型逐渐取代高斯混合模型(GMM)成为语音识别声学建模的主流模型,极大地促进了语音识别技术的发展,使语音识别技术实用化。

语音识别过程的整体结构如图 13.23 所示。对输入的训练语音信号进行预处理和特征提取,得到语音信号的特征向量序列,并对声学模型进行训练,得到"声学模型分数"。语言模型通过从训练语料库中学习单词或句子之间的相关性来估计假设单词序列的可能性,并获得"语言模型得分"。对测试语音进行预处理和特征提取后获得的特征向量序列,以及根据几个假设单词序列计算的声学模型得分和语言模型得分,经过解码和搜索,最终获得具有总输出分数的单词序列。单词序列被用作识别结果。

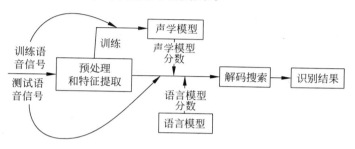

图 13.23　语音识别过程的总体结构

从 2010 年开始,深度神经网络开始对语音识别产生重要影响。2013 年国际声学、语音和信号处理会议(ICASSP)讨论了一种用于语音识别的新型深度神经网络学习及其相关应用。在 2011 年和 2013 年的国际机器学习会议(ICML)上,交流并讨论了音频、语音和视觉信息处理的学习结构、表示和优化。目前,深度学习理论已成功应用于孤立词识别、音位识别、声母识别和大词汇连续语音识别。它主要用于提取具有较强表示能力的语音数据的高级特征,并构建隐马尔可夫模型(HMM)声学模型。

深度学习在语音自动识别、语音合成、语音编码、自然语言问答、语音增强和语义匹配等方面进行了深入研究,取得了丰富的成果并得到了广泛应用。以下介绍了相关技术在这些方面的进展。

1. 自动语音识别

(1)声学建模

近年来,深度学习在语言模型方面取得了良好的成果,例如限制性 Boltzmann 机器(RBM)语言模型。与 N-Gram 语言模型不同,这些基于神经网络的语言模型可以将单词序列映射到连续空间,以评估单词出现的概率,从而解决数据稀疏的问题。一些学者使用递归神经网络来构建语言模型,希望能够充分利用所有上下文信息,以递归的方式预测下一个单词,从而有效地处理远距离语言的约束。基于递归神经网络限制 Boltzmann 机器(RNN-RBM),可以捕获长距离信息。此外,还讨论了基于语言中句子特征的语言模型的动态调整。实验结果表明,使用 RNN-RBM 语言模型对大词汇量的连续语音识别性能有了很大的提高。一些研究总结了基于深度学习的语音识别技术的现状,并回顾了近年来基于深度学习的语音识别的研究进展,包括声学模型训练指南、基于深度学习的声学模型结构和基于深度学习的声模型训练效率优化,以及基于深度学习的声学模型说话人自适应和基于深度学习的端到端语音识别。最近,基于机器学习的语音活动检测(VAD)在多特征融合任务上显示出优于传统 VAD 的优势。通过前端语音信号处理和后端声学建模的联合学习,提出了一种集成的端到端自动语音识别(ASR)范式,并使用用于远程语音处理的统一深度神经网络(DNN)框架来实现高质量增强语音和高精度 ASR。此外,卷积神经网络用于吞咽困难人群的语音识别和电力调度语音识别等。

(2)语音检测

结合多个声学特征的优点对于语音活动检测的鲁棒性至关重要。提出了一种基于深度学习的病理语音检测方法。基于五重交叉验证,评估了深度神经网络、支持向量机和高斯混合模型三种机器学习算法的性能。经验表明,神经网络的精度达到 99.32%,优于高斯混合模型和支持向量机。VAD 是音频信号处理中的一个重要课题。上下文信息对于在低信噪比下提高 VAD 性能至关重要。通过三个层次的机器学习来探索上下文信息。其中,在中间层,DNN 在单个帧的不同上下文中生成多个基本预测,然后聚合基本预测以更好地预测帧,这不同于对多个基本预计的分类器集进行计算昂贵的训练的增强方法。还提出了一种结合噪声分类和 DNN 的语音增强联合框架。受污染语音的噪声类型由 VAD-DNN 和 NC-DNN 确定,然后由相应的 SE-DNN 模型来增强语音。

(3)语音分离

基于语音分离技术的深度学习研究,提出了一种基于深度学习的混响语音分离模型,通过学习"污染"语音和纯语音之间的频谱映射来学习逆混响和去噪。通过提取一系列频谱特征,融合相邻帧的时间动态信息,并使用 DNN 变换对频谱进行编码,以恢复纯语音频谱。最后,重建时域信号,并建立 DNN 的特征分类能力,以完成双音混响语音的分离。

2. 语音合成

基于深度学习的语音合成已经成为一个研究热点。一些研究在语音信号和信息处理领域引入了语音识别、语音合成、语音增强等方向。在语音合成方面,介绍了几种基于深度学习模型的语音合成方法。例如,提出一种使用 DNN 和 RNN 训练语音合成系统的辅助分类框架。ANN 使用包括几个隐藏层和仿射变换层的回归模型将上下文特征变换为一组语音合成参数;探索语音合成的研究方法,包括传统的语音合成方法和基于深度学习的方法,并进行了图像识别和语音合成相结合的实验;讨论蒙古语单元拼接语音合成方法,并研究了基于深度学习的蒙古语语音合成,采用硬拼接和软拼接相结合的方法;提出 HMM-RBM 和HMM-DBN 语音合成方法,并根据频谱参数进行决策树状态聚类。使用与每个状态对应的谱包络数据来分别训练对应的 RBM 或 DBN;合成阶段使用 RBM 或 DBN 显著层概率密度函数模型代替高斯均值。通过 RBM/DBN 模型强大的建模能力,可以更好地拟合频谱包络的分布特征,并削弱合成语音的过度平滑;提出一种基于 DNN 的语音合成方法,在训练阶段,使用 DNN 代替传统的决策树和基于 HMM 参数合成方法的 GMM 模型,建立语言特征和声学特征之间的映射关系。在合成阶段,它被直接替换为 DNN 的预测值,传统方法的高斯均值和相应的训练数据方差取代了传统参数生成方法中高斯模型的方差;提出一种基于DBN 的语音合成方法,并提出了一个多分布深度信任网络(MD-DBN)。借助 MD-DBN 中不同类型的 RBM,可以同时对频谱/基频特征和无声信息进行建模,并可以估计音节和声学特征的联合概率分布等。

在这一领域也有研究,一种新的基于注意力全卷积机制的文本到语音转换算法,以及一种用于语音合成过程学习的统计模型,可以将一些文本转化为语音。例如,提出一种基于说话人嵌入的多说话人语音合成方法。它的模型基于 Tacotron 网络,但模型的后处理网络被

Wavenet 架构中使用的扩展卷积层修改,使其更适合语音;可以通过仅使用一个神经网络模型来生成多扬声器语音。又如,提出并分析一种数据选择和扩展的方法,其框架使用基于 DNN 的统计参数来实现语音合成。再如,提出了一种使用深度神经网络(DNN)和递归神经网络(RNN)训练语音合成系统的辅助分类框架,所使用的人工神经网络是一个回归模型,包括几个隐藏层和仿射变换层,用于将上下文特征转换为一组语音合成参数。

3. 语音编码

基于深度学习的语音研究也更加活跃。在基于感知自适应匹配追踪算法的可扩展实时音频/语音编码器的背景下,考虑基于神经网络框架的语音编码量化算法的开发。给出基于深度自动编码器(DAE)神经网络的编码算法的量化部分的架构,并描述了其结构和学习功能。提出了一种基于深度自编码网络的船舶辐射噪声分类与识别方法。使用 Welch 功率谱估计方法获得船舶辐射噪声的功率谱特性,然后对原始训练样本集的结构进行优化,获得新的训练样本集,并构建训练。提出了深度自编码网络,实现船舶辐射噪声的分类和识别。提出一种新的基于堆叠式自动编码器(SAE)的参考自由语音质量评估方法,该方法由 BP 神经网络和 SAE 组成的深度神经网络实现,通过堆叠式自动编码器提取语音的基本特征,然后通过 BP 神经网络将特征映射到主观 MOS 分数。为了提高语音增强后的语音质量,提出一种基于自编码特征的综合特征。首先,使用自编码器提取自编码特征,然后使用 Group Lasso 算法验证自编码特征和听觉特征的互补性和冗余性,最后通过重新组合特征以获得综合特征作为语音增强系统的输入特征,用于语音增强。提出了一种基于堆栈自动编码器的语音分类新方法,该方法由堆栈自动编码器和 Softmax 分类器组成的深度神经网络实现。在不同背景噪声和不同信噪比的情况下,该算法的分类精度优于传统算法。

4. 语音增强

使用深度学习来增强声谱。提出两种新的帧级代价函数变体,用于训练深度神经网络,以在语音识别中实现较低的误码率。提出一种基于自动编码生成对抗性网络的语音增强算法。它采用了结合自动编码器(AE)和生成对抗性网络(GAN)的综合学习框架,在语音波形层面进行端对端处理并自动提取语音特征,监督学习噪声语音和纯语音之间的非线性关系,将语音建模为概率模型中标签和潜在属性的组合。还提出一种使用自适应 MFCC 和深度学习的改进语音识别方法,以提高语音识别率。

13.4.2 基于深度学习的其他自然语言处理技术

除了自动语音识别外,其他基于深度学习的自然语言处理技术还涉及自动文本处理、自然语言问答和语义匹配等。

1. 基于深度学习的自动文本处理

基于深度学习的自动文本处理研究已经取得比较丰富的成果。在深度学习的基础上,全面总结机器阅读理解技术的研究背景和发展历史,介绍单词向量、注意力机制和答案预测三项关键技术的研究进展,分析当前机器阅读理解研究面临的问题,并展望机器阅读理解技术的未来发展趋势。基于深度学习的文本分类技术是本书的研究背景。介绍文本分类过程、文本的分布式表示及基于深度学习神经网络的文本分类模型。以情感分析和主题分类为任务,进行几种典型的模型结构,并进行实验和分析。提出一种基于扩张卷积神经网络模型的中文分词方法。通过添加汉字根信息,利用卷积神经网络提取特征,丰富输入特征;使用扩张卷积神经网络模型并添加残差结构进行训练,可以更好地理解语义信息,提高计算速度。在系统回顾深度学习在自然语言处理临床领域的应用后,对文献/文本进行定量分析,以回答当前临床领域自然语言处理中深度学习的研究方法、范围和背景。提出一种新的生成自动摘要解决方案,其中包括改进的词向量生成技术和生成自动摘要模型。介绍注意力机制、门控递归单元结构、双向递归神经网络、多层递归神经网络。网络和聚类搜索提高生成摘要的准确性和句子流畅性。

情感理解是基于深度学习的自动文本处理研究的一个积极方向。一些研究提出一种新的基于深度学习的方法来检测文本对话中的情绪——快乐、悲伤和愤怒。其本质是将基于语义和情感的表示相结合,以实现更准确的情感检测。另一份研究报告介绍一个由40000条带标签的阿拉伯语推文组成的语料库,涵盖几个主题,提出三种用于阿拉伯语情绪分析的深度学习模型(CNN,LSTM和RCNN),并在所提出的语料库上验证了三种模型的单词嵌入性能。设计一个可以提取特征和分类的模型,该模型包括用于特征提取的卷积神经网络和执行情绪分类的深度神经网络。卷积神经网络由三个卷积层和两个密集层组成,这三个层在时间和频率维度上过滤输入频谱图,形成模型的深层。一项研究介绍深度学习技术在情绪分析中的应用,指出深度学习技术已成为当前自然语言处理和预测情绪的最新热点,这项调查的重点是情感分析在深度学习方法的句子层面和目标层面风格的不同应用中的各种用途。提出了一种基于深度稀疏自动编码器的语音情感迁移学习方法。深度稀疏自动编码器被训练用来重建目标域中的少量数据,以便编码器能够学习目标域数据的低维结构表示,并提高语料库在中间语音中的情绪识别效率。为了提高智能语音情感识别系统的准确性,提出一种基于卷积神经网络特征表示的语音情感识别模型。卷积模型基于 Lenet-5 模型,增加了一层卷积层和池化层,并将二维卷积核改为一维卷积核。在模型中,对特征变换进行了表征,最后使用 Softmax 分类器实现了情感分类。仿真结果验证了网络模型的有效性。

2. 基于深度语言的自然语言问答

讨论对话系统中的自动语音识别是如何从传统的 GMM-HMM(高斯混合模型-隐马尔可夫模型)架构发展到最新的非线性深度 DNN-HMM 方案的;通过 DNN 声学建模,结果表明语音识别性能具有合理的准确性。

3. 语义匹配

针对基于文档的自动问答,提出一种基于卷积深度神经网络的语义匹配模型,以提取每对问题和文档的特征,并相应地计算它们的分数。

深度学习在自动语音识别、语音合成、语音编码、自然语言问答、语音增强和语义匹配等方面的研究已经通过实验或应用实现,表明其性能优于传统技术。

13.4.3 基于深度学习的自然语言处理示例

作为例子,介绍一种基于深度学习的语音识别模型及其在智能家居中的应用,提出了一种基于降噪自动编码器的深度学习语音识别模型。该模型解析出短语控制指令来控制家用设备。语音识别模型主要包括两部分:首先,进行无监督学习预训练,在预训练前将一些网络节点随机设置为以人工模拟噪声数据,接着使用受限玻耳兹曼机的权重矩阵依次训练每个隐含层,通过比较输入数据和输出数据的偏差来修改权重,并优化参数。然后,进行监督微调,并将训练后的参数用作整个网络的初始值。误差反向传播算法用于调整整个网络模型的参数。

语音识别过程主要包括语音信号的预处理、特征提取和模式匹配。所提出的智能家居语音识别模型是针对非特定人群的连续低词汇识别。语音识别过程如图 13.24 所示。首先,对语音信号进行预处理,以消除人类发声器官和语音采集设备对语音信号的影响。然后,基于提取的语音特征建立语音识别声学模型,并进行模式匹配。语音识别决策输出识别结果。语音识别模型对智能家居的语音控制指令的特性更敏感,并且可以在声音信息复杂或存在噪声干扰时解析家居控制指令。

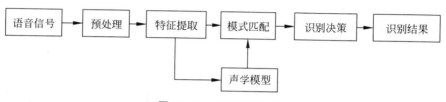

图 13.24　语音识别过程

为了有效地提取隐含层中原始数据的表示,增强学习能力,使用了一种具有多个隐含层的深度自动编码器。在深度自动编码器中,RBM 用于对每层的输入数据进行编码和解码,并将原始输入数据与收敛计算进行比较,以获得每层的最佳参数调整,完成一层的特征训练,层编码后的输出数据用作下一层的输入数据。以相同的方式对每一层进行数据处理,并完成所有层的特征训练。

在深度学习中,具有足够级别的神经网络具有较强的学习能力,但级别过多容易出现梯度消失或梯度爆炸问题。经过反复的模型测试,该语音识别系统中使用的降噪自动编码器如图 13.25 所示。它由一个输入层、五个隐含层和一个输出层组成。每层中的节点数为 $390 \times 680 \times 680 \times 50 \times 680 \times 6.8 \times 680 \times 390$。

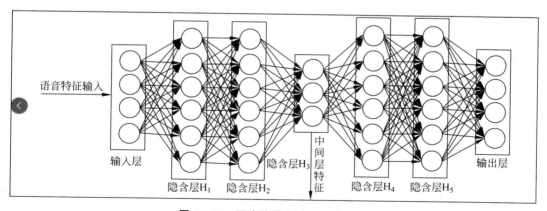

图 13.25　深度降噪自动编码器模型

在图 13.25 中,输入层包含 390 个节点,对应于语音输入特征。连接到输入层的两个隐含层 H_1 和 H_2 的节点数量为 680。依次构建了两个高维隐含层特征空间;具有 50 个中间节点的隐含层 H_3 是编码输出;两个隐含层 H_4、H_5 和输出层共同完成解码工作。在网络节点类型的选择中,输入层、中间编码层和输出层使用高斯线性激励节点,其他隐含层使用Sigmoid 非线性激励伯努利节点。

收敛计算以原始输入和解码数据的均方误差为目标函数,调整参数,降噪自动编码器的损失函数为

$$J(w,b) = \frac{1}{m}\sum_{i=1}^{m} J(w,b;x^{(i)},y^{(i)}) + \frac{1}{2}\sum_{l=1}^{n_{l-1}}\sum_{i-1}^{s_i}\sum_{j=1}^{s_j+1}(w_{ji}^{(l)})^2 + \sum_{xls} L(x,g(f(x)))$$

(13.5)

其中,$g(f(x))$ 表示在输入数据中模拟的噪声数据。式(13.5)的第一项表示平均重建误差;第二项表示用于防止过度拟合的权重约束项;第三项表示降噪的约束表达式。

语音识别模型训练的主要算法流程如下:

(1) 构造降噪自动编码器初始化映射矩阵,并对参数进行初始化。如式(13.6)所示,d_{in} 和 d_{out} 分别表示层的输入和输出的权重参数的数量,并服从由 U 表示的均匀分布,如下所示:

$$U \sim \left[-\frac{\sqrt{6}}{\sqrt{d_{in}+d_{out}}}, \frac{\sqrt{6}}{\sqrt{d_{in}+d_{out}}}\right]$$

(13.6)

(2) 完成映射矩阵和偏移向量,使用字典类型存储数据,并调用式(13.5)完成从输入层到隐含层矩阵的映射。

(3) 构建注重成果的管理网络,并完成每一层职能的培训。

(4) 用于批量训练的输入数据和高斯噪声系数。

(5) 根据式(13.5)构造损失函数。

(6) 将训练数据和测试数据标准化,以便将语音特征映射到0~1的空间,如式(13.7)所示:

$$x_{new} = (x-u)/\sigma$$

(13.7)

其中,u 为语音样本的平均值,σ 为语音样本方差。

(7) 循环载入训练数据。

实验结果表明,与深度信任网络相比,该语音识别模型显著提高了语音识别率和对噪声的鲁棒性。将该语音识别模型与智能家居系统相结合,从常见短语中判断家居控制指令,实现人机交互的非接触式便捷控制,使系统更加智能。

13.5　小结

本章研究机器感知,就是使机器具有类似于人视觉、听觉、力觉、触觉、嗅觉、痛觉、接近感和速度感等感觉。其中,最重要的和应用最广的是计算机视觉、自然语言理解和机器听觉。

13.1 节探讨机器视觉,涉及图像工程、图像采集、图像分类、目标检测、目标跟踪、图像分割和图像理解等。

13.2 节讨论的自然语言理解是人工智能研究较早的研究领域,正受到人们前所未有的重视,并已取得一些重要的进展。

自然语言理解是一个困难的和富有挑战性的研究任务,它需要大量的和广泛的知识,包括词法、语法、语义和语音等语言学和语音学知识及相关背景知识。在研究自然语言理解

时,可能用到多种知识表示和推理方法。

机器翻译是用计算机实现不同语言间的翻译。机器翻译是建立在自然语言理解和语言自动生成的基础上的。机器翻译就是让机器模拟人的翻译过程。机器翻译包括原文输入、原文分析、译文综合和译文输出 4 个阶段。

13.3 节研究语音识别技术,也被称为自动语音识别,是让机器通过识别和理解把语音信号转变为计算机可读的文本或命令。语音识别的本质是一种基于语音特征参数的模式识别,一般的模式识别包括预处理、特征提取、模式匹配等基本模块。语音识别的关键技术包括特征提取与模型训练、语音识别方法和语音识别程序 3 个方面。随着大数据、互联网、云计算和人工智能的快速发展,语音识别技术将取得更大的突破。可以预计,语音识别系统的应用将更加广泛,各种各样的语音识别系统产品将更多地出现在市场上,为人类科技、经济和生活提供更多、更好、更方便和更满意的服务。

深度学习架构和算法已经在 NLP 研究中获得越来越多的应用。研究者们提出了许多基于深度学习的复杂算法用来处理困难的 NLP 问题,如循环神经网络(递归神经网络,RNN)、卷积神经网络(CNNs)及记忆增强策略和强化学习方法等。深度学习研究的进展将导致 NLP 进一步取得实质性甚至突破性进展。

13.4 节简介基于深度学习的自然语言处理技术,包括基于深度学习的语音识别、自动文本处理、自然语言问答和语义匹配等技术。然后举例介绍一种基于降噪自动编码器的深度学习的语音识别模型及其在智能家居中的应用。

习题 13

13-1　什么是图像工程? 图像工程包括哪些层次?

13-2　什么是数字图像? 试述数字图像采集过程。

13-3　试说明图像分类的工作原理和基本过程。

13-4　有哪几种图像分类方法?

13-5　什么是目标检测和目标跟踪?

13-6　什么是图像分割? 有几类图像分割方法?

13-7　什么是图像理解? 试解析图像理解的过程。

13-8　什么是语言和语言理解? 自然语言理解过程有哪些层次? 各层次的功能如何?

13-9　什么是自然语言理解? 它有哪些研究领域?

13-10　试述自然语言理解的基本方法和研究进展。

13-11　什么是词法分析? 试举例说明。

13-12　什么是句法分析? 有哪些句法分析方法?

13-13　转移网络和扩充转移网络的原理是什么? 为什么说扩充转移网络使句法分析器具有分析上下文有关语言的能力?

13-14　写出下列上下文无关语法所对应的转移网络:

S→NP VP

NP→Adjective Noun

NP→Determiner Noun PP

NP→Determiner Noun
VP→Verb Adverb NP
VP→Verb
VP→Verb Adverb
VP→Verb PP
PP→Proposition NP

13-15 考虑下列句子：

The old man's glasses were filled with sherry.

选择单词 glasses 合适的意思需要什么信息？什么信息意味着不合适的意思？

13-16 考虑下列句子：

Put the red block on the blue block on the table.

（1）写出句中符合句法规则的所有有效的句法分析。

（2）如何用语义信息和环境知识选择该命令的恰当含义？

13-17 对下列每个语句给出句法分析树：

（1）David wanted to go to the movie with Linda.

（2）David wanted to go to the movie with Georgy William.

（3）He heard the story listening to the radio.

（4）He heard the boys listening to the radio.

13-18 考虑一用户与一交互操作系统之间进行英语对话的问题。

（1）写出语义文法以确定对话所用语言。这些语言应确保进行基本操作,如描述事件、复制和删除文件、编译程序和检索文件目录等。

（2）用你的语义文法对下列各语句进行文法分析：

Copy from new test mss into old test mss.
Copy to old test mss out of new test mss.

（3）用标准的英语文法对上述两语句进行分析,列出所用文法片断。

（4）上述（2）与（3）的文法有何差别？这种差别与句法和语义文法之间的差别有何关系？

13-19 机器翻译一般涉及哪些过程或步骤？每个过程的主要功能是什么？

13-20 某大学开发出一个学生学籍管理数据库。试写出适于查询该数据库内容的匹配样本。

13-21 试设计一个特定应用领域的自然语言问答系统。

13-22 试述语音识别的工作原理。

13-23 语音识别的关键技术是什么？

13-24 语音识别研究有何进展？试举一例加以说明。

13-25 深度学习模型和算法对自然语言处理起到什么作用？

13-26 哪些深度学习模型在自然语言处理中获得广泛应用？

第6篇

人工智能展望

第 14 章

人工智能的效益与安全

任何新生事物的成长都不是一帆风顺的。在科学上,每当一门新科学或新学科诞生时或一种新思想问世时,也往往要遭到种种非议和反对,甚至受到迫害。

人工智能也不例外。自从人工智能孕育于人类社会的母胎时,就引起人们的争议。自1956 年问世以来,人工智能也是在比较艰难的环境中顽强拼搏与成长的。一方面,社会上一些人对人工智能的科学性有所怀疑,或者对人工智能的发展产生恐惧。在一些国家,甚至曾把人工智能视为反科学的异端邪说,加以反对与批判。另一方面,科学界内部有一部分人对人工智能也表示怀疑,对人工智能研究表示怀疑或否定。

近年来,人工智能空前快速发展和普遍应用,在给人类带来福祉与喜悦的同时,也引起人们的一些忧虑和争论。例如,担心智能机器人的进一步发展会导致人类失业,人工智能终极目标的实现可能使人类沦为智能机器的奴隶。

本章将讨论人工智能对人类的影响和人工智能的安全问题。

14.1　人工智能的巨大效益

人工智能的发展已经给人类带来巨大效益,这些效益涉及经济、科技、文教、社会、生态和人类健康等。

14.1.1　人工智能对经济、科技和文教的影响

人工智能的发展已对人类及其未来产生深远影响,带来巨大的和实实在在的效益。这些效益涉及人类的经济、科技和文化教育发展等方面的利益。

1. 经济效益

人工智能为全世界的企业和商业提供了前所未有的良好发展机遇,能够改善几乎所有商业业务流程,促进产业和国民经济转型升级,极大地提升了产业生产力,提高了企业的生产率和经济效益。

人工智能系统的开发和应用已为人类创造出可观的经济效益,例如,成功的专家系统已为它的建造者、拥有者和用户带来巨大的经济效益。

人工智能促进经济转型升级。比如,智能制造应用人工智能的分布式系统、智能网络、智能控制、智能推理与智能决策等关键技术,构建智能机器和人机融合系统,实现制造过程的柔性化、集成化、自动化、信息化与智能化,为智能制造提供各种智能技术,是智能制造和制造业转型升级的重要基础和关键技术保障。智能制造是人工智能的一个具有广泛交叉的重要应用领域,能够带动智能机器人、分布式智能系统、智能推理、智能控制、智能管理与智能决策等方向的发展。

2. 科技效益

人工智能研究已经对包括计算机技术在内的科学技术的各个领域产生并将继续产生重大影响。人工智能发展和应用促进了数据科学、网络技术、算法技术、并行处理、自动程序设计和专用智能芯片等技术的发展,又反过来推动了人工智能科学技术的发展,进而为人类创造更大的经济实惠。

人工智能可以促进其他技术的发展,尤其是计算机、大数据和算法。例如,人工智能应用需要重型和高速计算,这促进了并行处理、数据结构、算法和专用集成芯片的发展,从而促进了计算机技术的发展。

3. 文化效益

人工智能的发展为人类文化打开了许多新的窗口。人工智能能够改善人类的知识和文化生活。例如,智能语音识别和智能手机丰富了人类的文化娱乐生活,机器视觉和虚拟现实技术对图像艺术产生了深远的影响,智能旅游为游客提供了高效、廉价、安全的旅行解决方案。又如,智能图形处理技术对科学研究、社会教育、图形艺术和广告等部门产生了深远的影响。它将改变电视的面貌,使人们能够在电视机前享受更先进的娱乐。

4. 教育效益

人工智能技术的快速发展给各级各类教育带来创新教育机遇与经验。应用人工智能技术创建个性化智能学习平台和教学助理等智能化教育系统,广泛使用聊天机器人和教学机器人,促进人工智能与教育的交叉融合。

人工智能技术的使用及语法、语义和形式化知识表示方法的综合应用,可以改善自然语言的表示,同时将知识表达成适用的人工智能语言形式。应用人工智能概念来描述人类生活的日常状态,并解决问题的各种过程。人工智能可以扩展人们交流知识的概念集,在某些条件下为我们提供替代概念,描述我们看到和听到的方法,以及描述我们信仰的新方法。这对教育是一个有益的启发。

14.1.2 人工智能对社会、生态和健康的影响

人工智能的发展也对人类社会进步、社会治理、生态和人类健康等方面产生重大影响,带来巨大利益,这些利益包括:

1. 社会进步效益

人工智能能够替代人类繁重和危险的劳动岗位,创造新的就业岗位,促进社会结构变化和思维概念变化;能够应用人工智能与极度贫穷作斗争,促进脱贫和农村振兴,改善边远和贫穷地区人民的生活质量;人工智能的发展还能用于协助寻求世界和平。

在重新解释我们的历史知识时,哲学家、科学家和人工智能科学家有机会解决知识的模糊性并消除不一致性。这些努力的结果可能会导致知识和社会的一些进步,从而更容易推断出新的有趣的真相。例如,机器学习研究引入了形式化和有效知识的新方法,不仅包括归纳推理、形式化和规则组合,还包括新的识别方法、解释知识的合理性和解释知识。如果知识管理可以完全自动化,那么人们可以设想一个电子或计算机网络,其自主媒体可以产生、传播、改进、交换和改变知识,就像管理商品或电力一样。

2. 社会治理效益

应用人工智能技术,并与互联网、大数据、区块链等技术结合,能够助推经济、政治、文化、社会、生态的治理,助推智慧城市、智能交通、智能驾驶、智慧医疗、智慧农业、智能金融、智能教育、智能安防、智能司法、智能管理、智能指挥、社会智能、智能军事、智能经济等人工智能应用领域的开发与治理。人工智能技术也是保障人工智能自身安全的重要途径。

3. 生态效益

应用人工智能感知与识别技术大范围检测各种生态数据,可为环境治理和生态文明建设提供实时与精准依据;开发人工智能无人系统,可替代人类执行有害身体健康的危险、单调和困难的任务。

4. 健康效益

开发与应用各种人工智能医疗系统与装置,包括各种医疗检测、诊断、手术和康复机器人等;应用人工智能技术,研发各种新药,快速与精准发现和治疗各种疑难病症和危险疾病,为卫生保健、拯救生命和改善健康服务。

综上分析可见,人工智能技术对人类的社会进步、经济发展、文化提高和人民健康都有巨大的影响。随着时间的推进和技术的进步,这种影响将越来越明显地表现出来。还有一些影响,可能是我们现在难以预测的。可以肯定,人工智能必将为人类的物质文明和精神文明提供越来越多的正能量,产生越来越大的影响。

14.2 人工智能的安全问题

任何"高新技术"都存在两面性,都可能成为双面刃。人工智能也是一把双面刃,在为人类带来巨大利益的同时也存在一些负面问题,特别是安全问题。

1. 心理安全

人工智能的快速发展使得其能力和威力越来越强,智能机器人的神通也越来越大。这使社会上一些人受到心理威胁,或叫做精神威胁。他们担心,如果智能机器具有同人类一样的思维、情感和创造力,那么,一旦这些智能机器的智能超越人类智能,它们就要与人类"平分天下",甚至主宰人类,变成社会的统治者,而人类则沦为人工智能的奴隶。这种对人工智能的恐惧心理如果不加以疏导,就可能发展为一种精神恐慌症。此外,人工智能和机器人的普遍使用,使得人们有较多机会和时间与智能机器共事或相伴,这会增加相关人员的孤独感,感到寂寞、孤立和不安。

2. 社会安全

在过去50多年中,人类社会结构发生了静悄悄和日积月累的变化。以前人们与机器直接打交道,而现在则要借助智能机器与传统机器打交道。这就是说,原来那种"人-机器"的传统两极社会结构,已逐渐为"人-智能机器-机器"的新型三极社会结构所取代。人们已经感受到并将更多地看到,人工智能"医生""秘书""记者""编辑"和机器人"护士""服务员""交通警察""保安""操作工""清洁工"和"保姆"等,将由智能系统或智能机器人担任。这样一来,人类就必须学会与人工智能机器和智能机器人和谐共处,以适应这种新型社会结构。

人工智能引起的另一个社会问题是可能造成大量失业。智能机器能够代替人类从事各种劳动,特别是脑力体力,将造成一部分人员下岗。英国牛津大学的一项研究报告指出:将会有 700 多种职业被智能机器替代,其中首当其冲的是销售、行政和服务业。有人提出一个人工智能将超过人类的任务与时间表,见表 14.1。

表 14.1 人工智能将超过人类的任务与时间表

工作任务	翻译语言	写作随笔	驾驶卡车	零售工作	写畅销书	自主手术
超过时间	2024 年	2026 年	2027 年	2031 年	2049 年	2053 年

3. 政治安全

人工智能用于进行政治宣传的趋势与日俱增,造成地缘政治的不平等和不平衡。在一些西方国家,过去大选前的信息传播主要是通过传单和海报进行的。如今,这类信息主要以数字形式传播,包括使用人工智能等先进技术影响选民的意见。例如,借助Facebook 提供的大量数据,可以确定潜在选民的特征甚至他们所经历的情感。通过Facebook 庞大数据支持实现的这种操纵的两个例子是 2016 年的英国脱欧公投和同年的美国总统选举。

4. 伦理道德安全

人工智能的伦理问题已经引起全社会的关注,人工智能技术的进步可能给人类社会带来重大风险。例如,在服务机器人领域,人们所担忧的风险与伦理问题主要涉及小孩和老人的看护及自主机器人武器的研发两个方面。陪伴机器人能够为孩子提供愉悦的感受,激发他们的好奇心。但是,孩子必须要有大人照料,陪伴机器人没有资格成为孩子的看护者。孩子过长时间与陪伴机器人相处,会使孩子缺失社交能力,造成孩子不同程度的社会孤立。

应用军用机器人也产生一些道德问题。例如,在作战中由地面武装机器人开枪开炮或由无人机、无人车发射导弹炮弹,造成对方士兵甚至无辜群众伤亡。武器一般都是在人的控制下进行致命打击的,但是,军事机器人却能够自主锁定攻击目标并消灭他们的生命。

利用人工智能媒体和互联网暴露个人隐私,侵犯自然人享有的隐私权和人格权问题,是利用人工智能技术引发的另一类不容忽视的伦理道德问题。因互联网和人工智能平台"人肉搜索"导致受害人自杀的事件时有发生。

5. 法律安全

智能机器的发展与应用带来了许多前所未有的法律问题,传统法律面临严峻挑战。到底引起哪些法律新问题呢?请看下面的例子。

无人驾驶汽车发生伤人事故,该由谁承担法律责任?交通法规或将从根本上改写。又如,用于战场的机器人开枪打死人是否违反了国际公约? 随着智能机器思维能力的提高,它们可能对社会和生活提出看法,甚至是政治主张。这些问题可能给人类社会带来危险,引起不安。

"机器人法官"能够通过对已有数据的分析而自动生成最优判决结果。与法官一样面临失业威胁的还有教师、律师和艺术家等行业。如今,许多作品可由智能机器创作,连新闻稿也可以由记者机器人或 ChatGPT 撰写。ChatGPT 等人工智能系统还能够谱曲与绘画。现有的与知识产权保护相关的法律或将被颠覆。在人工智能时代,法律也将重塑对职业的要求,法律观念将被重新构建。不久之后,"机器人不得伤害人类"将可能与"人类不得虐待机器人"同时写进劳动保护法。

此外,在医疗领域,使用医疗机器人而产生的医疗事故的责任问题及在执法领域机器人警察执行警察职能都存在安全问题。这些问题应当如何考虑与处理? 因此,需要解决许多相关的法律问题。人工智能产品在法律领域的许多责任问题和安全问题需要严肃对待与尽早处理。机器人开发者必须对他们的智能产品承担相关法律责任。

6. 军事安全

随着人工智能和智能机器的不断发展,一些国家的研究机构和军事组织正致力于把人工智能技术和无人系统用于军事目的,研发与使用智能化武器,给人类社会和世界和平造成极其重大的安全威胁。

例如,在已往的伊拉克战争和阿富汗战争中,美国配置了 5000 多个遥控机器人和部分重型武装机器人,用于侦察、排雷和直接作战。地面武装机器人和智能武装无人机不仅打死了很多敌方士兵,而且造成许多无辜平民的伤亡。

人们对智能武器的研制与使用表示极大关注和坚决反对。2017 年 8 月,埃隆·马斯克(Elon Musk)与来自 26 个国家的 116 位 CEO 和人工智能研究者聚到一起,签署了一份公开信,请求联合国禁止使用人工智能武器。该公开信有一段重要的叙述:"一旦致命的自主武器得到开发,它们将使武装冲突的战斗规模比以往任何时候都大,而且时程比人类所能理解的要快。一旦这个潘多拉魔盒被打开,就很难关闭。因此,我们恳请联合国各缔约国寻找一种保护我们所有人免受这些危险的方法。"

一封类似的公开信由澳大利亚新南威尔士大学托比·沃尔什(Toby Walsh)教授发布,告诫各国反对基于军事的人工智能军备竞赛。该公开信已由 3150 位机器人学和人工智能产业领域的研究人员签名,另有 17701 名其他人员一起签名。

为了防止应用智能化武器,未来生命研究院创始人马克斯·泰格马克(Max Tegmark)敦促每个人参与"安全工程",禁止使用致命自主武器,并确保人类对人工智能的和平利用。

7. 认知安全

人工智能的全面发展及其与实体经济深度融合,使人工智能促进各行各业,进入千家万户,将会改变人的传统观念与思维方式,甚至使认知能力下降。例如,在 AlphaGo 与国际围棋高手的围棋比赛中,人工智能与人类的思维方式是根本不同的,已经改变了围棋对弈的本质及人类围棋对弈的传统思维范式。又如,过分依赖计算机的学生和成年人,他们的主动计算能力和独立思考能力都会显著下降。

已往印在书本报刊或杂志上的传统知识是固定不变的,而人工智能系统的知识库的知识是可以不断修改和更新的。一旦智能系统(例如,ChatGPT)的用户过分相信人工智能系统的建议,他们就可能不愿多动脑筋,容易轻信智能系统,使其认知能力下降,逐渐失去对问题求解的主动性和对任务的责任心。人工智能的深度应用还可能会使相关科技人员失去介入问题求解与信息处理的机会,在潜移默化中改变自己的思维方式和工作方式。

8. 技术安全

历史充分证明,任何高新技术如果控制不力或失去控制,就会给人类带来巨大危险。众所周知,化学科学的成果被用于制造化学武器,生物学的成就被用于制造生物武器,核物理研究的重大进展导致核武器的威胁。现在有人担心智能机器有一天会反宾为主,让它们的创造者——人类接受其奴役,威胁人类的安全。

比生化技术和核技术更危险的是,人工智能技术是一种信息技术,能够极快地传递与复制。因此,存在某些比"爆炸"技术更大的风险,即如果人工智能技术落入极端分子之类的人员手中,那么他们就会把人工智能技术用于进行反人类和反社会的犯罪活动。

14.3　小结

近年来,人工智能空前快速发展和普遍应用,在给人类带来福祉与喜悦的同时,也引起人们的一些忧虑和争论。本章讨论了人工智能给人类带来的重大利益和人工智能引起的各种安全问题。

14.1节介绍了人工智能的发展给人类带来的巨大效益,这些效益涉及经济、科技、教育、文化、社会、生态和人类健康等。

人工智能为企业和商业提供空前的良好发展机遇,改善商业业务流程,促进产业和国民经济转型升级,极大地提升产业生产力,提高企业的生产率和经济效益。人工智能发展和应用促进了计算机科学、数据科学、网络技术、算法技术、并行处理、自动程序设计和专用智能芯片等技术的发展,为人类创造更大的经济实惠。

人工智能的发展为人类文化打开了许多新的窗口,能够改善人类的知识和文化生活。人工智能给各级各类教育带来创新教育机遇与经验。

人工智能能够替代人类繁重和危险的劳动岗位,创造新的就业岗位,促进社会结构变化和思维概念变化;能够应用人工智能与极度贫穷作斗争,促进脱贫和农村振兴。

人工智能能够助推经济、政治、文化、社会、生态及智能经济的治理,为环境治理和生态文明建设提供实时与精准依据,能够快速与精准发现和治疗各种疑难病症和危险疾病,为卫生保健、拯救生命和改善健康服务。

14.2节探讨了人工智能及其应用引起的各种安全问题。这些问题包括因担心人工智能能力超越人类而产生的心理威胁问题,因大量智能机器和智能系统可能取代人类劳动岗位而引起失业等社会问题,因应用陪伴机器人和军事机器人而出现的伦理道德问题和军事安全问题。智能机器的发展与应用也使传统法律面临严峻挑战。

习题 14

14-1 人工智能对人类有哪些主要影响？试结合自己的了解和理解加以说明。

14-2 人工智能为人类社会带来什么效益？

14-3 人工智能在给人类带来效益的同时，也出现了哪些安全问题和挑战？

14-4 人工智能的发展使社会结构发生什么变化？

14-5 为什么人们普遍关注人工智能引起的法律和伦理问题？

14-6 你对人工智能技术的军事应用有什么看法？

第 15 章

人工智能的发展趋势

自 1956 年人工智能学科登上国际科技舞台以来,经历了 60 多年的波浪式前进和螺旋式上升的发展过程。人类进入 21 世纪后,人工智能各项核心技术取得重大突破和高度融合,人工智能产业化浪潮势不可挡,成为当今科技和经济发展的一个引人注目的新亮点。

本章探讨人工智能的发展趋势,着重讨论人工智能的产业化和人工智能技术的深度融合及其对产业转型升级的推动作用。

15.1 快速发展的人工智能产业化

本节首先简介人工智能产业化的主要领域,接着归纳出人工智能产业化的现状,最后分析人工智能产业化的发展趋势,以期对人工智能产业化有个比较全面的了解。

15.1.1 人工智能产业化的主要领域

新时代人工智能产业化的主要领域涉及智能机器人学、智能制造、智慧医疗、智慧农业、智慧金融、智能交通与智能驾驶、智慧城市、智能家居、智能管理和智能经济等。

1. 智能机器人学

机器人学的研究促进了许多人工智能思想的发展。它所导致的一些技术可用来模拟物理世界的状态,用来描述从一种世界状态转变为另一种世界状态的过程。智能机器人的研究和应用体现出广泛的学科交叉,涉及众多的课题。机器人已在各种工矿业、制造业、农林业、商业、文化、教育、医疗、娱乐旅游、空中和海洋及国防等领域获得越来越普遍的应用。

2. 智能制造

智能制造从制造系统的本质特征出发,在分布式制造网络环境中,应用分布式人工智能系统的理论与方法,实现制造单元的柔性智能化与基于网络的制造系统柔性智能化集成。智能制造是一种人机一体化智能系统,能在制造过程中进行分析、推理、判断、构思和决策等智能活动,实现制造过程智能化。智能制造就是面向产品全生命周期的智能化制造,是通过智能化感知、人机交互、决策和执行技术,实现设计过程、制造过程和制造装备智能化。

　　智能制造就是面向产品全生命周期的智能化制造,是在现代传感技术、网络技术、自动化技术、人工智能技术的基础上,通过智能化感知、人机交互、决策和执行技术,实现设计过程、制造过程和制造装备智能化,是信息技术、智能技术与装备制造技术的深度融合与集成。实现智能制造可以缩短产品研制周期、降低资源能源消耗、降低运营成本、提高生产效率、提升产品质量。人工智能为智能制造提供各种智能技术,是智能制造的重要基础和关键技术保障。

3. 智慧医疗

　　智慧医疗由智慧医院系统、区域卫生系统及家庭健康系统三部分组成,是一套融合物联网、云计算等技术,以患者数据为中心的医疗服务模式。智慧医疗采用新型传感器、物联网、通信等技术结合现代医学理念,构建出以电子健康档案为中心的区域医疗信息平台,整合医院间的业务流程,优化了区域医疗资源,实现跨医疗机构的在线预约和双向转诊,缩减病患就诊流程和相关手续,使得医疗资源合理化分配,真正做到以病人为中心的科学医疗。智慧医疗在辅助诊疗、疾病预测、医疗影像处理、药物开发等方面发挥重要作用。

4. 智慧农业

　　所谓智慧农业就是充分应用现代信息技术成果,集成应用人工智能技术、网络技术、物联网技术、音视频技术、3S 技术、无线通信技术及专家智慧与知识,实现农业可视化远程诊断、远程控制、灾变预警等智能管理,实现农业生产环境的智能感知、智能预警、智能决策、智能分析、专家在线指导,为农业生产提供精准化种植、可视化管理、智能化决策。

5. 智慧金融

　　智慧金融是智能商业的一部分,依托于互联网、大数据、人工智能、云计算和区块链等科技手段,使金融行业在业务流程、业务开拓和客户服务等方面得到全面的智慧提升。人工智能技术在金融业中可以用于服务客户、支持授信、金融交易和金融分析决策,并用于风险防控和监督,将大幅改变金融现有格局,金融服务将会更加个性化与智能化。智慧金融具有透明性、便捷性、灵活性、即时性、高效性和安全性等特点。

6. 智能交通与智能驾驶

　　智能交通是人工智能技术与现代交通系统融合的产物,具有蓬勃发展与广泛应用前景。随着国民经济的发展和科学技术的进步,人民群众的生活水平逐渐提高,他们期盼更为便捷和舒适的交通工具,智能交通能够提供这种保障。智能车辆是一个集环境感知、规划决策、跟踪控制、通信协调和多级辅助驾驶等功能于一体的综合系统。智能驾驶车辆集中运用了计算机、传感器、信息融合、通信、人工智能及自动控制等技术,能够执行一系列的关键功能,知道它的周围发生了什么,它在哪里和它想去哪里,操纵车辆的转向和控制系统,具有推理和决策能力,从而制定安全的行驶线路,并具有驱动装置来操纵车辆的转向和控制系统。

7. 智慧城市

　　智慧城市就是通过物联网、云计算等新一代人工智能和信息技术,感测、分析、整合与优化城市运行核心系统的各项关键信息,实现全面感知、泛在互联、普适计算与融合应用,从而对民生、环保、公共安全、城市服务、工商业活动等需求做出智能响应。其实质是利用先进的智能技术和信息技术,实现城市智慧式管理和运行,为城市人创造更美好的生活,促进城市的和谐与可持续成长。

在社会发展的视角方面,智慧城市还要求通过维基、社交网络、微型设计制作实验室(fab lab)、微型生活创新实验室(living lab)、综合集成等工具和方法,实现以用户创新、开放创新、大众创新、协同创新为特征的知识社会环境下的可持续创新,强调通过价值创造、以人为本实现经济、社会、环境的全面可持续发展。

8. 智能家居

智能家居以住宅为平台,基于物联网和人工智能技术,由硬件(智能家电、智能硬件、安防控制设备、家具等)、软件系统、云计算平台构成的家居生态圈,实现人与远程控制设备间的互联互通、设备自我学习等功能,并通过收集、分析用户行为数据为住户提供个性化的安全、节能、便捷生活服务。

9. 智能管理

智能管理是人工智能与管理科学、系统工程、计算技术、通信技术、软件工程、信息工程等多学科、多技术的相互结合、相互渗透而产生的一门新技术、新学科,研究如何提高管理系统的智能水平及智能管理系统的设计理论、方法与实现技术,是现代管理科学技术发展的新动向。智能管理系统是应用人工智能专家系统、知识工程、模式识别、人工神经网络等方法和技术,设计和实现的智能化、集成化、协调化的新一代计算机管理系统。它研究如何提高管理系统的智能水平及智能管理系统的设计理论、方法与实现技术。

10. 智能经济

智能经济(smart economy)是以智能机器和信息网络为基础、平台和工具,突出智能机器和信息网络的地位和作用,体现了知识经济形态和信息经济形态的历史衔接与创新发展。智能经济是以效率、和谐、持续为基本坐标,以物理设备、互联网络、人脑智慧为基本框架,以智能政府、智能经济、智能社会为基本内容的经济结构、增长方式和经济形态。

15.1.2　人工智能产业化的现状

在分析归纳已有数据和各方面的观点后,概括出如下世界主要经济发达国家发展人工智能的现状和特点。

1. 初步形成产业化基础且企业数量大幅增长

近年来,国际人工智能企业数量快速增长,其中美国遥遥领先,中国和欧盟不分伯仲。截至 2017 年,全球人工智能企业集中分布在美国(2905 家,占 48.11%)、中国(670 家,占 11.10%)和欧盟(657 家,占 10.8%),三者合计所占比例达 70.01%。到 2019 年 3 月,中美企业数量占比有明显变化,美国降为 40.3%,中国升为 22.1%;从 2017 年底至 2019 年第一季度,近 2 年间两者差距从 37.0% 缩小为 18.2%。

2022 年,中国人工智能市场规模达到 2680 亿元,预计 2023 年将达到 3200 亿元,同比增长 33.8%。中国已成为全球第二大人工智能市场。

2. 投融资环境空前看好

在融资规模方面,也是美国一家独大,欧中紧跟其后。人工智能已经成为 2017 年国际最热门的投资领域之一。美国最多(45.4 亿美元),占 42%,欧洲(20.2 亿美元)和中国

(18.3亿美元)跟随其后,分别占18.7%和16.9%,三者合计约占78%。到2019年3月,中美投融资规模占比有较大变化,美国降为36.5%,中国升为23.5%;从2017年底至2019年第一季度,近2年两者差距从25.1%缩小为13.0%。

3. 各国出台政策助推产业发展机遇

在新一代人工智能发展中,各先进科技强国竞相出台国家发展战略,为各国和世界人工智能发展提供了前所未有的大好机遇与激烈竞争。中国通过发布政策、实施重大项目等方式积极推动人工智能技术和产业创新发展,将人工智能融入国家整体创新体系,不断增强产业竞争力。

这些人工智能发展战略中,有代表性的包括2016年美国的《国家人工智能研究与发展战略规划》、2017年中国的《新一代人工智能发展规划》和2018年欧盟的《欧盟人工智能》等。

4. 产业化技术起点更高

人工智能与大数据、互联网、生命科学等科技的结合,促使人工智能技术日益进步与成熟,提高了智能化层次,人工智能产业能够获得更强有力和全面的技术支持。感知智能与认知智能开始实现有机结合,人工智能产业正从"感知智能"向"认知智能"发展。感知智能涉及智能语音、模式识别和自然语言理解等技术,已经具备相当成熟的规模应用基础;但认知智能却要求具有"人工情感"和"机器思维"等拟人智能,正处于进一步开发与探索中,尚待突破,与实际应用仍有较大距离。

5. 人工智能人才紧缺争夺激烈

包括美国在内的世界各国人工智能人才严重供不应求,世界高端人工智能人才争夺十分激烈。据估计,人工智能高端人才年薪一般为300万美元左右。中国人工智能人才也非常缺乏,虽然已培养了大批各类人工智能骨干人才,成为发展中国人工智能产业的中坚力量,但要满足中国人工智能全面发展需要,至少有100万的各类人工智能人才缺口。

上述这些特点能够保证国际新一代人工智能产业化的持续发展,保证新一代人工智能产业起点高、规模大、质量优、平稳快速与全面发展。

15.1.3 人工智能产业化的发展趋势

人工智能产业升级的驱动力源于人工智能核心技术的全面突破。知识、数据、算法、算力的共同发展,使人工智能如虎添翼,共同促进人工智能涌现新浪潮。在综合和分析了各方面的观点之后,可以得到如下的人工智能产业化发展趋势。

1. 人工智能核心技术突破促进产业强劲发展

人工智能核心技术的突破,知识资源、数据资源、核心算法、运算能力的深度融合,深度学习、互联网、物联网、云计算、大数据和芯片等技术与人工智能有机协同,支撑和促进人工智能产业强劲发展和国民经济全面转型升级。以"AI+"为代表的新一代创新技术驱动商业模式逐步成熟并应用至各行各业,推动传统行业实现跨越式发展,实现全行业的转型升级与重塑。

2. 智能产业场景向多元发展

当前人工智能产业应用大多数属于专用领域,如人的脸部识别和语音识别及视频监控等,都用于执行具体的任务,其产业化程度正在逐步提高。自然语言处理技术已经能够实现智能语音识别、自动翻译、语音合成等功能,广泛应用在智能家居、智能客服、智能助手等领域。随着智能制造、智能机器人、智能驾驶、机器学习、智慧医疗、智能控制、智能交通、智能网络、智能社会等产业的兴起,人工智能产业领域将面向更复杂的环境,处理更复杂的技术问题,要求更有效地提高生产效率,更好地改善人民生活质量。也就是说,人工智能产业化应用场景要从单一向多元发展。

3. 人工智能和实体经济深度融合进程进一步加快

传统行业依靠人工智能的基本技术和各行业的数据资源,实施人工智能与实体经济的创新与深度融合,已成为人工智能发展的又一趋势。这一融合将有力推动机械制造、交通运输、医疗健康、网购零售、金融保险和家用电器等产业的降费提效和转型升级。例如,在智能制造领域,除了各种机械制造和电子电气制造外,钢铁冶金也是一个重要的智能制造新领域,钢铁智能制造的新产品和新服务将会加速培育钢铁冶金的新动能,创建钢铁工业新的增长点,进而促进钢铁产业的结构优化和行业升级。智能机器人和自动驾驶技术也是当前人工智能技术发展的热点,智能机器人已开始应用于医疗、教育、物流等领域,而自动驾驶技术则在汽车工业领域得到广泛应用。

4. 智能服务模式出现线上与线下无缝结合

人工智能分布式计算平台的广泛应用扩大了线上服务的范围。同时,人工智能产业化的强劲发展提供了智能服务的新途径和新的传播模式,从而加快了线下服务与线上服务的融合过程,推动更多的产业向智能化转型升级。

5. 逐步实现全产业链布局

人工智能产业包括基础产业、技术产业和应用产业。人工智能基础产业主要指计算平台和数据中心等基础设施,如云计算平台、高性能计算芯片和数据资源等,为人工智能应用提供数据支持与算力支撑。技术产业指人工智能算法和技术,是人工智能产业的核心构成。应用产业指面向特定产业和场景研发的产品及服务,是人工智能产业的自然延伸。各国经济实力的增长和人工智能基本技术的进步,能够保证实现包括人工智能基础产业、技术产业和应用产业在内的人工智能全产业链布局,为全面实现人工智能发展目标、建设智能强国打下坚实基础。

6. 加快各层次人工智能人才培养

各层次高素质人工智能人才是人工智能基础和产业发展的第一资源。世界各国人工智能人才严重供不应求,中国也不例外。截至2022年,国家教育部批准开设人工智能和相关专业的高校数为:人工智能专业440所,智能科学与技术专业197所,数据科学与大数据专业715所,机器人工程专业323所,构建起人工智能人才培养体系,为我国培养大量多层次和高素质的人工智能人才。全国至今已培养了人工智能学科数以千计的博士和硕士,数以万计的本科生,成为中国发展人工智能的中坚力量。人工智能学院和人工智能实训基地也正在大量涌现。多模式多渠道加快培养高素质人工智能人才,高层少而精、中层实而强、底层多而壮,一个也不能少。要充分利用大数据和互联网技术,开发与完善人工智能网络教学平台,为各层次人工智能教学提供网络教育服务。

7. 重视开发人工智能共享平台

世界主要经济发达国家在发展人工智能过程中,都十分重视人工智能开发平台建设。这种开发平台应当是高度开放和充分共享的,向各种人工智能研究、开发和应用领域开放,让全世界的人工智能科技人员实现人工智能资源共享。这种人工智能平台还应该是综合性和广泛性的,具有最权威、完整和高级的人工智能系统内涵,能够对人工智能各个领域提供技术支持和信息咨询。不过,建成这么高级的人工智能共享平台,还需要各国的通力合作和一定的时间。

8. 加紧人工智能法律研究与建设

面对人工智能发展引发的法律、价值观、道德和伦理问题,人工智能技术的进一步发展需要与相关法律、伦理规范和社会价值观相适应,才能够更好地服务于人类社会。人工智能科技界、法律界及立法和执法部门已经开始关注人工智能的立法问题,有些国家或地方还制定了相关法律。例如,美国内华达州已制定了无人驾驶车辆的法规,许多国家立法禁止研发拟人机器人或无性系人(即克隆人)。包括中国在内的一些国家,正在研究人工智能立法问题和伦理道德问题,未雨绸缪,尽可能把问题控制在研发和设计阶段,特别是软件开发和算法调试阶段。绝不允许人工智能本身或者别有用心的人利用人工智能技术危害人类利益和安全,要千方百计保证人类对人工智能科技的信任感与安全感。

新时代人工智能产业化具有起点高、规模大、质量优等明显特点和巨大优势,能够保证新一代人工智能产业化平稳快速与全面发展。国内外人工智能产业正在向着强劲化、多元化、全局化、与实体经济深度融合及线下和线上实现无缝结合等方向稳健发展,必将服务国家,造福人民,创造巨大的社会效益和经济效益。我们要抓住机遇,发挥潜在优势,大力培养人工智能人才,持之以恒地发展人工智能产业,为人工智能基础研究、科技进步与产业发展,为发展国民经济和改善人民生活做出积极贡献。

15.2 人工智能技术的深度融合

知识是人工智能之源,数据是人工智能之基,算法是人工智能之魂,算力是人工智能之力。在人工智能的发展过程中,它们曾单独或共同成为人工智能的核心技术,对人工智能的发展发挥了重要作用。随着人工智能的进一步发展和广泛应用,单一人工智能技术难以胜任更高的目标要求,不同人工智能技术的融合已成为人工智能历史发展的必然。本节举例说明人工智能技术的深度融合问题。

15.2.1 人工智能知识和数据的深度融合

人工智能中知识和数据深度融合的例子不胜枚举。

1. 基于知识和数据的混合人工智能系统

许多复杂的人工智能问题,只有综合采用基于知识和基于数据的人工智能理论与技术才能解决。这些基于知识和数据的人工智能混合系统包括各种基于模拟生物智能优化算法的人工智能系统、仿生进化系统、集成智能系统、智能感知系统(模式识别、语音识别、自然语言理解等)、自主智能系统、脑机接口和人机协同智能系统和人工生命系统等。

2. 知识＋数据双轮驱动

不少人工智能专家指出：人工智能的下一个高潮是"数据＋知识"双轮驱动,发展新一代人工智能,最主要就是要将知识驱动和数据驱动结合起来。

这种双轮驱动将创造人工智能的未来。让机器把所有的数据和知识都真正地利用起来,才能实现真正的智能。为了应对这一挑战,清华大学成立了知识智能联合实验室,研究数据和知识双轮驱动,并形成技术转化。双轮驱动的数据部分,建立一个超大的语言预训练模型,能够进行归纳,从数据中把一些有深度的知识抽取出来。而双轮中的知识部分,则要能够进行逻辑推理。这样结合知识、数据、逻辑和推理,形成了一个大规模的认知图谱。通过知识图谱和巨模型等技术,在数据中结合知识,双轮驱动推动人工智能领域的工作。

3. 染色体图像数据库及知识图谱

在 AICKS 人类染色体智能诊断系统中,高质量染色体标注图像数据库和染色体知识图谱可提供更有效的科研手段和平台,亦可为核型分析中的罕见和疑难病例提供医学案例参考。通过整合专业医学数据资源,以染色体异常、恶性血液肿瘤为主要实体,挖掘并揭示部分染色体异常与恶性血液肿瘤的关系,建立异常染色体图像和血液肿瘤疾病与相关文献和医学报告的知识图谱,发现异常核型与历史病例间的关联。

15.2.2　机器学习中人工智能技术的融合

机器学习是人工智能技术融合的重要领域。虽然本书把机器学习分为"基于知识的人工智能"和"基于数据的人工智能"分别进行讨论,但许多人工智能研究仍然表现出知识、数据和算法的交融,即技术融合。其中,数据库知识发现(knowledge discovery in database, KDD),简称"知识发现"就是一个典型的例子。

知识获取是智能信息处理的一个瓶颈问题。随着数据库技术和计算机网络技术的发展和广泛应用,知识获取面临新的机遇与挑战。全世界的数据库和计算机网络中所存储的数据量极为庞大,堪称海量数据,而且呈日益增长之势。数据库系统虽然提供了对这些数据的管理和一般处理,并可在这些数据上进行一定的科学研究和商业分析,但是人工处理方式很难对如此庞大的数据进行有效的处理和应用。人们需要采用新的思路和技术,对数据进行高级处理,从中寻找和发现某些规律和模式,以期更好地发现有用信息,帮助企业、科学团体和政府部门做出正确的决策。数据库知识发现能够通过对数据及其关系的分析,提取出隐含在海量数据中的知识。

定义 15.1　数据库中的知识发现是从大量数据中辨识出有效的、新颖的、潜在有用的、并可被理解的模式的高级处理过程(KDD is the nontrivial process of identifying valid, novel, potentially useful, and ultimately understandable patterns in data)。

简而言之,知识发现就是一种通过大量数据辨识出新的知识的过程,也是数据与知识深度融合的过程。这个过程就是通过数据库中大量数据辨识出有用知识。

图 15.1 表示费亚德(Fayyad U)于 1996 年给出的知识发现过程。

(1) 数据选择。根据用户的需求从数据库中提取与 KDD 相关的数据。KDD 主要从这些数据中提取知识。在此过程中,会利用一些数据库操作对数据进行处理,形成真实数据库。

图 15.1　知识发现过程

（2）数据预处理。主要是对步骤（1）产生的数据进行再加工,检查数据的完整性及数据的一致性,对其中的噪声数据进行处理,对丢失的数据利用统计方法进行填补,形成发掘数据库。

（3）数据变换。即从发掘数据库里选择数据。变换的方法主要是利用聚类分析和判别分析。指导数据变换的方式是通过人机交互由专家输入感兴趣的知识,让专家来指导数据的挖掘方向。

（4）数据挖掘。根据用户要求,确定 KDD 的目标是发现何种类型的知识,因为对 KDD 的不同要求会在具体的知识发现过程中采用不同的知识发现算法。算法选择包括选取合适的模型和参数,并使得知识发现算法与整个 KDD 的评判标准相一致。然后,运用选定的知识发现算法,从数据中提取出用户所需要的知识,这些知识可以用一种特定的方式表示或使用一些常用的表示方式,如产生式规则等。

（5）知识评价。这一过程主要用于对所获得的规则进行价值评定,以决定所得的规则是否存入基础知识库。主要是通过人机交互界面由专家依靠经验来评价。

从上述讨论可以看出,数据挖掘只是 KDD 中的一个步骤,它主要是利用某些特定的知识发现算法,在一定的运算效率内,从数据中发现有关的知识。

上述 KDD 全过程的几个步骤可以进一步归纳为三个步骤,即数据挖掘预处理(数据挖掘前的准备工作)、数据挖掘、数据挖掘后处理(数据挖掘后的处理工作)。

15.2.3　深度强化学习中人工智能技术的融合

正如本书前述相关章节讨论过的,强化学习是一种基于知识的机器学习方法,具有决策能力,对感知问题却束手无策;深度学习是一种基于数据的机器学习方法,具有较强的感知能力,但缺乏决策能力。深度强化学习是一种基于知识和数据融合的机器学习方法,它将深度学习的感知能力和强化学习的决策能力相结合,可以直接根据输入图像进行控制,是一种更接近人类思维方式的人工智能方法,为复杂系统的感知决策问题提供了新的解决思路。

1. 深度强化学习系统的原理框架

深度强化学习(DRL)是一种端对端的感知与控制系统,具有很强的通用性。其学习过程如图 15.2 所示,可以描述如下:

（1）在每个时刻学习系统与环境交互得到一个高维度的观察,并利用 DL 方法来感知此观察,得到具体的状态特征表示,如上下文特征表示。

（2）基于预期回报来评价各动作的价值函数,并通过某种 RL 决策策略将当前状态特征映射为相应的动作。

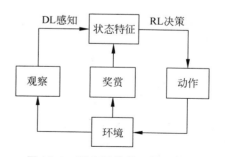

图 15.2　深度强化学习原理框图

（3）环境对此动作做出反应，并得到下一个新的观察。通过不断循环以上过程，最终可以得到实现目标的最优策略。

从深度强化学习系统的结构可以看出，深度强化学习同时具有深度学习的感知能力和强化学习的决策能力，体现了基于数据的学习与基于知识的学习两者的融合。

2. 基于卷积神经网络的深度强化学习

基于卷积神经网络的深度强化学习是一种应用较多的深度强化学习。由于卷积神经网络对图像处理具有天然的优势，将基于数据的卷积神经网络与基于知识的强化学习结合处理图像数据的感知决策任务是不同机器学习技术融合的一个典型示例，已成为一个受到关注的研究方向。

3. 基于递归神经网络的深度强化学习

基于递归神经网络的深度强化学习是另一种广泛应用的深度强化学习。深度强化学习面临的问题往往具有很强的时间依赖性，而递归神经网络适合处理和时间序列相关的问题。强化学习与递归神经网络优势互补，深度融合，已成为深度强化学习的主要形式。

15.2.4 深度学习与传统人工智能技术的融合

不仅机器学习中存在许多不同人工智能技术的融合情况，在其他人工智能领域，如自然语言处理、专家系统、自动规划和数据库优化等，也普遍存在基于知识的人工智能和基于数据的人工智能的融合。

1. 自然语言处理

在人工智能各学派对不同观点进行激烈辩论的同时，20世纪80年代末期至90年代初期的自然语言处理学界，基于句法-语义规则（知识）的理性主义及以模型和统计（数据）为基础的经验主义两种观点互相对立，争论不休。直到最近10多年，才从空泛的辩论中冷静下来，开始认识到无论是理性主义还是经验主义，都不可能单独解决自然语言处理这一复杂问题；只有两者互相结合，寻找融合的解决办法，以至建立新的集成理论方法，才是自然语言处理研究的康庄大道。理性主义方法和经验主义"轮流执政"，各自控制自然语言处理研究的局面的时期已一去不复还了。

2. 专家系统

专家系统是基于知识的人工智能的传统领域，近10多年来，数据和知识融合的机器学习方法已在专家系统开发中得到比较普遍的应用。使用卷积神经网络、循环神经网络和生成对抗网络等多层神经网络来表示抽象数据以构建计算模型，完全改变了专家系统信息处理的面貌。许多基于机器学习特别是深度强化学习的专家系统已在故障检测与诊断、数据和图像分析、机器人控制系统、市场预测、社交网络分析与预测、医疗问答系统、信息检索和推荐系统分类中大显身手。自然语言是表示知识最为直接的一种方法，因此，专家系统也从自然语言处理的融合发展而提供了知识获取的新途径。

3. 自动规划

深度强化学习可以有效地解决连续状态空间和动作空间的路径规划问题，能够直接将原始数据作为输入，并以输出结果作为执行作用，实现端到端的学习模式，大大提高了规划算法的效率和收敛性。最近几年,DRL还广泛地应用于机器人控制、智能驾驶和交通控制的规划、控制和导航等领域。深度强化学习也较多地应用于移动体(机器人)的底层规划和控制。基于深度强化学习的未知环境下机器人路径规划,基于深度强化学习的无人舰船自主路径规划,基于深度强化学习的智能体避障与路径规划,智能车辆深度强化学习的模型迁移轨迹规划,基于深度强化学习的四旋翼飞机底层控制等,都是有代表性的成功应用。

15.3　小结

本章探讨了人工智能的发展趋势,涉及人工智能的产业化和人工智能技术的深度融合及其对产业转型升级的推动作用。

15.1节首先简介人工智能产业化的主要领域,接着归纳出人工智能产业化的现状,最后分析人工智能产业化的发展趋势,以期对人工智能产业化有个比较全面的了解。

人工智能产业化的主要领域涉及智能机器人学、智能制造、智慧医疗、智慧农业、智慧金融、智能交通与智能驾驶、智慧城市、智能家居、智能管理和智能经济等。

所探讨的世界主要经济发达国家发展人工智能现状和特点包括:初步形成产业化基础且企业数量大幅增长,投融资环境空前看好,各国出台政策推动产业发展机遇,产业化技术起点更高及人工智能人才紧缺争夺激烈等。

知识、数据、算法、算力的共同发展,共同促进人工智能涌现新浪潮。在综合和分析了各方面的观点之后,可以得到如下的人工智能产业化发展趋势:人工智能核心技术突破促进产业强劲发展,智能产业场景向多元发展,人工智能和实体经济深度融合进程进一步加快,智能服务模式出现线上与线下无缝结合,逐步实现全产业链布局,加快各层次人工智能人才培养,重视开发人工智能共享平台及加紧人工智能法律研究与建设等。

15.2节列举数例,说明人工智能技术的深度融合问题。不同人工智能技术的融合已成为人工智能历史发展的必然。

本书把机器学习分为"基于知识的人工智能"和"基于数据的人工智能"分别进行讨论,但许多人工智能研究仍然表现出知识、数据和算法的交融,即技术融合。其中,数据库知识发现(knowledge discovery in database,KDD),简称"知识发现"就是一个典型的例子。

强化学习具有决策能力,对感知问题却束手无策;深度学习是一种基于数据的机器学习方法,具有较强的感知能力,但缺乏决策能力。深度强化学习将深度学习的感知能力和强化学习的决策能力相结合,可以直接根据输入图像进行控制,是一种更接近人类思维方式的人工智能方法,为复杂系统的感知决策问题提供了新的解决思路。

不仅机器学习中存在许多不同人工智能技术的融合情况,在其他人工智能领域,如自然语言处理、专家系统、自动规划和数据库优化等,也普遍存在基于知识的人工智能和基于数据的人工智能的融合。

习题 15

15-1　你是否了解历史上人工智能产业化的情况和过程?与历史上的人工智能产业化

　　　　相比,新时代人工智能产业化有何特点?

15-2　当前人工智能产业化有哪些热门领域? 试举例说明人工智能产业化的概况。

15-3　试述新时代人工智能产业化发展趋势。

15-4　我国智能制造的发展状况如何? 能否以某个工业部门(如汽车制造产业或工程机械产业)为例加以说明?

15-5　人工智能产业化的现状如何? 具有哪些特点? 你对人工智能及其产业化的发展前景有何看法和建议?

15-6　国际人工智能市场分布情况如何? 我国所处的地位怎样?

15-7　各先进科技强国竞相出台人工智能国家发展战略。试比较美国和中国的人工智能发展战略和政策。

15-8　人工智能人才对发展人工智能的重要性如何? 试分析我国人工智能人才的现状,并提出你的建议。

15-9　你如何看待当前人工智能产业化的发展趋势?

15-10　不同人工智能技术的融合已成为人工智能历史发展的必然,你知道有哪些融合的表现?

15-11　基于知识的人工智能和基于数据的人工智能是否能够实现融合? 试举例说明。

15-12　基于知识的机器学习和基于数据的机器学习各有什么技术特点?

15-13　深度学习中有哪些人工智能技术的融合?

15-14　传统人工智能领域是否存在基于知识的人工智能和基于数据的人工智能的融合? 请举例加以叙述。

15-15　你对人工智能的发展前景持什么观点?

15-16　人工智能的成功和挑战,将把人类引向何方?

15-17　请你对本课程教学提出建议,特别欢迎你就本教材内容及其编排提出宝贵意见。

结 束 语

任何新生事物的成长都不是一帆风顺的。在科学上，每当一门新科学或新学科诞生或一种新思想问世时，往往要遭到种种非议和反对，甚至受到迫害。哥白尼和他的"日心说"不就是这样吗？不过，真正的科学与任何其他真理一样，是永远无法压制的。真理终要取得胜利，真、善、美终将战胜假、恶、丑。现在，连宗教偏见最深的罗马梵蒂冈，也不得不为哥白尼平反。

人工智能也不例外。在孕育于人类社会的母胎时，人工智能就引起人们的争议。作为一门新的学科，自 1956 年问世 60 多年来，人工智能也是在比较艰难的环境中顽强地拼搏与成长的。一方面，社会上对人工智能的科学性有所怀疑，或者对人工智能的发展产生恐惧。另一方面，科学界包括人工智能界内部也有一部分人对人工智能表示怀疑。

长期以来，人工智能三大学派之间就不同观点进行了认真而又激烈的辩论以至争论。我们曾在本书第二版和第三版中比较详细地介绍了三大学派在理论、方法和技术路线上的争论。现在，随着包括人工智能在内的科学技术的进步和时间的推移，各学派从辩论中冷静下来之后，逐渐认识到：无论是符号主义、连接主义或行为主义，任何一个学派都不可能独自完全解决历史赋予人工智能的复杂问题求解的重大使命；只有各学派携手合作，取长补短，寻找解决问题的集成理论和方法，才能使人工智能取得更好和更大的发展，迎来人工智能前所未有的春天！因此，再没有必要过多地介绍这些争论了。

近年来，随着人工智能科技的快速发展和人工智能产业的强势兴起，人工智能的本领越来越大，应用领域越来越广。人类社会在热烈拥抱人工智能新时代的同时，也有一些人对人工智能可能产生的负面影响表示担忧，甚至担心人工智能及其智能机器人会威胁到人类的安全、发展和生存。

人类有足够的智慧创造人工智能，也一定有充分的能力发挥人工智能的长处，防止人工智能的隐患，让人工智能成为人类永远的助手和朋友，永远造福人类社会。"无边落木萧萧下，不尽长江滚滚来"。人工智能研究必将排除千难万险，犹如滚滚长江，后浪推前浪，一浪更比一浪高地向前发展。人工智能科学已迎来了它的科学的春天。

对于人工智能的未来发展，我们一向持乐观态度。我们相信人工智能有更加美好的未来，尽管这一天的到来，需要付出辛勤劳动和昂贵代价，需要好几代人的持续奋斗。

人工智能已对人类的社会、经济、科技、文化和人民生活的各个方面产生重要的影响，并将继续发挥重要作用。这是有目共睹的，读者可以进行调查研究，提出自己在这方面的见解。基于同样理由，对于人工智能的发展展望，读者也能够做出卓有见地的评价。此外，人工智能还有一些重要的研究和应用领域，如机器视觉、机器人学、智能控制、智能决策、智能制造、智慧医疗、智能网络和机器博弈等。限于篇幅，本书只好割爱，需要的读者可参阅相关著作。

在人工智能未来的发展过程中也可能会遇到新的困难，甚至遭受到较大的挫折。广大人工智能研究者也可能为此承受巨大风险。但是，我们是乐观的科学工作者。我们引用国际著名的人工智能专家费根鲍姆的一段话作为本书的结束：能推理的动物已经(也许是不可避免地)制成了能推理的机器，尽管这种大胆的(有些人认为是鲁莽的)投资有着种种明显的风险,但是,无论如何我们已经开始干了……不管阴影有多么黑,险恶有多么大,我们切不可被吓住而不敢走向光明的未来。

近年来,国内外人工智能出现前所未有的良好发展环境,各种人工智能新思想和新技术如雨后春笋般破土而出,人工智能的产业和应用领域更加拓展,人工智能市场和新产品充满生机,人工智能的人才队伍日益壮大。我们相信,人工智能在发展良机面前,广大人工智能工作者和全国人民一定能够抓住机遇,戒骄戒躁,创造新的辉煌,迎接人工智能发展的新时代。人工智能技术和产品就在大家身旁,就出现在我们面前,人工智能新时代已经到来。

在本书编写过程中,作为作者我们除了讨论人工智能科技问题外,还直言不讳地发表了不少关于人工智能的其他意见,特别是在最后一章,集中地谈了我们对人工智能几个问题的看法。无论是涉及人工智能对人类社会、经济和文化未来影响的探讨,还是对人工智能技术的深度融合及人工智能产业化和人工智能安全等问题的分析,我们都从不隐瞒自己的观点。不妥之处在所难免,希望引起讨论,得到指正。

参 考 文 献

[1] Abbass H A. An agent based approach to 3-SAT using marriage in honey-bees optimization[J]. International Journal of Knowledge-Based Intelligent Engineering Systems (KES),2002,6(2): 1-8.

[2] Mohamed A R,Dahl G,Hinton G. Deep belief networks for phone recognition[C]//Proceedings of NIPS Workshop on Deep Learning for Speech Recognition and Related Applications. 2009.

[3] Abu-Nasser B S. Medical expert systems survey[J]. International Journal of Engineering and Information Systems,2017,1(7): 218-224.

[4] Agrawal A K,Gans J S,Goldfarb A. Exploring the impact of artificial intelligence: Prediction versus judgment[J]. 2016.

[5] Ahmed H, Glasgow J. Swarm intelligence: Concepts, models and applications [C]//Queen's University,School of Computing Technical Reports. 2012.

[6] Tanwani A K, Mor N, Kubiatowicz J, et al. A fog robotics approach to deep robot learning: Application to object recognition and grasp planning in surface decluttering[C]//International Conference on Robotics & Automation. 2019.

[7] Alamsyah D,Fachrurrozi M. Faster R-CNN with inception v2 for fingertip detection in homogenous background image[J]. Journal of Physics: Conference Series,2019,1196(1): 012017.

[8] Albus J S. Brain,behavior and robotics[M]. New York: McGraw Hill,1981.

[9] Almurshidi S H,Naser S S A. Expert system for diagnosing breast cancer[M]. Al-Azhar University, Gaza,Palestine,2018.

[10] Alvarez-Rodriguez U,Sanz M,Lamata L,et al. Quantum artificial life in an IBM quantum computer [J/OL]. arXiv: 1711. 09442,2017.

[11] Aly S,Vrana I. Toward efficient modeling of fuzzy expert systems: a survey[J]. Czech Academy of Agricultural Sciences,2018(10).

[12] Amit Y. 2D object detection and recognition: Models, algorithms, and networks [M]. MIT Press,2002.

[13] Amodei D,Ananthanarayanan S,Anubhai R,et al. Deep speech 2: End-to-end speech recognition in English and mandarin[J]. Computer Science,2015.

[14] Anjali B,Tilotma S. Survey on fuzzy expert system[J]. International Journal of Emerging Technology and Advanced Engineering,2013,3(12): 230-233.

[15] Anthony A,Max T. Machines taking control doesn't have to be a bad thing,The Guardian.

[16] Artificial Intelligence vs. software and hardware security issues[Z/OL]. (2019-09-12).

[17] Baydin A G,Pearlmutter B A,Radul A A,et al. Automatic differentiation in machine learning: a survey[Z/OL]. arXiv. 1502. 05767. 2015.

[18] Data uncovering: current situation and development trend of artificial intelligence industry[Z/OL]. (2018-10-07). https://baijiahao. baidu. com/s? id=1613631463295530028&wfr=spider&for=pc.

[19] Avramov V,Herasimovich V,Petrovsky A,et al. Sound signal invariant DAE neural network-based quantizer architecture of audio/speech coder using the matching pursuit algorithm[C]// International Symposium on Neural Networks. 2018.

[20] Artificial intelligence could now help us end poverty[Z/OL].

[21] Badrinarayanan V,Kendall A,Cipolla R. Segnet: A deep convolutional encoder-decoder architecture for image segmentation[J]. IEEE transactions on pattern analysis and machine intelligence,2017,

39(12):2481-2495.

[22] Bae H S,Lee H J,Lee S G. Voice recognition based on adaptive MFCC and deep learning[C]// Proceedings of the 2016 IEEE 11th conference on Industrial electronics and applications,2016: 1542-1546.

[23] Bahdanau D,Cho K,Bengio Y. Neural machine translation by jointly learning to align and translate [C]// Proceedings of International Conference on Learning Representations. 2015.

[24] Bahdanau D,Brakel P,Xu K,et al. Actor-critic algorithm for Sequence Prediction[Z/OL]. arXiv. 1607.07086.

[25] Baldi P,Brunak S. Bioinformatics: The machine learning approach[M]. Cambridge,MA: MIT Press, 1998.

[26] Baltrusaitis T,Ahuja C,Morency L P. Multimodal machine learning: A survey and taxonomy[Z/ OL]. arXiv. 1705.09406. 2017.

[27] Baral C,Giacomo G De. Knowledge representation and reasoning: What's Hot[C]//Proceedings of the 29th AAAI Conference on Artificial Intelligence. 2015: 4316-4317.

[28] Baresi L. Towards a serverless platform for edge computing [C]//2019 IEEE International Conference on Fog Computing (ICFC). 2019.

[29] Barley M W,Riddle P J,Linares L C,et al. GBFHS: A generalized breadth-first heuristic search algorithm. SoCS,2018: 28-36.

[30] Barr A,Feigenbaum E A. Handbook of Artificial Intelligence[M]. William Kaufmann Inc,1981.

[31] Batista L O,de Silva G A,Araújo V S,et al. Fuzzy neural networks to create an expert system for detecting attacks by sql injection[J]. International Journal of Forensic Computer Science,2019, 13(1): 8-21.

[32] BBC. Psychologists claim social media,increases loneliness[Z/OL]. (2017-03-06) .

[33] Becerra A,de la Rosa J,Gonzalez E. Speech recognition in a dialog system: from conventional to deep processing[J]. Multimedia Tools and Applications,2018,77(12): 5875-15911.

[34] Becerra A,de la Rosa JI,Gonzalez E,et al. Speech recognition using deep neural networks trained with non-uniform frame-level cost functions[C]//2017 IEEE International Autumn Meeting on Power,Electronics and Computing (ROPEC). 2017.

[35] Beijing Internet of Things Intelligent Technology Application Association. How does artificial intelligence promote the transformation and upgrading of traditional enterprises? [Z/OL]. (2018-03-12). https://www.sohu.com/a/225339445_487612.

[36] Bengio Y,Ducharme R,Vincent P,et al. A neural probabilistic language model[J]. Journal of machine learning research,2003,3: 1137-1155.

[37] Bengio Y. Learning deep architectures for AI[J]. Foundations & Trends in Machine Learning,2009, 2(1): 1-127.

[38] Bengio Y,Courville A,Vincent P. Representation learning: A review and new perspectives[J]. IEEE Transactions on Pattern Analysis and Machine Intelligence,2013,35(8): 1798-1828.

[39] Berthold M,Hand D J. Intelligent data analysis: An introduction[M]. Springer-Verlag,1999.

[40] Bezdek J C. On the relationship between neural networks,pattern recognition and intelligence[J]. The International Journal of Approximate Reasoning,1992,6(2): 85-107.

[41] Bezdek J C. What is computational intelligence[M]//Computational Intelligence Imitating Life. IEEE Press,1994.

[42] Biamonte J,Wittek P,Pancotti N,et al. Quantum machine learning[J]. Nature,2017,549: 195-202.

[43] Bobrow D G, Hayes P J. Special issues on nonmonotonic reasoning [J]. Artificial Intelligence,

1980,13(2).

[44] Bobrow D G. Special issue on qualitative reasoning[J]. Artificial Intelligence,1984,24.

[45] Bonatti P A. Knowledge graphs: New directions for knowledge representation on the semantic web [M]//Dagstuhl Reports,2019: 29-111.

[46] Boris K. Visual knowledge discovery and machine learning[M]. Springer,2018.

[47] Bottou L,Curtis F E,Nocedal J. Optimization methods for large-scale machine learning[J]. Society for Industrial and Applied Mathematics,2018(2).

[48] Boz O. Extracting decision trees from trained neural networks[C]//Proceedings of Eighth ACM SIGKDD International Conference on Knowledge Discovery and Data Mining. 2002.

[49] Breiman L. Random forests[J]. Machine Learning,2001,45(1): 5-32.

[50] Brenden M L,Ruslan S,Joshua B T. Human-level concept learning through probabilistic program induction[J]. Science,2015.

[51] Brooks R A. Building brains for bodies[J]. Autonomous Robots,1994,1: 7-25.

[52] Brown T,et al. Language models are few-shot learners[J]. Advances in neural information processing systems,2020,33: 1877-1901.

[53] Bruno J T F,George D C C,Tsang I R. Autoassociative pyramidal neural network for one class pattern classification with implicit feature extraction[J]. Expert Systems with Applications,2013, 40(18): 7258-7266.

[54] Buchanan B G,Shortliffe E H. Rule based expert system, the MYCIN experiments of Stanford heuristic programming project[J]. Addison-Wesley,1984.

[55] Burke E K,Hyde M R,Kendall G,et al. Classification of hyper-heuristic approaches: Revisited[M]// Handbook of Metaheuristics. Springer,2019: 453-477.

[56] Cade M. Turing award won by 3 pioneers in artificial intelligence[Z/OL].

[57] Caffe[Z/OL]. https://caffe. berkeleyvision. org/.

[58] Caffe2[Z/OL]. https://caffe2. ai/docs/operators-catalogue. html.

[59] Cai J F. Decision tree pruning using expert knowledge[D]. Berlin,Germany: VDM Verlag,2008.

[60] Cai Z X,et al. Key techniques of navigation control for mobile robots under unknown environment [M]. Beijing: Science Press,2016.

[61] Cai Z X,Liu J Q, Liu J. A criterion of robustness based on fuzzy neural structure[J]. High Technology Letters,1999,5(1): 33-36.

[62] Cai Z X, Peng Z. Cooperative coevolutionary adaptive genetic algorithm in path planning of cooperative multi-mobile robot system[J]. Journal of Intelligent and Robotic Systems: Theories and Applications,2002,33(1): 61-71.

[63] Cai Z X,Tang S X. Controllability and robustness of T-fuzzy system under directional disturbance [J]. Fuzzy Sets and Systems,2000,11(2): 279-285.

[64] Cai Z X,Fu K S. Expert system-based robot planning[J]. Control Theory and Applications,1988, 5(2): 30-37.

[65] Cai Z X,Gong T. Natural computation architecture of immune control based on normal model[C]// Proc. of the 2006 IEEE International Symposium on Intelligent Control. 2006: 1230-1236.

[66] Cai Z X,Jiang Z. A Multirobotic pathfinding based on expert system[C]//Preprints of IFAC/IFIP/ IMACS Int. Symposium on Robot Control. Pergamon Press. 1991: 539-543.

[67] Cai Z X,Liu L J,Chen B F,et al. Artificial intelligence: From beginning to date[M]. Singapore: World Scientific,2021.

[68] Cai Z X,Tang S. A Multirobotic planning based on expert system[J]. High Technology Letters,

1995,1(1):76-81.

[69] Cai Z X,Wang Y,Cai J. A Real-time expert control system[J]. AI in Engineering,1996,10(4): 317-322.

[70] Cai Z X, Wang Y. A multiobjective optimization based evolutionary algorithm for constrained optimization[J]. IEEE Transactions on Evolutionary Computation,2006,10(6):658-675.

[71] Cai Z X,Yu L L,Chang X,et al. Path planning for mobile robots in irregular environment using immune evolutionary algorithm[C]//The 17th IFAC World Congress. 2008.

[72] Cai Z X,Fu K S. Robot planning expert systems[C]//Proc. IEEE Int. Conf. on Robotics and Automation. 1986:1973-1978.

[73] Cai Z X. A knowledge based flexible assembly planner[J]//IFIP Transaction. 1992:365-371.

[74] Cai Z X. An expert system for robotic transfer planning[J]. Computer Science and Technology,1988, 3(2):153-160.

[75] Cai Z X. Intelligence science:disciplinary frame and general features[C]//Proc. 2003 IEEE Int. Conf. on Robotics,Intelligent Systems and Signal Processing. 2003:393-398.

[76] Cai Z X. Intelligent control:Principles,techniques and applications[M]. Singapore-New Jersey: World Scientific Publishers,1997.

[77] Cai Z X. Robot path finding with collision avoidance[J]. Computer Science and Technology,1989, 4(3):229-235.

[78] Cai Z X. Robotics:From manipulator to mobilebot[M]. Singapore:World Scientific,2022.

[79] Cai Z X. Some research works on expert system in AI course at Purdue[C]//Proc. IEEE Int. Conf. on Robotics and Automation. 1986:1980-1985.

[80] Cai Z X. The profound influence of artificial intelligence on human being[J]. High Technology Letters,5 (6),55-57.

[81] Cai Z X. Application of artificial intelligence in metallurgical automation [M]. Metallurgical Automation,39 (1):1-5.

[82] Cambria E,White B. Jumping NLP curves:A review of natural language processing research[J]. IEEE Computational Intelligence Magazine,2014,9(2):48-57.

[83] Campero A,Pareja A,Klinger T,et al. Logical rule induction and theory learning using neural theorem proving[Z/OL]. arXiv. 1809. 02193.

[84] Cantu-Paz E. Efficient and accurate parallel genetic algorithms[M]. Kluwer Academic Publishers,2000.

[85] Carrie J C,Jonas J,Jess H. The effects of example-based explanations in a machine learning interface [C]//Proceedings of the 24th International Conference on Intelligent User Interfaces. ACM,2019.

[86] Cawsey A. The essence of artificial intelligence[M]. Harlow,England:Prentice Hall Europe,1998.

[87] Cerutti F,Thimm M. A general approach to reasoning with probabilities (extended abstract)[C]// Proceedings of the 16th International Conference on Principles of Knowledge Representation and Reasoning. 2018.

[88] Chainer[Z/OL]. https://chainer. org/.

[89] Chaiyaratana N,Zalzala A M S. Recent developments in evolutionary genetic algorithms:theory and applications[C]//Proc. 2nd Int. Conf. Genetic Algorithms in Eng. Sys. :Innovations and Applications. 1997:270-277.

[90] Chatterjee A,Gupta U,Chinnakotla M K,et al. Understanding emotions in text using deep learning and big data[J]. Computers in Human Behavior,2019,93:309-317.

[91] Chen C,Chen X Q,Ma F, et al. A knowledge-free path planning approach for smart ships based on reinforcement learning[J]. Ocean Eng. ,2019,189,106299.

[92] Chen L C, Papandreou G, Kokkinos I, et al. Deeplab: Semantic image segmentation with deep convolutional nets, atrous convolution, and fully connected crfs[J]. IEEE transactions on pattern analysis and machine intelligence, 2017, 40(4): 834-848.

[93] Chen L C, Papandreou G, Kokkinos I, et al. Semantic image segmentation with deep convolutional nets and fully connected crfs[J]. Computer Science, 2014(4): 357-361.

[94] Chen L C, Papandreou G, Schroff F, et al. Rethinking atrous convolution for semantic image segmentation[Z/OL]. arXiv. 1706. 05587.

[95] Chen L C, Zhu Y, Papandreou G, et al. Encoder-decoder with atrous separable convolution for semantic image segmentation[C]//Proceedings of the European conference on computer vision (ECCV). 2018: 801-818.

[96] Chen M X, Firat O, Bapna A, et al. The best of both worlds: Combining recent advances in neural machine translation[Z/OL]. arXiv preprint arXiv: 1804. 09849, 2018.

[97] Chen T, Guestrin C. XGBoost: A scalable tree boosting system[J/OL]. 2016: 785-794.

[98] Chen Y F, Michael E, Liu M, et al. Socially aware motion planning with deep reinforcement learning [Z/OL]. arXiv: 1703. 08862v2, 2018.

[99] Chen Z H, Jain M, Wang Y Q, et al. End-to-end contextual speech recognition using class language models and a token passing decoder[C]//IEEE International Conference on Acoustics, Speech and Signal Processing (ICASSP). 2019.

[100] China Finance and Economics. Artificial intelligence expands new industry space. (2018-11-12). http://finance. china. com. cn/industry/20181112/4806283. shtml.

[101] China Information Security Editorial Department. Artificial intelligence, angel or devil?.

[102] China Science and Technology Policy Research Center. China economic report: Current status and future of artificial intelligence in China[R/OL]. (2018-10-11).

[103] Choi T J, Chang W A. Artificial life based on boids model and evolutionary chaotic neural networks for creating artworks[J]. Swarm and Evolutionary Computation, 2017, 47.

[104] CIC Investment Consulting Network. Analysis of the development status and prospects of China's artificial intelligence industry[Z/OL]. (2018-07-26).

[105] Cicconetti C, Conti M, Passarella A, et al. Toward distributed computing environments with serverless solutions in edge systems[J]. IEEE Communications Magazine, 2020, 58(3): 40-46.

[106] Cios K, Pedrycz W, Swiniarski R. Data mining methods for knowledge discovery[M]. Boston: Kluwer Academic Publishers, 1998.

[107] Ciresan D C, Meier U, Masci J, et al. Flexible, high performance convolutional neural networks for image classification[C]//Proceedings of International Joint Conference on Artificial Intelligence. 2011, 22: 1237.

[108] Ciresan D, Meier U, Schmidhuber J. Multi-column deep neural networks for image classification [C]//2012 IEEE Conference on Computer Vision and Pattern Recognition (CVPR). 2012: 3642-3649.

[109] CNTK[Z/OL]. https://github. com/Microsoft/CNTK/wiki/Tutorial.

[110] Cohen P R, Feigenbaum E A. Handbook of artificial intelligence[M]. William Kaufmann. Inc, 1982.

[111] Cohen P R. Heuristic reasoning about uncertainty: An artificial intelligence approach[M]. Pitman Advanced Publishing Program, 1985.

[112] Cohen J, Cohen P, West S G, et al. Applied multiple regression/correlation analysis for the behavioral sciences. Hillsdale, NJ: Lawrence Erlbaum Associates, 2003.

[113] Collobert R, Weston J, Bottou L, et al. Natural language processing (almost) from scratch[J].

Journal of Machine Learning Research,2011,12: 2493-2537.

[114]　Colorni A, Dorigo M, Maniezzo V. Distributed optimization by ant colonies [C]//Proc. First European Conference on Artificial Life. Paris,France: Elsevier,1991: 134-142.

[115]　Colorni M,Maniezzo V. An investigation of some properties of an ant algorithm[C]//Proc. Parallel Problem Solving from Nature Conference (PPSN'92). Brussels,Belgium: Elsevier,1992: 509-520.

[116]　Costa D,Hertz A,Dubuis O. Imbedding of a sequential algorithm with in an evolutionary algorithm for coloring problem in graphs[J]. Journal of Heuristics,1995(1): 105-128.

[117]　Cotterill R M. Computer simulation in brain science [M]. Cambridge, England: Cambridge University Press,1988.

[118]　Courville Y A,Vincent P. Representation learning: A review and new perspectives [J]. IEEE Transactions on Pattern Analysis & Machine Intelligence,2013,35(8): 1798-1828.

[119]　Couso I,Borgelt C,Hullermeier E,et al. Fuzzy sets in data analysis: From statistical foundations to machine learning[J]. IEEE Computational Intelligence Magazine,2019,14(1): 31-44.

[120]　Craenen B G W, Eiben A E, Van Hemert J I. Comparing evolutionary algorithms on binary constraint satisfaction problems[J]. Evolutionary Computation,2003,7(5): 424-444.

[121]　Cristianini N,Shawe-Taylor J. An introduction to support vector machines and other kernel-based learning methods[M]. Cambridge,2000.

[122]　Curiosity Institute. Google opened its own artificial intelligence platform,what can it do? [Z/OL]. (2015-11-11).

[123]　Dai Y Y,Xu D,Maharjan S,et al. Blockchain and deep reinforcement learning empowered intelligent 5G beyond[J]. IEEE Network,2019,33(3): 10-17.

[124]　Daniel G. Artificial intelligence in medicine: Applications, implications, and limitations [Z/OL]. (2019-06-19). http://sitn. hms. harvard. edu/flash/2019/artificial-intelligence-in-medicine-applications-implications-and-limitations/.

[125]　Daron A, Restrepo P. Artificial intelligence, automation and work [J]. Social Science Electronic Publishing,2018.

[126]　Darrel R. Expert systems: Design, applications and technology [M]. Nova Science Publishers, Inc. ,2017.

[127]　Davis E,Marcus G. Commonsense reasoning and commonsense knowledge in artificial intelligence [J]. Communications of the ACM,2015,58 (9): 92-103.

[128]　Davis R, Shrobe H, Szolovits P. What is a knowledge representation? [J]. AI Magazine, 1993,14(1): 17-33.

[129]　Dean J,Corrado G,Monga R,et al. Large scale distributed deep networks[J]. Advances in Neural Information Processing Systems,2012: 1223-1231.

[130]　Dean T, Allen J, Aloimonos Y. Artificial intelligence: Theory and practice[M]. Pearson Education North Asia and Publishing House of Electronics Industry,2003.

[131]　Dechter R. Reasoning with probabilistic and deterministic graphical models: Exact algorithms[M]. 2nd edition. 2019.

[132]　DeJone K A. Genetic algorithms: A 25-year perspective[M]//Computational Intelligence Imitating Life. New York: IEEE Press,1994.

[133]　Deng N Y,Tian Y J. The new data mining methods- support vector machine[M]. Beijing: Science Press,2005.

[134]　Deng J,et al. Imagenet: A large-scale hierarchical image database[C]//2009 IEEE conference on computer vision and pattern recognition. IEEE,2009.

[135] Devlin J,Chang M W,Lee K,et al. BERT：Pre-training of deep bidirectional transformers for language understanding[Z/OL]. arXiv preprint arXiv：1810.04805.2018.

[136] Dietterich T G. An experimental comparison of three methods for constructing ensembles of decision trees：Bagging,boosting,and randomization[J]. Machine Learning,2000,40(2)：139-157.

[137] Dong Y,Li D. Automatic speech recognition：A deep learning approach[M]. Springer Publishing Company,2014.

[138] Dorigo M,Maniezzo V,Colorni A. Ant system：optimization by a colony of cooperating agent[J]. IEEE Transactions on Systems,Man and Cybernetics,1996,26(1)：1-13.

[139] Dorigo M,Thomas S. Ant colony optimization：overview and recent advances[M]//Handbook of Metaheuristics,International Series in Operations Research & Management Science. Springer,US, 2010：227-263.

[140] Doshi-Velez F,Kim B. Towards a rigorous science of interpretable machine learning[Z/OL]. ArXiv e-prints,2017.

[141] Draper N R, Smith H. Applied regression analysis [M]. Wiley Series in Probability and Statistics,1998.

[142] Du J,Quo W,Tu X. A multi-mobile agent based information management system. Networking, Sensing and Control,IEEE Proceedings,2005：71-73.

[143] Duan Y,Edwards J S,Dwivedi Y K. Artificial intelligence for decision making in the era of big data-evolution,challenges and research agenda[J]. International Journal of Information Management, 2019,48：63-71.

[144] Dumitrescu D,Lazzerini B,Jain L C,et al. Evolutionary computation[M]. CRC Press,2000.

[145] Durkin J. Expert system design and development[M]. New York：Macmillan Publishing Company, 1994.

[146] Durkin J. History and applications[M]//Expert System. San Diego：Academic Press,2002.

[147] Duygu I,Süleyman G. Design and implementation of the fuzzy expert system in Monte Carlo methods for fuzzy linear regression[J]. Applied Soft Computing Journal,2019：399-411.

[148] Edyta B,Marek K, Aneta N, et al. An expert system for underground coal mine planning[J]. Gospodarka Surowcami Mineralnymi,2017：113-127.

[149] Elman J L. Distributed representations,simple recurrent networks,and grammatical structure[J]. Machine learning,1991,7(2-3)：195-225.

[150] Engelbrecht A P. Computational intelligence,an introduction[M]. John Wiley & Sons,2002.

[151] Erman L D, Hayes-Roth F, Lesser V R, et al. The Hearsay II speech understanding system： Integrating knowledge to resolve uncertainty[J]. Computer Survey,1980,12(2)：213-253.

[152] Ernst G W,Newll A. GPS：A case study in generality and problem solving[M]. New York： Academic Press,1969.

[153] Esmond M,King W, Geoffrey S, et al. Design and algorithm development of an expert system for continuous health monitoring of sewer and storm water pipes[J]. Office Automation,2014(s1)：35-38.

[154] Faizollahzadeh A S、Najafi B、Shamshirband S、et al. Computational intelligence approach for modeling hydrogen production：A review[J]. Eng. Appl. Comput. Fluid Mech. ,2018,12：438-458.

[155] Fang S H,Tsao Y,Hsiao M J,et al. Detection of pathological voice using cepstrum vectors：A deep learning approach[J]. Journal of Voice,2018,33(5)：634-641.

[156] Fayyad U M,Piatetsky-Shapiro G,Smyth P,et al. Advances in knowledge discovery and data mining [M]. Cambridge,MA：AAAI/MIT Press,1996.

[157] Feigenbaum E A,McCorduch P. The fifth generation of artificial intelligence and Japan's computer

challenge to the world[J]. Reading,MA,Addison-Wesley,1983.

[158] Ferreira P V R,Paffenroth R,Wyglinski A M,et al. Multiobjective reinforcement learning for cognitive satellite communications using deep neural network ensembles[J]. IEEE Journal on Selected Areas in Communications,2018,36(5): 1030-1041.

[159] Fischer A,Igel C. Training restricted Boltzmann machines: an introduction[J]. Pattern Recognition, 2014,47(1): 25-39.

[160] Fogel D B. Evolutionary computation: Toward a new philosophy of machine intelligence[M]. 2nd Edition. Wiley-IEEE Press,2001.

[161] Fogel L J. Intelligence through simulated evolution: Forty years of evolutionary programming[M]. A Wiley-Interscience Publication,1999.

[162] Frank H F L,Lam H K,Ling S H,et al. Tuning of the structure and parameters of a neural network using an improved genetic algorithm[J]. IEEE Transactions on Neural Networks,2003,14 (1): 79-88.

[163] Franklewis O K,Horvat K. Intelligent control of industrial and power systems: Adaptive neural network and fuzzy systems[M]. LAP LAMBERT Academic Publishing,2012.

[164] Fu K S,et al. A heuristic approach to reinforcement learning control system[J]. IEEE Transactions AC-10,1965: 390-398.

[165] Fu K S,Gonzalez R C,Lee C S G. Robotics: Control,sensing,vision and intelligence[M]. New York: McGraw Hill,1987.

[166] Fu K S. Learning control systems and intelligent control systems: an intersection of artificial intelligence and automatic control[J]. IEEE Transactions AC-16,1971: 70-72.

[167] Fu K S. Syntactic pattern recognition and application[M]. Englewood Cliffs,NJ: Prentice Hall Inc, 1982.

[168] Future of Life Institute. An open letter to the United Nations convention on certain conventional weapons[Z/OL]. (2017-08-21). https://futureoflife. org/autonomous-weapons-open-letter-2017.

[169] Future of Life Institute. Asilmar AI Principles[Z/OL]. https://futureoflife. org/ai-principles.

[170] Future think tanks. Inexplicable fear of artificial intelligence[Z/OL]. (2018-07-05).

[171] Wei G,Hus D,Lee W S,et al. Intention-Net: Integrating planning and deep learning for goal-directed autonomous navigation[Z/OL]. arXiv. 1710. 05627.

[172] Garten J,Kennedy B,Hoover J,et al. Incorporating demographic embedding into language understanding[J]. Cognitive Science,2019,43 (1).

[173] Gen M,Cheng R. Genetic Algorithms and engineering optimization [M]. A Wiley-Interscience Publication,2000.

[174] Hinton G,Deng L,Yu D,et al. Deep neural networks for acoustic modeling in speech recognition: The shared views of four research groups[J]. IEEE Signal Processing Magazine,2012,29(6): 82-97.

[175] Gershgorn D. The Quartz guide to artificial intelligence: What is it,why is it,important,and should we be afraid? [Z/OL]. (2017-09-10).

[176] Gevarter W B. Artificial intelligence applications: Expert systems,computer vision and natural language processing[M]. NOYES Publications,1984.

[177] Ghahramani Z. Probabilistic machine learning and artificial intelligence[J]. Nature, 2015, 521: 452-459.

[178] Ghallab M,Nau D,Traverso P. The actor's view of automated planning and acting: A position paper[J]. Artificial Intelligence,2014,208: 1-17.

[179] Giarratano J, Riley G. Expert systems: Principles and programming [M]. PWS Publishing

Company,1988.

[180] Gilman E,Barth D,Król M,et al. Computer first networking：Distributed computing meets ICN [C]//Proceedings of the 6th ACM Conf on Information-Centric Networking. New York：ACM, 2019：67-77.

[181] Briganti G,Moine O L. Artificial intelligence in medicine：Today and tomorrow[J/OL]. Frontiers in Medicine,2020.

[182] Glenberg A M,Robertson D A. Symbol grounding and meaning：A comparison of high-dimensional and embodied theories of meaning[J]. Journal of memory and language,2000,43(3)：379-401.

[183] Goldberg D E. Genetic algorithms in search,optimization,and machine learning[M]. Readings,MA： Addison-Wesley,1989.

[184] Goldberg Y. A primer on neural network models for natural language processing[J]. Journal of Articial Intelligence Research,2016,57：345-420.

[185] Gomes L,Jordan M M. Machine learning on the delusions of big data and other huge engineering efforts[J]. IEEE Spectrum,2014,20.

[186] Gong T,Cai Z X. Parallel-evolutionary computing and 3-tier load balance of remote mining robot [J]. Trans. Nonferrous Met. Soc. China,2003,13(4)：948-952.

[187] Gong T,Cai Z X. A coding and control mechanism of natural computation[C]//Proceedings of the 2003 IEEE International Symposium on Intelligent Control. 2003.

[188] Goodfellow I,Bengio Y,Courville A. Deep learning[M]. Cambridge：MIT press,2016.

[189] Graves A, Santiago Fernández, Gomez F. Connectionist temporal classification：Labelling unsegmented sequence data with recurrent neural networks[C]//ICML 2006. Pittsburgh, USA, 2006：369-376.

[190] Grossburg S. Adaptive pattern classification and universal recording,II：feedback,expectation,and illusions. Biol[J]. Cybernetics,1976 (23)：187-202.

[191] Gu J,Wang Z,Kuen J,et al. Recent advances in convolutional neural networks[Z/OL]. arXiv preprint arXiv：1512.07108.

[192] GuimonP. Brexit wouldn't have happened without Cambridge Analytica[Z/OL]. (2018-03-27).

[193] Gulc U S,Mahi M,Baykan O K,et al. A parallel cooperative 574 575 hybrid method based on ant colony optimization and 3-opt algorithm for solving 576 traveling salesman problem [J]. Soft Computing,2016：1-17.

[194] Guo S Y,Zhang X G,Zheng Y S,et al. An autonomous path planning model for unmanned ships based on deep reinforcement learning [J]. Sensors,2020,20(426)：1-35.

[195] Hamman H,Hamman J,Wessels A,et al. Development of multiple-unit pellet system tablets by employing the SeDeM expert diagram system I：pellets with different sizes[J]. Pharmaceutical Development and Technology,2018,23(7)：706-714.

[196] Han J,Kamber M. Data mining：Concepts and techniques[M]. Los Altos,CA,USA：Morgan Kaufmann Publishers,2001.

[197] Han S,Pool J,Tran J,et al. Learning both weights and connections for efficient neural networks[J]. Advances in Neural Information Processing Systems,2015.

[198] Hanheide M,Göbelbecker M, Horn G S, et al. Robot task planning and explanation in open and uncertain worlds. Artificial Intelligence[J]. Artificial Intelligence,2017,247：119-150.

[199] Kim H S,Sun C G,Cho H I. Site-specific zonation of seismic site effects by optimization of the expert GIS-based geotechnical information system for western coastal urban areas in South Korea [J]. International Journal of Disaster Risk Science,2019,1：117-133.

[200] Haralick R M, Shapiro L G. Image segmentation techniques[J]. Computer vision, graphics, and image processing, 1985, 29(1): 100-132.

[201] Hastie T, Tibshirani R, Friedman J. The elements of statistical learning: Data mining, inference, and prediction[M]. Springer-Verlag, 2009.

[202] Hawking S. Artificial intelligence may make humans extinct, Going to the World.

[203] Hayes R F, Waterman D, Lenat D. Building expert systems[M]. New York: Addison Wesley, 1983.

[204] He F, Liu T, Tao D. Why resnet works? residuals generalize[J]. IEEE transactions on neural networks and learning systems, 2020, 31(12): 5349-5362.

[205] He K, Gkioxari G, Dollár P, et al. Mask R-CNN[C]//Proceedings of the IEEE international conference on computer vision. 2017: 2961-2969.

[206] He K, Zhang X, Ren S, et al. Deep residual learning for image recognition[C]//Proceedings of the IEEE conference on computer vision and pattern recognition. 2016: 770-778.

[207] Hearst M A, Hirsh H. AI's greatest trends and controversies[J]. IEEE Intelligent System and Their Applications, 2000: 8-17.

[208] Heaton J. Artificial Intelligence for Human[M]. Heaton Research Inc. St. Louis, 2014.

[209] Heaton J. Artificial Intelligence for Human[M]. Heaton Research Inc. St. Louis, 2015.

[210] Helbing D, et al. Will democracy survive big data and artificial intelligence? Towards Digital Enlightenment[M]. Switzerland: Springer, 2019.

[211] Henderson P, Islam R, Bachman P, et al. Deep reinforcement learning that matters[C]//Proceedings of the Thirty-Second AAAI Conference on Artificial Intelligence, 2018: 3207-3214.

[212] Hertz J, Krogh A, Palmer R G. Introduction to the theory of neural computation. Santa Fe Institute Studies in the Sciences of Complexity lecture notes[M]. Addison Wesley Longman Publ. Co., Inc., 1991.

[213] Hinton G E, Osindero S, Teh Y-W. A fast learning algorithm for deep belief nets[J]. Neural computation, 2006, 18(7): 1527-1554.

[214] Hinton G E. A practical guide to training restricted Boltzmann machines[M]//Neural Networks: Tricks of the Trade. Springer, 2012: 599-619.

[215] Hinton G E. Deep belief networks[J]. Scholarpedia, 2009, 4(6): 5947.

[216] Hinton G E. Learning multiple layers of representation[J]. Trends in Cognitive Sciences, 2007, 11: 428-434.

[217] Hinton G, Vinyals O, Dean J. Distilling the knowledge in a neural network[Z/OL]. arXiv preprint arXiv: 1503. 02531, 2015.

[218] Hinton G. A practical guide to training restricted Boltzmann machines[J]. Momentum, 2010, 9(1): 926.

[219] Hirschberg J, Manning C D. Advances in natural language processing[J]. Science, 2015, 349(6245): 261-266.

[220] Honig W, Preiss J A, Kumar T K S, et al. Trajectory planning for quadrotor swarms[J]. IEEE Transactions on Robotics, 2018, 34(4): 856-869.

[221] Hopfield J J. Neural networks and physical systems with emergent collective computational abilities[M]. Ann Arbor: University of Michigan Press, 1975.

[222] Hopgood A A. Intelligent systems for engineers and scientists[M]. 3rd Edition. CRC Press, 2011.

[223] Hosny K M, Kassem M A, Fouad M M. Classification of skin lesions into seven classes using transfer learning with AlexNet[J]. Journal of digital imaging, 2020, 33: 1325-1334.

[224] Hu R, Andreas J, Darrell T, et al. Explainable neural computation via stack neural module networks[C]//Proceedings of the European Conference on Computer Vision (ECCV), 2018.

[225] Huang D X. The prospect of artificial intelligence-aided planning based on machine learning[J].

Urban Development Studies,2017,24 (5): 50-55.

[226] Huang T,Wang S,Huang Y D, et al. Survey of the deter ministic network [J]. Journal on Communications,2019,40(6): 160-176.

[227] Huang X,Deng L. An overview of modern speech recognition[M]//Handbook of Natural Language Processing. 2nd edition. London,U. K. : Chapman & Hall/CRC Press,2010: 339-366.

[228] Huang X, Acero A, Hon H W, et al. Spoken language processing [M]. New York: Prentice Hall,2001.

[229] Huang X D. Big data for speech and language processing[C]//2018 IEEE International Conference on Big Data (Big Data). 2018.

[230] Huang F J, Boureau, Y L, LeCun Y. Unsupervised learning of invariant feature hierarchies with applications to object recognition[C]//IEEE Conference on Computer Vision and Pattern Recognition.

[231] Hunt J R. Induction of decision tree [J]. Machine Learning,1986,1(1): 81-106.

[232] Hunt J R. Programs for machine learning [M]. San Mateo,CA: Morgan Kaufmann,1993.

[233] IETF. Routing Area Working Group (rtgwg). Compute first networking (CFN) scenarios and requirement [R]. 2020.

[234] Ioffe Se,Szegedy C. Batch normalization: Accelerating deep network training by reducing internal covariate shift.

[235] Iqbal R,Doctor F, More B, et al. Big data analytics: Computational intelligence techniques and application areas[J]. Int. J. Information Manage,2016: 10-15.

[236] Jahed A D, Hasanipanah M, Mahdiyar A, et al. Airblast prediction through a hybrid genetic algorithm-ANN model[J]. Neural Comput Appl. ,2016.

[237] Jarrett K, Kavukcuoglu K, LeCun, Y. What is the best multi-stage architecture for object recognition? [C]//IEEE 12th International Conference on Computer Vision. 2009: 2146-2153.

[238] Jason F,Seamans R. AI and the economy[M]//Innovation Policy and the Economy. University of Chicago Press,2018.

[239] Jayawardhana P,Aponso A,Rathnayake A. An Intelligent approach of text-to-speech synthesizers for English and Sinhala languages [C]//Proceedings of 2nd IEEE International Conference on Information and Computer Technologies (ICICT). 2019: 229-234.

[240] Jean S,Cho K, Memisevic R, et al. On using very large target vocabulary for neural machine translation[J/OL]. http://arxiv. org/abs/1412. 2007.

[241] Heaton J. Artificial intelligence for human[M]//Nature-Inspired Algorithms. Heaton Research, Inc. ,2014.

[242] Mahler J,Pokorny F T, Hou B,et al. A cloud-based network of 3D objects for robust grasp planning using a multi-armed bandit model with correlated rewards[C]//2016 IEEE International Conference on Robotics and Automation (ICRA). IEEE,2016: 1957-1964.

[243] Hwangbo J,Sa I,Siegwart R,et al. Control of a quadrotor with reinforcement learning[C]//IEEE Robotics and Automation Letters. 2017: 1-8.

[244] Ji J,Khajepour A,Melek W,et al. Path planning and tracking for vehicle collision avoidance based on model predictive control with multiconstraints[J]. IEEE Trans. Vehicle Technology,2017,66 (2): 952-964.

[245] Chen J,Li K,Zhang Z, et al. A survey on applications of artificial intelligence in fighting against COVID-19[Z/OL]. arXiv: 2007. 02202.

[246] Jing Wei AI Frontier. 2018 In-depth analysis report on the development of the world artificial intelligence industry blue book[Z/OL]. (2018-12-17). http://www. sohu. com/a/282485963_100143859.

[247] Jittor[Z/OL]. https://github.com/Jittor/jittor.

[248] Johnson J, Karpathy A, Fei-Fei L. DenseCap: Fully convolutional localization networks for dense captioning[C]//CVPR. 2016.

[249] Jonas E. Cloud programming simplified: a berkeley view on serverless computing[R]. 2019.

[250] Jordan M I, Mitchell T M. Machine learning: Trends, perspectives, and prospects [J]. Science, 2015,349(6245): 255-260.

[251] Jordanides T, Torby B. Expert systems and robotics[M]. Springer-Verlag,1991.

[252] Jovanovic J, Gasevic D, Devedzic V. A GUI for Jess[J]. Expert systems with applications,2004, 24(4): 625-637.

[253] Varghese J L. Artificial intelligence in medicine: Chances and challenges for wide clinical adoption [J]. Visc Med. ,2020,36: 443-449.

[254] Jun S. Bayesian count data modeling for finding technological sustainability[J]. Sustainability,2018, 10(9): 3220.

[255] Lee K-F. Automatic speech recognition: The development of the SPHINX system[M]. Springer,1989.

[256] He K M, Zhang X Y, Ren Sh-Q, et al. Deep residual learning for image recognition[C]//IEEE Conference on Computer Vision & Pattern Recognition. 2016.

[257] Kang H, Yoo S J, Han D. Senti-lexicon and improved Naïve Bayes algorithms for sentiment analysis of restaurant reviews[J]. Expert Syst. Appl. ,2012,39: 6000-6010.

[258] Kang S, Qian X, Meng H. Multi-distribution deep belief network for speech synthesis [C]// ICASSP. Columbia,USA: IEEE,2013: 8012-8016.

[259] Kaplan L, Ivanovska M. Efficient belief propagation in second-order Bayesian networks for singly-connected graphs[J]. International Journal of Approximate Reasoning,2018,93: 132-152.

[260] Karaboga D, Kaya E. Adaptive network based fuzzy inference system (ANFIS) training approaches: A comprehensive survey[J]. Artif. Intell. Rev. ,2018: 1-31.

[261] Keras[Z/OL].

[262] Keshavarz H, Abadeh M S. ALGA: Adaptive lexicon learning using genetic algorithm for sentiment analysis of microblogs[J]. Knowle. Based Syst. ,2017,122.

[263] Kim J, Jun S, Jang D, et al. Sustainable technology analysis of artificial intelligence using Bayesian and social network models[J]. Sustainability,2018,10,115.

[264] Kingma D P, Ba J. Adam: A method for stochastic optimization[Z/OL]. arXiv preprint arXiv: 1412.6980.

[265] Kitamura Y, Ikeda M, Mizoguchi R. A model-based expert system based on a domail ontology[M]// Expert Systems. San Diego: Academic Press,2002.

[266] Kiumarsi B, Vamvoudakis K G, Modares H, et al. Optimal and autonomous control using reinforcement learning: A survey [J]. IEEE Transactions on Neural Networks and Learning Systems,2018,29(6): 2042-2062.

[267] Kleinberg J M, Raghavan P. A microeconomic view of data mining[J]. Data Mining and Knowledge Discovery,1998,(2): 311-324.

[268] Koch M. Artificial intelligence is becoming natural[J]. Cell,2018,173(3): 531-533.

[269] Kohonen T. Self-organized formation of topologically correct feature maps[J]. Biol. Cybernetics, 1982 (43): 59-69.

[270] Kosko B. Neural networks and fuzzy systems,A dynamical systems approach to machine intelligence [M]. New York: Prentice Hall,1992.

[271] Krizhevsky A, Sutskever I, Hinton G E. Imagenet classification with deep convolutional neural

networks[J]. Communications of the ACM,2017,60(6): 84-90.

[272] Krizhevsky A,Sutskever I, Hinton G. ImageNet classification with deep convolutional neural networks[C]//NIPS. Curran Associates Inc. ,2012.

[273] Król M,Mastorakis S,Oran D,et al. Compute first networking: Distributed computing meets ICN [C]//Proceedings of the 6th ACM Conference on Information-Centric Networking. 2019: 67-77.

[274] Król M, Psaras I. NFaaS: Named function as a service[C]//Proceedings of the 4th ACM Conference on Information-Centric Networking. 2017: 134-144.

[275] Kumar A,Irsoy O,Su J,et al. Ask me anything: dynamic memory networks for natural language processing[Z/OL]. arXiv preprint arXiv: 1506.07285. 2015.

[276] Kumar P M,Gandhi U D,Manogaran G,et al. Ant colony optimization algorithm with internet of vehicles for intelligent traffic control system[J]. Computer Networks,2018,144: 154-162.

[277] Lagappan M,Kumaran M. Application of expert systems in fisheries sector-A review[J]. Research Journal of Animal,Veterinary and Fishery Sciences,2013,1(8): 19-30.

[278] Lambert N O,Drewe Daniel S,Yaconelli J,et al. Low-level control of a quadrotor with deep model-based reinforcement learning [J]. IEEE Robotics and Automation Letters,2019,4(4): 4224-4230.

[279] Ivanciu L N,Sipos E. Fuzzy logic based expert system for academic staff evaluation and progress monitoring[C]//Proceedings of 2017 2nd International Conference on Computer,Mechatronics and Electronic Engineering(CMEE 2017). 2017: 329-336.

[280] Lawrence S,Giles C L,Tsoi A C,et al. Face recognition: A convolutional neural-network approach [J]. IEEE Transactions on Neural Networks,1997,8(1): 98-113.

[281] LeCun Y,Bottou L,Bengio Y,et al. Gradient-based learning applied to document recognition[J]. Proceedings of the IEEE,1998,86(11): 2278-2324.

[282] LeCun Y, Bengio, Y. Convolutional networks for images, speech, and time series [M]//The handbook of brain theory and neural networks,1995,3361(10).

[283] LeCun Y,Boser B,Denker J S,et al. Backpropagation applied to handwritten zip code recognition [J]. Neural Computation,1989,1(4): 541-551.

[284] LeCun Y,Kavukcuoglu K,Farabet C. Convolutional networks and applications in vision[J]. ISCAS, 2010: 253-256.

[285] Lee J,Mtibaa A,Mastorakis S. A case for compute reuse in future edge systems: An empirical study [J]. 2019 IEEE Globecom Workshops,2019: 1-6.

[286] Lee K,Lam M,Pedarsani R,et al. Speeding up distributed machine learning using codes[J]. IEEE Transactions on Information Theory,2017.

[287] Lee W. Resource allocation for multi-channel underlay cognitive radio network based on deep neural network[J]. IEEE Communication Letter,2018,22(9): 1942-1945.

[288] Lee H,Grosse R,Ranganath R,et al. Convolutional deep belief networks for scalable unsupervised learning of hierarchical representations [C]//Proceedings of the 26th Annual International Conference on Machine Learning,2009: 609-616.

[289] Lee J,Song K,Noh K. DNN based multi-speaker speech synthesis with temporal auxiliary speaker ID embedding[C]//Proceedings of IEEE International Conference on Electronics Information and Emergency Communication. 2019: 61-64.

[290] Leech G,Garside R,Bryant M. CLAWS4: The tagging of the British national corpus[C]//Proc. of the 15th International Conference on Computational Linguistics. Kyoto,Japan,1994: 622-628.

[291] Leech G. Corpora and theories of linguistic performance[M]//Directions in Corpus Linguistics. Berlin: Mouton de Gruyter,1992: 105-122.

[292]　Tai L,Paolo G,Liu M. Virtual-to-real deep reinforcement learning：continuous control of mobile robots for mapless navigation[Z/OL]. arXiv：1703. 00420. 2017.

[293]　Lei J P. End of man-machine war：AlphaGo defeats Li Shishi 4：1[Z/OL]. (2016-03-15).

[294]　Leondes C T. Expert systems,the technology of knowledge management and decision making for the 21st century[M]. Academic Press,2002.

[295]　Li J,Jurafsky D. Do multi-sense embeddings improve natural language understanding? [C]// Proceedings of the 2015 Conference on Empirical Methods in Natural Language Processing. 2015：1722-1732.

[296]　Li J,Li X,Wang L,et al. Fuzzy encryption in cloud computation：Efficient verifiable outsourced attribute-based encryption[J]. Soft Comput. ,2018：1-8.

[297]　Li R,Wang H-N,He H,et al. Support vector machine combined with K-Nearest neighbors for solar flare forecasting[J]. Chinese Journal of Astronomy and Astrophysics,2007,7(3)：441-447.

[298]　Li Y,Li C,Li X,et al. A comprehensive review of Markov random field and conditional random field approaches in pathology image analysis[J]. Archives of Computational Methods in Engineering,2022,29(1)：609-639.

[299]　Li Y X. Deep reinforcement learning：An overview[Z/OL]. arXiv：1701. 07274. 2017.

[300]　Lieto A,Lebiere C,Oltramari A. The knowledge level in cognitive architectures：Current limitations and possible developments[J]. Cognitive Systems Research,2018,48：39-55.

[301]　Likas A,Vlassis N,Verbeek J J. The global k-means clustering algorithm[J]. Pattern Recognition,2003,36(2)：451-461.

[302]　Lillicrap T P,Hunt J J,Pritzel A,et al. Continuous control with deep reinforcement learning [J]. Computer. Sciences,2015,8：A187.

[303]　Lilly Trinity. Machine Learning：Beginner's guide to machine learning,data mining,big data,artificial intelligence and neural networks[Z]. Amazon Digital Services LLC,2019.

[304]　Lin B Y, Huang H S, Sheu R K, et al. Speech recognition for people with dysphasia using convolutional neural network[C]//Proceedings of IEEE International Conference on Systems Man and Cybernetics Conference. 2018：2164-2169.

[305]　Ling Z,Deng L,Yu D. Modeling spectral envelopes using restricted Boltzmann machines and deep belief networks for statistical parametric speech synthesis [J]. IEEE Transactions on Audio,Speech,and Language Processing,2013,21(10)：2129-2139.

[306]　Liou C-Y,Cheng W-C,Liou J-W,et al. Autoencoder for words[J]. Neurocomputing, 2014,139：84-96.

[307]　Liu H,Motoda H. Feature selection for knowledge discovery and data mining[M]. Boston：Kluwer Academic Publishers,1998.

[308]　Liu H-Ch,You J X,Li Zh-W,et al. Fuzzy Petri nets for knowledge representation and reasoning：A literature review[J]. Engineering Applications of Artificial Intelligence,2017,60：45-56.

[309]　Liu J,Cai Z X. An incremental time-delay neural network for dynamical recurrent associative memory[J]. High Technology Letters,2002,8(1)：72-75.

[310]　Liu J,Cai Z X. Learning of goal directed spatial knowledge from temporal experience for navigation [C]//Proc. 6th Int. Conference on Intelligent Engineering Systems. 2002：57-62.

[311]　Liu J,Yang J,Liu H,et al. An improved ant colony algorithm for robot path planning[J]. Soft Comput. ,2016,1,1-11.

[312]　Liu W,Anguelov D,Erhan D,et al. SSD：Single shot multibox detector[Z]. 2015.

[313]　Liu Z,Zhang Y, Yu X, et al. Unmanned surface vehicles：An overview of developments and

challenges[J]. Annu. Rev. Control,2016,41: 71-93.

[314] Long J,Shelhamer E,Darrell T. Fully convolutional networks for semantic segmentation[C]// Proceedings of the IEEE conference on computer vision and pattern recognition. 2015: 3431-3440.

[315] Lu D,Weng Q. A survey of image classification methods and techniques for improving classification performance[J]. International Journal of Remote sensing,2007,28(5): 823-870.

[316] Lu H,Li Y,Chen M,et al. Brain intelligence: go beyond artificial intelligence[J]. Mobile Network Applications,2018,23(2): 368-375.

[317] Lu Y,Chen Y,Zhao D,et al. Graph-FCN for image semantic segmentation[C]//Advances in Neural Networks-ISNN 2019: 16th International Symposium on Neural Networks. Moscow,Russia. 2019: 97-105.

[318] Luckman D C,Nilsson N J. Extracting information from resolution proof trees [J]. Artificial Intelligent,1971,2(1): 27-54.

[319] Luder A,Klostermeyer A,Peschke J,et al. Distributed automation: PABADIS versus HMS[J]. Industrial Informatics,IEEE Transactions on Publication,2005,1(1): 31-38.

[320] Luger G F. Artificial intelligence: Structures and strategies for complex problem solving[M]. 4th Edition. Pearson Education Ltd. ,2002.

[321] Luger G F. Cognitive science: The science of intelligent systems[M]. San Diego and New York: Academic Press,1994.

[322] Luis M T-T,Indira G E-S,Bernardo G-O et al. An expert system for setting parameters in machining processes[J]. Expert Systems with Applications,2013,40(17): 6877-6884.

[323] Lynch K M,Park F C. Modern robotics: Mechanics, planning, and control [M]. Cambridge University Press,2017.

[324] Lynn N,Ali M Z,Suganthan P N. Population topologies for particle swarm optimization and differential evolution[J]. Swarm and Evolutionary Computation,2017.

[325] Mac T T,Copot C,Tran D T,et al. De. Heuristic approaches in robot path planning: A survey[J]. Robotics and Autonomous Systems,2016,86 : 13-28.

[326] Mach P,Becvar Z. Mobile edge computing: a survey on architecture and computation offloading [J]. IEEE Communications Surveys and Tutorials,2017,19(3): 1628-1656.

[327] Majib M S,Rahman M M,Sazzad T M S,et al. Vgg-scnet: A vgg net-based deep learning framework for brain tumor detection on mri images[J]. IEEE Access,2021,9: 116942-116952.

[328] Manaris B. Natural language processing: A human-computer interaction perspective[J]. Advance in Computer,1999,47(1): 1-16.

[329] Manning C D,Surdeanu M,Bauer J,et al. The Stanford core NLP natural language processing toolkit[C]//Proceedings of the 52nd Annual Meeting of the Association for Computational Linguistics,System Demonstrations. 2014: 55-60.

[330] Gales M,Philip W. Recent advances in large vocabulary continuous speech recognition: An HTK Perspective[C]//Int. Conference on Acoustics,Speech,and Signal Processing. ICASSP,2006.

[331] Marks R. Intelligence: computational versus artificial[J]. IEEE Trans. Neural Networks,1993,4(5): 737-739.

[332] Schmitt M. Artificial intelligence in medicine, AI for diagnostics, drug development, treatment personalization and gene editing[Z/OL]. (2018-07-22).

[333] Marriott B,Ward M. Artificial intelligence in practice[M]. Wiley,2019.

[334] Isaac M D D,Siordia O S,Fernandez-Isabel A,et al. Subjective data arrangement using clustering techniques for training expert systems[J]. Expert Systems with Applications,2019,115: 1-15.

[335] Martin J,Oxman S. Building expert systems,a tutorial[M]. Prentice Hall,1988.

[336] Mastorakis S,Mtibaa A, Lee J, et al. ICedge: when edge computing meets information-centric networking [J]. IEEE Internet of Things Journal,2020: 1.

[337] MATLAB[Z/OL]. https://ww2. mathworks. cn/products/matlab. html.

[338] McCulloch W S,Pitts W. A logical calculus of the ideas immanent in nervous activity[J]. Bulletin of Mathematical Biophysics,1943,5: 115-133.

[339] Mesran M,Syahrizal M,Suginam S, et al. Expert system for disease risk based on lifestyle with fuzzy mamdani[J]. Int. J. Eng. Technology,2018,7(2.3): 88-91.

[340] Meysam Rahmani Katigari, Haleh Ayatollahi, Mojtaba Malek et al. Fuzzy expert system for diagnosing diabetic neuropathy[J]. World Journal of Diabetes,2017,2: 80-88.

[341] Meystel A M,Albus J S. Intelligent systems: Architecture,design and control[M]. New York: John Wiley & Sons,2002.

[342] Micha K,Mastorakis S,Oran D,et al. Compute first networking: distributed computing meets ICN [C]//6th ACM Conference on Information Centric Networking (ICN '19). ACM,2019.

[343] Michalewics Z. Genetic algorithms + data structure = evolution programs[M]. Berlin: Springer-Verlag,1994.

[344] Mihelj M,Bajd T,Ude A,et al. Trajectory planning[J]. Robotics,2019: 123-132.

[345] Miikkulainen R,Liang J,Meyerson E,et al. Evolving deep neural networks[Z/OL]. arXiv preprint arXiv: 1703. 00548,2017.

[346] Mikolov T,Chen K,Corrado G,et al. Effcient estimation of word representations in vector space[Z/OL]. arXiv preprint arXiv: 1301. 3781,2013.

[347] Mikolov T,Kara'at M, Burget L, et al. Recurrent neural network based language model[J]. Interspeech,2010,2: 3.

[348] Mikolov T,Sutskever I,Chen K,et al. Distributed representations of words and phrases and their compositionality[J]. Advances in neural information processing systems,2013: 3111-3119.

[349] Miller H,Han J. Geographic data mining and knowledge discovery[M]. London,UK: Taylor and Francis,2000.

[350] Miller T. Explanation in artificial intelligence: Insights from the social sciences[Z/OL]. ArXiv e-prints,2017.

[351] Minaee S,Boykov Y,Porikli F,et al. Image segmentation using deep learning: A survey[J]. IEEE transactions on pattern analysis and machine intelligence,2021,44(7): 3523-3542.

[352] Mingers J. An empirical comparison of selection measures for decision tree induction[J]. Machine Learning,1989,3(3): 319-342.

[353] Mirmozaffari M. Developing an expert system for diagnosing liver diseases[J]. EJERS,2019,4(3): 1-5.

[354] Mitchell T M. Machine Learning[M]. New York: McGraw-Hill,1997.

[355] Nemati M,Ansary J,Nemati N. COVID-19 machine learning based survival analysis and discharge time likelihood prediction using clinical data[J]. SSRN Electronic Journal,2020.

[356] Mohammed A,Kora R. Deep learning approaches for Arabic sentiment analysis[J]. Social Network Analysis and Mining,2019,9(1).

[357] Mohri M, Rostamizadeh A, Talwalkar A. Foundations of machine learning [M]. MIT Press: Cambridge,MA,USA,2012.

[358] Mor B,Garhwal S,Kumar A. A systematic review of hidden Markov models and their applications [J]. Archives of Computational Methods in Engineering,2021,28: 1429-1448.

[359] Morell R, et al. Minds, brains, and computers: Perspectives in cognitive science and artificial intelligence[M]. Ablex Publishing Corporation, 1992.

[360] Mosleh A, Bier V M. Systems and humans [J]. IEEE Transactions on Systems, Man, and Cybernetics Part A, 1996, 26(3): 303-310.

[361] Mouradian C, Naboulsi D, Yangui S, et al. A comprehensive survey on fog computing: state-of-the-art and research challenges[J]. IEEE Communications Surveys & Tutorials, 2018, 30(1): 416-464.

[362] Murthy S K. Automatic construction of decision trees from data: A multi-disciplinary survey[J]. Data Mining and Knowledge Discovery, 1998, (2): 345-389.

[363] MXNet[Z/OL]. https://mxnet.incubator.apache.org/versions/1.9.1/.

[364] Kalyankar N V. Effect of training set size in decision tree construction by using GATree and J48 algorithm[C]//Proceedings of the World Congress on Engineering. 2018.

[365] Nand R, Chandra R. Artificial life and computational intelligence [C]//Second Australasian Conference, ACALCI 2016. 2016: 285-297.

[366] Nanzaka R, Kitamura T, Adachi Y, et al. Spectrum enhancement of singing voice using deep learning [J]. IEEE International Symposium on Multimedia-ISM, 2018: 167-170.

[367] Nau D, Ghallab M, Traverso P. Automated planning and acting [M]. Cambridge University Press, 2016.

[368] Siddique N. Intelligent control: A hybrid approach based on fuzzy logic, neural networks and genetic algorithms[M]. Springer, 2014.

[369] Kato N, Md Z. Fadlullah, Mao B, et al. Network traffic control: Proposal, challenges, and future perspective[J]. IEEE Wireless Communications, 2017: 146-153.

[370] Ng A, Kian K, Younes B. Convolutional neural networks, Deep learning. 2018.

[371] Nilsson N J. Artificial intelligence: A new synthesis[M]. Morgan Kaufmann, 1998.

[372] Nilsson N J. Principle of artificial intelligence[M]. Tioga Publishing Co, 1980.

[373] Nilsson N J. Problem solving methods in artificial intelligence[M]. New York: McGraw Hill Book Company, 1971.

[374] Nouiri M, Bekrar A, Jemai A, et al. An effective and distributed particle swarm optimization algorithm for flexible job-shop scheduling problem[J]. Journal of Intelligent Manufacturing, 2015, 29(3).

[375] Nurminen N. Could artificial intelligence lead to world peace? [Z/OL]/ (2017-05-30).

[376] Olaru C, Wehenkel L. A complete fuzzy decision tree technique[J]. Fuzzy Sets and Systems, 2003, 138(2): 221-254.

[377] OpenNN[Z/OL]. https://github.com/Artelnics/opennn.

[378] Orozco-Rosas U, Montiel O, Sepúlveda R. Mobile robot path planning using membrane evolutionary artificial potential field[J]. Applied Soft Computing, 2019, 77: 236-251.

[379] Pan Z, Liu S, Fu W. A review of visual moving target tracking [J]. Multimedia Tools and Applications, 2017, 76: 16989-17018.

[380] Papineni K, Roukos S, Ward T, et al. BLEU: a method for automatic evaluation of machine translation[C]//ACL. 2002.

[381] Parsaye K, Chignell M. Expert systems for experts[M]. John Wiley & Sons, Inc., 1988.

[382] Pelusi D, Mascella R, Tallini L, et al. Neural network and fuzzy system for the tuning of gravitational search algorithm parameters[J]. Expert Systems Applications, 2018.

[383] Potyka N, Thimm M. Probabilistic reasoning with inconsistent beliefs using inconsistency measures [C]//Proc. IJCAI'15, 2015: 3156-3163.

[384] Prabha MIO，Srikanth G U. Survey of sentiment analysis using deep learning techniques[C]// International Conference on Innovation in Information Communication and Technology (ICIICT, 2019). 2019：25-26.

[385] Prasetyo E，Suciati N，Fatichah C. Multi-level residual network VGGNet for fish species classification[J]. Journal of King Saud University-Computer and Information Sciences,2022,34(8)：5286-5295.

[386] Singh P. Indian summer monsoon rainfall (ISMR) forecasting using time series data：A fuzzy-entropy-neuro based expert system[J]. Geoscience Frontiers,2018,4：1243-1257.

[387] PyTorch[Z/OL]. https://pytorch. org/.

[388] Qiu M，Ming Z，Li J，et al. Phase-change memory optimization for green cloud with genetic algorithm[J]. IEEE Trans. Computer. ,2015,64(12)：3528-3540.

[389] Quinlan J R. Induction on decision tree[J]. Machine Learning,1986,1(1)：81-106.

[390] Radford A，Metz L，Chintala S. Unsupervised representation learning with deep convolutional generative adversarial networks[Z/OL]. arXiv preprint arXiv：1511. 06434.

[391] Raedt L D，Kersting K，Natarajan S，et al. Statistical relational artificial intelligence：Logic, probability, and computation [J]. Synthesis Lectures on Artificial Intelligence and Machine Learning,2016,10(2)：1-189.

[392] Razandi Y，Pourghasemi H R，Samani N N，et al. Application of analytical hierarchy process, frequency ratio,and certainty factor models for groundwater potential mapping using GIS[J]. Earth Sci. Inform. ,2015.

[393] Rebecca F，Ardeshir F，Li M X. The Development of an expert system for effective countermeasure identification at rural unsignalized intersections[J]. International Journal of Information Science and Intelligent System,2014,3(1)：23-40.

[394] Reed R. Pruning algorithms：A survey[J]. IEEE Transactions on Neural Networks,1993 (4)：740-747.

[395] Ren J K，Yu G D，He Y H，et al. Collaborative cloud and edge computing for latency minimization [J]. IEEE Transactions on Vehicular Technology,2019,68(5)：5031-5044.

[396] Ren S，He K，Girshick R，et al. Faster R-CNN：Towards real-time object detection with region proposal networks[J]. Advances in neural information processing systems,2015,28.

[397] Rich E. Artificial intelligence[M]. New York：McGraw Hill Book Company,1983.

[398] Richter C，Bry A，Roy N. Polynomial trajectory planning for Quadrotor flight[C]//Workshop on Resource-Efficient Integration of Perception,Control and Navigation for Micro Aerial Vehicles. 2013.

[399] Riesenhuber M，Poggio T. Hierarchical models of object recognition in cortex[J]. Nature neuroscience, 1999(11)：1019-1025.

[400] Rizzo L，Longo L. Inferential models of mental workload with defeasible argumentation and non-monotonic fuzzy reasoning：a comparative study[C]//Proceedings of the 2nd Workshop on Advances in Argumentation in Artificial Intelligence co-located with XVII International Conference of the Italian Association for Artificial Intelligence (AI * IA 2018). 2018：11-26.

[401] Rodriguez J J，Maudes J. Boosting recombined weak classifiers[J]. Pattern Recognition Letters, 2008,29(8)：1049-1059.

[402] Rouhiainen L. Artificial intelligence：101 things you must know today about our future[M]. San Bernardino,CA,USA,2019.

[403] RouhianenL. The future of higher education：How emerging technologies will change education forever [Z/OL]. (2016-10-10). https://www. amazon. com/future-higher-education-emerging-

technologies/dp/1539450139.

[404] Roumelhart D E,McClelland J L. Parallel distributed processing：Explorations in the microstructures of cognition[M]. Cambridge,MA：MIT Press,1986.

[405] Rumelhart D E,Hinton G E,Williams R J. Learning representations by back-propagating errors[J]. Nature,323(6088)：533.

[406] Russell S J, Norvig P. Artificial intelligence：A modern approach［M］. Pearson Education Limited,2016.

[407] Russell S,Norvig P. Artificial intelligence：A modern approach［M］. New Jersey：Prentice-Hall,1995.

[408] Saad W,Bennis M,Chen M Z. A vision of 6G wireless systems：applications,trends,technologies, and open research problems[J]. IEEE Network,2020,34(3)：134-142.

[409] Sacerdoti E D. Planning in a hierarchy of abstraction spaces[J]. Artificial Intelligence,1974,5：115-135.

[410] Salah K,Rehman M H Ur,Nizamuddin N,et al. Blockchain for AI：Review and open research challenges[J]. IEEE Access,2019,7：10127- 10149.

[411] Samy A N,Aeman M A. Variable floor for swimming pool using an expert system[J]. International Journal of Modern Engineering Research,2013,3(6)：3751-3755.

[412] Sanchez V D. Advanced support vector machines and kernel methods[J]. Neurocomputing,2003, 55(1-2)：5-20.

[413] Santhanam T,Padmavathi M S. Application of K-means and genetic algorithms for dimension reduction by integrating SVM for diabetes diagnosis[J]. Procedia Comput. Sci. ,2015,47：76-83.

[414] Saood A,Hatem I. COVID-19 lung CT image segmentation using deep learning methods：U-Net versus SegNet[J]. BMC Medical Imaging,2021,21(1)：1-10.

[415] Saridis G N,Valavanis K P. Analytical design of intelligent machine[J]. Automatica,1988,24：123.

[416] Saridis G N. On the revised theory of intelligent machines[J]. CIRSSI Report ,1990.

[417] Satyanarayanan M,Bahl P,Caceres R,et al. The case for vm-based cloudlets in mobile computing [J]. IEEE Pervasive Computing,2009,8(4)：14-23.

[418] Saurí J,Millán D,Suñé-Negre J M,et al. The use of the SeDeM diagram expert system for the formulation of Captopril SR matrix tablets by direct compression［J］. International Journal of Ppharmaceutics,2013,11：38-45.

[419] Schalkoff R J. Intelligent Systems：Principles,paradigms and pragmatics［M］. Jones and Bartlett Publishers,2011.

[420] Schwefel H-P,Wegener I,Weinert K. Advances in computational intelligence：Theory and practice ［M］. Springer-Verlag,2003.

[421] Serrano W. Deep reinforcement learning algorithms in intelligent infrastructure[J]. Infrastructures 2019,4,52.

[422] Shafer G. A mathematical theory of evidence turns 40[J]. Int. J. Approx. Reasoning,2016,79：7-25.

[423] Ren Sh-Q,He K M,Girshick R,et al. Faster R-CNN：Towards real-time object detection with region proposal networks［J］. IEEE Transactions on Pattern Analysis &. Machine Intelligence, 39(6)：1137-1149.

[424] Shen H Q,Hashimoto H,Matsuda A,et al. Automatic collision avoidance of multiple ships based on deep Q-learning [J]. Appl. Ocean Res. ,2019,86,268-288.

[425] Shen H Q,Chen G,Li T-Sh,et al. Intelligent collision avoidance navigation method for unmanned ships considering sailing experience rules［J］. Journal of Harbin Engineering University, 2018,

39(6)：998-1005.

[426] Shi Z. Principles of machine learning[M]. Beijing：International Academic Publishers,1992.

[427] Zhang Sh-L,Liu C,Jiang H,et al. Feedforward sequential memory networks：A new structure to learn long-term dependency[Z/OL]. arXiv：1512.08301v2,2015.

[428] Shlezinger N,Farsad N,Eldar Y C,et al. ViterbiNet：A deep learning based Viterbi algorithm for symbol detection[J]. IEEE Transactions on Wireless Communications,2020,19(5)：3319-3331.

[429] Shortliffe E E. Computer based medical consultations：MYCIN[M]. New York：American Elsevier, 1976.

[430] Sifalakis M,Kohler B,Scherb C,et al. An information centric network for computing the distribution of computa-tions [C]//Proceedings of the 1st International Conference on Information-Centric networking. 2014：137-146.

[431] Simard P Y,Steinkraus D,Platt J C. Best practices for convolutional neural networks applied to visual document analysis[J]. Null,2003：958.

[432] Simonyan K,Zisserman A. Very deep convolutional networks for large-scale image recognition [Z/OL]. arXiv preprint arXiv：1409.1556,2014.

[433] Situ M Q,Liu Z F. Artificial intelligence and ethics,Chinese Information Technology Education, 2017(17)：55.

[434] Socher R,Lin C,Manning C C,et al. Parsing natural scenes and natural language with recursive neural networks[C]//Proceedings of the 28th international conference on machine learning (ICML-11). 2011：129-136.

[435] Socher R,Perelygin A,Wu J. Y,et al. Recursive deep models for semantic compositionality over a sentiment treebank[C]//Proceedings of the Conference on Empirical Methods in Natural Language Processing (EMNLP). 2013：1642.

[436] Sohu. Analysis of the development status of the artificial intelligence industry,technological breakthroughs and application demonstrations are accelerating[Z/OL]. (2018-07-18).

[437] Sohu. Artificial intelligence health：What is the development of the artificial intelligence industry? [Z/OL]. (2018-07-19). http://www. sohu. com/a/242209867_297710.

[438] Sohu. Prospective economist. Analysis of the development status of the global artificial intelligence industry in 2018[Z/OL]. (2018-07-21).

[439] Song Y. Research on path planning of inspection robot based on HPSO and reinforcement learning [D]. Guangdong University,2019.

[440] Srinivas M,Patnaik L M. Genetic algorithms：A survey[J]. IEEE Computer,1994：17-26.

[441] Steels L,Brooks R. The artificial life route to artificial intelligence [M]. Routledge：United Kingdom,2018.

[442] Steen A,Wisniewski M,Benzmuller C. Tutorial on reasoning in expressive non-classical logics with Isabelle/HOL[M]//Series in Computing,2016,41：1-10.

[443] Sun J,Lang J,Fujita H,et al. Imbalanced enterprise credit evaluation with DTE-SBD：Decision tree ensemble based on SMOTE and bagging with differentiated sampling rates [J]. Information Sciences,2018,425：76-91.

[444] Sun Y,Wang X,Tang X. Deep learning face representation from predicting 10000 classes[C]//IEEE Conference on Computer Vision and Pattern Recognition. 2014：1891-1898.

[445] Sutskever I,Tieleman T. On the convergence properties of contrastive divergence[C]//International Conference on Artificial Intelligence and Statistics. 2010：789-795.

[446] Sutton R,Barto A. Reinforcement learning：An introduction [M]. Cambridge,MA,MIT

Press,1998.

[447]　Szegedy C,Ioffe S,Vanhoucke V,et al. Inception-v4,inception-resnet and the impact of residual connections on learning[C]//Proceedings of the AAAI Conference on Artificial Intelligence. 2017, 31(1).

[448]　Szegedy C,Liu W,Jia Y,et al. Going deeper with convolutions[C]//Proceedings of the IEEE conference on computer vision and pattern recognition. 2015: 1-9.

[449]　Szegedy C,Vanhoucke V,Ioffe S,et al. Rethinking the inception architecture for computer vision [C]//Proceedings of the IEEE conference on computer vision and pattern recognition. 2016: 2818-2826.

[450]　Szeliski R. Computer vision: Algorithms and applications[M]. Springer-Verlag,2011.

[451]　Taleb T,Samdanis K,Mada B,et al. On multi-access edge computing: a survey of the emerging 5G network edge cloud architecture and orchestration[J]. IEEE Communications Surveys &. Tutorials, 2017,19(3): 16571681.

[452]　Tan D,Liu L. Particle swarm optimization algorithm: An overview[J]. Soft Comput. ,2018,22: 387-408.

[453]　Tang X,Cao C,Wang Y,et al. Computing power network: The architecture of convergence of computing and networking towards 6G requirement [J]. China Communications,2021,18: 175-185.

[454]　Tangwongsan S,Fu K S. Application of learning to robotic planning[J]. International Journal of Computer and Information Science,1979,8(4): 303-333.

[455]　Tenorth M,Beetz M. Representations for robot knowledge in the KnowRob framework[J]. Artificial Intelligence,2017,247: 151-169.

[456]　TensorFlow[Z/OL]. https://tensorflow. google. cn/.

[457]　Tharwat A,Elhoseny M,Hassanien A E,et al. Intelligent Bézier curve-based path planning model using chaotic particle swarm optimization algorithm[J]. Cluster Comput. ,2018: 1-22.

[458]　Theano[Z/OL]. https://pypi. org/project/Theano/.

[459]　Tian L X,Yang M,Wang S. An overview of compute first network [EB/OL]. [2021-12-03]. https://www. researchgate. net/publication/347506862 _ An _ overview _ of _ compute _ first _ networking.

[460]　Toman M,Meltzner G S,Patel R. Data requirements,selection and augmentation for DNN-based speech synthesis from crowd sourced data[C]//19th Annual Conference of the International Speech Communication Association. Hyderabad,INDIA,2018.

[461]　Torch[Z/OL].

[462]　Traub J F,Werschulz A G. Complexity and information[M]. Cambridge: Cambridge University Press,1998.

[463]　Tripathi K P. A review on knowledge-based expert system: Concept and architecture[C]//IJCA Special Issue on"Artificial Intelligence Techniques - Novel Approaches &. Practical Applications". 2011: 19-23.

[464]　Tsai J-T,Chou J-H,Liu T-K. Tuning the structure and parameters of a neural network by using hybrid taguchi-genetic algorithm[J]. IEEE Transactions on Neural Networks,2006,17 (1): 69-80.

[465]　Turchenko V,Chalmers E, Luczak A. A deep convolutional auto-encoder with pooling-unpooling layers in Caffe[Z/OL]. arXiv preprint arXiv: 1701. 04949.

[466]　Turing A A. Computing machinery and intelligence[J]. Mind,1950,59: 433-460.

[467]　Valdes-Perez P. Principles of human-computer collaboration for knowledge discovery in science[J]. Artificial Intelligence,1999,107: 335-346.

[468] Vanden B F, Engelbrecht A P. Using cooperative particle swam optimization to train product unit neural networks[C]//Proc. IEEE Int. Joint Conf. on Neural Networks, Washington DC. 2001.

[469] Vanden B F. Particle swarm weight initialization in multi-layer perceptron ANN[C]//Proc. Int. Conf on AI. 1999: 41-45.

[470] Vapnik V N, et al. Theory of support vector machines[R]. Univ. of London, 1996.

[471] Vassev E, Hinchey M. Toward Artificial Intelligence through Knowledge Representation for Awareness, Software Technology: 10 Years of Innovation in IEEE Computer[M]. John Wiley & Sons, 2018.

[472] Vaswani A, Bengio S, Brevdo E, et al. Tensor2 to tensor for neural machine translation[Z/OL]. CoRR, abs/1803. 07416, 2018.

[473] Vecchiotti P, Principi E, Squartini S, et al. Deep neural networks for joint voice activity detection and speaker localization[C]//Proceedings of European Signal Processing Conference (EUSIPCO). 2018: 1567-1571.

[474] Verghese A, Shah N H, Harrington R A. What this computer needs is a physician: humanism and artificial intelligence[J]. JAMA. 2018, 319(1): 19-20.

[475] Moret-Bonillo V. Can artificial intelligence benefit from quantum computing [J]. Progress in Artificial Intelligence, 2015, 3: 89-105.

[476] Viroli C, McLachlan G J. Deep Gaussian mixture models[J]. Statistics and Computing, 2019, 29: 43-51.

[477] Vrebcevic, N, Mijic I, Petrinovic D. Emotion classification based on convolutional neural network using speech data[C]//Proceedings of 2019 42nd International Convention on Information and Communication Technology, Electronics and Microelectronics (MIPRO). 2019: 1007-1012.

[478] Wagner G, Choset H. Subdimensional expansion for multirobot path planning[J]. Artificial Intelligence, 2015, 219: 1-24.

[479] Waibel A. Phoneme recognition using time-delay neural networks[C]//Meeting of the Institute of Electrical, Information and Communication Engineers (IEICE). 1987.

[480] Waibel A, Hanazawa T, Hinton G, et al. Phoneme recognition using time-delay neural networks[J]. IEEE Transactions on Acoustics, Speech, and Signal Processing, 1989, 37(3): 328-339.

[481] Walker T C, Miller R K. Expert systems handbook, An assessment of technology applications[M]. The Fairmont Press Inc, 1990.

[482] Wang A, Singh A, Michael J, et al. Glue: A multi-task benchmark and analysis platform for natural language understanding[Z/OL]. arXiv preprint arXiv: 1804. 07461, 2018.

[483] Wang B, Dong K, Nurul Akhira Binte Zakaria, et al. Network-on-chip-centric accelerator architectures for edge AI computing[C]//The 19th International SoC Design Conference (ISOCC). 2022: 243-244.

[484] Wang C, Venkatesh S. Optimal stopping and effective machine complexity in learning[C]//NIPS6. 1994: 263-270.

[485] Wang L-F, Tan K C, Chew C M. Evolutionary robotics from algorithms to implementations[M]. Singapore: World Scientific, 2006.

[486] Wang M H, et al. A web service agent-based decision support system for securities exception management[J]. Expert Systems with Applications, 2004, 27: 439-450.

[487] Wang N. Study on the management system of English teaching expert database based on computer technology[C]//Proceedings of 2018 5th International Conference on Education, Management, Arts, Economics and Social Science. 2018.

[488] Wang Y, Cai Z X, Guo G Q, et al. Multiobjective optimization and hybrid evolutionary algorithm to

solve constrained optimization problems[J]. IEEE Transactions on Systems, Man and Cybernetics, Part B: Cybernetics, 2007, 37(3): 560-575.

[489] Wang Y, Cai Z X, Zhou Y R, et al. An adaptive trade-off model for constrained evolutionary optimization[J]. IEEE Transactions on Evolutionary Computation, 2008, 12(1): 80-92.

[490] Wang Y, Liu Hi, Cai Z X, et al. An orthogonal design based constrained optimization evolutionary algorithm[J]. Engineering Optimization, 2007, 39(6): 715-736.

[491] Wang W B, Liu H G, Yang J H, et al. Speech enhancement based on noise classification and deep neural network[J]. Modern Physics Letters B, 2019, 33(17).

[492] Wei G, Li G, Zhao J, et al. Development of a LeNet-5 gas identification CNN structure for electronic noses[J]. Sensors, 2019, 19(1): 217.

[493] Weiss S M, Kulikowski C A. A practical guide to designing expert systems[M]. Rowmand and Allenkeld Publishers, 1984.

[494] Wen Z Q, Li K H, Huang Z. Learning auxiliary categorical information for speech synthesis based on deep and recurrent neural networks[C]//Proceedings of 10th International Symposium on Chinese Spoken Language Processing (ISCSLP). 2016: 17-20.

[495] Werbos P J. Neurocontrol and related techniques [M]//Handbook of Neural Computing Applications. New York: Academic Press, 1990.

[496] Weston J, Bengio S, Usunier N. Wsabie: Scaling up to large vocabulary image annotation[C]// IJCAI. 2011: 2764-2770.

[497] Wiener N. Cybernetics, or control and communication in the animal and the machine [M]. Cambridge, MA: MIT Press, 1948.

[498] Wikipedia. Knowledge graph [EB/OL]. [2016-05-09].

[499] William M. Evolutionary algorithms[M]. Springer-Verlag Heidelberg, 2000.

[500] Winston P H. Artificial intelligence[M]. 3nd Edition. Addison Wesley, 1992.

[501] Woods W A. Transition network grammars for natural language analysis[J]. Communication of the ACM, 1970, 13(10): 591-606.

[502] Wu B, Li K H, Ge F P. An end-to-end deep learning approach to simultaneous speech dereverberation and acoustic modeling for robust speech recognition[J]. IEEE Journal of Selected Topics in Signal Processing, 2017, 11(8): 1289-1300.

[503] Wu D. Research and application of agent's obstacle avoidance and path planning based on deep reinforcement learning[D]. Chengdu: University of Electronic Science and Technology, 2019.

[504] Stephen W, Kirk R, Surabhi D, et al. Deep learning in clinical natural language processing: a methodical review[J]. Journal of the American Medical Informatics Association, 2019.

[505] Xiao X M, Cai Z X. Quantification of uncertainty and training of fuzzy logic systems[C]//IEEE Int. Conference on Intelligent Processing Systems, 1997: 321-326.

[506] Wang X F, RenX X, Qiu Ch, et al. Net-in-AI: A computing-power networking framework with adaptability, flexibility, and profitability for ubiquitous AI[J]. IEEE Network, 35(1): 280-288.

[507] Ren X X, Qiu Ch, Wang X F, et al. AI-Bazaar: A cloud-edge computing power trading framework for ubiquitous AI services[J]. IEEE Transactions on Cloud Computing. Citation information: DOI 10. 1109/TCC. 2022. 3201544.

[508] Xie R C, Li Z S, Wu J, et al. Energy-efficient joint caching and transcoding for HTTP adaptive streaming in 5G networks with mobile edge computing[J]. China Communications, 2019, 16(7): 229-244.

[509] Xie R, Tang Q, Qiao S, et al. When serverless computing meets edge computing: architecture,

challenges,and open issues[J]. IEEE Wireless Communications,2021,28(5): 126-133.

[510]　Xie R B,Liu Zh-Y,Jia J,et al. Representation learning of knowledge graphs with entity descriptions [C]//The 30th AAAI Conference on Artificial Intelligence (AAAI2016). 2016: 2659-2665.

[511]　Xinhua Net. Li Yanhong: Hope to build the world's largest artificial intelligence development platform [Z/OL]. (2015-03-11). http://news. xinhuanet. com/politics/2015lh/2015-03/11/c _ 134057584. htm.

[512]　Xiong W,Droppo J,Huang X,et al. Achieving human parity in conversational speech recognition[Z/OL]. arXiv (https://arxiv. org/abs/1610. 05256v2),2016.

[513]　Xiong W,Wu L F,Alleva F,et al. The Microsoft 2017 conversational speech recognition system [C]//2018 IEEE International Conference on Acoustics,Speech and Signal Processing (ICASSP). 2018: 5934-5938.

[514]　Xu H,Deng Y. Dependent evidence combination based on shearman coefficient and pearson coefficient[J]. IEEE Access,2018.

[515]　Xu R,Wunsch D. Survey of clustering algorithms[J]. IEEE Transactions on Neural Networks,2005,16(3): 645-678.

[516]　Yang X F,Gao J, Ni Y D. Resolution principle in uncertain random environment [J]. IEEE Transactions on Fuzzy Systems,2018,26(3): 1578-1588.

[517]　Yang Y. Multi-tier computing networks for intelligent IoT [J]. Nature Electronics,2019(2): 4-5.

[518]　LeCun Y,Bengio Y,Hinton G. Deep learning[J]. Nature,2015,521: 436-444.

[519]　Yeo B,Grant D. Predicting service industry performance using decision tree analysis [J]. International Journal of Information Management,2018,38(1): 288-300.

[520]　Kitamura Y,Ikeda M,Mizoguchi R. A model-based expert system based on a domain ontology [M]//Expert Systems. San Diego: Academic Press,2002.

[521]　Yoshioka T,Chen Z,Dimitriadis D,et al. Meeting transcription using virtual microphone arrays[Z/OL]. arXiv preprint arXiv: 1905. 02545,2019.

[522]　Young T,Hazarika D, Poria S, et al. Recent trends in deep learning based natural language processing[Z/OL]. arXiv: 1708. 02709v8.

[523]　Yu F R. From information networking to intelligence networking: motivations,scenarios, and challenges[J]. IEEE Network,2021,35(6): 209-216.

[524]　Yu L L,Shao X Y, Long Z Wi, et al. Model migration trajectory planning method for deep reinforcement learning of intelligent vehicle [J]. Control Theory and Applications,2019,36 (9): 1409-1422.

[525]　Yuan H,Ji S. Structpool: Structured graph pooling via conditional random fields[C]//Proceedings of the 8th International Conference on Learning Representations. 2020.

[526]　Yuan X,Elhoseny M,Minir H,et al. A genetic algorithm-based,dynamic clustering method towards improved WSN longevity[J]. Journal of Network and Systems Management,2017,25(1): 21-46.

[527]　Yuesheng F,Jian S,Fuxiang X,et al. Circular fruit and vegetable classification based on optimized GoogLeNet[J]. IEEE Access,2021,9: 113599-113611.

[528]　Zadeh L A. A new direction in AI: toward a computational theory of perceptions[J]. AI Magazine,2001: 73-84.

[529]　Zadeh L A. Fuzzy sets[J]. Information and Control,1965,8: 338-353.

[530]　Zadeh L A. Making computers think like people[J]. IEEE Spectrum,1984.

[531]　Zen H,Senior A,Schuster M. Statistical parametric speech synthesis using deep neural networks [C]//IC-ASSP. British Columbia: IEEE,2013: 7962-7966.

[532] Zhang F, Shi B, Jiang W B. Review of key technology and itsapplication of blockchain[J]. Chinese Journal of Network and Information Security, 2018, 4(4): 22-29.

[533] Zhang J, Xia Y Q, Shen G H. A novel learning-based global path planning algorithm for planetary rovers[J]. Neurocomputing, 2019, 361: 69-76.

[534] Zhang R B, Tang P, Su Y, et al. An adaptive obstacle avoidance algorithm for unmanned surface vehicle in complicated marine environments [J]. IEEE CAA J. Autom. Sin. , 2014, 1: 385-396.

[535] Zhang X, Zhou X, Lin M, et al. An extremely efficient convolutional neural network for mobile devices[Z/OL]. arXiv: 1707.01083, 2017.

[536] Zhang Y, Sreedharan S, Kulkarni A, et al. Plan explicability and predictability for robot task planning[Z/OL]. arXiv: 1511.08158.

[537] Zhang W. Shift-invariant pattern recognition neural network and its optical architecture [C]// Proceedings of annual conference of the Japan Society of Applied Physics. 1988.

[538] Zhao H, Shi J, Qi X, et al. Pyramid scene parsing network[C]//Proceedings of the IEEE conference on computer vision and pattern recognition. 2017: 2881-2890.

[539] Zhou Y, Zhao H M, Chen J, et al. Research on speech separation technology based on deep learning [J]. Cluster Computing-the Journal of Networks Software Tools and Applications. 2019, 22(S4): S8887-S8897.

[540] Zhu X, Cheng Z, Wang S, et al. Coronary angiography image segmentation based on PSPNet[J]. Computer Methods and Programs in Biomedicine, 2021, 200: 105897.

[541] Zhu M, Wang X, Wang Y. Human-like autonomous car-following model with deep reinforcement learning[J]. Transp. Res. Part C Emerg. Technol. , 2018, 97: 348-368.

[542] Zimmermann H J. Fuzzy set theory and its applications [M]. Boston, MA: Kluwer Academic Publishers, 1991.

[543] Khozani Z S, BonakdariH, Ebtehaj I. An expert system for predicting shear stress distribution in circular open channels using gene expression programming[J]. Water Science and Engineering, 2018, 2: 167-176.

[544] Zou X B, Cai Z X, Sun G R. Non-smooth environment modeling and global path planning for mobile robots[J]. Journal of Central South University of Technology, 2003, 10(3): 248-254.

[545] Zou X B, Cai Z X. Evolutionary path-planning method for mobile robot based on approximate voronoi boundary network[C]//Proceedings of The 2002 International Conference on Control and Automation. 2002: 135-136.

[546] Zurada J M, Marks II R J, Robinson C J. Computational intelligence imitating life[M]. New York: IEEE Press, 1994.

[547] 安峰, 谢强, 丁秋林. 基于Ontology的专家系统研究[J]. 计算机工程, 2010, 36(13): 167-169.

[548] 安秋顺, 马竹梧. 专家系统开发工具发展现状及动向[J]. 冶金自动化, 1995, 19(2): 8-11.

[549] 敖志刚. 人工智能及专家系统[M]. 北京: 机械工业出版社, 2010.

[550] 白润, 郭启雯. 专家系统在材料领域中的研究现状与展望[J]. 宇航材料工艺, 2004, (4): 16-20.

[551] 半导体行业观察. AI芯片的新风向[EB/OL]. [2021-07-13]. https://www.jiqizhixin.com/articles/2020-07-14-6.

[552] 包晓安, 徐海, 张娜, 等. 基于深度学习的语音识别模型及其在智能家居中的应用[J]. 浙江理工大学学报, 2019, 41(2): 217-223.

[553] 北京未来芯片技术高精尖创新中心. 人工智能芯片技术白皮书 [R/OL]. [2021-07-13]. http://www.icfc.tsinghua.edu.cn.

[554] 贾可荣, 张彦铎. 人工智能[M]. 北京: 清华大学出版社, 2006.

[555] 本刊编辑部.人工智能,天使还是魔鬼?——谭铁牛院士谈人工智能的发展与展望[J].中国信息安全,2015,9:50-53.

[556] 毕璐,刘斌,张鹏海.运动员训练专家系统知识库的设计与实现[J].计算机与数字工程,2019,2:314-319.

[557] 卞玉涛,李志华.基于专家系统的故障诊断方法的研究与改进[J].电子设计工程,2013,21(16):83-87.

[558] 百度百科.https://baike.baidu.com/item/%E8%AF%AD%E9%9F%B3%E8%AF%86%E5%88%AB%E6%8A%80%E6%9C%AF/5732447?fr=aladdin.

[559] 卜祥津.基于深度强化学习的未知环境下机器人路径规划的研究[D].哈尔滨:哈尔滨工业大学,2018.

[560] 蔡竞峰,Durkin J,蔡清波.数据挖掘的机遇、应用和发展战略[J].计算机科学,2002,25(9.S):225-228.

[561] 蔡秀军,林辉,乔凯,等.智能辅助决策支持系统在临床诊疗决策中的应用研究[J].中国数字医学,2019,14(3):111-113.

[562] 蔡自兴,傅京孙.ROPES:一个新的机器人规划系统[J].模式识别与人工智能,1987,1(1):77-85.

[563] 蔡自兴,龚涛.免疫算法研究的进展[J].控制与决策,2004,19(8):841-84.

[564] 蔡自兴,姜志明.基于专家系统的机器人规划[J].电子学报,1993,21(5):88-90.

[565] 蔡自兴,刘丽珏,蔡竞峰,等.人工智能及其应用[M].6版.北京:清华大学出版社,2020.

[566] 蔡自兴,刘丽珏,蔡竞峰,等.人工智能及其应用[M].5版.北京:清华大学出版社,2016.

[567] 蔡自兴,徐光祐.人工智能及其应用[M].2版.北京:清华大学出版社,1996.

[568] 蔡自兴,徐光祐.人工智能及其应用[M].3版.北京:清华大学出版社,2004.

[569] 蔡自兴,徐光祐.人工智能及其应用[M].4版.北京:清华大学出版社,2010.

[570] 蔡自兴,姚莉.人工智能及其在决策系统中的应用[M].长沙:国防科技大学出版社,2006.

[571] 蔡自兴,郑金华.面向Agent的并行遗传算法[J].湘潭矿业学院学报,2002,17(3):41-44.

[572] 蔡自兴,John Durkin,龚涛.高级专家系统:原理、设计及应用[M].2版.北京:科学出版社,2014.

[573] 蔡自兴,John Durkin,龚涛.高级专家系统:原理、设计及应用[M].北京:科学出版社,2005.

[574] 蔡自兴,蔡昱峰.智慧医疗的临床应用与技术[J].医学信息学杂志,2021,42(10):48-53.

[575] 蔡自兴,傅京孙.专家系统进行机器人规划[C]//全国首届机器人学术讨论会论文集.北京:1987,65-472.

[576] 蔡自兴,贺汉根,陈虹.未知环境中移动机器人导航控制理论与方法[M].北京:科学出版社,2009.

[577] 蔡自兴,贺汉根.智能科学发展若干问题[J].自动化学报,2002,28(S):142-150.

[578] 蔡自兴,李仪,陈虹,等.智能车辆的感知、建图与目标跟踪技术[M].北京:科学出版社,2021.

[579] 蔡自兴,刘娟.进化机器人研究进展[J].控制理论与应用,2002,19(10):493-499.

[580] 蔡自兴,王勇.智能系统原理、算法与应用[M].北京:机械工业出版社,2014.

[581] 蔡自兴,肖晓明,蒙祖强,等.树立精品意识,搞好人工智能课程建设[J].中国大学教学,2004,(1):28-29.

[582] 蔡自兴,谢斌.机器人学[M].3版.北京:清华大学出版社,2015.

[583] 蔡自兴,谢斌.机器人学[M].4版.北京:清华大学出版社,2021.

[584] 蔡自兴,余伶俐,肖晓明.智能控制导论[M].2版.北京:中国水利水电出版社,2013.

[585] 蔡自兴,郑敏捷,邹小兵.基于激光雷达的移动机器人实时避障策略[J].中南大学学报(自然科学版),2006,37(2):324-329.

[586] 蔡自兴,周翔,李枚毅,等.基于功能/行为集成的自主式移动机器人进化控制体系结构[J].机器人,2000,22(3):169-175.

[587] 蔡自兴,邹小兵.移动机器人环境认知理论与技术研究[J].机器人,2004,26(1):87-91.

[588] 蔡自兴,陈爱斌.人工智能辞典[M].北京:化学工业出版社,2008.

[589] 蔡自兴.关于人工智能学派及其在理论、方法上的观点[J].高技术通讯,1995,5(5):55-57.

[590] 蔡自兴.国际模式识别和机器智能的一代宗师——纪念傅京孙诞辰90周年[J].科技导报,2020,38(20):123-133.

[591] 蔡自兴.机器人学[M].2版.北京:清华大学出版社,2009.

[592] 蔡自兴.机器人学.北京:清华大学出版社,2000.

[593] 蔡自兴.机器人学基础[M].3版.北京:机械工业出版社,2021.

[594] 蔡自兴.机器人学基础[M].北京:机械工业出版社,2009.

[595] 蔡自兴.机器人原理及其应用[M].长沙:中南工业大学出版社,1988.

[596] 蔡自兴.静悄悄的变化[J].中国青年报,1987.

[597] 蔡自兴.人工智能产业化的历史、现状与发展趋势[J].冶金自动化,2019,43(2):1-5.

[598] 蔡自兴.人工智能的大势、核心与机遇[J].冶金自动化,2018,42(2):1-5.

[599] 蔡自兴.人工智能的社会问题[J].团结,2017,(6):20-27.

[600] 蔡自兴.人工智能对人类的深远影响[J].高技术通讯,1995,5(6):55-57.

[601] 蔡自兴.人工智能基础[M].2版.北京:高等教育出版社,2010.

[602] 蔡自兴.人工智能控制[M].北京:化学工业出版社,2005.

[603] 蔡自兴.人工智能研究发展展望[J].高技术通讯,1995,5(7):59-61.

[604] 蔡自兴.人工智能在冶金自动化中的应用[J].冶金自动化,2016,34(15):13-22.

[605] 蔡自兴.人工智能助推新基建数字化转型[N].光明日报,2020-04-02(16).

[606] 蔡自兴.我国人工智能课程建设的回顾与前瞻[M]//人工智能:回顾与展望.北京:科学出版社,2006:307-312.

[607] 蔡自兴.一个机器人搬运规划专家系统[J].计算机学报,1988,11(4):242-250.

[608] 蔡自兴.一种用于机器人高层规划的专家系统[J].高技术通讯,1995,5(1):21-24.

[609] 蔡自兴.智能控制[M].北京:电子工业出版社,1990.

[610] 蔡自兴.智能控制导论[M].2版.北京:中国水利水电出版社,2013.

[611] 蔡自兴.智能控制导论[M].3版.北京:中国水利水电出版社,2019.

[612] 蔡自兴.智能控制原理与应用[M].3版.北京:清华大学出版社,2019.

[613] 蔡自兴.智能系统原理、算法与应用[M].北京:机械工业出版社,2015.

[614] 蔡自兴.中国机器人学40年[J].科技导报,2015,33(21):13-22.

[615] 蔡自兴.中国人工智能40年[J].科技导报,2016,34(15):13-22.

[616] 蔡自兴.中国智能控制40年[J].科技导报,2018,36(17):23-39.

[617] 蔡自兴等.智能控制原理与应用[M].2版.北京:清华大学出版社,2014.

[618] 曹畅,唐雄燕.算力网络关键技术及发展挑战分析[J].信息通信技术与政策,2021,47(3):6-11.

[619] 柴天佑.自动化科学与技术发展方向[J].自动化学报,2018,44(11):1923-1930.

[620] 晁丽雯.基于图片的语音合成研究[J].电子制作,2018:32-33.

[621] 陈建华,徐红阳.高炉专家系统:应用现状和发展趋势[J].现代冶金,2012,40(3):6-10.

[622] 陈俊:人工智能是未来发展大势所趋[Z/OL].(2015-07-09)..

[623] 陈丽,曹红格.人工智能技术在影像诊断中的应用及展望[J].现代医用影像学,2020,29(1):19-21.

[624] 陈薇.全球首次"人类染色体影像处理人机大战"亮相[N].湖南日报,2018-04-04.

[625] 陈卫芹,熊莉媚,孟昭光.专家系统的解释机制和它的实现[J].太原工业大学学报,1994,25(3):69-75.

[626] 陈永伟.人工智能时代的算力挑战[N].经济观察报,2023-02-20.

[627] 程伟良.广义专家系统[M].北京:北京理工大学出版社,2005.

[628] 从"互联网＋"走向"人工智能＋",机器人爆发催热资本市场[N].国际金融报,2016-04-05.

[629] 丛瑛瑛,陈丝.人工智能芯片发展态势分析及对策建议[J].信息通信技术与政策,2018(8):65-68.

[630] 崔巍.基于不确定性及模糊推理的智能制造专家系统研究与实现[D].天津:天津大学,2014.

[631] Darwin C. The Origin of Species[M].舒德干等,译.北京:北京大学出版社,2005.

[632] 戴礼荣,张仕良,黄智颖.基于深度学习的语音识别技术现状与展望[J].数据采集与处理,2017,32(2):221-231.

[633] 戴礼荣,张仕良.深度语音信号与信息处理:研究进展与展望[J].数据采集与处理,2014,29(2):171-179.

[634] 戴汝为,王珏.综合各种模型的专家系统设计[C]//知识工程进展1988第二届全国知识工程研讨会论文选集.武汉:中国地质大学出版社,1988.97-105.

[635] 戴汝为,王珏,田捷.智能系统的综合集成[M].杭州:浙江科技出版社,1995.

[636] 戴汝为.人工智能[M].北京:化学工业出版社,2002.

[637] 单锦辉.面向路径的测试数据自动生成方法研究[D].长沙:国防科技大学,2002.

[638] Durkin J,蔡竞峰,蔡自兴.决策树技术及其当前研究方向[J].控制工程,2005,12(1):15-18.

[639] 邓力,俞栋.深度学习方法与应用[M].谢磊,译.北京:机械工业出版社,2016.

[640] 邓悟.基于深度强化学习的智能体避障与路径规划研究与应用[D].成都:电子科技大学,2019.

[641] 狄筝,曹一凡,仇超,等.新型算力网络架构及其应用案例分析电子科技大学[J].计算机应用,2022,42(6):1656-1661.

[642] Dean T,Allen J,Aloimonos Y.人工智能理论与实践[M].顾国昌等,译.北京:电子工业出版社,2004.

[643] 第23届人工智能国际联合大会在京隆重召开.2013-08-22.http://www.ia.cas.cn/xwzx/ttxw/201308/t20130822_3916955.html.

[644] 丁进良,杨翠娥,陈远东,等.复杂工业过程智能优化决策系统的现状与展望[J].自动化学报,2018,44(11):1931-1943.

[645] 丁永生.计算智能——理论、技术与应用[M].北京:科学出版社,2004.

[646] 窦建中,罗深增,金勇,等.基于深度神经网络的电力调度语音识别研究及应用[J].湖北电力,2019,43(3):16-22.

[647] 段隽喆,李华聪.基于故障树的故障诊断专家系统研究[J].科学技术与工程,2009,8(7):1914-1917.

[648] 段韶芬,李福超,郑国清.农业专家系统研究进展及展望[J].农业图书情报学刊,2000(5):15-18.

[649] 段艳杰,吕宜生,张杰,等.深度学习在控制领域的研究现状与展望[J].自动化学报,2016,42(5):643-654.

[650] Dorigo M,Stutzle T.蚁群优化[M].张军等,译.北京:清华大学出版社,2007.

[651] 方利伟,张剑平.基于实时专家系统的智能机器人的设计与实现[J].中国教育信息化,2007:69-70.

[652] 飞桨[Z/OL].https://www.paddlepaddle.org.cn/.

[653] 冯天瑾.智能学简史[M].北京:科学出版社,2007.

[654] 冯志伟.自然语言的计算机处理[M].上海:上海外语教育出版社,1996.

[655] 傅健.卷积深度神经网络在基于文档的自动问答任务中的应用与改进[J].计算机应用与软件,2019,36(8):177-180,219.

[656] 傅京孙,蔡自兴,徐光祐.人工智能及其应用[M].北京:清华大学出版社,1987.

[657] 高济,朱淼良,何钦铭.人工智能基础[M].北京:高等教育出版社,2002.

[658] Ghallab M,Nau D,Traverso P.自动规划:理论和实践[M].姜云飞等,译.北京:清华大学出版社,2008.

[659] Graham N. 人工智能使机器思维[M]. 戎志盛, 高育德, 译. 北京: 机械工业出版社, 1985.

[660] 龚涛, 蔡自兴. 免疫计算的测不准有限计算模型[J]. 中南大学学报(自然科学版), 2005, 36(5): 755-760.

[661] 龚涛, 蔡自兴. 数据挖掘模型的比较研究[J]. 控制工程, 2003, 10(2): 106-109.

[662] 龚涛, 蔡自兴. 自然计算的广义映射模型[J]. 计算机科学, 2002, 29(9): 27-29.

[663] 谷歌宣布升级版 AlphaGo Zero, 人类在围棋上再也毫无胜算[Z/OL]. (2017-10-19). https://www.expreview.com/57499.html.

[664] 顾凡及. 欧盟和美国两大脑研究计划之近况[J]. 科学, 2014, 66(5): 16-21.

[665] 顾沈明, 刘全良. 一种基于 Web 的专家系统的设计与实现[J]. 计算机工程, 2001, 27(11): 100-101, 134.

[666] 关守平. 实时专家系统技术[J]. 计算机工程与科学, 1996, 18(4): 42-45.

[667] 郭和合, 詹鹤凤, 张永高, 等. 人工智能肺炎辅助诊断系统在新型冠状病毒肺炎疑似病例 CT 筛查中的应用价值[J]. 实用医学杂志, 2020, 36(13): 1729-1732.

[668] 郭亮, 吴美希, 王峰, 等. 数据中心算力评估: 现状与机遇[J]. 信息通信技术与政策, 2021, 47(2): 79-86.

[669] 郭淑妮. 蒙古语单元拼接语音合成方法探讨[J]. 科学与信息化, 2019: 131, 133.

[670] 郭潇群, 郝晓宇, 毛红奎, 等. 铸造工艺专家系统的研究现状与发展[J]. 铸造技术, 2017(8): 1793-1795.

[671] 郭中孚, 张兴明, 赵博, 等. 软件定义网络数据平面安全综述[J]. 网络与信息安全学报, 2018, 4(11): 1-12.

[672] 国务院关于印发《新一代人工智能发展规划》的通知[Z/OL]. (2017-07-08).

[673] Haykin S. 神经网络原理[M]. 叶世民, 史忠植, 译. 北京: 机械工业出版社, 2004.

[674] 何华灿. 人工智能导论[M]. 西安: 西北工业大学出版社, 1988.

[675] 何涛, 曹畅, 唐雄燕, 等. 面向 6G 需求的算力网络技术[J]. 移动通信, 2020, 44(6): 131-135.

[676] 何伟, 常赛. 基于专家系统的轨道故障监测系统设计与实现[J]. 计算机时代, 2019(1): 46-47.

[677] 何伟, 常赛. 基于专家系统的智慧农业管理平台的研究[J]. 电脑知识与技术, 2016(31): 52-53.

[678] 侯乐, 徐雷, 贾宝军. 5G 网络切片管理系统及运营商行业实践探讨[J]. 数据与计算发展前沿, 2020, 2(4): 44-54.

[679] 侯一民, 周慧琼, 王政. 深度学习在语音识别中的研究进展综述[J]. 计算机应用研究, 2017, 34(8): 2241-2246.

[680] 胡玉姣, 贾庆民, 孙庆爽, 等. 融智算力网络及其功能架构[J]. 计算机科学, 2022, 49(9): 249-259.

[681] 华蒙. 自底向上——知识图谱构建技术初探[Z/OL]. (2018-07-03). https://yq.aliyun.com/articles/603347? utm_content=m_1000004356.

[682] 华为. 21 城"人工智能算力网络"? [Z/OL]. IT 之家[2021-09-27].

[683] 华为昇思. [Z/OL]. https://www.mindspore.cn/.

[684] 黄朝圣, 姚树新, 陈卫泽. 浅谈专家系统现状与开发[J]. 控制技术, 2013: 71-74.

[685] 黄鼎曦. 基于机器学习的人工智能辅助规划前景展望[J]. 城市发展研究, 2017, 24(5): 50-55.

[686] 黄光平, 罗鉴, 周建锋. 算力网络架构与场景分析[J]. 信息通信技术, 2020, 14(4): 16-22.

[687] 黄明登, 肖晓明, 蔡自兴, 等. 环境特征提取在移动机器人导航中的应用[J]. 控制工程, 2007, 14(3): 332-335.

[688] 黄韬, 霍如, 刘江, 等. 未来网络发展趋势与展望[J]. 中国科学: 信息科学, 2019(8).

[689] 黄韬, 汪硕, 黄玉栋, 等. 确定性网络研究综述[J]. 通信学报, 2019, 40(6): 160-176.

[690] Hawkins J, Blakeslee S. 人工智能的未来[M]. 贺俊杰, 等译. 西安: 陕西科学技术出版社, 2006.

[691] 继燕. 中国人工智能学会成立[J]. 自然辩证法通讯, 1981(6).

[692] 贾庆民,丁瑞,刘辉,等.算力网络研究进展综述[J].网络与信息安全学报,2021,7(5):1-12.

[693] 贾庆民,郭凯,周晓茂,等.新型算力网络架构设计与探讨[J].信息通信技术与政策,2022,48(11):18-23.

[694] 贾仲良.前沿学科的最精彩的成就[N].清华书讯,1988-08-25.

[695] 江璐,赵捧未,李展.基于知识服务的专家系统研究[J].科技情报开发与经济,2011,21(2):113-116.

[696] 姜福兴.采煤工作面顶板控制设计及其专家系统[M].北京:煤炭工业出版社,2010.

[697] 焦李成.神经网络系统理论[M].西安:西安电子科技大学出版社,1990.

[698] Kurzweil R.灵魂机器的时代:当计算机超过人类智能时[M].沈志彦等,译.上海:上海译文出版社,2002.

[699] 浪潮信息,清华大学全球产业研究院,IDC.2021年全球计算力指数评估分析[J].软件和集成电路,2022(4):79-90.

[700] 雷波,刘增义,王旭亮,等.基于云、网、边融合的边缘计算新方案:算力网络[J].电信科学,2019,35(9):44-51.

[701] 雷波,王江龙,赵倩颖,等.基于计算、存储、传送资源融合化的新型网络虚拟化架构[J].电信科学,2020,36(7):42-54.

[702] 雷波,陈运清.边缘计算与算力网络——5G＋AI时代的新型算力平台与网络连接[J].中国信息化,2020,17(12):113-117.

[703] 雷波,刘增义,王旭亮,等.基于云、网、边融合的边缘计算新方案:算力网络[J].电信科学,2019,35(9):44-51.

[704] 雷波,赵倩颖.CPN:一种计算网络资源联合优化方案探讨[J].数据与计算发展前沿,2020,2(4):55-64.

[705] 雷建平.人机大战结束:AlphaGo 4:1击败李世石[Z/OL].(2016-03-15).

[706] 李朝纯,张明友.基于框架的机械零部件失效分析诊断专家系统的研究[J].武汉汽车工业大学学报,1997,19(1):74-77.

[707] 李德毅,杜鹢.不定性人工智能[M].北京:国防工业出版社,2005.

[708] 李峰,庄军,刘侃,等.医学专家决策支持系统的发展与现状综述[J].医学信息,2007,20(4):527-529.

[709] 李钢,李繁荣,程健.应用场景需求:驱动人工智能芯片设计发展[J].前沿科学,2018(4):37-40.

[710] 李航.统计学习方法[M].北京:清华大学出版社,2012.

[711] 李建鹏,李福民,吕庆.炼焦配煤专家系统的设计及应用[J].燃料与化工,2015(6):1-3.

[712] 李坤成.加强人工智能深度学习在医学影像学临床应用领域的研究[J].中国医学影像技术,2019,35(12):1769-1770.

[713] 李枚毅,蔡自兴.改进的进化编程及其在机器人路径规划中的应用[J].机器人,2000,22(6):490-494.

[714] 李孟.人工智能技术在临床医疗诊断中的应用及发展[J].数字化用户,2019(48):115.

[715] 李铭轩,曹畅,唐雄燕,等.面向算力网络的边缘资源调度解决方案研究[J].数据与计算发展前沿,2020,2(4):80-91.

[716] 李润梅,张立威,王剑.基于时变间距和相对角度的无人车跟随控制方法研究[J].自动化学报,2018,44(11):2031-2040.

[717] 李硕朋,方娟,陈肯.基于SRv6的确定性网络服务共享保护方案[J].通信学报,2021,42(10):32-42.

[718] 李陶深.人工智能[M].重庆:重庆大学出版社,2002.

[719] 李卫华,汤怡群,周祥和.专家系统工具[M].北京:气象出版社,1987.

[720] 李应潭.生命与智能[M].沈阳：沈阳出版社,1999.

[721] 李志伟.基于 Web 的飞机故障远程诊断专家系统的设计[J].计算机应用与软件,2002(12)：64-65.

[722] 李志远.语音识别技术概述[J].中国新通信,2018,20(17)：74-75.

[723] 李舟军,王昌宝.基于深度学习的机器阅读理解综述[J].计算机科学,2019,46(7)：7-12.

[724] 廉师友.人工智能技术导论[M].2 版.西安：西安电子科技大学出版社,2002.

[725] 林健,黄鸿,刘进长.人工智能烽火点燃中国象棋——记首届中国象棋人机大赛[J].机器人技术与应用,2006(5)：39-41.

[726] 林圣晔.语音识别技术[J].Peak Data Science,2019(4)：182-183.

[727] 林潇,李绍稳,张友华,等.基于本体的水稻病害诊断专家系统研究[J].数字技术与应用,2010(11)：109-111.

[728] 林尧瑞,郭木河.人类智慧与人工智能[M].北京：清华大学出版社,2001.

[729] 灵声讯.语音识别技术简述（概念->原理）[Z/OL].（2019-04-12）.https://zhuanlan.zhihu.com/p/62171354.

[730] 刘洪发,刘雪涛.Web 技术应用基础[M].北京：清华大学出版社,2006.

[731] 刘健勤.基于进化计算的混沌动力学系统辨识及创发性研究[D].长沙：中南工业大学,1997.

[732] 刘开瑛,郭炳炎.自然语言处理[M].北京：科技出版社,1991.

[733] 刘思远,张丽军,刘雷.人工智能在抗击新型冠状病毒肺炎疫情中的应用[J].中国医学物理学杂志,2020,37(8)：1076-1080.

[734] 刘婷婷,朱文东,刘广一.基于深度学习的文本分类研究进展[J].电力信息与通信技术,2018,16(3)：1-7.

[735] 刘伟.5G 时代运营商边缘算力部署浅析[J].中国新通信,2020,22(18)：3-4.

[736] 刘文礼,路迈西,刘旐.解释机制在动力煤选煤厂设计专家系统中的实现策略[J].选煤技术,1997(4)：14-15,40.

[737] 刘小冬.自然语言理解综述[J].统计与信息论坛,2007,22(2)：5-12.

[738] 刘孝永,王未名,封文杰,等.病虫害专家系统研究进展[J].山东农业科学,2013,45(9)：138-143.

[739] 刘知远,孙茂松,林衍凯,等.知识表示学习研究进展[J].计算机研究与发展,2016,53(2)：247-261.

[740] 刘志杰,欧阳云呈,王飞跃,等.分布参数系统的平行控制：从基于模型的控制到数据驱动的智能控制[J].指挥与控制学报,2017,3(3)：177-185.

[741] 卢令,蔡乐才,高祥,等.基于云计算平台的白酒发酵智能专家系统的应用[J].酿酒科技,2018(12)：88-91.

[742] 卢培佩,胡建安.计算机专家系统在疾病诊疗中应用和发展[J].实用预防医学,2011,18(6)：1167-1171.

[743] 陆汝铃.人工智能[M].北京：科学出版社,2000.

[744] 陆汝铃.世纪之交的知识工程与知识科学[M].北京：清华大学出版社,2001.

[745] 吕廷杰,刘峰.数字经济背景下的算力网络研究[J].北京交通大学学报（社会科学版）,2021,20(1)：8.

[746] 马红妹.汉英机器翻译上下文语境的表示与应用研究[D].长沙：国防科技大学,2002.

[747] 马鸿飞,赵月娇,刘珂,等.一种采用栈自动编码机的语音分类算法[J].西安电子科技大学学报（自然科学版）,2017,44(5)：13-17.

[748] 马少平,朱小燕.人工智能[M].北京：清华大学出版社,2004.

[749] 马岩,曹金成,黄勇,等.基于 BP 神经网络的无人机故障诊断专家系统研究[J].长春理工大学学报（自然科学版）,2011,34(4)：137-139.

[750] 马竹梧,徐化岩,钱王平.基于专家系统的高炉智能诊断与决策支持系统[J].冶金自动化,2013,

37(6)：7-14.

[751] 蒙祖强,蔡自兴.一种基于超群体的遗传算法[J].计算机工程与应用,2001,37(13)：13-15.

[752] 蒙祖强,蔡自兴.基于 Mutti-Agent 技术的个性化数据挖掘系统[J].中南工业大学学报,2003,
34(3)：290-294.

[753] Mitchell T M.机器学习[M].曾华军,张银奎等,译.北京：机械工业出版社,2003.

[754] 莫梓嘉,高志鹏,苗东.边缘智能：人工智能向边缘分布式拓展的新触角[J].数据与计算发展前沿,
2020,2(4)：16-27.

[755] 牛江川,高志伟,张国兵.基于 Web 的广义配件选型专家系统的研究与实现[J].计算机工程与应
用,2004(2)：126-128.

[756] 潘正君,康立山,陈毓屏.演化计算[M].北京：清华大学出版社,广西科学技术出版社,1998.

[757] 彭志红.合作式多移动机器人系统的路径规划、鲁棒辨识及鲁棒控制研究[D].长沙：中南大
学,2000.

[758] 齐璇.汉语语义知识的表示及其在汉英机译中的应用[D].长沙：国防科技大学,2002.

[759] 钱学森,宋健.工程控制论(修订版)[M].北京：科学出版社,1980.

[760] 清华大学中国科技政策研究中心.中国经济报告：中国人工智能发展现状与未来[R].(2018-10-11).

[761] 清华-中国工程院知识智能联合实验室.人工智能芯片研究报告[R/OL].[2021-07-13].

[762] 邱勤,徐天妮,于乐,等.算力网络安全架构与数据安全治理技术[J].信息安全研究,2022,8(4)：
341-350.

[763] 全球 2016 人工智能技术大会(GAITC).办公自动化,2016(9).

[764] 商惠敏.人工智能芯片产业技术发展研究[J].全球科技经济瞭望,2021,36(12)：24-30.

[765] 尚福华,李军,王梅,等.人工智能及其应用[M].北京：石油工业出版社,2005.

[766] 佘玉梅,段鹏.人工智能及其应用[M].上海：上海交通大学出版社,2007.

[767] 沈海青,郭晨,李铁山,等.考虑航行经验规则的无人船舶智能避碰导航方法[J].哈尔滨工程大学
学报,2018,39(6)：998-1005.

[768] 沈鑫,裴庆祺,刘雪峰.区块链技术综述[J].网络与信息安全学报,2016,2(11)：11-20.

[769] 盛畅,崔国贤.专家系统及其在农业上的应用与发展[J].农业网络信息,2008(3)：4-7.

[770] Schreiber G,et al.知识工程和知识管理[M].史忠植等,译.北京：机械工业出版社,2003.

[771] 施羽暇.人工智能芯片技术体系研究综述[J].电信科学,2019(4)：114-118.

[772] 石纯一,廖士中.定理推理方法[M].北京：清华大学出版社,2002.

[773] 石群英,郭舜日,蒋慰孙.专家系统开发工具的现状及展望[J].自动化仪表,1997,18(4)：1-4.

[774] 史入文.美国人工智能芯片研发动态[J].上海信息化,2019(11)：80-82.

[775] 史忠植,王文杰.人工智能[M].北京：国防工业出版社,2007.

[776] 史忠植.高级人工智能[M].北京：科学出版社,1998.

[777] 史忠植.知识发现[M].北京：清华大学出版社,2002.

[778] 史忠植.智能科学[M].北京：清华大学出版社,2006.

[779] 宋歌,王森,高中宝,等.人工智能语音分析系统在帕金森病诊断中的一项探索性临床研究[J].中
华老年心脑血管病杂志,2020,22(5)：514-516.

[780] 宋健.前沿学科的最精彩成就[M]//人工智能及其应用(第3版).北京：清华大学出版社,2003.

[781] 宋健.智能控制——超越世纪的目标(Intelligent control——A goal exceeding the century)[J].中国
工程学报,1999,1(1)：1-5.

[782] 孙娟,蒋文兰,龙瑞军.基于 Web 的苜蓿产品加工与利用专家系统的开发[J].现代化农业,
2003,(11)：32-33.

[783] 孙敏,姚海燕.园艺植物专家系统研究概况与发展趋势[J].安徽农业科学,2012,40(2)：
1213-1216.

[784] 孙荣恒.应用数理统计[M].3版.北京：科学出版社，2014.

[785] 孙雅婧，李春漾，曾筱茜.人工智能在新药研发领域中的应用[J].中国医药导报，2019，16(33)：162-166.

[786] 科技力网.人工智能的2017——AI几乎在所有的游戏领域都战胜了人类玩家[Z/OL].(2017-12-29).https://baijiahao.baidu.com/s?id=1588090853019844023.

[787] 唐稚松.时序逻辑程序设计与软件工程[M].北京：科学出版社，2002.

[788] 天元[Z/OL].https://openi.org.cn/projects/megengine/.

[789] 田维.你了解语音识别技术吗？[Z/OL].(2019-05-24).

[790] 涂序彦."人工生命"的概念、内容和方法[C]//2001年中国智能自动化学术会议论文集.2001.

[791] 万晓兰，李晶林，刘克彬.云原生网络开创智能应用新时代[J].电信科学，2022，38(6)：31-41.

[792] 王安炜.基于Android的手机农业专家系统的设计与实现[D].济南：山东大学，2011.

[793] 王灿辉，张敏，马少平.自然语言处理在信息检索中的应用综述[J].中文信息学报，2007，21(2)：35-45.

[794] 王钢.普通语言学基础[M].长沙：湖南教育出版社，1988.

[795] 王海坤，潘嘉，刘聪.语音识别技术的研究进展与展望[Z/OL].(2018-03-07).

[796] 王海澜.基于故障树的天然气发动机故障诊断专家系统设计[J].电子技术与软件工程，2019(2)：29-30.

[797] 王宏生.人工智能及其应用[M].北京：国防工业出版社，2006.

[798] 王磊，潘进，焦李成.免疫算法[J].电子学报，2000，28(7)：75-78.

[799] 王培强，王占峰，杨龙杰.浅谈专家系统在采矿行业的应用现状及发展前景[J].煤矿现代化，2010，(6)：5-6.

[800] 王万良.人工智能及其应用[M].北京：高等教育出版社，2005.

[801] 王万森.人工智能原理及其应用[M].3版.北京：电子工业出版社，2015.

[802] 王溪波，杨志洁.一种新的基于Web的专家系统开发方法[J].计算机技术与发展，2015(8)：147-151.

[803] 王晓玉，彭进业，王国庆.嵌入式随动系统实时故障诊断专家系统研究[J].计算机测量与控制，2010，18(3)：498-500,50.

[804] 王星，李超，陈吉.基于膨胀卷积神经网络模型的中文分词方法[J].中文信息学报，2019，33(9)：24-30.

[805] 王永庆.人工智能原理与方法[M].西安：西安交通大学出版社，1998.

[806] 王正志，薄涛.进化计算[M].长沙：国防科技大学出版社，2000.

[807] 王智明，杨旭，平海涛.知识工程及专家系统[M].北京：化学工业出版社，2006.

[808] 网络5.0产业和技术创新联盟[EB/OL].

[809] 韦洪龙，田文德，徐敏祥.基于石化装置的专家系统研究进展[J].上海化工，2013，38(11)：18-21.

[810] 韦凌宇.人工智能在医学影像组学中的应用[J].世界最新医学信息文摘，2020，20(68)：196-198.

[811] 文敦伟，蔡自兴.递归神经网络的模糊随机学习算法[J].高技术通讯，2002，12(1)：54-56.

[812] 吴春胤，陈壮光，王浩杰，等.基于本体的专家系统研究综述[J].农业信息网络，2013(3)：5-8.

[813] 吴锋，李成铁，何风行，等.基于Web的远程监控系统研究[J].仪器仪表学报，2005，26(8s)：241-243.

[814] 吴宏鑫，胡军，解永春.航天器智能自主控制研究的回顾与展望[J].空间控制技术与应用，2016，42(1)：1-6.

[815] 吴敏，曹卫华，陈鑫.复杂冶金过程智能控制[M].北京：科学出版社，2016.

[816] 吴明臻，梁琼.烧结专家系统发展现状综述[J].矿业工程，2012，10(1)：61-63.

[817] 吴启迪，汪镭.群体智能计算模式及应用[M].南京：江苏教育出版社，2006.

[818] 吴启迪,汪镭.智能蚁群算法及其应用[M].上海:上海科技教育出版社,2004.

[819] 吴文俊.初等几何判定问题与机械化证明[J].中国科学,1977(6):507-516.

[820] 吴文俊.计算机时代的脑力劳动机械化与科学技术现代化.[M]//人工智能及其应用.北京:清华大学出版社,2004.

[821] 伍谦光.语义学导论[M].2版.长沙:湖南教育出版社,1995.

[822] 武波,马玉祥.专家系统[M].北京:北京理工大学出版社,2001.

[823] Simon H A.人类的认知:思维的信息加工理论[M].荆其诚,张厚粲,译.北京:科学出版社,1986.

[824] 习近平在全国科技创新大会、两院院士大会、中国科协第九次全国代表大会上的讲话[N].新华社,2016-05-30.

[825] 谢人超,廉晓飞,贾庆民,等.移动边缘计算卸载技术综述[J].通信学报,2018,39(11):138-155.

[826] 谢小婷,胡汀.专家系统在农业应用中的研究进展[J].电脑知识与技术,2011,7(6):1329-1330.

[827] 新浪科技.三位深度学习之父共获2019年图灵奖[Z/OL].(2019-03-27).

[828] 徐昕.增强学习及其在机器人导航与控制中的应用与研究[D].长沙:国防科技大学,2002.

[829] 徐增林,盛泳潘,贺丽荣,等.知识图谱技术综述[J].电子科技大学学报自然版,2016,45(4):589-606.

[830] 许春冬,许瑞龙,周静.基于自动编码生成对抗网络的语音增强算法[J].计算机工程与设计,2019,40(9):2578-2583.

[831] 薛宏涛.基于协进化机制的多智能体系统体系结构及多智能体协作方法研究[D].长沙:国防科技大学,2002.

[832] 严韶光,康春玉,夏志军,等.基于深度自编码网络的舰船辐射噪声分类识别[J].舰船科学技术,2019,41(2):124-130.

[833] 阎平凡,张长水.人工神经网络与模拟进化计算[M].北京:清华大学出版社,2000.

[834] 杨炳儒.知识工程与知识发现[M].北京:冶金工业出版社,2000.

[835] 杨丽洋,文戈.深度学习在医学影像中的应用[J].分子影像学杂志,2020,43(2):183-187.

[836] 杨明极,张贵山.基于栈式自动编码机的语音质量评价方法[J].小型微型计算机系统,2018,39(10):2134-2137.

[837] AlphaGo完胜人类:中国人工智能落后多少?[Z/OL].(2016-03-18).

[838] 杨行峻,郑君里.人工神经网络与盲信号处理[M].北京:清华大学出版社,2003.

[839] 杨兴,朱大奇,桑庆兵.专家系统研究现状与展望[J].计算机应用研究,2007,24(5):4-9.

[840] 姚惠娟,耿亮.面向计算网络融合的下一代网络架构[J].电信科学,2019,35(9):38-43.

[841] 姚惠娟,陆璐,段晓东.算力感知网络架构与关键技术[J].中兴通讯技术,2021,27(3):7-11.

[842] 姚天顺,朱靖波,张俐,等.自然语言理解——一种让机器懂得人类语言的研究[M].北京:清华大学出版社,2002.

[843] 姚泽阳,谢稳,邱海龙,等.人工智能在临床医学中的应用与展望[J].医学信息学杂志,2020,41(3):39-43.

[844] 一流科技[Z/OL].https://www.oneflow.org/index.html.

[845] 亿欧智库.2019年中国AI芯片行业研究报告[R/OL].[2021-07-13].http://www.199it.com/archives/859776.html.

[846] 尹朝庆,尹皓.人工智能与专家系统[M].北京:中国水利水电出版社,2002.

[847] 迎战,吴中梅,余宇航.一种基于图像的农作物病虫害诊断专家系统研究[J].现代计算机,2012(6):64-67.

[848] 用户1914693396.什么是人机协同智能系统.资讯快览[Z/OL].(2019-01-06).

[849] 余伶俐,邵玄雅,龙子威,等.智能车辆深度强化学习的模型迁移轨迹规划方法[J].控制理论与应

用,2019,36(9):1409-1422.

[850] 余贞斌.自然语言理解的研究[D].上海:华东师范大学,2005.

[851] 俞慧友,曹希雅,刘曦.全球首款人类染色体智能分析云平台亮相长沙[N].科技日报,2018-11-01.

[852] 雨田.语音识别技术的发展及难点分析[Z/OL].(2018-01-02).http://www.elecfans.com/video/yinpinjishu/20180102610023.html.

[853] 袁振东.1978年的全国科学大会:中国当代科技史上的里程碑[J].科学文化评论,2008,5(2):37-57.

[854] 张邦成,步倩影,周志杰,等.基于置信规则库专家系统的司控器开关量健康状态评估[J].控制与决策,2018(4):805-812.

[855] 张钹,张铃.问题求解理论及应用[M].北京:清华大学出版社,1990.

[856] 张殿波,汪玉波.农业宏观决策专家系统的研制[J].农业与技术,2008,28(3):24-27.

[857] 张吉峰.专家系统与知识工程引论[M].北京:清华大学出版社,1988.

[858] 张纪会,徐心和.一种新的进化算法[J].系统工程理论与实践,1999(3):84-88.

[859] 张建勋.焊接工程计算机专家系统的研究现状与展望[J].焊接技术,2001,30(s):11-13.

[860] 张军阳,王慧丽,郭阳,等.深度学习相关研究综述[J].计算机应用研究,2018(7):1921-1928,1936.

[861] 张克君,李伟男,钱榕,等.基于深度学习的文本自动摘要方案[J].计算机应用,2019,39(2):311-315.

[862] 张乃尧,阎平凡.神经网络与模糊控制[M].北京:清华大学出版社,1998.

[863] 张书志.宋健写信赞扬《人工智能及其应用》出版[N].湖南日报,1988-07-20.

[864] 张涛,李清,等.智能无人自主系统的发展趋势[J].无人系统技术,2018(1).

[865] 张涛,任相赢,刘阳,等.基于自编码特征的语音增强声学特征提取[J].计算机科学与探索,2019,13(8):1341-1350.

[866] 张婷,陆俊,沈静静.基于物联网的智能灌溉专家决策系统[J].现代农业科技,2017(21):176-177.

[867] 张蔚敏,蒋阿芳,纪学毅.人工智能芯片产业现状[J].电信网技术,2018(2):67-71.

[868] 张文修,梁怡.遗传算法的数学基础[M].西安:西安交通大学出版社,2000.

[869] 张仰森.人工智能原理与应用[M].北京:高等教育出版社,2004.

[870] 张一凡,李津,虞红芳,等.一种灵活精确的SDN交换机南向协议性能测试系统[J].数据与计算发展前沿,2020,2(4):28-43.

[871] 张宇.基于物联网技术的农业专家系统的研究与实现[J].农业与技术,2014(11):23.

[872] 张志健,王小虎,曾宪法,等.一种基于在线辨识和专家系统的飞行器智能姿态控制方法[J].导航定位与授时,2018(4):50-58.

[873] 章峰,史博轩,蒋文保.区块链关键技术及应用研究综述[J].网络与信息安全学报,2018,4(4):22-29.

[874] 赵崇文.人工神经网络综述[J].山西电子技术,2020(3):94-96.

[875] 赵红云,赵福祥,马玉祥.专家系统效能评估的研究[J].系统工程理论与实践,2001,(7):26-31,57.

[876] 赵慧,蔡自兴,邹小兵.基于模糊ART和Q学习的路径规划[C]//中国人工智能学会第十届学术年会论文集.2003:834-838.

[877] 赵瑞清.专家系统原理[M].北京:气象出版社,1987.

[878] 郑金华,蔡自兴.自动区域划分的分区搜索狭义遗传算法[J].计算机研究与发展,2000,37(4):397-400.

[879] 郑金华.狭义遗传算法及其并行实现[D].长沙:中南工业大学,2000.

[880] 郑丽敏.人工智能专家系统原理及其应用[M].北京:中国农业大学出版社,2004.

[881] 郑敏捷,蔡自兴,于金霞.一种动态环境下移动机器人的避障策略[J].高技术通讯,2006,16(8): 813-819.

[882] 郑唯实.人工智能在临床医学中的应用与思考[J].科技创新导报,2019(2):150-151.

[883] 郑伟,安佰强,王小雨.专家系统研究现状及其发展趋势[J].电子世界,2013(2):87-88.

[884] 郑纬民.处理人工智能应用的高性能计算机的架构和评测[J].重庆邮电大学学报(自然科学版), 33(2):171-175.

[885] 郑纬民.新基建中的高性能人工智能算力基础设施的架构与测评[J].万方数据,2020(6):51-56.

[886] 知识图谱之综述理解[Z/OL].(2019-03-08).https://blog.csdn.net/u010626937/article/details/88106081.

[887] 博客网.知识图谱构建浅析[Z/OL].https://www.cnblogs.com/small-k/p/10054479.html.

[888] 中国报告大厅.2016年人工智能行业发展前景预测分析[Z/OL].(2016-02-04).http://www.chinabgao.com/freereport/70654.html.

[889] 中国联通网络技术研究院.中国联通算力网络白皮书[R].2019.

[890] 中国人工智能学会.纪念"人工智能诞生50周年"大型系列学术活动[J].智能系统学报,2006(1): 92-92.

[891] 中国象棋人机大战.搜狐体育[Z/OL].(2006-9-19).http://sports.sohu.com/s2006/2006lcbzgxq/.

[892] 中国信息安全编辑部.人工智能,天使还是魔鬼?——谭铁牛院士谈人工智能的发展与展望[J]. 中国信息安全,2015(9):50-53.

[893] 中国移动研究院.算力感知网络技术白皮书[R].2019.

[894] 中投顾问产业研究中心.我国人工智能产业链及行业发展前景分析[Z/OL].(2016-01-21). https://wenku.baidu.com/view/eae43d9cad02de80d5d8407e.html.

[895] 钟晓,马少午,张钹,等.数据挖掘概述[J].模式识别与人工智能,2001,14(1):48-55.

[896] 周昌乐.认知逻辑导论[M].北京:清华大学出版社,南宁:广西科技出版社,2001.

[897] 周昌乐.心脑计算举要[M].北京:清华大学出版社,2003.

[898] 周娜,李爱芹,刘广伟,等.沃森肿瘤人工智能系统在临床中的应用[J].中国数字医学, 2018,13(10):23-25.

[899] 周鹏飞,乔佳,李良.共享汽车智能调度专家系统的研究[J].计算机应用与软件,2018(4): 109-111.

[900] 周向,李薰春.5G网络音视频传输标准概述[J].数据与计算发展前沿,2020,2(4):65-79.

[901] 周旭,王浩宇,覃毅芳,等.融合边缘计算的新型科研云服务架构[J].数据与计算发展前沿,2020, 2(4):3-15.

[902] 周志华.机器学习[M].北京:清华大学出版社,2016.

[903] 周志杰.置信规则库专家系统与复杂系统建模[M].北京:科学出版社,2011.

[904] 朱福喜,杜友福,夏定纯.人工智能引论[M].武汉:武汉大学出版社,2006.

[905] Jurafsky D,Martin J H.自然语言处理综论[M].冯志伟等,译.北京:电子工业出版社,2005.

[906] 宗成庆.统计自然语言处理[M].北京:清华大学出版社,2008.

[907] 宗合.人工智能曾被视为"伪科学"[J].文史博览,2016,5:40.

[908] 邹小兵,蔡自兴,刘娟,等.一种移动机器人的局部路径规划方法[C]//中国人工智能学会第九届学 术年会论文集.北京,2001:947-950.

[909] 邹小兵,蔡自兴.基于传感器信息的环境非光滑建模与路径规划[J].自然科学进展,2002,12(11): 1188-1192.

索 引

T